Inklusives Lehren und Lernen von Mathematik

Bärbel Barzel · Andreas Büchter ·
Christian Rütten · Florian Schacht ·
Stephanie Weskamp-Kleine
Hrsg.

Inklusives Lehren und Lernen von Mathematik

Konzepte und Beispiele mit Fokus auf
Grund- und Förderschule

Hrsg.
Bärbel Barzel
Fakultät für Mathematik
Universität Duisburg-Essen
Essen, Deutschland

Andreas Büchter
Fakultät für Mathematik
Universität Duisburg-Essen
Essen, Deutschland

Christian Rütten
Fakultät für Mathematik
Universität Duisburg-Essen
Essen, Deutschland

Florian Schacht
Fakultät für Mathematik
Universität Duisburg-Essen
Essen, Deutschland

Stephanie Weskamp-Kleine
Fakultät für Mathematik
Universität Duisburg-Essen
Essen, Deutschland

ISBN 978-3-658-43963-7   ISBN 978-3-658-43964-4 (eBook)
https://doi.org/10.1007/978-3-658-43964-4

Die Deutsche Nationalbibliothek verzeichnet diese Publikation in der Deutschen Nationalbibliografie; detaillierte bibliografische Daten sind im Internet über https://portal.dnb.de abrufbar.

© Der/die Herausgeber bzw. der/die Autor(en), exklusiv lizenziert an Springer Fachmedien Wiesbaden GmbH, ein Teil von Springer Nature 2024
Das Werk einschließlich aller seiner Teile ist urheberrechtlich geschützt. Jede Verwertung, die nicht ausdrücklich vom Urheberrechtsgesetz zugelassen ist, bedarf der vorherigen Zustimmung des Verlags. Das gilt insbesondere für Vervielfältigungen, Bearbeitungen, Übersetzungen, Mikroverfilmungen und die Einspeicherung und Verarbeitung in elektronischen Systemen.
Die Wiedergabe von allgemein beschreibenden Bezeichnungen, Marken, Unternehmensnamen etc. in diesem Werk bedeutet nicht, dass diese frei durch jedermann benutzt werden dürfen. Die Berechtigung zur Benutzung unterliegt, auch ohne gesonderten Hinweis hierzu, den Regeln des Markenrechts. Die Rechte des jeweiligen Zeicheninhabers sind zu beachten.
Der Verlag, die Autoren und die Herausgeber gehen davon aus, dass die Angaben und Informationen in diesem Werk zum Zeitpunkt der Veröffentlichung vollständig und korrekt sind. Weder der Verlag noch die Autoren oder die Herausgeber übernehmen, ausdrücklich oder implizit, Gewähr für den Inhalt des Werkes, etwaige Fehler oder Äußerungen. Der Verlag bleibt im Hinblick auf geografische Zuordnungen und Gebietsbezeichnungen in veröffentlichten Karten und Institutionsadressen neutral.

Planung/Lektorat: Marija Kojic
Springer Spektrum ist ein Imprint der eingetragenen Gesellschaft Springer Fachmedien Wiesbaden GmbH und ist ein Teil von Springer Nature.
Die Anschrift der Gesellschaft ist: Abraham-Lincoln-Str. 46, 65189 Wiesbaden, Germany

Wenn Sie dieses Produkt entsorgen, geben Sie das Papier bitte zum Recycling.

*Festschrift für Petra Scherer zum
60. Geburtstag*

Vorwort

Bereits Herbart sieht in der „Verschiedenheit der Köpfe" die große Herausforderung an alle Schulbildung. Dabei ist seit Herbart mehr und mehr ins Bewusstsein gerückt, dass die Verschiedenheit im Klassenzimmer nicht nur die „Köpfe", sondern ein vielfältiges Heterogenitätsspektrum umfasst. Die daraus erwachsenden Herausforderungen sind einerseits fächerübergreifender Natur, anderseits werden auch dem Fachunterricht Konzepte sowie konkrete unterrichtliche Realisierungen inklusiven Lehrens und Lernens abverlangt. Grundlegend dafür ist u. a. die Verständigung über den Inklusionsbegriff im Fach. Ziel inklusiven Lehrens und Lernens von Mathematik ist im Sinne eines weiten Inklusionsbegriffs die Teilhabe *aller* am mathematischen Diskurs, wobei keine gleichzeitigen Schwerpunktsetzungen hinsichtlich spezifischer Diversitätskategorien in Zusammenhang konkreter Lernanlässe ausgeschlossen werden. Bei entsprechender Individualisierung behält soziales Lernen jedoch seine zentrale Bedeutung. In diesem Zusammenhang bieten substanzielle Lernumgebungen großes Potenzial für den inklusiven Mathematikunterricht. Einerseits ermöglichen sie hinsichtlich aktiv-entdeckenden Lernens allen Lernenden eine gemeinsame Auseinandersetzung mit mathematisch substanziellen Inhalten. Andererseits realisieren sie im Rahmen natürlicher Differenzierung, dass auf individuellen Wegen und auf unterschiedlichen Niveaus gelernt und dieses Lernen kompetenzorientiert durch die Lehrkraft begleitet wird. Für eine solche Begleitung benötigen Lehrkräfte eine entsprechende Vorbereitung auf den inklusiven Mathematikunterricht durch Aus- und Fortbildung. Diese verzahnt sinnvollerweise theoretische Grundlagen mit Praxiserfahrung und zielt auf ein Weiterlernen im Lebenslauf. Besonders um derartige Fortbildungen zur Vorbereitung und Begleitung inklusiven Mathematiklernens gestalten zu können, ist eine Qualifizierung von Multiplikator:innen grundlegend.

Inklusives Lehren und Lernen von Mathematik umfasst also zahlreiche Facetten, zu denen Petra Scherer, Wesentliches beigetragen hat. Sie hat in Austausch und Vernetzung – auch über die Fächer und Disziplinen hinaus – die Sichtweise auf den Umgang mit Heterogenität im inklusiven Unterricht weiter ausdifferenziert und viele Lehrende und Forschende angeregt, Mathematikunterricht – nicht nur in Grund- und Förderschule – inklusionssensibel weiterzuentwickeln. Dieser Band, der als Festschrift anlässlich des 60. Geburtstags von Petra Scherer entstanden ist, versucht mit seinen unterschiedlichen Beiträgen aufzuspannen, was ihre Arbeit prägt und wie sie andere in ihrer Arbeit angeregt und bereichert hat.

Im ersten Teil des Bandes werden unterschiedliche Ideen zum Umgang mit Heterogenität in den Blick genommen. So zeigt zunächst Jahnke, dass ein Blick in die Geschichte der Mathematik vielfältige Zugänge im mathematischen Diskurs sichtbar macht und zugleich zur Wertschätzung kultureller Vielfalt beitragen kann. Kultureller sowie sprachlicher Vielfalt begegnen auch Novotná und Moraová, indem sie Leitideen zur Entwicklung von Unterrichtsmaterialien für den Einsatz in heterogenen Lerngruppen unter Berücksichtigung der Teilhabe nicht muttersprachlicher Schüler:innen entwerfen. Am Beispiel des jahrgangsgemischten Mathematikunterrichts zeigt Matter, dass sich basierend auf dem Verständnis von Mathematik als Wissenschaft der Muster und Strukturen ein gemeinsamer Austausch unter den Lernenden in unterschiedlichen Zonen der Entwicklung entfalten kann. Im Beitrag von Selter und Spiegel wird deutlich, dass sich der Umgang mit Heterogenität nicht nur auf die Verschiedenheit der kognitiven Kompetenzen fokussiert, sondern als wichtige Zieldimension des Mathematikunterrichts auch der sogenannte affektive Bereich berücksichtigt werden muss. Ebenso ist der individuellen Kreativität im Mathematikunterricht Raum zu verschaffen, was nach Bruhn unter anderem durch offene Aufgaben gelingen kann.

Neben den im ersten Teil dargestellten Ideen zum Umgang mit Heterogenität, die sich vorwiegend auf bestimmte Heterogenitätsdimensionen beziehen, fokussiert der zweite Teil eher Lernangebote und ihren konkreten Einsatz in heterogenen bzw. inklusiven Lerngruppen. So nimmt zunächst Roos allgemein das Design inklusiver Lernumgebungen zur Realisierung inklusiven Mathematikunterrichts unter besonderer Berücksichtigung der Perspektive der Schüler:innen in den Blick. Die Bedeutung substanzieller Lernumgebungen für den inklusiven Mathematikunterricht betonen auch Häsel-Weide und Nührenbörger in ihrem Beitrag, wobei aus ihrer Sicht eine differenzierte Begleitung durch die Lehrkraft die Kooperation der Lernenden realisieren hilft, indem die Kinder mit unterschiedlichen Entdeckungen in Kontakt gebracht werden. Bönig und Thöne beleuchten in ihrem Beitrag die Chancen und Grenzen des Einsatzes problemhaltiger Sachaufgaben in inklusiven Settings und diskutieren deren unterrichtliche Realisierungen. Am Beispiel der Behandlung von Symmetrie im dritten Schuljahr machen Graumann und Graumann auf der Basis einer differenzierten, kritischen Sicht auf inklusionsadäquate Lehrmethoden Mut zum inklusiven Unterricht. In einer ebenfalls geometrischen Lernumgebung zu platonischen Körpern für heterogene Lerngruppen im Lehr-Lern-Labor ‚Mathe-Spürnasen' entfalten Kaya, Rütten und Weskamp-Kleine vielfältige Lerngelegenheiten nicht nur für Grundschulkinder, sondern auch im Rahmen der Professionalisierung angehender Lehrkräfte. Büchter und Donner schlagen eine substanzielle Lernumgebung vor, bei der Schüler:innen von der Umwandlung von Stammbrüchen in die Dezimalschreibweise ausgehend zu vielfältigen zahlentheoretischen Entdeckungen gelangen können.

Für das gemeinsame Lernen bieten auch digitale Medien zahlreiche Unterstützungsmöglichkeiten. Darauf fokussieren die Beiträge im dritten Teil. Basierend auf einer Darstellung zentraler Konstruktionskriterien digitaler Lernumgebungen stellen Höveler und Mense in ihrem Beitrag Potenziale und Herausforderungen der Apps ‚Kombi' und ‚Book Creator' zur Konstruktion digital unterstützter kombinatorischer Lernumgebungen dar. Biehler und Frischemeier präsentieren eine digitale Lernumgebung zur Datenanalyse und -exploration für den inklusiven Stochastikunterricht und zeigen dabei, wie digitale Werkzeuge Arbeitsprozesse auslagern und entlasten können sowie durch Interaktivität und Variation der Repräsentationen vielfältige Einsichten in Zusammenhänge ermöglichen. Auf die Herausforderungen einer Bildung in der digitalen Welt müssen zukünftige Lehrkräfte angemessen vorbereitet werden. In diesem Zusammenhang beschreibt der Beitrag von Barzel, Hasebrink, Schacht und Stechemesser Lehr-Lern-Materialien aus dem Projekt ‚DigiMal.nrw' zur Weiterentwicklung der universitären Lehramtsausbildung im Fach Mathematik am Beispiel einer Geometrie-Vorlesung.

Dem Diagnostizieren und Fördern im inklusionssensiblen Mathematikunterricht widmet sich der vierte Teil. Von Gaidoschik wird ein konträr zum aktiventdeckenden Lernen stehender Ansatz einer fachdidaktisch und empirisch gestützten Kritik unterzogen, um Argumente dafür zu liefern, warum es ein Fehler und keinesfalls im Interesse von Kindern mit Lernschwierigkeiten ist, Verstehen durch Auswendiglernen ersetzen zu wollen. Breucker und Wember würdigen exemplarisch im Bereich des Sachrechnens die auch durch Petra Scherer vertretene Position, wonach Kinder mit und ohne Lernschwierigkeiten durch aktiventdeckendes Lernen und produktives Üben und in Verzahnung von Diagnose und Förderung gemeinsames Lernen voneinander und miteinander ermöglicht sowie bei Unterstützungsbedarf fundierte Hilfen angeboten werden können. Damit Lehrkräfte ihre Schüler:innen adaptiv unterstützen können, sind u. a. diagnostische Kompetenzen wichtig. Moser Opitz und Wehren-Müller gehen in ihrem Beitrag der Frage nach, welche möglichen Schwierigkeiten eines Kindes Regel- und

Förderlehrkräfte in Fallbeispielen erkennen und mit welchen fachlichen Argumenten sie ihre Annahmen begründen, und fokussieren darüber hinaus die Unterschiede, die sich beim Erkennen und Begründen von Schwierigkeiten zwischen den Regel- und den Förderlehrkräften ergeben. Der Abgleich zwischen den von Lehramtsstudierenden antizipierten und tatsächlichen Schüler:innenbearbeitung aus der Praxis interessiert Jung, Schorein, Spree und Velten im Hinblick auf die (Weiter-)Entwicklung einer universitären Lehrveranstaltung, die versucht, anhand vertiefter fachlicher und fachdidaktischer Auseinandersetzung an beispielhaften Lernumgebungen ohne direkten Praxisbezug Grundlagen für die professionelle Weiterentwicklung im Rahmen von Praxiselementen zu schaffen.

Im abschließenden fünften Teil werden weitere inklusionsorientierte Aspekte zum Mathematiklehren thematisiert. Für die inklusionsbezogene Lehrkräfteprofessionalisierung mit einem vielfalts- und bildungsgerechtigkeitsorientierten Profil ist ein interdisziplinärer Austausch von zentraler Bedeutung. Der Beitrag von van Ackeren-Mindl, Wolfswinkler, Cantone und Gebken arbeitet am Beispiel der Universität Duisburg-Essen heraus, wie vor dem Hintergrund aktueller bildungspolitischer Diskurse und des spezifischen Profils der Universität die inklusionsbezogene Lehrkräfteprofessionalisierung durch die fachdidaktische Entwicklung inklusiver Lernumgebungen in Mathematik substanziell befruchtet werden kann. Pfitzner, Sträter, Gebken und Liersch betrachten in ihrem Beitrag potenzielle Bezüge in der Professionalisierung angehender Sport- und Mathematiklehrkräften. Ein großes Potenzial für die individuelle Professionalisierung angehender Lehrkräfte im Hinblick auf den Umgang mit Heterogenität sehen Rottmann und Wellensiek in einem Exkursionsseminar an eine dänische Folkeskole. Hošpesová und Tichá zeigen, inwiefern Selbst- und besonders Gemeinschaftsreflexionen von Lehrkräften die Möglichkeit bieten, die Qualität des Mathematikunterrichts zu verbessern und eine Vernetzung zwischen Theorie und Praxis zu schaffen. Eine qualitative Untersuchung zur fachspezifischen Kooperation von Grundschullehrpersonen und Sonderpädagog:innen im Rahmen des inklusiven Mathematikunterrichts in Bezug auf die Einstellungen zur Kooperation, die praktizierten Kooperationsformen und -niveaus sowie die Herausforderungen und Erwartungen wird von Geisen vorgestellt. Rösken-Winter, Shure und Penava arbeiten in ihrem Beitrag Potenziale von Scriptwriting als Aktivität und Instrument im Rahmen der Lehrkräfteprofessionalisierung und Qualifizierung von MultiplikatorInnen heraus, wobei das antizipierende Fortsetzen einer (Unterricht- bzw. Fortbildungs-)Szene in schriftlicher Form einer vertieften Auseinandersetzung mit fachlichen und fachdidaktischen Inhalten dient. Die Wahrnehmung und der Umgang mit der Heterogenität der Lehrkräfte in Fortbildungsveranstaltungen durch Multikplikator:innen stehen im Fokus des Beitrags von Bertram, Costa Silva und Rolka.

Vorwort

In diesen fünf Teilen wird das weite Feld deutlich, in dem Petra Scherer in Forschung und Lehre tätig ist. Wir wünschen ihr zu ihrem 60. Geburtstag alles Gute und hoffen, dass sie die Mathematikdidaktik weiterhin noch viele Jahre bereichern wird.

Die Herausgebenden danken allen Autor:innen, die mit ihren Beiträgen diese Festschrift ermöglicht und die unterschiedlichen Facetten in der Arbeit von Petra Scherer im Bereich inklusiven Lehren und Lernens von Mathematik beleuchtet haben.

Essen, Deutschland
Christian Rütten
Stephanie Weskamp-Kleine
Bärbel Barzel
Andreas Büchter
Florian Schacht

Inhaltsverzeichnis

Teil I   Umgang mit Heterogenität

Merging Horizons: History of Mathematics and Cultural Diversity 3
Hans Niels Jahnke

Cultural and Linguistic Heterogeneity as a Type of Learning in
an Environment of Disadvantages 23
Jarmila Novotná and Hana Moraová

Jahrgangsmischung im Mathematikunterricht – Heterogenität als
Chance nutzen 35
Bernhard Matter

Mehr als inhalts- und prozessbezogene Kompetenzen – Was sollen
Kinder im Mathematikunterricht lernen können? 53
Christoph Selter und Hartmut Spiegel

„Finde Aufgaben mit der Zahl 4" – Zur Vielfalt bei der kreativen
Bearbeitung offener Aufgaben 67
Svenja Bruhn

Teil II   Lernangebote für heterogene Lerngruppen

Inclusive Learning Environments for Mathematics Education from
a Student Perspective 85
Helena Roos

Produktives Fördern im inklusiven Mathematikunterricht 97
Uta Häsel-Weide und Marcus Nührenbörger

Problemhaltige Sachaufgaben inklusive 115
Dagmar Bönig und Bernadette Thöne

Realisierung eines inklusiven Mathematikunterrichts in der Grundschule 129
Günter Graumann und Olga Graumann

Platonische Körper entdecken – Vielfältig Lernen im Lehr-Lern-Labor ‚Mathe-Spürnasen' 141
Merve Kaya, Christian Rütten und Stephanie Weskamp-Kleine

Von 2 bis 100 – eine substanzielle Lernumgebung zur Dezimaldarstellung von Stammbrüchen 159
Andreas Büchter und Lukas Donner

Teil III   Digitale Unterstützung beim gemeinsamen Mathematiklernen

Konstruktion digital unterstützter Lernumgebungen zur kombinatorischen Anzahlbestimmung 177
Karina Höveler und Sophie Mense

Eine inklusive Lehr-Lernumgebung für die Leitidee „Daten und Zufall" in der Primarstufe 197
Rolf Biehler und Daniel Frischemeier

Digitale Medien in der Lehramtsausbildung Mathematik 217
Bärbel Barzel, Karolina Hasebrink, Florian Schacht und Julia Marie Stechemesser

Teil IV   Diagnostizieren und Fördern im inklusionssensiblen Mathematikunterricht

Kein Mathe lernen. Eine fachdidaktische Kritik am IntraActPlus-Konzept 241
Michael Gaidoschik

Aktiv-entdeckendes Lernen bei Lernschwierigkeiten diagnostisch fundiert unterstützen – „Fördern durch Fordern" als fachdidaktisch orientierte Neukonzeption in der Sonderpädagogik 257
Thomas Breucker und Franz B. Wember

Diagnostische Kompetenz erfassen: Wie interpretieren Regel- und Förderlehrkräfte eine Fallvignette zu mathematischen Lernschwierigkeiten? 273
Elisabeth Moser Opitz und Maria Wehren-Müller

Antizipierte Bearbeitungsschwierigkeiten innerhalb einer Lernumgebung zu figurierten Zahlen – Analyse von Studierendenerwartungen und Vergleich mit der Schulpraxis 287
Wiebke Jung, Sabine Schorein, Theresa Spree und Martina Velten

Teil V Weitere inklusionsorientierte Aspekte zum Mathematiklehren

Professionalisierung für Vielfalt in vielfältigen interdisziplinären Kontexten 307
Isabell van Ackeren-Mindl, Günther Wolfswinkler, Katja F. Cantone und Ulf Gebken

Sportlehrkräfteprofessionalisierung – fachspezifische und -übergreifende Anliegen 321
Michael Pfitzner, Helena Sträter, Ulf Gebken und Jennifer Liersch

Auslandsaufenthalte als Beitrag der Lehrkräfteprofessionalisierung – Erfahrungen aus einem Exkursionsseminar zur Planung und Durchführung von Mathematikunterricht an einer dänischen Folkeskole 337
Thomas Rottmann und Nicole Wellensiek

Tension Between Theory and Practice as a Challenge for Teachers' Professionalization 353
Alena Hošpesová and Marie Tichá

Kooperation im inklusiven Mathematikunterricht aus Sicht von Grundschullehrpersonen und Sonderpädagoginnen und Sonderpädagogen – Erste Einblicke in eine qualitative Untersuchung ... 369
Martina Geisen

„Scriptwriting" als Aktivität und Forschungsinstrument in Fortbildungen und Qualifizierungen zum Umgang mit Heterogenität ... 383
Bettina Rösken-Winter, Victoria Shure und Kristina Penava

Umgang mit Heterogenität von Mathematiklehrkräften in Fortbildungen – Eine Interviewstudie mit Multiplikatorinnen 395
Jennifer Bertram, Nadine da Costa Silva und Katrin Rolka

Teil I

Umgang mit Heterogenität

Merging Horizons: History of Mathematics and Cultural Diversity

Hans Niels Jahnke

1 Historical Sources in the Mathematics Classroom: An Experience of Cultural Diversity

Reading historical sources in the mathematics classroom is an important field of activity within the HPM community (HPM = History and Pedagogy of Mathematics). It refers to all levels of teaching of mathematics. Some references might highlight the scope and variety of these activities (Arcavi & Isoda, 2007; Laubenbacher & Pengelley, 2000; Kjeldsen & Blomhøj, 2012; Barnett et al., 2014; Jahnke, 2014; Chorlay, 2016). An early overview is given by Jahnke et al. (2000), more recent ones are Jankvist (2014) and Clark et al. (2016).

Working on an historical episode in the mathematics classroom is an experience of cultural diversity. Students are confronted with a world of different motives for doing mathematics, different ways of thinking, and different linguistic and symbolic means. In Germany, most classrooms in which such work is done comprise students of different cultural and religious backgrounds. In this case, one speaks of a *cross-cultural* situation. The most general and well-known approach in this domain is ethnomathematics, a term proposed by Ubiratan d'Ambrosio (2006; also Milton et al., 2017). Ethnomathematics aims at studying mathematical practices and ideas of different cultural groups, in history or at present. Included are mathematical practices of experts as well as of practitioners, such as practical geometries in Islamic countries (Moyon, 2011) or calendars and currency in Icelandic culture

H. N. Jahnke (✉)
Fakultät für Mathematik, Universität Duisburg-Essen, Essen, Germany
E-Mail: njahnke@uni-due.de

(Bjarnadóttir, 2015), mental arithmetic as taught in schools in contrast to calculations done by street vendors (Milton et al., 2017, ch. 5). This approach provides also fruitful ideas for the pedagogy of mathematics (Milton et al., 2017, part III).

Two examples may illustrate possible experiences of students. Hosson (2015) reports on teacher students studying early Greek and Chinese cosmologies. An especially striking experience concerns the different interpretations of the same 'shadow observation' in Greek and Chinese texts. Whereas the Greeks used this observation for calculating the circumference of the earth (Eratosthenes' method) the Chinese Chin Shu, a book written around 635 AD under the assumption of a flat earth, took it for calculating the distance of the sun from the earth. Of course, in modern eyes the latter is not correct and, thus, the students have to evaluate this cultural difference, an exciting and demanding task (Hosson, 2015, p. 577ff.).

Glaubitz (2011) studied Al-Khwarizmi's al-jabr (around 800 AD) and his methods of solving quadratic equations with a large number of students (10 classrooms, grade 9). At the end of his thesis (Glaubitz, 2011, p. 357f.), he quotes some remarks of students showing how their image of the Arabic-Islamic culture was changed by this work: "I did not know that the Arabs have done so much for mathematics and science. Today, you would think that they were a bit backward. Therefore, I find it important to learn, what the people there have achieved so early." "Now I think in a different way about the Arab countries and their culture, against which I had prejudices before." "I ask myself: Why have they lost their lead? Why did the Americans land on the moon and not the Arabs?"

Developing Substantial Learning Environments, Rütten et al. (2018) use also historical material as one possible approach for providing different perspectives on a mathematical topic and for interrelating internal as well as external subjects of mathematics (also Rütten & Scherer, 2019).

In studying an historical episode, teachers and students enter a situation in which they are confronted with a multitude of interpretations and points of view. In a certain way, of course, this is the case with any mathematical subject. 'Negotiation of meaning' is the essence of any teaching (Gellert & Krummheuer, 2019). Nevertheless, entering a historical topic poses particular problems. Thus, it will be helpful to discuss shortly what it means to interpret and understand a text.

2   Understanding a Text

What does it mean to interpret a text? Obviously, there is an author (or a group of authors), and it is the task of the reader to understand as best as possible what the author intended to say. It was a great achievement when nineteenth century historicism realized that interpretations of texts necessarily involve considering and carefully studying the historical situation, the context, and the author as an historical person. In the twentieth century, linguistic researchers and philosophers came to understand that interpreting a text depends on the reader and his historical situation as well. Hans Georg Gadamer (1900–2002) in the middle part of his *Wahrheit und Methode* (1990, originally published in 1960; English translation Gadamer, 2004) philosophically elaborated this idea and analysed in detail what a reader and his interpretation add to a text. In consequence, in the triad of author – text – reader today's hermeneutics strongly emphasizes the reader's contribution to an interpretation (Jahnke, 2019 and the literature quoted there).

Gadamer's conception of hermeneutics might be grouped around his three fundamental concepts *application, prejudice,* and *hermeneutic circle.* To understand what is meant by application it is best to start with legal and religious texts. Both have the function to tell people how to behave in a concrete situation that is to *apply* them. Obviously, a community can only exist when this is done in every concrete case in the same way. But frequently, it is not clear from the outset what a law or a religious text say to the case in question. A law court or a priest must judge and decide on the 'right' interpretation of the text. Commentaries are written, and a whole system of procedures is established for judging and deciding concrete cases. One can say that any such judgement and decision has added to and changed the original text, or as Gadamer (2004, p. 320) put it:

> This implies that the text, whether law or gospel, if it is to be understood properly – i.e., according to the claim it makes – must be understood at every moment, in every concrete situation, in a new and different way. Understanding here is always application.

Thus, the core of application is the fact that a text is understood "at every moment, in every concrete situation, in a new and different way". Whether we read a love poem or a historical document on an administrative act we inevitably relate it to our situation, our ideas, concepts, emotions, phantasies, former experiences, former studies etc. That is, we apply the text. And by applying the text, we add to it connotations and dimensions of meaning the author necessarily could not have thought of.

Interpreting a text also depends on the expectations, intentions, and questions the reader has in mind and under which he approaches the text. These are determined by the personal intellectual history of the reader which itself is embedded in the culture of his time. Gadamer characterizes this mixture of previous knowledge and intentions by his concept of *prejudice.* This means that we are embedded in tradition, and tradition suggests concepts and questions we pose regarding the texts we study. Contrary to the usual negative connotations of this concept in Gadamer's view prejudices are not an obstacle, but a condition of understanding. However, prejudices become a problem when we remain unconscious of them, and it is our duty to uncover our prejudices as much as possible. This, however, will not lead to an 'extinction of one's self' as historian Leopold von Ranke (1795–1886) had designated the neutrality of a researcher in doing history. In fact, there is no neutrality. Rather, there is a twofold influence of the historical situation in which we read a text. We can best understand this by looking at the human sciences in general. On the one hand, a scientist studying a text would first ask for the state of the art and embed his research problem into this context. On the other hand, there is the 'application' of human sciences which consists, for example, in contributing to societal debates on, say, ethics, aesthetics, politics and culture in general.

In Jahnke (2014, p. 84ff.) and Fried et al. (2016, p. 216ff.), the reader will find a short account of the *hermeneutic circle* applied to reading sources in the mathematics classroom. There is a 'temporal distance' (Gadamer, 2004, p. 303) which separates the reader from the text, and which is to overcome in the act of reading. In the HPM community this distance is frequently called 'dépaysement' (Barbin, 1994) or 'alienation'. In Gadamer's terminology, understanding amounts to a 'merging of horizons' (Gadamer, 2004, p. 310ff.) and he describes the very process by which the merging is achieved by a spiral, the so-called 'hermeneutic circle'. The process needs a point of departure that is an expectation of what the text is about and which questions it might answer. Then, while reading, the reader realizes that some aspects of the expectation do not agree with what is said in the source. Thus, he has to modify the expectation, read again, modify, and so on until he is satisfied with the result.

The hermeneutic circle is a process of adaption. Successful interpretation means that the harmony between the expectations of the reader and the text is step by step enhanced. Gadamer describes this process as a dialectical oscillation between whole and part. This might refer to the interplay between the meaning of a single word and of a phrase in which a word occurs. In further steps, the reader has to take into account the meaning of, for example, a paragraph in its interplay with the whole text. The dialectics of part and whole is a principal problem of understanding, experienced when reading a piece of literature as well as of mathematics.

In a way the hermeneutic circle is quite analogous to the spiral of modelling and can be considered as a process in which a hypothesis is put up, tested against the (empirical) data, modified, tested again and so on until the creator of the model arrives at a satisfactory result. With modelling, too, it is an important point of view that it aims not only at a better and better representation of the problem in question, but that it is also dependent of the situation and the needs of the creator of the model.

In the language of interpretative classroom research, reading a source in a classroom comprises two different interrelated processes, a negotiation of meaning between a student and a text as well as a negotiation of meaning among students and teacher with a possible outcome of merging horizons.

3 The Phases of the Moon: An Interplay of an Historical Source and Naked-Eye Observations

In Sect. 4 we shall sketch a teaching unit in which students are to read two *reading pieces* on earth, moon, and sun in an ancient Greek booklet on astronomy. The idea is to relate their study to naked-eye observations of moon and sun at daytime and night by the students.

The source from which the reading pieces are taken is a booklet of about 80 pages (in the English translation) bearing the title 'The Heavens' (Bowen & Todd, 2004; German transl.: Czwalina, 1927). Its author Cleomedes is not mentioned by any other ancient author. But from astronomers and observations which Cleomedes mentioned in his book, historians of science conclude that he should have lived in the second century AD. *Reading piece one* is from book II, chapter 4, line 21 to 55 on the light of the moon, and *reading piece two* is from book II, chapter 5, line 41 to 80 in which Cleomedes' gives explanations on the phases of the moon.[1]

The idea of the teaching unit is inspired by Martin Wagenschein (1896–1988). Wagenschein himself never has proposed to read historical sources in a classroom at school, but historical texts formed an important part of his own intellectual life. He seems to have read quite a number of writings by famous scientists, f. e. Aristarch, Foucault, Galilei, Leonardo da Vinci, Kepler, Lichtenberg, Newton to mention only a few. He did so for two motives:

The first one can be called '*genetic*'. Wagenschein argued that the 'old scientists' are in fact the young ones, since we can learn from them how they arrived at their results and thus answer the epistemological question of 'How is science possible'. People working in the HPM community are well aware that this optimistic expectation is true only for a small number of sources, but we shall see that at least in the present case this will prove to be true.

The second one can be called a '*language motive*'. All his life, Wagenschein was fighting against 'textbook knowledge' since in his view it prevents students

---

[1] Line numbers according to the Greek original in the edition (Todd, 1990).

from observing and thinking by themselves. In the case of astronomy, many students and adults know a lot about our solar system but they cannot relate this knowledge to what they observe at the sky themselves. The same is true about most physical phenomena in the world around us. Thus, instead of enlightening, textbook knowledge is 'obscuring knowledge'. To counter this Wagenschein searched for authentic, peculiar, even idiosyncratic linguistic representations of observations and phenomena far off the standardized language of modern science and he read historical texts in the hope to find such authentic phrases and wordings.

Regarding the question of 'How is science possible', Wagenschein attributed a special importance and value to the example of the phases of the moon. He argued that a majority of students and adults being asked to explain this phenomenon would refer to the shadow of the earth as a cause for the crescent figure. But by observing sun and moon when they are simultaneously visible at the sky, it is very easy to realize that there is no shadow of the earth involved and to arrive at the 'right' idea. In addition, one can also directly conclude that the sun must be many times more distant from the earth than the moon. Therefore, time and again he returned to Aristarchos' method of determining the relative distances of sun and moon from the earth (Jahnke, 1998). But he was not so much interested in the numerical side of Aristarchos' method, but in the underlying geometric and qualitative understanding. When we suppose that moon and sun are really physical bodies (which was not obvious to the Greeks) and that the sun is a shining body whereas the moon receives its light from the sun, then we can conclude by thinking and imagination a fundamental fact: **always** is one hemisphere of the moon illuminated by the sun, and one hemisphere is dark. Only on the rare occasions of an eclipse of the moon, this is not the case.

With this fundamental idea in mind, students are asked and guided to observe the pair of moon—sun every day during a certain period of about 2 weeks. When both are visible simultaneously during daytime this is no problem. But what about at night? In this case, we have to add the sun in our mind's eyes to the visible configuration by looking in which direction the illuminated hemisphere of the moon is pointing. In both cases, day or night, we can intuitively conclude that the sun must be distant from the earth many times further than the moon, and, since its apparent size is equal to that of the moon, must be many times larger (Sect. 4). In a combination of imagination, thinking, and observation anybody can get, after some training of his eyes and his imagination, a correct qualitative intuition of the configuration earth – moon – sun without any measurement, any technical instrument, and without any numerical calculation.

All this can be observed and concluded from the two fundamental ideas that the moon receives its light from the sun and that always one hemisphere of the moon is illuminated and the other one is dark. No wonder then, that Wagenschein was interested in authentic descriptions of this phenomenon he found in historical sources. In an Italian – German edition of Leonardo da Vinci's "philosophical diaries", he hit upon a short remark of da Vinci's (Ms. Arundel 94r) on the phases of the moon he liked so much that when quoting it he rearranged it in a way that it looked like a poem (UVeD II [1966], p. 67). Here it is.

"Der Mond hat kein Licht von sich aus, und so viel die Sonne von ihm sieht, soviel beleuchtet sie; und von dieser Beleuchtung sehen wir so viel, wieviel davon uns sieht."	"La luna non ha lume da sè, se non quanto ne vede il sole, tanto l'allumina; della qual luminosità, tanto ne vediamo quanto è quella che vede noi."	"The moon has no light out of herself, and as much as the sun sees of her, as much he illuminates; and of this illumination we see as much as much of it sees us."

What Wagenschein will have fascinated most was the animistic turn in this aphorism of da Vinci's: the sun *sees* a hemisphere of the moon and a part of this hemisphere *sees* us on earth. Sun and moon are considered as intentionally acting living beings. In fact, this is a complete alienation of our usual view in which animate and inanimate nature are sharply contrasted. We shall see in the next section how suggestive and helpful this animistic language can be.

According to his own testimony, the phases of the moon were also an important intellectual companion to Karl Raimund Popper (1902–1994), one of the most influential philosophers of the twentieth century. Popper was interested in and deeply impressed by the Presocratic philosophers since the time when he was 16 years old, and he cultivated this interest all of his life (Popper, 2006, p. 88). But it was only in 1956 that he published a paper entitled 'Back to the Presocratics' in his *Conjectures and Refutations* (1976a; 1st edition in 1956). Since the 1970s, on advice of the later editor A. Petersen, Popper began to think seriously about writing a book on Parmenides and the Presocratics (Popper, 2006, p. 9ff.). He wrote and rewrote several papers including a preface, but the book itself appeared only after his death (Popper, 1998).

Parmenides (520?–450? BC) was a student of Xenophanes, the teacher of Zeno and lived in the newly founded Greek colony of Elea in Southern Italy (Popper, 1998, p. 139). We know of Parmenides' philosophical thinking by a poem in hexameters in the style of Homer and Hesiod of which only 180 lines out of estimated 800 lines have been passed on to us. According to Popper, Parmenides' work "is beset with problems that perhaps will never be solved" (Popper, 1998, p. 139).

Nevertheless, Popper tried to develop an interpretation whose tentative character becomes clear from the fact that his book on Parmenides contains several different attempts.

According to Popper, "Parmenides was the first who consciously placed reality and appearance in opposition and consciously postulated one true unchanging reality behind the changing appearance" (Popper, 1998, p. 140). How did Parmenides arrive at this distinction and to understand its importance? Popper's attempt to answer this question points to the phases of the moon. This is an essential issue in his book. There are three chapters around this idea with slightly modified titles and representing different attempts at describing the idea and its context.

Popper's explanation is rather straightforward. "Parmenides discovered that the observation [...] that the Moon – Selene – waxes and wanes during the course of time is false. [...] She does not change in any way. Her apparent changes are an illusion." (Popper, 1998, p. 108). "The moon does not change. It is a material sphere of which one half is always illuminated, the other half is always dark." (Popper, 1998, p. 108). In eternity, the moon does not change The changing shape of the moon is mere appearance. It does not really exist, it is 'not being'.

Popper was as excited as Wagenschein about the insight that a hemisphere of the moon is always illuminated. Just like Wagenschein Popper rewrote the respective passage in his source (Parmenides' poem), this time as a love poem. Reporting how, as a boy of 16 years, he hit upon the Presocratics Popper commented: "The verses that I liked best were Parmenides' story of Selene's love for radiant Helios [...] before reading Parmenides' story it had not occurred to me to watch how Selene always looks at Helios' rays [...]

Bright in the night
with the gift of his light,
Round the Earth she is erring,
Evermore letting her gaze
Turn towards Helios' rays"

(Popper, 1998, p. 88f., Popper's translation of Parmenides). And he added: "Since the day when I first read these lines (in Nestle's translation), 74 or 75 years ago, I have never looked at Selene without working out how her gaze does indeed turn towards Helios' rays (though he is often below the horizon)." Popper, 1998, p. 89). At another place he added: "I personally am indebted to him [Parmenides] for the infinite pleasure of knowing of Selene's longing for Helios [...]"(Popper, 1998, p. 130).

To consider Parmenides' phrases as a love poem about goddess Selene (the moon) and god Helios (the sun) is only weakly suggested by the Greek wording. Only the half sentence that Selene is always looking for Helios' rays might be in favor of this interpretation. Therefore, it is a (de)construction by Popper that is similar to Wagenschein's poetic deconstruction of da Vinci's short remark. Both, Wagenschein and Popper, by showing a sensitivity to the possibly artistic quality of their sources, created a personal and individual relation to them.

4 The Phases of the Moon: Sketch of a Teaching Unit

Naked-eye observations of astronomical events presuppose visibility and adequate weather conditions. This makes a scheduling of a teaching unit difficult and a certain flexibility is necessary. It will not always be possible to organically interrelate the reading of the source with observing moon and sun. Sometimes there might be time between both activities. In any case, the teacher has to be attentive for the right conditions over a longer period of time. Therefore, the source and the possible naked-eye observations are described independently of each other and in a second step some relations between them are discussed.

The Source In the following the two reading pieces (for exact details see Sect. 3) are presented and analysed. For reasons of space the first one will only be paraphrased whereas the second will be quoted literally.

In *reading piece one* on the light of the moon, Cleomedes discusses three alternative theories. The first one says that the moon is shining by itself which is refuted by pointing to the eclipses of the moon. The second claims that the moon is reflecting the light of the sun. This is the 'accepted' modern theory which, however, is refuted by Cleomedes. The third one is his own theory which may be considered as a combination of the first and the second. He exposes this theory by comparing the shining moon with a heated piece of iron. When heated by fire the iron will finally glow by itself. Thus, according to Cleomedes, the moon is "altered by the light of the Sun, and through such a blending possesses its own light not intrinsically, but derivatively" (Bowen & Todd, 2004, p. 86). In modern terms, one could say that the light of the sun is seen as sort of a catalysator which causes those spots of the moon hit by sun light to burn by themselves. The proposed reading piece comprises this third theory and two arguments against theory number two. These are: (1) Reflection could take place from solid bodies, even from water, but not from "rarefied bodies". In this case, light would be absorbed like a sponge absorb water. In their commentary, Bowen and Todd (2004, p. 88) say that Cleomedes might have considered the moon as a solid body surrounded by an atmosphere like the earth, whereas the German translation suggests that Cleomedes might have considered the moon as a cloud of gas. (2) If, however, the moon would be a solid body the reflected light could not reach further than two stades (around 360 m) as, according to Cleomedes, experiences show. This, of course, would again refute theory two.

Reading piece one requires of the students to identify the three different theories and to evaluate the arguments in favour and against each theory. A particular point is Cleomedes' refutation of the modern accepted theory. Most students will already 'know' that the moon reflects the light of the sun but very few will ever have asked themselves whether this can be possible at all, a typical case of textbook knowledge. Sure, we can see far distant objects. But can they also illuminate us and our surroundings as moon light does? Are there phenomena in our everyday experience that speak in favour of this theory? Or against it? This is not an easy question, and, thus, in a natural way the reading piece draws our students into ancient discussions and generates in a natural way a feeling for the temporal distance which separates us from the ancient text.

Reading piece two runs as follows:

> The cause of the Moon's having differences in its shapes could be more effectively summarized if we used the following procedure to learn what happens to it. Two circles are conceived of in the Moon: A, the one by which its dark part is separated from its illuminated part; B, the one by which the part visible to us is separated from the part that is invisible. Each of these circles is smaller than C, the circle that can divide the Moon into two equal parts, that is, its great circle. Because the Sun is larger than the Moon, it illuminates more than half of it, and thus A (the circle that separates the dark from the illuminated part) is smaller than C (the great circle of the Moon). B (the circle in our line of sight) is, by the same token, necessarily smaller than C (its great circle), since we see less than half of the Moon. The reason is that when a spherical body is seen by two eyes, and the distance between them is less than the diameter of the [sphere] that is being seen, the part [of the sphere] that is seen is less than half. So since B divides the Moon not into equal, but into unequal, parts, it too is smaller than C, the great circle.
>
> Both A and B, however, appear as great circles relative to our perception, and while they always have the same size, they still do not maintain the same fixed position, but cause numerous interchanges and configurations relative to one another as at different times they coincide with one another, or slope to intersection at an oblique angle. Most such intersections are minimal interchanges, but, as is the case with a genus, all are of two kinds: a right-angled [intersection], and one in which they intersect obliquely with one another. There are also only two coincidences: when they coincide at conjunction, and at full Moon.
>
> Now when the Moon passes by the Sun after conjunction, circles A and B distance themselves from one another, and slope to intersection at an oblique angle, so that all

that is left illuminated, at least in relation to us, is the small [area] between the circumferences of both. This type of transition, from the coincidence of the circles to their intersection, completes the Moon's crescent shape, since as the circles continually move toward intersecting one another at right angles, they also increase the phase of illumination, since the [area] between the intersection of the circles is always illuminated in such a progression.

When the figure of intersection reaches right angles, the Moon is seen at the [first] quarter. But when the circles proceed from this figure to obtuse angles, they cause the deity's gibbous shape, while they cause full Moon by again being fully coincident at opposition. Then by proceeding again from this coincidence to yet another, and by completing the same shapes as they wane, they proceed to the point at which all the luminance disappears when the circles A and B exactly coincide with the part of the Moon that faces the heavens. That is essentially our discussion concerning the waxings and wanings of the Moon.

The text contains three basic ideas: (1) It introduces the circle A which separates the dark and the illuminated part of the moon and the circle B in our line of sight and separating the visible (front) part of the moon from the invisible (back) part. In the following we call A the dark-light circle and B the visibility circle. (2) It is rightly stated that both circles A and B are smaller than a great circle and that the illuminated part of the moon is always larger than the dark one as well as the visible part is always smaller than the invisible. Since in both cases the difference is very small ("they appear as great circles to our perception"), they are considered as great circles. Note that in defining the dark-light circle A it is implicitly said that, except for eclipses of the moon, one half of the moon is **always** illuminated by the sun. We see nearly always only parts of A and B. While at new moon neither of them is visible, they collapse into one circle at full moon. (3) The last two paragraphs explain how the different phases of the moon from new moon over crescent figures to half and full and back to new moon correspond to the continuous change of the angle α between the planes A and B.

In Fig. 1, circles A and B are seen 'from above' (the north pole) as line segments during the first quarter of the waxing moon. We define angle α as that angle between A and B which measures the counter clockwise rotation of B in regard to A and is 0 at new moon. Astronomers call α the elongation of the moon. Figure 1 shows three possible positions for α during the first quarter ($\alpha \leq 90°$). The rays of sun light come from right and, because of the enormous distance between sun and moon, are considered as parallel. P is an observer on earth. The observer, the moon, and the sun form a cosmic triangle and define a plane. It is easily proved that α is always equal to the angle sun – earth (observer) – moon.

The usual textbook and internet visualizations of the different shapes of the moon during a month are similar to that in Fig. 2 whereas Fig. 1 provides a new

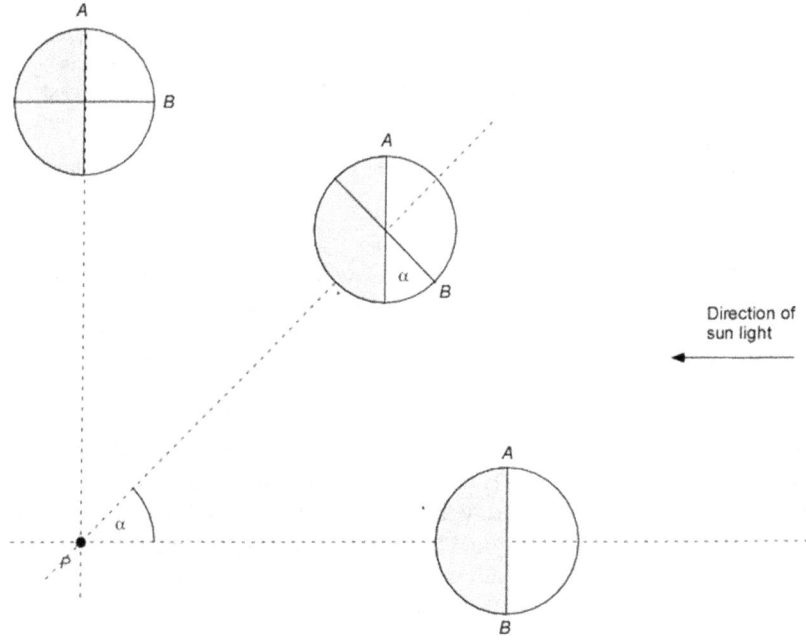

Fig. 1 Relative positions of circles A and B at three points of time

Fig. 2 Waxing crescent

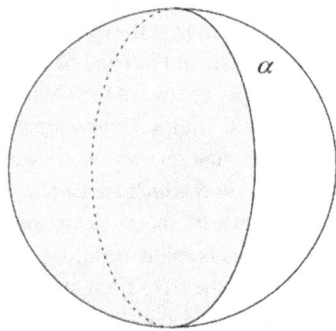

useful perspective inspired by the source. Figure 2 shows a crescent with α = 45° corresponding to the middle position in Fig. 1. The visibility circle *B* is represented by the outer circumference of the moon whereas the dark-light circle *A* is pictured by the ellipsis with one solid and one dotted arc. Normally, on the real sky the observer sees only the (white) crescent.

In the following we turn to the naked-eye observations and start with **Perspectives on a sphere**. To visualize the moon with its dark and illuminated half sphere, one can draw a great circle on a spherical object (f. e., a ball) and symbolize (by color or any other symbol) which half should represent the illuminated part. In Fig. 3, we see on the left a great circle drawn along the seam of the ball and luckily the valve is exactly in the center of the right half sphere. Thus, we say that this half should represent the illuminated part of our model moon since then the valve points directly to the sun. With such a model moon students can actively work, observe it from different sides and sketch the different shapes of crescents dependent on the elongation α. A possible task for the students could be to complete Fig. 1 to a full turn of the moon and to draw for any value of α the respective waxing or waning crescents.

Observing the Sky Figure 4 is a sketch similar to Wagenschein (without date, 1) and shows sun and a waxing crescent in the daytime. It serves for describing possible activities and ways of argumentation when observing the sky. It does not and should not replace real observations with the students. The plane of projection is the fictitious plane where sun and moon seem to be situated on the sky. The straight line is the horizon of the observer (the small figure). The observer should be imagined as standing far in front of the plane of projection such that he looks obliquely upwards to sun and moon. The observer can conclude: (1) The crescent is not caused by the shadow of the earth since the earth does not stand between sun and

Fig. 3 A ball as a physical model

Fig. 4 A typical configuration of a waxing crescent and the sun

moon. (2) Since there is also no other celestial body in the vicinity of moon and sun one half of the moon must necessarily be illuminated by the sun. (3) Thus, it is very plausible to the observer that he sees a part of this illuminated half sphere and that moon light is reflected sun light. When the observer like Cleomedes cannot believe that reflection can produce such bright light on such a large distance he may follow Cleomedes' theory which attempts to explain this. (4) With some thinking the observer will realize that he sees the illuminated half of the moon from obliquely behind. It points neither to us nor to the apparent position of the sun but far away into the cosmos. This is only possible when the sun is also far away and "behind" the moon. To be more precise, the orthogonal to the plane of circle A and the ray from the observer to the apparent sun intersect at the true position of the sun and are nearly parallel. Therefore, the sun is considerably more distant from us than the moon. (5) Since sun and moon as they appear at the sky have the same angular diameter of $0.5°$, the sun must be larger than the moon in the same amount as it is more distant. (6) Under the assumption that moon and sun do not change their relative position in the course of a day, we can mentally rotate the configuration until the sun is below horizon and the moon is still visible and, thus, approximately infer where the invisible sun might be posited. The reader is urgently invited to observe the configuration of moon and sun in reality to get a feeling of how compelling the above observations and conclusions are.

Commentary Which simplifying assumptions have been made by Cleomedes and implicitly by the discussion above? In modern speech they might be called modelling assumptions though the term modelling must not necessarily be mentioned in the classroom: (1) Cleomedes considers the dark-light circle A and the visibility circle B as great circles, though in fact they are smaller. In a commentary, Czwalina (1927, p. 90) says that both circles A and B have a spherical radius of $89.5°$ in contrast to the great circle with $90°$. This means that when the moon has radius r then A and B have a radius of $\cos(0.5°) \times r = 0.999969 \times r$. (2) In Fig. 1, we have assumed that the light rays of the sun are parallel. This was also a frequent simplifying assumption in ancient astronomy. (3) We assume implicitly that over a day sun and moon do not change their relative position. This means that neither the sun nor the moon do move noticeably. (4) We also assume that the sun does not move over a month though it progresses by around $30°$ along its yearly orbit. (5) Geometrically, we get the exact position of the sun in Fig. 4 as point of incidence of the half ray from the observer to the apparent sun with the symmetry plane of the two vertices of the crescent.

The Teaching Unit as a Whole: Relations Between Source and Naked-Eye Observations As already said, scheduling the teaching unit is difficult. Ideally, a first outdoor observation of a constellation like in Fig. 4 should be done before reading the source, in any case as early as possible.

Reading piece one on the light of the moon can be set as homework, and 2 h might be sufficient for identifying the three theories and to evaluate them. It is not important to reach a conclusive result. Rather, students should get a feeling about how the questions on the substance of the moon are interrelated with the phenomena we observe and about the temporal distance which separates us from the source we read.

Reading piece two requires probably another 4 h. It should be treated in combination with working on the model moon. Of course, every student should have his own sufficiently large model, ideally a ball or another spherical object of that size. A possible task is to make sketches like Fig. 2 for the different phases new moon, waxing crescent, waxing half-moon, waxing gibbous, full moon, and the respective waning shapes.

Communication during the outdoor observations (eye protection!) requires the development of special means of expression depending on the habits of the students. For example, students could show the position of the dark-light circle A by means of the palm of their left hand. The sun stands necessarily on the perpendicular to the palm. The students might then point with their right arms to the sun. The real position of the sun is the point of incidence of the perpendicular to the left hand palm and the direction of the right arm. Since both lines are nearly parallel the point of incidence must be very far distant. Another possibility could be the use of an animistic language: "Where is the moon looking for?" "The moon turns its back on us." "The moon shows most of its front side." "The moon looks a little to the right of us past." Or one can apply the language we have used in explaining Fig. 4, number (4).

There are standard procedures for working on texts well-known from the language lessons as f. e., structuring a text, reproducing the main ideas in one's own language, or drawing sketches. These methods should also be applied when reading historical sources. The product will be a collection of self-written texts, sketches, and hopefully a good mental image of the different constellations of sun and moon which produce the different shapes of the moon we can observe.

Depending on the classroom, there are numerous possibilities of deepening the inherent geometry, f. e., pointwise construction of a crescent by circle and ruler, or by means of a DGS like Geogebra, or a construction of the visibility circle B. The latter will drastically show that Cleomedes' simplification of considering it as great circle does make sense only for very large cosmic triangles. Later, this teaching unit could be used as an entrance to 3-dimensional descriptive geometry.

In any case, the students should reflect on what they have done. In fact, without any technical instrument by naked-eye observations they could produce a very suggestive and cogent explanation of the different shapes of the moon in the course a month. Until well into the nineteenth century, there was no possibility for really investigating the questions raised by reading piece one. Whether the moon is a solid body without or with an atmosphere or even a cloud of gas could not be decided. Thus, it was the cogency of the geometrical explanation that led to the acceptance of the idea that the moon reflects the light of the sun. The teaching unit provides a very good opportunity to reflect on how new knowledge is generated or, as Wagenschein had put it in a Kantian style, of "How is science possible?"

Coming back to the theme of cultural diversity one can distinguish between implicit and explicit dimensions. Implicit dimensions refer to the previous knowledge and experiences of the students. Sun and moon are an important part in the daily life of every human being and influence heavily and permanently their perception of time. Sun and moon are also present in children's and youth literature. There they might appear as means of spatial and temporal orientation as is the case in astronomy and navigation, as appearances arousing fear or romantic feelings, or moon and sun might be personalized as friendly smiling beings or as gods. They are at the same time familiar and unfamiliar. In some religions the course of the moon defines the feast days, especially in the Islamic and Jewish calendar, also the Christian Easter is determined by the moon. A crescent moon is part of the national flag of Turkey, and so on. All this is not theme of the present teaching unit, but a teacher should be aware of and attentive to these possible backgrounds. Frequently, they might be helpful as a source of motivation and also as cognitive tools as the example of the usefulness of an animistic language shows. The explicit cultural diversity refers to the difference between the ancient Greek scientific culture and modern science. The history of astronomy is, of course, a standard topic in this regard. Trying to describe the difference between these two cultures one might stress especially two points. One concerns the social roles of the people who did science. In a first and very rough approximation one could characterize the Greek scientist as a philosopher, the modern as a specialist. This is written with considerable hesitation since one should be aware of the specialists in Mesopotamia, Egypt and also some Greek institutions who spent all their lives with measuring positions of sun, moon, stars. And one should also keep in mind that there existed schools in which these people were trained. The second point concerns the available technology. The most famous difference was the invention of the telescope by Kepler and Galileo. But the telescope was only a small first step compared to the technology of modern astronomy. Nevertheless, it does make some sense to consider the students in the present teaching unit as persons who are philosophers, don't use any technology and apply mathematics.

References

Arcavi, A., & Isoda, M. (2007). Learning to Listen: From Historical Sources to Classroom Practice. Educational Studies in Mathematics, 66, 111–129. https://doi.org/10.1007/s10649-006-9075-8

Barbin, É. (1994). Préface. In Commission Inter-IREM Épistémologie et Histoire des Mathématiques, Quatrième université d'été d'histoire des mathématiques (pp. ii–iii). IREM de Lille.

Barnett, J. H., Lodder, J. & Pengelley, D. (2014). The Pedagogy of Primary Historical Sources in Mathematics: Classroom Practice Meets Theoretical Frameworks. Science & Education 23, 7–27. https://doi.org/10.1007/s11191-013-9618-1

Bjarnadóttir, K. (2015). Calendars and currency – Embedded in Icelandic culture, nature, society and language. In E. Barbin, U. T. Jankvist, & T. Hoff Kjeldsen (Hrsg.), *History and epistemology in mathematics education proceedings of the seventh European Summer University ESU 7* (S. 605–624). Danish School of Education.

Bowen, A. C., & Todd, R. B. (2004). *Cleomedes' lectures on astronomy. A translation of 'the heavens' with an introduction and commentary.* University of California Press.

Chorlay, R. (2016). Historical source in the classroom and their educational effects. In: L. Radford, F. Furinghetti, & T. Hausberger (Eds.). Proceedings of the 2016 ICME Satellite Meeting of the International Study Group on the Relations Between the History and Pedagogy of Mathematics (pp. 5–23). IREM de Montpellier.

Clark, K., Kjeldsen, T. H., Schorcht, S., Tzanakis, C., & Wang, X. (2016). History of mathematics in mathematics education. In L. Radford, F. Furinghetti, & T. Hausberger (Hrsg.), *History and pedagogy of mathematics. Proceedings of the 2016 ICME satellite meeting* (S. 135–179). IREM de Montpellier.

Czwalina, A. (1927). Kleomedes. *Die Kreisbewegung der Gestirne.* Übersetzt und erläutert von A. Czwalina. Akademische Verlagsgesellschaft.

d'Ambrosio, U. (2006). *Ethnomathematics. Link between traditions and modernity.* Sense Publishers.

Fried, M. N., Guillemette, D., & Jahnke, H. N. (2016). Panel 1: Theoretical and/or conceptual frameworks for integrating history in mathematics education. In L. Radford, F. Furinghetti, & T. Hausberger (Hrsg.), *History and pedagogy of mathematics. Proceedings of the 2016 ICME satellite meeting* (S. 211–230). IREM de Montpellier.

Gadamer, H.-G. (Hrsg.). (1990). *Wahrheit und Methode: Grundzüge einer philosophischen Hermeneutik* (6. Aufl.). Mohr.

Gadamer, H.-G. (2004). *Truth and method* (J. Weinsheimer & D. G. Marshall, Übers.; 2. Aufl.). Continuum.

Gellert, U., & Krummheuer, G. (2019). Classroom studies—Sociological perspectives. In H. N. Jahnke & L. Hefendehl-Hebeker (Hrsg.), *Traditions in German-speaking mathematics education research* (S. 201–222). Springer International Publishing. https://doi.org/10.1007/978-3-030-11069-7

Gellert, U., & Krummheuer, G. (2019). Classroom studies – Sociological perspectives. In H. N. Jahnke & L. Hefendehl-Hebeker (Hrsg.), *Traditions in German-speaking mathematics education research* (S. 201–222). Springer International Publishing. https://doi.org/10.1007/978-3-030-11069-7

Glaubitz, M. R. (2011). *Mathematikgeschichte lesen und verstehen. Eine theoretische und empirische Vergleichsstudie.* Dissertation. http://duepublico.uni-duisburg-essen.de/servlets/DocumentServlet?id=25416. Accessed 31.05.2013. Universität Duisburg-Essen.

Hosson, C. D. (2015). Promoting an interdisciplinary teaching through the use of elements of Greek and Chinese early cosmologies. In E. Barbin, U. T. Jankvist, & T. Hoff Kjeldsen (Hrsg.), *History and epistemology in mathematics education. Proceedings of the seventh European Summer University ESU 7* (S. 571–583). Danish School of Education.

Jahnke, H. N. (1998). Sonne, Mond und Erde oder: wie Aristarch von Samos mit Hilfe der Geometrie hinter die Erscheinungen sah. *Mathematik lehren, 91*(20–22), 47–48.

Jahnke, H. N. (2014). History in mathematics education. A hermeneutic approach. In M. N. Fried & T. Dreyfus (Hrsg.), *Mathematics & mathematics education: Searching for common ground* (S. 75–88). Springer.

Jahnke, H. N. (2019). Hermeneutics, and the question of "how is science possible?" In E. Barbin, U. T. Jankvist, T. H. Kjeldsen, B. Smestad, & C. Tzanakis (Hrsg.), *Proceedings of the eighth European Summer University on history and epistemology in mathematics education ESU 8*, Oslo 2018 (S. 3–22). Metropolitan University.

Jahnke, H. N., Arcavi, A., Barbin, E., Bekken, O., Furinghetti, F., El Idrissi, A., Silva da Silva, C. M., & Weeks, C. (2000). The use of original sources in the mathematics classroom. In J. Fauvel & J. A. v. Maanen (Hrsg.), *History in mathematics education: ICMI study 6* (S. 291–328). Kluwer.

Jankvist, U. T. (2014). On the use of primary sources in the teaching and learning of mathematics. In M. R. Matthews (Hrsg.), *International handbook on research in history, philosophy and science teaching* (S. 873–908). Springer.

Kjeldsen, T.H., Blomhøj, M. (2012). Beyond motivation: history as a method for learning meta-discursive rules in mathematics. Educational Studies in Mathematics, 80, 327–349. https://doi.org/10.1007/s10649-011-9352-z

Laubenbacher, R. C., & Pengelley, D. (2000). *Mathematical expeditions: Chronicles by the explorers* (Korr. 2. Aufl.). Springer.

Milton, R., Lawrence, S., Gavarrete, M. E., & Alangui, W. V. (2017). *Ethnomathematics and its diverse approaches for mathematics education*. Springer International Publishing. https://doi.org/10.1007/978-3-319-59220-6

Moyon, M. (2011). Practical geometries in Islamic countries. The example of the division of plane figures. In E. Barbin, M. Kronfellner, & C. Tzanakis (Hrsg.), *History and epistemology in mathematics education. Proceedings of the sixth European Summer University ESU 6* (S. 527–538). Holzhausen.

Popper, K. R. (1976a). *Conjectures and refutations: The growth of scientific knowledge* (4. Aufl., rev., Nachdruck Aufl.). Routledge and Kegan Paul.

Popper, K. R. (1998). *The world of Parmenides: Essays on the Presocratic enlightenment* (A. F. Petersen with the assistance of Jörgen Mejer, Hrsg.). Routlegde.

Popper, K. R. (2006). *Die Welt des Parmenides: der Ursprung des europäischen Denkens* (Ungekürzte Taschenbuchausg., 2. Aufl.). Piper.

Rütten, C., & Scherer, P. (2019). Schweinewürfeln – Eine stochastische Lernumgebung zum Würfel. *Stochastik in der Schule, 39*(3), 2–9.

Rütten, C., Scherer, P., & Weskamp, S. (2018). Entwicklungsforschung im Lehr-Lern-Labor – Lernangebote für heterogene Lerngruppen am Beispiel der Fibonacci-Folge. *mathematica didactica, 41*(2), 127–145.

Todd, R. B. (Hrsg.). (1990). *Cleomedis Caelestia (METEORA)*. B. G. Teubner.

Wagenschein, M. (without date). Der Mond und seine Bewegung. In *Wagenschein-Archiv*. http://www.martinwagenschein.de/2/W-002-2.pdf. Accessed 08.03.2023.

Cultural and Linguistic Heterogeneity as a Type of Learning in an Environment of Disadvantages

Jarmila Novotná and Hana Moraová

1   Introduction

The culturally and linguistically heterogeneous character of modern society represents one of the most significant changes that have affected schools in many countries, especially on primary and lower secondary school levels (e.g. Favilli, 2015). In consequence considerable attention should be paid to new teaching methods that allow pupils with different backgrounds and the entire class to take real advantage from the new educational context (Favilli, 2013; Moraová et al., 2018).

The issue discussed here must be viewed in two different perspectives: the first one is that pupils with different mother tongue face the situation of communicating mathematics in an additional language, the other one is that doing mathematics in a culturally and linguistically heterogeneous classroom means facing and overcoming obstacles resulting from the heterogeneous learning environment. This paper focuses on the obstacles arising from the situation when, for a part of the pupils, the heterogeneity of the environment places them in the position of pupils with disadvantage. As documented in several studies, pupils from linguistic and cultural minorities encounter more difficulties in school (e.g. Hastedt, 2016; Novotná et al., 2021) and thus need to be approached as children with special needs.

J. Novotná (✉) · H. Moraová
Pädagogische Fakultät, Karls-Universität, Prague, Czech Republic
E-Mail: jarmila.novotna@pedf.cuni.cz

Acknowledging pupils with a different cultural and linguistic background as pupils with special needs means new demands on the teacher who needs to have a repertoire of methods, techniques, inclusive practices and suitable tools that would allow her to make these pupils feel welcome in the classroom, overcome language obstacles, be empowered socially but also develop in mathematics. At the same time all other pupils in the classroom must get enough attention and opportunities to develop their own competences and knowledge of mathematics. This is not an easy task to achieve for the teacher. In many cases they have not been trained to these situations in the frame of their teacher training and thus find it very hard to cope in this situation. Undoubtedly, without suitable teaching materials and units they will be struggling when planning and teaching their lessons.

2   Research Question

The here reported research is thus driven by the following research question: What are the requirements on teaching materials suitable for the use in heterogeneous classrooms so that their use helps to make obstacles for non-native pupils smaller and to dismantle barriers among learners from various linguistic and cultural backgrounds?

The paper proposes pillars that must be considered when developing teaching materials and units for the use in heterogeneous classrooms. These pillars have been tested while developing materials for lower secondary school mathematics classrooms.

3   Our Research

3.1   Theoretical Background

As documented in Novotná et al. (2021), in research literature much more attention is paid to the linguistic issues linked with teaching and learning mathematics in heterogeneous classrooms than to the question of mathematics that is actually taught. As to specifics of mathematics, attention is paid mostly to teacher education equipping mathematics teachers with the tools needed for work in heterogeneous classrooms (e.g., Barton et al., 2007; Bishop, 1988; César & Favilli, 2006; for more detailed information see also Moraová et al., 2018).

However, a survey conducted among in-service teachers from several European countries (Favilli, 2015) shows that what teachers really need is having ready-made teaching units that can be easily adapted for the different situations in different classrooms. What must be also born in mind is that materials used in heterogeneous classrooms must not prevent understanding mathematics for any of the pupils in the classroom (Ulovec et al., 2013). As Arslan und Altun (2007) point out the usually recommended learning environments may be alien to certain groups of pupils in the classroom, and teachers must take steps to prevent this alienation. The used learning environments must be comprehensible for and accessible to all pupils in the particular group. It is the only way to achieve equity in education and to prevent exclusion of some groups of pupils from education.

In our contribution we use Wittmann's concept of substantial learning environment (SLE). According to Wittmann's definition an SLE is: "A good teaching material for teachers and pupils should be the one which has a simple starting point, and a lot of possible investigation or extension" (1995, p. 266). Such environment is not only inspiring but also supports heterogeneity, allowing pupils from different cultures to be heard, understood and to succeed. Use of SLE makes us look for the starting points that would allow teachers and learners from different cultural and linguistic backgrounds, from different types of schools, levels, with different skills and abilities, to find mathematical material appropriate for their mathematics and their way of doing mathematics.

The use of SLE for constructing problems for pupils is not new (e.g. Krauthausen & Scherer, 2013). Krauthausen und Scherer (2013) focus on adequate tasks for pupils of all capabilities. They refer to the opportunities of SLE for contributing to a deeper mathematical understanding as well as to the development of learning strategies, and for designing different types of problems.

Krauthausen und Scherer (2010, 2013) summarize prerequisites and requirements for teachers and pupils in inclusive settings. They propose as critical demands the following (2013, p. 177): teacher's own mathematical exploration of the mathematical background of the SLE in order to be able to class and value different strategies and solutions, anticipating reflection of presumable strategies/levels for pupils, analysis of genuine pupils' documents, reflection on integration of different strategies, solutions and argumentations, sound capability to moderate plenary discussions (incl. posing questions, initiations, even irritations).

In this chapter, principles for creating suitable teaching materials that make pupils from different cultural and linguistic backgrounds, i.e. with learning difficulties included are presented. It is a part of a more extensive research where the pillars for successful creation and/or adaptation of teaching materials for conditions of heterogeneous classrooms are investigated for different pupils' age levels and abilities. The proposed pillars represent fundamental principles for developing teaching units and materials for the use in heterogeneous classrooms. Knowledge from literature, experience from the project M³EAL and Math4Migrants[1] as well as results obtained from a questionnaire survey among teachers were used.

3.2 Results and Discussion

In the following section, three pillars for creating materials for heterogeneous classrooms (Ulovec & Novotná, 2019; Novotná & Ulovec, 2021) are presented, described, explained and illustrated with an example.

Pillar 1 – Context of Interest for All Pupils in the Classroom Regardless of Their Cultural and Linguistic Background
Context selected for teaching can be either of equal interest to everyone in the classroom or may be quite distant to some of the pupils and their experience (e.g. pupils from different linguistic and cultural backgrounds). If the latter is the case, the situation may result in a decrease in some pupils' motivation to work, may cause they do not recognize the mathematics they know from home and previous education in the alien context, may make them feel isolated or second-rate. Therefore, when selecting a topic, the teacher should make sure that it really is something that can be discussed with pupils from any country and from any linguistic and cultural background in their classroom, i.e. should be universally interesting. Suitable topics can, of course, vary widely, depending on the particular pupils' background and interests.

A teaching unit based on this pillar can be organized e.g. as follows: It can start with a discussion or a brainstorming activity about the chosen topic. Topics that are usually of interest to all pupils in the classroom may be sport, food, popular culture, fairy tales, computer games, animal realm, free time, family, board games, money. This starter activity may (and will in most cases) be not limited to mathematics but bears a rich potential for the following lesson of mathematics. It should be complemented by meaningful questions solvable by mathematics.

The starting activity should be followed by an activity that makes the connection to a mathematical topic; for example, it may offer a solution to one of the issues raised in the starting discussion or brainstorming, it has to make a convincing connection between the context and the mathematical topic.

---

[1] Socrates Comenius 2.1 project: M³EaL—Multiculturalism, Migration, Mathematics Education and Language [526333-LLP-1-2012-1-/T-COMENIUS-CMP].

ERASMUS+ Programme Key Action 2 Cooperation partnership in school education "Developing mathematics teaching units for migrant students (Math4Migrants)".

In the rest of the teaching unit, the connection to the context should be kept. Particularly at the end of the unit, it is important to come back to the originally raised issue, so that the pupils can be convinced that mathematics can really play an important role in solving problems in the chosen context of the unit.

Pillar 2 – Using Cultural Differences as Funds of Knowledge and Using This to Empower All Pupils in the Classroom

The teaching unit must see the cultural differences in the classroom as an advantage, as a source of new, rich and innovative content, not as an obstacle. The unit should have a rich potential for every culture. It should exist in all cultures present in the classroom, be of interest for the participating pupils. Every pupil should be able to say something about it during the discussions. One of the teacher's important tasks is to find a topic with mathematics involved. It would be frustrating for pupils to start discussing the topic enthusiastically and then find out that they cannot work with it any further because the mathematics is above their level or there is "no mathematics" in it.

To start this unit, it would be good if all pupils could bring samples from their own cultural background to the classroom or have access to useful resources. Even if that is not possible, the teacher elicits the pupils' knowledge and experience, which becomes the source of knowledge for everyone in the classroom. Pupils from various cultural backgrounds bring their own experience, learn more about each other and different cultures and feel that mathematics lessons are inclusive, appreciating diverse experience.

In the unit, it is recommended to discuss materials and ideas brought by pupils through the lenses of mathematics. Such analyses can emphasize similarities and/or differences between different cultures present in the classroom. It is of value not only for minority pupils, everyone should benefit. It is particularly important to stress that the cultural input from all the pupils is seen as equally valuable.

What is of utmost importance here is giving all pupils the opportunity to be heard, to show that their experience matters and that it is a source of knowledge for others in the classroom. Showing that they have a culture and a language of their own, that they have rich repertoire of knowledge, albeit different from the rest of pupils is extremely important for their motivation and self-confidence. At the same time, it promotes mutual understanding, respect, tolerance, helpfulness, empathy and open-mindedness in all pupils in the group.

Collaboration between pupils from different groups (language, culture) should be encouraged by the teacher as pupils can learn a lot from each other and they can help each other out.

Pillar 3 – How (Seemingly) Simple Things Can Be Very Different (and Difficult) in Other Places and Cultures

In heterogeneous classrooms, there are, to generalize, two groups of pupils – majority and minority culture and language pupils. This pillar is based on the situations when something seems obvious and natural for pupils from one of these groups and completely alien to the others. The used materials and activities are supposed to help to overcome this obstacle and to help pupils better understand their cultures and backgrounds. For example, the names of numbers in French include quite a lot of additional information that is not in the words in Czech or German. Another example could be the use of units or non-decimal number systems.

As proposed in Novotná et al. (2021), the unit may start with pupils from various backgrounds and countries (also from the majority culture) reporting on how the particularly chosen topic works in their country and language. Alternatively, videos can be watched dealing with the topic. In any case, it is important to stress right from the beginning to all pupils that just because something works differently in another country, it does not mean that it is of less value, less sophisticated, or "not as good" as in the majority culture. Advantages and disadvantages may be discussed, under the careful guidance of the teacher. It is also possible that pupils (or the teacher) can bring suitable demonstration objects that fit with the topic.

The unit can then continue with either concentrating on one particular cultural/practical setting, or by comparing different settings from different countries or cultures. It is important to take care that the connection with the mathematical topic seems natural to the pupils, and is not artificially introduced. If possible, a teaching unit based on this pillar may also discuss different mathematical notations in different countries.

The below proposed material was discussed with teachers (the pandemic situation did not allow to pilot them in the real classrooms) and with student teachers at the Faculty of Education of Charles University and at the University of Vienna. The participating teachers and student teachers evaluated them as useful and supportive. They confirmed their suitability for the use in heterogeneous classes.

3.3 Sample Units

In our previous research (M^3EAL), examples of units suitable for lower secondary schools were presented (e.g. ornaments, factory of triangles, magic squares, famous mathematicians). These units were piloted and the outcome of the pilotings suggest that these materials could be used successfully (Favilli, 2015). In the Math4Migrants project, 75 units were designed for the use in different school levels, from primary to upper secondary levels. The areas of mathematics these units target are geometry (geometric figures, transformations, volume, angles, curves), algebra and financial mathematics.

Let us now illustrate how the pillars work in creation of specific teaching units. All the units have been developed with the pillars as the organizing principles, they welcome knowledge and experience of minority pupils, give them the opportunity to share ideas from their own culture. All the developed units promote pair work (ideally mixed pairs of majority – minority pupils), pay due attention to introduction of the needed vocabulary items in the beginning of the lessons and look for universally comprehensible topics. The tendency is to use open-ended questions and allow pupils to explore, research, reason and argue.

To illustrate this, one of the teaching units developed in the Math4Migrants is entitled Drinks. The whole teaching unit begins with a discussion activity in which pupils talk about popular drinks in their families, towns, countries (Fig. 1). Pupils carry out a simple survey in the classroom which they ask their classmates about their popular drinks. The data collected can be presented in the form of sentences, but visualisation of the data in charts and tables may be used should the teacher think the development of basic statistical competence was one of the aims of the lessons. Asking other pupils in the class the simple question about their favourite drink promotes interaction among everyone. A simple question like this can be asked and answered even by pupils with limited command of the language of instruction.

If possible, the presentation of the collected data may be followed by a short explanation of minority pupils about favourite drinks in their country. This discussion will work on the condition that the command of the language of instruction of all pupils allows it. If not, the pupils whose command of language of instruction is limited can be asked to prepare that at home, bringing pictures of drinks popular in their countries and names of them in their mother tongue. This introduction is based on Pillars 1 and 2, i.e. choosing an environment for doing mathematics from everyday life of every pupil in the classroom is used and the different experience of all pupils is used as a source of new interesting information and stimuli.

Lesson plan:

Warm-up: favourite drinks, whole-class discussion or group work

This can be a whole-class discussion or a simple questionnaire survey. One group may be asking about hot drinks, another group about cold drinks. They decide in the group how they will proceed, how they will organize asking and data processing. This is concluded by presenting the results to the rest of the class.

E.g. 7 pupils prefer Cola, 3 pupils prefer water …; 2 pupils prefer tea, 8 prefer hot chocolate …

Fig. 1 An extract from the teaching unit Drinks

In the rest of the lesson pupils solve mathematical problems based on calculating volume of different vessels and discussing the profit a bartender has if a specific drink is sold at certain price given that we know the price a particular vessel is sold at. Pillar 3 can be made a use of here in case pupils from other cultures are used to work with different units of volume than litres, millilitres etc. In that case the pupil with a different background enriches the whole lesson as they bring new content.

Similarly, the teaching unit entitled At the Market has been designed to allow pupils from different cultural and linguistic backgrounds to bring their own ideas. As is shown in Fig. 2, the unit begins with a discussion of different currencies and coins, which is again the space for pupils from various backgrounds to bring their own currencies, show their pictures or the real coins, discuss the typical prices of various commodities (Pillars 1 and 2).

Cooperation in mixed pairs is encouraged so that all pupils have as much opportunity to learn from each other as possible. Attention is also paid to ensuring the

Warm-up: currencies, coins, whole-class discussion (may be printed as a worksheet

Czech crown

Question for whole-class discussion

What other currencies do you know? (Here migrant children can show and explain what currency is used in their own country.)

Fig. 2 An extract from the teaching unit 'At the market'

needed vocabulary is explained. Practice of unit conversions needed when shopping allows, following the principle of Pillar 3, introduction of other units of measure.

The teaching unit 'On a farm' not only pays attention to introducing the needed vocabulary, it also allows pupils from different cultural and linguistic backgrounds to introduce to the class animals usually bred in their own countries (Fig. 3).

Warm up: individual work

WORKSHEET 1

Write the correct names of the animals, their plural forms, number of heads and legs. You can also colour them!

sheep, goose, hen, goat, horse, turkey, cow

picture	name	plural	Number of heads	Number of legs

Fig. 3 An extract from the teaching unit 'On a farm'

The unit focuses on solving the traditional number of legs and heads word problems using heuristic strategies, i.e. it allows pupils who work on it to use very different solving procedures (heuristic strategies). Pupils from different countries can then use their own ways of approaching this kind of problems and can present the solution to the other pupils. Again, this helps them gain self-confidence and empower them in the group showing their competence.

4 Concluding Remarks

The piloting showed the usefulness of the materials that respect the three pillars for everyone in the classroom. All the three pillars value cultural differences and actually make positive use of these differences in the classroom. Thus, they make every pupil feel important and useful as others benefit from their presence.

In the chapter, we focused on the pillars for designing teaching materials based on analyses of various research studies, examples of specific teaching units using these pillars in their development, and guidelines on how to use these concepts. This offers mathematics teachers a tool that enables them to create their own teaching units, tailor-made for their own classroom needs.

The results of the here presented research have impact on teacher education. As confirmed in Scherer et al. (2019), coping with heterogeneity in inclusive settings requires specific competencies of teachers. The list of these competencies when coping with teaching in heterogeneous classes covers the competencies reported by Scherer et al. supplemented by competencies arising from linguistic and cultural diversity. In the following part of the research, we plan to look for the answer to the following question: What modifications in preservice teacher training are necessary in order to successfully prepare teachers for working in heterogeneous classes.

Acknowledgement This presented research was partly supported by the grant ERASMUS+ Programme Key Action 2 Cooperation partnership in school education "Developing mathematics teaching units for migrant students (Math4Migrants)".

References

Arslan, Ç., & Altun, M. (2007). Learning to solve non-routine mathematical problems. *Elementary Education Online, 6*(1), 50–61.
Barton, B., Barwell, R., & Setati, M. (Hrsg.). (2007). Multilingualism in mathematics education. *Special Issue of Educational Studies in Mathematics, 64*(2), 113–119.

Bishop, A. J. (1988). Mathematics education in its cultural context. *Educational Studies in Mathematics, 19*, 179–191.
César, M., & Favilli, F. (2006). Diversity seen through teachers' eyes: Discourses about multicultural classes. In M. Bosch (Hrsg.), *Proceedings of the 4th Conf. of the European Society for Research in Mathematics Education* (S. 1153–1164). Fundemi IQS Universitat Ramon Lul.
Favilli, F. (2013). Globalization in mathematics education: Integrating indigenous and academic knowledge. In B. Di Paola (Hrsg.), *Proceedings of CIEAEM 65* (S. 49–67). http://m3eal.dm.unipi.it/images/doc/08.dissemination/IT-PI_2013_EN_CIEAEM65.pdf. Accessed 04.04.2021.
Favilli, F. (Hrsg.). (2015). *Multiculturalism, migration, mathematics education and language. Teachers' needs and teaching materials* (M³EaL Project). Tipografia Editrice Pisana.
Hastedt, D. (2016). *Mathematics achievement of immigrant students*. Springer. https://doi.org/10.1007/978-3-319-29311-0
Krauthausen, G., & Scherer, P. (2010). Natural differentiation in mathematics (NaDiMa) – Theoretical backgrounds and selected arithmetical learning environments. In B. Maj, E. Swoboda, & K. Tatsis (Hrsg.), *Motivation via natural differentiation in mathematics* (Proceedings of CME 2010, S. 11–37). University of Rzeszow.
Krauthausen, G., & Scherer, P. (2013). Manifoldness of tasks within a substantial learning environment: Designing arithmetical activities for all. In J. Novotná & H. Moraová (Hrsg.), *Proceedings of SEMT 2013* (S. 171–179). Charles University, Faculty of Education.
Moraová, H., Novotná, J., & Favilli, F. (2018). Ornaments and tessellations: Encouraging creativity in the mathematics classroom. In M. Sinhger (Hrsg.), *Mathematical creativity and mathematical giftedness: Enhancing creative capacities in mathematically promising students* (S. 253–284). Springer. https://doi.org/10.1007/978-3-319-73156-8_10
Novotná, J., & Ulovec, A. (2021). *Developing concepts for mathematics teaching units with a focus on migrant and minority students*. TSG 48, ICME 2021, Shanghai.
NOVOTNÁ, Jarmila - MORAOVÁ, Hana - ULOVEC, Andreas. Three pillars for creation of teaching units for heterogeneous classes - are they suitable for elementary mathematics lessons?. In: NOVOTNÁ, Jarmila - MORAOVÁ, Hana. SEMT '21 Proceedings : Broadening experiences in elementary school mathematics. 1st ed.Praha: Univerzita Karlova, Pedagogická fakulta, 2021, s. 320–328. ISBN 978-80-7603-260-6.
Scherer, P., Nührenbörger, M., & Ratte, L. (2019). Inclusive mathematics – In-service training for out-of-field teachers. In J. Novotná & H. Moraová (Hrsg.), *Proceedings of SEMT '19ics* (S. 382–391). Charles University, Faculty of Education.
Ulovec, A., & Novotná, J. (2019). Concepts for teaching units in mathematics for migrant and majority pupils. In J. Novotná & H. Moraová (Hrsg.), *Proceedings of SEMT '19* (S. 489–491). Charles University, Faculty of Education.
Ulovec, A., Moraová, H., Favilli, F., Grevholm, B., Novotná, J., & Piccione, M. (2013). Multiculturalism in theory and teachers' practice. In J. Novotná & H. Moraová (Hrsg.), *Proceedings of SEMT '13* (S. 322–330). Charles University, Faculty of Education.
Wittmann, E. C. (1995). Mathematics education as a "Design Science". *Educational Studies in Mathematics, 29*(4), 355–374. https://doi.org/10.1007/BF01273911

Jahrgangsmischung im Mathematikunterricht – Heterogenität als Chance nutzen

Bernhard Matter

1 Einleitung

In einem Educational-Design-Research-Projekt wurden Lernangebote für den jahrgangsgemischten Mathematikunterricht entwickelt und erprobt. Zielgruppe war das 4. bis 6. Schuljahr, da für die Schuleingangsstufe bereits zahlreiche Angebote und Untersuchungen existierten. Das Projekt umfasste 13 Interventionen in drei Schuljahren, wobei einige der Themen von Anfang an in dreijährigen Zyklen geplant wurden. Die Inhalte stammten gemäß dem deutschschweizerischen Lehrplan durchwegs aus dem Kompetenzbereich Zahl und Variable (Deutschschweizer Erziehungsdirektorenkonferenz, 2016). Jede Intervention wies jeweils einen spezifischen Charakter auf. So handelte es sich bei der *Addition/Subtraktion* um Forschungsaufträge, beim *großen Einmaleins* wurde durch beziehungsreiches Üben flexibles Multiplizieren und Dividieren gefördert und beim Thema *Brüche* stand der Aufbau von Grundvorstellungen im Zentrum.

Nachfolgend werden vorerst die didaktischen und methodischen Grundlagen für einen sinnvollen jahrgangsgemischten Mathematikunterricht im Zusammenhang mit der Auffassung von Mathematik als Wissenschaft der Muster und Strukturen dargelegt (Abschn. 2) und in exemplarischem Sinn die Erprobung und Evaluation der Intervention *Bruchvorstellungen* erläutert (Abschn. 3). Die Analyse von Lernprozessen (Abschn. 3) beruht auf Dokumenten von Schüler*innen sowie videografierten Partnerarbeiten (Abschn. 4). Abschließend werden einige offene

B. Matter (✉)
Landquart, Schweiz

© Der/die Autor(en), exklusiv lizenziert an Springer Fachmedien Wiesbaden GmbH, ein Teil von Springer Nature 2024
B. Barzel et al. (Hrsg.), *Inklusives Lehren und Lernen von Mathematik*,
https://doi.org/10.1007/978-3-658-43964-4_3

Fragen im Zusammenhang mit Forschungsergebnissen aus Wirkungsstudien zu jahrgangshomogenen und -gemischten Lerngruppen diskutiert (Abschn. 5).

2 Grundlagen für den jahrgangsgemischten Mathematikunterricht

Mathematik gehört zu den sogenannten MINT-Fächern. Diese zusammenfassende Bezeichnung widerspiegelt die engen Beziehungen zwischen den Disziplinen Mathematik, Informatik, Naturwissenschaften und Technik. Da Mathematik und Informatik eine starke geisteswissenschaftliche Komponente beinhalten, unterscheidet sich die Art und Weise der Erkenntnisgewinnung teilweise von derjenigen in den Naturwissenschaften und der Technik. Es stellt sich daher die Frage, ob Mathematik eher den Naturwissenschaften oder den Geisteswissenschaften zuzuordnen ist. Von Weizsäcker (1979) beantwortete diese Frage mit dem Begriff *Strukturwissenschaft*. Diese beschäftigt sich ausdrücklich mit der Suche nach Gemeinsamkeiten und Unterschieden in einer Vielzahl von Einzelfällen sowie der Erforschung eines beziehungsreichen Geflechts von übereinstimmenden, verwandten und unterschiedlichen Mustern. Daher bilden die beiden kognitiven Prozesse *Abstrahieren* und *Verallgemeinern* sowohl den Kern mathematischer Tätigkeit (Matter, 2017) als auch die Grundlage für die *„Mathematisierung der Wissenschaften"* (Weizsäcker, 1979, S. 22). Die Bedeutung dieser Auffassung der Wissenschaft *Mathematik* für das Lernen insgesamt, jedoch insbesondere für das Lernen in heterogenen Lerngruppen, wird in diesem Kapitel erörtert.

Im Zusammenhang mit der Auffassung von Mathematik als Strukturwissenschaft drängt sich eine vertiefte Betrachtung der Begriffe *Muster* und *Struktur* auf (Matter, 2017). Struktur bezeichnet das innere Beziehungsgefüge eines mathematischen Teilgebiets. Dieses beruht auf Axiomen und formalen Umformungsregeln. Strukturen sind logische Skelette, welche in unterschiedlichen mathematischen Themen eine semantische Bedeutung erhalten können. Wesentlich an einer Struktur sind nicht die Elemente dieser Skelette, sondern die Beziehungen zwischen den Elementen. So verknüpfen die Grundoperationen Elemente von Zahlenmengen miteinander, wodurch algebraische Strukturen entstehen, welche auch in Mengen von Abbildungen oder Matrizen und anderem mehr Bedeutung haben können (Arens et al., 2013). Diese Strukturen sind mit zahlreichen Mustern vernetzt. Dazu gehören Rechengesetze, funktionale Zusammenhänge und weitere Regelmäßigkeiten (z. B. Lüken, 2012; Wittmann & Müller, 2008). In Zahlenmengen resultieren Beziehungen, welche für flexibles Rechnen wichtig sind (Verdoppelungs- und Halbierungsaufgaben, Nachbaraufgaben usw.). So ist ein numerisches Netzwerk ein aus der Struktur der natürlichen Zahlen entwickeltes Muster. Ebenso beruhen Muster in Zahlenmauern oder in operativ strukturierten Päckchen auf der durch die Grundoperationen aufgeprägten Struktur.

Aus diesen Überlegungen ergeben sich zwei gegensätzliche Wege der Wissenskonstruktion. Beim formalistischen oder deduktiven Weg leiten die Lernenden mathematisches Wissen direkt aus den Strukturen ab. Der konstruktivistische oder induktive Weg führt durch Abstrahieren und Verallgemeinern von passenden Kontexten zu einem zunehmend tieferen Verständnis der Strukturen. Während der Prozess des Abstrahierens die selektive Konstruktion eines Begriffsinhalts aus Kontexten bezeichnet, steht Verallgemeinern für die konstruktive Erweiterung des Begriffsumfangs durch neue Erfahrungen. In diesem Sinne spricht Freudenthal (1987) von horizontaler und vertikaler Mathematisierung. Die Lernenden erkennen in geeigneten Lernangeboten Muster und Beziehungen unter den Mustern (horizontales Mathematisieren, Treffers, 1987). Sie erforschen und verallgemeinern Muster und entwickeln ein zunehmend tieferes Verständnis des Beziehungsgeflechts zwischen den Mustern (vertikales Mathematisieren, ebd.). Abstrahieren und Verallgemeinern bzw. horizontal und vertikal Mathematisieren treten im Verbund auf und führen durch *„fortschreitende Schematisierung"* (Krauthausen & Scherer, 2007, S. 142 ff.) zu relationalem Wissen und damit zu formaler Mathematik. Nachhaltiger Mathematikunterricht orientiert sich deshalb an der Struktur innerhalb der mathematischen Themen sowie an den Beziehungen der relevanten Themen untereinander. Am Beispiel der Intervention *Bruchvorstellungen* wird dieser Aspekt des Mathematikunterrichts illustriert.

Bruchvorstellungen sind eine wesentliche Voraussetzung für das verständnisorientierte Operieren mit Brüchen (Padberg & Wartha, 2017). Daher sind bei diesem Lerninhalt die Struktur der Menge der rationalen Zahlen und deren Einbettung innerhalb der Zahlbereiche relevant (Abb. 1). Auf einer formal höheren Stufe sind algebraische Strukturen wie Gruppen oder Körper angesiedelt. Die individuelle

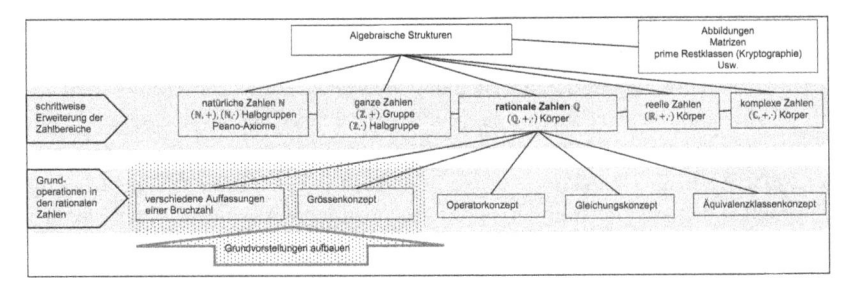

Abb. 1 Struktur rationale Zahlen

Konstruktion von strukturellem Wissen knüpft am Vorwissen der Lernenden an und verläuft auf Wegen mit Windungen, Kreuzungen, Umwegen und Sackgassen unterschiedlich erfolgreich. Das gilt aus einer globalen Sicht für jahrelange Lernprozesse in Bezug auf größere Themen wie die rationalen Zahlen insgesamt oder für Inhalte von übergeordneten, formalen Begriffen wie algebraische Strukturen ebenso wie aus einer lokalen Sicht für die Lernprozesse innerhalb einer zeitlich zusammenhängenden Lernsequenz von wenigen Lektionen. Für die Planung von zusammenhängenden Lernsequenzen sind Verdichtungen einer übergeordneten Struktur sinnvoll (dazu Abschn. 3). Entscheidet sich eine Lehrperson für eine anschauliche Einführung der Grundoperationen auf der Basis des Größenkonzepts, sieht die detailliertere Struktur anders aus, als wenn sie einen formalen Weg gemäß dem Operator- oder Gleichungskonzept bevorzugt.

Um die Heterogenität einer jahrgangsgemischten Lerngruppe zu nutzen, müssen mehrere didaktische Aspekte in Form eines *konstruktivistischen Umfeldes* zusammenspielen (Matter, 2017; Weskamp, 2019):

- *Fundamentale Ideen* unterstützen die Orientierung an den Strukturen (Bruner, 1970). Sie ermöglichen das kontinuierliche Erweitern und Vertiefen von Wissen auf der Basis von Mustern, welche auf unterschiedlichen kognitiven Niveaus erfahrbar und in verschiedenen Teilgebieten der Mathematik relevant sind, sowie in langfristiger Perspektive weiter ausgestaltet, fortgesetzt und angewendet werden können. Durch *aktiv-entdeckendes Lernen* können die Schüler*innen ein tieferes Verständnis zu den relevanten Mustern entwickeln.
- *Substanzielle Lernangebote* sind so gestaltet, dass sie die wesentlichen Strukturen des Lerninhalts repräsentieren und hinreichend komplex sind, damit die Lernenden im Sinne der *natürlichen Differenzierung* an ihrem individuellen Vorwissen anknüpfen und einen Lernfortschritt erzielen können (Krauthausen & Scherer, 2014; Wittmann, 1998).
- Die individuelle Wissenskonstruktion braucht neben eigener Aktivität und substanziellen Lernangeboten Möglichkeiten zum Austausch mit anderen Individuen. Muster und deren Beziehungen untereinander werden durch Zeichen und Begriffe repräsentiert, deren Bedeutung die Lernenden im Sinne eines moderaten Konstruktivismus durch *soziale Interaktion* unter den Lernenden und Lehrenden aushandeln (Nührenbörger, 2009; Prediger et al., 2013; Steinbring, 2005; Wälti, 2021). Dieser Austausch kann in jahrgangsübergreifenden Lerngruppen durch die Beteiligung von Lernenden in unterschiedlichen Zonen der Entwicklung günstig beeinflusst werden.
- In ganzheitlichen Zugängen entwickeln die Schüler*innen Einsichten in größere Zusammenhänge, wodurch das Erfassen von Strukturen gefördert und das

Potenzial für kooperatives Arbeiten verstärkt wird (Scherer, 1995). Im jahrgangsgemischten Unterricht muss der ganzheitliche Zugang über zwei oder drei Schuljahre geplant werden.

3 Intervention Bruchvorstellungen

Ausgangspunkt für die Planung der Intervention *Bruchvorstellungen* war die Struktur der rationalen Zahlen (Abb. 1). Mithilfe des Lesh-Modells wurde die umfassendere Struktur im Bereich *Größenkonzept/weitere Auffassungen einer Bruchzahl* verdichtet (Lesh et al., 1987). Dieses Modell vernetzt die fünf Module *Alltagssituationen* (Verteilen von Kuchen oder Pizzastücken, Größenmasse, Zeitangaben), *Materialien* (Wendeplättchen legen, Papier falten), *gesprochene Sprache* (eine Hälfte, ein Drittel, zehn Prozent, jeder Zehnte, eines von zehn), *geschriebene Symbole* ($\frac{4}{5}$, 0,3, 10 %, 1:2) und *Bilder* (Eierschachteln, Getränkekisten, Rechteck- oder Kreismodell, Zahlenstrahl) untereinander (Matter, 2017). Die Lernangebote der Intervention repräsentieren diese Struktur und ermöglichen den Lernenden zahlreiche Transfers zwischen (intermodal) und innerhalb (intramodal) der Module. Diese Repräsentationswechsel fördern den nachhaltigen Wissensaufbau (Prediger et al., 2013). Gewöhnliche Brüche, Dezimalbrüche, Prozente und weitere Auffassungen einer Bruchzahl werden innerhalb einer Lernsequenz in einem ganzheitlichen Zugang thematisiert. In einem dreijährigen Zyklus setzen sich die Lernenden wiederholt mit dem semantischen Fundament der Bruchrechnung auseinander. Im zweiten und dritten Jahr vernetzen die Schüler*innen die Regeln und Automatismen erneut mit Grundvorstellungen, was das korrekte syntaktische Agieren nachhaltig begünstigt.

In einer ersten Phase der Intervention wurde das Vorwissen der Lernenden aktiviert und die Schüler*innen sammelten erste Erfahrungen zu den intendierten intra- und intermodalen Transfers (Matter, 2017). In einer Standortbestimmung mussten die Lernenden in Einzelarbeit mit Worten, Skizzen und Beispielen aus dem Alltag ihre Assoziationen mit den Begriffen *ein Halbes (eine Hälfte), ein Viertel, drei Viertel, ein Drittel* und einem selbst gewählten Beispiel zu Papier bringen. Diese Standortbestimmung wurde erweitert durch Aufgaben zum Vergleichen von Brüchen, welche durch Wörter oder als gewöhnliche bzw. Dezimalbrüche gegeben waren. In Einzelarbeit mussten der größere von zwei Brüchen angekreuzt und die Antwort begründet werden. In einer ersten Partnerarbeit stellten sich die Schüler*innen ihre Antworten gegenseitig vor, besprachen Unterschiede, erklärten sich gegenseitig Lösungswege, wendeten ihre Erkenntnisse in einem selbst gewählten

Beispiel an und schrieben gemeinsame, neue Begründungen. In einer weiteren Partnerarbeit wurden durch Papierfalten das Rechteckmodell eingeführt und Transfers vom Rechteckmodell zu geschriebenen Symbolen und umgekehrt angeregt. Dabei wurde auch bereits das Darstellen von zwei Brüchen in einem Rechteck einbezogen. Nachfolgend sammelten die Lernenden mithilfe von Wendeplättchen Erfahrungen zu verschiedenen Darstellungen von Brüchen und unterschiedlichen Sprechweisen. Dabei waren die Plättchen in Reihen gelegt oder zu Rechtecken zusammengeschoben. Die erste Phase wurde durch die Einführung von Prozenten mithilfe von 10 × 10-Quadraten abgeschlossen. Mit Hilfe solcher Quadrate mussten die Zusammensetzung von konkreten Lebensmitteln dargestellt sowie gewöhnliche Brüche und Dezimalbrüche in Prozente umgewandelt werden.

In der zweiten Phase der Intervention wurde mit Spielkarten, auf welchen Brüche aus dem Intervall [0,1] in unterschiedlichen Darstellungen (entsprechend dem Lesh-Modell) abgebildet waren, gearbeitet (ebd.). Vorerst zogen die Schüler*innen zwei oder mehr Karten zufällig aus einem Kuvert, ordneten die abgebildeten Brüche nach der Größe. Die Antworten mussten begründet werden. In einem Partnerspiel (Affolter et al., 2014) und dem Spiel BRUNO, einem Spiel nach den Regeln von UNO mit Bruchkarten (Kleine & Goetz, 2006), konnten die Lernenden ihr Wissen zum Vergleichen von Brüchen anwenden. Abgeschlossen wurde die Intervention mit einer Standortbestimmung zum Darstellen und Vergleichen von Brüchen (Matter, 2017).

4 Analyse von Lernprozessen

Die jahrgangsgemischten Partnerarbeiten wurden auf der Basis von Videoaufzeichnungen und Dokumenten der Schüler*innen analysiert. Diese Analyse fokussierte auf Verstehensprozesse, welche auf der kooperativen und der individuellen Ebene erfasst werden können. Entsprechend wurde in der Analyse zwischen der kommunikativen und der epistemologischen Ebene unterschieden. Auf der kommunikativen Ebene wurde untersucht, ob die Partner*innen einander zu hörten, Mitteilungen deuteten und ob sich ein kognitives Miteinander mit einem fortgesetzten Modifizieren von Bedeutungen entwickelte. Die epistemologische Ebene enthält Erkenntnisse zu Mustern, zu Abstraktions- und Verallgemeinerungsprozessen und zu Zusammenhängen zwischen den Strategien und den Strukturen der Aufgaben. Der Einfluss der Jahrgangsmischung auf die Wissenskonstruktion wurde im Zusammenhang mit den Zonen der Entwicklung erörtert. Dabei wurde zwischen den Zonen der früheren, der aktuellen und der nächsten Entwicklung unterschieden (Krauthausen & Scherer, 2007; Lompscher, 2003; Nührenbörger & Pust, 2011).

Fachliche und soziale Aspekte prägten den Verlauf der Partnerarbeiten und die Verstehensprozesse. Aus der Kombination der Merkmale fachlich ausgeglichen/unausgeglichen und sozial ausgeglichen/unausgeglichen ergaben sich vier Grundmuster, welche in den Interventionen in unterschiedlich starker Ausprägung beobachtet werden konnten. In einem fachlich ausgeglichenen Austausch vermochten beide Partner*innen mehr oder weniger gleichermaßen zum Gesamtergebnis der gemeinsamen Arbeit beizutragen, beide erkannten und nutzten Muster. Beide konnten Strategien vorschlagen und erklären oder Lösungen bestimmen. Neben dem individuellen Leistungsniveau der Lernenden spielten dabei die domänenspezifischen Vorkenntnisse eine Rolle. Das individuelle Leistungsniveau der Schüler*innen wurde auf der Basis der Zeugnisnoten ermittelt und in die drei Stufen A (höchstes Niveau), B und C unterteilt. Das Vorwissen war bezüglich des Umganges mit Brüchen sehr heterogen, insbesondere verfügten die Viertklässler über keine schulischen Vorkenntnisse.

Fachlich ausgeglichene Partnerarbeiten zeichneten sich durch hohe kognitive Aktivität aus. Ein kognitives Miteinander und fortgesetztes Modifizieren von Bedeutungen prägten den Austausch. Entwickelten beide Lernenden gemeinsame Lösungen oder Begründungen in einem kognitiv aktiven Austausch, so konnte die Unterscheidung der Zonen der aktuellen und der nächsten Entwicklung schwerfallen. In diesen Fällen bewegten sich vermutlich beide Schüler*innen in einem Übergangsbereich dieser beiden Zonen. Beide Partner*innen konnten wiederholt einander zu neuen Vorgehensweisen und Lösungen inspirieren. Der folgende kurze Austausch zwischen dem Viertklässler S (Leistungsniveau A) und dem Sechstklässler T (Leistungsniveau C) ist ein konkretes Beispiel einer solchen Partnerarbeit (L steht für Lehrperson). Es geht um die Umwandlung von $\frac{1}{3}$ in Prozent.

1	S	Ein Drittel? (*11 s*)
2	T	Ein Drittel von hundert? (…) Ich weiss es nicht
3	S	Ich auch nicht. (*11 s*)
4	T	Dreimal fünfunddreissig. (*5 s*)
5	S	Nein, gibt hundertfünf. (…)
6	T	Ah, dreimal fünfunddreissig Komma zwei. (*4 s*) Nein, das geht gar nicht. (*5 s*) Ja, weiss # nicht
7	S	# Dreimal dreiunddreissig gäbe, (.) das geht gar nicht. (..) Dreimal (.), dreimal dreiunddreissig und ein Drittel (.) müsste es sein. (.)
8	T	Dreimal dreiunddreissig, (*Mundart*) neunundneunzig
9	S	Ja, und dann etwas, wo (.) man noch mal drei machen kann und dann (…)
10	T	[*L tritt hinzu*] Sie, wir checken hier f und g nicht

(Fortsetzung)

11	L	Habt ihr schon probiert zu zeichnen? [*weist auf das Hilfsblatt mit 10 × 10-Quadraten hin.*] Deshalb habe ich dieses Blatt gegeben
12	T	Wir checken nicht einmal, wie es da geht. [*zeigt auf das Hilfsblatt.*]
13	S	Aber das geht ja auch gar nicht auf
14	L	Ja, richtig. Wie viel gibt es?
15	S	# Dreiunddreissig Komma drei
16	T	# Dreiunddreissig Komma drei drei null null null drei drei unendlich …

Ergebnisse anderer Studien bestätigen, dass Tandems aus Partner*innen mit fachlich vergleichbaren Fähigkeiten besonders erfolgreich bezüglich fundamentaler Lernprozesse sind (Slavin, 1987; Wagener, 2014). Fundamental bedeutet in diesem Sinne, dass die Lernenden ihr Wissen nicht nur erweitern, sondern bisheriges Wissen reorganisieren (Miller, 1986). In einigen dieser Partnerarbeiten übernahmen die älteren Lernenden eine Führungsrolle, welche die jüngeren in vielen Fällen akzeptierten, sich jedoch trotzdem aktiv an der Konstruktion der Strategien und Lösungen beteiligten. In einem solchen Austausch konnte sich die Führungsrolle dank dem individuellen Leistungsniveau der jüngeren Schüler*innen im Verlaufe der gemeinsamen Arbeit verlieren.

Unterschieden sich die fachlichen Fähigkeiten der Partner*innen, so war das soziale Verhalten beider Lernenden für einen Lernerfolg ausschlaggebend. Wenn leistungsstärkere, jedoch nicht zwingend ältere Partner*innen, die leistungsschwächeren Mitschüler*innen im Austausch einzubinden vermochten und sie bestrebt waren, in deren Rahmen zu erklären, und sich diese um eine aktive Beteiligung am Austausch bemühten, so verbuchten beide Partner*innen in einem kognitiven Miteinander und durch gegenseitiges Deuten von Mitteilungen einen Lernzuwachs. Die leistungsschwächeren Schüler*innen konstruierten neues Wissen in der Zone der nächsten Entwicklung. Die Leistungsstärkeren konstruierten neues Wissen in der Zone der aktuellen Entwicklung oder vermochten dank der Rückschau auf frühere Lernprozesse ihr bisheriges Wissen neu zu ordnen. Degradierten leistungsstärkere Partner*innen die leistungsschwächeren durch ihr Verhalten zu Empfängern von Mitteilungen ohne die Möglichkeit, dass diese die Gedanken deuten konnten, und akzeptierten diese ihre Rolle, so erzielten beide Lernenden höchstens geringe Lernfortschritte. Häufig gingen die stärkeren Schüler*innen schnell vorwärts, sodass die schwächeren Partner*innen zurückblieben. Es konnte kein kognitives Miteinander entstehen und keine Wissenskonstruktion durch Kooperation erfolgen. Die kognitive Aktivität blieb in diesen Fällen meistens unklar. Allenfalls erzielten die stärkeren Schüler*innen Lernfortschritte in ihrer aktuellen Zone der Entwicklung. Intervenierte die Lehrperson während einer solchen Partnerarbeit mit einer Aufforderung an die leistungsstärkeren Lernenden, die leistungsschwächeren zu unterstützen, so konnte der Verlauf günstig beeinflusst werden und beide Partner*innen vermochten Lernfortschritte in ihrer Zone der Entwicklung zu erzielen.

Die Partnerarbeit der Sechstklässlerin N (Leistungsstufe B) und der Viertklässlerin L (Leistungsstufe C) kann in zwei Phasen unterteilt werden. Im ersten Teil der Arbeit sprach N alles vor, was sie machten. Sie gab exakte, rezeptartige Anweisungen und ging schnell vorwärts. L hinkte mit Schreiben stets hinten nach. Nachdem die ersten Aufgaben gelöst waren, begann N sofort mit der letzten Aufgabe, der Umwandlung von gewöhnlichen Brüchen und Dezimalzahlen in Prozente. L schrieb ab, sie erhielt keine Erklärungen. N las die Frage am Schluss des Arbeitsblattes vor und erklärte: *„Also, ich habe so überlegt: ein Zweitel ist die Hälfte. (.) Und dann habe ich, ein Viertel ist ja die Hälfte von ein Zweitel und dann habe ich (.), also, das erste das wir schreiben, ähm, wir haben (...) immer auf Hundertstel gedacht, dort wo es nicht so einfach war."* N diktierte den Text und dachte noch über die Umwandlung eines Drittels in Prozente nach (Aufgabe f). Nach einiger Zeit schrieb sie: *„Bei f konnten wir es leider nicht ausrechnen."* Die Schülerinnen wollten ihre Lösungen abgeben, doch der Lehrer beauftragte N, ihrer Partnerin die Umwandlungen in Prozente zu erklären. N bemühte sich in der Folge um Erklärungen im Rahmen ihrer Partnerin und ließ genügend Zeit, dass auch L ihr Wissen anwenden konnte. Dank ihrer eigenen Erklärungen erkannte Natascha eine Vorgehensweise für das Umrechnen des Drittels: *„Dann musst du nämlich, beim Drittel müssten wir hundert geteilt durch drei, drei Rest eins, drei, drei, drei. Unendlich. Das geht unendlich."* N hatte eine Strategie gefunden, welche die Umwandlung in Prozente für beliebige gewöhnliche Brüche erlaubt. Erst dank den Erklärungen für L vermochte sie die Strategie auf einen Drittel anzuwenden und die Lösung im 10 × 10-Quadrat mit $33\frac{1}{3}$ Kästchen zu veranschaulichen.

Die Analyse der Lernprozesse gab zahlreiche Hinweise zur Bedeutung der Struktur des Lerngegenstands und zu den von den Schüler*innen erkannten Mustern. Die Lernenden entwickelten ein breites Verständnis für das durch das Lesh-Modell repräsentierte innere Beziehungsgefüge, sie erkannten, beschrieben und nutzten Beziehungen zwischen den vielen verschiedenen Darstellungsmöglichkeiten von Brüchen. Sie konnten Muster fortsetzen und in neuen Herausforderungen anwenden. Exemplarisch kann dies beim Ordnen von Brüchen gezeigt werden. Für die Begründungen der Reihenfolge verfügten die Lernenden über ein breites Repertoire. Sie ordneten häufig die Brüche aufgrund ihrer Vorstellungen korrekt und suchten nachfolgend geeignete Begründungen. Diese hatten unterschiedliche, zum Teil einander überlagernde Wurzeln. Dazu gehören die Erfahrungen aus der Arbeit mit den Arbeitsblättern der ersten Arbeitsphase, die auf den Spielkarten abgebildeten ‚Bruchgesichter' und bestimmte Konstellationen von Brüchen. Manchmal wählten die Lernenden eine Strategie, welche in einem vorherigen Beispiel bereits erfolgreich war. Die Vorgehensweisen wurden in den jahrgangsgemischten Partnerarbeiten entwickelt, oft gemeinsam in fachlich ausgeglichenem Austausch. Manchmal entstanden neue Begründungen durch Hilfeleistungen an leistungsschwächere Partner*innen. Die Analysen zeigten, dass erwünschte Lernprozesse im Sinne des horizontalen und vertikalen Mathematisierens angeregt wurden.

Zu Beginn der Intervention bevorzugten die Lernenden das Kreismodell für die Veranschaulichung von Brüchen. Dieses Modell ist dank seinem starken Alltagsbezug insbesondere für Lernende mit geringen Vorkenntnissen naheliegend. Kreise können als Abstraktionen von Pizzen, Kuchen oder analogen Uhren verstanden werden. Allerdings mangelt den Kreisdarstellungen häufig die für den Vergleich nahe beieinanderliegender Brüche notwendige Genauigkeit. Die Planung der Intervention favorisierte von Anfang an Rechtecke zur Veranschaulichung. Rechtecke eignen sich zur Förderung des Verständnisses für das Operieren mit Brüchen (Erweitern, Kürzen, Grundoperationen) besser als andere Modelle. Wird das Rechteckmodell bereits beim Aufbau von Grundvorstellungen zu den Brüchen gefördert, so kann dieses Denkwerkzeug das eigenständige Ableiten des Kalküls für die Grundoperationen ermöglichen. Exemplarisch lässt sich dies in einer Partnerarbeit des Fünftklässlers A (Leistungsniveau A) und des Sechstklässlers T (Leistungsniveau C) illustrieren. Die beiden Schüler zogen drei Bruchkarten mit Darstellungen von den Brüchen 1/2 (als Rabatt auf einem Lebensmittel), 1/10 (als gefärbte Diagonale in einem 10 × 10-Quadrat) und 1/4 (als Dezimalzahl 0,25). Im Austausch schlug A ein Rechteck mit 40 Kästchen vor, weil *„1 Viertel sind 10 Häuschen* [schweizerdeutsch für Kästchen, Anm. BM]*, 1 Zehntel sind 4 Häuschen und 1 Zweitel sind 20 Häuschen"*. Beide Schüler zeichneten ein Rechteck mit den Seitenlängen 4 und 10 Kästchen und markierten die Anteile durch unterschiedliche Signaturen (Abb. 2).

Die Idee von A entspricht dem Gleichnamig machen der drei Brüche. In der Veranschaulichung wird die Summe dieser drei Brüche dargestellt, nämlich $\frac{1}{4}+\frac{1}{10}+\frac{1}{2}=\frac{10}{40}+\frac{4}{40}+\frac{20}{40}=\frac{34}{40}$. Die gleichen Partner hatten auch in weiteren Aufgaben den gemeinsamen Nenner von zwei oder mehr Brüchen bestimmt.

In einer anderen Partnerarbeit wollte die Sechstklässlerin N (Leistungsniveau B) dem Fünftklässler J (Leistungsniveau C) beim Ordnen der Brüche $\frac{8}{9}$ und $\frac{4}{5}$ das Erweitern erklären. Als sie auf formalem Weg damit scheiterte, stellte sie die bei-

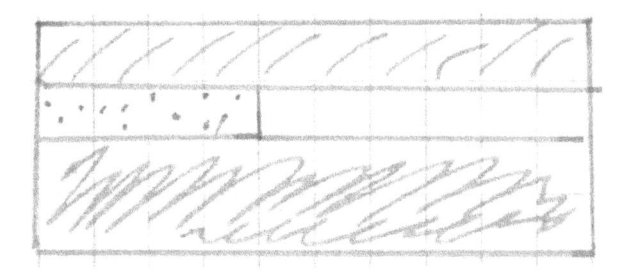

Abb. 2 Rechteckdarstellung für drei Brüche

den Brüche je in einem Rechteck der Größe von 5 × 9 Kästchen dar. Dies war zwar in den Worten der Sechstklässlerin eine neue Strategie, trotzdem war es ein Schritt zu einem tieferen Verständnis des Erweiterns.

Einige weitere Begründungsarten lassen auf das Erkennen und Fortsetzen von Mustern schließen:

- Unmittelbar nach der oben erwähnten Vergleichsrunde wollten die beiden Schüler A und T für die Brüche $\frac{2}{5}$, $\frac{4}{6}$ und $\frac{3}{4}$ vorerst erneut mit einem Rechteck mit 40 Kästchen begründen. Da sie 40 nicht durch 6 teilen konnten, fanden sie das gemeinsame Vielfache 60. Sie argumentierten jedoch nicht mit einem passenden Rechteck. Möglicherweise assoziierten sie 60 mit 60 min auf einer Uhr und begründeten mit dem Kreismodell.
- Einige der Strategien haben einen Zusammenhang mit Erweitern und Kürzen (Darstellung der Brüche in Rechtecken, Umrechnen in Prozent). Ab und zu wurde jedoch auch explizit erweitert oder gekürzt. Ein Fünftklässler hatte im Verlauf der Intervention das Erweitern gelernt. In der ersten Partnerarbeit der Intervention zeigte ihm eine Sechstklässlerin diese Strategie an einem konkreten Beispiel. Offenbar vertiefte der Fünftklässler in der Folge das Verständnis so weit, dass er das Erweitern auf andere Brüche übertragen konnte. So vermochte er beim Ordnen von Brüchen einer Viertklässlerin diese Vorgehensweise anhand der Brüche $\frac{9}{20}$ und $\frac{6}{10}$ zu erklären. Er verstand das Muster *Erweitern* so gut, dass er auch den umgekehrten Vorgang erklären konnte: „*Man kann das aber auch in Zehntel machen, das könnte man theoretisch auch. Dann wären das einfach noch halb. Dann wären das zehn und das wären viereinhalb. Dann sieht man auch, dann ist das kleiner. Also du kannst erweitern oder wie das andere heißt, weiß ich auch nicht.*"

- Zeigte eine der Spielkarten eine Prozentzahl, so wurde häufig mit Prozenten oder den Kästchen eines 10 × 10-Quadrates argumentiert. Zwei Schüler zogen vier Spielkarten mit den Brüchen 30 %, 0,4, $\frac{16}{20}$ (in Form eines Balkens mit 16 roten von insgesamt 20 Kästchen) und $\frac{4}{10}$. Sie ordneten die Brüche nach der Größe (30 %/ 0,4 = $\frac{4}{10}$ / $\frac{16}{20}$) und rechneten in Kästchen bzw. Prozente um. Sie schrieben übereinander „*30 H. 40H. = 40 H. 80H.*" und „*30 % 40 % = 40 % und 80 %*". Das Umrechnen in Prozente war auch beliebt, wenn das kleinste gemeinsame Vielfache groß war. In diesen Fällen war es zu umständlich, ein passendes Rechteck zu zeichnen, und das Kreismodell war zu wenig genau. Die gleichen Schüler wie im vorherigen Beispiel begründeten bei den Brüchen $\frac{1}{6}$ (kleiner Winkel zwischen den Uhrzeigern um 2 Uhr), $\frac{9}{20}$ und $\frac{5}{7}$ (Rechteck mit 35 Kästchen, davon 25 rot) mit den Prozentzahlen $16\frac{2}{3}$ %, 45 % und 71 %. Das Umrechnen in Prozent gelang den Schüler*innen gut. Sie nutzten dabei hautsächlich die von einem Schüler folgendermaßen formulierte Vorgehensweise: „*Wir haben 100 : den Nenner gerechnet. Dann haben wir das Ergebnis · den Zähler gerechnet. Bei g)* [gemeint ist der Dezimalbruch 0,6, Anm. BM] *100 : 10 und 100 : 10 · 6 gerechnet.*"
- Manchmal betrachteten die Lernenden nur einen Teil des 10 × 10-Quadrates. Zwei Schülerinnen bezogen sich beim Vergleich der Brüche $\frac{6}{10}$ und $\frac{3}{5}$ auf ein ‚25er Feld' und schrieben „*Bei $\frac{6}{10}$ bleiben 20 halbe Häuschen übrig, bei $\frac{3}{5}$ bleiben 10 ganze Häuschen übrig. (In einem 25er Feld)*". Sie schließen daraus, dass beide Brüche gleich sind. Vermutlich haben sie für $\frac{6}{10}$ alle Kästchen des 25er-Feldes halbiert.
- Das Vergleichen mit der Hälfte wurde verwendet, wenn ein Bruch größer und der andere kleiner als die Hälfte war. Manchmal kam diese Strategie auch zum Zug, wenn zwei Brüche zwar beide kleiner bzw. größer als die Hälfte waren, sich jedoch wertmäßig nur geringfügig unterschieden. So schrieb ein Schüler bei den Brüchen $\frac{3}{7}$ und $\frac{4}{9}$ die Begründung „*9tel sind kleiner als 7*[tel, Anm. BM] *und es fehlt ein halber 9tel auf ein halbes, bei 7tel ein halber 7tel*". Die Größe der Stücke, welche durch die Nenner erzeugt werden, war auch in anderen Argumentationen zu finden, beispielsweise beim Vergleich mit einem Ganzen. War auf einer Spielkarte ein Bruch als Teil eines Ganzen markiert, so konnte das zu der Argumentation mit diesem Ganzen führen.
- Manchmal begründeten die Schüler*innen mithilfe von Größen. So wurde der Geldwert Rappen bei Dezimalbrüchen gewählt oder bei gewöhnlichen Brüchen, welche bei der Umwandlung in Dezimalbrüche nicht periodisch waren. Für Drittel, Sechstel, Neuntel nutzten die Lernenden das Gradmaß und gaben Anteile von 360° an.

5 Gedanken zu den Forschungsergebnissen

Die Intervention *Bruchvorstellungen* veranschaulicht exemplarisch das Potenzial der Strukturwissenschaft Mathematik für heterogenes Lernen. Konkrete Beispiele dokumentieren günstige Auswirkungen der Jahrgangsmischung auf kokonstruktive Lernprozesse, wenn der Lernstoff ganzheitlich angeboten und in mehrjährigen Zyklen geplant wird. Demgegenüber steht die Tatsache, dass eine Mehrzahl der Studien keine signifikanten Unterschiede bezüglich der schulischen Leistungen in Mathematik zwischen jahrgangsgemischten und jahrgangshomogenen Klassen zeigen (Veenman, 1996; Hattie, 2015; Wagener, 2014; Martschinke et al., 2022). Die Diskrepanz zwischen dem vorhandenen Potenzial und den Ergebnissen aus den Studien kann mehrere Gründe haben. Leider enthalten die meisten Studien keine Angaben zu den didaktischen Grundlagen, zur Zusammensetzung und Größe der jahrgangsgemischten Lerngruppe, zu den Gründen für die Jahrgangsmischung, zum Alter der Schüler*innen oder zu ihrem sozialen Umfeld (Hattie, 2015).

Die Art und Weise des Mathematikunterrichts, das Professionswissen und die Beliefs der Lehrpersonen sind wesentliche Aspekte für einen nachhaltigen Mathematikunterricht. Da die soziale Interaktion für die Nutzung der Heterogenität eine herausragende Rolle einnimmt, müssen die Lehrenden Mathematik als relationales Wissen, welches in individuellen und interaktiven Lernprozessen konstruiert wird, verstehen. Sehen die Lehrpersonen Mathematik eher als Faktenwissen, so werden sie den Unterricht im Managementsystem organisieren, ergänzt durch individualisierende Lernformen wie Planarbeit, und die jahrgangsübergreifende Kommunikation auf ein möglicherweise für die älteren Schüler*innen lernhinderliches Helfersystem reduzieren (Martschinke et al., 2022). In einem derartigen Unterricht wird sich die Jahrgangsmischung nachteilig auf die Wissenskonstruktion der Lernenden auswirken. Diese Nachteile können durch die jahrgangsbezogenen Lehrmittel noch verstärkt werden.

Während für die Zusammensetzung der Lerngruppen eher die Schulbehörden und damit die Politik zuständig sind, liegt die Verantwortung in Bezug auf die Gestaltung des Mathematikunterrichts bei den Ausbildungsstätten der Lehrpersonen. Das Transmissionsparadigma (beruhend auf der Auffassung von Mathematik als Faktenwissen, Matter, 2017) ist unter Lehrpersonen weit verbreitet (Blömeke et al., 2008) und prägt die Lernbiografie der Studierenden an den Pädagogischen Hochschulen. Die Aus- und Weiterbildung muss daher den angehenden und aktiven Lehrpersonen Wege zum Verändern der eigenen Überzeugungen hin zu einer sozialkonstruktivistischen Orientierung öffnen. Für diesen Prozess genügen vereinzelte Weiterbildungen nicht, da mitgebrachte Überzeugungen sehr lange nachwirken (Swan, 2006). Daher müssen die Studierenden bereits in der Ausbildung nachhaltige Erfahrungen sammeln können. Bei der berufspraktischen Ausbildung spielen die Praxislehrpersonen eine zentrale Rolle. Neigen diese eher zum Transmissionsparadigma, so kann dies auf die Praktikantinnen und Praktikanten großen Einfluss haben. Damit rücken die Erfahrungen während der eigenen Ausbildung an der Hochschule in den Fokus. Wenn die Studierenden Gelegenheiten erhalten, neues Wissen im *„kognitiven Miteinander"* (Krauthausen & Scherer, 2007, S. 164) zu generieren, im Zusammenspiel von mentaler Konstruktion und sozialer Interaktion (Nührenbörger, 2009), so könnte die Wirkung auf den eigenen Unterricht nachhaltig sein. Dabei können Lehr-Lern-Labore wie die *Mathe-Spürnasen* der Universität Duisburg-Essen die Auffassung von Mathematikunterricht der angehenden Lehrpersonen wesentlich mitprägen (z. B. Rütten et al., 2018).

Die Heterogenität einer jahrgangsübergreifenden Lerngruppe fordert die Lehrpersonen in verschiedener Hinsicht stärker als diejenige jahrgangshomogener Lerngruppen, beispielsweise beim ganzheitlichen Aufbau der Lerninhalte über zwei oder drei Schuljahre oder im Umgang mit (im Kanton Graubünden obligatorischen) jahrgangsbezogenen Lehrmitteln. In dieser Hinsicht sind vor allem die Fachdidaktiken in der Verantwortung. Eine mehrjährige Planung in Fachbereichen wie Natur-Mensch-Gesellschaft, Sport oder Musik scheint einfacher zu sein als in der Mathematik (Weidmann & Adamina, 2021). So wird in diesen Fächern in mehrklassigen Abteilungen häufig gemeinsam am gleichen Gegenstand gearbeitet (Raggl, 2011). Der Einblick in die Intervention *Bruchvorstellungen* zeigt jedoch, dass die Strukturwissenschaft Mathematik für das jahrgangsübergreifende Lernen besondere Vorteile bietet. Dazu muss jedoch das fachwissenschaftliche Wissen der Studierenden in Bezug auf den strukturellen Aufbau der mathematischen Themen und der Vernetzungen dieser Themen untereinander gefördert werden. Durch die Einführung des kompetenzorientierten Lehrplans 21 boten sich im Umgang mit der Heterogenität im Allgemeinen und für den jahrgangsgemischten Unterricht im Speziellen neue Möglichkeiten (Deutschschweizer Erziehungsdirektorenkonferenz, 2016). Der Kompetenzaufbau findet zwar in Stufen statt, jedoch gibt es nur für jeden Zyklus (nach vier, acht und elf Schuljahren) verbindliche Mindeststandards. Diese Freiheiten werden jedoch kaum genutzt und oft werden die Kompetenzstufen in kleinschrittige Lernziele ‚übersetzt'. Zudem sind weiterhin am Ende jedes Semesters Zeugnisnoten verlangt und jede Schülerin und jeder Schüler muss stets einer bestimmten Klasse zugeordnet sein. Eine jahrgangsübergreifende Lerngruppe wird dadurch zur mehrklassigen Abteilung (Kanton Graubünden, 2012). Durch derartige Maßnahmen kann der kompetenzorientierte Lehrplan seine positiven Eigenschaften kaum entfalten. Im Fokus steht nicht die mehrjährige Entwicklung der einzelnen Schüler*innen, sondern die Einhaltung der jährlichen Lernziele.

Literatur

Affolter, W., Amstad, H., Doebeli, M., & Wieland, G. (2014). *Schweizer Zahlenbuch 6. Begleitband*. Klett Balmer.
Arens, T., Busam, R., Hettlich, F., Karpfinger, C., & Stachel, H. (2013). *Grundwissen Mathematikstudium. Analysis und Lineare Algebra mit Querverbindungen*. Springer Spektrum. https://doi.org/10.1007/978-3-8274-2309-2
Blömeke, S., Müller, C., Felbrich, A., & Kaiser, G. (2008). Epistemologische Überzeugungen zur Mathematik. In S. Blömeke, G. Kaiser, & R. Lehmann (Hrsg.), *Professionelle Kompetenz angehender Lehrerinnen und Lehrer. Wissen, Überzeugungen und Lerngelegenheiten deutscher Mathematikstudierender und -referendare; erste Ergebnisse zur Wirksamkeit der Lehrerausbildung* (S. 219–246). Waxmann.
Bruner, J. S. (1970). *Der Prozeß der Erziehung* (2. Aufl.). Berlin-Verlag.
Deutschschweizer Erziehungsdirektorenkonferenz. (2016). *Lehrplan 21 Grundlagen*. Bereinigte Fassung vom 29.02.2016.
Freudenthal, H. (1987). Theoriebildung zum Mathematikunterricht. *Zentralblatt für Didaktik der Mathematik (ZDM), 87*(3), 96–103.
Hattie, J. (2015). *Lernen sichtbar machen. Überarbeitete deutschsprachige Ausgabe von "Visible Learning"* (3. Aufl.). Schneider Hohengehren.
Kanton Graubünden. (2012). *Gesetz für die Volksschulen des Kantons Graubünden* (Schulgesetz). http://www.gr.ch/DE/institutionen/verwaltung/ekud/avs. Zugegriffen am 28.12.2022.
Kleine, M., & Goetz, T. (2006). Brüchen spielerisch begegnen. *mathematik lehren, 135*, 16–21.
Krauthausen, G., & Scherer, P. (2007). *Einführung in die Mathematikdidaktik* (3. Aufl.). Springer Spektrum.
Krauthausen, G., & Scherer, P. (2014). *Natürliche Differenzierung im Mathematikunterricht. Konzepte und Praxisbeispiele aus der Grundschule*. Kallmeyer.
Lesh, R., Post, T. R., & Behr, M. J. (1987). Representations and translations among representations in mathematics learning and problem solving. In C. Janvier (Hrsg.), *Problems of representation in teaching and learning of mathematics* (S. 33–40). Erlbaum Associates.
Lompscher, J. (Hrsg.). (2003). *Lev Vygotskij – Ausgewählte Schriften. Arbeiten zur Entwicklung der Persönlichkeit* (Bd. 2). Lehmanns Media.
Lüken, M. M. (2012). *Muster und Strukturen im mathematischen Anfangsunterricht. Grundlegung und empirische Forschung zum Struktursinn von Schulanfängern*. Waxmann.
Martschinke, S., Munser-Kiefer, M., Hartinger, A., & Lindl, A. (2022). „Funktioniert" die Jahrgangsmischung auch in der 3. und 4. Jahrgangsstufe? Leistungsentwicklung und adaptive Unterstützung im Unterricht. *Grundschule aktuell, 160*, 30–33.
Matter, B. (2017). *Lernen in heterogenen Lerngruppen*. Springer Spektrum. https://doi.org/10.1007/978-3-658-16694-6

Miller, M. (1986). *Kollektive Lernprozesse. Studien zur Grundlage einer soziologischen Lerntheorie*. Suhrkamp.

Nührenbörger, M. (2009). Interaktive Konstruktionen mathematischen Wissens. Epistemologische Analysen zum Diskurs von Kindern im jahrgangsgemischten Anfangsunterricht. *Journal für Mathematik-Didaktik, 30*(2), 147–172.

Nührenbörger, M., & Pust, S. (2011). Mit Unterschieden rechnen. In *Lernumgebungen und Materialien für einen differenzierten Anfangsunterricht Mathematik* (2. Aufl.). Kallmeyer.

Padberg, F., & Wartha, S. (2017). *Didaktik der Bruchrechnung*. Springer Spektrum. https://doi.org/10.1007/978-3-662-52969-0

Prediger, S., Komorek, M., Fischer, A., Hinz, R., Hußmann, S., Moschner, B., Ralle, B., & Thiele, J. (2013). Der lange Weg zum Unterrichtsdesign. In M. Komorek & S. Prediger (Hrsg.), *Der lange Weg zum Unterrichtsdesign. Zur Begründung und Umsetzung fachdidaktischer Forschungs- und Entwicklungsprogramme* (S. 9–23). Waxmann.

Raggl, A. (2011). Altersgemischter Unterricht in kleinen Schulen im alpinen Raum. In R. Müller, A. Keller, U. Kerle, A. Raggl, & E. Steiner (Hrsg.), *Schule im alpinen Raum* (S. 231–305). Studien Verlag.

Rütten, C., Scherer, P., & Weskamp, S. (2018). Entwicklungsforschung im Lehr-Lern-Labor – Lernangebote für heterogene Lerngruppen am Beispiel der Fibonacci-Folge. *mathematica didactica, 41*(2), 127–146. https://doi.org/10.18716/ojs/md/2018.1157

Scherer, P. (1995). Ganzheitlicher Einstieg in neue Zahlenräume – auch für lernschwache Schüler?! In G. N. Müller & E. C. Wittmann (Hrsg.), *Mit Kindern rechnen* (S. 151–164). Grundschulverband. https://doi.org/10.25656/01:17497

Slavin, R. E. (1987). Developmental and motivational perspectives on cooperative learning: A reconciliation. *Child Development, 58*, 1161–1167. https://doi.org/10.2307/1130612

Steinbring, H. (2005). *The construction of new mathematical knowledge in classroom interaction. An epistemological perspective*. Springer.

Swan, M. (2006). *Collaborative Learning in Mathematics. A Challenge to our Beliefs and Practices*. NRDC/NIACE.

Treffers, A. (1987). *Three dimensions. A model of goal and theory description in mathematics instruction – The Wiskobas project*. Springer.

Veenman, S. (1996). Effects of multigrade and multi-age classes reconsidered. *Review of Educational Research, 66*(3), 323–340. https://doi.org/10.2307/1170526

Wagener, M. (2014). *Gegenseitiges Helfen. Soziales Lernen im jahrgangsgemischten Unterricht*. Springer. https://doi.org/10.1007/978-3-658-03402-3

Wälti, B. (2021). Fach Mathematik: Individuelles und kooperatives Lernen in jahrgangsübergreifenden Klassen. In D. Edelmann & E. Wannack (Hrsg.), *Jahrgangsübergreifendes Lehren und Lernen im 2. Zyklus. Exemplarische Unterrichtsanalysen und fachdidaktische Herausforderungen* (S. 21–38). hep Verlag AG.

Weidmann, L., & Adamina, M. (2021). Fach Natur, Mensch, Gesellschaft: Tiere und Stoffe als Beispiele für Lerngegenstände. In D. Edelmann & E. Wannack (Hrsg.), *Jahrgangsübergreifendes Lehren und Lernen im 2. Zyklus. Exemplarische Unterrichtsanalysen und fachdidaktische Herausforderungen* (S. 21–38). hep Verlag AG.

Weizsäcker, C. F. (1979). *Die Einheit der Natur: Studien*. Buchclub Ex Libris.

Weskamp, S. (2019). *Heterogene Lerngruppen im Mathematikunterricht der Grundschule. Design Research im Rahmen substanzieller Lernumgebungen*. Springer Spektrum. https://doi.org/10.1007/978-3-658-25233-5

Wittmann, E. C. (1998). Design und Erforschung von Lernumgebungen als Kern der Mathematikdidaktik. *Beiträge zur Lehrerbildung, 16*(3), 329–342. https://doi.org/10.25656/01:13385

Wittmann, E. C., & Müller, G. N. (2008). Muster und Strukturen als fachliches Grundkonzept. In G. Walther, M. van den Heuvel-Panhuizen, D. Granzer, & O. Köller (Hrsg.), *Bildungsstandards für die Grundschule: Mathematik konkret. Aufgabenbeispiele, Unterrichtsanregungen, Fortbildungsideen* (S. 42–65). Cornelsen Scriptor.

Mehr als inhalts- und prozessbezogene Kompetenzen – Was sollen Kinder im Mathematikunterricht lernen können?

Christoph Selter und Hartmut Spiegel

„Grundsätzlich gilt es zu beachten, dass es trotz vielfaltiger Fördermaßnahmen und eines zeitgemäßen und guten Mathematikunterrichts immer Schülerinnen und Schüler geben wird, die beim Mathematiklernen Schwierigkeiten haben, und dass nicht alle Probleme behoben werden können. In jedem Fall geht es aber darum, die Lernenden zu unterstützen, mit ihren Schwierigkeiten bestmöglich umzugehen, mathematische Einsichten zu erwerben, dadurch Vertrauen in die eigenen Leistungen und damit verbunden auch Freude am mathematischen Lernen zu entwickeln" (Scherer & Moser Opitz, 2010, S. 202). So endet das Standardwerk ‚Fördern im Mathematikunterricht der Primarstufe', in dem ausgeführt wird, wie aufeinander abgestimmte Diagnose und Förderung in der Schule Lernerfolge ermöglichen können und welche Bedeutsamkeit für das Gelingen von Lernprozessen auch affektive Komponenten haben können. Das Buch ist ein Standardwerk für die Aus- und die Fortbildung von Personen, die Mathematik in der Primarstufe unterrichten – zwei Arbeitsbereichen, in denen die beiden Autoren dieses Beitrags Petra Scherer vielfältig verbunden sind.

Christoph Selter arbeitet mit Petra Scherer seit mehr als 30 Jahren zusammen, zunächst in den 90er-Jahren des vorangehenden Jahrhunderts während der gemeinsamen Zeit als Wissenschaftliche Mitarbeitende am Institut für Didaktik der

---

C. Selter (✉)
Fakultät für Mathematik/IEEM, Technische Universität Dortmund,
Dortmund, Deutschland
E-Mail: christoph.selter@tu-dortmund.de

H. Spiegel
Paderborn, Deutschland
E-Mail: hartmut.spiegel@math.upb.de

Mathematik der Universität Dortmund zu Fragen der fachwissenschaftlichen und fachdidaktischen Ausbildung von Lehramtsstudierenden vorrangig der Primarstufe (Scherer & Selter, 1996), dann in den sog. 00er-Jahren unter anderem in der Formulierung von tragfähigen Grundlagen Mathematik Primarstufe für den Grundschulverband (Scherer & Selter, 2002) und schließlich seit 2011 im Vorstand des Deutschen Zentrums für Lehrerbildung Mathematik (DZLM), einem Hochschulnetzwerk zur Entwicklung und Erforschung der kontinuierlichen berufsbezogenen Professionalisierung von Mathematik-Lehrkräften (Biehler et al., 2018).

Hartmut Spiegel lernte Petra Scherer 1992 kennen, als sie an einem der ersten von ihm ins Leben gerufenen ‚Paderborner Grundschulgespräche' teilnahm, die sie ab dann regelmäßig besuchte. Die an diesen Veranstaltungen Beteiligten (Hochschullehrende, Mitarbeitende und Studierende vorrangig aus Paderborn, Dortmund, Münster, Bielefeld) stellten dort in Arbeit befindliche Projekte zur Diskussion und profitierten von den kritisch-konstruktiven Anregungen der Teilnehmenden. Hartmut Spiegel bekam dann die ehrenvolle Aufgabe, auf der GDM-Jahrestagung in München 1998 die Laudatio für Petra Scherer anlässlich der Verleihung des GDM-Förderpreises für herausragende Dissertationen zu halten. Und Petra Scherer war Mitherausgeberin der Festschrift ‚Mit Kindern auf dem Weg zur Mathematik', die Hartmut Spiegel zu seinem 60. Geburtstag gewidmet wurde (Krauthausen & Scherer, 2004).

Fragen nicht nur der Zielsetzungen des Mathematikunterrichts, sondern auch der Zielsetzungen der Aus- und Fortbildung von Lehrpersonen haben uns drei in unserer eigenen Arbeit wie auch in der Zusammenarbeit immer wieder beschäftigt. Der eine Aspekt kann nicht ohne den anderen behandelt werden. Und da es für das Denken stimulierend sein kann, bei der Rezeption von Literatur auch einmal auf Beiträge zurückzugreifen, die älter als zehn Jahre sind, unternehmen wir in diesem Beitrag manchen Blick zurück in die länger zurück liegende Vergangenheit.

1 Mathematische Bildung – mehr als kognitive Kompetenzen

„Die didaktische Diskussion der Zielproblematik des Mathematikunterrichts hat sich ... bisher nahezu ausschließlich mit dem kognitiven Bereich beschäftigt."
(Wittmann, 1981, S. 56)

Die Kultusministerkonferenz hat erstmals 1970 Empfehlungen zur Arbeit in der Grundschule beschlossen, die in der Zwischenzeit mehrfach überarbeitet wurden und nunmehr in der Fassung von 2015 vorliegen (KMK, 2015). Die Ausführungen verdeutlichen, dass Grundschule ein *Lern- und Lebensort* für alle Lernenden ist, welcher zunehmend auch zur verantwortlichen Teilhabe am gesellschaftlich-kulturellen Leben sowie zur Grundlegung eines lebenslangen Lernens beitragen muss. „Lernfreude, Erfolgszuversicht und Leistungsmotivation zu bewahren und zu entwickeln sowie eine bewusste, reflexive Einstellung zum eigenen Lernen zu gewinnen, spielen dabei eine besondere Rolle. Ausgangspunkt des gemeinsamen Lernens und Lebens in der Grundschule bildet die vorhandene Vielfalt. Bereits erworbene fachliche und methodische sowie soziale und personale Kompetenzen werden weiterentwickelt und bilden die Grundlage, auf der die weiterführenden Schulen aufbauen.

Alle Mitglieder der Schulgemeinschaft sind herausgefordert, eine Kultur der Wertschätzung, der Rücksichtnahme, der Toleranz und des respektvollen Miteinanders zu gestalten und zu leben. Für Kinder ist die Schulgemeinschaft ein komplexer sozialer Handlungs- und Erfahrungsraum, in dem sie ihre eigenen Bedürfnisse und Interessen, Erfahrungen und Sichtweisen mit denen der anderen in Beziehung zu setzen lernen, der ihnen Geborgenheit gibt, sie aber auch Konflikten aussetzt und herausfordert, Grenzen zu ziehen. Vor allem aber bietet die Schulgemeinschaft Gelegenheit, sich zu engagieren, zu kooperieren und Verantwortung zu übernehmen. Die Grundschule eröffnet ihren Schülerinnen und Schülern vielfältige aktive Beteiligungs- und Mitwirkungsformen auf Klassen- und Schulebene. Eine partizipative Schulkultur, u. a. in Form von Klassensprecher-Wahlen, Klassenrat und Kinderparlament, bei der Unterstützung von Schülerzeitungen und anderen medialen Produkten, achtet die Würde des Kindes, das Engagement und die Mitverantwortung von Schülerinnen und Schülern und trägt dazu bei, Schule zu einem demokratischen Lern- und Lebensort zu entwickeln" (ebd., S. 3).

Grundschule wird zum zweiten als ein *Ort grundlegender Bildung* bezeichnet. Die Ausführungen der KMK beschreiben dabei zunächst das ‚Wie' des Lernens, und führen dazu aus, dass Lernen ein individueller, selbstgesteuerter, andererseits ein professionell gestalteter und sozialer Prozess ist, der durch Kommunikation mit anderen bestimmt wird. Als zentral wird der Erwerb von Kompetenzen im Sinne von Weinert (2001, S. 27 f.) angesehen. „Kompetenzen verbinden Wissen, Fertigkeit, Potenziale, Verstehen, Können, Handeln, Erfahrung und Motivation. Der Kompetenzerwerb zielt darauf ab, die motivationalen, volitionalen und sozialen Bereitschaften in konkreten Anwendungssituationen nutzen zu können und selbst zu individuellen Kompetenzen auszubilden. Ziel ist eine umfassende Persönlichkeitsbildung, die sich in der erfolgreichen und verantwortungsvollen Bewältigung aktueller Anforderungssituationen zeigt" (ebd., S. 9). Für die konkreten fachbezogenen Ausdifferenzierungen wird auf die KMK-Bildungsstandards von 2004 verwiesen, die mittlerweile in einer überarbeiteten Form vorliegen (KMK, 2022). Hier erfolgt eine Fokussierung des Kompetenzbegriffs auf die sog. zentralen fachbezogenen Kompetenzen. Die Bildungsstandards verstehen unter einer fachbezogenen Kompetenz die Fähigkeit, Wissen und Können im jeweiligen Fach zur Lösung von Problemen anzuwenden. Beschreibungen und Konkretisierungen fachübergreifender Bildungs- und Erziehungsziele erfolgen außerhalb der fachbezogenen Bildungsstandards (KMK, 2022, S. 2). An anderer Stelle heißt es: „Die Bildungsstandards konzentrieren sich auf zentrale fachliche Zielsetzungen des Mathematikunterrichts. Aspekte der Förderung sozialer und personaler Kompetenzen werden hier nicht explizit angesprochen, sind aber gleichwohl unverzichtbarer Bestandteil grundlegender Bildung im Primarbereich und somit auch des Mathematikunterrichts" (ebd., S. 8).

Mathematische Bildung bedeutet zum einen den Erwerb der in den Bildungsstandards gelisteten inhalts- und prozessbezogenen Kompetenzen. Aber mathematische Bildung umfasst noch mehr, wie es auch an anderer Stelle der Bildungsstandards deutlich wird: „Die prozessbezogenen Kompetenzen sind mit entscheidend für den Aufbau positiver Einstellungen und Grundhaltungen zum Fach. In einem Mathematikunterricht, der diese Kompetenzen in den Mittelpunkt des unterrichtlichen Geschehens rückt, wird es besser gelingen, die Freude an der Mathematik und die Entdeckerhaltung aller Schülerinnen und Schüler zu fördern und weiter auszubauen" (ebd., S. 7).

Auch im Grundschullehrplan Mathematik des Landes Nordrhein-Westfalen beispielsweise heißt es, dass ein auch an prozessbezogenen Kompetenzen ausgerichteter Mathematikunterricht dazu beiträgt, „dass die Lernenden eine positive Einstellung zur Mathematik behalten oder entwickeln. Sie verfügen über Interesse an mathematikhaltigen Phänomenen, Motivation, Ausdauer und Konzentration im Prozess des mathematischen Arbeitens, die Fähigkeit zum konstruktiven Umgang mit Schwierigkeiten sowie Einsicht in den Nutzen des Gelernten" (MSB, 2021, S. 74).

2 Affektive Ziele und Mathematikunterricht

„Kinder mit Schwierigkeiten im Bereich der Arithmetik können hier (in der Geometrie, die Autoren) häufig zu besonderen, von der Lehrerin oder den Mitschülern unerwarteten Erfolgserlebnissen kommen, was ihr Selbstwertgefühl, auch vor der Klasse, steigern kann."
(Krauthausen & Scherer, 2001, S. 57)

Hier wie da werden nicht-kognitive Aspekte des Mathematiklernens zwar erwähnt, aber nicht genauer spezifiziert. Sie lassen sich bündeln in zwei Kategorien, erstens den Einstellungen und Überzeugungen zum Fach Mathematik, zum Mathematikunterricht und zum eigenen Mathematiklernen (Goldin et al., 2009) und zweitens den Gefühlen, die mit dem Fach Mathematik verbunden sind, wie z. B. Interesse, Motiviertheit oder Angstfreiheit (McLeod, 1992). Beide Kategorien sind in der Zeit, in der die Mathematikdidaktik sich als wissenschaftliche Disziplin etablierte, als sogenannte affektive Lernziele zusammengefasst und neben die kognitiven und die für das Mathematiklernen nicht sehr relevanten psychomotorischen Lernziele gestellt worden.

Das Standardwerk von Wittmann (1981, S. 56, Herv. im Orig.) begründet die Relevanz des affektiven Bereichs damit, dass das Lernen kognitiver Strategien affektive Dispositionen voraussetze, „die *Fähigkeit*, zu mathematisieren, sich forschend-entdeckend zu betätigen oder zu argumentieren, muß ergänzt werden durch die *Bereitschaft*, es zu tun." Zweitens sei unübersehbar, dass der Mathematikunterricht gewollt oder ungewollt affektive Nebenwirkungen habe. Und drittens gehöre der affektive Bereich unbedingt hinzu, wenn die Lernenden nicht nur als Objekte der Belehrung, sondern als Subjekte der Erziehung angesehen würden. Im Weiteren (ebd., S. 57) zitiert er eine, auch heute noch sehr aktuelle Liste sog. affektiver Lernziele, die von einer englischen Studiengruppe, der Mathematical Association, zusammengestellt worden ist. Demgemäß sollen die Lernenden ...

1. „Freude und Interesse an der Mathematik und eine positive Einstellung zum Fach entwickeln
2. Selbstvertrauen bei mathematischer Arbeit haben
3. Mit Begeisterung, Zielbewusstheit und Konzentration arbeiten und Neues lernen wollen
4. Bereitschaft zum Mitmachen entwickeln
5. in der Mathematik geistige Anregung und Befriedigung finden
6. Freude und Stolz über den erfolgreichen Abschluss mathematischer Untersuchungen empfinden
7. die Mathematik als relevant und nützlich verstehen und ihren Wert für die Gesellschaft würdigen
8. die (relative) Klarheit mathematischer Begriffe und die (relative) Sicherheit mathematischer Erkenntnisse würdigen."

Auch wenn in heutiger Zeit manche Formulierung vom Anspruch her für den Primarbereich als zu anspruchsvoll angesehen werden kann, ändert das aus unserer Sicht wenig an der Aussagekraft der Ausführungen.

Auch die Auflistung von Abele et al. (1970, S. 127) verdeutlicht die Bedeutsamkeit der nicht-kognitiven Ziele, deren Erreichen durch den Mathematikunterricht ermöglicht werden sollte, nämlich ...

- „Erfahren, daß eigene Urteile unabhängig von fremder Autorität gebildet werden können.
- Die Freude spüren, die aus dem Entdecken von Sachverhalten und Zusammenhängen kommt.
- Mut zum Nachdenken haben, auch wenn kein Lösungsweg in Sicht ist.
- Argumentieren; eigene Überlegungen mitteilbar machen, eigene Überzeugung verteidigen, gegebenenfalls revidieren; Gegenargumente voraussehen und – wenn möglich – widerlegen. Mut, fremde Meinungen anzugreifen.
- Bereitsein zum Probieren; wagen, Neues zu denken, sich durch Irrwege nicht entmutigen lassen; Konsequenzen von Fehlern bedenken.
- Versuchen, bekannte Beziehungsgefüge in neuen Situationen anzuwenden.
- Voraussetzungen erkennen und – wenn unbekannt – erforschen; notwendige Bedingungen von hinreichenden Bedingungen unterscheiden. Fehlende Daten selbstständig beschaffen. – Erfahren, wie Schreib- und Bildfiguren auf dem Papier das Gedächtnis entlasten und die Gedankenführung stützen; Erfinden einer problemangemessenen Zeichensprache.
- Zusammenarbeiten in kleinen Gruppen; aufeinander hören; erfahren, wie man Hilfe geben und Hilfe erhalten kann; Förderung eines demokratischen Kommunikationsstils."

Angesichts dieser Auflistungen könnte man der Meinung sein, dass in einem Mathematikunterricht, der die affektiven Komponenten in besonderer Weise mit beachtet, die kognitiven Aspekte des Mathematiklernens vernachlässigt werden würden. In diesem Kontext befasst sich Leuders (2016) mit der Frage, inwiefern kognitive und affektive Ziele im Mathematikunterricht sich wechselseitig unterstützen oder behindern können, und verdeutlicht, dass dieses auf der Ebene der mittelfristigen Unterrichtsziele bereits mehrfach empirisch untersucht wurde (z. B. Baumert & Köller, 2000; Helmke & Schrader, 1990). Meistens, so Leuders, werden dabei Ziele der Wissensvermittlung und der Persönlichkeitsbildung (z. B. Motivation, Selbstwirksamkeit, Interesse) gegenübergestellt. „Die Befunde belegen aber, dass kognitive und motivationale Entwicklungen sich nicht ausschließen und sogar gegenseitig verstärken können. Während das fachliche Lernen eher von Klassenführung und konzeptuell herausforderndem Unterricht profitiert, wird die Interessenentwicklung z. B. eher durch individualisierenden Unterricht und subjektiv erlebte Beteiligung der Lernenden begünstigt. Beide Ziele können zugleich erreicht werden, ungünstige bzw. einseitige Entwicklungen zeigen Lernende lediglich in solchen Klassen, bei denen bereits einseitige Akzentuierungen der Zielbereiche vorgenommen wurden (Kunter, 2005)" (Leuders, 2016, S. 254).

Im günstigen Fall gehen also fachliche Lernerfolge und als positiv zu sehende Lernentwicklungen im affektiven Bereich Hand in Hand. Was aber ist in Fällen von anhaltendem Misserfolgserleben, wie es in der Primarstufe nicht selten im Bereich der Arithmetik zu erleben ist?

Erinnern wir uns an das Eingangszitat, das besagte, es sei geboten, „die Lernenden zu unterstützen, mit ihren Schwierigkeiten bestmöglich umzugehen, mathematische Einsichten zu erwerben, dadurch Vertrauen in die eigenen Leistungen und damit verbunden auch Freude am mathematischen Lernen zu entwickeln" (Scherer & Moser Opitz, 2010, S. 202). Nicht selten wird empfohlen, die ersten notwendigen Erfolgserlebnisse im nicht-arithmetischen Bereich zu sammeln, beispielsweise in der Geometrie. In diesem Kontext führen Huhmann und Spiegel (2016) diverse Gründe an, warum Kinder ein Recht auf Geometrieunterricht haben: Geometrieunterricht in der Primarstufe ...

- greift vieles von dem auf, was Kinder interessiert und was sie schon mitbringen,
- trägt dazu bei, dieses weiterzuentwickeln,
- hilft, die Welt mit anderen Augen zu sehen und sie messend zu erfassen,
- ermöglicht Einsichten, die über die Geometrie hinausgehen,
- hilft Sprache besser zu verstehen und zu gebrauchen,
- fordert und fördert räumliches Denken,
- ermöglicht einen spielerischen, experimentellen Zugang zu fundamentalen Ideen der Geometrie
- legt notwendige Grundlagen für die spätere systematische Geometrie
- regt vielerlei mathematische Tätigkeiten wie Erfinden, Erforschen und Begründen an und
- unterstützt so die Entwicklung mathematiktypischer Vorgehensweisen und Denkstrategien.

Zwei weitere Aspekte werden von Huhmann und Spiegel (a. a. O.) angeführt, die die Bedeutung der im vorangehenden Abschnitt behandelten affektiven Ziele in besonderer Weise ansprechen. Geometrie ...

- kann die stärkste mathematische Disziplin eines Kindes sein und so
- das Selbstvertrauen in die Kraft des eigenen Denkens stärken.

Zwar gibt es diverse empirische Untersuchungen zu Einstellungen von Lernenden zum Fach Mathematik in der Grundschule (z. B. Hascher & Reindl, 2015; Valtin et al., 2005; Dowker et al., 2019). Doch fokussieren sie in der Regel nicht auf die spezielle Rolle, die die Geometrie für die Lernentwicklung von Grundschulkindern spielen kann. Daher beziehen wir uns zur Illustration auf die anekdotische Evidenz zweier Lehrpersonen.

Ruth Noack schreibt: „Ich möchte zunächst sagen, dass ich Geometrie immer noch oft als Wellenbrecher im Mathematikunterricht erlebe. Geometrische Inhalte sind meistens ‚zum Anfassen', wodurch die Kinder einen konkreten und haptischen Zugang zum Inhalt bekommen. Viele Kinder können im Geometrieunterricht unbefangen mitarbeiten, da er nicht auf arithmetischen Strukturen aufbaut und wenig Vorwissen erfordert. Die Kinder bekommen quasi eine neue Chance, sich im Matheunterricht zu beweisen. Und tatsächlich ist es so, dass viele Kinder die positiven Erfahrungen zumindest als Motivation und im Hinblick auf die mündliche Beteiligung fortsetzen können. Einige Kinder verlieren auch die Scheu Anschauungsmaterial als Hilfsmittel für arithmetische Inhalte zu nutzen, da im Geometrieunterricht schließlich alle Kinder mit Material gearbeitet haben."

Und Kerstin Eden führt aus: „Marian hatte große Schwierigkeiten im Bereich der Arithmetik. So rechnete er Aufgaben im Zahlenraum bis zehn noch zählend. Er war schnell frustriert, wenn er seine Grenzen beim Lösen von arithmetischen Aufgaben erreicht hatte und schaffte die Bearbeitung von Aufgaben oft nur durch enge Begleitung seitens seiner Integrationskraft. Dennoch war er zu Unterrichtsbeginn täglich neu motiviert – ein fröhliches Kind, dessen Selbstwertgefühl jedoch unter dem fast täglichen Gefühl der Überforderung litt.

Im Geometrieunterricht zeigte er sich hingegen von einer anderen Seite. Er brachte ein recht ausgeprägtes räumliches Vorstellungsvermögen mit, konnte sich im Raum orientieren und war teils in der Lage, räumliche Konfigurationen mental zu bewegen. Mit diesen Fähigkeiten erlebt er im sonst teils für ihn frustrierenden Mathematikunterricht seine Stärken. Für mich als Lehrerin war die Begleitung dieses Kindes, wie es mit Begeisterung Mathematik erfährt, eine Freude. Der Stellenwert des Geometrieunterrichts ist für mich persönlich hoch. Außerdem weiß ich, dass geometrische Fähigkeiten außerdem die Entwicklung des arithmetischen Verständnisses fördern.

Das zweite Kind, Vera, war mit Schulangst von einer anderen Schule kommend in meine Klasse gewechselt und ich erlebte sie ebenfalls häufig schnell frustriert, wenn sie kognitiv vor einer Herausforderung stand. Ihr mangelndes Selbstwertgefühl und die Frustration standen ihr hinsichtlich ihrer Potenzialentfaltung meines Erachtens ziemlich im Wege. Im Bereich der Geometrie konnte sie jedoch ihr Können erleben und zeigen. Hier erfuhr sie sich selber stark und, anders als in der Arithmetik, auch sehr schnell in seinen Denkprozessen.

Ich bin dankbar für die Möglichkeit des regelmäßigen Geometrieunterrichts, in welchem sich Schüler wie Marian und Vera als starke und motivierte Lernende erleben. Insbesondere der sich steigernde Selbstwert der Lernenden liegt mir besonders am Herzen, weil ich überzeugt davon bin, dass sie mit diesem mehr Potenziale im und außerhalb des Mathematikunterrichts entwickeln können. Ich als Lehrerin erhalte die wertvolle Möglichkeit, diese Schüler in ihrer vollen Präsenz, Freude und Stärke im Umgang mit mathematischen Fähigkeiten wahrzunehmen und zu begleiten."

Die beiden Berichte der Lehrkräfte machen aus unserer Sicht auf eindrucksvolle Weise deutlich, wie wichtig es ist, auch beim Unterrichten eines Faches die Lernenden im Ganzen zu sehen und Unterricht nicht darauf zu reduzieren, dass fachbezogene Kompetenzerwartungen ‚vermittelt' werden.

3 Mathematik unterrichten – mehr als Instruieren und Bereitstellen

„Lernziele können nicht ohne ein Bild von der Mathematik
und auch nicht ohne ein Bild vom Menschen bestimmt werden."
(Winter, 1975, S. 42)

Zur Erweiterung des Blickwinkels in diesem Sinne lohnt aus unserer Sicht erneut ein Blick in die Geschichte der Mathematikdidaktik. Christiansen (1975, S. 64 ff., in Wittmann, 1981, S. 177 f.) beschreibt in idealtypischer Gegenüberstellung drei sog. Berufsauffassungen von Mathematik-Unterrichtenden. Diese Charakterisierung hat auch nach nahezu fünfzig Jahren im Kern an Aktualität wenig eingebüßt. Christiansen umreißt zunächst das Bild des oder der *Mathematik-Instruierenden*:

„Wenn die Arbeit des Lehrers von einem Katalog sehr detaillierter Lernziele über
Fertigkeiten im Gebrauch von Routineverfahren (z. B. standardisierte Algorithmen)
für die Lösung von stereotypen Problemen beherrscht wird, fungiert der Lehrer
hauptsächlich als Instruktor. Er kann seine eigenen Aktivitäten im Klassenzimmer bis
ins einzelne planen, auch seine Fragen vorplanen. Die Beurteilung des Unterrichts ist
dann gewöhnlich einfach, weil sie darauf hinausläuft, festzustellen, inwieweit der
einzelne Schüler den geforderten Standard hinsichtlich Schnelligkeit, Korrektheit und
Genauigkeit der Wiedergabe erreicht hat."

Heutzutage wird diese Art von Unterricht vermutlich seltener realisiert als noch vor knapp fünf Jahrzehnten. Allerdings ist in zunehmendem Maße – zumindest in Grundschulen – ein Unterricht zu beobachten, der sich von der starren Einbahnstraßen-Wissensvermittlung löst und Unterrichtsprozesse gewissermaßen umkehrt, also das Gelingen von Lernprozessen nahezu ausschließlich in die als wirkmächtig angenommene Konstruktionsmacht der Lernenden legt. Lernende arbeiten so individualisiert Lernpakete ab, der Austausch zwischen den Lernenden und zwischen Lernenden und Lehrkraft wird vernachlässigt. Um die Lernenden so beschäftigen zu können, sind die Materialien in der Regel kleinschrittig konzipiert und verkörpern ein auf Kenntnisse und Fertigkeiten reduziertes Bild von Mathematik, bei dem zentrale mathematikbezogene Unterrichtsprinzipien wie Verstehensorientierung oder kognitive Aktivierung (Prediger et al., 2022) auf der Strecke bleiben. Die Rolle der Lehrkraft in einem so verstandenen Unterricht kann man vielleicht als *Mathematik-Bereitsteller:in* bezeichnen.

Die zentrale Aufgabe von Lehrpersonen besteht hingegen darin, die Lernenden zu aktivem Lernen, zu produktivem Austausch und zu lernförderlicher Reflexion herauszufordern – dieses alles freilich unter Berücksichtigung individuell unterschiedlicher Lernpotenziale. Diese Auffassung und deren Formulierung in heutigem Wortlaut passen aus unserer Sicht zu der zweiten von Christiansen beschriebenen Berufsauffassung, die er als *Mathematik-Lehrkraft* (mathematics teacher) wie folgt beschreibt:

„Wenn die Ziele der Unterrichtsarbeit umfassender sind, wird eine größere Breite im Wechselwirkungsprozeß zwischen Lehrer und Schüler verlangt. Dies ist z. B. der Fall, wenn Verständnis der Verfahren und Methoden angestrebt wird, wenn verlangt wird, für ein und dieselbe mathematische Idee verschiedene Ausdrücke anzugeben, wenn die Schüler die Mathematik auf neue Situationen anwenden können sollen, oder wenn die Schüler lernen sollen, mathematische Texte selbst zu lesen. ... Unterricht wird hier als ein Prozeß der Wechselwirkung zwischen Lehrer und Schüler betrachtet, in dem der Lehrer darauf hinarbeitet, daß der einzelne Lerner Begriffe, Wissen, Fertigkeiten und Einstellungen erwirbt, die vom Lehrer in Übereinstimmung mit den offiziellen Richtlinien und unter Berücksichtigung der Möglichkeiten und Ziele der Schüler ausgewählt werden."

Aus unserer Sicht haben wir im vorliegenden Beitrag für ein solches breites Verständnis des Lehrens und Lernens argumentiert, das nicht nur die Kognition umfasst; ein Verständnis, das weder – im Sinne des *Instruierens* – darauf baut, dass es einen Automatismus der Vermittlung der Mathematik von den Lehrenden an die Lernenden gibt, noch davon ausgeht, dass – im Sinne des *Bereitstellens* – Mathematik allein oder vorrangig durch die Beschäftigung der Lernenden durch die Aufgabenangebote vermittelt werden kann. Stattdessen wird ein anderes Konnotat des Wortes ‚vermitteln' favorisiert, welches nicht das Vermitteln ‚von – an', sondern das Vermitteln ‚zwischen', hier also zwischen der Mathematik und den Lernenden betont, mit all dem, was über die kognitive Dimension des Mathematikunterrichts hinaus geht.

Christiansen erinnert uns jedoch daran, dass diese Fokussierung auf das fachbezogene Lehren und Lernen zwar von zentraler Bedeutung ist, aber immer auch in größere Zusammenhänge eingebettet werden muss, und führt hierzu den Begriff des *Mathematik-Erziehers* (mathematics educator) ein.

„Wir wollen nun eine Situation betrachten, in welcher der Mathematiklehrer nicht nur als verantwortlich im eben beschriebenen Sinn angesehen wird, sondern auch als mitverantwortlich (mit Lehrern anderer Fächer) für die Erreichung der allgemeinen Erziehungsziele. ... Wenn der Mathematiklehrer im Unterricht nicht nur an der Verwirklichung von Lernzielen des Mathematikunterrichts (mit den verschiedenen zugehörigen Aspekten) arbeitet, sondern auch an der Verwirklichung von Erziehungszielen, arbeitet er als Mathematikerzieher."

Es geht also um mathematische Bildung als Bestandteil von Allgemeinbildung (auch Biehler, 2019; Winter, 1995), aber es geht im Mathematikunterricht immer auch um Persönlichkeitsentwicklung, Übernahme von Verantwortung oder die Erfahrung demokratischer Werte, wie den achtsamen, toleranten und respektvollen Umgang mit anderen – wobei wir wieder bei den Ausführungen von Abele et al. (1970, siehe oben) sind, die u. a. die Förderung eines demokratischen Diskussionsstils vorsehen.

Das erweitert die Perspektive: Mathematikunterricht bemüht sich nicht nur um das Erreichen von fachbezogenen Lernzielen, sondern auch um das Verfolgen von allgemeinen Bildungszielen. Man sollte zwischen kurzfristigen Zielen – das, was ein Kind in einer Stunde oder in wenigen Wochen lernen soll – und langfristigen Zielen – was, wie man hofft, ein Kind während seiner gesamten Schulkarriere erlernt – unterscheiden (van Dormolen, 1978).

Wir denken, dass diese Sichtweise lebendig bleiben sollte, dass Grundschule – bei aller Bedeutsamkeit insbesondere auch der basalen Kompetenzen – als Ort *grundlegender, umfassender Bildung* und auch im Mathematikunterricht als *demokratischer Lern- und Lebensort* angesehen wird.

Literatur

Abele, A., Feustel, R., Kothe, S., Neumann, H., Prade, H., & Röhrl, E. (1970). Überlegungen und Materialien zu einem neuen Lehrplan für den Mathematikunterricht in der Grundschule. *Die Schulwarte – Monatsschrift für Unterricht und Erziehung, 23*(9/10), 117–156.

Baumert, J., & Köller, O. (2000). Unterrichtsgestaltung, verständnisvolles Lernen und multiple Zielerreichung im Mathematik- und Physikunterricht der gymnasialen Oberstufe. In J. Baumert, W. Bos, & R. Lehmann (Hrsg.), *TIMSS III. Dritte Internationale Mathematik- und Naturwissenschaftsstudie* (Bd. 2, S. 271–315). Leske + Budrich.

Biehler, R. (2019). Allgemeinbildung, mathematical literacy, and competence orientation. In H. Jahnke & L. Hefendehl-Hebeker (Hrsg.), *Traditions in German-speaking mathematics education research* (ICME-13 monographs, S. 141–170). Springer. https://doi.org/10.1007/978-3-030-11069-7_6

Biehler, R., Lange, T., Leuders, T., Rösken-Winter, B., Scherer, P., & Selter, C. (2018). *Mathematikfortbildungen professionalisieren – Konzepte, Beispiele und Erfahrungen des Deutschen Zentrums für Lehrerbildung Mathematik*. Springer. https://doi.org/10.1007/978-3-658-19028-6

Christiansen, B. (1975). National objectives and possibilities for collaboration. *International Journal of Mathematical Education in Science and Technology, 6*, 59–76. https://doi.org/10.1080/0020739750060105

Dormolen, J. v. (1978). *Didaktik der Mathematik*. Vieweg. https://doi.org/10.1007/978-3-322-84149-0

Dowker, A., Cheriton, O., Horton, R., & Mark, W. (2019). Relationships between attitudes and performance in young children's mathematics. *Educational Studies in Mathematics, 100*, 211–230. https://doi.org/10.1007/s10649-019-9880-5

Goldin, G., Roesken, B., & Törner, G. (2009). Beliefs – No longer a hidden variable in mathematical teaching and learning processes. In J. Maaß & W. Schloeglmann (Hrsg.), *Beliefs and attitudes in mathematics education: New research results* (S. 9–28). Sense Publishers.

Hascher, T., & Reindl, S. (2015). Einstellungen von Grundschulkindern zum Schulfach Mathematik. *Zeitschrift für Bildungsforschung, 5*, 177–196. https://doi.org/10.1007/s35834-014-0120-x

Helmke, A., & Schrader, F.-W. (1990). Zur Kompatibilität kognitiver, affektiver und motivationaler Zielkriterien des Schulunterrichts – Clusteranalytische Studien. In M. Knopf & W. Schneider (Hrsg.), *Entwicklung. Allgemeine Verläufe – Individuelle Unterschiede – Pädagogische Konsequenzen* (S. 180–200). Hogrefe.

Huhmann, T., & Spiegel, H. (2016). Kinder haben ein Recht auf guten Geometrieunterricht. *Die Grundschulzeitschrift, 30*(291), 25–27.

KMK (Kultusministerkonferenz). (2015). Empfehlungen zur Arbeit in der Grundschule. https://www.kmk.org/fileadmin/Dateien/veroeffentlichungen_beschluesse/1970/1970_07_02_Empfehlungen_Grundschule.pdf. Zugegriffen am 01.12.2022.

KMK (Kultusministerkonferenz). (2022). *Bildungsstandards für den Primarbereich. Mathematik*. https://www.kmk.org/fileadmin/Dateien/veroeffentlichungen_beschluesse/2022/2022_06_23-Bista-Primarbereich-Mathe.pdf. Zugegriffen am 03.12.2022.

Krauthausen, G., & Scherer, P. (2001). *Einführung in die Mathematikdidaktik*. Springer.

Krauthausen, G., & Scherer, P. (2004). *Mit Kindern auf dem Weg zur Mathematik. Ein Arbeitsbuch zur Lehrerbildung*. Auer.

Kunter, M. (2005). *Multiple Ziele im Mathematikunterricht*. Waxmann.

Leuders, T. (2016). Multiple Ziele im Mathematikunterricht. *Unterrichtswissenschaft, 44*(3), 252–266.

McLeod, D. B. (1992). Research on affect in mathematics education: A reconceptualization. In D. A. Grouws (Hrsg.), *Handbook of research on mathematics teaching and learning: A project of the National Council of Teachers of Mathematics* (S. 575–596). Macmillan.

MSB – Ministerium für Schule und Bildung des Landes Nordrhein-Westfalen. (2021). Lehrpläne für die Primarstufe in Nordrhein-Westfalen. https://www.schulentwicklung.nrw.de/lehrplaene/upload/klp_PS/ps_lp_sammelband_2021_08_02.pdf. Zugegriffen am 03.12.2022.

Prediger, S., Götze, D., Holzäpfel, L., Rösken-Winter, B., & Selter, C. (2022). Five principles for high-quality mathematics teaching: Combining normative, epistemological, empirical, and pragmatic perspectives for specifying the content of professional development. *Frontiers in Education, 7*(969212), 1–15. https://doi.org/10.3389/feduc.2022.969212. Zugegriffen am 01.12.2022.

Scherer, P., & Selter, C. (1996). Zahlenketten. Ein Unterrichtsbeispiel für Grundschüler und für Lehrerstudenten. *mathematica didactica, 1*, 54–66.

Scherer, P., & Selter, C. (2002). Tragfähige Grundlagen Mathematik. Bildungsansprüche von Grundschulkindern – Standards zeitgemäßer Grundschularbeit. *GSV aktuell, 81*, 13–16.

Scherer, P., & Moser Opitz, E. (2010). *Fördern im Mathematikunterricht der Primarstufe*. Heidelberg: Spektrum.

Valtin, R., Wagner, C., & Schwippert, K. (2005). Schüler und Schülerinnen und Schüler am Ende der vierten Klasse – schulische Leistungen, lernbezogene Einstellungen und außerschulische Lernbedingungen. In W. Bos, E.-M. Lankes, M. Prenzel, K. Schwippert, R. Valtin, & G. Walther (Hrsg.), *IGLU. Vertiefende Analysen zu Leseverständnis, Rahmenbedingungen und Zusatzstudien* (S. 187–238). Waxmann.

Weinert, F. E. (Hrsg.). (2001). *Leistungsmessungen in Schulen*. Beltz.

Winter, H. (1975). Allgemeine Lernziele für den Mathematikunterricht. Leicht bearbeiteter Nachdruck aus Zentralblatt für Didaktik der Mathematik 7(3), 106–116. In G. N. Müller, C. Selter, & E. C. Wittmann (Hrsg.), *Zahlen, Muster und Strukturen – Spielräume für aktives Lernen und Üben* (S. 41–60). Klett. 2012.

Winter, H. (1995). Mathematikunterricht und Allgemeinbildung. *Mitteilungen der Gesellschaft für Didaktik der Mathematik, 61*, 37–46.

Wittmann, E. C. (1981). *Grundfragen des Mathematikunterrichts*. Vieweg. https://doi.org/10.1007/978-3-322-91539-9

„Finde Aufgaben mit der Zahl 4" – Zur Vielfalt bei der kreativen Bearbeitung offener Aufgaben

Svenja Bruhn

1 Einleitung

Der Heterogenität aller Schüler*innen im Mathematikunterricht der Grundschule gerecht zu werden, gehört zu den zentralen fachdidaktischen Aufgaben von Lehrkräften (Korff, 2015; Krauthausen, 2018). Dabei ist die Idee des gemeinsamen Lernens aller Kinder einer Lerngruppe an dem gleichen mathematischen Gegenstand nicht neu (Übersicht z. B. bei Lütje-Klose & Miller, 2015). Wittmann (1990) stellte vor rund drei Jahrzehnten das Konzept der *natürlichen Differenzierung* vor, das sich als zentrale fachdidaktische Leitidee für einen (inklusiven) Mathematikunterricht etabliert hat und sich dadurch auszeichnet, dass alle Schulkinder das gleiche Lernangebot bekommen, individuelle Bearbeitungswege beschreiten, ganzheitliche mathematische Entdeckungen machen und ihnen ein soziales Lernen ermöglicht wird (Krauthausen & Scherer, 2022). In diesem Zusammenhang haben sich insbesondere offene Aufgaben als bedeutsames Aufgabenformat etabliert, die nach Scherer und Hähn (2017) in nahezu allen Phasen des Mathematikunterrichts sowie durch eine Kombination von gemeinsamen und individuellen Bearbeitungsphasen realisiert werden können (Scherer, 2018). Durch die Offenheit mathematischer Aufgaben ergibt sich eine natürliche Differenzierung der Lernenden „zwangsläufig aus der Sache heraus" (Scherer, 2018, S. 64). Auf diese Weise können Kinder mathematisch kreativ tätig werden (Krauthausen, 2018), was als Lernziel auch in den Standards der KMK (2022) verankert ist. Dies bedeutet, dass sich die individuellen

S. Bruhn (✉)
Fakultät für Mathematik, Universität Duisburg-Essen, Essen, Deutschland
E-Mail: svenja.bruhn@uni-due.de

© Der/die Autor(en), exklusiv lizenziert an Springer Fachmedien Wiesbaden GmbH, ein Teil von Springer Nature 2024
B. Barzel et al. (Hrsg.), *Inklusives Lehren und Lernen von Mathematik*,
https://doi.org/10.1007/978-3-658-43964-4_5

Aufgabenbearbeitungen der Schüler*innen qualitativ wie quantitativ voneinander unterscheiden (z. B. Hershkovitz et al., 2009; Leikin, 2009) und somit als vielfältig bezeichnet werden können. Doch, inwiefern kann die Vielfalt bei der Bearbeitung offener Aufgaben fachdidaktisch adäquat beschrieben werden?

Aus der Arbeit mit insgesamt 18 Erstklässler*innen an der Aufgabe „Finde verschiedene Aufgaben mit der Zahl 4" sollen zur Beantwortung dieser Frage im Folgenden exemplarisch die beiden Bearbeitungen von Jessika und Noah präsentiert werden (Abschn. 2). Die ausführlichen Beschreibungen dienen in diesem Beitrag als Ausgangs- sowie Bezugspunkt, um zwei zentrale mathematikdidaktische Konzepte vorzustellen, durch welche die Vielfalt kindlicher Bearbeitungen offener Aufgaben wahrgenommen und beschrieben werden kann (Abschn. 3). So werden zunächst die Gestaltung sowie der Einsatz offener Aufgaben in einem auf Vielfalt ausgelegten und natürlich differenzierten Mathematikunterricht fokussiert. Daraufhin werden die exemplarischen Aufgabenbearbeitungen von Jessika und Noah vor dem Hintergrund ihrer kreativen Fähigkeiten (Denkflüssigkeit, Flexibilität, Originalität und Elaboration) eingeordnet und detailliert beschrieben. Abschließend werden neben einer Diskussion der Ergebnisse auch Perspektiven für die Wahrnehmung, Beschreibungen und Förderung von Vielfalt bei der Bearbeitung offener Aufgaben im Mathematikunterricht der Grundschule formuliert (Abschn. 4).

2 Jessikas und Noahs Bearbeitungen der Aufgabe „Finde Aufgaben mit der Zahl 4"

Jessika und Noah besuchten 2019 beide dieselbe erste Klasse einer städtischen Grundschule in Nordrhein-Westfalen. Sie wurden deshalb für diesen Beitrag ausgewählt, da sie hinsichtlich ihrer mathematischen Fähigkeiten eine gewisse Heterogenität aufwiesen und daher einen Einblick in die Vielfalt kindlicher Bearbeitung offener Aufgaben ermöglichen können (ausführlich bei Bruhn, 2022). Die mathematischen Fähigkeiten der Erstklässler*innen wurden über den standardisierten *Test mathematischer Basisfertigkeiten ab Schuleintritt* [MBK 1+] (Ennemoser et al., 2017) im März 2019 erhoben, der vor allem die Leistungen von Schulanfänger*innen im unteren Bereich ausdifferenzieren kann. So sind die Unterschiede der beiden jungen Schulkinder Jessika und Noah als bedeutsam anzusehen. Während Jessika unterdurchschnittlich[1] abschnitt (T-Wert bei 38), zeigte Noah

---

[1] Einschätzung der T-Werte nach Ennemoser et al. (2017): < 29 weit unterdurchschnittlich; 30–39 unterdurchschnittlich; 40–59 durchschnittlich; 60–69 überdurchschnittlich; > 70 weit überdurchschnittlich.

durchschnittliche Ergebnisse (T-Wert bei 44). Die Mathematiklehrerin der beiden Kinder arbeitete lehrwerkstreu mit *Welt der Zahl 1* (Rinkens et al., 2015), was insbesondere die Orientierung am Schulbuch, den verschiedenen Arbeitsheften und Arbeitsmitteln wie etwa Rechenschiffen oder Rechenstreifen beinhaltete. Die beiden Erstklässler*innen bearbeiteten am 27.05.2019 jeweils einzeln mit der begleitenden Lehrkraft die offene Aufgabe „Finde Aufgaben mit der Zahl 4". Diese wurde deshalb ausgewählt, da solch ähnliche Aufgaben, bei denen Schüler*innen eigene Rechenaufgaben mit bestimmten Bedingungen produzieren sollen, ein fester Bestandteil aktueller Mathematiklehrwerke für die Grundschule und so auch in Welt der Zahl vorzufinden sind (z. B. Rinkens et al., 2015, S. 31, 51, 53, 64, 103, 109). So waren Jessika und Noah zwar die Bearbeitung offener Aufgaben grundsätzlich bekannt, aber nicht diese speziell ausgewählte.

Jessikas Aufgabenbearbeitung Während der selbstständigen Bearbeitung der offenen Aufgabe produzierte Jessika zunächst 13 Zahlensätze[2] mit der Zahl 4, wobei zwei Zahlensätze doppelt vorkamen und ein Zahlensatz einen Rechenfehler enthielt (in der Reihenfolge ihres Auftretens: 4 + 4 = 8, 4 + 3 = 7, 4 + 2 = 7, 4 – 3 = 1, 4 – 1 = 3, 7 – 4 = 3, 4 + 0 = 4, 8 – 4 = 4, 4 + 4 = 8, 10 – 4 = 6 , 9 – 4 = 5, 4 – 1 = 3, 4 + 3 = 7). Das Mädchen schrieb alle Zahlensätze einzeln auf blanko Karteikarten, die sie der Reihenfolge nach zunächst vertikal (von oben nach unten) und dann, als der Platz auf dem Tisch nicht mehr ausreichte, horizontal (von links nach rechts) ablegte (Abb. 1). Jessika kommentierte ihre Art und Weise, wie sie die offene Aufgabe bearbeitete, mit den Worten: „Ich sehe auf meinem Kopf so viele Aufgaben", „Da waren alle Aufgaben weg. Da hab' ich noch eine Aufgabe gesehen, ganz hinten" oder „Das ist die letzte, die ich sehe". Jessikas bildhafte Äußerungen verdeutlichen, dass sie sukzessive und vor allem frei (im Sinne von mathematisch

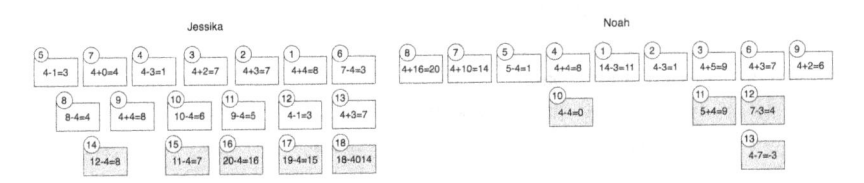

Abb. 1 Aufgabenbearbeitung von Jessika und Noah. (Anmerkung: Zahlen geben die Reihenfolge der produzierten Zahlensätze an. Graue Zahlensätze wurden im Rahmen der Reflexion ergänzt)

---

[2] Der Begriff des *Zahlensatzes* (Rathgeb-Schnierer & Rechtsteiner, 2018) bezeichnet hier eine Rechenaufgabe der Kinder (z. B. 4 + 1 = 5) und wird genutzt, um diese von der übergeordneten offenen Aufgabe sprachlich zu trennen.

unsystematisch) Zahlensätze (er)fand, die sie mit der offenen Aufgabe assoziierte. Dabei führte sie keine mathematischen Erklärungen für ihre verschiedenen Ideen an, die zur Produktion ihrer Zahlensätze geführt haben könnten, z. B. für $8 - 4 = 4 \rightarrow 4 + 4 = 8$ die Idee der Umkehraufgabe. Nachdem Jessika die Produktion von Zahlensätzen mit der Zahl 4 aus eigenem Antrieb beendet hatte, wurde die Erstklässlerin gebeten, ihre Zahlensätze zu reflektieren und zu erweitern (ausführlich in Bruhn, 2024). Jessika entdeckte daraufhin innerhalb ihrer Zahlensätze arithmetische Zahl-, Term- oder Aufgabenbeziehungen und setzte so einzelne Zahlensätze miteinander in Verbindung: Beispielsweise bildete sie ein Muster, indem sie Zahlensätze aufgrund einer enthaltenen, wachsenden Zahl sortierte ($4 - 1 = 3 \rightarrow 4 + 2 = 7 \rightarrow 4 - 3 = 1$), und entdeckte arithmetische Strukturen wie Tauschaufgaben ($4 - 1 = 3 \rightarrow 4 - 3 = 1$) oder Umkehraufgaben ($8 - 4 = 4 \rightarrow 4 + 4 = 8$). Dabei leitete sie fünf zusätzliche Zahlensätze mit der Zahl 4 aus ihren zuvor geschriebenen Zahlensätze ab ($12 - 4 = 8$, $11 - 4 = 7$, $20 - 4 = 16$, $19 - 4 = 5$, $18 - 4 = 14$). In ihren Erklärungen wurde nach wie vor das Bild der verschiedenen Aufgaben in ihrem Kopf deutlich, wie etwa bei der Aussage „Ich kann noch zwei Aufgaben sehen" oder „Da ist noch so ein Bild [von einem Zahlensatz] gekommen". Allerdings bemühte sie sich auch um mathematische Erklärungen, indem sie vor allem auf einzelne Zahlen in zusammengehörenden Zahlensätzen deutete und verbal hervorhob, wie etwa „Die drei fallen mir voll gleich auf. Weil hier. Guck mal: Eins, Zwei, Drei" ($4 - \mathbf{1} = 3 \rightarrow 4 + \mathbf{2} = 7 \rightarrow 4 - \mathbf{3} = 1$).

Noahs Aufgabenbearbeitung Während der selbstständigen Bearbeitung der offenen Aufgabe schrieb Noah als Erstes den Zahlensatz $14 - 3 = 11$, der allerdings nicht der Aufgabenbedingung entsprach, da die 4 hier als Ziffer und nicht als Zahl verwendet wurde. Nachdem dieser Unterschied besprochen wurde, produzierte Noah acht passende Zahlensätze (in der Reihenfolge ihres Auftretens: $4 - 3 = 1$, $4 + 5 = 9$, $4 + 4 = 8$, $5 - 4 = 1$, $4 + 3 = 7$, $4 + 10 = 14$, $4 + 16 = 20$, $4 + 2 = 6$). Auch Noah nutze blanko Karteikarten, um seine Zahlensätze aufzuschreiben und ordnete sie willkürlich in einer horizontalen Reihe (von links nach rechts) auf dem Tisch an (Abb. 1). Er kommentierte die Produktion einzelner Zahlensätze auf mathematischer Ebene durch Aussagen wie „Das ist die kleine Schwesteraufgabe", „Weil ich kein Plus machen wollte [...]" oder „Das ist die Tauschaufgabe". Daran wird deutlich, dass er sowohl arithmetische Strukturen wie Analogie- oder Tauschaufgaben nutzte, um Zahlensätze zu produzieren, als auch solche frei (er)fand und dabei bestimmte Besonderheiten von (Zahlen-)Sätzen wie die genutzte Operation assoziierte. Nachdem Noah seine Bearbeitung der offenen Aufgabe beendet hatte, wurde er gebeten, diese noch einmal zu reflektieren und dabei seinen Lösungsraum zu erweitern. Der Erstklässler erklärte daraufhin weitere Zahl-, Term- und Aufgabenbeziehungen, die ihm als Ideen für die Produktion von Zahlensätzen gedient hatten und ergänzt so die Zahlensätze 4 − 4 = 0, 5 + 4 = 9, 7 − 3 = 4 und 4 − 7 = − 3. Beispielsweise erklärte er ein numerisches Muster, bei dem im Term die gleichen Zahlen nur mit einer anderen Operation verwendet wurden (4 + 4 = 8 → 4 − 4 = 0) mit „Das ist dann gleich null, wenn man das Minus rechnet". Außerdem kommentierte er einzelne arithmetische Strukturen wie etwa Analogieaufgaben (14 − 3 = 11 → 4 − 3 = 1) durch „Man kann da auch die kleine Aufgabe rechnen", Tauschaufgaben (4 + 5 = 9 → 5 + 4 = 9) durch „Andere Zahlen sind das schon, aber das Ergebnis ist immer gleich" oder Umkehraufgaben (4 + 3 = 7 → 4 − 7 = − 3) durch „Weil das die Minusaufgabe von der Sieben ist. Das ist die gleiche Aufgabe, halt in Minus". Hier wird zudem eine erste Vorstellung negativer Zahlen durch Noahs Aussage „Weil man von der [Vier] die Sieben nicht abziehen kann. Aber eigentlich wäre das schon möglich […]. Das ist minus drei." deutlich.

3 Vielfalt bei der Bearbeitung offener Aufgaben wahrnehmen und beschreiben

Die beiden zuvor skizzierten Beispiele von Jessikas und Noahs Bearbeitungen der offenen Aufgabe „Finde Aufgaben mit der Zahl 4" bieten reichlich Potenzial, um daran fachdidaktische Aspekte eines Mathematikunterrichts, der die Vielfalt kindlicher Aufgabenbearbeitungen zulässt, zu beschreiben. Für diesen Beitrag werden zwei Aspekte fokussiert und im Folgenden detailliert präsentiert: Zum einen wird anhand der von Jessika und Noah bearbeiteten Aufgabe die Bedeutung einer fachdidaktisch orientierten Auswahl bzw. Gestaltung offener Aufgaben verdeutlicht (Abschn. 3.1). Zum anderen können die unterschiedlichen Bearbeitungsweisen der Erstklässler*innen durch ihre individuell ausgeprägten kreativen Fähigkeiten genauer beschrieben werden, weshalb ausgewählte Aspekte zur mathematischen Kreativität von Schulkindern vorgestellt werden (Abschn. 3.2).

3.1 Zur Bedeutung offener Aufgaben

Die von den beiden Erstklässler*innen bearbeitete offene Aufgabe „Finde Aufgaben mit der Zahl 4" forderte von den jungen Schulkindern eine *divergente Bearbeitung* (Guilford, 1967), was bedeutet, dass sie nicht nur eine, sondern mehrere verschiedene passende Antworten finden sollten. Dadurch ermöglicht der Einsatz solcher Aufgaben, den Fokus des Mathematikunterrichts auf die individuellen und damit auch vielfältigen Bearbeitungsweisen von Schüler*innen und nicht nur auf die „richtige" Antwort der Lernenden zu legen (Krauthausen & Scherer, 2022).

Jessikas und Noahs exemplarischen Aufgabenbearbeitungen (Abschn. 2) verdeutlichen, dass auch junge Kinder offene Aufgabe individuell bearbeiten und dabei ihre mathematischen Fähigkeiten zeigen, ausbauen, und reflektieren können. Dieses Ergebnis stützen auch die Studien von z. B. Beck (2022) oder Tsamir et al. (2010). Daher gilt es nachfolgend zwei zentrale fachdidaktische Fragen zu klären: Wie kann die Offenheit einer mathematischen Aufgabe charakterisiert werden? Und inwiefern ist der Einsatz offener Aufgaben für den Mathematikunterricht der Grundschule bedeutsam?

Mit Blick auf die erste Frage, wie die Offenheit mathematischer Aufgaben zu charakterisieren sei, lässt sich in der (inter-)nationalen mathematikdidaktischen Literatur die Verwendung verschiedenster Begriffe für solche Aufgaben finden, die von Schüler*innen eine divergente Bearbeitung fordern und daher auf unterschiedliche Art und Weise geöffnet wurden (Übersicht bei Levenson et al., 2018). Dabei wird die Offenheit von Aufgaben als ein graduelles Merkmal verstanden (z. B. Hershkovitz et al., 2009; Krauthausen & Scherer, 2022). Basierend auf dieser Grundannahme entwickelte Yeo (2017) ein Framework, bei dem die Offenheit einer mathematischen Aufgabe über die Ausprägung von fünf *Variablen* (Antwort, Ziel, Vorgehen, Komplexität, Erweiterung) auf einem Kontinuum zwischen geschlossen und offen eingeschätzt wird. So ist eine mathematische Aufgabe dann vollständig geschlossen, wenn alle Variablen als geschlossen analysiert werden. Sobald mindestens eine der Variablen eine Öffnung aufweist, handelt es sich um eine geöffnete Aufgabe. Im Folgenden werden die Variablen kurz skizziert und die von Jessika und Noah bearbeitete Aufgabe „Finde Aufgaben mit der Zahl 4" dahingehend eingeordnet.

- Auf Ebene der **Antwort** lassen sich verschiedenste Öffnungsmöglichkeiten finden (Übersichten bei Büchter & Leuders, 2016; Pehkonen, 2001; Scherer, 2015). Häufig sind sogenannte *open-ended problems* wie die von Jessika und Noah bearbeitete Aufgabe zu finden, die in Bezug auf die (unendliche) Anzahl möglicher mathematischer Lösungen geöffnet sind (z. B. Becker & Shimada, 1997). Darüber hinaus regen *problem posing* Aufgaben Schüler*innen dazu an, verschiedene mathematische Fragen zu einem Ausgangsproblem zu finden (z. B. Baumanns, 2022). Leikin (2009) beschreibt zudem *multiple solution tasks* als offene Aufgaben, bei denen Schüler*innen dazu aufgefordert werden, ein mathematisches Problem mithilfe verschiedener Lösungswege zu bearbeiten. Ebenso sind Kombinationen aus den genannten Schwerpunkten bei der Öffnung von Aufgaben, d. h. verschiedene Lösungen zu produzieren, Fragen zu stellen oder Lösungswege auszuarbeiten denkbar.

- Je spezifischer das **Aufgabenziel** formuliert wird, desto geschlossener kann diese Variable eingeschätzt werden (Yeo, 2017). Büchter und Leuders (2016) listen in diesem Zusammenhang verschiedene Techniken zur Öffnung von mathematischen Aufgaben wie etwa die Aufforderung zur Begründung, das Weglassen von Informationen oder die Perspektivumkehr auf. Dabei ist zu bedenken, dass die konkrete Ausgestaltung von Aufgaben immer auf die bearbeitende Schüler*innengruppe angepasst werden muss und sich daher insbesondere für jüngere Schulkinder spezifische Formulierungen anbieten. Bei der offenen Aufgabe von Jessika und Noah ist der Operator „Finde" als recht unspezifisch und daher offen einzuschätzen, wobei die Offenheit der gesamten Aufgabe durch die Bedingung „Aufgaben mit der Zahl 4" angemessen auf den Erfahrungsraum von Erstklässler*innen beschränkt. Die gesamte Formulierung dieser offenen Aufgabe erfolgte mündlich in Form einer *verbalisierten Zahlaufgabe* (Ott, 2016), die keinen (Sach-)Kontext aufwies und daher den Fokus ausschließlich auf die in der Aufgabe enthaltende Arithmetik legte. Offene Aufgaben können grundsätzlich auch als Textaufgaben präsentiert werden, bei denen dann auch Modellierungs- und/oder Problemlösefähigkeiten von den Schulkindern gefordert werden (Rasch, 2001; Scherer, 2018).
- Die Variable des **Vorgehens** wird im Sinne von Yeo (2017) dann als geschlossen eingeschätzt, wenn „there is only one method or the method involves only routine application of known procedures" (S. 183). In diesem Sinne war das Vorgehen bei der Produktion von Zahlensätzen mit der Zahl 4 insofern geöffnet, als dass die Schulkinder Jessika und Noah selbstständig ihre Vorgehensweise entwickeln bzw. wählen konnten. Dies wurde in Abschn. 2 anhand der beiden Aufgabenbearbeitungen verdeutlicht und wird nachfolgend in Abschn. 3.2 ausführlich analysiert.
- Die **Komplexität** offener Aufgabe wird nicht als hemmendes, sondern vielmehr als anregendes Kriterium verstanden, damit Lernenden „in ganzheitlichen Zusammenhängen mehr Bedeutung, mehr Sinn und damit mehr Anknüpfungspunkte für individuelle Lösungswege" (Krauthausen & Scherer, 2022, S. 52) finden können. Mit kritischem Blick auf die Komplexität offener Aufgaben verweisen Dürrenberger und Tschopp (2006) darauf, dass die Bearbeitung für Schulkinder, die mathematische Anforderungen vor allem durch fleißiges Üben bewältigen, am Anfang überfordernd wirken kann. Daher scheint es sinnvoll, einzelne offene Aufgaben in kleineren Gruppen zu bearbeiten, um allen Schüler*innen eine entsprechende Unterstützung durch die Lehrenden zu ermöglichen (Yeo, 2017). Dieser Grundsatz wurde auch in der Zusammenarbeit mit den Erstklässler*innen Jessika und Noah verfolgt, die individuelle Unterstützung auf kognitiver (z. B. Ausrechnen von Zahlensätzen, Präsentieren von Bei-

spielen) wie auf metakognitiver (z. B. Anregen zum lauten Denken, Fokussierung auf einzelne Aspekte der Aufgabe etc.) Ebene erhielten.
- Eine mathematische Aufgabe ist auf Ebene der **Erweiterung** geöffnet, wenn die in ihr enthaltenen Zahlen und/oder Bedingungen systematisch so verändert werden können, dass sie bei den Schüler*innen zu vertieften und verallgemeinerten Einsichten über mathematische Muster und Strukturen führen können (Yeo, 2017). Dieser Aspekt wurde bei den Aufgabenbearbeitungen von Jessika und Noah nicht verfolgt, sondern der Fokus einzig auf das Entdecken und Nutzen verschiedener Zahl-, Term- oder Aufgabenbeziehungen gelegt.

Mit Blick auf die zweite Leitfrage dieses Abschnitts, inwiefern der Einsatz offener Aufgaben im Mathematikunterricht bedeutsam sei, lässt sich in der mathematikdidaktischen Literatur insbesondere der Wunsch bzw. auch der Anspruch erkennen, dass offene Aufgaben allen Schüler*innen ein gemeinsames Lernen ermöglichen können. So sollen bei der Bearbeitung derselben offenen Aufgabe, ob allein oder in (Klein-)Gruppen, alle Kinder individuelle mathematische Entdeckungen bzw. Erkenntnisse sammeln können. Dieser fachdidaktischen Grundposition zum Mathematiklernen, die sich insbesondere in der Etablierung eines aktiv-entdeckenden Mathematikunterrichts widerspiegelt (z. B. Winter, 2016), wird im deutschsprachigen Raum häufig durch den Einsatz *(substanzieller) Lernumgebungen* (Krauthausen & Scherer, 2022; Wittmann, 1998) begegnet. Diese, in einen spezifischen Unterrichtskontext eingebetteten, offenen Aufgaben zeichnen sich insbesondere dadurch aus, dass sie „über eine niedrige Eingangsschwelle verfügen, und allen Lernenden Zugang zu den ersten [(Teil-)]Aufgaben ermöglichen" (Wälti & Hirt, 2006, S. 19). Nach diesem Einstieg kann die gesamte offene Aufgabe durch verschiedene Zugangsweisen, Materialien und Lösungswege individuell bearbeitet werden (Nührenbörger & Pust, 2016; Rasch, 2010; Wälti & Hirt, 2006). Dadurch, dass solche offenen Aufgaben den Lernenden eine hohe Freiheit in der Bearbeitung der Aufgabe zugestehen, ermöglichen sie – wie in der Einleitung bereits erläutert – eine natürliche Differenzierung der Kinder bezüglich ihrer mathematischen Fähigkeiten. Dies ist insbesondere mit Blick auf einen inklusiven Mathematikunterrichts bedeutsam (Hengartner et al., 2006; Krauthausen & Scherer, 2022). Mit Rückbezug auf die von Yeo (2017) vorgeschlagenen Variablen offener Aufgaben, bedeutet dies, dass sich die Bearbeitung offener Aufgaben zwischen einzelnen Kindern sowohl quantitativ (Variable der Antwort und des Aufgabenziels) als auch qualitativ (Variable des Vorgehens, der Komplexität und der Erweiterung) unterscheiden.

3.2 Zur Bedeutung von Kreativität bei der Bearbeitung offener Aufgaben

Nachdem im vorangegangenen Abschnitt der Fokus auf dem Einsatz sowie Gestaltungsprinzipien offener Aufgaben lag, soll nun der Blick auf die vielfältigen Schüler*innenbearbeitungen am Beispiel von Jessika und Noah gelegt werden. Diese unterscheiden sich unter anderem hinsichtlich der Anzahl an produzierten Zahlensätzen, den genutzten und/oder entdeckten arithmetischen Mustern und Strukturen, der (verbal)sprachlichen Erklärungen ihres Vorgehens sowie ihrer anschließenden Reflexion und Erweiterung (Abschn. 2). Aus einer fachdidaktischen Perspektive kann diese exemplarische Vielfalt bei der Bearbeitung der offenen Aufgabe „Finde Aufgaben mit der Zahl 4" durch die individuell ausgeprägten kreativen Fähigkeiten der beiden Erstklässler*innen erklärt werden (z. B. Hershkovitz et al., 2009; Levenson et al., 2018). Dabei folgt dieser Beitrag der Grundannahme, dass alle Kinder in alltäglichen mathematischen Lern- und Spielsituationen ihre Kreativität zeigen können (Beghetto & Kaufman, 2014). Aus der großen Fülle an verschiedensten Forschungsansätzen (z. B. Kwon et al., 2006; Leikin & Pitta-Pantazi, 2013) sowie Definitionen (z. B. Joklitschke et al., 2022; Leikin & Sriraman, 2017) zur mathematischen Kreativität von Schüler*innen sollen im Folgenden solche Aspekte präsentiert werden, die eine fokussierte Analyse und einen Vergleich der beiden Aufgabenbearbeitungen von Jessika und Noah ermöglichen. In diesem Sinne werden nun in Anlehnung an die wegweisenden psychologischen Ausführungen von Guilford (1967) und Torrance (2008) sowie den zentralen mathematikdidaktischen Ausdifferenzierungen von Kattou et al. (2016), Leikin (2009) oder Silver (1997) die vier kreativen Fähigkeiten *Denkflüssigkeit, Flexibilität, Originalität* und *Elaboration* in den Blick genommen:

- Als **Denkflüssigkeit** wird die Produktion von verschiedenen Ideen zu einer offenen Aufgabe (Ideenfluss) verstanden und über die Anzahl an Ideen eines Kindes beschrieben. Der Terminus der *Idee* wird hier anstelle der Begriffe Lösung oder Antwort verwendet, um den Fokus bewusst auf den schöpferischen Gedanken des Schulkindes zu legen und dadurch die Bedeutung der Korrektheit einer Lösung in den Hintergrund zu rücken. Dies ist vor allem mit Blick auf junge Schulkinder wie Jessika oder Noah bedeutsam, da diese bei ihren kreativen Aufgabenbearbeitung durchaus Rechenfehler (z. B. Jessika: 4 + 2 = 7) oder (Fehl-)Interpretation der offenen Aufgabe (z. B. Noah: 14 − 3 = 11) zeigten, die Lernenden in diesen Fällen jedoch eine bestimmte schöpferische Idee verfolgten. Somit wird hier in besonderem Maße eine inklusive Sichtweise auf die kreativen Fähigkeiten von Schüler*innen angestrebt. Jessika zeigte während ihrer selbstständigen Bearbeitung der Aufgabe „Finde Aufgaben mit der Zahl 4" 13 Ideen und Noah neun Ideen (Abschn. 2, insb. Abb. 1).

- Die Fähigkeit der **Flexibilität** kann beschrieben werden, indem der Ideenfluss der Schulkinder qualitativ in den Blick genommen wird. Dies bedeutet konkret, dass Schüler*innen innerhalb ihrer verschiedenen Ideen unterschiedliche Ideentypen zeigen und zwischen diesen wechseln. Damit besteht die Flexibilität aus zwei Teilaspekten, die zwar in einem sich bedingenden Verhältnis zueinanderstehen, jedoch für eine differenzierte Beschreibung nachfolgend einzeln betrachtet werden. Für das Zeigen von verschiedenen Ideentypen benötigen Schüler*innen einen inhalts- und/oder aufgabenspezifischen Werkzeugkasten, den diese individuelle im Rahmen des schulischen Mathematikunterrichts sowie in außerschulischen Lernsituationen erwerben (z. B. Feldhusen, 2006). So benötigten Jessika und Noah für die Bearbeitung der offenen Aufgabe „Finde Aufgaben mit der Zahl 4" die Fähigkeit, Zahlensätze in verbaler und schriftlicher Form darzustellen, sowie mit Zahlen, Aufgaben und deren Beziehungen umzugehen, d. h. arithmetische Muster- und Strukturierungsfähigkeiten (Rathgeb-Schnierer & Rechtsteiner, 2018). Im Mathematikunterricht der beiden Erstklässler*innen wurden bis Mai 2019 arithmetische Inhalte wie das Zerlegen von Zahlen bis 10 und dem schrittweisen Rechnen, Nutzen von Nachbar-, Umkehr-, Tausch- oder Analogieaufgaben sowie Verdoppeln behandelt. Dabei lag ein besonderer Fokus auf dem Ausbau des kindlichen *Zahlenblicks* (z. B. Rathgeb-Schnierer & Rechtsteiner, 2018), bei dem ein grundlegendes Verständnis von Zahlen und ein flexibler Umgang mit Zahlbeziehungen (Zahlensinn) sowie das intuitive Erkennen und der flexible Umgang mit mathematischen Mustern und Strukturen (Struktursinn) geschult werden. Diese Fähigkeit ist insbesondere für die kreative Bearbeitung arithmetisch offener Aufgaben bedeutsam. So entstand mit Blick auf die Aufgabenbearbeitungen von Jessika und Noah (sowie weiteren 34 Bearbeitungen) das Kategoriensystem der *arithmetischen Ideentypen* (ausführliche Beschreibung des Kategoriensystems bei Bruhn, 2022). Trotz, dass die beiden Erstklässler*innen bezüglich ihrer im MBK 1+ gezeigten mathematischen Fähigkeiten Unterschiede aufwiesen (Abschn. 2), konnten ähnliche Ideentypen identifiziert werden): Beide Kinder zeigten eine Vielzahl *frei-assoziierter* Ideen, d. h. sie produzierten Zahlensätze frei zu offenen Aufgabe und assoziierten dabei bestimmte Merkmale von Zahlensätzen wie etwa die Position der Zahl 4 (z. B. Jessika 4 + 3 = 7, 4 „vorne"), Verdopplungen (z. B. Noah 4 + 4 = 8), die Kraft der 5 (z. B. Noah 5 − 4 = 1) oder die Kraft der 10 (z. B. Jessika 10 − 4 = 6). Beide Kinder zeigten verschiedene *struktur-nutzende*

Ideen, nämlich Noah die der Analogieaufgabe (14 − 3 = 11 → 4 − 3 = 1) und Jessika die der Tauschaufgabe (4 − 3 = 1 → 4 − 1 = 3) sowie der Umkehraufgabe (8 − 4 = 4 → 4 + 4 = 8). Um den Wechsel zwischen verschiedenen Ideentypen zu identifizieren, müssen die Aufgabenbearbeitung chronologisch betrachtet werden. Während Jessika viermal zwischen ihren beiden Ideentypen der frei-assoziierten und struktur-nutzenden Ideen hin und her wechselte, zeigte Noah zwei solcher Ideenwechsel.

- Unter der Fähigkeit der **Originalität** wird in psychologischen und mathematikdidaktischen Forschungsarbeiten häufig verstanden, dass innerhalb der von einem Kind gezeigten Ideentypen einzelne Ideen zu finden sind, die als besonders clever, selten oder mathematisch tiefgreifend bewertet werden können. Zwar zeichnen sich die verschiedenen Ideen von Jessika und Noah durch eine gewisse Vielfalt aus, sie beinhalten aber keine grundlegend verschiedenen Ideentypen. Daher wird mit Blick auf die mathematischen Erfahrungen (junger) Schulkinder wie Jessika und Noah in diesem Beitrag Originalität so verstanden, dass die Lernenden bei der kreativen Bearbeitung offener Aufgaben über die Fähigkeit der Denkflüssigkeit und Flexibilität hinaus in der Lage sind, weitere und vor allem neue Ideentypen zu produzieren (Silver, 1997). Demnach sollen Schüler*innen die eigene (oder eine fremde) Antwort einer kreativen Aufgabenbearbeitung reflektieren und dabei weitere Ideentypen produzieren, die sich qualitativ von den vorherigen unterscheiden. Aus diesem Begriffsverständnis geht hervor, dass Schüler*innen nach der selbstständigen Bearbeitung einer offenen Aufgabe aktiv von einer Lehrkraft dazu angeregt werden müssen, ihre Antwort zu reflektieren und zu erweitern. Dieses Vorgehen wurde auch bei den beiden Aufgabenbearbeitungen von Jessika und Noah verfolgt, wobei sich sowohl die Reflexion der beiden Erstklässler*innen als auch deren Erweiterung voneinander unterschieden und so einen Einblick in die vielfältigen Bearbeitungsweisen ermöglichen (Abschn. 2): Beide Kinder nutzten ihre auf blanko Karteikarten aufgeschriebenen Zahlensätze als Ausgangspunkt für die Reflexion, was die Bedeutung einer angemessen Dokumentation des Lösungsraums bei der kreative Bearbeitung offener Aufgaben unterstreicht. Jessika verwendete zunächst ausschließlich ihre bereits aufgeschriebenen Zahlensätze und ergänzte diese dann gegen Ende ihrer Aufgabenbearbeitung durch fünf weitere, um sowohl bereits gezeigte als auch neue Ideentypen zu entwickeln. Als neue Ideentypen sind hier zwei verschiedene *muster-bildende* Ideen, nämlich die wachsende Zahlenfolge (**9** − 4 = 5 → **8** − 4 = 4 → 4 + 3 = **7**) und die Zahlenparallele (12 − 4 = 8 → 8 − 4 = 4, in beiden Aufgaben ist eine 4 und eine 8) sowie eine *klassifizierende* Idee nach der Anzahl der Zahl 4 (8 − 4 = 4 → 4 + 3 = 7, zwei Vieren und eine Vier) zu nennen. Anders als Jessika ergänzte der Erstklässler Noah direkt zu vier seiner zuvor produzierten Zahlensätze jeweils einen passenden weitere Zahlensatz. Auf diese Weise zeigte der Schüler drei neue struktur-nutzende Ideen, nämlich die der Tauschaufgabe ($4 + 5 = 9 \rightarrow 5 + 4 = 9$), der Umkehraufgabe ($7 - 3 = 4 \rightarrow 4 + 3 = 7$) und aus diese beiden dann auch die Idee der Aufgabenfamilie ($7 - 3 = 4 \rightarrow 4 + 3 = 7 \rightarrow 4 - 7 = -3$), und das sogenannte Plus-Minus als eine muster-bildende Idee ($4 + 4 = 8 \rightarrow 4 - 4 = 0$, gleiche Zahlen im Term mit Wechsel der Operation).

- Die **Elaboration** nimmt eine unterstützende Funktion für das Zeigen der anderen drei kreativen Fähigkeiten (Denkflüssigkeit, Flexibilität und Originalität) ein. Unter ihr wird daher die Fähigkeit verstanden, die eigenen Ideen auszuarbeiten, mit Details zu versehen und auf ihre Plausibilität hin zu überprüfen. Neben der schriftlichen Ausarbeitung von Ideen kann insbesondere eine gezielte Versprachlichung dazu führen, dass sich Schüler*innen ihren Ideen(typen) bewusst werden. Dies kann einen Einfluss auf die kreative Aufgabenbearbeitung nehmen, indem sie zu weiteren Ideen angeregt werden (Denkflüssigkeit), indem sie weitere Ideentypen und -wechsel zeigen (Flexibilität) und/oder indem sie weitere neue Ideentypen entwickeln (Originalität). Bei Jessikas und Noahs Aufgabenbearbeitungen wurde durch die begleitende Lehrkraft eine kommunikative Unterrichtssituation geschaffen, in der die Kinder ihre Ideen ihr gegenüber verständlich machen und dadurch nachvollziehbar ausarbeiten musste. Während Jessika hier vor allem ihr kreatives Erleben bildhaft beschrieb (Aufgaben in ihrem Kopf), fokussiert Noah auf mathematische Auffälligkeiten und zeigte Ansätze, seine Ideen zu begründen. Somit wird an den exemplarischen Aufgabenbearbeitungen der Erstklässler*innen Jessika und Noah deutlich, dass das Elaborieren von Ideen mit verschiedensten Sprachhandlungen wie dem Erklären, Beschreiben oder Begründen einhergeht. Eine Übersicht über diese und weitere Sprachhandlungen findet sich z. B. bei Rösike et al. (2020). Da diese unterschiedlichen Sprachhandlungen für Schulkinder eine individuell große Herausforderung darstellen können, ist eine gezielte, individuelle und adaptive Unterstützung der jungen Mathematiklernenden durch verschiedenste Methoden eines sprachsensiblen Mathematikunterrichts wie etwa *Lernprompts* (Anghileri, 2006) nötig. Bei Jessikas und Noahs kreativen Aufgabenbearbeitungen wurde dies durch kurze verbale Aufforderungen wie etwa „Was war deine Idee?", „Warum hast du die Aufgabe dort auf den Tisch gelegt?" oder „Kann ich dir beim Ausrechnen der Aufgabe helfen?" realisiert.

4 Fazit und Perspektiven

In diesem Beitrag wurden anhand der exemplarischen Bearbeitungen der offenen Aufgabe „Finde Aufgaben mit der Zahl 4" von Jessika und Noah zwei fachdidaktische Konzepte vorgestellt, um die Vielfalt von Aufgabenbearbeitungen im Mathematikunterricht der Grundschule einerseits zu ermöglichen (Fokus auf offene Aufgaben, in Abschn. 3.1) und andererseits zu beschreiben (Fokus auf kreative Fähigkeiten, in Abschn. 3.2). Durch die bewusste Gestaltung und den gezielten Einsatz offener Aufgaben im Mathematikunterricht können Lehrkräfte ihren Schüler*innen ein gemeinsames und gleichzeitig auch aktiv-entdeckendes Lernen im Sinne der natürlichen Differenzierung ermöglichen (z. B. Krauthausen & Scherer, 2022; Scherer, 2018; Winter, 2016). Dabei stehen zur Öffnung von mathematischen Aufgaben verschiedenste Möglichkeiten zur Verfügung, um allen Lernenden ganzheitliche und reichhaltige mathematische Entdeckungen zu ermöglichen: verschiedene Arten von Antworten, eine für die Lerngruppe angemessene Formulierung des Aufgabenziels, individuelles Vorgehens bei der Bearbeitung, gewünschte Komplexität und mathematische Erweiterung der Aufgabe (z. B. Büchter & Leuders, 2016; Yeo, 2017). Die von Jessika und Noah beispielhaft bearbeitete Aufgabe zeigte vor allem eine Öffnung auf Ebene der Antwort (verschiedene Zahlensätze mit der Zahl 4), wobei das Aufgabenziel den schulischen Erfahrungen der Erstklässler*innen entsprechend eher konkret war, und auf Ebene des Vorgehens, das sich zwischen den beiden Kindern stark unterschied (Abschn. 3.1). Somit stellt diese Aufgabe ein gutes Beispiel dafür da, wie offene Aufgaben vielfältige Schüler*innenbearbeitungen ermöglichen (weitere Beispiele z. B. bei Rasch, 2010).

Das fachdidaktische Wissen um diese Gestaltungsprinzipien offener Aufgaben sowie die Fähigkeiten, sie im Mathematikunterricht umzusetzen, sind insbesondere deshalb bedeutsam, da offene Aufgaben allen Schüler*innen eine kreative Bearbeitung ermöglichen (z. B. Beghetto & Kaufman, 2014; Hershkovitz et al., 2009; Levenson et al., 2018), was in den Bildungsstandards als bedeutsames Ziel des Mathematikunterrichts verortet ist (KMK, 2022). Zur fachdidaktischen Beschreibung mathematischer Kreativität können Lehrkräfte auf vier miteinander verbundene Fähigkeiten ihrer Schüler*innen fokussieren (Kattou et al., 2016; Leikin, 2009; Silver, 1997): Schulkinder sind kreativ, wenn sie bei der selbstständigen Bearbeitung einer offenen Aufgabe verschiedene Ideen produzieren (Denkflüssigkeit) und dabei verschiedene Ideentypen zeigen sowie zwischen diesen wechseln (Flexibilität). Innerhalb einer von der Mathematiklehrkraft bewusst initiierten Reflexion können die Schüler*innen dann noch ihre Antwort um neue Ideen(typen) erweitern (Originalität). Außerdem ist es bedeutsam, dass Kinder ihre Ideen (verbal)sprachlich ausarbeiten (Elaboration). Jessikas und Noahs unterschiedliche Bearbeitungen der offenen Aufgabe „Finde Aufgaben mit der Zahl 4" verdeutlichen, wie vielfältig die kreativen Fähigkeiten von Schulkindern ausgeprägt sind und wie bedeutsam eine angemessene Begleitung durch Mathematiklehrer*innen ist (Abschn. 3.2). Daher ist für die Anregung und Beschreibung vielfältiger, natürlich differenzierter und kreativer Aufgabenbearbeitungen von Schüler*innen vor allem die fachdidaktische Expertise von Mathematiklehrkräften u. a. zu offenen Aufgaben und mathematischer Kreativität bedeutsam.

Literatur

Anghileri, J. (2006). Scaffolding practices that enhance mathematics learning. *Journal of Mathematics Teacher Education, 9*(1), 33–52. https://doi.org/10.1007/s10857-006-9005-9

Baumanns, L. (2022). *Mathematical problem posing. Conceptual considerations and empirical investigations for understanding the process of problem posing.* Springer Spektrum. https://doi.org/10.1007/978-3-658-39917-7

Beck, M. (2022). *Dimensionen mathematischer Kreativität im Kindergartenalter. Eine interdisziplinäre Studie zur Entwicklung mathematisch kreativer Prozesse von Kindern unter mathematikdidaktischer und psychoanalytischer Perspektive* (Bd. 43). Waxmann.

Becker, J. P., & Shimada, S. (Hrsg.). (1997). *The open-ended approach: A new proposal for teaching mathematics.* National Council of Teachers of Mathematics.

Beghetto, R. A., & Kaufman, J. C. (2014). Classroom contexts for creativity. *High Ability Studies, 25*(1), 53–69. https://doi.org/10.1080/13598139.2014.905247

Bruhn, S. (2022). *Die individuelle mathematische Kreativität von Schulkindern. Theoretische Grundlegung und empirische Befunde zur Kreativität von Erstklässler*innen.* Springer. https://doi.org/10.1007/978-3-658-38387-9

Bruhn, S. (2024). Charakterisierung kreativer Bearbeitungen offener Aufgaben von jungen Schulkindern. *Journal für Mathematik-Didaktik, 45*(3). https://doi.org/10.1007/s13138-023-00228-y

Büchter, A., & Leuders, T. (2016). *Mathematikaufgaben selbst entwickeln: Lernen fördern – Leistung überprüfen* (7., überarb. Neuaufl.). Cornelsen.

Dürrenberger, E., & Tschopp, S. (2006). Unterrichten mit Lernumgebungen: Erfahrungen aus der Praxis. In E. Hengartner, U. Hirt, B. Wälti & L. Primarschulteam (Hrsg.), *Lernumgebungen für Rechenschwache bis Hochbegabte* (S. 21–23). Klett und Balmer.

Ennemoser, M., Krajewski, K., & Sinner, D. (2017). *Test mathematischer Basiskompetenzen ab Schuleintritt.* Hogrefe.

Feldhusen, J. F. (2006). The role of the knowledge base in creative thinking. In J. C. Kaufman & J. Baer (Hrsg.), *Creativity and reason in cognitive development* (S. 137–144). Cambridge University Press. https://doi.org/10.1017/cbo9780511606915.009

Guilford, J. P. (1967). *The nature of human intelligence.* McGraw-Hill.

Hengartner, E., Hirt, U., Wälti, B., & Lupsingen, P. (Hrsg.). (2006). *Lernumgebungen für Rechenschwache bis Hochbegabte: Natürliche Differenzierung im Mathematikunterricht.* Klett und Balmer.

Hershkovitz, S., Peled, I., & Littler, G. (2009). Mathematical creativity and giftedness in elementary school: Task and teacher promoting creativity for all. In R. Leikin (Hrsg.), *Creativity in mathematics and the education of gifted students* (S. 255–269). Sense Publ.

Joklitschke, J., Rott, B., & Schindler, M. (2022). Notions of creativity in mathematics education research: A systematic literature review. *International Journal of Science and Mathematics Education, 20*(6), 1161–1181. https://doi.org/10.1007/s10763-021-10192-z

Kattou, M., Christou, C., & Pitta-Pantazi, D. (2016). Characteristics of the creative person in mathematics. In G. B. Moneta & J. Rogaten (Hrsg.), *Psychology of creativity: Cognitive, emotional, and social processes* (S. 99–123). Nova Publishers.

KMK. (2022). Bildungsstandards für das Fach Mathematik. Primarbereich. Beschluss der Kultusministerkonferenz vom 15.10.2004, i.d.F. vom 23.06.2022. https://www.kmk.org/fileadmin/Dateien/veroeffentlichungen_beschluesse/2022/2022_06_23-Bista-Primarbereich-Mathe.pdf. Zugegriffen am 15.03.2023.

Korff, N. (2015). *Inklusiver Mathematikunterricht in der Primarstufe: Erfahrungen, Perspektiven und Herausforderungen*. Schneider.

Krauthausen, G. (2018). *Einführung in die Mathematikdidaktik – Grundschule* (4. Aufl.). Springer. https://doi.org/10.1007/978-3-662-54692-5

Krauthausen, G., & Scherer, P. (2022). *Natürliche Differenzierung im Mathematikunterricht: Konzepte und Praxisbeispiele aus der Grundschule* (4. Aufl.). Klett Kallmeyer.

Kwon, O. N., Park, J. S., & Park, J. H. (2006). Cultivating divergent thinking in mathematics through an open-ended approach. *Asia Pacific Education Review, 7*(1), 51–61. https://doi.org/10.1007/BF03036784

Leikin, R. (2009). Exploring mathematical creativity using multiple solution tasks. In R. Leikin (Hrsg.), *Creativity in mathematics and the education of gifted students* (S. 129–145). Sense Publ.

Leikin, R., & Pitta-Pantazi, D. (2013). Creativity and mathematics education: the state of the art. *ZDM Mathematics Education, 45*(2), 159–166. https://doi.org/10.1007/s11858-012-0459-1

Leikin, R., & Sriraman, B. (Hrsg.). (2017). *Creativity and giftedness: Interdisciplinary perspectives from mathematics and beyond*. Springer International Publishing. https://doi.org/10.1007/978-3-319-38840-3

Levenson, E., Swisa, R., & Tabach, M. (2018). Evaluating the potential of tasks to occasion mathematical creativity: definitions and measurements. *Research in Mathematics Education, 20*(3), 273–294. https://doi.org/10.1080/14794802.2018.1450777

Lütje-Klose, B., & Miller, S. (2015). Inklusiver Unterricht – Forschungsstand und Desiderata. In A. Peter-Koop, T. Rottmann, & M. M. Lüken (Hrsg.), *Inklsuiver Mathematikunterricht in der Grundschule* (S. 10–32). Mildenberger.

Nührenbörger, M., & Pust, S. (2016). *Mit Unterschieden rechnen: Lernumgebungen und Materialien für einen differenzierten Anfangsunterricht Mathematik* (3. Aufl.). Klett Kallmeyer.

Ott, B. (2016). *Textaufgaben grafisch darstellen: Entwicklung eines Analyseinstruments und Evaluation einer Interventionsmaßnahme*. Waxmann.

Pehkonen, E. (2001). Offene Probleme: Eine Methode zur Entwicklung des Mathematikunterrichts. *Mathematikunterricht, 6*, 60–71.

Rasch, R. (2001). *Zur Arbeit mit problemhaltigen Textaufgaben im Mathematikunterricht der Grundschule: Eine Studie zu Herangehensweisen von Grundschulkindern an an-*

spruchsvolle Textaufgaben und Schlussfolgerungen für eine Unterrichtsgestaltung die entsprechende Lösungsfähigkeiten fördert. Franzbecker.

Rasch, R. (2010). *Offene Aufgaben für individuelles Lernen im Mathematikunterricht der Grundschule 1+2: Aufgabenbeispiele und Schülerbearbeitungen* (2. Aufl.). vpm.

Rathgeb-Schnierer, E., & Rechtsteiner, C. (2018). *Rechnen lernen und Flexibilität entwickeln: Grundlagen – Förderung – Beispiele.* Springer Spektrum. https://doi.org/10.1007/978-3-662-57477-5

Rinkens, H.-D., Rottmann, T., & Träger, G. (Hrsg.). (2015). *Welt der Zahl: Schülerbuch 1* (Für die Grundschule, Nordrhein-Westfalen, Hessen, Rheinland-Pfalz, Saarland). Schroedel.

Rösike, K.-A., Erath, K., Neugebauer, P., & Prediger, S. (2020). Sprache lernen in Partnerarbeit und im Unterrichtsgespräch. In S. Prediger (Hrsg.), *Sprachbildender Mathematikunterricht in der Sekundarstufe* (S. 58–67). Cornelsen.

Scherer, P. (2015). Inklusiver Mathematikunterricht der Grundschule – Anforderungen und Möglichkeiten aus fachdidaktischer Perspektive. In T. Häcker & M. Walm (Hrsg.), *Inklusion als Entwicklung – Konsequenzen für Schule und Lehrerbildung* (S. 267–284). Klinkhardt.

Scherer, P. (2018). Inklusiver Mathematikunterricht – Herausforderungen und Möglichkeiten im Zusammenspiel von Fachdidaktik und Sonderpädagogik. In A. Langner (Hrsg.), *Inklusion im Dialog: Fachdidaktik – Erziehungswissenschaft – Sonderpädagogik* (S. 56–73). Verlag Julius Klinkhardt.

Scherer, P., & Hähn, K. (2017). Ganzheitliche Zugänge und Natürliche Differenzierung. Lernmöglichkeiten für alle Kinder. In U. Häsel-Weide & M. Nührenbörger (Hrsg.), *Gemeinsam Mathematik lernen – mit allen Kindern rechnen* (S. 24–33). Arbeitskreis Grundschule.

Silver, E. A. (1997). Fostering creativity through instruction rich in mathematical problem solving and problem posing. *ZDM – The International Journal on Mathematics Education, 29*(3), 75–80. https://doi.org/10.1007/s11858-997-0003-x

Torrance, E. P. (2008). *Torrance test of creative thinking. Directions manual.* Scholastic Testing Service.

Tsamir, P., Tirosh, D., Tabach, M., & Levenson, E. (2010). Multiple solution methods and multiple outcomes – is it a task for kindergarten children? *Educational Studies in Mathematics, 73*(3), 217–231. https://doi.org/10.1007/s10649-009-9215-z

Wälti, B., & Hirt, U. (2006). Fördern aller Begabungen durch fachliche Rahmung. In E. Hengartner, U. Hirt, B. Wälti, & L. Primarschulteam (Hrsg.), *Lernumgebungen für Rechenschwache bis Hochbegabte* (S. 17–20). Klett und Balmer.

Winter, H. (2016). *Entdeckendes Lernen im Mathematikunterricht. Einblicke in die Ideengeschichte und ihre Bedeutung für die Pädagogik* (3., aktual. Aufl.). Springer Spektrum.

Wittmann, E. C. (1990). Wider die Flut der „bunten Hunde" und der „grauen Päckchen": Die Konzeption des aktiv-entdeckenden Lernens und des produktiven Übens. In E. C. Wittmann & G. N. Müller (Hrsg.), *Handbuch produktiver Rechenübungen. Band. 1: Vom Einspluseins zum Einmaleins* (S. 157–171). Klett.

Wittmann, E. C. (1998). Design und Erforschung von Lernumgebungen als Kern der Mathematikdidaktik. *Beiträge zur Lehrerbildung, 16*(3), 329–342. https://doi.org/10.25656/01:13385

Yeo, J. B. W. (2017). Development of a framework to characterise the openness of mathematical tasks. *International Journal of Science and Mathematics Education, 15*(1), 175–191. https://doi.org/10.1007/s10763-015-9675-9

Teil II
Lernangebote für heterogene Lerngruppen

Inclusive Learning Environments for Mathematics Education from a Student Perspective

Helena Roos

1 Introduction

What is inclusion in mathematics education? Is it to be physically present in a classroom, is it to be able to participate socially with peers, is it to be able to participate in the teaching, or is it to get opportunities to learn in the best way? Or is it all that, and in that case is that reachable in a mathematics classroom, or is it Utopia? To be able to understand the complexity, it is important to realize that at the very core of inclusion in mathematics education issues of participation and access to the learning of mathematics are visible (Roos, 2019a). Here the learning environment becomes crucial to create student participation. Participation in learning environments is enacted in mathematics classrooms to provide access to mathematics learning for every student. Hence, questions about what is central when building *inclusive learning environments for mathematics education* comes to the fore to be able to reach inclusion in mathematics and not just consider it as a philosophical and theoretical Utopia.

Most often, when discussing inclusive learning environments in mathematics education, special educational needs in mathematics (SEM) (Bagger & Roos, 2016) and how these can be addressed within an inclusive mathematics classroom come into play (Roos, 2019b). Special educational needs in mathematics imply a need in the education beyond what is usually offered to optimize mathematical knowledge and enhance learning for every student (Roos, 2019a). Here every

H. Roos (✉)
Malmö University, Malmö, Sweden
E-Mail: Helena.Roos@mau.se

students' specific prerequisites for learning mathematics need to be considered if we are to be able to meet their needs in mathematics education. Thus, SEM and how it can be addressed in an inclusive mathematics classroom is very much connected to the learning environment. In the learning environment, students' specific prerequisites for learning are just as important to consider as the mathematical content and how it should be taught (Dalvang & Lunde, 2006). Hence, the learning environment needs to be adjusted to and reflected upon according to the students at stake. This implies a never-ending process of adjusting the learning environment according to the mathematical content and the students. Consequently, it is important to know what features of the learning environment in mathematics students recognize as crucial for their participation in and access to learning. This chapter will engage in thoughts and ideas about what is central when building *inclusive learning environments for mathematics education* from a student perspective. At its core there are students who are considered to be in special educational needs in mathematics (SEM).

2 Aim

The aim of this chapter is to discuss important issues when building inclusive mathematical learning environments in mathematics education from a student perspective. Examples are drawn from a previous study on inclusion in mathematics from a student perspective (Roos, 2019a, c) and discussed to pinpoint issues in the learning environment in mathematics education.

3 Mathematical Learning Environments

To be able to discuss mathematical learning environments it is important to frame what is meant by this. One way of framing it is as Höveler (2019) does, by using the wording substantial learning environments. Here the content and task in the environment are in the centre of attention and they offer rich mathematical activities, are flexible in use, and integrate mathematical, psychological and pedagogical aspects (Scherer & Krauthausen, 2010). In relation to this, the students at stake are considered in respect to their individual preferences and previous knowledge (Höveler, 2019). Scherer (2019) highlights the importance of substantial learning environments in mathematics classrooms for teacher students to understand and develop thoughts about inclusive mathematics education.

Dalvang und Lunde (2006) presents learning environments in mathematics from a special educational and inclusive perspective when introducing a theoretical model for factors to consider when planning and orchestrating a learning situation to enhance mathematical learning for every student. The model summarizes several factors in the learning situation, where three issues are in the center; the students' individual preferences and previous knowledge, organization of learning situations and subject matter (the mathematical content to be worked with). Here the focus of the planning and orchestrating of the teaching considers all three parts equally. Gervasoni und Lindeskov (2010) discuss this model and concludes that this plays an important role in offering understanding of how to act in relation to every student for increasing access to mathematics education. However, they also raise the issue of inequity, namely that many countries and regions are limited in resources to have the capacity to implement such a way of working. Even so, using this model in education opens for equitable access to quality mathematics education for every student, which is highlighted by Graven (2010) when discussing special needs and special rights to quality mathematics education. In relation to the three factors of inclusive learning environments Dalvang und Lunde (2006) suggest, Höveler (2019) pinpoints the learning processes of students and the students joint learning processes as important factors for inclusive learning environments in mathematics. Here the pace of the teaching and learning as well as the use of different representations and helping students move between different representations play a crucial role.

From a Swedish perspective on inclusive learning environments, the National Agency for Special Needs Education and Schools in Sweden (SPSM) has developed a model for access to the learning environment. In this model there are three cornerstones: the social environment, the pedagogical environment, and the physical environment. When these three cornerstones in the model interact in relation to the students' individual preferences and previous knowledge, education can become accessible (National Agency for Special Needs Education, 2018). In relation to the pedagogical environment, Roos und Gadler (2018) discusses the quality of the didactical meeting. To have quality in the didactical meeting there is a need to take students' individual preferences and previous knowledge into consideration as well as equitable education and professional competence of the teachers to enhance quality in the didactical meeting.

If looking at the different aspects regarding an inclusive mathematical learning environment described above, they all pinpoint *pedagogical and didactical* aspect in the learning environment. This can for instance be seen in pedagogical environment (National Agency for Special Needs Education, 2018), pedagogical aspects

(Scherer & Krauthausen, 2010), subject matters (Dalvang & Lunde, 2006) and joint learning processes as well as the pace of the teaching and learning (Höveler, 2019). Additionally, they pinpoint a *student-centered learning environment*, by for instance using social environment (National Agency for Special Needs Education, 2018), mathematical psychological aspects (Scherer & Krauthausen, 2010) and the learning processes of students, individual preferences, and previous knowledge (Höveler, 2019; Dalvang & Lunde, 2006; Roos & Gadler, 2018). They also pinpoint *physical and organizational* aspects of the learning environment. This can be seen in physical environment (National Agency for Special Needs Education, 2018) and organization (Dalvang & Lunde, 2006). Hence, three themes, *pedagogical and didactical environment, physical and organizational environment* and *student-centered learning environment* can be seen.

This chapter draws on these three themes in defining important aspects in an inclusive mathematical learning environment. The themes overlap and needs to communicate to create a functioning *inclusive mathematical learning environment*, where every student's right to get opportunities to be included in the teaching and learning of mathematics and optimization of learning is considered. When these three communicates there can be creations of opportunities for learning mathematics. This is described in Fig. 1 below.

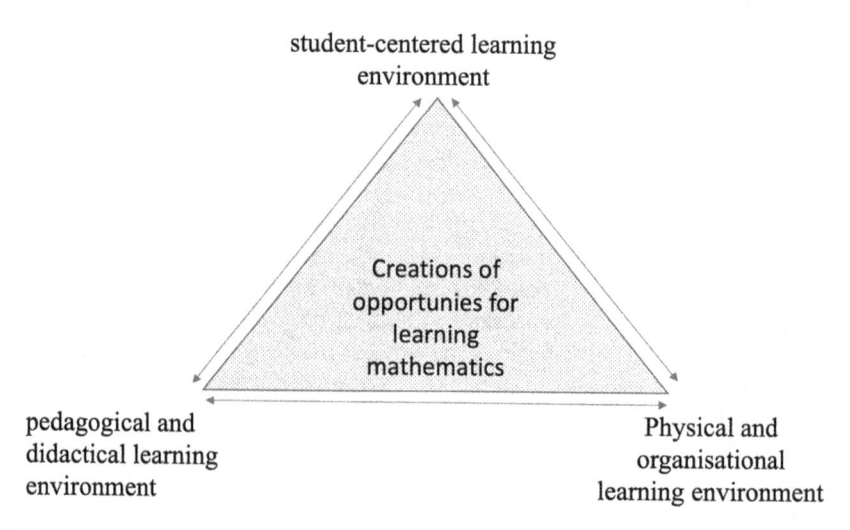

student-centered learning environment

Creations of opportunies for learning mathematics

pedagogical and didactical learning environment

Physical and organisational learning environment

Fig. 1 Model of inclusive mathematical learning environment

4 Inclusive Learning Environment from a Student Perspective

In a previous study of students meaning of inclusion in mathematics (Roos, 2019a) it was seen that how the mathematics classroom was set up either enhanced or hindered the students' inclusion in mathematics education. This study was a discursive qualitative collective case study focusing on three students in grade 7 (Veronica, 14 years old) and 8 (Edward and Ronaldo, 15 years old) and their talk of participation and access in relation to inclusion in mathematics. Veronica and Ronaldo were considered by the teachers as students struggling to get access to the mathematics presented in the classroom. Edward was considered by the teachers to be a student in access to the mathematics presented in the classroom, but not always in access to learning mathematics (Roos, 2019a). The setting was a public Swedish lower secondary school and the data collection methods consisted of repeated interviews (Roos, 2021) and observations during one semester. Below the results are re-interpreted in relation to the three themes in the model of inclusive mathematical learning environment described above.

4.1 Pedagogical and Didactical Learning Environment

How the classroom was organised in terms of *use of textbooks, "going-through",*[1] *discussions and working with peers, teacher explanations and teaching approaches* influenced the students' opportunity to learn mathematics was at the center of the students' reflections on their mathematics education.

One issue was the orchestration of the work with tasks in the textbook. The observation notes record that the textbook was used in almost every observed lesson. Ronaldo talked about the textbook as hindering his participation in terms of the one-sidedness of constantly working with the textbook all the time: "It gets so bloody trite, or like really boring in the end." Edward also referred to the one-sidedness of using the textbook: "When you are doing more practical stuff, then it is fun, instead of having your nose in the textbook all the time." Hence, how to use the textbook and tasks becomes critical in an inclusive mathematical learning environment.

---

[1] In Swedish mathematics education, the lesson commonly starts or ends with a "going-through" (*genomgång*). Andrews und Nosrati (2018) identified three kinds of going-through: when teachers tell the students what to work on, the presentation of new models, and demonstrating solutions to problems that students find difficult.

Another issue was how the mathematics teacher orchestrated the classroom in terms of letting every student be seen in the *going through* and reflect on what and how the content is presented. Almost every lesson started with a going-through by the teachers according to the observation notes. Veronica talked about going through when she talked about how she learns best: "I think it is during the going-through … It's just nice when he [the mathematics teacher] stands there and talks, demonstrates and explains." It was the opposite for Ronaldo, who talked about the going-through negatively, he said: "There is so bloody much going-through now. It is so boring – I can't stand listening" and "going-through does not matter that much, I think", thus indicating frustration. Edward had another take on the going-through and said that they had a lot of going-through, but they were not always good and too basic. However, he said: "It was good when we had that secondary teacher [as a substitute]; then I learned a lot in the going-through." Consequently, the going-through was critical in how and what is presented and how long.

Regarding how to orchestrate discussions in the classroom and working with peers, it seemed to be critical to have a safe discussion space, whom to discuss with and about what. The observation notes illustrate that discussions and working with peers was a commonly used method in the classrooms. Veronica said: "Well, I have always been, like, afraid that if I raise my hand, I will be wrong, and everybody will think, like … that you are … like … I get unsure of myself, if I am right or wrong, and don't dare." She added: "I have trouble with explaining […] I don't know what to say so they [the peers] get it". For Edward, it was an issue of getting opportunities to be challenged in the discussions: "It's not super easy … because often I have gone a lot further, so I must explain things to them … it never happens that I discuss. I mean, with somebody else, that we discuss like that … It depends on whom I sit next to." This shows that Edward often felt that he was not having meaningful discussions, although it depended on with whom he was speaking to. Ronaldo referred to in-class discussions as "uncomfortable", but to discussions with peers as often helping him "so you get it more." Thus, discussions in class and amongst peers were critical in relation to creating a permissive environment, with whom to discuss and the content to be discussed.

Another related issue in relation to pedagogical and didactical learning environment was *teacher explanations and teaching approaches*. Here issues about the pace when giving instructions, how the teacher was mindful about the level of the presented mathematical content and how much they adjusted the teaching according to the needs of the students were visible. For instance, Ronaldo talked about getting help from the special teacher: "Karen [the special teacher] also helps me quite well […]. She [the special teacher] does it really slowly and methodically."

Sometimes they [the teachers] speak a little too fast ..." They need "to take it nice and easy, so I usually ask after the lesson if we could repeat it once more if they have the time." Veronica talked about the need for auditive instructions, which seemed to enhance her participation: "It's good to listen [...] I always learn a little more." For Ronaldo, the variation of teaching approaches was important: "Not just sit down and work, but, like, be more active also. You might do some math outdoors or, like, do math games or something, not just sit with the textbook all the time – it gets so bloody trite, or like really boring in the end. Vary things." Ronaldo's suggestion to "vary things" not only indicates a desire for variation but also shows his frustration with monotonous work, which seemed to hinder his participation. Edward talked about a different way to work with and present mathematics, to have "those whiteboards in front of you and sit and sketch and experiment, because then it's much faster. I want to spend the time on math." Hence, how the mathematics (special) teacher explains in terms of pace, repetitions, auditory or written explanations and different teaching approaches was critical for the three students learning.

4.2 Physical and Organizational Learning Environment

It was possible to see in students' statements how mathematics education was organised in terms of space and place. Both concerning *placement in discussions* in the classroom and getting support in a *small group* outside the classroom.

Concerning *placement in discussions* Edward talked about the difficulty to discuss with peers. "It never gets to any discussions." ... "But it depends on whom I sit next to". And when Edward got the question if there were any peers with whom he could have fruitful discussions, he said it was two peers, but that he never sat next to them. He said that he would like to sit next to them more: "I would probably get more out of it [the discussions]" Hence, it is critical to reflect on how the students are seated in the classroom in relation to what is planned in the mathematics lesson.

Although the investigated school profiled itself as an inclusive school with no fixed special educational groups outside the classrooms, the observation notes record that the special teacher often went with a few students into a small adjacent room. For example, the *small group* was mentioned by Veronica when she was asked if she got support outside the classroom. "Yes, God yes! [*laughing*]. ...You get help right away and don't have to sit and wait as long ... It is an extra session, so if you haven't got it when Oliver [the mathematics teacher] did the going-through, you get it once more." Veronica talked positively about being in the small group: "It feels nice – there are fewer people. It's like just three or four people." Ronaldo also talked about the small group and said "I dare to say stuff, too. It feels like I am developing more. ... It has become a lot better now. We have started to go out [of the classroom] in small groups, which we didn't do before, and it is much better now. I concentrate better, and it is peaceful and quiet. ... If I feel unsure or a bit insecure like I don't really know, then I go [to the small group]." Hence, to be able to go to a calm learning environment was crucial for the students learning mathematics. Though from Ronaldo's statement it can be seen that to be able to choose by yourself to go to the small group seems to be of importance.

4.3 Student-Centered Learning Environment

How mathematics teachers valued their students and adjusted the learning environment according to the students was seen in the students' talk in terms of the *responsiveness of the (special) teacher* and *being valued as students in SEM*.

For example, Veronica talked about the *responsiveness of the special teacher*: "I actually think it is a bit nicer [to be with the special teacher] because then you kind of get your own help. They explain more – that is, they explain more specifically since they are special teachers ... Well, you get more help, and they develop it so that you understand more." Equally, Ronaldo talked about how the special teacher was responsive to his needs: "She [the special teacher] does it really slowly and methodically. ...

In relation to the responsiveness of the teacher, the students talked about *(not) being valued as students in SEM*. For example, Veronica talked about being valued as a SEM student with special needs when talking about doing tests: "Oliver [the mathematics teacher] asked if I wanted to do it [a test] in a small room with only three people, and I wanted to do it because I always get stressed out when I see everybody leave." An example of the opposite, of not being valued is when Edward talked about him raising the hand in the classroom but never get to answer: "If you raise your hand during the going-through, it could happen, it often happens, that they let the ones who have difficulties answer because they know ... well, they know that he [himself] probably knows the answer. So ... yeah ... sometimes you get a little frustrated when you are not allowed to say anything." Consequently, how mathematics teachers reflect upon the students in the group and their specific individual needs, as well as the need of the whole group in relation to the mathematics and the current situation is of importance in creation of a mathematical learning environment of good quality.

5 Conclusions

The aim of this chapter was to discuss important issues when building inclusive mathematical learning environments in mathematics education from a student perspective. Firstly, a theoretical model of what an inclusive mathematical learning environment can be was presented with three different themes: *pedagogical and didactical environment, physical and organizational environment,* and *student-centered learning environment.* Here it is visible that there are several different issues to consider when aiming for an inclusive mathematical learning environment, and that these different issues need to interconnect in a process over time to be able to develop and sustain an inclusive mathematical learning environment.

When looking at the different parts of an inclusive mathematical learning environment from a student perspective it can be seen that students pinpointed issues within all three themes. In the theme *pedagogical and didactical environment* use of textbooks, "going-through", discussions and working with peers, teacher explanations and teaching approaches were critical.

In the theme *physical and organizational environment* placement in discussions in the classroom and getting support in a small group outside the classroom was critical. In the theme *student-centered learning environment* the responsiveness of the (special) teacher and being valued as students in SEM was critical. All through these themes it can be seen that the importance of the teacher, and the teacher's ability to notice, relate and adjust is significant.

Mason und Davis (2013) use the term "in the moment pedagogy" to describe the important role of teachers' in the moment choices in the planning and conducting of a mathematics lesson. This can be related to how teachers plan and act in relation to an inclusive mathematical learning environment. Here the importance of noticing different aspect within the *pedagogical and didactical environment, physical and organizational environment,* and *student-centered learning environment* becomes visible. If noticing these aspects, all the parts of Dalvang und Lunde (2006) model: the students' individual preferences and previous knowledge, the organization of learning situations and subject matters regarding the mathematical content, will be addressed. Hence, if the (special) teachers in mathematics have the understanding, knowledge, responsiveness and possibility to consider and act upon the different parts in an inclusive mathematical learning environment, every student might get an increasing access to mathematics education, like Gervasoni und Lindeskov (2010) suggests.

To conclude, to be able to reach inclusion in mathematics education, and not just consider it as a philosophical and theoretical Utopia, teachers need to get possibilities to develop an understanding of and knowledge about *inclusive learning environments for mathematics education*. This is not an easy task to implement in teacher practice and like Scherer (2019) suggests this needs to be implemented already for student teachers, and their practical experiences needs to be discussed and reflected upon in teacher education.

References

Andrews, P., & Nosrati, M. (2018). Gjennomgang and Genomgång: Same or different? In H. Palmér & J. Skott (Hrsg.), *Students' and teachers' values, attitudes, feelings and beliefs in mathematics classrooms. Selected papers from the 22nd MAVI conference* (S. 113–124). Springer International Publishing. https://doi.org/10.1007/978-3-319-70244-5

Bagger, A., & Roos, H. (2016). *How research conceptualises the student in need of special education in mathematics. Development of mathematics teaching: Design, scale, effects. Proceeding of MADIF 9*. The Ninth Swedish Mathematics Education Research Seminar Umeå February 4–5, 2014 (S. 27–36).

Dalvang, T., & Lunde, O. (2006). Med kompass mot mestring. Et didaktiskt perspektiv på matematikkvansker [Compass towards mastery. A didactic perspective on maths difficulties]. *Nordisk matematikk didaktikk, 11*(4), 7–64.

Gervasoni, A., & Lindeskov, L. (2010). Students with 'special rights' for mathematics education. In B. Atweh, M. Graven, W. Secada, & P. Valero (Hrsg.), *Mapping equity and quality in mathematics education* (S. 307–324). Springer.

Graven, M. (2010). Landmarks of concern. In B. Atweh, M. Graven, W. Secada, & P. Valero (Hrsg.), *Mapping equity and quality in mathematics education* (S. 451–454). Springer.

Höveler, K. (2019). Learning environments in inclusive mathematics classrooms: Design principles, learning processes and conditions of success. In D. Kollosche, R. Marcone, M. Knigge, M. Godoy Penteado, & O. Skovsmose (Hrsg.), *Inclusive mathematics education* (S. 87–105). Springer. https://doi.org/10.1007/978-3-030-11518-0

Mason, J., & Davis, B. (2013). The importance of teachers' mathematical awareness for in-the-moment pedagogy. *Canadian Journal of Science, Mathematics and Technology Education, 13*(2), 182–197.

National Agency for Special Needs Education. (2018). *Värderingsverktyg för tillgänglig utbildning*. Handledning. Specialpedagogiska skolmyndigheten.

Roos, H. (2019a). *The meaning of inclusion in student talk: Inclusion as a topic when students talk about learning and teaching in mathematics* (Ph. D. thesis). Linnaeus University.

Roos, H. (2019b). Inclusion in mathematics education: An ideology, a way of teaching, or both? *Educational Studies in Mathematics Education, 100*(1), 25–41. https://doi.org/10.1007/s10649-018-9854-z

Roos, H. (2019c). I just don't like math, or I think it is interesting, but difficult … Mathematics classroom setting influencing inclusion. In U. T. Jankvist, M. van den Heuvel-Panhuizen, & M. Veldhuis (Hrsg.), *Proceedings of the eleventh congress of the European*

Society for Research in Mathematics Education (S. 4672–4679). Freudenthal Group & Freudenthal Institute, Utrecht University and ERME.

Roos, H. (2021). Repeated interviews with students – Critical methodological points for research quality. *International Journal of Research & Method in Education, 45*(5), 423–436. https://doi.org/10.1080/1743727X.2021.1966622

Roos, H., & Gadler, U. (2018). Kompetensens betydelse i det didaktiska mötet – en modell för analys av möjligheter att erbjuda varje elev likvärdig utbildning enligt skolans uppdrag. *Pedagogisk forskning i Sverige, 23*, 290–307.

Scherer, P. (2019). The potential of substantial learning environments for inclusive mathematics – Student teachers' explorations with special needs students. In U. T. Jankvist, M. van den Heuvel-Panhuizen, & M. Veldhuis (Hrsg.), *Proceedings of the eleventh congress of the European Society for Research in Mathematics Education* (S. 4680–4687). Freudenthal Group & Freudenthal Institute, Utrecht University and ERME.

Scherer, P., & Krauthausen, G. (2010). Natural differentiation in mathematics – The NaDiMa project. *Panama-Post, 29*(3), 14–26.

Produktives Fördern im inklusiven Mathematikunterricht

Uta Häsel-Weide und Marcus Nührenbörger

1 Inklusiver Mathematikunterricht

In der Auseinandersetzung mit inklusivem Unterricht wird immer wieder als ein zentrales Charakteristikum die Heterogenität der Lerngruppe hervorgehoben, auch wenn jede Lerngruppe unabhängig von einer „Inklusions-Zuschreibung" heterogen aufgestellt ist – und zwar hinsichtlich des Arbeits- und Sozialverhaltens, der Konzentrations- und Gedächtnisfähigkeit, der Sprache, Motorik und des Sehvermögens sowie natürlich auch des individuellen Lernvermögens. Beruhigend mag hier anklingen, dass Kinder – ganz gleich, ob sie Schwierigkeiten beim Lernen zeigen oder nicht – nicht auf gänzlich verschiedene Weisen Mathematik lernen. Vielmehr entwickeln die Kinder mathematisches Verständnis, wenn sie sich aktiventdeckend und in sozialen Interaktionen eingebunden mit fachlich fundierten Aufgabenformaten beschäftigen und mathematische Zusammenhänge erkunden, darstellen und begründen. Scherer (2005) nennt dies auch produktives Lernen (hierzu auch Abschn. 2).

U. Häsel-Weide (✉)
Fakultät für Elektrotechnik, Informatik und Mathematik, Institut für Mathematik, Universität Paderborn, Paderborn, Deutschland
E-Mail: uta.haesel.weide@math.uni-paderborn.de

M. Nührenbörger
Didaktik der Mathematik mit dem Schwerpunkt Inklusion, Institut für grundlegende und inklusive mathematische Bildung, Westfälische Wilhelms-Universität Münster, Münster, Deutschland
E-Mail: nuehrenboerger@uni-muenster.de

© Der/die Autor(en), exklusiv lizenziert an Springer Fachmedien Wiesbaden GmbH, ein Teil von Springer Nature 2024
B. Barzel et al. (Hrsg.), *Inklusives Lehren und Lernen von Mathematik*,
https://doi.org/10.1007/978-3-658-43964-4_7

Scherer und Hähn (2017) weisen zudem darauf hin, dass es für alle Lernenden wichtig sei, wenn die Lernprozesse nicht in isolierten Lernatomen, sondern in komplexen Situationen stattfinden; d. h. in ganzheitlich organisierten Lernsituationen der Einführung, Orientierung und Übung. Eine Beachtung fachlicher Ganzheitlichkeit mathematischer Lerngegenstände sichert insofern Komplexität, als dass strukturell-inhaltliche Zusammenhänge erkennbar werden, die den Lernenden Zugänge auf unterschiedlichen, aber nicht festgeschriebenen oder gar in kleinste Teile gestuften Niveaus eröffnen.

Die Auffassung, einzelnen Lernenden gerade dadurch individuell gerecht zu werden und diese individuell zu fördern, indem sie an einem qualitativ differenzierten Zugang isoliert vom fachlichen Lernen anderer Kinder arbeiten, erweist sich als sogenannte „Individualisierungsfalle". Denn eine „Zerlegung in kleinste Schritte kann [...] die Einsicht in erforderliche Zusammenhänge eher verhindern" (Scherer & Hähn, 2017, S. 25). Es ist vielmehr geboten, für alle Lernende gleiche Chancen für fachliche und soziale Teilhabe an den Lerngegenständen sowie möglichst viel gemeinsames Lernen an einem Gemeinsamen Lerngegenstand zu ermöglichen (Häsel-Weide & Nührenbörger, 2017a). Inklusiver Unterricht ist gerade dann erfolgreich, wenn die einzelnen Lernenden differenziert unterstützt und kognitiv aktiviert werden sowie soziale fachgebundene Begegnungen zwischen den Schülerinnen und Schülern eröffnet werden (für einen Überblick Scherer et al., 2016).

Für inklusiven Mathematikunterricht bedeutet dies u. a., dass Differenzierung vom Fach ausgedacht werden kann und sollte. Scherer (2017) bzw. Krauthausen und Scherer (2014) greifen hierzu das Grundprinzip der „natürlichen Differenzierung" (Wittmann, 2010) auf und zeigen, wie Lernende mit unterschiedlichen Kompetenzen gemeinsam auf natürlich differenzierende Weise an mathematischen Lerngegenständen arbeiten können. Wesentliches Kriterium für natürlich differenzierende Lernangebote ist die Frage der Zugänglichkeit: Es ist wichtig, dass sich für alle Lernende in der Auseinandersetzung mit einem Gegenstand Wahlmöglichkeiten eröffnen, um einen individuellen Weg zur Lösung zu finden, begleitend und unterstützend ein geeignetes Arbeitsmittel zu nutzen sowie den Lösungsweg (mündlich oder schriftlich) darzustellen. Aufgabe der Lehrkraft ist demnach, in Abwägung zur Lerngruppe und der jeweiligen Unterstützungsbedarfe und Lernpotenziale eines Kindes die Ganzheitlichkeit des Lernangebots zu sichern – und dies sowohl in einführenden Orientierungsphasen oder reflektierenden Abschlussphasen mit der Klasse wie auch in Erarbeitungsphasen, in denen die Kinder eigenständig und kooperativ den Lerngegenstand erkunden, systematisieren und vertiefen. Dies bedeutet, dass etwa in den jeweiligen Phasen auf unnötige sprachliche, visuelle oder auch inhaltliche Anforderungen für die Gesamtgruppe verzichtet und stattdessen diese in offenen Angeboten oder individuellen Unterstützungen integriert werden müssen, ohne die fachliche Struktur des Gegenstands aufzugeben.

Dieser Beitrag wendet sich näher der Erarbeitungsphase zu und erörtert, wie Kinder mit unterschiedlichen Kompetenzen in einer inklusiven Klasse gemeinsam fachgebunden interagieren und wie sich im Diskurs untereinander und mit der Lehrkraft, die produktiv fördernd die Kinder begleitet, individuelle Lernchancen für die Kinder eröffnen.

2 Produktives Fördern

Fördern und Unterrichten sind grundsätzlich keine unterschiedlichen Lernsituationen, denn Unterricht sollte an sich auch fördernd sein; und zwar indem jedes Kind mit Bezug auf die individuellen Lernpotenziale beachtet, wertgeschätzt und fachlich unterstützt wird (Bartnitzky & Brügelmann, 2012). Mit Bezug auf inklusiven Mathematikunterricht existieren allerdings unterschiedliche Ansichten, wie Kinder mit Schwierigkeiten beim Mathematiklernen bestmöglich unterstützt werden können. Scherer und Moser Opitz (2010, S. 78) kritisieren sensualistisch ausgerichtete Förderansätze, die aus der Tradition der Hilfsschuldidaktik stammen, und „Schülerinnen und Schüler als Wesen betrachten, die nicht durch geistige Aktivität, sondern durch die Aufnahme von Sinneseindrücken lernen". Aus dieser Tradition heraus wird angenommen, dass Lernprozesse im Speziellen auf dem Handeln mit und Wahrnehmen von konkreten Arbeitsmitteln und Veranschaulichungen beruhen, mit denen mathematische Gegenstände in möglichst vereinfachter Form in kleinen Schritten abgebildet werden sollen. Die empirischen Arbeiten von beispielsweise Scherer (2005) stellen hingegen deutlich heraus, dass die fachliche Förderung von Kindern mit Schwierigkeiten beim Mathematiklernen durch fachliche Herausforderungen erfolgen muss, um mathematische Lernprozesse auszulösen. Damit ist keine Überforderung der Lernenden gemeint, sondern die Prämisse, dass Mathematikunterricht umso erfolgreicher ist, wenn dieser ganzheitlich strukturiert ist und beziehungsreiche Zugänge zur Mathematik auf der Grundlage eines fachlich redlichen Zusammenspiels mit konkreten Materialien, bildlichen Darstellungen und sprachlichen Erörterungen bietet. Produktive Lernprozesse sind in diesem Sinne aktive, diskursiv eingebundene mathematische Lernprozesse, die ein nachhaltiges Verständnis der mathematischen Lerngegenstände generieren. Hierbei verknüpft Scherer (2005) individuelle Förderung stets mit dem Gemeinsamen Lernen auf der einen Seite und mit einer qualitativen, den Unterricht unterstützenden Diagnostik auf der anderen Seite.

Für den inklusiven Mathematikunterricht stellt sich folglich die Frage, wie dieser fördernd ausgerichtet werden kann und wie die Lehrkraft das Potenzial eines jeden Kindes, sich mathematische Lerngegenstände anzueignen, bestmöglich zu unterstützen vermag. Hierzu konnten in den letzten Jahren verschiedene fachdidaktische Prinzipien herausgearbeitet werden, die als handlungsleitend für die Initiierung einer tragfähigen Förderung gelten (Häsel-Weide & Nührenbörger, 2012, 2013, 2023; Hußmann et al., 2014; Scherer, 2017). Demnach sollten produktive, mathematisch fördernde Lehr- und Lernprozesse (1) diagnosegeleitet und differenzsensibel, (2) verstehensorientiert und darstellungssensibel sowie (3) kommunikativ und sprachsensibel ausgerichtet werden.

(1) *diagnosegeleitet & differenzsensibel*: Produktive Fördermaßnahmen basieren auf diagnostischen Erkenntnissen, die ihrerseits förderorientiert ausgerichtet ist. Scherer (2005) nennt unterschiedliche unterrichtsintegrierende und -begleitende diagnostische Zugänge wie Beobachtungen, schriftliche Tests oder Interviews, anhand derer konkrete Fördermöglichkeiten zu zentralen mathematischen Lerngegenständen abgeleitet werden können. Um differenzsensible Fördermaßnahmen zu erhalten bzw. Förderanregungen individuell zu adaptieren, sollten diese Diagnosen in individuellen Adaptionen in der unterrichtsintegrierten Förderung münden. Differenzsensible Förderungen sind als solche zu verstehen, die bei der Planung auch während der Förderung selbst auf individuell unterschiedliche Zugänge, Vorkenntnisse und Vorgehensweisen reagieren (z. B. Häsel-Weide & Nührenbörger, 2017b; Häsel-Weide et al., 2018a, 2018b, 2019; Scherer, 2005).

(2) *verstehensorientiert & darstellungssensibel:* Um mathematische Einsichten langfristig so zu entwickeln, dass diese tragfähig sind für die Erarbeitung darauf basierender neuer Inhaltsgebiete, ist ein Verständnis des mathematischen Basisstoffs von grundlegender Bedeutung; und dies gilt für alle Lernende in der Grundschule (Prediger et al., 2019). Dies impliziert den Aufbau tragfähiger Vorstellungen über beispielsweise natürliche Zahlen und deren Beziehungen (v. a. Teil-Ganzes-Beziehungen, Stellenwertbeziehungen) sowie auch elementarer Operationen und deren Beziehungen (v. a. Umkehraufgaben, Beziehungen zwischen Rechenaufgaben) (Gaidoschik et al., 2021). Um Verständnis zu entwickeln, bedarf es vielfältiger Bezüge zwischen unterschiedlichen Darstellungen der mathematischen Strukturen. Scherer und Moser Opitz (2010) arbeiten hierzu deutlich heraus, dass nicht Verwendung der Darstellungen und das Handeln mit Materialien im Vordergrund zu stehen haben, sondern der aktive Aufbau von Denkoperationen beim Umgang mit Arbeitsmitteln und Veranschaulichungen.

(3) *kommunikativ & sprachsensibel*: Die Bedeutung interaktiver Prozesse für die Initiierung und Weiterentwicklung mathematischer Verstehensprozesse ist in den letzten Jahren vielfach herausgestellt worden (z. B. Steinbring, 2005; Nührenbörger & Schwarzkopf, 2010; Prediger, 2013). Denn im Interaktionsprozess werden mathematische Bedeutungen individuell konstruiert, sozial ausgehandelt und kollektiv weiterentwickelt. Für Lernende mit Schwierigkeiten im Fach Mathematik gilt zu bedenken, dass diese zuweilen weniger interaktiv im sozialen Unterrichtsgeschehen, in dem über Mathematik aktiv gesprochen wird, eingebunden sind als andere Schülerinnen und Schüler. Diese Einbindung ist allerdings zentral – sowohl für Gesprächssituationen im Klassenverbund als auch für kooperativ angelegte Lernsituationen in den Erarbeitungsphasen. Sprache dient dabei auch als Werkzeug zum inhaltlichen Begreifen eines mathematischen Gegenstands (Prediger, 2013; Meyer & Tiedemann, 2017). „Neben der Anregung zur Kommunikation ist damit eine sprachsensible Gestaltung der Förderung zentral; d. h. eine Förderung, in der gezielt das fachsprachliche Verstehen und Sprechen durch die Integration von sprachlichen Übungen und Unterstützungsmaßnahmen wie Sprachspeicher und Formulierungshilfen erfolgt" (Häsel-Weide & Nührenbörger, 2023).

Im Folgenden wird die Umsetzung dieser Prinzipien produktiven Förderns im inklusiven Mathematikunterricht diskutiert, wobei explizit auf eine Lernsituation in der Erarbeitungsphase eingegangen wird, in der Schülerinnen und Schüler kooperativ mathematische Zahlbeziehungen erkunden und austauschen und im Zuge der Begleitung der Lehrkraft unterstützt werden.

3 Projekt IGEL-M

Im Rahmen des Projekts IGEL-M ‚Inklusive Praktiken in gemeinsamen Lerngelegenheiten im Fach Mathematik' (IGEL-M) wurden in Kooperation mit Lehrkräften, die im inklusiven Mathematikunterricht tätig sind, pro Schuljahr in etwa vier Doppelstunden Lernsituationen kreiert, die unterrichtsintegrierte Fördersituationen enthalten. Gemäß der Idee der professionellen Lerngemeinschaft (z. B. Bonsen & Rolff, 2006) wurde neben der Entwicklung und Erprobung auch die Reflexion der Lernumgebungen angeregt. Die geplanten Lernumgebungen folgten den oben skizzierten Prinzipien (1) diagnosegeleitet und differenzsensibel, (2) verstehensorientiert und darstellungssensibel sowie (3) kommunikativ und sprachsensibel. Hierzu wurden Lernumgebungen des Zahlenbuchs (z. B. Nührenbörger & Pust, 2018) kombiniert mit den zugehörigen Förderheften und Förderkommentaren Lernen (Häsel-Weide et al., 2018a, 2018b). Die Unterrichtseinheiten wurden mit Blick auf Einführungs-, Erarbeitungs- und Reflexionsphase variabel konzipiert (hierzu v. a. Hengartner et al., 2006; Nührenbörger & Pust, 2018; Wittmann & Müller, 2018):

(1) Zunächst wurde mit allen Kindern gemeinsam der Lerngegenstand und das zugehörige Aufgabenformat, die zugehörigen Darstellungsformate ebenso wie grundlegende Notations- und Sprechweisen erörtert. Die gewählten Themen waren arithmetisch geprägt, um der Fokussierung auf den Basisstoff im Rahmen der produktiven Förderung gerecht zu werden. Der Lerngegenstand wurde ganzheitlich aufgearbeitet, sodass möglichst allen Lernenden ein Zugang ermöglicht wurde. Einen hohen Stellenwert nahm bereits in dieser Phase der anschließende gemeinsame Austausch im Klassenverband ein.
(2) Anschließend folgte eine Erarbeitungsphase, in der die Eigentätigkeit eingebunden wurde in eine kooperativ-kommunikative Zusammenarbeit. Die Aufgabenstellungen ergaben sich aus der Einführungsphase und wurden natürlich differenzierend oder strukturanalog aufbereitet, sodass zwar die Komplexität des Gegenstands variierte, aber der gemeinsame Strukturzusammenhang für alle beibehalten wurde. Die Kooperation der Lernenden wurde durch entsprechende Methoden und abgestimmte Aufgaben unterstützt, die es zudem notwendig machten, dass sich die Lernenden auf eine gemeinsame Darstellung von Handlungsschritten und Lösungen einigten. Dieser Austausch erlaubte der Lehrkraft zugleich eine Einsicht in die Lösungs- und Erklärungsweisen der Lernenden und ermöglichte die mehr oder weniger erkannten Zugänge diagnostisch zu begleiten und fördernd weiter anzuregen.
(3) Die Arbeitsphase wurde abgeschlossen mit einer gemeinsamen Reflexion der zentralen Erkenntnisse, an der alle Lernende teilnahmen und sowohl individuell als auch als Team aktiv eingebunden wurden. Die Abschlussphase war so strukturiert, dass die erarbeiteten Inhalte zum einen auf unterschiedlichen Niveaus angesprochen und verzahnt wurden, zum anderen durch weiterführende Impulse weiter vertieft wurden.

Jede Unterrichtsphase wurde so strukturiert, dass die Lehrkraft lernförderliche Anregungen in die Arbeitsprozesse der Lernenden einbinden konnte. Diese wurden im Vorfeld mit der Lehrkraft gemeinsam und zugleich offen geplant, sodass sie flexibel ausgewählte Lernende unterrichtsintegrierend produktiv mit Blick auf die Weiterentwicklung mathematischer wie auch sozial-interaktiver Teilhabe fördern konnte.

4 Produktives Fördern im inklusiven Mathematikunterricht am Beispiel der Erkundung von Zahlen

Der Aufbau von Zahlvorstellungen und die Entwicklung von Zahlbeziehung wird als einer der drei zentralen Inhaltsbereiche des arithmetischen Basisstoffs angesehen (Gaidoschik et al., 2021) und ist damit einerseits fundamental für das Lernen von Mathematik und gleichzeitig einer der Bereiche, an denen sich Schwierigkeiten beim Mathematiklernen manifestieren. Der Fokus in der Erarbeitung neuer Zahlenräume sollte, wie Scherer 1995 bereits herausstellte, in der Erkundung von Strukturzusammenhängen im Rahmen einer ganzheitlichen Erkundung liegen. Gerade mit Blick auf die Förderung von Kindern mit Schwierigkeiten ermöglicht dieser Zugang eine „bessere Berücksichtigung der individuellen Fähigkeiten und Vorkenntnisse, Lernerleichterung durch Einsicht in größere Zusammenhänge, vielfältige Möglichkeiten der natürlichen Differenzierung" (Scherer & Häsel, 1995, S. 455). Diesen Überlegungen folgend fokussiert die hier exemplarisch ausgewählte Lernumgebung auf die Erkundung von Beziehungen zwischen Zahlen im Zahlenraum bis 1000.

Nach einer kurzen Vorstellung der Lernumgebung werden – wie Scherer es in ihren Arbeiten stets aufzeigt – zum einen ausgewählte Dokumente der Schülerinnen und Schüler diskutiert und zum anderen besondere Momente der interaktiven Erkundung mathematischer Zusammenhänge differenziert analysiert.

4.1 Lernumgebung „Stellenwerte variieren – Zahlen darstellen und vergleichen"

Zentraler Kern der Lernumgebung sind strukturanaloge Aufgaben, bei denen Kinder Zahlen gezielt aus ihren Stellenwerten bilden und dabei jeweils einen Stellenwert variieren sollen (Wittmann et al., 2018). In einem Team aus zwei Lernenden wurde von einem Kind der Zehner, von dem anderen der Einer verändert (Abb. 1). Zudem wurde die Zahl mit den dekadischen Zahlenkarten gelegt, als Zahlbild skizziert sowie die Zerlegungsaufgabe und Zahl notiert. Gezielt wurden somit im Sinne der Leitidee verstehensorientiert und darstellungssensibel Stellenwertbeziehungen in den Blick genommen und verschiedene Darstellungen miteinander vernetzt. Über die Variation einzelner Stellenwerte in Kombination mit den Darstellungen und dem Vergleich der unterschiedlichen Variationen kann den Kindern der Wert der Ziffern an den unterschiedlichen Stellen besonders gut deutlich werden.

Die strukturanaloge Anlage der Aufgaben begünstigt die Kommunikation und Kooperation der Kinder, da sich über die verschiedenen Veränderungen Interaktionsanlässe ergeben, die bezogen auf die Fragestellung „Vergleicht eure Doku-

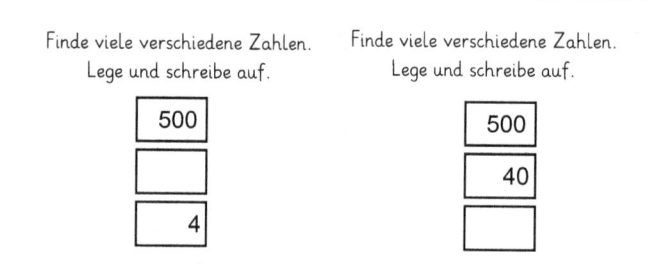

Finde viele verschiedene Zahlen.　　Finde viele verschiedene Zahlen.
Lege und schreibe auf.　　　　　　　Lege und schreibe auf.

```
| 500 |          | 500 |
|     |          |  40 |
|  4  |          |     |
```

Abb. 1 Strukturanaloge Aufgaben der Lernumgebung „Stellenwerte variieren – Zahlen darstellen und vergleichen"

mente. Was fällt euch auf?" gemeinsam festgehalten werden sollen. Dazu wurden im Einstieg die Begriffe „Hunderter", „Zehner" und „Einer" beim einführenden Legen von Zahlen thematisiert, um so im Sinne einer weiteren sprachsensiblen Förderung ggf. ergänzt durch weitere Formulierungshilfe die Kinder bei der Verbalisierung zu unterstützen.

Die Aufgabe ist bezüglich der Anzahl der zu findenden Zahlen und des Vorgehens offen. Zur weiteren differenzsensiblen Umsetzung wurde eine parallele Version entwickelt, bei der anstelle der Hunderter ausschließlich die Zahl 100 gewählt wurde, um einen Anschluss an den bekannten Zahlenraum für die Kinder zu ermöglichen, die in Zahlvorstellung auch im kleineren Zahlenraum noch Unsicherheiten zeigen. Die Offenheit der Aufgaben ermöglicht schließlich über die entstehenden Dokumente einen ersten Einblick, zumal die Beobachtung oder ein Gespräch mit den Lernenden bei der Bearbeitung selbstverständlich zusätzlichen Aufschluss bietet.

4.2　Einblicke in Produkte und Prozesse der Erkundung

Analyse der Dokumente

Bereits ein erster Blick auf ausgewählte Dokumente von drei Kinderpaaren zeigt die Verschiedenheit der Bearbeitungsprodukte; und zwar sowohl was die Anzahl als auch die Systematik der gefundenen Zahlen betrifft. Bereits die im Verhältnis zu anderen Lernumgebungen begrenzten Freiheitgrade (Krauthausen & Scherer, 2014) führten also zu heterogenen Bearbeitungen, bei denen sich ein diagnosegeleiteter Blick auf die Dokumente lohnt:

So notiert Jonas systematisch alle Zahlen von 594 bis 514, seine Partnerin Ilgin findet die vier Zahlen 547, 541, 543 und 544. Beide markieren jeweils den Stellenwert, der sich ändert. Systematisches bzw. unsystematisches Vorgehen zeigen auch Valerie und Lenni, die beide neun Zahlen finden. Ekrim scheint die vorgegebenen

Stellenwerte hingegen nicht zu beachten, sondern stellt beliebige dreistellige Zahlen auf die geforderten Weisen dar. Ilkays Dokument zeigt zwar eine korrekte Zahlzerlegung, aber die Zahl wird letztlich als Aneinanderreihung der Stellenwerte (100 + 9 + 20 = 100.920) notiert. Dies ist ein typischer Fehler, dem auch Scherer (2011) mit produktiven Übungsformen begegnet.

Betrachtet man die im Vergleich der strukturanalogen Serien kooperativ notierten Auffälligkeiten, so zeigt sich wiederum die Vielfalt der Einsichten: Valerie und Lenni fokussieren auf unterschiedliche Stellenwerte, die von ihnen zu verändern waren, wie auch auf die Stellenwerte, die konstant blieben. So berichtet beispielsweise Valerie: „Lenni muss immer die Einer und ich muss immer die Zehner machen. Bei mir habe ich immer die 4 und bei Lenni hat er die 40. Bei uns ist die 500 gleich". Dabei nutzt sie die Begriffe Einer und Zehner, bleibt aber sonst in ihrer sprachlichen Formulierung alltagssprachlich und nutzt zum Beispiel statt „verändern" die Begriffe „Einer machen". Die beschriebenen Auffälligkeiten spiegeln einen eher empirischen Blick auf die Zahlen. Es werden keine operativen Veränderungen fokussiert, sondern die Positionen betrachtet, an denen sich etwas ändert bzw. konstant bleibt, betrachtet (Steinbring, 2005; Häsel-Weide, 2016).

Ilgin und Joris beschreiben jeweils die operativen Veränderungen innerhalb der gefundenen Serie. Bei der Formulierung „Mir fehlt auf das die sener um 1 sener immer größer werden und das ergebnis wir auch um ein Sener größer." wird zudem der Zusammenhang zwischen der Veränderung in der additiven Zerlegung und der Zahl beschrieben. Die notierte Auffälligkeit beschreibt damit recht allgemein einen strukturellen Zusammenhang.

Die Formulierung auf Ekrims und Ilkays Arbeitsblatt scheint sich nur auf Ekrims Bearbeitung zu beziehen und ist auch in der ersten Person formuliert. Die Entdeckung „Meine Nummer werden immer größer und wenn ich mit das Quadrat zeichne" scheint auf die Bedeutung des Stellenwerts „Hunderter" in Bezug auf die Größe der Zahl abzuzielen und könnte zum Ausdruck bringen wollen, dass die Zahlen umso größer sind, wenn die Hunderterstelle besetzt ist oder auch wenn die Hunderterstelle mit einer möglichst großen Ziffer besetzt ist.

Die notierten Auffälligkeiten zeigen somit unterschiedliche Fokussierungen auf dekadische Strukturen, die verschiedene Tiefen beim Erkennen von Zusammenhängen vermuten lassen und im Klassengespräch aufgegriffen werden können und sollten.

Analyse der Interaktionsprozesse
Schaut man nun noch etwas detaillierter in den interaktiven Entstehungsprozess der Dokumente, zeigen sich tiefere Erkenntnisse in die Verstehens- und Kooperationsprozesse der Kinder. Dazu betrachten wir vertiefend Diskurse während des Findens und Darstellens der Zahlen (Fallbeispiel 1) und aus dem Entdecken von Auffälligkeiten (Fallbeispiel 2).

Fallbeispiel 1: Ilkay stellt mit Unterstützung durch die Lehrkraft und den Partner Ekrim Zahlen dar

Die Lehrkraft setzt sich zu Beginn der Arbeitsphase zu Ilkay und Ekrim, wendet sich zunächst ausschließlich Ilkay zu und erarbeitet mit ihm gemeinsam das Legen, die Darstellung des Zahlbildes und die Zahlzerlegung zur 126. Ilkay hat zunächst zu den vorgegebenen Zahlen die Zahlenkarten herausgesucht und die 6 als Einer ausgewählt. Als er statt des Zeichnens des Zahlbildes die Zahlen in der Spalte „Zeichnung" notiert, geht die Lehrkraft mit ihm zur Tafel und betrachtet mit ihm die Darstellung aus dem Einstieg ein weiteres Mal. Zurück am Tisch wird die Erstellung des Zahlenbildes neu begonnen.

200	Lehrkraft	Also (*zeigt auf die Zahlenkarten*). Was musst du jetzt zeichnen?
201	Ilky	Die Hundert (*nimmt den Stift*)
202	Lehrkraft	(*zeigt auf die Spalte Zeichnung*). Hier da, genau
203	Ikay	(*zeichnet ein Quadrat, setzt den Stift an, um etwas in das Quadrat zu schreiben*)
204	Lehrkraft	Nein (*fasst Ilkay auf den Arm*). Schau mal, da muss keine Zahl rein. Schau mal auf die Zeichnung (*zeigt zur Tafel*). Siehst du das?
205	Ilkay	(*schaut zur Tafel, schaut zur Lehrkraft*)
206	Lehrkraft	(*zeigt auf die Zahlenkarten*). Das sind die Zahlenkarten, die Montessori-Karten, ja, da bist du jetzt mit fertig. Jetzt sollst du es zeichnen (*zeigt auf die Spalte Zeichnung*). Also für die hundert (*zeigt auf die Zahlenkarte 100*) ein Quadrat (*zeigt auf das gezeichnete Quadrat in der Spalte Zeichnung*). Und für die Zehner? Weißt du noch, was du da machst. Wie zeichnet man die Zehner? Was benutzt du?
207	Ilkay	Die Striche
208	Lehrkraft	Genau. Wie viele Striche muss du machen?
209	Ilkay	Zwei?
210	Lehrkraft	Warum zwei?
211	Ilkay	Weil es zwei Zehner sind?
212	Lehrkraft	Hmm. Ja mach mal.
213	Ilkay	(*zeichnet ein Quadrat*)
214	Lehrkraft	Aber du hast mir ja gerade gesagt, was du machen muss, jetzt machst du keine Striche
215	Ilkay	Achso ja
216	Lehrkraft	(*radiert das Quadrat aus*). Ok
217	Ilkay	(*zeichnet zwei Striche*)

100
20
6

Das Gespräch zwischen Lehrkraft und Ilkay wird zunächst durch die Lehrkraft strukturiert und es ist geprägt von einer kleinschrittigen Erarbeitung der Arbeitsschritte und der Korrektur der auftretenden Fehler. Inhaltlich scheint es einerseits um die notwendigen Arbeitsschritte zu gehen, andererseits auch um die konkrete Darstellung der Zahl als Zahlbild. Ilkay zeigt hier Schwierigkeiten in der Übersetzung der symbolischen Zahlenkarten in eine ikonische Darstellung, obwohl es sich um eine Standardzerlegung handelt und alle Stellen besetzt sind (Scherer, 2011). Die Lehrkraft bemüht sich, die Übersetzungsprozesse zu unterstützen, indem sie an das gemeinsam erarbeitete Beispiel an der Tafel erinnert, dass sie im Vorfeld der Szene noch einmal in einer Eins-zu-Eins-Situation mit Ilkay betrachtet hat. Dabei erfragt sie zugleich die Bedeutung der Darstellung (Z. 310), die Ilkay bei den Zehnern richtig formuliert. Das Gespräch ist somit gekennzeichnet von einem handlungsverengenden Charakter und den ergebnisorientierten Erwartungen auf der einen Seite und vom verständnisorientierten Hinterfragen der Antworten auf der anderen Seite (Häsel-Weide & Nührenbörger, 2023).

Nachdem die Zahlzerlegung notiert wurde (Abb. 2), tauscht Ilkay die Zahlenkarte 6 durch die Karte 10 aus.

300	Ilkay	(legt die Zahlenkarte 10 unter die Zahlenkarten 100 und 20)
301	Lehrkraft	Ekrim, schaust du mal einmal. Kannst du dem Ilkay einmal helfen, der hat das gelegt (fährt mit dem Finger von oben nach unten über die Zahlenkarten). Hast du einen Tipp für ihn?
302	Ekrim	Ja, also, wenn du jetzt die Zehner legst (deutet auf die Zahlenkarte 20) muss du jetzt hier Einer legen und nicht Zehner, weil du schon einen Zehner gelegt hast. Und das ist Hunderter (tippt neben die Zahlenkarte 100) Zehner (tippt neben die Zahlenkarte 20) und Einer (tippt neben die Zahlenkarte 10). Ok
303	Ilkay	(nickt)
304	Lehrkraft	Weißt du was ein Einer ist?
305	Ikay	Die Punkte?
306	Lehrkraft	Was ist denn eine Zahl, die da hinpasst (deutet auf die übrigen Zahlenkarten auf dem Tisch)?
307	Ilkay	Die Neun (greift nach der Zahlenkarte 9)
308	Lehrkraft	Dann mach mal (steht auf)

```
100
20
10
```

Ilgin und Jonas   *Ekrim und Ilkay*

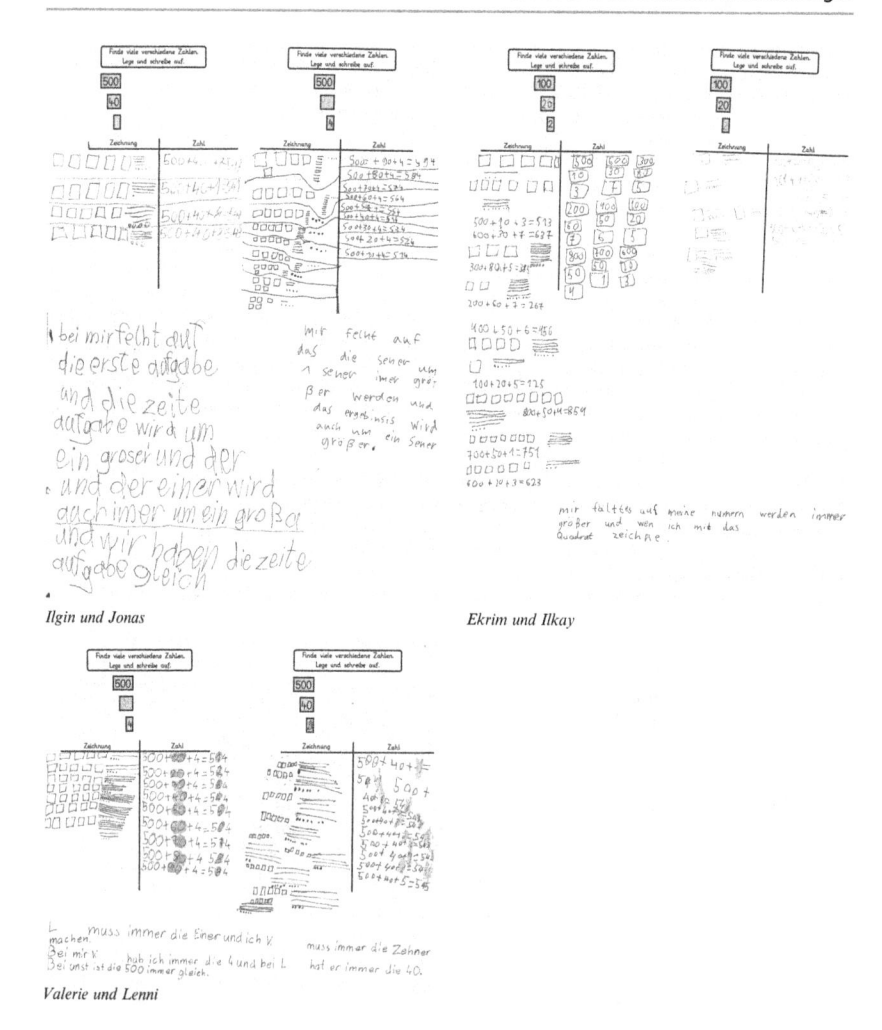

Valerie und Lenni

Abb. 2 Dokumente der kooperativen Arbeitsphase

Als Ilkay die Zahlenkarten 100, 20 und 10 gelegt hat, bezieht die Lehrkraft Ekrim in das Gespräch ein und bittet ihn, Ilkay einen Tipp zu geben. Dabei wird durch den Interaktionsverlauf und die Formulierung des Helfens deutlich (Z. 401), dass die gelegte Karte nicht den Erwartungen der Lehrkraft entspricht. Ekrim erkennt den Fehler und erläutert ihn zunächst in dem Sinne, dass nicht erneut Zehner gelegt werden können. Die Aussage hat eher einen regelgeleiteten als verstehensorientierten Charakter, wird allerdings durch das Tippen neben die Zahlenkarten und Nennen der Stellenwerte ergänzt, wodurch der Aufbau dreistelliger Zahlen aus Hundertern, Zehnern und Einern angedeutet wird. Die Lehrkraft versichert sich dann mit der Frage „Weißt du was ein Einer ist?", ob Ilkay die Stellenwertbezeichnungen deuten kann. Ilkay nutzt zur Erläuterung die Zahlenbilder und verknüpft Einer mit dem Bild der Punkte. Da er im nächsten Schritt eine passende Zahlenkarte auswählt, ist zu vermuten, dass ihm diese Assoziation hilft, eine Vorstellung der dekadischen Struktur von Zahlen aufzubauen.

Das Fallbeispiel zeigt, dass ein Unterricht mit Lernumgebungen der Lehrkraft ermöglicht, die Lernprozesse einzelner Kinder, hier von Ilkay, intensiv zu begleiten. Es wird auch deutlich, dass ein differenzierter Arbeitsauftrag eine Herausforderung darstellen kann – und zwar Herausforderungen, die einerseits in der Strukturierung der einzelnen Arbeitsschritte, aber auch im Verständnis des Aufbaus der Zahlen liegen. Auch wenn Ilkay deutliche Schwierigkeiten zeigt, was auch in der Notation der Zerlegung und der Zahl deutlich wird (Abb. 2), ermöglicht ihm die darstellungssensible Lernumgebung seine Vorstellung von Zahlen weiter aufzubauen. Die auf das Erfüllen des Arbeitsauftrags ausgerichtete Strukturierung wird immer wieder von verstehensorientierten Nachfragen ergänzt, mit denen die Lehrkraft diagnosegeleitete Einblicke in die Vorstellungen von Ilkay erhält. Das Partnerkind wird dabei als Helfender adressiert und eingebunden. Möglicherweise bleibt in dieser Phase durch die auf das Arbeiten und Denken des einen Schülers konzentrierte Unterstützung unbemerkt, dass Ekrim selbst den Arbeitsauftrag nicht im Sinne der systematischen Variation des Zehners bearbeitet.

Fallbeispiel 2: Ilgin und Jonas machen Entdeckungen

Nachdem die Kinder ihre individuelle Bearbeitung auf ein gemeinsames großes Blatt geklebt haben, kommt die Lehrkraft an den Tisch und fordert zum Vergleich auf. Ilgin greift die Anregung der Lehrkraft auf und formuliert: „Bei mir ist immer der Einer, bei dir ist Zehner" während für Jonas die operative Veränderung des Zehners die entscheidende Auffälligkeit zu sein scheint. Er beschreibt, dass bei ihm „immer neunzig, achtzig" sei und tippt dabei auf die Zeilen auf seiner Bearbeitung. Als Ilgin von der Nachbarin am gegenüberliegenden Tisch angesprochen wird, schlägt Jonas vor, dass er zunächst einmal aufschreibt, was ihm auffällt und Ilgin danach ihre Auffälligkeiten notieren soll. Jonas notiert: „Mir fehlt auf das die sener um 1 sener immer größer werden und das ergebnis wir auch um ein Sener größer." Im Anschluss schiebt er das Blatt zu Ilgin und fragt:

400	Jonas	Was fällt dir auf?
401	Ilgin	(*nimmt den Stift und beginn etwas auf das Blatt zu schreiben, schaut hoch*) Ich sag bei mir fällt auf, dass Jonas (*deutet auf die markierten Zehner in der Zahlzerlegung von Jonas*) immer Zehner hat und ich immer Einer hab (*zeigt auf ihrem Blatt auf die Spalte Zahl*) und dann sag ich noch
402	Jonas	Ne hast du ja nicht aufgeschrieben (*zeigt auf Ilgins Blatt auf die Zahlen in der Spalte Zahl*). (1 Sek.) Du hast [ja] nicht alle aufgeschrieben
403	Ilgin	Und danach, nein (*klopft mit dem Stift auf den Tisch, schaut Jonas an und zieht die Nase kraus*) und danach sag ich ähm und dass immer wie heißt das hier, wie heißt das hier (*zeigt auf die Ergebnisse der Zahlzerlegung, fährt mehrmals mit dem Stift von oben nach unten über die Ergebnisse der Zahlzerlegung*), dass das hier (*zeigt auf die Zahlen in der Spalte Zahl auf ihrem Blatt*) dass das hier beim Ergebnis das Gleiche kommt. Bei immer
404	Jonas	Das Ergebnis ist (*beugt sich über das Blatt, das vor Ilgin liegt*) ist drei und vier, drei und vier. (*tippt mit dem Finger abwechselnd auf die beiden letzten Zahlen auf Ilgins Tabelle*) wird immer um eins größer (*zeigt auf die Zahlen in der Spalte Zahl auf Ilgins Blatt*). Drei und vier, drei und vier. Schreib auf
405	Ilgin	(*legt ihren Stift auf den Tisch*)
406	Jonas	Schreib auf Ilgin, musst du ja aufschreiben (*legt den Stift vor sie*)
407	Ilgin	(*fängt an unter ihrem Blatt zu schreiben*) Die erste und die zweite Aufgabe
408	Jonas	wird immer um einen größer, kannst du schreiben
409	Ilgin	(*schreibt weiter*) (…) Was soll ich schreiben?
410	Jonas	(…) Die erste und die zweite Aufgabe wird immer um einen größer. Also das Ergebnis wird immer um einen größer. (…) Das Ergebnis

Ilgin merkt an, wie schon im Gespräch mit der Lehrkraft, dass sie den Einer verändern sollte und Jonas den Zehner (Z. 401). Zudem scheint sie eine weitere Entdeckung bei den Ergebnissen der Zahlzerlegung gefunden zu haben, die sie im ersten Austausch noch nicht genannt hat (Z. 403). Da es ihr nicht gelingt, ihre Entdeckung zu verbalisieren, bleibt unklar, was ihr genau aufgefallen ist. Möglicherweise hat sie bemerkt, dass die markierten Einer der Zahlzerlegung mit den markierten Einern der Summe übereinstimmen. Sie könnte aber auch auf gleiche Ziffern oder Zahlen in der Zahlzerlegung fokussieren. Jonas richtet letztlich die Aufmerksamkeit auf die Veränderung der Einer und nutzt dazu das Zahlenbeispiel 543 und 544 von Ilgin, an dem die Veränderung sichtbar wird (Z. 404). Ilgin scheint die Notation der Auffälligkeiten schwer zu fallen, wird aber von Jonas angehalten, dem Arbeitsauftrag nachzukommen (Z. 406). Obwohl Ilgin selbst eine Auffälligkeit gefunden hat, notiert sie im Weiteren – möglicherweise begründet in der Schwierigkeit, ihre Entdeckungen in Worte zu fassen, und in der Insistenz von Jonas – die Entdeckungen, die Jonas gemacht macht.

5 Fazit

Die Analysen der Dokumente und Interaktionsprozesse zeigen zum einen auf, wie Kinder mit unterschiedlichen mathematischen Potenzialen in Kooperation zusammen arbeiten, Dokumente erstellen und in Begleitung mit der Lehrkraft auch erläutern können – kurz gesagt, wie im inklusiven Unterricht in Teams mathematisches Wissen entsteht und gewonnen wird. Hierbei wird die Bedeutung von fachlich substanziellen Lernumgebungen für den inklusiven Mathematikunterricht deutlich, damit die Lernenden Gelegenheiten finden, sich mit mathematischen Gegenständen in einem ganzheitlich strukturierten Konzept aktiv-entdeckend und sozial-interaktiv auseinanderzusetzen.

Zum anderen weisen allerdings die Analysen auch darauf hin, wie wichtig die differenzierte Begleitung der Lernenden durch die Lehrkraft ist und wie wichtig es ist, sich genau und näher mit den mathematischen Prozessen im inklusiven Unterricht zu befassen und die inklusiven mathematischen Praktiken des gemeinsamen Arbeitens zu reflektieren. Während der Blick auf die Dokumente, auch geleitet durch die unterschiedlichen Schriften, noch vermuten ließ, dass Jonas und Ilgin die strukturanaloge Veränderung von Einern und Zehnern in der Kooperation als gemeinsame Idee ausgehandelt haben, zeigt der differenzierte Blick auf die Interaktionsprozesse, dass die operative Veränderung maßgeblich von Jonas erkannt und formuliert wurde. Inwieweit Ilgin die Entdeckung nachvollzieht, kann daher an dieser Stelle nicht beantwortet werden, da sie sich im Laufe der Interaktionssequenz mehr und mehr in die Rolle einer „Sekretärin" zurückzieht. Ihre eigenen Ideen und Einsichten, die sie an zwei Stellen engagiert vorbringt, werden somit nicht festgehalten.

Schnell könnte man daher zu dem Schluss kommen, dass die Kooperation der Kinder wenig sinnvoll ist, wenn doch letztendlich nur die Idee eines einzelnen notiert wird, ohne dass diese explizit ausgehandelt wurde. Allerdings ist zu bedenken, dass die Kooperation die Kinder erst in Kontakt mit unterschiedlichen Entdeckungen bringt. Auch die Vorgabe einer Verbalisierung, wie etwas das Diktieren einer Formulierung in der Szene mit Jonas, kann helfen, Begrifflichkeiten und Ausdrücke zu lernen und im nächsten Schritt für eigene Erkenntnisse zu benutzen. Um als langfristiges Ziel ein inhaltliches Aushandeln unterschiedlicher Entdeckungen auf „Augenhöhe" und ein gemeinsames Ringen um Formulierungen zu erreichen, kann dies ein wertvoller Zwischenschritt sein. Zugleich ist es für die Lehrkraft wichtig, diese Phänomene und Prozesse der kooperativen Arbeit zu kennen, um nicht anhand der Dokumente voreilige Schlüsse zu ziehen.

Literatur

Bartnitzky, H., & Brügelmann, H. (2012). Fördern – warum, wer, wie, wann. In H. Bartnitzky, U. Hecker, & M. Lassek (Hrsg.), *Individuell fördern – Kompetenzen stärken in der Eingangsstufe (Kl. 1 und 2)* (Bd. 1). Arbeitskreis Grundschule e. V.

Bonsen, M., & Rolff, H.-G. (2006). Professionelle Lerngemeinschaften von Lehrerinnen und Lehrern. *Zeitschrift für Pädagogik, 52*(2), 167–184. https://doi.org/10.25656/01:4451

Gaidoschik, M., Moser Opitz, E., Nührenbörger, M., & Rathgeb-Schnierer, E. (2021). Besondere Schwierigkeiten beim Mathematiklernen. *Special Issue der Mitteilung der Gesellschaft für Didaktik der Mathematik, 47*(111S). https://doi.org/10.13140/RG.2.2.15952.64004

Häsel-Weide, U. (2016). *Vom Zählen zum Rechnen. Struktur-fokussierende Deutungen in kooperativen Lernumgebungen.* Springer Spektrum. https://doi.org/10.1007/978-3-658-10694-2

Häsel-Weide, U., & Nührenbörger, M. (2012). Fördern im Mathematikunterricht. In H. Bartnitzky, U. Hecker, & M. Lassek (Hrsg.), *Individuell fördern – Kompetenzen stärken in der Eingangsstufe (Kl. 1 und 2)* (Bd. 4). Grundschulverband e. V.

Häsel-Weide, U., & Nührenbörger, M. (2013). Fördern im Mathematikunterricht. In H. Bartnitzky, U. Hecker, & M. Lassek (Hrsg.), *Individuell fördern – Kompetenzen stärken ab Klasse 3* (Bd. 2). Grundschulverband e. V.

Häsel-Weide, U., & Nührenbörger, M. (2017a). Grundzüge des inklusiven Mathematikunterrichts. Mit allen Kindern rechnen. In U. Häsel-Weide & M. Nührenbörger (Hrsg.), *Gemeinsam Mathematik lernen – Mit allen Kindern rechnen* (Beiträge zur Reform der Grundschule, Bd. 144, S. 8–23). Grundschulverband e. V.

Häsel-Weide, U., & Nührenbörger, M. (2017b). Produktives Fördern im inklusiven Mathematikunterricht – Möglichkeiten einer mathematisch ausgerichteten Diagnose und individuellen Förderung. In E. Blumberg & F. Hellmich (Hrsg.), *Inklusiver Unterricht in der Grundschule* (S. 213–230). Kohlhammer.

Häsel-Weide, U., & Nührenbörger, M. (2023). Inklusive Praktiken unterrichtsintegrierter Förderung im Mathematikunterricht. *mathematica didactica, 46*. https://doi.org/10.18716/ojs/md/2023.1670

Häsel-Weide, U., Nührenbörger, M., & Reinold, M. (2018a). *Förderheft Lernen zum Zahlenbuch 3.* Klett.

Häsel-Weide, U., Nührenbörger, M., & Reinold, M. (2018b). *Förderkommentar Lernen zum Zahlenbuch 3.* Klett.

Häsel-Weide, U., Nührenbörger, M., Moser Opitz, E., & Wittich, C. (2019). *Ablösung vom zählenden Rechnen. Fördereinheiten für heterogene Lerngruppen* (5. Aufl.). Klett Kallmeyer.

Hengartner, E., Hirt, U., & Wälti, B. (2006). *Lernumgebungen für Rechenschwache bis Hochbegabte. Natürliche Differenzierung im Mathematikunterricht.* Klett Balmer.

Hußmann, S., Nührenbörger, M., Prediger, S., Selter, C., & Drüke-Noe, C. (2014). Schwierigkeiten in Mathematik begegnen. *Praxis der Mathematik, 56*, 2–8.

Krauthausen, G., & Scherer, P. (2014). *Natürliche Differenzierung im Mathematikunterricht – Konzepte und Praxisbeispiele aus der Grundschule.* Kallmeyer.

Meyer, M., & Tiedemann, K. (2017). *Sprache im Fach Mathematik.* Springer. https://doi.org/10.1007/978-3-662-49487-5

Nührenbörger, M., & Pust, S. (2018). *Mit Unterschieden rechnen. Lernumgebungen und Materialien im differenzierten Anfangsunterricht Mathematik* (5. Aufl.). Kallmeyer.

Nührenbörger, M., & Schwarzkopf, R. (2010). Die Entwicklung mathematischen Wissens in sozial-interaktiven Kontexten. In C. Böttinger, K. Bräuning, M. Nührenbörger, R. Schwarzkopf, & E. Söbbeke (Hrsg.), *Mathematik im Denken der Kinder. Anregungen zur mathematikdidaktischen Reflexion* (S. 73–81). Klett Kallmeyer.

Prediger, S. (2013). Darstellungen, Register und mentale Konstruktion von Bedeutungen und Beziehungen – Mathematikspezifische sprachliche Herausforderungen identifizieren und bearbeiten. In M. Becker-Mrotzek, K. Schramm, E. Thürmann, & H. J. Vollmer (Hrsg.), *Sprache im Fach – Sprachlichkeit und fachliches Lernen* (S. 167–183). Waxmann.

Prediger, S., Fischer, C., Selter, C., & Schöber, C. (2019). Combining material- and community-based implementation strategies for scaling up: The case of supporting low-achieving middle school students. *Educational Studies in Mathematics, 102*(3), 361–378. https://doi.org/10.1007/s10649-018-9835-2

Scherer, P. (1995). *Entdeckendes Lernen im Mathematikunterricht der Schule für Lernbehinderte – Theoretische Grundlegung und evaluierte unterrichtspraktische Erprobung.* Schindele.

Scherer, P. (2005). *Produktives Lernen für Kinder mit Lernschwächen: Fördern durch Fordern* (Bd. 1). Persen.

Scherer, P. (2011). Übungsformen zur Förderung des Stellenwertverständnisses. *Grundschulmagazin, 4*, 29–34.

Scherer, P. (2017). Gemeinsames Lernen oder Einzelförderung? – Grenzen und Möglichkeiten eines inklusiven Mathematikunterrichts. In E. Blumberg & F. Hellmich (Hrsg.), *Inklusiver Unterricht in der Grundschule* (S. 194–212). Kohlhammer.

Scherer, P., & Hähn, K. (2017). Ganzheitliche Zugänge und Natürliche Differenzierung. Lernmöglichkeiten für alle Kinder. In U. Häsel-Weide & M. Nührenbörger (Hrsg.), *Gemeinsam Mathematik lernen – Mit allen Kindern rechnen* (Beiträge zur Reform der Grundschule, Bd. 144, S. 24–33). Grundschulverband e. V.

Scherer, P., & Häsel, U. (1995). Ganzheitlicher Einstieg in den Tausenderraum. *Die Sonderschule, 40*(6), 455–462.

Scherer, P., & Moser Opitz, E. (2010). *Fördern im Mathematikunterricht der Primarstufe.* Spektrum.

Scherer, P., Beswick, K., DeBlois, L., Healy, L., & Moser Opitz, E. (2016). Assistance of students with mathematical learning difficulties: How can research support practice? *ZDM – Mathematics Education, 48*(5), 633–649. https://doi.org/10.1007/s11858-016-0800-1

Steinbring, H. (2005). *The construction of new mathematical knowledge in classroom interaction – An epistemological perspective.* Springer.

Wittmann, E. C. (2010). Natürliche Differenzierung im Mathematikunterricht der Grundschule – vom Fach aus. In P. Hanke, G. Möves-Buschko, A. K. Hein, D. Berntzen, & A. Thielges (Hrsg.), *Anspruchsvolles Fördern in der Grundschule* (S. 63–78). Waxmann.

Wittmann, E. C., & Müller, G. N. (2018). *Handbuch produktiver Rechenübungen. Band II: Halbschriftliches und schriftliches Rechnen.* Klett.

Wittmann, E. C., Müller, G. N., Nührenbörger, M., & Schwarzkopf, R. (Hrsg.). (2018). *Das Zahlenbuch 3.* Klett.

Problemhaltige Sachaufgaben inklusive

Dagmar Bönig und Bernadette Thöne

1 Einleitung

Das Sachrechnen gilt insgesamt als eine durchaus anspruchsvolle Thematik für den Mathematikunterricht der Grundschule. Einerseits lassen sich zwar Alltags- und Umweltbezüge für das mathematische Lernen nutzen, andererseits erfordert die für eine Lösung der Aufgaben notwendige Übersetzung in die mathematische Sprache zusätzliche Kompetenzen, die weit über das eigentliche Rechnen hinausgehen. Problemhaltige Sachaufgaben sind dadurch charakterisiert, dass die Schülerinnen und Schüler diese nicht über bislang erlernte Routinen lösen können (Rasch, 2020; Winter, 2003). Da sie vorrangig dazu dienen, mathematische Problemlösestrategien zu fördern (Franke & Ruwisch, 2010; Rasch, 2009), sind die in den Aufgaben thematisierten Alltagsbezüge nur insofern relevant, als dass sie einen für die Kinder bekannten Kontext aufgreifen, der beim Aufbau eines Situationsmodells helfen kann (Franke & Ruwisch, 2010, S. 71 ff.). Das in der Aufgabe zu lösende mathematische Problem stellt sich dagegen im Alltag oft nicht (Aufgabenbeispiele in Abschn. 5). Angesichts dieser Herausforderungen ist es zunächst wenig offensichtlich, inwiefern gerade solche Aufgaben ein Potenzial für gemeinsames Lernen im inklusiven Unterricht bieten. Im Beitrag geht es daher um das Ausloten der Chancen und Grenzen des Einsatzes dieser Aufgaben auf theoretischer wie unterrichtspraktischer Ebene. Dabei wird exemplarisch auf kombinatorische Aufgaben sowie die sog. Vergleichsaufgaben eingegangen.

D. Bönig (✉) · B. Thöne
Fachbereich Erziehungs- und Bildungswissenschaften, Mathematikdidaktik (Primar- und Elementarbereich), Universität Bremen, Bremen, Deutschland
E-Mail: dboenig@uni-bremen.de; thoene@uni-bremen.de

© Der/die Autor(en), exklusiv lizenziert an Springer Fachmedien Wiesbaden GmbH, ein Teil von Springer Nature 2024
B. Barzel et al. (Hrsg.), *Inklusives Lehren und Lernen von Mathematik*,
https://doi.org/10.1007/978-3-658-43964-4_8

2 Vergleichs- und Kombinatorikaufgaben als „gute" Aufgaben?

Gute Aufgaben als zentrales Element des Mathematikunterrichts können als notwendige Bedingung für die Realisierung guten (inklusiven) Mathematikunterrichts angesehen werden (Büchter & Leuders, 2004; Selter, 2017). Im Folgenden werden Vergleichs- und Kombinatorikaufgaben anhand der Qualitätsindikatoren für Aufgaben (Tab. 1) nach Schütte (2008) diskutiert.

Beide von uns ausgewählten Aufgabentypen intendieren die Förderung mathematischer Problemlösefähigkeiten von Kindern. Das Lösen von Vergleichsaufgaben (wie z. B. Lina und Jan haben 20 Legofiguren. Jan hat 4 Legofiguren mehr als Lina. Wie viele hat Lina? Wie viele hat Jan?) ist Gegenstand einer Vielzahl empirischer Untersuchungen (z. B. Stern, 1998; Rasch, 2009; Sturm, 2018). Insgesamt gelten diese Aufgaben über die gesamte Grundschulzeit als eher schwierige Aufgaben. Hier wie auch bei Kombinatorikaufgaben (wie z. B. Du hast viele rote

Tab. 1 Qualitätsindikatoren für Aufgaben. (Schütte, 2008, S. 85 ff.)

1	**Validität** Diese ist gegeben, wenn die Aufgabe die angestrebten Kompetenzen fördert
2	**Verständlichkeit** Der Aufgabenkontext sollte den Kindern ebenso wie die in der Aufgabe verwendeten Begrifflichkeiten vertraut sein
3	**Bedeutsamkeit** Dieses Kriterium bezieht sich auf die Frage, ob der in der Aufgabe geschilderte Sachverhalt für Kinder so interessant ist, dass sie eine Lösung finden wollen
4	**Herausforderungen in der Zone der nächsten Entwicklung** Hier geht es darum, dass die Aufgabe für die Kinder so anspruchsvoll ist, dass sie nicht mit verfügbaren Routinen gelöst werden kann, aber eigene Ansätze zur Lösungsfindung entwickelt werden können
5	**Gemeinsamer Beginn mit einer interessanten, für alle Kinder verständlichen Fragestellung** Damit sich auch Kinder mit geringem mathematischen Selbstbewusstsein an herausfordernde Situationen (Kriterium 4) wagen, sollte die Aufgabe so gewählt werden, dass alle Kinder mit der Bearbeitung beginnen können
6	**Offenheit der Lösungswege und Möglichkeit der Selbstdifferenzierung** Dieses Kriterium bezieht sich auf die Möglichkeit der Kinder, die Aufgabe auf verschiedenen Niveaus zu lösen (Krauthausen und Scherer (2016) sprechen hier von ‚natürlicher Differenzierung')
7	**Mathematische Ergiebigkeit** Das letzte Kriterium bezieht sich auf Möglichkeiten eines weiteren mathematischen Ausbaus der Aufgabe

und blaue Steine und möchtest daraus Türme aus vier Steinen bauen. Wie viele verschiedene Vierertürme kannst du bauen?) steht den Kindern keine Lösungsroutine zur Verfügung – damit sind die Kriterien 1 und 4 erfüllt. Die Aufgaben sind in der Regel verständlich (Kriterium 2), die sprachliche Formulierung in Vergleichsaufgaben ebenso wie die Klärung des Begriffs der ‚Möglichkeiten' im Kontext kombinatorischer Aufgaben bedarf ggf. einer genaueren Erklärung anhand eines konkreten Beispiels. Die in den Aufgaben geschilderten Sachverhalte stellen für Kinder nicht notwendig einen sinnstiftenden Kontext dar (Kriterium 3). Wenn den Kindern aber auf der Ebene des Lösens die Entscheidung über die Wahl der genutzten Repräsentationsformen (auf handelnder, bildlicher oder symbolischer Ebene) freigestellt wird, werden die Chancen zur Bewältigung der Aufgabe größer und die Schülerinnen und Schüler können sich als selbstwirksam erleben. Ein gemeinsamer Beginn ist in der Regel möglich, da zumindest Teile der Aufgabenlösung durch Probieren ermittelt werden können (Kriterium 5) – dies ist im Hinblick auf einen gemeinsamen inklusiven Unterricht zentral. Beide Aufgabentypen ermöglichen durch die freie Wahl der Repräsentationsform und die Nutzung verschiedener Problemlösestrategien unterschiedliche Zugänge (Kriterium 6). Die Aufgaben können zudem durch Variation leicht nach unten bzw. oben weiter differenziert werden. Außerdem lassen sich durch Wechsel des Kontexts zügig weitere mathematisch strukturgleiche Aufgabenstellungen entwickeln (Kriterium 7).

Damit sind die von Schütte (2008) angesprochenen Qualitätskriterien weitgehend erfüllt, das Potenzial für guten Unterricht ist damit zunächst einmal gegeben. Ausgehend von einer kurzen Einführung zum inklusiven Unterricht wird im Anschluss aufgezeigt, wie dieses Potenzial tatsächlich in der Unterrichtspraxis entfaltet werden kann.

3 Inklusiver Unterricht – grundlegende Anmerkungen

Inklusiver Unterricht hat die Beteiligung aller Lernenden zum Ziel. Dabei können grundsätzlich drei Beteiligungsebenen unterschieden werden (Bikner-Ahsbahs et al., 2017, S. 108):

1. Teilnahme, also ‚dabei sein' als (schul-)strukturelle Voraussetzung
2. Partizipation oder Teilhabe, also ‚mitmachen' als (allgemeinpädagogische bzw. -didaktische) Umsetzung
3. Fachliche Herausforderung in sozialer Eingebundenheit, also ‚vorankommen' als (fachlicher) Qualitätsanspruch.

Gemeinsames und kooperatives Lernen sind zwar Bestandteil inklusionsdidaktischer Ansätze wie z. B. der Konzeption des gemeinsamen Gegenstandes (Feuser, 1995). Sie werden in der Unterrichtspraxis – zumindest im Fach Mathematik – aber eher selten aufgegriffen. Vielmehr wird dem durch die Inklusion noch größeren Heterogenitätsspektrum vornehmlich mit Formen der unterrichtsmethodischen Individualisierung begegnet (Bönig & Korff, 2018). Damit bleiben aber fachliche Potenziale, die im sozialen Miteinander entstehen, ungenutzt. Gerade der Austausch über verschiedene Vorgehensweisen und das Aushandeln unterschiedlicher Deutungsweisen unterstützen aber eine intensive Auseinandersetzung mit dem Unterrichtsinhalt, die für mathematisches (Weiter-)Lernen bedeutsam sind (Brandt & Nührenbörger, 2009, S. 28; Krauthausen & Scherer, 2016, S. 194). Dass dies prinzipiell auch in inklusiven Settings fruchtbar umsetzbar ist, zeigen Hähn (2021) und Korten (2020).

Insofern stellt sich die Frage, inwieweit der Einsatz problemhaltiger Aufgaben genutzt werden kann, um ein inklusives Lernen im fachlichen Miteinander (Beteiligungsebenen 2 und 3) anzusprechen. Und wie kann die oben angesprochene Kommunikation im konsequent zieldifferenten Unterricht so gelingen, dass alle Lernenden davon profitieren?

4 Das Lernen mit problemhaltigen Sachaufgaben begleiten

Das Lösen problemhaltiger Sachaufgaben ist für Grundschulkinder anspruchsvoll und erfordert insbesondere für leistungsschwächere Kinder Zeit für eine intensive Auseinandersetzung. Damit alle Kinder in die Sachsituation eintauchen und erste Ideen entwickeln können, haben die Studierenden, die die Lernumgebungen zu problemhaltigen Sachaufgaben im Praxissemester entwickelten und erprobten, zu Beginn eine kurze Phase für ein individuelles Verstehen reserviert. Danach durften die Lernenden entscheiden, ob sie die Arbeit weiter allein oder mit einem/einer Partner*in fortsetzen. Im Weiteren ist ein schriftliches Dokumentieren der Lösungswege unerlässlich, was zugleich eine gute Grundlage für ein späteres Präsentieren und die Diskussion der Lösungen bietet. Ein solcher fachbezogener Austausch entwickelt sich nicht automatisch, sondern wurde im reflektierenden Klassengespräch von der Lehrkraft moderiert (Götze, 2007). Gerade die vergleichende Betrachtung der Lösungswege schärft das Bewusstsein für verschiedene Bearbeitungsmöglichkeiten und regt die Kinder dazu an, ihr eigenes Strategierepertoire zu erweitern. Damit neue Strategien auch von möglichst vielen Kindern erprobt werden können, wurden in den nachfolgenden Stunden weitere mathematisch strukturgleiche Auf-

Problemhaltige Sachaufgaben inklusive

Tab. 2 Überblick über typischen Unterrichtsablauf

Phase	Unterrichtsverlauf
Einstieg	Vorstellen der problemhaltigen Sachaufgabe
Aktivitätsphase	Bearbeitung der problemhaltigen Sachaufgabe (Grundaufgabe) (a) individuelle Auseinandersetzung (b) im Weiteren Wahl der Arbeitsform durch die Kinder (allein oder mit Partner*in) (c) ggf. bis zu zwei weitere Variationen der Aufgabe (als zusätzliches Differenzierungsangebot)
Ergebnisvorstellung und Reflektion	Präsentation ausgewählter Ergebnisse – vergleichende Analyse verschiedener Lösungswege – Fokussierung von Schwierigkeiten

gaben behandelt. Der Unterrichtsablauf war ritualisiert, er bot den Kindern auf unterrichtsorganisatorischer Ebene Sicherheit (Tab. 2). Für Kinder, die die Grundaufgabe gelöst hatten, gab es ggf. bis zu zwei Variationen der Aufgabe als Erweiterung.

5 Das Lernen mit problemhaltigen Sachaufgaben gezielt unterstützen

Wenngleich problemhaltige Sachaufgaben zahlreiche Qualitätsindikatoren guter Aufgaben erfüllen (Abschn. 2) und zweifelsohne Potenzial zur kognitiven Aktivierung als empirisch belegtes Gütekriterium guten Unterrichts (Helmke, 2012) bieten, bedarf es insbesondere im inklusiven Unterricht auch der Unterstützung von Kindern, z. B. in der Arbeitsorganisation, in der Entwicklung und Dokumentation der eigenen Ideen und der Verbalisierung von Lösungswegen. Um dem Heterogenitätsspektrum Rechnung zu tragen, haben wir uns zudem auf Aufgaben konzentriert, die prinzipiell eine Lösung oder Teillösung auf Handlungsebene ermöglichen. Dazu stellen wir zunächst konkrete Möglichkeiten der Unterstützung vor, die wir mit Blick auf die angestrebten Fähigkeiten des Darstellens und Kommunizierens/Argumentierens gebündelt haben (Abschn. 5.1 und 5.2). Im Anschluss gehen wir auf Möglichkeiten der Aufgabenadaption ein (Abschn. 6), bevor wir abschließend die von den Kindern entwickelten Lösungsstrategien beleuchten (Abschn. 7). Diese Aspekte werden zunächst anhand der kombinatorischen Aufgaben (eingesetzt in Kl. 1/2) und dann für die Vergleichsaufgaben (Kl. 3/4) konkretisiert.

5.1 Unterstützung des Darstellens

In Klasse 1/2 wurden vorstrukturierte Arbeitsblätter zur Verfügung gestellt – im Fall der ersten Kombinatorikaufgabe (Abb. 1, Aufgabe 1) ein Blatt mit Kreisen, die in der Mitte halbiert waren (Aufgabe 1) bzw. Felder mit drei Kästchen nebensowie untereinander (Aufgaben 2 und 3). Um die Relevanz der Ausrichtung des Kreises zu verdeutlichen, sind die Kreisdarstellungen jeweils an der Unterseite mit einem waagerecht verlaufenden Strich versehen (Abb. 2).

1. Färbe die beiden Felder des Kreises mit einer der Farben rot, gelb, blau oder grün. Wie können verschiedene Kreise aussehen? Finde möglichst viele verschiedene Kreise.
2. Mila möchte drei benachbarte Kästchen farbig ausmalen. Dafür hat sie einen roten und einen grünen Stift. Wie kann sie die Kästchen ausmalen? Finde möglichst viele Möglichkeiten die Kästchen auszumalen.
3. Du hast viele rote und blaue Steine. Daraus kannst du einen Turm bauen, der vier Steine hoch ist. Wie können solche Türme aussehen? Finde möglichst viele verschiedene Türme.

Abb. 1 Eingesetzte Kombinatorikaufgaben in Kl. 1/2. (Korda, 2022)

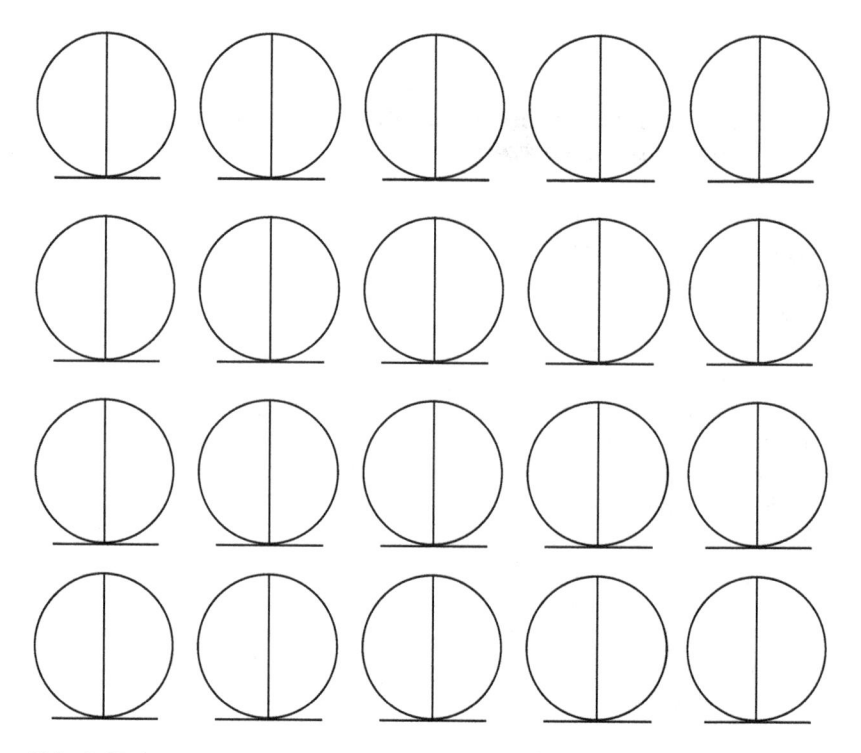

Abb. 2 Vorlage „Kreise" zur Bearbeitung der ersten Kombinatorikaufgabe (Abb. 1, Aufgabe 1)

1.	Lina und Jan haben zusammen 20 Legofiguren. Lina hat 4 Legofiguren mehr als Jan. Wie viele hat Lina? Wie viele hat Jan?
2.	In einer Lerngruppe sind 24 Kinder. Es sind 6 Jungen mehr als Mädchen. Wie viele Jungen besuchen die Lerngruppe? Wie viele Mädchen besuchen die Lerngruppe?
3.	Jan und Paul haben zusammen 19 CDs. Jan hat 5 CDs mehr als Paul Wie viele CDs hat Jan? Wie viele CDs hat Paul?

Abb. 3 Eingesetzte Vergleichsaufgaben in Kl. 3/4. (Sack, 2017)

In beiden Fällen waren mehr Kreise bzw. Felder aus drei Kästchen abgebildet als es Lösungen gibt. Die Vorstrukturierung kann Kinder beim Finden der Lösungen unterstützen. So lässt die übersichtliche Anordnung beispielsweise Dopplungen schneller erkennen.

Im Fall der Vergleichsaufgaben (Abb. 3) haben wir auf Strukturierungshilfen verzichtet. Einerseits handelte es sich hier um Kinder der Klasse 3/4, andererseits gibt es bei diesen Aufgaben nur eine Lösung. Ganz im Sinne der natürlichen Differenzierung (Krauthausen & Scherer, 2016) konnten die Kinder die Aufgaben mit Hilfe von Material, mittels einer Zeichnung oder auch auf symbolischer Ebene lösen.

5.2 Unterstützung des Kommunizierens und Argumentierens

Kommunizieren und Argumentieren werden sowohl in der Phase des gemeinsamen Bearbeitens in Partner*innenarbeit, aber vor allem beim vergleichenden Analysieren der Ergebnisse im reflektierenden Unterrichtsgespräch angesprochen. Während die Aktivitätsphase den Schülerinnen und Schülern viele Wahlmöglichkeiten eröffnete, galt es diese Offenheit im anschließenden Kreisgespräch mit der auch notwendigen Zielorientierung (Selter, 2017) zu verknüpfen, um das Repertoire mathematischer Problemlösestrategien zu erweitern.

Bei den Kombinatorikaufgaben ging es in einer ersten Phase darum, möglichst viele Lösungen für die Aufgabe zu sammeln. Dazu hatte die Lehrkraft für jede Möglichkeit einen entsprechend vergrößerten, farbig angemalten Kreis vorbereitet, sodass die von den Kindern genannten Beispiele zügig gelegt und später auch leicht umgeordnet werden konnten. Im Anschluss folgte ein intensiver Diskurs über mögliche Strategien zur Lösung der Aufgabe. Dieser wurde situativ motiviert über das Einbringen verschiedener Bearbeitungen (von Kindern aus der Klasse oder von fiktiven Kindern), das Sortieren der Möglichkeiten zum Ermitteln noch fehlender Lösungen und die Begründung der Vollständigkeit der gefundenen Kombinationen. Im Kreisgespräch wurde zunächst nur die Hauptaufgabe der Stunde (Aufgabe 1) thematisiert, da diese von allen Schülerinnen und Schülern bearbeitet wurde. Das Ziel des reflektierenden Gesprächs bestand in der unterrichtlichen Thematisierung sog. Makrostrategien (Hoffmann, 2003). Während Mikrostrategien das Finden einer bzw. mehrerer weiterer Lösungen erlauben, gelingt es durch Makrostrategien, auch alle Lösungen zu finden. Das gemeinsame Nachdenken und der Austausch über diese Strategien sollte gerade die Kinder, die einen solchen Weg noch nicht allein gegangen waren, zum eigenen Erproben eines solchen Vorgehens anregen. Um den Austausch darüber zu erleichtern, haben die Kinder in der gemeinsamen Diskussion auch einen Namen für die entsprechende Strategie gefunden, der die charakteristische Eigenschaft wiedergab (z. B. „Tauschstrategie" bei der Gegenpaarbildung, Abschn. 7).

Auch bei den Vergleichsaufgaben wurde in vergleichbarer Weise vorgegangen. Ausgehend von den individuellen Lösungswegen der Kinder erfolgte der Strategiediskurs im Unterrichtsgespräch. Eine Studentin hatte im Rahmen des Praxissemesters drei dieser Unterrichtsgespräche audiographiert, um genauer zu analysieren, welche Impulse den fachlichen Austausch der Kinder begünstigen. Hier erwies sich die Frage „Was hat sich das Kind dabei wohl gedacht?" sowie Anregungen zum Verzahnen der Repräsentationsformen als besonders gewinnbringend (Korff & Sack, 2020), während allgemeine Fragen zum Vergleich von Lösungen eher nicht fachbezogene Äußerungen evozierten (z. B. gleicher schwarzer Streifen auf den Kopien). So wurden dann für diese Gespräche drei oder vier Kinderbearbeitungen ausgewählt, sowohl korrekte wie fehlerhafte Lösungen. Die anderen Kinder stellten Vermutungen über mögliche Denkwege der Produzent*innen der Lösungen an, die ggf. durch weitere Impulse der Lehrkraft ergänzt wurden. Gerade bei Lösungen auf rein sprachlicher oder mathematisch-symbolischer Ebene hatten etliche Schülerinnen und Schüler Schwierigkeiten beim Verstehen des Lösungsweges. Zur Aufgabe 2, in der es um die Anzahl der Jungen und Mädchen einer Gruppe geht, (Abb. 3) notierte ein Kind z. B. $24 : 2 = 12$, $12 - 3 = 9$ und $9 + 15 = 24$. Als Hilfestellung bewährte sich das Übertragen des Weges in eine andere Repräsentationsform. So führte das Nachstellen auf enaktiver Ebene nicht selten zu einem besseren Verständnis der ursprünglichen Lösung – auch bei leistungsschwächeren Kindern. Analog zum Vorgehen bei den Kombinatorikaufgaben wurde auch hier die Benennung tragfähiger Strategien (wie im Beispiel oben: gleichmäßig Verteilen/Halbieren und dann ausgleichen) praktiziert, die dann als Verständnisanker fungierten. Bei der

Herausarbeitung charakterisierender Aspekte gelang es einigen Kindern bereits sich vom konkreten Beispiel zu lösen.

6 Adaptionen bei der Aufgabenauswahl

Bei den Kombinatorikaufgaben haben alle Kinder die Hauptaufgabe der jeweiligen Unterrichtsstunde (Abb. 1) bearbeitet, die eine vollständige Lösung auf Handlungsebene gestattete und auch eine überschaubare Anzahl von Möglichkeiten umfasste. In der Klasse, in der die Vergleichsaufgaben eingesetzt wurden, wurden die Aufgaben für eine Schülerin (Jana), der ein sonderpädagogischer Förderbedarf zugewiesen war, mit zusätzlichen Anregungen versehen. Aufgrund der Beobachtungen der begleitenden pädagogischen Fachkraft in der ersten Stunde, wurden Tätigkeiten im Kontext der Auseinandersetzung mit Anzahlrelationen beibehalten. Zum Situationstyp des Vergleichens wurde die Schülerin Jana aber zunächst nur gebeten, die unterschiedlichen Anzahlen von Objekten zu vergleichen (Lina hat 12 Legofiguren, Jan hat 8 Legofiguren). Jana stellte die Situation mit Muggelsteinen nach und übte dabei die Bestimmung von Anzahlen unter Einhaltung der Zählprinzipien. Für die Frage nach dem Vergleich der Anzahl der Legofiguren zeigte die pädagogische Fachkraft die Möglichkeit der 1:1-Zuordnung, die Jana dann zwei Stunden später selbstständig anwenden konnte (Korff & Sack, 2020, S. 12 f.). Somit konnte Jana eine ihrem aktuellen Lernstand angemessene mathematische Aktivität erproben, ohne dass der inhaltliche Bezug zu der Arbeit der anderen Kinder verloren ging. Und Jana konnte – analog zu dem Vorgehen bei den anderen Schülerinnen und Schülern – ebenfalls an mathematisch strukturgleichen Aufgaben arbeiten.

7 Entwicklung von Problemlösestrategien

Das zentrale Ziel des Einsatzes der Lernumgebungen zu problemhaltigen Sachaufgaben bestand in der individuellen (Weiter-)Entwicklung mathematischer Problemlösestrategien. Dazu analysierten die Studierenden die von den Kindern genutzten Lösungswege. Im Fall der Kombinatorikaufgaben (Abb. 1) wurde bei der Kreisaufgabe erstmalig die Makrostrategie der vollständigen Gegenpaarbildung thematisiert. Abb. 4 und 5 zeigen exemplarisch die Bearbeitungen von zwei Kindern zur Kreisaufgabe und den beiden folgenden Aufgaben. Laila ging bei der Kreisaufgabe noch probierend vor und fand nur einige Möglichkeiten (Abb. 4a). In der darauf-

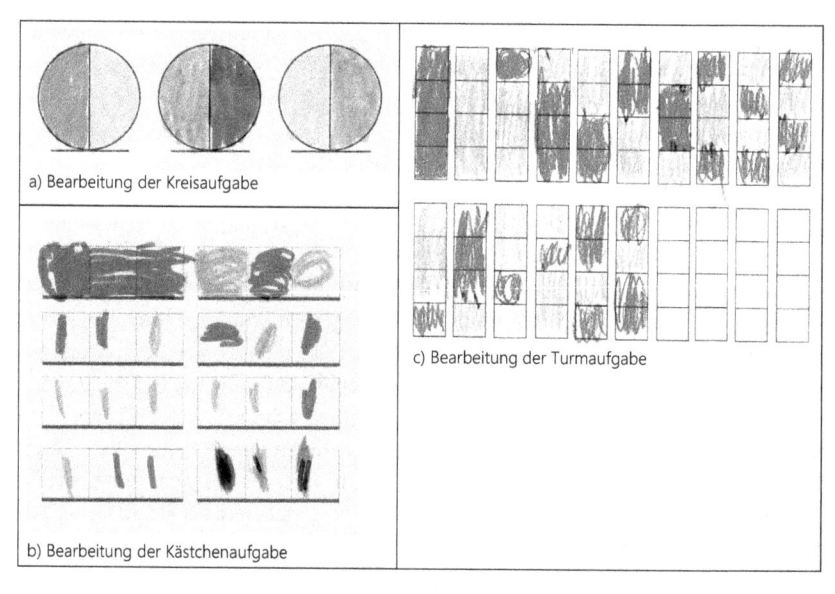

Abb. 4 Lösungen von Laila zu den drei Kombinatorikaufgaben der Abb. 1. (Korda, 2022)

folgenden Stunde ist bei der Bearbeitung der Aufgabe mit benachbarten Kästchen die Mikrostrategie der Gegenpaarbildung rekonstruierbar. Sie färbte die ersten drei Beispiele (Abb. 4b: 1. Zeile und 2. Zeile links), im Anschluss finden sich dazu die drei Gegenpaare (Abb. 4b: 2. Zeile rechts und 3. Zeile). Das letzte Gegenpaar wurde in der vierten Zeile notiert. Bei der zweiten Erweiterungsaufgabe (Abb. 4c, Vierertürme aus zwei Farben) entstanden die ersten Möglichkeiten konsequent über die Gegenpaarbildung, die letzten vier sind dann keine direkten Gegenpaare mehr.

Casper, der im zuvor beobachteten Arithmetikunterricht deutliche Schwierigkeiten zeigte, wandte bei der Kreisaufgabe bereits das sogenannte Tachometerzählprinzip an (Abb. 5), d. h. beispielsweise bei der Kreisaufgabe, dass die Farbe in der linken Kreishälfte so lange konstant gehalten (Spalten in Abb. 5a) wird bis die rechte Hälfte alle Farbmöglichkeiten durchlaufen hat (in der dritten und vierten Spalte wird dieses Muster jeweils einmal durchbrochen). Ihm gelang in der Folgestunde auch die Anwendung der neu besprochenen Makrostrategie der vollständigen Gegenpaarbildung, die er dann bei den beiden weiteren Aufgaben dieses Typs einsetzte (Abb. 5b, c).

Insgesamt wandten vier Schülerinnen und Schüler bereits bei der Kreisaufgabe mit der vollständigen Gegenpaarbildung eine weitere Makrostrategie an. Nach der

Problemhaltige Sachaufgaben inklusive 125

a) Bearbeitung der Kreisaufgabe

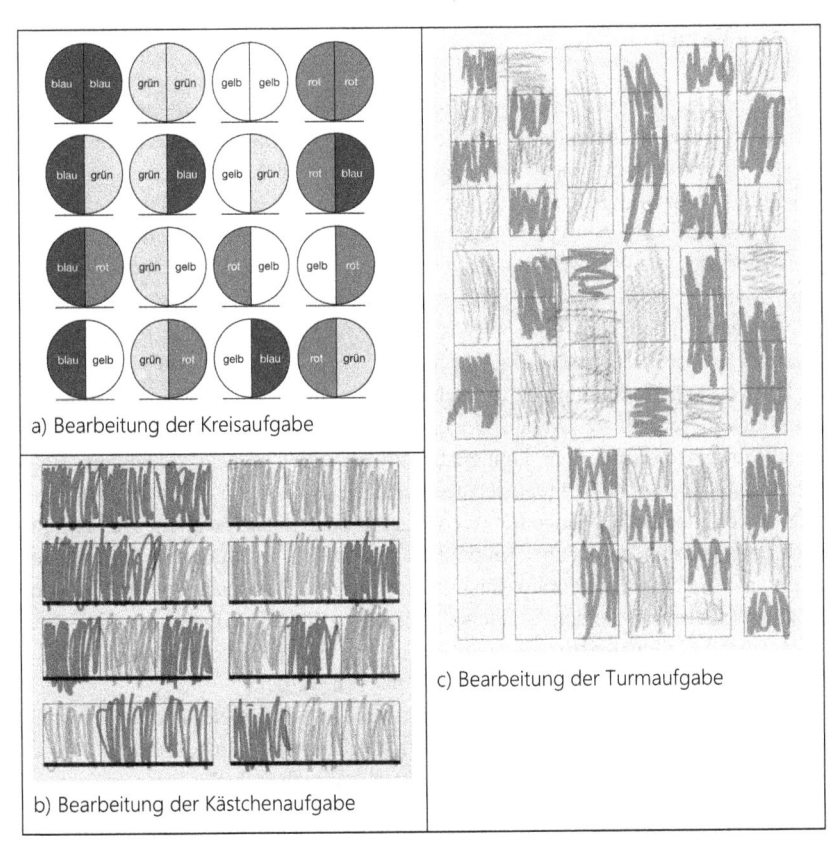

b) Bearbeitung der Kästchenaufgabe

c) Bearbeitung der Turmaufgabe

Abb. 5 Lösungen von Casper zu den drei Kombinatorikaufgaben der Abb. 1. (Kreise nachgestellt, Korda, 2022)

Thematisierung dieser Strategie im Reflektionsgespräch nutzten weitere sieben Kinder diese Strategie bei den Folgeaufgaben. Berücksichtigt man darüber hinaus auch diejenigen Kinder, die die Mikrostrategie der Gegenpaarbildung ausprobierten (ohne damit alle Lösungen zu finden), so wuchs die Zahl auf 14 bei der Folgeaufgabe bzw. 16 Kinder (von insgesamt 18 Kindern) bei der letzten Aufgabe zu diesem Aufgabentyp an.

Die Übernahme von in der gesamten Gruppe diskutierten Lösungsstrategien konnte auch beim Einsatz anderer problemhaltiger Sachaufgaben rekonstruiert werden, bei denen über mehrere Stunden mathematisch strukturgleiche Aufgaben fokussiert wurden (Sack, 2017).

8 Fazit

Die Erprobungen haben gezeigt, dass sich problemhaltige Sachaufgaben durchaus für den Einsatz im inklusiven Unterricht eignen. Gemeinsames Lernen im fachlichen Austausch kann entstehen, wenn die Aufgaben Möglichkeiten der natürlichen Differenzierung (Krauthausen & Scherer, 2016) bieten. Dies wurde bei den hier gewählten Aufgabentypen insbesondere über eine Vielfalt der möglichen Zugänge und die freie Wahl der Repräsentationsform garantiert. Damit auch leistungsschwächere Schülerinnen und Schüler ihr Repertoire mathematischer Problemlösestrategien anreichern können, hat sich der Einsatz mehrerer mathematisch strukturgleicher Aufgaben (Aufgaben in Abb. 1 bzw. Abb. 2) bewährt. In Abhängigkeit von den Vorkenntnissen der Schülerinnen und Schüler kann es darüber hinaus notwendig sein, die Aufgabe weiter zu vereinfachen. Dies war im Fall der Vergleichsaufgaben erforderlich, konnte aber im Sinne des Lernens am gemeinsamen Gegenstand (Feuser, 1995) realisiert werden. Auf diese Weise ließ sich „Heterogenität in der Klasse als Chance für eine mehrperspektivische fachliche Betrachtung der Lerngegenstände erleben" (Knipping et al., 2017, S. 14). Die eigene Erfahrung in der ersten Phase der Lehramtsausbildung stärkt das Vertrauen der Studierenden in einen gewinnbringenden fachlichen Austausch für alle Kinder, den sie – entgegen den Individualisierungstendenzen in der unterrichtspraktischen Realität – als spätere Lehrkraft hoffentlich weiterhin pflegen werden.

Die im Artikel dokumentierten Anregungen und Beispiele stammen aus Erprobungen zweier Studierenden der Universität Bremen im Praxissemester. Nicoletta Sack und Jakob Korda sei an dieser Stelle herzlich gedankt.

Literatur

Bikner-Ahsbahs, A., Bönig, D., & Korff, N. (2017). Inklusive Lernumgebungen im Praxissemester: Gemeinsam lernt es sich reflexiver. In C. Selter, S. Hußmann, C. Hößle, C. Knipping, & K. Lengnink (Hrsg.), *Diagnose und Förderung heterogener Lerngruppen. Theorien, Konzepte und Beispiele aus der MINT-Lehrerbildung* (S. 107–128). Waxmann.

Bönig, D., & Korff, N. (2018). Verschränkung inklusiver Didaktik und Mathematikdidaktik im Praxissemester. In A. Langner (Hrsg.), *Inklusion im Dialog: Fachdidaktik – Erziehungswissenschaft – Sonderpädagogik* (S. 269–275). Klinkhardt.

Brandt, B., & Nührenbörger, M. (2009). Kinder im Gespräch über Mathematik. *Die Grundschulzeitschrift, 23*(222–223), 28–33.

Büchter, A., & Leuders, T. (2004). *Mathematikaufgaben selbst entwickeln. Lernen fördern, Leistung überprüfen*. Cornelsen Scriptor.

Feuser, G. (1995). *Behinderte Kinder und Jugendliche. Zwischen Integration und Aussonderung*. Wissenschaftliche Buchgesellschaft.
Franke, M., & Ruwisch, S. (2010). *Didaktik des Sachrechnens in der Grundschule*. Springer Spektrum.
Götze, D. (2007). *Mathematische Gespräche unter Kindern. Zum Einfluss sozialer Interaktion von Grundschulkindern beim Lösen komplexer Aufgaben*. Franzbecker.
Hähn, K. (2021). *Partizipation im inklusiven Mathematikunterricht. Analyse gemeinsamer Lernsituationen in geometrischen Lernumgebungen*. Springer Spektrum. https://doi.org/10.1007/978-3-658-32092-8
Helmke, A. (2012). *Unterrichtsqualität und Lehrerprofessionalität. Diagnose, Evaluation und Verbesserung des Unterrichts* (4., überarb. Aufl.). Klett Kallmeyer.
Hoffmann, A. (2003). *Elementare Bausteine der kombinatorischen Problemlösefähigkeit*. Franzbecker.
Knipping, C., Korff, N., & Prediger, S. (2017). Mathematikdidaktische Kernbestände für den Umgang mit Heterogenität – Versuch einer curricularen Bestimmung. In C. Selter, S. Hußmann, C. Hößle, C. Knipping, K. Lengnink, & J. Michaelis (Hrsg.), *Diagnose und Förderung heterogener Lerngruppen. Theorien, Konzepte und Beispiele aus der MINT-Lehrerbildung* (S. 39–59). Waxmann.
Korda, J. (2022). *Praktikumsbericht zur Einheit „Problemhaltige Sachaufgaben"*. Unveröffentlichter Bericht, Universität Bremen.
Korff, N., & Sack, N. (2020). Inklusiver Mathematikunterricht. Sich die Sache im Austausch erschließen. *Schule inklusiv, 8*, 11–15.
Korten, L. (2020). *Gemeinsame Lernsituationen im inklusiven Mathematikunterricht. Zieldifferentes Lernen am gemeinsamen Lerngegenstand des flexiblen Rechnens in der Grundschule*. Springer Spektrum. https://doi.org/10.1007/978-3-658-30648-9
Krauthausen, G., & Scherer, P. (2016). *Natürliche Differenzierung im Mathematikunterricht. Konzepte und Praxisbeispiele aus der Grundschule*. Klett Kallmeyer.
Rasch, R. (2009). Textaufgaben in der Grundschule. Lernvoraussetzungen und Konsequenzen für den Unterricht. *mathematica didactica, 32*, 67–92.
Rasch, R. (2020). *42 Denk- und Sachaufgaben. Wie Kinder mathematische Aufgaben lösen und diskutieren*. Klett Kallmeyer.
Sack, N. (2017). *Praktikumsbericht zur Einheit „Problemhaltige Sachaufgaben"*. Unveröffentlichter Bericht, Universität Bremen.
Schütte, S. (2008). *Qualität im Mathematikunterricht sichern: Für eine zeitgemäße Aufgaben- und Unterrichtskultur*. Oldenbourg.
Selter, C. (2017). *Guter Mathematikunterricht. Konzeptionelles und Beispiele aus dem Projekt PIKAS*. Cornelsen.
Stern, E. (1998). *Die Entwicklung des mathematischen Denkens im Kindesalter*. Pabst Science Publishers.
Sturm, N. (2018). *Problemhaltige Textaufgaben lösen. Einfluss eines Repräsentationstrainings auf den Lösungsprozess von Drittklässern*. Springer Spektrum. https://doi.org/10.1007/978-3-658-21398-5
Winter, H. (2003). „Gute Aufgaben" für das Sachrechnen. In M. Baum & H. Wielpütz (Hrsg.), *Mathematik in der Grundschule. Ein Arbeitsbuch* (S. 177–183). Kallmeyer.

Realisierung eines inklusiven Mathematikunterrichts in der Grundschule

Günter Graumann und Olga Graumann

1 Von der Integration zur Inklusion

Seit 2008 das Übereinkommen der Vereinten Nationen über die Rechte von Menschen mit Behinderungen (UN-Behindertenrechtskonvention – UN-BRK) in Kraft getreten ist, hat sich der Terminus „Inklusion" etabliert. In den Jahren davor waren die Termini „Integration", „Integrativer Unterricht", „Integrative Didaktik" etc. gebräuchlich. Der Terminus „Integration" wird hier verwendet, wenn sich die Autoren auf konkrete Beispiele und Literatur aus der Zeit der integrativen Modellschulen beziehen, und der Terminus „Inklusion", wenn dem in der Pädagogik heute üblichen Sprachgebrauch gefolgt wird. Die Beispiele in diesem Artikel sind aus der Zeit der Erprobung integrativen Unterrichts, da zu dieser Zeit geeignete Bedingungen für gemeinsamen Unterricht gegeben waren. Bedingungen, die es heute in jeder Schule, die sich Inklusive Schule nennt, eigentlich geben müsste.

„Bildung für alle" fordert zum einen eine entsprechende personelle, wie auch eine den Bedürfnissen an inklusive Bildung angepasste organisatorische und sächliche Ausstattung. Insbesondere im letzten Jahrzehnt hat sich jedoch gezeigt, dass sich die Situation in dieser Hinsicht in sehr vielen Schulen, die bereits lange integrativ bzw. inklusiv arbeiten, kontinuierlich verschlechtert hat. Darauf kann an dieser Stelle nur hingewiesen werden (siehe etwa Graumann, 2018, S. 277 ff.). Die Forderung nach Inklusion erschöpft sich jedoch keinesfalls in einer adäquaten Ausstattung, diese ist „nur" die Voraussetzung für eine gelingende Inklusion. Wesentlich

G. Graumann (✉) · O. Graumann
Bielefeld, Deutschland
E-Mail: graumann@mathematik.uni-bielefeld.de

ist eine Didaktik mit besonderer Unterrichtsmethodik, die das gemeinsame Lernen von Kindern mit unterschiedlichsten Bedarfen und Lernvoraussetzungen überhaupt erst gelingen lässt. Die Forschungsergebnisse der letzten 30 Jahre (u. a. Feuser & Meyer, 1987; Graumann, 2002; Scherer, 2018) zeigen, dass fachbezogene Lernumgebungen geschaffen werden müssen, die allen Kindern, und damit auch denen mit hohen Begabungen, mit geringen Deutschkenntnissen wie auch Kindern mit körperlichen und/oder geistigen Beeinträchtigungen, individuelle Lernerfolge ermöglichen.

Die Lehrkräfte und Schulleitungen in den integrativ arbeitenden Modellklassen (von Mitte der 1980er-Jahre bis zu den Inklusionserlassen) konnten erste Erfahrungen bezüglich des gemeinsamen Lernens machen und sie stellten fest, dass bestimmte Rahmenbedingungen gegeben sein müssen, wenn Integration von Kindern, die sich auf unterschiedlichen Lernniveaus befinden, gelingen soll. Diese Bedingungen umfassten die Einbeziehung sonderpädagogischer Kompetenzen in den Regelunterricht der Grundschule (sprich Team-Teaching von Grund- und Förderschullehrkräften), die Einbeziehung von sozialpädagogischen Kräften, kleine Klassen mit einer begrenzten Zahl an Kindern mit einem spezifischen Förderbedarf sowie eine inklusionsadäquate sächliche Ausstattung (u. a. behindertengerechte Räumlichkeiten, Ganztagsschulbetrieb).

Inklusion heute bedeutet im Gegensatz zur Integrationsidee damals, dass jede Regelschule jedes Kind unabhängig von einer Beeinträchtigung in körperlicher und/oder geistiger Hinsicht aufnehmen muss. Dass dem keineswegs so ist, wissen insbesondere die Eltern, die sich für eine inklusive Beschulung ihres Kindes entschieden haben. Die Schulen berufen sich heute sehr häufig auf eine ungenügende Ausstattung und eine unzureichende Personaldecke, um Schüler:innen mit einem Förderbedarf aufzunehmen und unterlaufen damit die Forderungen der Behindertenrechtskonvention. Der politische Wille zur Umsetzung schulischer Inklusion ist heute in der Gefahr ein Papiertiger zu sein, obgleich sich jedes Bundesland Inklusion gerne auf seine Fahnen schreibt. Inklusion kostet Geld und benötigt personelle Ressourcen. Das sind die Gründe, weshalb die Bundesländer schulische Inklusion derzeit eher ausbremsen als vorantreiben. Dies soll an dieser Stelle nur erwähnt und nicht weiter ausgeführt werden (dazu etwa Graumann, 2018).

Den Autoren ist durchaus bewusst, dass sich inklusiver Unterricht nicht durchgängig auf jeder Altersstufe und in Bezug auf jeden Unterrichtsinhalt verwirklichen lässt. Schulische Inklusion ist aus unserer Sicht nach wie vor eine Vision, die heute zwar punktuell, aber keinesfalls flächendeckend erfolgreich im Schulalltag umgesetzt wird. Hinz (2006) verglich den Zielbegriff „Inklusion" mit dem Nordstern, woraufhin Speck (2010, S. 125) schlussfolgerte, „dass der Stern nicht in die irdische Wirklichkeit herab zu holen ist, sondern dass er nur dann seinen

Orientierungszweck erfüllen kann, wenn er *über* der (gesellschaftlich) vielfältigen Wirklichkeit steht. Es wäre also irrig, zu versuchen, eine Idee in eine fixe reale Form bringen zu wollen."

Auch wenn das, was heute unter schulischer Inklusion verstanden wird, eher als eine unerfüllbare Vision gesehen werden muss, so sollten wir das Ziel einer Einbeziehung aller Schüler:innen in einen gemeinsamen Unterricht sowie die dafür erforderliche personelle und sächliche Ausstattung weiterhin verfolgen. In diesem Beitrag liegt der Fokus daher auf der didaktischen und unterrichtsmethodischen Gestaltung von inklusivem Unterricht. Die Anforderungen eines gelingenden inklusiven Unterrichts an die Lehrpersonen sind sehr hoch, können aber auch gewinnbringend für alle sein – für die Schüler:innen ebenso wie für die Lehrpersonen –, sofern die Rahmenbedingungen stimmen. Bewusst haben wir hier ein Beispiel aus einem Mathematikunterricht gewählt, das aus der Zeit der Integrativen Modellklassen stammt, da dieser Unterricht im Team von Regel- und Förderlehrkraft durchgeführt wurde und weitgehend optimale Bedingungen für eine erfolgreiche inklusive Unterrichtung gewährleistete. In jedem Fall sind es die gelungenen Unterrichtsbeispiele, die Lehrkräfte ermutigen können, sich auf inklusiven Unterricht einzulassen.

2 Methoden inklusiven Unterrichts

Bevor wir anhand eines Beispiels aus dem Mathematikunterricht in der Grundschule zeigen wollen, wie inklusiver Unterricht gelingen kann, gehen wir kurz auf die Unterrichtsmethoden ein, die besonders geeignet sind, Kinder trotz unterschiedlicher Herangehensweisen und Lernniveaus gemeinsam zu unterrichten.

Zwei in der Literatur seit Jahrzehnten kontrovers diskutierte Unterrichtsmethoden haben sich für das gemeinsame Lernen in heterogen zusammengesetzten Lerngruppen und Schulklassen als besonders geeignet erwiesen: Offener und projektorientierter Unterricht (u. a. Graumann, 2002; Scherer, 2008).

Offener Unterricht wurde im Laufe der Jahrzehnte zu einem nicht klar definierten Schlagwort in der Pädagogik. Häufig wird Offenheit missverstanden als „offen" in jeder Hinsicht. Offener Unterricht sollte jedoch nicht auf der Erscheinungsebene am Ausmaß der Führung durch die Lehrperson gemessen werden, sondern daran, in welchem Maße die Kinder die Möglichkeit haben, sich auf ihrem Lernniveau geistig und sozial zu entfalten. Selbstbestimmt lernen heißt nicht, ohne die Unterstützung und Hilfe von Pädagog:innen zu lernen. Die Lehrenden können sich im Offenen Unterricht weniger denn je aus der persönlichen Verantwortung stehlen. Im Gegenteil, sie müssen sich in einem weit höheren Maße als beim traditionellen

Frontalunterricht mit ihrer Persönlichkeit einbringen und sich den Kindern – unter Wahrung der professionell erforderlichen Distanz – zur Verfügung stellen. Und lehrerzentrierte Phasen sprechen aus unserer Sicht nicht gegen die Prinzipien eines offenen Unterrichts; lehrerzentrierter Unterricht muss nicht gleichbedeutend sein mit einem Unterricht, der Kreativität und flexibles Eingehen auf einzelne Kinder verhindert. Wenn die Lehrperson auf den Schüler „zentriert" ist, dann ist sie offen für das Kind und kann erkennen, was eben dieser Schüler oder diese Schülerin individuell benötigt. Zum Beispiel, können reflexive und sondierende Fragen wichtig sein, wenn sich Kinder selbstständig mit einer Aufgabe beschäftigen sollen. Für bestimmte Kinder kann ein lehrgangs- und lehrerzentriertes Vorgehen für eine bestimmte Zeit wichtig sein. Gerade der Offene Unterricht ermöglicht es, lehrgangszentrierte Lernphasen für genau die Kinder so lange durchzuführen, wie dies hilfreich ist. Die Frage wie selbstständig ein Kind einen Lehrgang durcharbeitet, kann nur individuell entschieden werden. Ein Kind kann sich möglicherweise einem Lerninhalt erst dann öffnen, wenn ein Lehrender es ein Stück des Weges dorthin geführt und geleitet hat. Hier zeigt sich wie wichtig die Zusammenarbeit von Regel- und Förderpädagogik ist, denn in der Förderpädagogik steht nicht in erster Linie das Weiterschreiten in der Stoffvermittlung im Vordergrund, sondern das Kind und sein individueller Ausgangspunkt zur Auffassung eines neuen Lerninhalts.

Man sollte wohl Hattie folgen, der schreibt: „Wir verbringen zu viel Zeit damit, über einzelne Methoden des Unterrichtens zu sprechen. […] Stattdessen sollten wir unsere Aufmerksamkeit auf den Effekt richten, den wir auf das Lernen der Schülerinnen und Schüler haben. […] Der einzig sinnvolle Ansatz für die Auswahl der Unterrichtsmethode ist, ihre Wirkung auf das Lernen aller Schülerinnen und Schüler als Ausgangspunkt zu nehmen." (Hattie, 2017, S. 94 f.). Wenn das den Lehrenden gelingt, dann haben sie unseres Erachtens Offenen Unterricht richtig verstanden.

Für *projektorientierten Unterricht* gilt dies ebenso. Projektorientierter Unterricht trägt der Vielfalt Rechnung, da er das gemeinsame Lernen an einem Gegenstand auf verschiedenen kognitiven Niveaustufen ermöglicht und ein Lernen in Kooperation der Schüler:innen untereinander und somit auch soziales Lernen fördert. Das „denkende und planvolle Handeln" nach Dewey (1964/1916) ist für jeden Lernenden unabhängig von seinen individuellen Voraussetzungen wichtig, um zur Selbsttätigkeit zu gelangen. In keiner Unterrichtsform gelingt es besser, jeden Schüler und jede Schülerin individuell zu seiner bzw. ihrer individuellen Weiterentwicklung auf der kognitiven, emotionalen und sozialen Ebene zu verhelfen. Das gilt für Schüler:innen mit einer Hochbegabung ebenso wie für Schüler:innen mit einem Förderbedarf.

Realisierung eines inklusiven Mathematikunterrichts in der Grundschule

Jonas, ein Schüler aus einer Integrationsklasse, in der unter den oben beschriebenen Rahmenbedingungen gearbeitet wurde, antwortet 25 Jahre nach Abschluss seiner Grundschulzeit auf die Frage, an was er sich spontan am besten erinnert wenn er an seine Grundschulzeit denkt: *„Besonders in Erinnerung sind mir die Projekte geblieben, weil sie so interessengeleitet waren und viel entdeckendes Lernen ermöglicht haben, was ich sehr genossen habe. So glaube ich mich an ein Projekt zum Thema Wasser erinnern zu können, bei dem wir eine Exkursion zu einem Teich oder Bach in der Nähe der Schule gemacht haben und dort Wasserproben genommen und untersucht haben. Daneben kann ich mich an eine sehr familiäre Atmosphäre erinnern, in der ich mich jederzeit gut aufgehoben gefühlt habe und die bei mir eine hohe Identifikation mit der Klassengemeinschaft erzeugt hat."* Jonas wurde Förderpädagoge und unterrichtet heute an einer inklusiven Schule. Seine damalige Grundschulklasse besuchten u. a. drei Kinder mit einem Down-Syndrom.

Das folgende Beispiel aus eben dieser Integrationsklasse zeigt die Bedeutung, die die gegenseitige Anregung in einer Lerngruppe für die Entwicklung *aller* Schüler:innen hat. Dies vor allem dann, wenn die kognitiven Ebenen, auf denen die Äquilibrationsprozesse (etwa Piaget, 1976) stattfinden, stark differieren.

Der hier beschriebene Unterricht fand in der oben bereits erwähnten Integrationsklasse im 3. Schuljahr statt, hat jedoch unseres Erachtens für eine Übertragung in eine heutige inklusive Klasse nichts an Aktualität verloren. Die integrative Klasse besuchten damals 25 Kinder, darunter fünf Kinder mit einem durch Gutachten festgestellten Förderbedarf: drei Kinder mit Down-Syndrom (David, Marc, Dominik), ein Kind mit einer Leukodystrophie (Ansgar) und ein Kind mit einer ausgeprägten Lernbehinderung (Julia). Zwei Lehrerinnen – eine Grundschullehrerin und eine Lehrerin mit sonderpädagogischer Ausbildung – sowie ein Zivildienstleistender arbeiteten als Team durchgehend in dieser Klasse.

Die Klasse befasst sich im 3. Schuljahr mit dem Thema Eskimo. An einem Vormittag beschäftigt sie sich mit den Fragen: Wann gefriert Wasser zu Eis, wie kalt ist unser Leitungswasser, bei welchen Temperaturen empfinden wir das Wasser warm, bei welchen kalt u. a. m.? Auf einem Tisch stehen mehrere Behälter mit Eis, Eiswasser, Leitungswasser, warmem Wasser. Mit einem Thermometer messen die Kinder die Temperatur und schreiben sie in Tabellen.

Marc, ein Junge mit einem Down-Syndrom, ist fasziniert. Er fasst mit seinen Händen in das Eiswasser, dann in das warme Wasser. Immer wieder taucht er seine Hände in die verschiedenen Behälter, immer wieder und mit großer Konzentration überprüft er die Wirkung, die die veränderten Temperaturen auf seine Haut haben. Eifrig teilt er den anderen, die längst wieder auf ihren Plätzen sitzen und die Temperatur aufschreiben, seine Beobachtungen mit, indem er z. B. ruft: „Is' kalt worden". Jonas, (s. oben), steht wieder auf – er ist neugierig geworden – steckt seine Hand ins Wasser. Er überprüft die Temperatur auf dem Thermometer und bestätigt Marcs Beobachtung. Marc schaut ihm zu und betrachtet interessiert das Thermometer. Jetzt wollen alle noch mal fühlen – durch die vielen Hände wird das Wasser natürlich wärmer. Auch das stellt Marc anschließend fest. Nun kommt Jonas auf eine Idee. Er möchte herausfinden, in welcher Weise sich Eiswasser schneller erwärmt: wenn Hände ins Wasser getaucht werden oder wenn es nur im warmen Raum steht. Er bereitet unter Mithilfe von Marc die entsprechenden Behälter für das Experiment vor.

Marc regt die anderen durch seine intensiven und konzentrierten Versuche an, diese mit einem Messinstrument zu überprüfen. Er selbst erfährt, dass seine sinnliche Erfahrung messbar ist und erschließt sich ein Stückchen Welt auf einem abstrakten Niveau. Er bekommt eine erste Vorstellung davon, wozu ein Thermometer gebraucht wird, auch wenn er diese Erfahrung noch nicht verbalisieren kann. Hat ihn zunächst vermutlich nur das Spiel mit dem Wasser gereizt, so wird dieses Spiel durch das Interesse der anderen Kinder und den Einsatz eines Messinstrumentes auf ein neues kognitives Niveau gehoben. Im Wechselspiel mit den anderen kann sich bei Marc – ohne dass er dafür Worte findet – ein erstes Interesse daran herausbilden, dass einfache Handlungen überprüfbar, messbar und systematisierbar sind, d. h. in Tabellen festgehalten werden können. Jonas dagegen wird von Marc dazu angeregt, nicht nur einem Messgerät zu vertrauen und allzu schnell auf die kognitive Ebene zu gehen, sondern seine eigene sinnliche Erfahrung bewusst wahrzunehmen und mit der Überprüfung durch ein objektives Messgerät zu verknüpfen. Er wird außerdem dazu angeregt, seine neuen Erkenntnisse in einer Tabelle festzuhalten, zu vergleichen und sich dabei die Frage zu stellen, woran es liegt, dass sich die Temperatur des Wassers verändert und in welcher Weise sie sich ändert.

Projektorientierter Unterricht erlaubt das individuelle „stufenweise Lernen" bzw. veranlasst die Lehrperson das Kind zur „Zone der nächsten Entwicklung" (Wygotski, 1971/1934) zu führen. Hattie greift diese Theorien heute wieder auf und schreibt, dass sich die Lehrperson der verschiedenen Stufen des Lernens bewusst sein muss „und insbesondere darüber, auf welcher Stufe sich jede Schülerin und jeder Schüler bei seinem Lernen befindet. Lernende auf der falschen Stufe zu unterrichten, ist nutzlos und bleibt ineffizient und ineffektiv" (Hattie, 2017, S. 112). Dabei müssen der Schüler:in oberhalb der aktuellen Stufe, auf die oder der er sich befindet, Lernmöglichkeiten angeboten werden, ausgehend vom vorausgehenden Lernniveau und den individuellen Informationsverarbeitungsstrategien. Nach Hattie müssen Lehrpersonen den Lernenden zeigen, dass sie verstehen, wie ihre Schüler:innen denken und wie deren Denken verbessert werden kann. „Dies erfordert, dass Lehrpersonen besondere Aufmerksamkeit darauf richten, wie Schülerinnen und Schüler Phänomene und Problemlösungssituationen definieren, beschreiben und interpretieren, damit sie deren einzigartige Perspektive zu verstehen beginnen." (ebd., S. 113). Es geht hier um die „adaptive Expertise" anstelle einer „routinierten Expertise". Wenn eine Lehrperson nur „routinemäßig" arbeitet, kann sie nicht mehr die einzelnen Schüler:innen berücksichtigen. „Dagegen hören adaptive Experten zu, wenn Lernen stattfindet". Nur so können sie an der richtigen Stelle eingreifen. „Lehrpersonen und Lernende als adaptive Experten sehen sich selbst als Evaluatoren, die sich grundsätzlich als Denker und Problemlöser betätigen." (ebd., S. 113).

Im Folgenden soll an dem Beispiel der Behandlung der Achsensymmetrie in eben diesem 3. Schuljahr gezeigt werden, welche Möglichkeiten es gibt, gemeinsamen Unterricht unter der Maßgabe einer offenen, individualisierten und projektorientierten Methode zu realisieren.

3 Beispiel für eine Unterrichtseinheit Achsensymmetrie

Der Geometrieunterricht und insbesondere das Themengebiet „Symmetrie" eignen sich besonders gut für die Arbeit in heterogenen Klassen, da der Bezug zum Realen offensichtlich ist, viele konkrete Handlungen ermöglicht und Inhalte auf verschiedenen Niveaus angesprochen werden können. Symmetrie ist eine grundlegende Idee, die in der Alltagswelt eine wichtige Rolle spielt. Viele Pflanzen und Tiere haben einen symmetrischen Körperbau, wobei die Symmetrie wahrscheinlich durch die Gleichheit bestimmter Richtungen entstanden ist (zum Beispiel Links-Rechts-Gleichheit bei gehenden oder fliegenden Tieren). Für manche Tiere ist Symmetrie auch bei der Partnersuche wichtig (z. B. finden Vögel, die aufgrund eines Unfalls keinen symmetrischen Körper haben, keinen Partner). Vielleicht hat unser ästhetisches Empfinden hierin seine Wurzeln. Ein Sinn für Symmetrie findet sich bereits bei sehr kleinen Kindern.

Neben der geometrischen Symmetrie finden wir in der Umwelt auch allgemeinere Formen von Symmetrie, die durch Prinzipien wie Gleichgewicht, Optimalität und Regelmäßigkeit gekennzeichnet werden können (u. a. Graumann, 2022, S. 51 ff.).

Die Unterrichtseinheit fand in fünf Doppelstunden statt, zusätzlich wurde eine Sport- und eine Musikstunde zur Übung eines Formationstanzes genutzt (Tab. 1).

Vorrangiges Ziel der Unterrichtseinheit war – neben der Stoffvermittlung – jedes Kind auf seinem Lernniveau und seinen geistigen Fähigkeiten abzuholen. Auf die Frage im Gesprächskreis, was den Kindern bezüglich Symmetrie einfällt,

Tab. 1 Übersicht über die Unterrichtseinheit

1. Doppelstunde	Einführung in das Thema über Klecksbilder und Faltübungen
2. Doppelstunde + Sportstunde	Balancieren auf einer Stange, die Symmetrie des Körpers und die Funktionalität bei Papierfliegern
3. Doppelstunde	Übungen zur Bestimmung von Symmetrieachsen und zum Vervollständigen symmetrischer Figuren. Parallel dazu Vertiefung der Körpersymmetrie und symmetrische Bewegungen zu Musik
4. Doppelstunde	Die Begriffe „Symmetrie", „Spiegelachse", „Faltachse" und verschiedene vertiefende Übungen zur Symmetrie
5. Doppelstunde + Musik- und Sportstunde	Verallgemeinerte Symmetrie in der Sprache und in Mathematik (Spiegelzahlen) sowie Einübung und Vorführung eines symmetrischen Tanzes

gestalteten die Kinder sogenannte „Klecksbilder". Diese Aufgabe konnten alle Kinder erfüllen, wobei Ansgar vom Zivildienstleistenden unterstützt wurde. Interessant war dabei, dass die Kinder mit Förderbedarf zuerst die anderen Kinder bei ihrem Tun beobachteten und danach ohne Hilfe durch die Lehrkräfte diese Aufgabe selbsttätig lösen konnten. Bei der „Deutung" der Klecksbilder im Gesprächskreis konnten sich wiederum alle Kinder beteiligen. Marc zählte seine Bilder, während Nadine einen „Teufel" auf ihrem Bild sah. Ansgar entdeckte einen „Zauberbaum" und David versuchte mehr mit Gesten als mit Worten zu erklären, dass auf seinem Bild ein „Schmetterling" zu sehen ist. Während dieser Diskussion wurde mehrmals erwähnt, dass die Figuren alle auf beiden Seiten des Falzes (der „Faltachse", wie die Lehrerin sagte) gleich sind. Anschließend konnten die Kinder ein Papier falten, beliebige Figuren ausschneiden und wieder entfalten. Als Hausaufgabe sollten sie in ihrer Umgebung nach solchen Formen Ausschau halten, die auf beiden Seiten einer Achse gleich sind.

Die Grundschullehrerin las in der zweiten Doppelstunde aus einem Buch vor, in dem ein Junge, der keine Arme hat, dennoch auf einer Eisbahn schlittern wollte. Daraufhin konstruierte ein Freund für ihn Flügel, damit er besser balancieren konnte. Diese Episode wurde genutzt, um über das Gleichgewicht unseres Körpers zu diskutieren und es führte dazu, dass alle Kinder in der Sporthalle und auf dem Schulhof auf einem Balken balancierten und sich die Bedeutung des Gleichgewichts durch unsere Körper-Symmetrie bewusst machten. Obgleich Ansgar, der im Rollstuhl saß, nicht balancieren konnte, wiegte er sich mit ausgebreiteten Armen von einer Seite auf die andere. Beim anschließenden Herstellen von Papierfliegern halfen sich die Kinder gegenseitig, auch als sie ihre Papierflieger auf dem Schulhof ausprobierten. Eine nahezu symmetrische Form der Papierflieger wurde dabei als wichtig festgestellt.

In der dritten Doppelstunde beschäftigten sich die Grundschüler:innen mit Arbeitsblättern, auf denen Symmetrieachsen gefunden und eingezeichnet werden sollten. Wenn sie unsicher waren, konnten sie das Papier falten, einen Spiegel benutzen oder mit dem Lineal arbeiten. Ansgar und Julia wurden vom Zivildienstleistenden unterstützt. David, Marc und Dominik lernten im Gruppenraum in dieser Zeit mit der Förderlehrerin die Symmetrie ihres Körpers bewusst wahrzunehmen. Sie legten sich auf große Papierbögen und zeichneten gegenseitig ihre Körperumrisse. Dabei war wichtig, dass sie jeweils formulierten, zwei Beine, zwei Arme und einen Kopf zu haben. Das große Blatt mit den Körperumrissen wurde gefaltet und die Kinder erkannten, dass ihre Körper nun nur noch halb zu sehen sind. Am Ende dieser Doppelstunde präsentierten Marc, David und Dominik ihr Produkt den anderen Kindern der Klasse. Die drei Papierkörper wurden an die Tafel geheftet und die Kinder erklärten den anderen, was sie gemacht haben, – auch dass ihr Körper nur halb ist, wenn sie ihn in der Mitte falten. Eines der leistungsstärksten Mädchen rief erfreut: „Das ist ja Achsensymmetrie"! Auch hier trugen die drei Kinder mit dem Förderschwerpunkt Geistige Entwicklung dazu bei, das Wissen aller zu vertiefen. Anschließend vertieften alle Kinder die bewusste Wahrnehmung der Symmetrie ihres Körpers, indem jedes Kind für sich symmetrische Bewegungen zu einer meditativen Musik macht.

In der vierten Doppelstunde wurden anhand von Anschauungsmaterial nochmals die Begriffe „Symmetrie", „Faltachse", „Spiegelachse" vertieft. Im Rahmen des „Tagesplans" gab es anschließend mehrere Aufgaben zum Thema Symmetrie (z. B. ein Text in Spiegelschrift, ein Buchstabenlabyrinth mit Symmetrie, ein Spiel mit symmetrischen Wörtern und ein symmetrisches Kreuzworträtsel in Partnerarbeit). Julia erhielt Aufgabenblätter mit vereinfachten Aufgaben und der Zivildienstleistende half Ansgar, während Marc, David und Dominik im Gruppenraum mit der Förderlehrkraft kleine Figuren aus Plastilin gestalteten und sich dabei ihrer *beiden* Beine und *beiden* Arme bewusst wurden.

In der fünften Doppelstunde wurden im Sitzkreis mit allen Kindern Wörter gesucht, die eine Symmetrieachse haben wie z. B. OTTO oder UHU. Bei der Besprechung des Wortes ANNA wurde die Verallgemeinerung der Symmetrie eingeführt. Es wurden Wörter wie „ELLE" oder „RETTER" gefunden, die vorwärts und rückwärts gelesen gleich sind. Einige Kinder kannten sogar einen Satz, der vorwärts und rückwärts gesprochen den gleichen Sinn ergibt. Des Weiteren wurde die Vertauschung zweier Substantive in einem Satz (z. B. „Sabine spielt Ball – Ball spielt Sabine" und „Hans schlägt Peter – Peter schlägt Hans") diskutiert und dabei festgestellt, dass sich manchmal der Sinn der Aussage verändert und manchmal nicht. Auch die Veränderung der Bedeutung durch die Vertauschung der beiden Wörter in einem Doppelwort (z. B. „Würfelspiel" – „Spielwürfel") wurde besprochen.

Anschließend suchten die Kinder nach Palindromen (Zahlen, die ihren Wert nicht ändern, wenn man sie rückwärts liest). Außerdem wurde der Fall besprochen, wann die Summe zweier Palindrome zu einem neuen Palindrom wird – nämlich dann, wenn die Summe in jeder Spalte kleiner als zehn ist. Auf diese Weise wurde auch die zuvor erlernte schriftliche Addition vertieft.

Ein symmetrischer Tanz schloss die Unterrichtseinheit ab. Ansgar wurde mit seinem Rollstuhl selbstverständlich ohne Aufforderung von einem Kind geschoben und Marc, David und Dominik wurden vor allem von den Mädchen fürsorglich an die Hand genommen.

4 Schlussbemerkung

Messen und Wiegen sowie der Umgang mit Geld, Kalender, der Uhr und mit alltäglichen Zeitmaßen sind ebenfalls gut für den projektorientierten gemeinsamen Unterricht geeignet. Den Autoren ist jedoch bewusst, dass es im Bereich der Arithmetik schwerer ist – wenn auch nicht unmöglich –, gemeinsame Themen zu finden.

Auch ist es in der Sekundarstufe schwieriger, insbesondere Mathematik so aufzubereiten, dass auch Schüler:innen mit dem Förderschwerpunkt Geistige Entwicklung einbezogen werden können (u. a. Graumann, 2018) – es gibt jedoch für Kinder mit einem Handicap, die zielgleich mitlernen können, zahlreiche Möglichkeiten sie auch in den Mathematikunterricht einzubeziehen (u. a. Scherer, 2008).

Erschwert wird die Umsetzung schulischer Inklusion – vor allem in Fächern wie Mathematik – dadurch, dass sich die Rahmenbedingungen „von Jahr zu Jahr verschlechtert haben" wie z. B. der Gesamtschullehrer Herr B. klagt, der seit Mitte der 1990er-Jahre Kinder mit unterschiedlichem Förderbedarf in einer Gesamtschule unterrichtet: „Es haben sich einfach über die Jahre die Arbeitsbedingungen nicht zu Lasten der Lehrer – das steht bei der Argumentation gar nicht im Vordergrund –, sondern wirklich zu Lasten der Kinder verschlechtert. Und da eine Gradwanderung hinzukriegen, in der Öffentlichkeit nicht als Verhinderer des Gedankens der Inklusion dazustehen, sondern wirklich glaubwürdig aus dem Interesse der Kinder, um die es geht, heraus zu argumentieren: Wir haben inzwischen Bedingungen, die eigentlich nur noch schädlich für die Kinder sein können – in diesem Dilemma stecken wir".

Die Schulleiterin einer inklusiven Grundschule dagegen betont einen anderen wichtigen Aspekt: „[…] das muss man auch ganz klar nochmal sagen, wichtiger ist die Haltung der Menschen, die in den Klassen arbeiten und nicht die personelle Ressource, denn ich kann ganz viele Personen in eine Schule geben und es kommt keine Inklusion dabei heraus. Ganz viel hat damit zu tun, dass die Menschen sich auf eine Haltung zu Kindern, auf eine Haltung zur Gesellschaft mit inklusiven Gedanken verständigen, das ist die Voraussetzung" (Graumann, 2018, S. 226 ff. und 206).

Auf dem Weg zu einer Gesellschaft, in der Diversität auch im schulischen Bereich selbstverständlich ist, sind wir in Deutschland in den letzten Jahrzehnten vergleichsweise weit gekommen. Doch dieser Weg ist weiterhin steinig und immer gefährdet wieder zu versanden. Nach wie vor muss daher darum gekämpft werden. Gelungene Unterrichtsbeispiele sollen dazu beitragen, die Lehrkräfte zum inklusiven Unterricht zu ermutigen.

Literatur

Dewey, J. (1964/1916). *Demokratie und Erziehung. Eine Einleitung in die philosophische Pädagogik*. Westermann. (Englische Originalausgabe 1916).
Feuser, G., & Meyer, H. (1987). *Integrativer Unterricht in der Grundschule. Ein Zwischenbericht*. Jarick Oberbiel.
Graumann, G. (2022). *Problemorientierter Geometrieunterricht – Problemfelder für den Geometrieunterricht der Schuljahre 5 bis 10*. WTM Verlag für wissenschaftliche Texte und Medien.
Graumann, O. (2002). *Gemeinsamer Unterricht in heterogenen Gruppen – Von lernbehindert bis hochbegabt*. Verlag Julius Klinkhardt. https://doi.org/10.25656/01:20010
Graumann, O. (2018). *Inklusion – eine unerfüllbare Vision? Eine kritische Bestandsaufnahme*. Verlag Barbara Budrich. https://doi.org/10.25656/01:25245
Hattie, J. (2017). *Lernen sichtbar machen für Lehrpersonen* (3., unveränd. Aufl.). Schneider Verlag Hohengehren.
Hinz, A. (2006). Kanada – ein ‚Nordstern' in Sachen Inklusion. In A. Platte, S. Seitz, & K. Terfloth (Hrsg.), *Inklusive Bildungsprozesse* (S. 149–158). Verlag Julius Klinkhardt.
Piaget, J. (1976). *Die Äquilibration der kognitiven Strukturen*. Klett.
Scherer, P. (2008). Mathematiklernen in heterogenen Gruppen – Möglichkeiten einer natürlichen Differenzierung. In H. Kieper, S. Miller, C. Palentien, & C. Rohlfs (Hrsg.), *Lernarrangements für heterogene Gruppen – Lernprozesse professionell gestalten* (S. 199–214). Verlag Julius Klinkhardt.
Scherer, P. (2018). Inklusiver Mathematikunterricht – Herausforderungen und Möglichkeiten im Zusammenspiel von Fachdidaktik und Sonderpädagogik. In A. Langner (Hrsg.), *Inklusion im Dialog: Fachdidaktik – Erziehungswissenschaft – Sonderpädagogik* (S. 56–73). Verlag Julius Klinkhardt.
Speck, O. (2010). *Schulische Inklusion aus heilpädagogischer Sicht. Rhetorik und Realität*. Reinhardt Verlag.
Wygotski, L. S. (1971/1934). *Denken und Sprechen*. Klett. (Russische Originalausgabe 1934).

Platonische Körper entdecken – Vielfältig Lernen im Lehr-Lern-Labor ‚Mathe-Spürnasen'

Merve Kaya, Christian Rütten
und Stephanie Weskamp-Kleine

1 Einleitung

Auf vielfältige Weise findet im Lehr-Lern-Labor ‚Mathe-Spürnasen' an der Universität Duisburg-Essen Lernen statt. Ausgangspunkt für dieses vielfältige Lernen sind im Rahmen eines Design-Research-Ansatzes (z. B. McKenney & Reeves, 2012; Prediger et al., 2012) entwickelte substanzielle Lernumgebungen (z. B. Rütten et al., 2018; Weskamp, 2019), welche nach Wittmann (z. B. 1998) zentrale Ziele, Inhalte und Prinzipien des Mathematikunterrichts repräsentieren und aufgrund ihrer inhaltlichen Ganzheitlichkeit, einer gewissen Flexibilität und Komplexität reichhaltige mathematische Aktivitäten bieten. Im Rahmen derartig gestalteter Lernumgebungen bauen Grundschülerinnen und -schüler zu unterschiedlichen mathematischen Themen inhalts- und prozessbezogenen Kompetenzen auf und aus (z. B. Rütten et al., 2018; Rütten & Scherer, 2019). In der fachlichen und fachdidaktischen Auseinandersetzung mit den entsprechenden Lernumgebungen sowie deren Durchführung und anschließender Reflexion professionalisieren sich Grundschullehramtsstudierende in den in das Lehr-Lern-Labor eingebundenen Lehrveranstaltungen (Del Piero et al., 2019). Unter besonderer Berücksichtigung der natürlichen Differenzierung sind die Lernumgebungen im Lehr-Lern-Labor so konzipiert, dass allen Schülerinnen und Schülern eine Auseinandersetzung mit einem

---

M. Kaya (✉) · C. Rütten · S. Weskamp-Kleine
Fakultät für Mathematik, Universität Duisburg-Essen, Essen, Deutschland
E-Mail: merve.kaya@uni-due.de; christian.ruetten@uni-due.de;
stephanie.weskamp@uni-due.de

© Der/die Autor(en), exklusiv lizenziert an Springer Fachmedien Wiesbaden
GmbH, ein Teil von Springer Nature 2024
B. Barzel et al. (Hrsg.), *Inklusives Lehren und Lernen von Mathematik*,
https://doi.org/10.1007/978-3-658-43964-4_10

gemeinsamen mathematischen Gegenstand ermöglicht und die damit verbundene Vielfältigkeit des Lernens für die Studierenden erfahrbar wird. Diese beiden Aspekte sollen exemplarisch an der substanziellen Lernumgebung ‚Platonische Körper' veranschaulicht werden. Dazu wird zunächst das Lehr-Lern-Labor ‚Mathe-Spürnasen' vorgestellt (Abschn. 2), die im Rahmen des Lehr-Lern-Labors genutzten methodischen Zugänge zur Rekonstruktion bzw. Ausdifferenzierung der Vielfältigkeit des Lernens erläutert (Abschn. 3) und schließlich die Realisierung natürlicher Differenzierung auf der Ebene der Grundschulkinder sowie die diesbezügliche Erfahrung der Studierenden aufgezeigt (Abschn. 4). Der Beitrag schließt mit einem Fazit und Perspektiven (Abschn. 5).

2 Das Lehr-Lern-Labor ‚Mathe-Spürnasen'

Das Lernen außerhalb des Klassenzimmers gehört spätestens seit der Aufklärung zu einer Standardforderung fortschrittlicher Pädagogik (Feige, 2006). Dieser Forderung verlieh nach der Zeit einer durch die Schule dominierten Bildung die Reformpädagogik in der ersten Hälfte des 20. Jahrhunderts erneut Nachdruck, um den Unterricht durch die unmittelbare Begegnung mit Objekten vor Ort „lebensvoller" zu gestalten (Burk & Schönknecht, 2008). Seit der durch die mittelmäßigen Ergebnisse bei internationalen Schulleistungsstudien ausgelösten Bildungsdiskussion wird die Bedeutung außerschulischer Lernorte auch in der Gegenwart deutlich hervorgehoben (Deinet & Derecik, 2016). Dabei wird besonders in den MINT-Fächern dem außerschulischen Lernen Potenzial hinsichtlich der Interessensförderung der Lernenden beigemessen. Unter dieser Perspektive entstanden in den letzten drei Jahrzehnten an Universitäten und Forschungsinstituten sogenannte Schülerlabore, welche sich mittlerweile als wirksame außerschulische Instrumente zur Förderung mathematisch-naturwissenschaftlicher Bildung etabliert haben (Euler, 2009, S. 33). Schülerlabore bieten dabei im Sinne konstruktivistischen Lernens eine „Umgebung, in der SchülerInnen überwiegend selbstbestimmt forschend tätig sein können" (Brüning, 2018, S. 115).

Das klassische Schülerlabor richtet sich mit eher lehrplanbezogenen Angeboten als ergänzendes Angebot zum regulären Unterricht mit dem Ziel der Breitenförderung an ganze Schulklassen (Brüning, 2018, S. 115). Als solche Angebote entstanden auf Initiative von Petra Scherer 2003 zunächst das ‚teutolab Mathematik' an der Universität Bielefeld (Rasfeld & Scherer, 2007a; Scherer & Rasfeld, 2010) und 2012 die ‚Mathe-Spürnasen' an der Universität Duisburg-Essen (Rütten et al., 2018). Im Schülerlabor ‚Mathe-Spürnasen' wurde zunächst in Anlehnung an eine Lernumgebung aus dem ‚teutolab Mathematik' ein Angebot zu den platonischen

Körpern entwickelt. Es folgten Lernumgebungen zu Fibonacci-Folge (z. B. Rütten et al., 2018), Würfel (z. B. Baltes et al., 2014), Pascal'schem Dreieck (z. B. Weskamp, 2019), Kreis (z. B. Hähn, 2020) und Quadrat (Hähn & Scherer, 2017). Mit einer dieser Lernumgebungen beschäftigen sich die Lernenden einer Schulklasse (i. d. R. 4. Schuljahr) an einem Vormittag im Schülerlabor, wobei drei Kleingruppen der Schulklasse an je zwei „Lernumgebungen innerhalb der Lernumgebung" arbeiten (Rütten et al., 2018). Die erste, in allen Kleingruppen identische Lernumgebung dient als Einführung in das jeweilige Thema. Danach folgen in den Kleingruppen unterschiedliche Vertiefungen.

Da das Angebot der ‚Mathe-Spürnasen' von ganzen Schulklassen, also heterogenen und zum Teil auch inklusiven Lerngruppen aufgesucht wird, ist ein zentrales Designprinzip aller Lernumgebungen die natürliche Differenzierung. Deren konstituierenden Merkmale sind ein gemeinsames, inhaltlich ganzheitliches und hinreichend komplexes Lernangebot für die gesamte Lerngruppe, bei dessen Bearbeitung die einzelnen Lernenden über Ansatzpunkte und Tiefe der Bearbeitung, die Verwendung von Hilfs- oder Arbeitsmitteln, Bearbeitungswege und deren Dokumentation bzw. Darstellung entscheiden und dennoch in den Austausch mit anderen treten können, um von- und miteinander zu lernen (Krauthausen & Scherer, 2014). Die unter Berücksichtigung dieser Merkmale entwickelten Lernumgebungen eröffnen demnach Einblicke in die Vielfältigkeit des Lernens von Schülerinnen und Schülern.

Diesbezüglich kann das Angebot der ‚Mathe-Spürnasen' die Praxisorientierung in der Lehrkräftebildung stärken und zielt somit im Sinne eines Lehr-Lehr-Labors neben der (Interessens-)Förderung von Schülerinnen und Schülern ebenfalls auf die Professionalisierung von Lehrkräften. Lehr-Lern-Labore als „relativ neue Veranstaltungsformen für die LehrerInnenaus- und -fortbildung" (Brüning, 2018, S. 140) verknüpfen nämlich die Bildung von Schülerinnen und Schülern mit der von (zukünftigen) Lehrkräften. Gemäß des Laborbegriffs steht dabei zunächst das forschende Lernen zu fachwissenschaftlichen Inhalten auf der Ebene sowohl der Schülerinnen und Schüler als auch der Studierenden im Zentrum der Lehr-Lern-Laborarbeit (Brüning, 2018, S. 137). In Vorbereitung auf ihren Einsatz im Labor vertiefen die Studierenden ihre fachwissenschaftlichen Kenntnisse und reichern diese in der gemeinsamen Arbeit mit den Schülerinnen und Schülern im Labor weiter an. Darüber hinaus können die am Lehr-Lern-Labor teilnehmenden Studierenden ihre Lehrkompetenzen in Laborsituationen mit Schülerinnen und Schülern erproben und in diesem Zusammenhang ebenso zu fachdidaktischen Inhalten forschend lernen (Brüning, 2018, S. 136). Dabei werfen die Praxiserfahrungen der Studierenden Fragen auf, die sie durch theoriegeleitete Reflexionen erneuter Praxiseinsätze zu beantworten suchen. Hierzu ist allerdings sowohl eine fachwissenschaftliche als auch fachdidaktische Begleitung der Studierenden im

Rahmen ihres Laboreinsatzes notwendig, die in begleitenden Seminaren oder im Zusammenhang mit Abschlussarbeiten in Einzelbetreuungen realisiert wird.

In der Lehrkräftebildung des Landes Nordrhein-Westfalen ist für die Lehramtsstudierenden aller Schulformen ein sogenanntes Berufsfeldpraktikum vorgesehen (LABG, 2022, § 12 Abs. 1 und 2), bei dem die Lernenden Vermittlungszusammenhänge und damit verbundene Lernprozesse außerhalb des Schulunterrichts in den Blick nehmen sollen. An der Universität Duisburg-Essen wird das Praktikum von den Fachdidaktiken angeboten und im Rahmen eines Seminars begleitet. Seit dem Wintersemester 2017/18 ist es pro Semester ca. zehn Studierenden des Grundschullehramts möglich, das Berufsfeldpraktikum bei den ‚Mathe-Spürnasen' zu absolvieren. In den ersten Jahren bestand das Praktikum vornehmlich aus Hospitationen. Seit dem Wintersemester 2021/22 führen die Praktikantinnen und Praktikanten die Experimentiervormittage mit den Grundschulkindern eigenständig durch, wobei vor dem Laboreinsatz der Studierenden die von den Projektmitgliedern entwickelten Lernumgebungen im Rahmen des Begleitseminars umfassend erarbeitet werden. Vorbereitend gehört zu dieser Erarbeitung sowohl eine vertiefte Auseinandersetzung mit den fachlichen und fachdidaktischen Grundlagen der jeweiligen Lernumgebungen als auch eine Reflexion von Videoaufzeichnungen früherer Lernumgebungsdurchführungen. Begleitend und nachbereitend werden zur Reflexion dieser videobasierten Einblicke sowie der selbst erlebten Praxis von den Studierenden sogenannte Erzählvignetten (Abschn. 3) verfasst und zur Lektüre den anderen Seminarteilnehmenden für den Austausch dargeboten. Zum Abschluss des Seminars verfassen die Studierenden einen Essay über einen Aspekt außerschulischen Lernens, wobei einige die in der natürlichen Differenzierung gründende Vielfältigkeit des Lernens bei den ‚Mathe-Spürnasen' fokussieren (Abschn. 4).

3 Methodische Zugänge

Um die Vielfältigkeit des Lernens im Lehr-Lern-Labor ‚Mathe-Spürnasen' forschend zu erkunden, werden unterschiedliche methodische Zugänge genutzt. Entwicklungsforschung hinsichtlich der Lernumgebungen findet dabei im Rahmen eines an das Dortmunder FUNKEN-Modell (Prediger et al., 2012) angelehnten Design-Research-Ansatzes innerhalb eines iterativen Forschungs- und Entwicklungszyklus durch die Projektmitglieder statt (Rütten et al., 2018). Ausgehend von der Spezifizierung und Strukturierung eines Lerngegenstandes erfolgt die theoriegeleitete (Weiter-)Entwicklung einer Lernumgebung sowie deren Erprobung bzw. Durchführung und anschließende Auswertung, die zur Weiterentwicklung lokaler Theorien beitragen (Prediger et al., 2012). Die theoriegeleitete (Weiter-)Entwicklung substanzieller Lernumgebungen und deren Erprobung fokussiert unter besonderer Berücksichtigung der natürlichen Differenzierung als zentralem Designprinzip lerngegenstandsbezogene Einsichten in Form lokaler Theorien über induzierte Lehr- und Lernprozesse (Gravemeijer & Cobb, 2006; Hußmann et al., 2013). Insbesondere kommt hierzu die Offenheit gegenüber den unterschiedlichen Vorgehensweisen der Lernenden in den Blick (Krauthausen & Scherer, 2014), wobei die Analyse der Lernprozesse von zentraler Bedeutung ist. So wird das Vorgehen der Schülerinnen und Schüler bei ihren Aufgabenbearbeitungen anhand von (teilweise transkribierten) Videodaten sowie Schülerdokumenten aus den Durchführungen mittels qualitativer Inhaltanalyse (Mayring, 2010) rekonstruiert. Dabei erfolgt die Analyse in der Regel als Zusammenfassung und induktiv-deduktive Kategorienbildung, welche ein Kategoriensystem liefert (Mayring, 2010), welches die Breite der unterschiedlichen Vorgehensweisen der Grundschulkinder und damit die Vielfältigkeit des Lernens aufzuzeigen versucht. Die Darstellung dieser Vielfalt erfolgt anhand von Ankerbeispielen, deren Gefüge sich als lokale Theorie auffassen lässt (Abschn. 4.2).

Neben diesem Zugang mittels qualitativer Inhaltsanalyse im Rahmen der (Weiter-)Entwicklung der Lernumgebungen wird das Lernen im Schülerlabor im Sinne forschenden Lernens im Berufsfeldpraktikums auch anhand von „phänomenologisch orientierten Vignetten" (z. B. Schratz et al., 2012) erkundet. Solche Vignetten versuchen prägnante Momente gelebter (Lern-)Erfahrung in erzählter, Anekdoten ähnlicher Form zu erfassen (Schratz et al., 2012), wobei diese ähnlich einer Lupe den Fokus auf im Unterrichtsgeschehen oft allzu flüchtige Situationen legen und dabei ein Innehalten im Moment ermöglichen (Agostini & Anderegg, 2021). Auch wenn Vignetten zeitnah zum Erleben verfasst werden und das Erlebte gleich einem Schnappschuss festzuhalten versuchen (Schratz et al., 2012), erheben sie nicht den Anspruch eine Situation wirklichkeitsgetreu wiederzugeben, sondern versuchen vielmehr den Eindruck, den ein Ereignis hinterlassen hat, zu verkörpern. Dabei lässt die Vignette einen allgemeinen Sinn der konkreten Situation aufleuchten, sodass aus ihr für andere Erfahrungssituationen etwas gelernt werden kann (Agostini & Anderegg, 2021). Dadurch eignen sich Erzählvignetten, um Studierende über das von ihnen in der Praxis Erlebte in den Austausch zu bringen, zu dessen Reflexion anzuregen und auf diese Weise zur geteilten Erfahrung zu werden. Dies geschieht im Begleitseminar zum Berufsfeldpraktikum im Rahmen sogenannter Vignettenlektüren (z. B. Schratz et al., 2012; Agostini & Anderegg, 2021). Entsprechende Lektüren stellen keine Analysen, Interpretationen oder Deutungen der Vignetten dar, sondern wollen die Fülle und Reichhaltigkeit von Erfahrung, die sich in den Vignetten zeigt, ausdifferenzieren (Schratz et al., 2012). Durch den

Erfahrungsreichtum der Vignette ereignet sich bei deren Lektüre ein intersubjektiver Erfahrungsvollzug (Agostini & Anderegg, 2021). So kann die gemeinsame Lektüre von Vignetten bei den Studierenden Lernen anstoßen und Fragen aufwerfen, die eine Reflexion und Handlungserweiterung ermöglichen (Agostini & Anderegg, 2021). Im Begleitseminar geht der Vignettenlektüre die eigene Vignettenproduktion voraus. Dabei geht es darum den Spuren des Durchlebten, Erfahrenen, Wahrgenommenen, Gespürten, Gehörten und Mit-Gefühlten in sinnlicher Fülle ‚prägnant' zum Ausdruck zu verhelfen (Schratz et al., 2012). Dies impliziert eine verstärkte Wahrnehmungsschulung und die Heranbildung einer wahrnehmungssensiblen Haltung (Agostini & Anderegg, 2021). Folglich kann nicht nur die Vignettenlektüre, sondern bereits deren Produktion zur Professionalisierung von (zukünftigen) Lehrkräften beitragen. Im Begleitseminar wird daher neben der ausdifferenzierenden Lektüre auch dem Schreiben von Vignetten Raum gegeben. So verfassen die Studierenden zu von ihnen hinsichtlich außerschulischen Lernens als prägnant empfundenen Situationen aus den Lernumgebungsdurchführungen Vignetten, die anschließend in gemeinsamen Vignettenlektüren im Seminar als Reflexionsanlässe dienen. Dabei wird unter anderem auch die von einzelnen Studierenden im Lehr-Lern-Labor erlebte natürliche Differenzierung intersubjektiv erfahrbar. Voraussetzung für entsprechende Vignettenlektüren sind die zuvor entfalteten fachlichen und fachdidaktischen Kenntnisse zur jeweiligen Lernumgebung (Abschn. 4.3).

4 Lernen anhand der Lernumgebung ‚Platonische Körper'

Über die unterschiedlichen methodischen Zugänge lässt sich die Vielfältigkeit des Lernens im Lehr-Lern-Labor exemplarisch anhand der Lernumgebung ‚Platonische Körper' entfalten. Dabei zeigt bereits der Blick auf die Bearbeitung einer Teilaufgabe aus einer der Vertiefungen, in welch vielfältiger Weise sich Lernen ereignet, in unterschiedlichen Vorgehensweisen ausdifferenziert und zukünftige Lehrkräfte hinsichtlich ihrer eigenen Professionalisierung anregt.

4.1 Aufbau der Lernumgebung

Entsprechend der Idee ‚Lernumgebungen innerhalb einer Lernumgebung' (Abschn. 2; Rütten et al., 2018) besteht die Lernumgebung ‚Platonische Körper' aus einer Einführung, in der die Lernenden die Eigenschaften platonischer Körper erkunden und auf dieser Grundlage die fünf platonischen Körper entdecken (auch Rasfeld & Scherer, 2007a), sowie drei Vertiefungen (‚Kristalle', ‚Verflixte Eins' und ‚Euler'scher Polyedersatz'). Um die platonischen Körper hinsichtlich ihrer Eigenschaften von nicht-platonischen Körpern abzugrenzen (Rasfeld & Scherer, 2007a), vergleichen die Schülerinnen und Schüler in der Einführungseinheit zunächst Plexiglasmodelle von Ikosaeder und Kuboktaeder. Dabei erfahren die Grundschulkinder, dass es sich bei einem platonischen Körper um ein konvexes Polyeder handelt, bei dem alle Flächen als zueinander kongruente, regelmäßige Vielecke identifiziert werden können und jede Ecke des Polyeders aus einer identischen Anzahl an Vielecken gebildet wird (Helmerich & Lengnink, 2016; Benölken et al., 2018). Nachdem die Eigenschaften platonischer Körper geklärt wurden, sollen alle möglichen platonischen Körper mit POLYDRON®-Material in Form von regelmäßigen Dreiecken, Vierecken und Fünfecken gebaut werden (Beutelspacher, 2017). In der sich anschließenden Reflexion erfolgt die gemeinsame Überprüfung, ob alle platonischen Körper gefunden wurden. Dabei soll unter anderem mit Hilfe von regelmäßigen Sechsecken begründet werden, warum es keine weiteren Körper geben kann. Zudem werden deren Bezeichnungen geklärt (z. B. Tetraeder als ‚Vierflächner' von griech. τέτρα = vier und ἕδρα = Seitenfläche) und historische Bezüge zu Platon (427–347 v. Chr.) aufgezeigt.

In der Vertiefung ‚Kristalle' unternehmen die Grundschulkinder im Sinne der mathematischen Grundidee „Formen in der Umwelt" (Wittmann, 1999; Krauthausen, 2018, S. 115 ff.) erste Erkundungen zu geometrischen Eigenschaften von Kristallen, indem ausgewählte Kristalle auf Gemeinsamkeiten bzw. Unterschiede hinsichtlich der platonischen Körper untersucht werden.

Eine Verknüpfung der geometrischen und stochastischen Eigenschaften der platonischen Körper wird in der weiteren Vertiefung ‚Verflixte Eins' angebahnt, indem die Lernenden die platonischen Körper als Zufallsgeneratoren erforschen.

Die Vertiefung ‚Euler'scher Polyedersatz' (auch Rasfeld & Scherer, 2007a) bietet Möglichkeiten zum Entdecken von Zusammenhängen der platonischen Körper untereinander hinsichtlich der Anzahlen ihrer Ecken, Flächen und Kanten. Hierzu erhalten die Lernenden eine vorgefertigte Tabelle, bei der – anders als in Abb. 1 – die Anzahlen der Ecken, Kanten und Flächen noch zu bestimmen sind. Das Bestimmen der Anzahlen kann dabei im Sinne der Offenheit als zentrales Merkmal der natürlichen Differenzierung (Krauthausen & Scherer, 2014) auf unterschiedliche Weise erfolgen (Abschn. 4.2; auch Rasfeld & Scherer, 2007a). Insgesamt soll jedoch ein systematisches Zählen angebahnt werden, wobei geometrische Eigenschaften der platonischen Körper erkannt und genutzt werden können. Möglicherweise ist die Anzahl der Flächen den Schülerinnen und Schülern noch aus der Einführung bekannt. Diese Erkenntnis könnte im Sinne der zentralen Idee der Kombi-

Körper	Name	Anzahl der Ecken	Anzahl der Flächen	Anzahl der Kanten
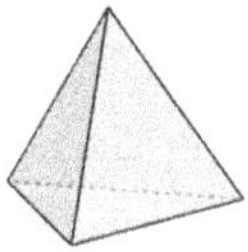	Tetraeder	4	4	6
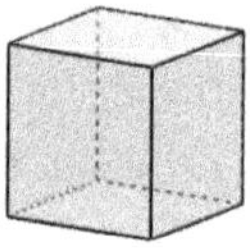	Hexaeder	8	6	12
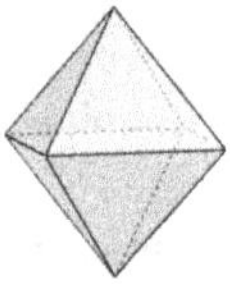	Oktaeder	6	8	12
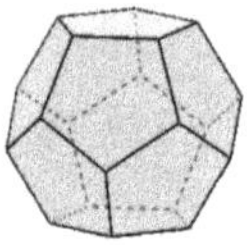	Dodekaeder	20	12	30
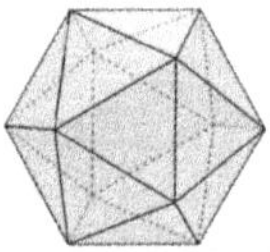	Ikosaeder	12	20	30

Abb. 1 Ausgefülltes Arbeitsblatt zu den Ecken, Flächen und Kanten der platonischen Körper. (Körperabbildungen erstellt mit © GeoGebra)

natorik ‚Mehrfachzählungen korrigieren' genutzt werden, um die Anzahl der Ecken zu bestimmen (Rütten & Weskamp-Kleine, voraussichtlich 2025). Da z. B. beim Dodekaeder an einer Ecke jeweils drei Fünfecke zusammentreffen, kann die Eckenanzahl mit $(12 \cdot 5) : 3 = 20$ bestimmt werden. Dabei werden mehrfach gezählte Ecken herausgerechnet (z. B. Prediger & Beutelspacher, 2006). Ausgehend von der Anzahl der Flächen kann entsprechend auch die Anzahl der Kanten eines Dodekaeders bestimmt werden. Da jedes Fünfeck fünf Seiten aufweist und eine Kante aus zwei aneinandergrenzenden Flächen entsteht, sind insgesamt

(12 · 5) : 2 = 30 Kanten zu identifizieren. In analoger Weise lassen sich diese Überlegungen auf die übrigen vier platonischen Körper übertragen, sodass die Lernenden nach der Arbeitsphase die ausgefüllte Tabelle gemeinsam betrachten können (Abb. 1).

Im Sinne der Ganzheitlichkeit des Lernangebots erkunden die Lernenden anhand der Tabelle Zusammenhänge zwischen den Anzahlen der Ecken, Flächen und Kanten der platonischen Körper. Dabei begegnen sie einerseits der Dualität von Hexaeder und Oktaeder, Dodekaeder und Ikosaeder sowie des Tetraeders mit sich selbst (z. B. Helmerich & Lengnink, 2016, S. 92 f.), welche mit Hilfe von Kantenmodellen veranschaulicht wird. Andersteits entdecken die Lernenden den Euler'schen Polyedersatz beispielsweise in folgender Form: *Ecken + Flächen – 2 = Kanten*. Optional kann am Ende der Vertiefung die Gültigkeit der entdeckten Gesetzmäßigkeit an weiteren Köpern (z. B. quadratische Pyramide, Kuboktaeder, Würfel mit einem Loch) überprüft und so herausgefunden werden, dass diese Gesetzmäßigkeit nur für konvexe Polyeder gilt.

4.2 Lernprozesse bei den Grundschulkindern

Dem Erkunden der Zusammenhänge zwischen den Anzahlen der Ecken, Flächen und Kanten innerhalb der Lernumgebung ‚Euler'scher Polyedersatz' gehen notwendiger Weise Zählaktivitäten voraus. Das Zählen bei Dodekaeder und Ikosaeder erscheint in diesem Zusammenhang besonders herausfordernd. Dabei lassen sich unterschiedliche Vorgehensweisen der Lernenden rekonstruieren. Zur entsprechenden Rekonstruktion im Rahmen der Entwicklungsforschung durch die Projektmitglieder werden Videos von unterschiedlichen Experimentiervormittagen analysiert und in einem Prozess induktiv-deduktiver Kategorienbildung Zählstrategien mit Ankerbeispielen herausgearbeitet. Das Gefüge der so rekonstruierten Strategien lässt sich als lokale Theorie auffassen.

Einige Lernende zählen die Ecken, Flächen und Kanten der platonischen Körper unstrukturiert Stück-für-Stück (auch Rasfeld & Scherer, 2007a). Dabei markieren sie beispielsweise eine Ecke mit einem Finger der einen Hand und tippen mit einem Finger der anderen Hand die Ecken nach und nach an. Leicht werden bei diesem Vorgehen besonders bei Dodekaeder und Ikosaeder Ecken ausgelassen oder mehrfach gezählt. Oft werden entsprechende Zählfehler von den Lernenden bemerkt und der Zählvorgang wiederholt. In einigen Fällen wird dieser abgebrochen und an einem anderen Körper werden Ecken, Flächen und Kanten gezählt. Ein mühsames und unübersichtliches Stück-für-Stück-Zählen motiviert die Anwendung ökonomischer Zählstrategien, wobei eine vorhandene Struktur des zu zählenden Bereichs genutzt und geeignete Strukturierungen vorgenommen werden (Müller & Wittmann, 1984, S. 219). Dieses strukturnutzende bzw. strukturierende systematische Zählen lässt sich bei einigen Kindern besonders beim Zählen an Dodekaeder und Ikosaeder rekonstruieren. Beispielsweise nutzt der Schüler Dennis die Farben des aus unterschiedlich gefärbten POLYDRON®-Elementen zusammengesetzten Ikosaeder-Modells zur Strukturierung des Zählens:

„Beim Zählen hab ich noch etwas herausgefunden. Hier ist was Rotes, das merk' ich mir [*zeigt auf die rote Fläche des Ikosaeders*]. Und dann bis ich alle habe."

Der Schüler bestimmt so nacheinander die Anzahl der Flächen jeder Farbe und addiert anschließend die einzelnen Anzahlen. Er zerlegt damit die Menge der Ikosaeder-Flächen entsprechend ihrer Färbung in Teilmengen. Dieses Vorgehen kann als systematisches Zählen nach der „Regel des getrennten Abzählens" (Hefendehl-Hebeker & Törner, 1984, S. 252) betrachtet werden. Die entsprechende Regel besagt, dass die Mächtigkeit einer Menge bestimmt werden kann, indem diese systematisch in disjunkte Teilmengen zerlegt wird und die Anzahlen der Elemente der jeweiligen Teilmengen addiert werden (Höveler, 2014).

Eine weitere Struktur, die die Lernenden zum Zählen der Flächen des Ikosaeders nutzen, sind fünf an einer Ecke aneinanderstoßende Dreiecksflächen. Steht das Ikosaeder-Modell auf einer Ecke, so findet sich oben und unten eine solche Anordnung. Darauf weist Dennis hin:

„Ich weiß nicht, wie ich es erklären soll. Ich hab' das auch so gemacht. So. Eins, zwei, drei, vier, fünf (…) Flächen [*zeigt nacheinander auf die fünf Dreiecksflächen im oberen Teil des auf einer Ecke stehenden Ikosaeder-Modells*]. Und hier unten [*zeigt auf den unteren Teil des Ikosaeders*] da muss auch so sein. Hier aber hier waren dann noch welche übrig. Die hab ich dann einfach gezählt."

Die übrigen zehn Dreiecksflächen werden von Dennis ohne Nutzung einer Struktur Stück-für-Stück gezählt. Ähnlich wie Dennis die Flächenanzahl des Ikosaeders bestimmt, zählt auch Anton die Ecken des Dodekaeders entsprechend der Strategie „Zählen unter Beachtung der Symmetrien" (Rasfeld & Scherer, 2007a, S. 44). Anton zählt zunächst die oberen zehn Ecken des von ihm in der Hand gehaltenen Dodekaeders. Dieses Ergebnis hält er schriftlich auf dem Arbeitsblatt fest. Vermutlich die Kongruenz von Teilkörpern nutzend notiert er, ohne vorher nachzuzählen, eine weitere „10" auf dem Arbeitsblatt. Schließlich trägt er „20" als Gesamtanzahl der Dodekaederecken in die Tabelle ein und beschreibt seine Strategie in der gemeinsamen Reflexion wie folgt:

„Ich hab' das eigentlich so auf dem Blatt gemacht. Ich hab' da so von oben drauf geguckt [*zeigt auf das Dodekaeder*]. Dann hab' ich die Ecken gezählt, das waren zehn. Dann hab' ich mir dann die Rückseite vorgestellt und hab das so ausgerechnet."

Ähnlich geht auch die Schülerin Clara vor. Im Gegensatz zu Anton multipliziert sie die zuerst gezählte Eckenzahl mit zwei und beschreibt ihr Vorgehen folgendermaßen:

„Wir haben jetzt, hier haben wir die Ecken dann gezählt [*zeigt auf den oberen Teil des Dodekaeders*] und dann wussten wir das unten genau dasselbe ist und dann haben wir das mal zwei dann gerechnet."

Diese von Anton und Clara sowie zum Teil von Dennis genutzte Zählstrategie lässt sich als ein Spezialfall des Zählens nach der Regel des getrennten Abzählens auffassen. Beim Zählen der Ecken zerlegen Anton und Clara den Körper gedanklich in zwei kongruente Teilkörper (Rasfeld & Scherer, 2007b) und schließen von der bei einem der beiden Teilkörper bestimmten Anzahl der Ecken auf die Gesamtanzahl. In diesem besonderen Fall entstehen durch die entsprechende Zerlegung gleichmächtige Eckenmengen, sodass sich – entsprechend dem Vorgehen von Clara – die Gesamtanzahl auch multiplikativ bestimmen lässt.

Zur Anzahlbestimmung der Ecken des Ikosaeders wird dieser analog zum Dodekaeder zerlegt. Neben diesem systematischen Zählen nach der Regel des getrennten Abzählens zeigt sich ein weiteres Nutzen der geometrischen Strukturen zur Anzahlbestimmung.

So versucht Schüler Anton unzufrieden mit der oben beschriebenen Zählstrategie die Kanten des Ikosaeders über die bereits bekannte Anzahl der Ecken zu bestimmen. Er nutzt damit die Kongruenz der Ecken als zählerleichternde Struktur:

„Das kann man irgendwie ausrechnen. Es gibt zwölf Ecken und an jeder Ecke gibt es fünf Kanten."

Folglich rechnet Anton $12 \cdot 5$ und bestimmt die Anzahl der Kanten des Ikosaeders mit 60. Dabei hat er übersehen, dass jede Kante an zwei Ecken mit anderen Kanten zusammenstößt. Er zählt somit jede Kante doppelt. Hier wäre das sogenannte „Prinzip der Schäfer" (Hefendehl-Hebeker & Törner, 1984, S. 253) beim Zählen anzuwenden und die Anzahl der Mehrfachzählungen zu korrigieren (Rütten & Weskamp, voraussichtlich 2025). Bearbeitungen von Grundschulkindern, die ein Vorgehen nach dem Prinzip der Schäfer selbstständig entwickeln, finden sich in den Videodaten allerdings nicht. Dass die Mehrfachzählungen von den Kindern meist übersehen werden, beobachten auch Rasfeld und Scherer (2007a) im ‚teutolab Mathematik'. Prediger und Beutelspacher (2006) berichten allerdings, wie ein Schüler der sechsten Klasse beim Zählen der Sechsecke beim Fußball selbstständig eine entsprechende Zählstrategie entwickelt. Diese Strategie wird bei den ‚Mathe-Spürnasen' im Rahmen der Vertiefung ‚Euler'scher Polyedersatz' gegebenenfalls mit den Lernenden im Austausch über ihre Vorgehensweisen beim Zählen erarbeitet.

Das Vorgehen der Grundschulkinder beim Zählen der Ecken, Flächen und Kanten im Rahmen der Erarbeitung des Euler'schen Polyedersatzes zeigt sich als vielgestaltig. Die unterschiedlichen Strategien der Lernenden lassen eine natürliche Differenzierung bei der Aufgabenbearbeitung erkennen. Große Anzahlen scheinen dabei besonders ein systematisches Vorgehen zu motivieren. Die zum Zählen genutzten Strukturen können dabei einerseits – wie bei Dennis die Farbe der Flächen – aus den Strukturen der Repräsentation des Körpers, d. h. den Strukturen des konkreten Modells hervorgehen. Andererseits nutzen einige Lernende weitgehend modellunabhängig die geometrischen Eigenschaften des Körpers selbst, wobei diese – wie im Folgenden gezeigt wird – anhand der unterschiedlichen Repräsentationen (Plexiglasmodell oder POLYDRON®-Modell) aus Sicht der Lernenden zum Teil unterschiedlich gut erkennbar scheinen. Die Repräsentation, an der gezählt wird, erweist sich somit für manche Lernende als bedeutsam, wie auch die im Folgenden vorzustellende Erzählvignette der Studierenden aus dem Berufsfeldpraktikum zeigt.

4.3 Professionalisierung von Studierenden

Im Sommersemester 2022 wurde die Lernumgebung ‚Platonische Körper' im Rahmen des Berufsfeldpraktikums thematisiert und von den Praktikantinnen und Praktikanten im Rahmen der ‚Mathe-Spürnasen' mit Grundschulkindern selbst durchgeführt. Die Studierenden wurden dabei u. a. auf die Durchführung der Einführung und der Vertiefung zum Euler'schen Polyedersatz vorbereitet, indem die entsprechenden Lernumgebungen innerhalb der Lernumgebung im Begleitseminar zum Praktikum simuliert wurden, wobei sich die Studierenden angeleitet durch die Seminarleitung als Lernende mit den Inhalten der entsprechenden Lernumgebung auseinandersetzten. Bei der Bearbeitung der Lernumgebung ‚Euler'scher Polyedersatz' leiteten die Studierenden die Flächenanzahlen aus den Namen der Körper ab. Beim Zählen der Kanten und Ecken zählten sie diese entweder vollständig mit den Fingern oder nutzen nach teilweisem Abzählen mit dem Finger – ähnlich wie die Grundschulkinder (Abschn. 4.2) – Kongruenzen. Das strategische Abzählen der Ecken und Kanten auf Grundlage der bekannten Flächenanzahl nach dem Prinzip der Schäfer (Abschn. 4.2) wurde erst anschließend mit den Studierenden im Seminar gemeinsam erarbeitet. In einer Selbststudienphase schauten die Studierenden Videoaufzeichnungen von früheren Durchführungen. Sowohl zu diesen Videos als auch später zu den von den Praktikantinnen und Praktikanten durchgeführten Vertiefungen wurden von diesen Erzählvignetten zu hinsichtlich des Lernens am außerschulischen Lernort besonders prägnanten Situationen erstellt. Eine Studierende (4. Semester) nimmt dabei in ihrer Erzählvignette das Vorgehen beim Zählen der Ecken, Flächen und Kanten des Ikosaeders besonders in den Blick:

„Die Lernenden zählen die Ecken, Flächen und Kanten der platonischen Körper. Eine Gruppe aus drei Mädchen zählt die Kanten des Ikosaeders. Dabei haben sie den selbstgebauten Körper aus ‚Klickteilen' in der Hand. Ein Mädchen mit dem roten Pulli fragt, ob sie den durchsichtigen Ikosaeder haben kann. ‚Man kann da besser zählen, da die Formen einheitlich sind und gleich aussehen', erklärt das Mädchen. Ein Junge, der den durchsichtigen Ikosaeder hatte, bietet ihr an zu tauschen. ‚Tauschst du wirklich mit mir? Das ist doch besser?', fragt sie ihn. ‚Ja, der bunte ist für mich sowieso besser', antwortet er ihr, und sie tauschen die Ikosaeder gegeneinander aus. Die Mädchen zählen folglich mit dem durchsichtigen Körper weiter und nutzen dabei die Symmetrie zum Zählen. Sie erklären, dass so die Farben und Unebenheiten der Teile nicht ablenken und sie einfach eine Seite des Körpers zählen und mal zwei rechnen können. Der Junge erklärt später seine Vorgehensweise mit dem selbstgebauten Ikosaeder. ‚Hier ist rot, also zähle ich einmal um den Körper herum bis wieder rot zu sehen ist. Das mache ich auf der anderen Seite nochmal', erklärt er sein Vorgehen. Dies funktionierte, da auf jeder Seite des Ikosaeders nur eine rote Fläche verbaut wurde."

Die Vignette zeigt, wie die Lernenden das zur Verfügung gestellte Material auf unterschiedliche Weise nutzen. Dabei scheinen auch die von ihnen genutzten Zählstrategien auf. Die Mädchengruppe, die zunächst mit dem POLYDRON®-Modell arbeitet und die Kanten des Ikosaeders zählt, tauscht dieses gegen das entsprechende Plexiglas-Modell. Erstaunlich ist die Begründung einer Schülerin: „Man kann da besser zählen, da die Formen einheitlich sind und gleich aussehen". Gewöhnlich ist das Zählen von deutlich voneinander zu unterscheidenden Objekten einfacher. Die Begründung deutet allerdings vielleicht schon in Richtung der von den Mädchen genutzten Strategie. Sie nutzen Kongruenzen, die – so legt es die Vignette nahe – durch den „durchsichtigen Köper" leichter erkennbar sind. Die Kinder dagegen, die von der Mädchengruppe das POLYDRON®-Modell des Ikosaeders erhalten, nutzen zum Zählen der Flächen eine spezielle Eigenschaft des Modells, die nur auf jeder „Seite" des Ikosaeders je einmal verbaute rote Fläche. Dabei wird unter „Seite" hier vermutlich das halbierte Ikosaeder verstanden. In der Vignette wird durch die Studierende damit deutlich gezeigt, dass Lernende verschiedene Materialen und mit diesen verbunden unterschiedliche Strategien beim Zählen nutzen, die zumindest ansatzweise aus der Vignette zu rekonstruieren sind.

Die Auswahl dieser Szene als prägnant macht deutlich, dass die Studierende eine Sensibilität hinsichtlich der Bedeutung von Heterogenität bezüglich des Lernens besitzt und die sich in der Lernumgebung realisierende natürliche Differenzierung zumindest implizit wahrnimmt.

Eine andere Studierende greift im Sinne einer Vignettenlektüre die vorgestellte Szene in ihrem das Berufsfeldpraktikum abschließenden Essay auf und macht dabei den Bezug zur Heterogenität im Lernprozess deutlich. Die Studierende fokussiert in ihrem Essay auf Möglichkeiten und Grenzen natürlicher Differenzierung beim außerschulischen Mathematiklernen. Als Beispiel für eine entsprechende Differenzierung führt sie die in der Erzählvignette dargestellte Szene an. Dabei macht sie zunächst deutlich, dass auch sie unterschiedliche Strategien bei den Lernenden anhand der Vignette rekonstruiert und stellt heraus, dass sich natürliche Differenzierung sowohl aus der Aufgabenstellung als auch dem zur Verfügung stehenden Material ergeben hat:

> „Leistungsstärkere Kinder konnten die Symmetrien innerhalb der platonischen Körper nutzen, um durch systematisches Zählen auf die korrekte Anzahl zu kommen. Diese Kinder konnten besser mit den Plexiglasmodellen arbeiten. Andere Kinder wollten gerne die selbst gebastelten Modelle haben und versuchten durch die Orientierung anhand der Farben alle Flächen zu zählen" (Frank, 2022)

Die Studierende interpretiert das Vorgehen der Mädchengruppe im Vergleich zu der Gruppe der Kinder, die am POLYDRON®-Modell gezählt haben, als leistungsstärker. Somit nimmt sie eine Einschätzung der unterschiedlichen Strategien hinsichtlich des Lernprozesses vor. Auch diese Studierende lässt in ihren Ausführungen eine Sensibilität für die Heterogenität der Lernenden und der daraus resultierenden Unterschiedlichkeit der Lernprozesse erkennen.

Die Beispiele zeigen, wie Studierende die Einbindung der ‚Mathe-Spürnasen' in die Lehrkräftebildung nutzen, um sich hinsichtlich des Umgangs mit Heterogenität zu professionalisieren. Im Vergleich zu den unter 4.2 vorgestellten Zählstrategien der Lernenden mag die Wahrnehmung der Studierenden noch etwas undifferenziert erscheinen. Allerdings erfolgt die Reflexion der Studierenden hinsichtlich der Heterogenität lediglich auf der Grundlage einiger weniger Videos von Durchführungen und ihrer Erfahrungen aus den eigenen Durchführungen. Diese können sicher kaum den Anspruch der Sättigung bezüglich der Stichprobe erfüllen und werden somit auch kaum das Spektrum möglicher Zählstrategien aufspannen. Dies wird vielmehr durch den gemeinsamen durch lokale Theorien angereicherten Austausch (z. B. durch Rückgriff auf die in 4.2 vorgestellten Erkenntnisse) im Begleitseminar geleistet, sodass den Studierenden auf diese Weise eine noch differenziertere Wahrnehmung der Heterogenität der Lernenden ermöglicht wird.

5   Fazit und Ausblick

Wie dargestellt werden im Lehr-Lern-Labor ‚Mathe-Spürnasen' durch die Lernumgebung ‚Euler'scher Polyedersatz' vielfältige Lerngelegenheiten geboten. Beispielsweise geht aus den unterschiedlichen empirischen Daten hervor, dass sich die natürliche Differenzierung einerseits auf Ebene der Schülerinnen und Schüler realisiert und dies andererseits für die Studierenden erfahrbar wird. Die natürliche Differenzierung zeigt sich beim Bestimmen der Anzahlen der Flächen, Kanten und Ecken der platonischen Körper in den individuellen Vorgehensweisen der Grundschulkinder (Abschn. 4.2; auch Rasfeld & Scherer, 2007a). Diese lassen sich anhand ähnlicher strategischer Zugänge (z. B. Regel des getrennten Abzählens) kategorisieren und zu lokalen Theorien verdichten, die helfen das spezifische Heterogenitätsspektrum in Bezug auf die genutzten Strategien besser wahrzunehmen und genauer zu beschreiben.

Ein Wahrnehmen und Beschreiben der Heterogenität in den Lernprozessen der Schülerinnen und Schüler erfolgt durch die Studierenden im Rahmen der Vignettenproduktion und -lektüre. Einige Studierende zeigen in der Auswahl und Darstellung einer bestimmten Szene bei der Vignettenproduktion eine Sensibilität für die unterschiedlichen Vorgehensweisen der Grundschulkinder. Die anschließende gemeinsame und unter anderem durch lokale Theorien angereicherte Lektüre entsprechender Vignetten ermöglicht den teilnehmenden Studierenden, Möglichkeiten und Grenzen der natürlichen Differenzierung in Bezug auf die erlebte Praxis zu reflektieren und sich auf diese Weise hinsichtlich des Umgangs mit Heterogenität zu professionalisieren.

Das Lehr-Lern-Labor ‚Mathe-Spürnasen' erweist sich demnach als Ort, an dem natürliche Differenzierung sowohl für Schülerinnen und Schüler in ihren eigenen Lernprozessen erlebbar als auch für Studierende im von ihnen begleiteten, beobachteten und reflektierten Lernen erfahrbar wird. Exemplarisch zeigt sich hierin die Verknüpfung des Lernens der Grundschulkinder mit dem der Studierenden im Lehr-Lern-Labor. Die Berücksichtigung dieser Verknüpfung bietet ebenso wie die Vignettenarbeit Potenzial für die (Weiter-)Entwicklung von Lernumgebungen, um das vielfältige Lernen im Lehr-Lern-Labor weiter zu entfalten.

Literatur

Agostini, E., & Anderegg, N. (2021). „Den Zauber von Unterricht erfassen". Die Arbeit mit Vignetten als Beitrag zur Professionalisierung und Schulentwicklung. *ZDB, 94*(24), 26–29.

Baltes, U., Rütten, C., Scherer, P., & Weskamp, S. (2014). Mathe-Spürnasen – Grundschulklassen experimentieren an der Universität. In J. Roth & J. Ames (Hrsg.), *Beiträge zum Mathematikunterricht 2014* (Bd. 1, S. 121–124). WTM.

Benölken, R., Gorski, H.-J., & Müller-Philipp, S. (2018). *Leitfaden Geometrie. Für Studierende der Lehrämter* (7. Aufl.). Springer Spektrum. https://doi.org/10.1007/978-3-658-23378-5

Beutelspacher, A. (2017). Mathematische Experimente und ihr Potenzial für Grundschulkinder. *Grundschulunterricht, 64*(2), 4–13.

Brüning, A.-K. (2018). *Das Lehr-Lern-Labor „Mathe für kleine Asse". Untersuchungen zu Effekten der Teilnahme auf die professionellen Kompetenzen der Studierenden*. WTM.

Burk, K., & Schönknecht, G. (2008). Außerschulisches Lernen und Leitbilder von Schule. In K. Burk, M. Rauterberg, & G. Schönknecht (Hrsg.), *Schule außerhalb der Schule. Lehren und Lernen an außerschulischen Orten* (S. 22–40). Grundschulverband.

Deinet, U., & Derecik, A. (2016). Die Bedeutung außerschulischer Lernorte für Kinder und Jugendliche. Eine raumtheoretische und aneignungsorientierte Betrachtungsweise. In J. Erhorn & J. Schwier (Hrsg.), *Pädagogik außerschulischer Lernorte* (S. 15–28). transcript.

Del Piero, N., Hähn, K., Häsel-Weide, U., Kindt, C., Rütten, C., Scherer, P., & Weskamp, S. (2019). Teacher students' competence acquisition in teaching-learning-labs. In J. Novotná & H. Moraová (Hrsg.), *Proceedings SEMT '19. Opportunities in learning and teaching elementary mathematics* (S. 469–471). Karls-Universität.

Euler, M. (2009). Schülerlabore: Lernen, forschen und kreative Potenziale entfalten. In D. Dähnhardt, O. J. Haupt, & C. Pawek (Hrsg.), *Kursbuch 2010. Schülerlabore in Deutschland* (S. 32–41). Tectum.

Feige, B. (2006). Lernorte außerhalb der Schule. In K.-H. Arnold, U. Sandfuchs, & J. Wiechmann (Hrsg.), *Handbuch Unterricht* (S. 375–381). Klinkhardt.

Frank, S. (2022). *(Natürliche) Differenzierung an außerschulischen Lernorten*. (unveröffentlichter Essay). Universität Duisburg-Essen.

Gravemeijer, K., & Cobb, P. (2006). Design research from a learning design perspective. In J. van den Akker, K. Gravemeijer, S. McKenney, & N. Nieveen (Hrsg.), *Educational design research* (S. 17–51). Routledge. https://doi.org/10.4324/9780203088364

Hähn, K. (2020). *Partizipation im inklusiven Mathematikunterricht*. Springer. https://doi.org/10.1007/978-3-658-32092-8

Hähn, K., & Scherer, P. (2017). Kunst quadratisch aufräumen. Eine geometrische Lernumgebung im inklusiven Mathematikunterricht. In U. Häsel-Weide & M. Nührenbörger (Hrsg.), *Gemeinsam Mathematik lernen – mit allen Kindern rechnen* (Beiträge zur Reform der Grundschule, Bd. 144, S. 230–240). Grundschulverband – Arbeitskreis Grundschule.

Hefendehl-Hebeker, L., & Törner, G. (1984). Über Schwierigkeiten bei der Behandlung der Kombinatorik. *Didaktik der Mathematik, 12*(4), 245–262.

Helmerich, M., & Lengnink, K. (2016). *Einführung Mathematik Primarstufe – Geometrie*. Springer. https://doi.org/10.1007/978-3-662-47206-4

Höveler, K. (2014). *Das Lösen kombinatorischer Anzahlbestimmungsprobleme. Eine Untersuchung zu den Strukturierungs- und Zählstrategien von Drittklässlern*. TU Dortmund.

Hußmann, S., Thiele, J., Hinz, R., Prediger, S., & Ralle, B. (2013). Gegenstandsorientierte Unterrichtsdesigns entwickeln und erforschen. Fachdidaktische Entwicklungsforschung im Dortmunder Modell. In M. Komorek & S. Prediger (Hrsg.), *Der lange Weg zum Unterrichtsdesign. Zur Begründung und Umsetzung fachdidaktischer Forschungs- und Entwicklungsprogramme* (S. 26–42). Waxmann.

Krauthausen, G. (2018). *Einführung in die Mathematikdidaktik – Grundschule* (4. Aufl.). Springer. https://doi.org/10.1007/978-3-662-54692-5

Krauthausen, G., & Scherer, P. (2014). *Natürliche Differenzierung im Mathematikunterricht. Konzepte und Praxisbeispiele aus der Grundschule.* Klett Kallmeyer.

LABG. (2022). Gesetz über die Ausbildung für Lehrämter an öffentlichen Schulen (Lehrerausbildungsgesetz – LABG) Vom 12. Mai 2009, zuletzt geändert durch Gesetz vom 23. Februar 2022. https://www.schulministerium.nrw/schule-bildung/recht/lehrerausbildungsrecht. Zugegriffen am 13.01.2023.

Mayring, P. (2010). *Qualitative Inhaltsanalyse. Grundlagen und Techniken* (11., akt. u. überarb. Aufl.). Beltz.

McKenney, S., & Reeves, T. C. (2012). *Conducting educational design research.* Routledge.

Müller, G. N., & Wittmann, E. C. (1984). *Der Mathematikunterricht in der Primarstufe. Ziele, Inhalte, Prinzipien, Beispiele* (Didaktik der Mathematik, 3., neubearb. Aufl). Vieweg. https://doi.org/10.1007/978-3-663-12025-4

Prediger, S., & Beutelspacher, A. (2006). Eckige Bälle selbst gemacht. Untersuchungen zum Fußball als Anlass für handlungsorientiertes und differenzierendes Mathematiktreiben. *Praxis der Mathematik in der Schule, 48*(9), 7–14.

Prediger, S., Link, M., Hinz, R., Hußmann, S., Thiele, J., & Ralle, B. (2012). Lehr-Lernprozesse initiieren und erforschen – Fachdidaktische Entwicklungsforschung im Dortmunder Modell. *Mathematischer und Naturwissenschaftlicher Unterricht, 65*(8), 452–457.

Rasfeld, P., & Scherer, P. (2007a). Das teutolab Mathematik. Ein Schülerlabor an der Universität Bielefeld. *Sache Wort Zahl, 35*(89), 43–49.

Rasfeld, P., & Scherer, P. (2007b). Das teutolab Mathematik – Ziele, Inhalte und Erfahrungen mit einem Schülerlabor an der Universität Bielefeld. In *Beiträge zum Mathematikunterricht 2007* (S. 895–898). Franzbecker. https://doi.org/10.17877/DE290R-15428

Rütten, C., & Scherer, P. (2019). Schweinewürfeln – Eine stochastische Lernumgebung zum Würfel. *Stochastik in der Schule, 39*(3), 2–9.

Rütten, C., & Weskamp-Kleine, S. (voraussichtlich 2025). *Systematisches Zählen – Kombinatorik und ihre Didaktik.* Springer.

Rütten, C., Scherer, P., & Weskamp, S. (2018). Entwicklungsforschung im Lehr-Lern-Labor – Lernangebote für heterogene Lerngruppen am Beispiel der Fibonacci-Folge. *mathematica didactica, 41*(2), 127–145. https://doi.org/10.18716/ojs/md/2018.1157

Scherer, P., & Rasfeld, P. (2010). Außerschulische Lernorte – Chancen und Möglichkeiten für den Mathematikunterricht (Basisartikel zum Themenheft). *mathematik lehren, 160*, 4–10.

Schratz, M., Meyer-Drawe, K., Schwarz, J., & Westfall-Greiter, T. (2012). *Lernen als bildende Erfahrung. Vignetten in der Praxisforschung.* Studienverlag.

Weskamp, S. (2019). *Heterogene Lerngruppen im Mathematikunterricht der Grundschule. Design Research im Rahmen substanzieller Lernumgebungen.* Springer. https://doi.org/10.1007/978-3-658-25233-5

Wittmann, E. C. (1998). Design und Erforschung von Lernumgebungen als Kern der Mathematikdidaktik. *Beiträge zur Lehrerbildung, 16*(3), 329–342. https://doi.org/10.25656/01:13385

Wittmann, E. C. (1999). Konstruktion eines Geometriecurriculums ausgehend von Grundideen der Elementargeometrie. In H. Henning (Hrsg.), *Mathematik lernen durch Handeln und Erfahrung* (Festschrift zum 75. Geburtstag von Heinrich Besuden, S. 205–223). Bültmann & Gerriets.

Von 2 bis 100 – eine substanzielle Lernumgebung zur Dezimaldarstellung von Stammbrüchen

Andreas Büchter und Lukas Donner

1 Ausgangssituation und Zielsetzung

Zu Beginn der Sekundarstufe I wird die Arithmetik der fortgeschrittenen Primarstufe konsolidiert, wobei die sichere Beherrschung standardisierter schriftlicher Rechenverfahren im Vordergrund steht. Der Mathematikunterricht ist dann häufig durch automatisierendes Üben geprägt, ohne dass die mögliche Einsicht in die absolute Zuverlässigkeit dieser Verfahren gestärkt wird oder weitergehende Entdeckungen ermöglicht werden. Ein typisches Beispiel hierfür ist der Algorithmus der schriftlichen Division. Im Rahmen der Bruchrechnung wird dann der Wechsel der Darstellung von Bruchzahlen von der Bruch- in die Dezimalschreibweise ebenfalls überwiegend verfahrensorientiert unter Zuhilfenahme der schriftlichen Division betrachtet. Wenn in dieser holzschnittartig beschriebenen Weise unterrichtet wird, gibt es kaum Möglichkeiten der Berücksichtigung der individuellen Dispositionen der Schüler:innen und keine Differenzierungsmöglichkeiten über ‚komplizierteres Zahlenmaterial' hinaus.

Dies steht im Gegensatz zur fachlichen Reichhaltigkeit des genannten Darstellungswechsels, bei dem sich früh eine üppige Phänomenvielfalt mit endlichen und unendlich-periodischen Dezimalentwicklungen mit unterschiedlich vielen

---

A. Büchter (✉) · L. Donner
Fakultät für Mathematik, Universität Duisburg-Essen, Essen, Deutschland
E-Mail: andreas.buechter@uni-due.de; lukas.donner@uni-due.de

Nachkommastellen bzw. unterschiedlichen Periodenlängen andeutet. Schnell steht die Frage im Raum, ob die Art der Dezimalentwicklung auch ohne rechnerische Umwandlung der Schreibweise nur aufgrund der Betrachtung des Nenners „vorhergesagt" werden kann. Im Folgenden werden wir von einem Arbeitsverständnis substanzieller Lernumgebungen ausgehend überlegen, wie diese Phänomenvielfalt in der Schule und im Lehramtsstudium für fachlich gehaltvolle Betrachtungen mit Differenzierungsmöglichkeiten genutzt werden kann, wobei grundlegendes Wissen und Können durch integrierte Wiederholung wachgehalten und vertieft wird.

2 Substanzielle Lernumgebungen – allgemein

Eine Lernumgebung bietet einen substanziellen Beitrag zum Erlernen von Mathematik, wenn sie u. a.

- ein zentrales Ziel mathematischen Lehrens zu einem gewissen Entwicklungsstand darstellt,
- eine reichhaltige Quelle mathematischer Aktivitäten bereithält, welche mit Inhalten, Prozessen oder Prozeduren verbunden sind, die über den aktuellen Entwicklungsstand hinausgehen,
- flexibel einsetzbar ist und
- an Spezifika der Klasse angepasst werden kann (Wittmann, 2001).

Im Kern geht es bei substanziellen mathematischen Lernumgebungen demnach um die Vernetzungen reichhaltiger mathematischer Aktivitäten, wodurch Schüler:innen das Angebot zu mannigfaltigen Denkaktivitäten, Reflexion (sowie Kreativität) geboten wird und dadurch ein Beitrag zur Erweiterung von Expertise zu bedeutsamen mathematischen Inhalten und Strukturen, Prozessen oder Prozeduren geleistet wird. Für die Arithmetik wurden zahlreiche überzeugende substanzielle Lernumgebungen entwickelt (vgl. z. B. Wittmann, 2001; Krauthausen & Scherer, 2010). Krauthausen und Scherer (2010) betonen, dass der Vorteil substanzieller Lernumgebungen darin besteht, „dass Anforderungsniveaus nicht vorab festgelegt sind und mit fließenden Übergängen in natürlicher Weise ermöglicht werden [sowie durch das] Zusammenspiel individueller Zugänge und Bearbeitungen, Partner- und Kleingruppenarbeit, aber eben auch mit zentralen Reflexions- und Integrationsphasen – [...] auch das soziale Lernen nicht vernachlässigt [wird]" (ebd., S.737).

3 Die Dezimaldarstellung von Stammbrüchen als Nukleus

Der Impuls der Lernumgebung für die Schüler:innen lautet: „*Betrachtet die Dezimaldarstellungen der Stammbrüche mit Nennern von 2 bis 100. Welche Gemeinsamkeiten und Unterschiede findet ihr? Wie hängen diese Gemeinsamkeiten und Unterschiede mit dem Nenner zusammen?*" So öffnet sich für die Schüler:innen eine Phänomenvielfalt, die es zu erkunden gilt (vgl. Tab. 1 und vertiefend-reflektierend Abb. 1). Als Standardverfahren für den Wechsel der Schreibweise kennen die Schüler:innen die schriftliche Division.

Für die Erkundung bietet sich ein arbeitsteiliges kooperatives Setting an, zum Beispiel in Form einer Gruppenexploration (vgl. Barzel et al., 2024), da die Umwandlung der 99 Stammbrüche von der Bruch- in die Dezimalschreibweise ansonsten ermüdend wäre. Bei einer Gruppenexploration in der gesamten Lerngruppe oder hinreichend großen Teilgruppen können alle Schüler:innen aktiv zum gemeinsamen Ergebnis beitragen und zugleich Akteur:innen einer adaptiven Differenzierung werden, indem sie selbst auswählen, welche Stammbrüche sie in die Dezimalschreibweise bringen. Dadurch wird auch angeregt, dass die Schüler:innen vor dem Darstellungswechsel Vermutungen darüber anstellen, bei welchen Stammbrüchen der Wechsel einfacher ist und bei welchen herausfordernd. Damit nicht zu viele Stammbrüche doppelt, dreifach, vierfach ... in die Dezimalschreibweise gebracht werden, bietet sich eine große Übersicht für die gesamte Gruppe an. Damit wird ersichtlich, welche Stammbrüche bereits bearbeitet wurden, und die Übersicht lässt sich im weiteren Verlauf als gemeinsame Grundlage für die anschließende Diskussion nutzen. Diese gemeinsame Diskussion kann z. B. im Sinne des open-ended approach (vgl. Becker & Shimada, 1997) erfolgen. Dann werden verschiedene Vermutungen (ggf. schon mit ersten Begründungen) präsentiert und gemeinsam eingeschätzt. Durch die konkreten Vorerfahrungen mit der Umwandlung der Schreibweise haben alle Schüler:innen eigene Anknüpfungspunkte, um der Diskussion zu folgen oder sich an ihr zu beteiligen.

Bei der gemeinsamen Erkundung und Diskussion werden ausgehend von der Suchrichtung (von der Bruch- hin zur Dezimalschreibweise) Begriffe, Zusammenhänge und Verfahren der Arithmetik miteinander vernetzt (wie die schriftliche Division, Teilbarkeitsregeln, Primfaktorzerlegung, Zahldarstellungen oder Zahlbereichserweiterungen). Dabei werden bereits in den ersten Erkundungsschritten wesentliche inhaltsbezogene Kompetenzerwartungen des Lehrplans adressiert, denn Schüler:innen

- deuten Brüche als Quotienten,
- stellen Zahlen auf unterschiedlichen Weisen dar und
- führen Grundrechenarten schriftlich durch und stellen Rechenschritte nachvollziehbar dar (MSB, 2019, S. 24 f.).

Tab. 1 Stammbrüche von 1/2 bis 1/40

$1/2 = 0{,}5$	$1/11 = 0{,}\overline{09}$	$1/21 = 0{,}0\overline{47619}$
$1/3 = 0{,}\overline{3}$	$1/12 = 0{,}08\overline{3}$	$1/22 = 0{,}0\overline{45}$
$1/4 = 0{,}25$	$1/13 = 0{,}\overline{076923}$	$1/23 = 0{,}\overline{0434782608695652173913}$
$1/5 = 0{,}2$	$1/14 = 0{,}0\overline{714285}$	$1/24 = 0{,}041\overline{6}$
$1/6 = 0{,}1\overline{6}$	$1/15 = 0{,}0\overline{6}$	$1/25 = 0{,}04$
$1/7 = 0{,}\overline{142857}$	$1/16 = 0{,}0625$	$1/26 = 0{,}03\overline{846153}$
$1/8 = 0{,}125$	$1/17 = 0{,}\overline{0588235294117647}$	$1/27 = 0{,}\overline{037}$
$1/9 = 0{,}\overline{1}$	$1/18 = 0{,}0\overline{5}$	$1/28 = 0{,}03\overline{571428}$
$1/10 = 0{,}1$	$1/19 = 0{,}\overline{052631578947368421}$	$1/29 = 0{,}\overline{0344827586206896551724137931}$
	$1/20 = 0{,}05$	$1/30 = 0{,}0\overline{3}$
		$1/31 = 0{,}\overline{032258064516129}$
		$1/32 = 0{,}03125$
		$1/33 = 0{,}\overline{03}$
		$1/34 = 0{,}0\overline{2941176470588235}$
		$1/35 = 0{,}0\overline{285714}$
		$1/36 = 0{,}02\overline{7}$
		$1/37 = 0{,}\overline{027}$
		$1/38 = 0{,}0\overline{263157894736842105}$
		$1/39 = 0{,}\overline{025641}$
		$1/40 = 0{,}025$

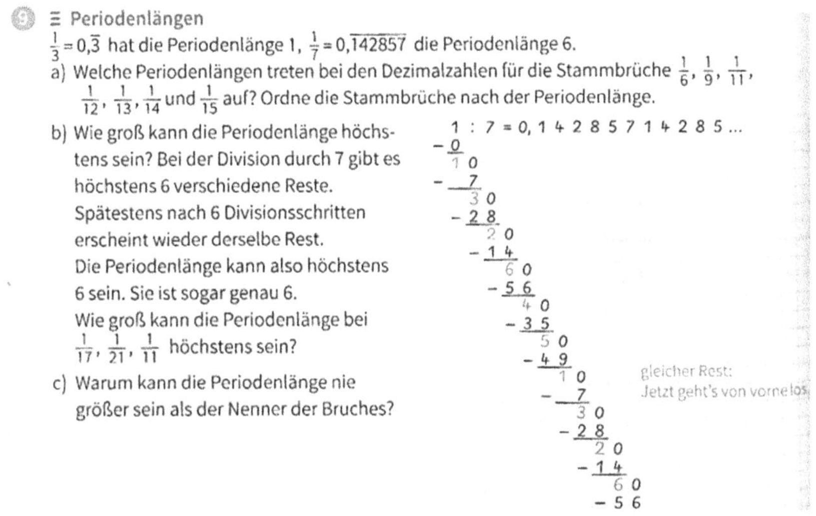

Von 2 bis 100 – eine substanzielle Lernumgebung zur Dezimaldarstellung ...

⑨ ≡ Periodenlängen
$\frac{1}{3} = 0,\overline{3}$ hat die Periodenlänge 1, $\frac{1}{7} = 0,\overline{142857}$ die Periodenlänge 6.
a) Welche Periodenlängen treten bei den Dezimalzahlen für die Stammbrüche $\frac{1}{6}, \frac{1}{9}, \frac{1}{11}, \frac{1}{12}, \frac{1}{13}, \frac{1}{14}$ und $\frac{1}{15}$ auf? Ordne die Stammbrüche nach der Periodenlänge.
b) Wie groß kann die Periodenlänge höchstens sein? Bei der Division durch 7 gibt es höchstens 6 verschiedene Reste. Spätestens nach 6 Divisionsschritten erscheint wieder derselbe Rest. Die Periodenlänge kann also höchstens 6 sein. Sie ist sogar genau 6.
Wie groß kann die Periodenlänge bei $\frac{1}{17}, \frac{1}{21}, \frac{1}{11}$ höchstens sein?
c) Warum kann die Periodenlänge nie größer sein als der Nenner der Bruches?

```
1 : 7 = 0,1 4 2 8 5 7 1 4 2 8 5 ...
 - 0
   1 0
 -   7
     3 0
   - 2 8
       2 0
     - 1 4
         6 0
       - 5 6
           4 0
         - 3 5
             5 0
           - 4 9
               1 0      gleicher Rest:
             -   7      Jetzt geht's von vorne los
                 3 0
               - 2 8
                   2 0
                 - 1 4
                     6 0
                   - 5 6
```

Abb. 1 Mathematik: Neue Wege, 2019, S. 130

Die Lernumgebung fördert darüber hinaus ein breites Spektrum prozessbezogener Kompetenzen aus allen Bereichen abseits des Modellierens, da hier gehalt- und sinnvoll ausschließlich innermathematisch gearbeitet wird. Neben den auch intensiv involvierten Bereichen *Operieren* und *Kommunizieren* treten vor allem die Bereiche *Problemlösen* und *Argumentieren* in Erscheinung: Die Schüler:innen „setzen Muster und Zahlenfolgen fort, beschreiben Beziehungen zwischen Größen und stellen begründete Vermutungen über Zusammenhänge auf" (MSB, 2019, S. 20: Problemlösen – Erkunden) und „stellen Fragen, die für die Mathematik charakteristisch sind, und stellen begründete Vermutungen über die Existenz und Art von Zusammenhängen auf" (MSB, 2019, S. 21: Argumentieren – Vermuten). Ausgehend von den aufgestellten Vermutungen startet dann die Suche nach tragfähigen Begründungen mit einem typischen Wechselspiel von Problemlösen und Argumentieren.

Die Substanz der mathematischen Aktivitäten, die durch den kurzen Arbeitsauftrag angeregt wird, reflektieren wir im Folgenden zunächst mit Blick auf den gemeinsamen Mathematikunterricht, d. h. auf dem üblichen curricularen Niveau, und im anschließenden Abschnitt für die gezielte Förderung interessierter und begabter Schüler:innen, wobei die Grenzen fließend sind.

Erweiterung, vertiefte Einübung und Reflexion des Divisionsalgorithmus An das *Ziffernrechnen* der Grundschule anschließend stellt die schriftliche Division einen inhaltlichen Schwerpunkt der Arithmetik in der Klasse 5 dar, der für viele Schüler:innen insbesondere bei mehrstelligen Divisoren herausfordernd ist. Im

Rahmen der angeregten Erkundung deuten die Schüler:innen Brüche zunächst als Quotienten und leisten dann den geforderten Darstellungswechsel mit dem Algorithmus der schriftlichen Division. Dabei wiederholen und vertiefen sie das Verfahren in diesem Kontext nicht scheinbar als Selbstzweck, sondern mit dem Ziel, die mathematische Einsicht zu erweitern.

Schulung des Zahlenblicks Gegenüber den natürlichen Zahlen gibt es bei den Brüchen für Lernende starke Veränderungen hinsichtlich der Zahldarstellung: Die Notation natürlicher Zahlen (im Dezimalsystem) ist (nach Festlegung der Ziffern) eindeutig, wohingegen Bruchzahlen in Form gleichwertiger Brüche und der Dezimaldarstellung (unendlich) viele verschiedene Darstellungen besitzen, die jeweils in Abhängigkeit von der vorliegenden Situation mehr oder weniger vorteilhaft sein können. Ein Ziel des Unterrichts in den Klassen 5 und 6 muss deshalb der bewusste Umgang mit dieser Eigenschaft des neuen Zahlbereichs sein. Insbesondere wird durch die Exploration des Zusammenspiels aus Bruch- und Dezimalzahldarstellung der sogenannte Zahlenblick (Marxer & Wittmann, 2011) gefördert, indem die *Beziehung zwischen unterschiedlichen Darstellungen von rationalen Zahlen* für Schüler:innen unmittelbar sichtbar wird und zu weiteren Erkundungen einlädt. Die Tatsache, dass beispielsweise der Bruch $\frac{1}{8}$ der Zahl 0,125 in Dezimalschreibweise entspricht, wird selten derart explizit im Unterricht thematisiert wie im Rahmen der vorgeschlagenen Lernumgebung. (Dabei wird auch sichtbar, dass 125 ein Teiler von 1000 ist.) Laut Marxer und Wittmann (ebd.) erfolgt die Entwicklung eines Zahlenblicks, der eine Voraussetzung für einen flexiblen und aufgabenadäquaten Umgang mit den Darstellungen ist, nicht automatisch, sondern muss gezielt und fortgesetzt gefördert werden. Darüber hinaus wird einigen Lernenden auch ein vertiefter Zahlenblick durch exemplarische Einsicht in die *Beziehung zwischen Dezimaldarstellungen verschiedener Stammbrüche* ermöglicht, indem die Ergebnisse unterschiedlicher Divisionsaufgaben miteinander verglichen werden. Bereits auf Basis einiger durchgeführter Divisionen kann zwischen dem Phänomen endlicher und unendlicher Dezimalentwicklungen unterschieden und Ideen für eine Charakterisierung abgeleitet werden. Weiter können auch viel spezifischere Erkenntnisse auffallen und thematisiert werden: Welche Gemeinsamkeiten weisen die Dezimaldarstellung von $\frac{1}{4}$ und $\frac{1}{40}$ (bzw. $\frac{1}{m}$ und $\frac{1}{10 \cdot m}$) auf? Welche der Dezimaldarstellungen haben dieselbe Periodenlänge (z. B. $\frac{1}{7}$ und $\frac{1}{14}$)? Welche Perioden weisen spezifische Gemeinsamkeiten auf (wie z. B. $\frac{1}{11}$ und $\frac{1}{99}$ oder $\frac{1}{7}$ und $\frac{1}{35}$)? Diese Art von Fragen regen zum Problemlösen und Argumentieren an und erweitern den spezifischen Blick auf einzelne rationale Zahlen und Beziehungen zwischen verschiedenen rationalen Zahlen (und deren Darstellungen).

Endliche und periodische Dezimalentwicklung Die folgende Erkenntnis ist durch die Lernumgebung angelegt und sollte von den Schüler:innen entdeckt, zumindest aber von allen nachvollzogen werden können: Bei der schriftlichen Division sind die in den einzelnen Schritten auftretenden Reste immer kleiner als der Divisor. Rechnet man einen Stammbruch in eine Dezimalzahl um, so können bei der Division also nur die natürlichen Zahlen als Rest auftreten, die kleiner sind als der Nenner m. Tritt null als Rest auf, so erhält man eine endliche Dezimalentwicklung. Andernfalls muss sich (spätestens nach $m - 1$ Schritten) ein Rest wiederholen. Man erhält dann eine nicht abbrechende, periodische Dezimalentwicklung. Dass der Zusammenhang zwischen dem Nenner m des Stammbruchs und der Art der Dezimaldarstellung in der (ggf. mehrfachen) Teilbarkeit von m durch 2 oder 5 besteht, kann zunächst wohl nur vermutet und durch das Aufdecken zahlreicher Beispiele von endlichen Dezimaldarstellungen von Brüchen wie $\frac{1}{2}, \frac{1}{4}, \frac{1}{5}, \frac{1}{8}, \frac{1}{10}$ etc. induktiv etabliert werden. Möglicherweise werden dafür viele Resultate aus der Gruppe benötigt, um unvollständige, scheinbare Muster wie „alle geraden Nenner führen auf endliche Dezimalzahlen", „alle Nenner sind aus der Zweier-Reihe" oder „alle Nenner sind aus der Fünfer-Reihe" zu entkräften. Insbesondere durch Betrachtung von „Mischformen" wie $\frac{1}{40}$ kann in einem zweiten Schritt die Primfaktorzerlegung inkl. der Findung einer passenden 10er-Potenz als Vielfaches von m als allgemeingültige Begründung für die Endlichkeit der Dezimaldarstellung angeregt werden. Denn durch Erweiterung auf diese 10er-Potenz wird die Endlichkeit der Dezimaldarstellung ersichtlich. Darüber hinaus kann die Entdeckung angeregt werden, dass periodische Dezimalzahlen in die beiden Gruppen reinperiodisch bzw. gemischt-periodisch aufgeteilt werden können und dass die Zugehörigkeit eines Stammbruchs zu einer Gruppe davon abhängt, ob der Nenner m neben anderen Primzahlen entweder keinen der Faktoren 2 und 5 als Teiler enthält oder mindestens einen davon enthält. Die Einsicht, welcher Nenner warum zu welcher dieser Darstellungsarten führt, wird durch die Explorationsphase in der Lernumgebung angeregt. Diese Klassifikation wird auch in früheren sowie zum Teil in aktuellen Schulbüchern vorgenommen, dort jedoch in der Regel in Form einer Fallunterscheidung angeführt und anhand von Beispielen vorab oder nachgelagert plausibilisiert (vgl. Elemente der Mathematik – Vorstufe 2, 1970; Mathe-Netz, 2002; Elemente der Mathematik, 2019). Manche Schulbücher enthalten zur Erarbeitung der unterschiedlichen Fälle durchgerechnete Beispielaufgaben, andere stellen darüber hinaus anhand eines Beispiels die Begründung für die maximale Periodenlänge von $m - 1$ bei Stammbrüchen $\frac{1}{m}$ bereit und fragen Schüler:innen nach Begründungen für die maximal mögliche Periodenlänge: „Warum kann die Periodenlänge nie größer sein als der Nenner des Bruchs?" (vgl. Abb. 1).

Durch den Darstellungswechsel in die Dezimalschreibweise tritt augenscheinlich auch die Notwendigkeit für das Einführen eines Symbols für die Periode auf. Bei jeder Division, die auf eine periodische Dezimalzahl führt, kann an einer gewissen Stelle erkannt werden, dass das Verfahren zwar nicht abbricht, die Dezimalentwicklung aber bereits „vollständig bekannt" ist und die Division deshalb nicht mehr fortgesetzt werden muss. Dass man trotzdem $\frac{1}{3}$ in der Dezimaldarstellung beispielsweise nicht als 0,33 (bzw. mit endlich vielen 3ern) darstellen kann, obwohl sich bei der Division eigentlich keine neue Information (im Sinne eines sich ändernden Rests oder Vielfachen) auftut, ist für Schüler:innen plausibel. Denn angenommen, man würde auf eine Auszeichnung dieser Spezifität des „sich immerfort wiederholenden" verzichten und könnte $\frac{1}{3}$ in der Dezimaldarstellung je nach persönlich gewählter Rechengenauigkeit beispielsweise als 0,33 darstellen, dann würden die Dezimalzahldarstellungen der beiden Brüche $\frac{1}{3}$ sowie $\frac{33}{100}$ zusammenfallen. Da die beiden Brüchen aber einen unterschiedlichen Wert haben, wie man sich durch Erweiterung $\frac{1}{3} = \frac{33}{99}$ unmittelbar vergegenwärtigen kann, wäre auf diese Weise das Fundament des Zahlensystems durch die Gleichsetzung von $\frac{33}{99}$ und $\frac{33}{100}$ erschüttert; die geordnete, schöne Welt der Zahlen kollabiert als Ganzes, wenn zwei wert*un*gleiche Brüche in dieselbe Dezimalzahl übergeführt werden könnten. Dies bietet den Anlass, sich genauere Gedanken zur Auszeichnung von „sich immer wieder auf gleiche Art wiederholende" Konfigurationen bei der Durchführung der Division zu machen. Da eine verbalsprachliche Formulierung der Form wie etwa „bei 0,33 …" stehen die Punkte für „und immer so fort nur Dreien" umständlich und gegebenenfalls bei gemischt-periodischen Brüchen missverständlich ist, ist das Einführen eines Symbols für periodische Konfigurationen die eleganteste Form der Auszeichnung und die Motivation für den Periodenstrich gegeben. Natürlich kann die Lehrkraft alternativ den Schüler:innen die konventionelle Notation mithilfe des Periodenstrichs auch direkt mitteilen. Doch die Einsicht in die Notwendigkeit der Einführung einer Notation in Form des Symbols kann Schüler:innen auch wie beschrieben eröffnet werden.

„Der Divisionsalgorithmus ist der Standardweg [zur Einführung von Dezimalbrüchen (Anm. der Verf.)] in Klasse 6 und eine Wiederholung sowohl des Algorithmus als auch der Zusammenhänge im Stellenwertsystem. Darüber hinaus kann er eine der ersten Annäherungen an den Unendlichkeitsbegriff für leistungsfähige Lernende sein" (Padberg & Wartha, 2023, S. 216). Die Beschäftigung mit dem Unendlichkeitsbegriff kann auf Basis der vorgeschlagenen Lernumgebung angebahnt werden. Denn die Einführung des Symbols für die Periode sorgt dafür, dass die potenziell notwendige, unendliche Fortführung des Divisionsalgorithmus mit der weiteren Notation der resultierenden Ziffern an der Stelle unterbrochen werden kann, an der ein sich wiederholendes Muster an Resten beginnt. Nun kann die Perspektive geändert werden – statt auf den Prozess des Dividierens blickt man nun auf das Ergebnis (d. h. das Produkt) der Division und markiert wiederkehrende Muster adäquat mittels Periodenstrichs bzw. stellt diesen potenziell unendlichen Vorgang in seiner ursprünglichen Form als Bruch dar.

4 Verschiedene Vertiefungsrichtungen

Eine substanzielle Lernumgebung stellt zunächst ein gemeinsames Lernangebot für alle Kinder dar und enthält gleichzeitig durch das geforderte Maß an Komplexität eine große Freiheit möglicher Bearbeitungsniveaus, Lösungswege und Darstellungsweisen, womit insbesondere das soziale Lernen von- und miteinander im Fokus steht. All das sind Merkmale „natürlicher Differenzierung" (Krauthausen & Scherer, 2013). Auf vielfältige Art und Weise wird dies an der vorgestellten Lernumgebung sichtbar. Durch die Methode der schriftlichen Division wird erkennbar, dass jeder Bruch als Dezimalzahl dargestellt werden kann, das Verfahren funktioniert auch mit von 1 verschiedenen Zählern. Durch die Betrachtung der gesammelten Ergebnisse der Gruppenexploration können zahlreiche weitere Phänomene Lernenden als Anreiz dienen, nach Begründungen zu suchen:

- Wieso ist die Periodenlängen von $\frac{1}{97}$ gleich 96, wohingegen die Periodenlänge von $\frac{1}{99}$ nur 2 ist?
- Wieso ist die Periodenlänge von $\frac{1}{7}$ gleich der von $\frac{1}{14}$?
- Wieso ist die Periodenlänge bei $\frac{1}{3}$ nur 1 und nicht 2, obwohl es zwei mögliche von 0 verschiedene Reste bei der Division durch 3 gibt?
- Ist es Zufall, dass die Dezimaldarstellung von 1/81 die sonderbare Form 0,012345679 besitzt? Gibt es weitere Stammbrüche von derlei Gestalt?
- Wie sieht es mit der umgekehrten Richtung der Umwandlung aus? Kann jede Dezimalzahl als Bruch dargestellt werden oder gibt es Dezimalzahlen, die nicht als Brüche darstellbar sind?

Diese Fragen spannen einen Bogen, der von der Bestimmung der *exakten Periodenlänge*, über das Phänomen *„besonderer" Perioden* bis hin zur *Zahlbereichserweiterung von Q nach R* reicht und insbesondere in der mathematischen Begabungs- und Interessensförderung einen Anlass zur fachlichen Klärung durch Auseinandersetzung mit klassischen Methoden und Resultaten der Elementaren Zahlentheorie bietet.

Bestimmung der exakten Periodenlänge Die Erkenntnis, dass eine Periodenlänge stets endlich ist, kann ausgehend von der induktiven Mustererkennung und der Argumentation über den Schubfachschluss auf Basis $m - 1$ möglicher Reste noch spezifiziert werden. Denn wie lang die Periode der Dezimaldarstellung von $\frac{1}{m}$ *genau* ist, wird dadurch nicht beantwortet. Durch die Ergebnisse der Gruppenexploration kann der Blick z. B. auf die obigen Fragen nach den Periodenlängen von $\frac{1}{3}, \frac{1}{7}, \frac{1}{14}, \frac{1}{97}$ und $\frac{1}{99}$ gerichtet werden.

Um sich dieser und ähnlichen Fragen zuzuwenden, helfen zahlentheoretische Ergebnisse wie folgt weiter. Durch die der schriftlichen Division immanenten Entbündelung wird erkennbar, dass es sich beim Divisionsalgorithmus in jedem Schritt um die Division von aufsteigenden Zehnerpotenzen durch den Nenner handelt. Wie an vielen Stellen der Mathematik bietet es sich an, zunächst an geeigneten Spezialfällen das Feld zu erschließen und eine Methode zur Beantwortung der Frage zu erarbeiten, deren Ideen für den allgemeinen Fall genutzt werden können. Deshalb widmen wir uns in einem ersten Schritt Primzahlen als Nenner und verwenden den kleinen Satz von Fermat (vgl. Padberg & Büchter, 2018, S. 137). Damit entwickeln wir ein Instrumentarium für eine schnelle Bestimmung der Periodenlänge, ohne die Division selbst ausführen zu müssen. In einem zweiten Schritt verdeutlichen wir, dass durch die begriffliche Festlegung in Form der sogenannten multiplikativen Ordnung die Frage nach der exakten Periodenlänge beantwortet wird. In einem dritten Schritt wird der Zusammenhang mit der *Euler'- schen φ-Funktion* (vgl. Padberg & Büchter, 2018, S. 135 f.) aufgezeigt.

Ist der Nenner eine Primzahl $p \notin \{2,5\}$, so liefert der *kleine Satz von Fermat* die Aussage, dass $10^{p-1} \equiv 1 \pmod{p}$ ist. Das bedeutet, dass (spätestens) beim $(p - 1)$-sten Schritt des Divisionsalgorithmus als Rest der Wert 1 entstehen muss, also der Wert mit dem der Algorithmus gestartet ist. Nach den Rechengesetzen für Kongruenzen muss sich der Rest 1 nach jeweils $(p - 1)$ Schritten wiederholen. Die Periodenlänge kann also maximal diese Länge haben und die maximale Länge der Periode kann im Fall einer Primzahl als Nenner rein zahlentheoretisch begründet werden. Anhand der durchgerechneten Aufgaben wird jedoch auch ersichtlich, dass der Rest 1 schon vorher auftreten kann, wodurch die Periode nicht in allen Fällen die maximal mögliche Länge aufweist. Mithilfe der dritten binomischen Formel folgt aus der Gleichung $\left(10^{\frac{p-1}{2}} - 1\right)\left(10^{\frac{p-1}{2}} + 1\right) = \left(10^{p-1} - 1\right)$ und der Teilbarkeit der rechten Seite durch p – und damit auch der Teilbarkeit der linken Seite der Gleichung durch p – die Einsicht, dass $10^{\frac{p-1}{2}} \equiv \pm 1 \pmod{p}$ ist. Durch dieses Resultat wird die folgende Erkenntnis angebahnt: die Periodenlänge ist jedenfalls *ein Teiler von* $p - 1$. Um die Frage nach der *exakten* Periodenlänge der Dezimalzahldarstellung eines Stammbruchs $\frac{1}{p}$ beantworten zu können, kann nun der folgende Weg als schnelle Alternative zur Durchführung der Division angeregt werden: Bestimme aufsteigend für jeden Teiler t von $p - 1$ den Rest von 10^t bei Division durch p. Das kleinste t, für das $10^t \equiv 1 \pmod{p}$ gilt, entspricht der Periodenlänge der Dezimalentwicklung von $\frac{1}{p}$.

Dieses Resultat kann sogar noch allgemeiner gezeigt werden: Für ein m mit $ggt(m, 10) = 1$ heißt das kleinste t mit $10^t \equiv 1 \pmod{m}$ die *multiplikative Ordnung von 10 modulo m*, notiert als $t = ord_m(10)$. Dann gilt der folgende Satz: $ord_{10}(m)$ entspricht der Periodenlänge der Dezimaldarstellung des Stammbruchs $\frac{1}{m}$.

Darüber hinaus kann die Einführung der *Euler'schen φ-Funktion* durch Durchführung der Division motiviert werden, denn es stellt sich (zunächst explorativ) heraus, dass als Reste bei der Division von beliebigen 10er-Potenzen durch m nur zu m teilerfremde Zahlen in Frage kommen. Diese Erkenntnis lässt sich einfach mittels Widerspruchsbeweis nach Umschreibung der Division als Multiplikation und anschließender elementarer Teilbarkeitsüberlegungen zeigen (vgl. https://www.arndt-bruenner.de). Die Zahl $\varphi(m)$ ist definiert als die Anzahl der zu m teilerfremden Zahlen von 1 bis $m - 1$. Zum Beispiel gilt für jede Primzahl p demnach klarerweise $\varphi(p) = p - 1$. Nach dem Satz von Euler, einer Verallgemeinerung des Kleinen Satzes von Fermat, gilt, sofern m teilerfremd zu 2 als auch 5 ist, $10^{\varphi(m)} \equiv 1 \pmod{m}$ und somit auch $ord_m(10) \mid \varphi(m)$. *Das bedeutet, dass $\varphi(m)$ einem Vielfachen der Periodenlänge der Dezimalzahldarstellung von $\frac{1}{m}$ entspricht, die exakte Periodenlänge der Dezimalzahldarstellung von $\frac{1}{m}$ also stets ein Teiler der Anzahl der zu m teilerfremden Zahlen ist.* Ist $\varphi(m) = ord_m(g)$, so nennt man g Primitivwurzel modulo m. *Genau dann, wenn 10 also eine Primitivwurzel modulo m ist, ist die Periodenlänge der Dezimalzahldarstellung von $\frac{1}{m}$ gleich $\varphi(m)$.* Da beispielsweise 10 eine Primitivwurzel modulo 7 und modulo 97 ist, sind die Periodenlängen in Dezimalzahldarstellung von $\frac{1}{7}$ gleich 6, und von $\frac{1}{97}$ gleich 96. Im Unterschied dazu ist 10 keine Primitivwurzel modulo 3, da zwar $\varphi(3) = 2$, aber wegen $10^1 \equiv 1 \pmod{3}$ gilt, dass $ord_3(10) = 1$ ist. Damit beträgt die Periodenlänge der Dezimalzahldarstellung von $\frac{1}{3}$ nur 1 und nicht 2.

Eine weitere Eigenschaft der Dezimalentwicklung kann durch die Lernumgebung angebahnt werden: Gilt $ggT(m, 10) > 1$, so bestimmen die Vielfachheiten von 2 und 5 in der Primfaktorzerlegung von m die Länge der Vorperiode. Dies kann zunächst an der Anzahl der Nachkommastellen der Stammbrüche mit reinen 2er- oder 5er-Potenzen veranschaulicht werden, um anschließend diese Eigenschaft bei den weiteren Nennern zu betrachten (z. B. besitzt $\frac{1}{12}$ die Vorperiodenlänge 2, da $12 = 2^2 \cdot 3$ ist und die Länge der Vorperiode von 1/12 damit gleich ist wie die Anzahl der Nachkommastellen von $\frac{1}{2^2}$). Dass dies jedoch nicht für beide Faktoren additiv erfolgt, sieht man am Beispiel $\frac{1}{30}$, dessen Dezimalzahldarstellung die Vorperiodenlänge 1 hat, was der Anzahl der Nachkommastellen von $\frac{1}{10}$ entspricht.

Besondere Perioden Selbst die Frage, warum es kein Zufall ist, dass die Dezimaldarstellung von $\frac{1}{81}$ die sonderbare Form $0,\overline{012345679}$ besitzt (und damit $\frac{12345679}{999999999} = \frac{1}{81}$ gilt), sondern eine Regelmäßigkeit, wie auch die Betrachtung von $\frac{1}{891}, \frac{1}{8991}$ untermauert, bietet einen Lernanlass für interessierte Schüler:innen höherer Schulstufen und kann mittels Potenzreihenentwicklung von $\frac{1}{(1-x)^2}$ hergeleitet werden (vgl. Video „998,001 and it's Mysterious Recurring Decimals" – YouTubeChannel Numberphile).

Zahlbereichserweiterung Die zur Lernumgebung umgekehrte Erkenntnis, dass jede periodische Dezimalzahl als Bruch darstellbar ist, wird an „anschaulichen" Beispielen in Schulbüchern mithilfe heuristischer Ansätze thematisiert, gilt im allgemeinen Fall jedoch als zu exklusiv und „rein technisch" für den Unterricht und erscheint uns auch wenig ertragreich – sie ist im Falle endlicher Dezimalzahlen hingegen bei ausreichend vorhandener Kenntnis bezüglich Stellenwerten trivial. Großes Potenzial sehen wir hingegen in der Abgrenzung der Zahlbereiche Q und R. Auf Basis der Lernumgebung könnte die Frage auftreten, ob man zu unendlichen Dezimalentwicklungen, die keine endliche Periodenlänge haben, gelangen kann. Mithilfe der Lernumgebung sehen wir ein, dass wir ausgehend von den Brüchen periodische (d. h. Dezimalentwicklungen mit endlicher Periode), aber keine anderen unendlichen Dezimalentwicklungen erhalten. Da man sich jedoch auch unendliche, nicht periodische Dezimalentwicklungen ausdenken kann und „Baupläne" zur Bildung derartiger Zahlen erstellen kann (Humenberger & Schuppar, 2006), wird die folgende Erkenntnis angebahnt: Wir können mit den Brüchen noch nicht „alle" Dezimalzahlen beschreiben, es gibt etwas Darüberhinausgehendes – eine vage Vorstellung irrationaler Zahlen kommt somit propädeutisch ins Spiel.

5 Anregungen zur Lehrkräftebildung – Der höhere Standpunkt

Scherer und Krauthausen (2010, S. 737 f.) fassen die Rolle der Lehrkraft bei einer substanziellen Lernumgebungen folgendermaßen zusammen: „Hinsichtlich der Lehrerrolle sind insbesondere wesentlich: die eigene mathematische Durchdringung der Problemstellung, eine antizipierende Reflexion möglicher Strategien und Niveaus und die Analyse tatsächlicher Schülerbearbeitungen, Überlegungen zur Integration verschiedener Lösungen und Begründungen und damit verbunden auch die Fähigkeit, Plenumsdiskussionen angemessen zu moderieren". Dem schließen wir uns vollinhaltlich an. Daher erscheinen uns einige Aspekte als vertiefende stoffliche Durchdringung als erforderlich (vgl. Abb. 2).

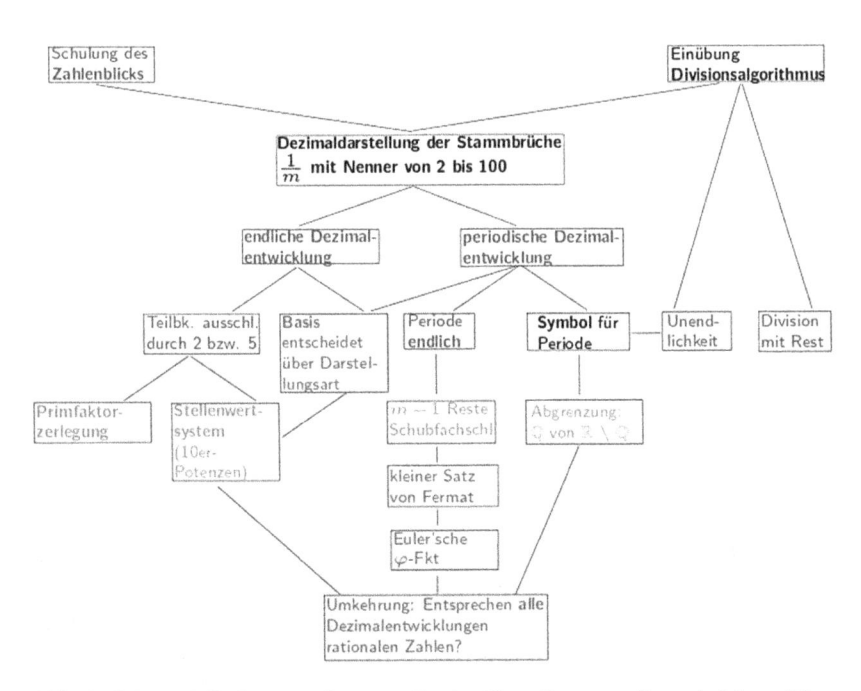

[Diagramm: Substanzielle Lernumgebung zur Dezimaldarstellung der Stammbrüche $\frac{1}{m}$ mit Nenner von 2 bis 100, mit Verzweigungen zu: Schulung des Zahlenblicks; Einübung Divisionsalgorithmus; endliche Dezimalentwicklung (Teilbk. ausschl. durch 2 bzw. 5 → Primfaktorzerlegung, Stellenwertsystem (10er-Potenzen); Basis entscheidet über Darstellungsart); periodische Dezimalentwicklung (Periode endlich → $m-1$ Reste, Schubfachschl., kleiner Satz von Fermat, Euler'sche φ-Fkt; Symbol für Periode; Unendlichkeit → Abgrenzung $\mathbb{Q}$ von $\mathbb{R}\setminus\mathbb{Q}$; Division mit Rest); Umkehrung: Entsprechen alle Dezimalentwicklungen rationalen Zahlen?]

Abb. 2 Substanzielle Lernumgebung zur Dezimaldarstellung von Stammbrüchen. (Blau: Potenziale zur Mustererkennung. Orange: Potenziale zur Mustererklärung. Grün: Potenziale zur Begabungsförderung (Klasse 6). Rot: Potenziale zur Lehrkräftebildung/Begabungsförderung höherer Schulstufen)

Auseinandersetzung mit Stellenwertsystemen Die Tatsache, dass die Form der endlichen bzw. periodischen Entwicklung abhängig vom Stellenwertsystem ist, sollte im Rahmen der Ausbildung nicht unerwähnt bleiben und jedenfalls reflektiert werden. Die Zahl $\frac{1}{3}$ besitzt zwar eine periodische Dezimaldarstellung, im Ternärsystem jedoch die endliche Darstellung $(0.1)_3$. Unabhängig von der Form der Darstellung, d. h. vom Stellenwertsystem ist hingegen die Teilbarkeitseigenschaft einer Zahl. So ist beispielsweise 3 stets prim, egal ob als $(11)_2$ oder $(10)_3$ notiert. Der Beweis der Aussage, dass für jede Basis $g \in Z_+\backslash\{1\}$ jede reelle Zahl eine eindeutige g-adische Zifferndarstellung besitzt und genau dann rational ist, wenn ihre g-adische Ziffernfolge abbrechend oder periodisch ist, kann zumindest im Fall $g = 10$ bewiesen werden. Dieser Beweis enthält bereits alle wesentlichen Ideen auch für den allgemeinen Fall. Gedanken, warum das Phänomen unendlich vieler Ziffern $(g - 1)$ (im Dezimalsystem also 9) nach dem Komma in der g-adischen Entwicklung ausgeschlossen werden müssen, führen auf natürlichem Wege zur Frage, ob eigentlich $0,\overline{9} = 1$ ist – laut Danckwerts und Vogel (2006) eine „Frage mit Tiefgang", welche zu verschiedenen Zeitpunkten der Sekundarstufe immer wieder mit Relevanz erörtert werden kann. Der Begriff der multiplikativen Ordnung von g modulo m und die Euler'sche φ-Funktion stellen sich als nützliches Werkzeug für die exakte Länge der Periode einer rein-periodischen g-adischen Zahl dar. Dieser Zusammenhang ist im Lehramtsstudium im Rahmen einer (didaktisch orientierten) Zahlentheorie-Vorlesung lohnend anzusehen, da eine Vernetzung von Stellenwertsystemen und Teilbarkeit dargestellt wird. Den Studierenden begegnen „auf dem Weg" spannende, bedeutende Resultate wie der kleine Satz von Fermat oder der Satz von Euler, die im Rahmen mathematischer Begabungs- und Interessensförderung aufgrund überschaubarer Komplexität in der Beweisführung jedenfalls thematisierbar sind und Anwendungen in der computergestützten Kryptografie wie beispielsweise beim RSA-Verschlüsselungsverfahren finden (vgl. Padberg & Büchter, 2018). Darüber hinaus kann im Rahmen der Lehrkräftebildung problembezogen über die Notwendigkeit von Begriffsbildung und Symbolik für die Mathematik reflektiert werden. Denn zunächst wirken doch das Symbol des Periodenstrichs oder die Definitionen der Euler'schen φ-Funktion, der multiplikativen Ordnung oder der Primitivwurzel möglicherweise etwas willkürlich, doch entpuppen sie sich als elegante und wirkmächtige Werkzeuge, die das Beschreiben und Kommunizieren über mathematische Phänomene (wie Periodenlänge der Dezimaldarstellungen von Brüchen) vereinfachen und auch effektives mathematisches Denken und Beweisen, weit über das im Rahmen dieses Beitrags Beschriebene hinaus, ermöglichen.

Aspekte des Messens Nicht unerwähnt soll die Tatsache bleiben, dass der einzige Weg, auf periodische Dezimalzahlen zu stoßen, die Umwandlung von Brüchen in Dezimalzahlen ist. Durch empirische Messvorgänge können nämlich bei einem Messinstrument mit dezimaler Unterteilung – egal mit welcher Genauigkeit – nur endliche Dezimalzahlen als Ergebnis zustande kommen. Dieser Umgang mit Genauigkeit in der Diskrepanz zwischen ungefähr und ganz genau hat entwicklungshistorisch dazu geführt, dass sich der Zahlbegriff vom Größenbegriff emanzipierte. In der empirischen Praxis kann man effektiv näherungsweise arbeiten, in der Welt des Zahlbegriffs muss es exakt sein.

Literatur

Barzel, B., Büchter, A., Klinger, M., Leuders, T., & Reinhold, F. (2024). *Mathematik Methodik. Handbuch für die Sekundarufe I und II* (12. Aufl.). Cornelsen.

Becker, J. P., & Shimada, S. (1997). *The open-ended approach. A new proposal for teaching mathematics*. NCTM.

Danckwerts, R., & Vogel, D. (2006). *Analysis verständlich unterrichten*. Springer.

Humenberger, H., & Schuppar, B. (2006). Irrationale Dezimalbrüche – nicht nur Wurzeln! In A. Büchter, H. Humenberger, S. Hußmann, & S. Prediger (Hrsg.), *Realitätsnaher Mathematikunterricht – vom Fach aus und für die Praxis* (S. 232–245). Franzbecker.

Krauthausen, G., & Scherer, P. (2010). Natürliche Differenzierung im Mathematikunterricht der Grundschule – Theoretische Analyse und Potenzial ausgewählter Lernumgebungen. In C. Böttinger, K. Bräuning, & M. Nührenbörger (Hrsg.), *Mathematik im Denken der Kinder* (S. 52–59). Klett.

Krauthausen, G., & Scherer, P. (2013). *Natürliche Differenzierung im Mathematikunterricht der Grundschule*. Kallmeyer.

Marxer, M., & Wittmann, G. (2011). Förderung des Zahlenblicks – Mit Brüchen rechnen, um ihre Eigenschaft zu verstehen. *Der Mathematikunterricht, 57*(3), 26–36.

MSB – Ministerium für Schule und Bildung des Landes Nordrhein-Westfalen. (Hrsg.). (2019). *Kernlehrplan für die Sekundarstufe I. Gymnasium in Nordrhein-Westfalen. Mathematik*. MSB.

Padberg, F., & Büchter, A. (2018). *Elementare Zahlentheorie* (4., überarb. u. akt. Aufl.). Berlin: Springer Spektrum.

Padberg, F., & Wartha, S. (2023). *Didaktik der Bruchrechnung: Brüche – Dezimalbrüche – Prozente*. Berlin: Springer.

Scherer, P., & Krauthausen, G. (2010). Ausgestaltung und Zwischenergebnisse des EU-Projekts NaDiMa (Partner Deutschland). In A. Lindmeier & S. Ufer (Hrsg.), *Beiträge zum Mathematikunterricht 2010* (S. 735–738). WTM-Verlag.

Wittmann, E. C. (2001). Developing mathematics education in a systemic process. *Educational Studies in Mathematics, 48*(1), 1–20.

Zitierte Schulbücher

Elemente der Mathematik – Vorstufe Heft 2. (1970). Schrödel Schöningh.
Elemente der Mathematik, 6, NRW. (2019). *Braunschweig*. Westermann.
Mathematik – Neue Wege 6. (2019). *Braunschweig*. Westermann.
MatheNetz 6. (2002). *Braunschweig*. Westermann.

Teil III
Digitale Unterstützung beim gemeinsamen Mathematiklernen

Konstruktion digital unterstützter Lernumgebungen zur kombinatorischen Anzahlbestimmung

Karina Höveler und Sophie Mense

1 Einleitung

Im aktuellen Mathematikunterricht, der auf einer konstruktivistischen Grundhaltung basiert und der dem Anspruch eines konstruktiven Umgangs mit Heterogenität gerecht werden soll, nimmt das Konstrukt der Lernumgebungen eine bedeutsame Rolle ein (u. a. Hirt & Wälti, 2008; Komm & Huhmann, 2022; Krauthausen & Scherer, 2014; Wittmann, 1998; Wollring, 2008). Die Entwicklung, Erforschung, Dissemination und Implementation von fachlich gehaltvollen Lernumgebungen stellt daher Wittmann (1981) folgend die Kernaufgabe unserer Wissenschaftsdisziplin dar.

Der Konstruktion solcher Lernumgebungen und auch deren unterrichtlicher Umsetzung unterliegen dabei besondere Qualitätsansprüche, u. a. bezogen auf den mathematischen Gehalt, die Ermöglichung aktiv-entdeckenden Lernens, einer implizierten natürlichen Differenzierung und der Möglichkeit des sozialen Austausches über Mathematik (u. a. Wittmann, 1998; Wollring, 2008). Mit diesen Ansprüchen gehen auch vielfältige Herausforderungen auf unterschiedlichen Ebenen einher, die sowohl gegenstandsspezifischer als auch allgemeiner Natur sind (u. a. Krauthausen & Scherer, 2010) und denen im Zuge der Digitalisierung mit neuen Ansätzen begegnet werden kann.

K. Höveler (✉) · S. Mense
Institut für grundlegende und inklusive mathematische Bildung (GIMB), Westfälische Wilhelms-Universität Münster, Münster, Deutschland
E-Mail: hoeveler@uni-muenster.de; sophie.mense@uni-muenster.de

Da Lernende zugleich auch im Fach Mathematik Kompetenzen für eine aktive, selbstbestimmte Teilhabe in der digitalen Welt erwerben sollen (Kultusministerkonferenz, 2022), stellt sich die Frage, *ob* Lernumgebungen auch digital gestützt gestaltet werden sollen, nicht mehr. Konsequenterweise gilt es für die aktuelle und zukünftige Erforschung, Entwicklung, Dissemination und Implementation fachlich gehaltvoller Lernumgebungen auch die Potenziale des Digitalen zu eruieren, Möglichkeiten und Herausforderungen zu identifizieren und damit sowohl einen Beitrag zur Weiterentwicklung von Lernumgebungen als auch zum fachdidaktisch sinnvollen Einsatz digitaler Medien zu leisten.

Dieser Artikel soll zu diesem Anliegen einen Beitrag leisten, indem exemplarisch die Konstruktion einer, durch digitale Tools angereicherten, Lernumgebung zur kombinatorischen Anzahlbestimmung genauer in den Blick genommen wird und Potenziale und Herausforderungen identifiziert werden. Dazu werden zunächst theoretische Grundlagen zur Konstruktion von Lernumgebungen sowie grundsätzliche digitale Potenziale zur Gestaltung von Lernumgebungen dargestellt. Anschließend wird der Lerngegenstand der kombinatorischen Anzahlbestimmung genauer betrachtet und die Möglichkeitsräume der Apps ‚Kombi' und ‚Book Creator' (Tools for Schools Limited, 2023) zur Gestaltung und Durchführung von Lernumgebungen zur kombinatorischen Anzahlbestimmung dargestellt, bevor eine exemplarische digitale Lernumgebung zur Thematisierung von Problemlösekompetenzen in kombinatorischen Anzahlbestimmungsproblemen präsentiert wird. Ausgehend hiervon werden Potenziale und Herausforderungen der konkreten digitalen Lernumgebung diskutiert und mögliche Konsequenzen für die Gestaltung von Apps und der zusätzlich notwendigen Lehrkräfteprofessionalisierung zum Einsatz digitaler Lernumgebungen abgeleitet.

2 Theoretische Grundlagen: Lernumgebungen und digitale Potenziale

Das Konstrukt der Lernumgebungen stellt, wie eingangs erwähnt, insbesondere in der Grundschule einen wesentlichen Zugang dar, um u. a. prozessbezogene Kompetenzen zu fördern und um in Sinne einer natürlichen Differenzierung produktiv mit der Heterogenität der Lernenden umzugehen (u. a. Krauthausen & Scherer, 2014; Scherer & Hähn, 2017; Wollring, 2008). Was im Allgemeinen unter Lernumgebungen und im Speziellen unter digitalen Lernumgebungen verstanden wird, welche Aspekte bei der Konstruktion zu berücksichtigen sind und welche Potenziale von digitalen Medien für die Konstruktion und den Einsatz zum Tragen kommen können, soll folgend zunächst geklärt werden.

2.1 (Digitale) Lernumgebungen und deren Konstruktion

Eine Lernumgebung stellt, Wittmann (1998) folgend, eine Erweiterung des üblichen Begriffs Aufgabe dar, die im Wesentlichen eine Arbeitssituation als Ganzes beschreibt und die aktiv-entdeckendes sowie soziales Lernen ermöglicht und unterstützen soll. Eine solche Lernumgebung ist in diesem Sinne eine flexible Aufgabe oder – besser – eine flexible große Aufgabe, die aus einem „Netzwerk kleinerer Aufgaben, die durch bestimmte Leitgedanken zusammengebunden werden" besteht (Wollring, 2008, S. 13). Lernumgebungen bester Qualität – Wittmann (1998) spricht von substanziellen Lernumgebungen – sollen zentrale Ziele, Inhalte und Prinzipien des Mathematikunterrichts repräsentieren, reiche Möglichkeiten für mathematische Aktivitäten von Schüler*innen bieten, flexibel sein, um leicht an die speziellen Gegebenheiten einer bestimmten Klasse angepasst werden zu können, und mathematische, psychologische und pädagogische Aspekte des Lehrens und Lernens in einer ganzheitlichen Weise integrieren und so Potenzial für empirische Forschungen bieten.

Dieses Grundverständnis aufgreifend formuliert Wollring (2008) sechs Leitideen zum Design: 1. Gegenstand und Sinn, Fach-Sinn und Werk-Sinn, 2. Artikulation, Kommunikation, soziale Organisation, 3. Differenzieren, 4. Logistik, 5. Evaluation und 6. Vernetzung mit anderen Lernumgebungen. Die Leitidee 1 legt dabei in besonderem Maße Kriterien zur Auswahl des Gegenstandes der Lernumgebung und zur Konstruktion der Aufgaben fest. Bezüglich Leitidee 2 ‚Artikulation, Kommunikation, soziale Organisation' hebt Wollring (2008) hervor, dass Lernende vielfältige Artikulationsmöglichkeiten und entsprechende Unterstützung benötigen, um ihre Entdeckungen zu dokumentieren. Um ihnen im Lernprozess ausreichend Raum für eigene flexible Gestaltungen zu geben, fordert er einen Raum zum Gestalten, den „Spiel-Raum" (2008, S. 16) und einen ergänzenden „Dokumenten-Raum" (S. 16), in dem Dokumentationen für die Weiterarbeit gesammelt werden, die als Grundlage für gemeinsame Reflexionen dienen sollen. Im Sinne der Leitidee ‚Differenzieren' sollen Lernumgebungen Differenzierungsräume öffnen und die Möglichkeit bieten, durch das Variieren von Daten und Strukturelementen unterschiedliche Lernvoraussetzungen zu berücksichtigen, was insbesondere auch im Sinne einer natürlichen Differenzierung realisiert werden kann. Letztgenanntes impliziert, dass alle Lernenden das gleiche Lernangebot mit niedriger Eingangsschwelle erhalten, sodass allen einen Zugang ermöglicht wird. Gleichzeitig sollen aber auch „Rampen" für Leistungsstarke gegeben sein (Hirt & Wälti, 2008). Im Sinne einer natürlichen Differenzierung muss das Angebot das Kriterium der (inhaltlichen) Ganzheitlichkeit erfüllen und Fragestellungen unterschiedlichen Schwierigkeitsgrades zulassen. Die Lernenden erhalten durch das

Aufgabenangebot die Möglichkeit, den Schwierigkeitsgrad selbstverantwortet zu wählen. Lösungswege, Hilfsmittel und Darstellungsweisen – sowie teilweise die Problemstellungen – sind freigestellt und das soziale Von- und Miteinander ist aus der Sache heraus sinnvoll, beispielsweise um unterschiedliche Zugangsweisen in einen interaktiven Austausch zu bringen (Hirt & Wälti, 2008; Krauthausen & Scherer, 2014). Darüber hinaus regt Wollring (2008) an, auch den logistischen Aufwand bezüglich des Materials, der Zeit und der möglichen und notwendigen Zuwendung zu den Lernenden bei der Planung zu berücksichtigen (Leitidee ‚Logistik'), Maßnahmen zur Evaluierung der Lernstände der Kinder sowie der Lernumgebung mitzudenken, um eine rekursive Optimierung der Lernumgebung zu ermöglichen (Leitidee ‚Evaluation') und zu eruieren, wie eine Lernumgebung zu anderen Lernumgebungen in Beziehung gesetzt werden kann (Leitidee ‚Vernetzung mit anderen Lernumgebungen'). Für die Überlegungen in diesem Beitrag werden insbesondere die Leitideen ‚Artikulation, Kommunikation, soziale Organisation' und ‚Differenzieren' und ‚Logistik' genauer betrachtet, da die Autorinnen diesbezüglich besondere Herausforderungen bei der Gestaltung und Konstruktion kombinatorischer Lernumgebungen identifizierten sowie gleichermaßen Potenziale digitaler Medien, um ihnen zu begegnen. Diese Fokussierung bedeutet jedoch keinesfalls, dass die weiteren genannten Leitideen nicht zu berücksichtigt wurden oder weniger bedeutsam sind.

Digitale Lernumgebungen bilden eine Teilmenge der Lernumgebungen (Roth, 2022). Sie konstituieren sich bereits dann, wenn eine Lernumgebung durch von Lernenden interaktiv nutzbare digitale Elemente (z. B. Apps), die einen wesentlichen Beitrag zur Lernaktivität leisten, digital angereichert wurde (ebd). Roth (ebd, S. 113) hebt hervor, dass „eine digitale Lernumgebung […], wenn sie eine Lernumgebung sein soll, nicht Technologie-zentriert, sondern Lerner-zentriert entwickelt und gestaltet werden [muss]" und die Lehrkraft hierbei eine entscheidende Rolle spielt. Für digitale Lernumgebungen – Roth spricht auch von Lernpfaden – formuliert er folgende Qualitätskriterien, die sich zu Teilen mit den Kriterien für substanzielle Lernumgebungen decken:

- Schülerorientierung,
- Benutzerfreundlichkeit,
- eine sinnvolle und fachlich korrekte Strukturierung des Inhalts,
- den Einbezug von Aktivitäten, die das Aufstellen und Formulieren von Vermutungen, das Experimentieren, Kommunizieren sowie das Begründen und Reflektieren von Entdeckungen fördern,
- einen zieladäquaten und interaktiven Medieneinsatz sowie
- unterstützende Angebote für Lehrkräfte (Roth, 2014).

Entsprechend dieser Ausführungen gilt es, die genannten Qualitätskriterien und Leitideen bei der Konstruktion digitaler Lernumgebungen zu berücksichtigen. Dies betrifft sowohl die Konstruktion der Aufgabenserie als auch das Design der (digitalen) Arbeitsumgebung als Ganzes.

2.2 Potenziale digitaler Medien zur Konstruktion von Lernumgebungen

Die vielfältigen in der Literatur benannten Potenziale digitaler Medien für den Unterricht (für allgemeine Potenziale vgl. z. B. Hunt et al., 2011; Irion & Kammerl, 2018; konkret für den Mathematikunterricht z. B. Krauthausen, 2012; Ladel, 2016; Walter, 2018) gelten grundsätzlich auch für Lernumgebungen. Folgend werden diejenigen in den Blick genommen, die insbesondere für die Konstruktion und Realisierung von Lernumgebungen in Hinblick auf die dargestellten Leitideen ‚Artikulation, Kommunikation, soziale Organisation' und ‚Differenzieren' und ‚Logistik' (Wollring, 2008) besonders bedeutsam erscheinen.

Bezogen auf die Leitidee ‚Artikulation, Kommunikation, soziale Organisation' ist hervorzuheben, dass der Einsatz digitaler Medien es Lernenden und Lehrkräften ermöglicht, einfach und schnell Dokumentationen von digitalen und analogen Arbeitsergebnissen zu erzeugen, sowohl in Form von Audio-, als auch Video- oder Bildmaterial (Irion & Kammerl, 2018). Diese Dokumentationen, können für den gemeinsamen Austausch – insbesondere auch für die Artikulation von Entdeckungen – genutzt werden. Gleichzeitig ist es möglich, Prozesse zu dokumentieren, damit der Darstellungsflüchtigkeit entgegenzuwirken und auf dieser Basis gemeinsame vertiefte Reflexionen über Prozesse, beispielsweise des Problemlösens, vorzunehmen (Huhmann et al., 2019). Zusätzliche Funktionen von Tablets, wie beispielsweise die Funktion Airdrop bei iPads, schaffen darüber hinaus neue Möglichkeiten, Arbeitsergebnisse schnell allen Lernenden verfügbar zu machen. Dies kann beispielsweise Austauschprozesse und anschließende Reflexionsphasen vereinfachen. Darüber hinaus ist es unkompliziert möglich, die digital erzeugten Ergebnisse zu speichern und somit langfristig verfügbar und nutzbar zu machen (Irion & Kammerl, 2018).

Bezüglich der notwendigen Differenzierung bei der Konstruktion von Lernumgebungen kann festgestellt werden, dass Potenziale digitaler Medien wie „Strukturierungshilfen" (Walter, 2018, S. 51) sowie „Umlagerung von Denk- und Arbeitsprozessen" den Komplexitätsgrad der Aufgabe beeinflussen können, während unterrichtsorganisatorische Potenziale digitaler Medien wie eine weniger zeit- und materialaufwendige Erstellung (Hunt et al., 2011) und die unmittelbare Verfügbarkeit (Ladel, 2017) ebenfalls Differenzierungen erleichtern. Inwiefern es in der App Kombi (Mense & Höveler, 2022a) möglich ist, Differenzierungsentscheidungen auch mit der App als digitalem Arbeitsmittel zu treffen und so die digitalen Potenziale sinnvoll für Differenzierungsmaßnahmen (auch im Sinne natürlicher Differenzierung) nutzen zu können, wird in Abschn. 3 genauer ausgeführt.

Hinsichtlich der Leitidee ‚Logistik' erscheint besonders bedeutsam, dass Materialien in digitaler Form unkompliziert und kostengünstig genutzt werden können (Irion, 2018). Für den ‚Spiel-Raum' bei kombinatorischen Aufgabenstellungen bietet dies beispielsweise den besonderen Vorteil, dass manipulierbare virtuelle Darstellungsmittel in ausreichender Menge verfügbar sind, ohne dass analoges Material in vielfacher Ausführung vorhanden sein muss. Darüber hinaus bietet das virtuelle Material den Vorteil, dass es leichter zu organisieren und zu strukturieren ist (Hunt et al., 2011; Krauthausen, 2012).

Trotz dieser Potenziale bleibt jedoch zu beachten, dass die Lehrkräfte und die durch sie gesteuerte unterrichtliche Rahmung eine zentrale Rolle sowohl in der Konstruktion als auch vor allem bei der Realisierung der digitalen Lernumgebung spielen. Digitale Lernumgebungen umfassen mehr als nur Aufgaben bzw. Aufgabenserien und erfordern, sofern sie zu substanziellen Lernumgebungen werden sollen, bei der Erstellung und Durchführung von Lehrkräften digitalisierungsbezogenes, fachliches und fachdidaktisches Wissen (Huwer et al., 2019).

3 Grundlagen zur Konstruktion einer digital gestützten Lernumgebung zur kombinatorischen Anzahlbestimmung

Als Grundlage zur Konstruktion der Lernumgebung wird im Folgenden der Gegenstand der kombinatorischen Anzahlbestimmung betrachtet. Anschließend werden die Apps ‚Kombi' und ‚Book Creator' vorgestellt und deren Möglichkeitsräume für die Gestaltung einer digitalen Lernumgebung zur Kombinatorik analysiert.

3.1 Kombinatorische Anzahlbestimmung – Betrachtung des Gegenstandes, Anforderungen und Herausforderungen

Die Kombinatorik wird häufig als die Kunst des Zählens oder geschickten Zählens bezeichnet (u. a. Selter & Spiegel, 2004). In kombinatorischen Anzahlbestimmungsproblemen geht es darum, aus vorgegebenen Elementen und Konstruktionsbedingungen Objekte, sogenannte kombinatorische Figuren (Jeger, 1973) zu erstellen und herauszufinden, welche und wie viele verschiedene Objekte es gibt (Kütting & Sauer, 2014). Das Lösen kombinatorischer Anzahlbestimmungsprobleme unterscheidet sich dadurch in einigen wesentlichen Punkten vom Lösen klassischer arithmetischer Anzahlbestimmungsprobleme, die Lernende in den ersten Schuljahren kennenlernen (Höveler, 2014): Gesucht ist die Anzahl aller Figuren und nicht die Anzahl von Einzelelementen und darüber hinaus liegen die zu zählenden Figuren noch nicht vor. Zur Anzahlbestimmung gilt es, die Figuren zunächst aus den einzelnen Elementen (mental oder real) zu konstruieren bzw. die Konstruktionsbedingungen (kombinatorische Figur, Grundgesamtheit n und die Anzahl der Elemente der Teilmenge k) im Anzahlbestimmungsprozess zu berücksichtigen (ebd.). Für die geschickte Bestimmung aller Möglichkeiten gibt es in der Kombinatorik eine Vielzahl verschiedener Lösungswege, dazu gehören u. a. das systematische Auflisten und Abzählen, die Anwendung kombinatorischer Zählprinzipien oder kombinatorischer Operationen. Diesbezüglich sehen die aktuellen Bildungsstandards unter der Leitidee Daten und Zufall vor, dass Lernende bis zum Ende der Grundschulzeit in der Lage sind, „einfache kombinatorische Fragestellungen durch systematisches Vorgehen (z. B. systematisches Probieren) oder mit Hilfe von heuristischen Hilfsmitteln (z. B. Skizze, Baumdiagramm, Tabelle)" (KMK, 2022, S. 18) zu lösen. Neben diesen inhaltsbezogenen Kompetenzen spielen prozessbezogene Kompetenzen eine zentrale Rolle beim Lösen kombinatorischer Anzahlbestimmungsprobleme (Rütten et al., 2018). Das Problemlösen und Darstellen wird beispielsweise beim Finden aller Möglichkeiten gefördert, das Kommunizieren dann, wenn im Unterricht angeregt wird, sich über Gemeinsamkeiten und Unterschiede in Lösungsstrategien auszutauschen, und das Argumentieren, wenn es darum geht auszuschließen, dass Möglichkeiten doppelt gezählt oder vergessen wurden, und die Vollständigkeit der Lösungen begründen werden soll. Im Rahmen von kombinatorischen Lernumgebungen kann der Fokus entsprechend eher auf inhaltsbezogene Kompetenzen gelegt werden, um Konzepte, Vorstellungen und Vorgehensweisen zur kombinatorischen Anzahlbestimmung weiterzuentwickeln, oder aber verstärkt auf die Entwicklung von Problemlöse-, Kommunikations-, Argumentations- und Darstellungskompetenzen (Rütten et al., 2018). Je nach Fokussierung ergibt sich eine unterschiedliche Auswahl an Aufgaben(serien) und leitenden Fragestellungen zur Lernumgebung sowie zur Materialbereitstellung.

Herausforderungen bei der Thematisierung kombinatorischer Problemstellungen betreffen sowohl die Thematisierung inhaltsbezogener als auch prozessbezogener Kompetenzen: Aus Studien (u. a. Lockwood, 2014; Höveler, 2018a) ist bekannt, dass für die Entwicklung eines tragfähigen kombinatorischen Verständnisses die Auseinandersetzung mit der Strukturierung der Lösungsmenge und damit einhergehend die Ableitung von Zählstrategien von besonderer Bedeutung ist. Aufgrund der kombinatorischen Explosion, des extrem starken Wachstums der Möglichkeiten, sobald die Grund- oder Teilmenge größer wird, ist das systematische Auflisten zeit- und materialaufwendig. Darüber hinaus ist die gemeinsame, systematisch vergleichende Betrachtung der der Strukturierungen der Lösungsmenge je nach Materialwahl und Darstellung herausfordernd (Winzen & Höveler, 2020). Auch die Darstellungsflüchtigkeit des handelnden Erstellens und Sortierens aller Möglichkeiten stellt eine Herausforderung dar (Winzen & Höveler, 2020), insbesondere dann, wenn auf Problemlöseprozesse und -strategien fokussiert werden soll. Hier bieten digitale Medien aus theoretischer Perspektive eine Vielzahl von Möglichkeiten, diesen entgegenzuwirken.

3.2 Möglichkeitsräume der Apps ‚Kombi' und ‚Book Creator' zur Gestaltung von Lernumgebungen

Für die Konstruktion einer digitalen Lernumgebung zur Kombinatorik wurden die Apps ‚Kombi' und ‚Book Creator' ausgewählt. Deren Grundaufbau und Möglichkeitsräume für die Gestaltung einer Lernumgebung zur kombinatorischen Anzahlbestimmung mit besonderem Fokus auf die ausgewählten Leitideen werden folgend betrachtet.

Zentrale Funktionen der App ‚Kombi' Die Tablet-App ‚Kombi' wurde im Rahmen des 2018 gestarteten und noch laufenden fachdidaktischen Entwicklungsforschungsprojektes ‚PAZ-digital' entwickelt und ist seit Dezember 2022 in einer Erstversion für iOS-Geräte im App-Store verfügbar (Mense et al., 2023). Die App wurde dabei mit dem Ziel entwickelt, digitale Lernumgebungen zur Kombinatorik konstruieren und realisieren zu können und den (u. a. logistischen) Herausforderungen beim analogen Bearbeiten von kombinatorischen Problemstellungen zu begegnen (Mense & Höveler, 2022a; Winzen & Höveler, 2020). In der veröffentlichten Erstversion, die auch bereits im Unterricht eingesetzt werden kann, sind bereits viele zentrale, jedoch nicht alle geplanten Elemente implementiert, sodass die App noch fortlaufend forschungsbasiert weiterentwickelt wird. Die Veröffentlichung ermöglicht es nun, Erprobungen in Unterrichtssettings vorzunehmen, um die App noch besser auf unterrichtliche Anforderungen auszurichten und diese sowohl mit Blick auf den Gegenstand als auch hinsichtlich der Wollring'schen Leitideen (2008) und der von Roth (2014) genannten Kriterien weiterentwickeln zu können.

Aufgaben und Aufgabenserien für Lernumgebungen in Kombi konstruieren, speichern und teilen Für Lehrende und Lernende ist es möglich, Aufgaben aus einem vorgegebenen Pool auszuwählen, und selbst Aufgaben und Aufgabenserien zu erstellen. Um Aufgaben und Aufgabenserien möglichst einfach zu erstellen und

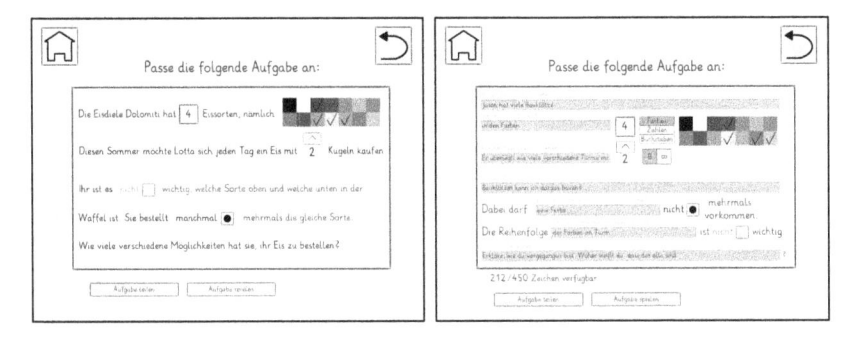

Abb. 1 Erstellen von Aufgaben in Kombi. (Links: gewählter Kontext: Eisdiele. Anpassung der Aufgabenparameter n und k sowie Reihenfolge wichtig/unwichtig bzw. mit/ohne Wdh. Rechts: Auswahl ‚Sonstiges' Eingabe von eigenem Text möglich)

gleichzeitig sicher zu gehen, dass alle relevanten Parameter enthalten sind, wurden verschiedene Kontexte zur Auswahl gestellt, die typischerweise bei der Behandlung kombinatorischer Anzahlbestimmungsprobleme in der Grundschule thematisiert werden. In die App wurden Design-Elemente eingebunden, die es ermöglichen Aufgabenparameter, wie die Grundgesamtheit n und die Größe der Teilmenge k, ob die Reihenfolge wichtig oder unwichtig ist und ob eine Wiederholung möglich ist oder nicht, digital durch Auswahl zu verändern (Abb. 1). Ebenso ist es möglich, einen Aufgabentext zu beliebigen Kontexten frei einzugeben (Mense et al., 2023; Mense & Höveler, 2022a). Die adaptierten bzw. selbst erstellten Aufgaben können gespeichert, per QR-Code geteilt und anschließend gelöst werden (Abb. 1, Button „Aufgabe teilen"). Die erstellten Aufgaben können in beiden Modi auch später noch verändert werden (für detaillierte Informationen zu den Features der App siehe Mense & Höveler, 2022a, 2022b).

Mit Blick auf die Konstruktion von Lernumgebungen ist hier jedoch einschränkend anzumerken, dass aktuell Aufgaben einzeln und nicht als Aufgabenserien gespeichert werden können. Wie dennoch eine Lernumgebung mit überschaubarem Aufwand erstellt werden kann, wird in Abschn. 4 betrachtet. Ebenso ist aus programmiertechnischen Gründen die Formulierung der Aufgabenstellungen noch nicht vollkommen frei möglich, da die textlichen Angaben die Auswahl der Materialien im ‚Spiel-Raum' festlegen. Dies soll zukünftig freier gestaltet werden. Sind Formulierungen in der aktuellen Version für die Lerngruppe noch zu fordernd, so bietet es sich an, passende Aufgaben analog bereitzustellen und die App im Arbeitsmittelmodus zu nutzen, bei dem die Lernenden, die Einstellungen selbst vornehmen (auch Abschn. 4).

Problemstellungen mit Kombi lösen, Lösungswege speichern und teilen Zum aktuellen Zeitpunkt bietet die App Lernenden die Möglichkeit, kombinatorische Problemstellungen mit digitalem Material zu lösen. Die Entwicklerinnen sind damit Wollrings (2008) Forderungen nach einem ‚Spiel-Raum', in dem Objekte erstellt werden und mit denen frei operiert werden kann, nachgekommen (vgl. Mense & Höveler, 2022a; Winzen & Höveler, 2020). Gegenstandsbezogen wurden hier zwei zentrale Darstellungsweisen, die für die Entwicklung eines kombinatorischen Verständnisses bedeutsam sind (u. a. Höveler, 2014) berücksichtigt: Es ist sowohl möglich, aus Einzelelementen kombinatorische Figuren zu erstellen und diese strukturiert aufzulisten, als auch Objekte mittels Baumdiagramm zu erstellen. Die im Sinne einer natürlichen Differenzierung vorgesehene freie Wahl des Lösungszuganges (u. a. Krauthausen & Scherer, 2014) ist damit (aktuell) eingeschränkt auf das Auflisten und Abzählen (Objekte aus Einzelelementen erstellen und räumlich strukturieren) und Aufspalten und Zählen (Objekte im Baumdiagramm erstellen). Innerhalb des Zuganges sind dann jedoch für die Lernenden individuelle Lösungswege und -strategien denkbar, insbesondere durch die Möglichkeit, die Platzhalter bzw. die Objekte beliebig oft und flexibel auf der Arbeitsfläche zu verschieben (Abb. 2). Dies erlaubt ein zunehmend strukturiertes Vorgehen und einen anschließenden Austausch über die unterschiedlichen Vorgehensweisen und Lösungsstrategien.

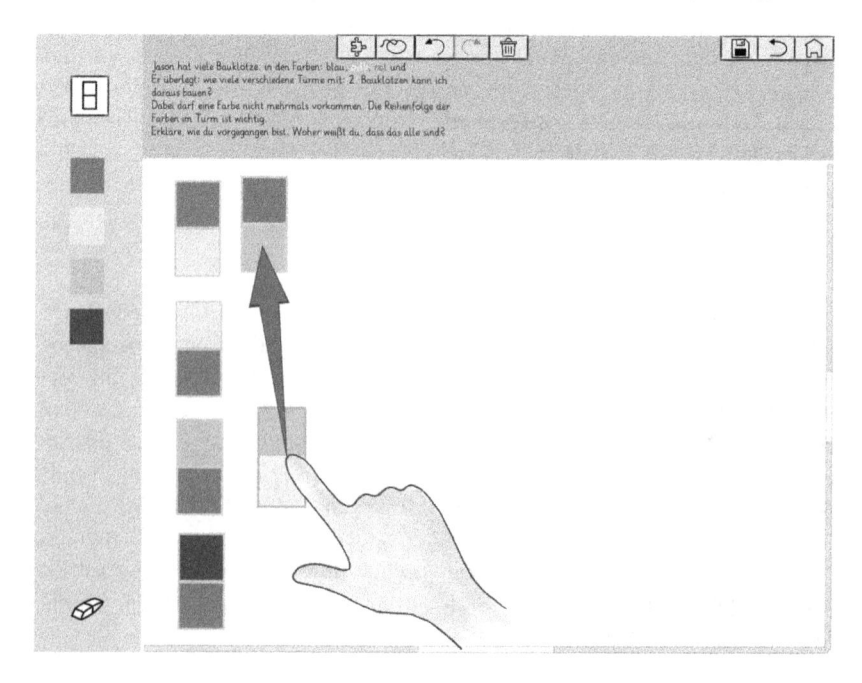

Abb. 2 Der Spiel-Raum in ‚Kombi' im Aufgabenmodus

Um möglichst flexibel den Bedarfen im Unterricht gerecht zu werden, ist der ‚Spiel-Raum' in der App in zwei verschiedenen Ausführungen realisiert: Bei der Funktion ‚Aufgaben' und beim Öffnen gescannter Aufgaben werden die kombinatorischen Problemstellungen in der App angezeigt (Abb. 2, oben) und die zur Aufgabe gehörenden Elemente (Grundgesamtheit n und die Anzahl der Elemente der Teilmenge), sowie die Form, Ausrichtung und Größe der Platzhalter sind bereits voreingestellt (Abb. 2, links), sodass direkt mit dem Erstellen der Objekte begonnen werden kann.

Bei der Funktion ‚Arbeitsmittel' sind im ‚Spiel-Raum' noch keine Voreinstellungen getroffen worden und es wird keine Aufgabe angezeigt. Hier sind alle Einstellungen frei durch die Lernenden wählbar. Diese Offenheit wurde gewählt, um die Bearbeitung von Lernumgebungen bzw. Aufgaben aus Schulbüchern und oder anderen Quellen möglichst einfach zu ermöglichen. Bevor die Objekte konkret erstellt werden können, ist es notwendig, dass die Lernenden die Parameter selbst festlegen.

In beiden Modi können die Ergebnisse gespeichert werden. Die Lehrkraft hat zusätzlich die Möglichkeit über den Admin-Modus auf die Produkte der Lernenden zuzugreifen und diese für die weiteren Arbeitsphase nutzbar zu machen. Zukünftig soll zudem eine Programmierung vorgenommen werden, die Lernenden ermöglicht, die eigenen Lösungen auch mit anderen Lernenden über die App zu teilen, sodass der gegenstandsbezogene Austausch unter Lernenden beispielsweise über gefundene Lösungen, Strukturierungen der Objektemenge und Gemeinsamkeiten und Unterschiede im Rahmen einer Lernumgebung unkompliziert möglich ist, aktuell kann dies über die Airdrop-Funktion des iPads, nicht jedoch direkt in der App vorgenommen werden. Um der Darstellungsflüchtigkeit entgegenzuwirken, kann die Screencast-Aufnahmefunktion der iPads genutzt werden. Diese ermöglicht es, neben den sichtbaren Produkten im ‚Spiel-Raum', auch die eigenen Lösungswege als Video aufzunehmen und so die Lösungsprozesse genauer in den Blick nehmen und ebenfalls über Airdrop mit anderen Lernenden zu teilen.

Die genannten Möglichkeiten in ‚Kombi' stellen damit eine Reihe von Potenzialen zur Konstruktion von digitalen Lernumgebungen bereit, insbesondere durch die folgenden Features, die es Lehrkräften ermöglichen sollen, für ihre jeweilige Lerngruppe passende Aufgabenserien zu erstellen und diese als Basis für eine digital gestützte Lernumgebung zu verwenden:

- Die *digitale Veränderung kombinatorischer Aufgabenstellungen (Aufgabenparameter & verschiedene Kontexte)* sowie das *Formulieren von eigenen Arbeitsaufträgen* (Mense & Höveler, 2022a) ermöglicht es Lehrkräften, gemäß Wollrings (2008) Leitidee ‚Differenzieren', Aufgabenformate für ihre Lerngruppe auszusteuern und die Aufgaben so zu gestalten, dass sie – unter den vorangehend genannten Einschränkungen – eine natürliche Differenzierung erlauben. Hierbei muss selbstverständlich auf die sinnvolle Struktur und die fachliche Korrektheit der erstellten Aufgaben geachtet werden (Roth, 2014).

- Das *digitale Bereitstellen der Aufgaben für die Klasse via QR-Code* (Mense & Höveler, 2022a) nutzt das digitale Potenzial, Materialien unkompliziert und kostengünstig verteilten zu können (Irion, 2018).
- Gleichzeitig bedeutet das Bearbeiten der Aufgaben mit dem digitalen Material aus Sicht der Lernenden, dass vielfältige Optionen zum eigenständigen flexiblen Gestalten und Experimentieren entsprechend Wollrings (Wollring, 2008) Leitidee ‚Logistik' bestehen und Roths (Roth, 2014) Forderung zum Einbezug von Aktivitäten, die das Experimentieren fördern, erfüllt wird.
- Durch die Möglichkeit, *Spielstände speichern, wieder abrufen und weiter verändern* zu können (Mense & Höveler, 2022b), können auch Zwischenergebnisse des Lösungsprozesses festgehalten werden und so als Darstellung mit „dokumentierendem und informierenden Wert" (Wollring, 2008, S. 15) dienen.
- Die Möglichkeit, aus dem Admin-Modus hinaus die *Spielstände der Klasse einsehen* zu können, berücksichtigt das digitale Potenzial der Dokumentation (Irion & Kammerl, 2018). In Kombination mit der integrierten Tabletsoftware-Aufnahmefunktion, wie Screenshots oder Screencasts, wird dieses Potenzial noch erweitert, denn so können auch Arbeitswege und -ergebnisse von den Lernenden dargestellt werden, um der Darstellungsflüchtigkeit entgegenzuwirken (Huhmann et al., 2019). Dass ihre Handlungen auf diese Weise nicht unbedingt verschriftlicht werden müssen, entspricht den in Wollrings (2008) zweiter Leitidee geforderten vielfältigen Artikulationsmöglichkeiten. Während Grundschulkinder häufig die schriftsprachlichen Kompetenzen noch nicht vollständig erworben haben, werden sie durch die Möglichkeit, ihre Entdeckungen mündlich, als Foto oder Video festzuhalten, in der Dokumentation unterstützt.

Langfristig ist es angedacht, entsprechend Wollrings (2008) Gedanken auch direkt in ‚Kombi' einen ‚Dokumenten-Raum' zu integrieren, der es ermöglicht Lösungen miteinander zu vergleichen, Beobachtungen zu markieren und Erklärungen und gewonnene Erkenntnisse festzuhalten. Bis zur Implementation eines ‚Dokumenten-Raums' in ‚Kombi' besteht die Möglichkeit, diesen entweder analog zu gestalten oder – wie im Folgenden dargestellt – andere Apps, wie z. B. den ‚Book Creator', hierfür zu nutzen.

Zentrale Funktionen der App ‚Book Creator' Die App ‚Book Creator' hat das Ziel, Lernende eigene digitale Bücher erstellen zu lassen, in denen getippte oder digital handschriftliche Texte, Fotos, Videos, Sprachaufnahmen, oder Zeichnungen einfach und intuitiv eingefügt werden können. Zudem erlaubt ‚Book Creator' es,

Lernenden vorbereitete Bücher per Airdrop zuzusenden, welche dann weiterbearbeitet werden können. Auf diese Weise ist es möglich, ‚Book Creator' als ‚Dokumenten-Raum' bzw. Forschertagebuch mit Reflexions- und Diskussionsanregungen einzusetzen. Während ‚Kombi' vielfältige Möglichkeiten für das Erstellen von Aufgaben und Aufgabenserien enthält, welche interaktiv und experimentierend bis zunehmend systematisch gelöst werden können, bietet ‚Book Creator' die Möglichkeit, gemäß Roths (Roth, 2014) Qualitätsanforderungen an digitale Lernumgebungen, auch Aktivitäten einzubeziehen, die das Aufstellen und Formulieren von Vermutungen, Kommunizieren sowie das Begründen und Reflektieren von Entdeckungen fördern. In von Lehrkräften mit ‚Book Creator' erstellten Forschertagebüchern kann Wollrings (2008) Forderung nach wenigen Einschränkungen der zugelassenen Artikulation nachgekommen werden, denn durch die vielfältigen Medien, die eingebettet werden können, werden die Lernenden beim Äußern ihrer Entdeckungen unterstützt. Auch besteht so die Möglichkeit, Lösungen von anderen Lernenden in das eigene Forschertagebuch zu integrieren. Diese Korrespondenzoption ermöglicht Kooperation, wie Wollring (2008) sie in seinen Leitideen ‚Artikulation, Kommunikation, soziale Organisation' und ‚Differenzieren' fordert.

4 Konstruktion der digital gestützten Lernumgebung zur kombinatorischen Anzahlbestimmung

Für den Unterricht in der Grundschule existieren bereits verschiedene Konzeptionen analoger Lernumgebungen zum Gegenstand der kombinatorischen Anzahlbestimmung (u. a. Bönig et al., 2009; Höveler, 2018b; Rütten et al., 2018). Für die in diesem Beitrag dargestellte digitale Lernumgebung wird dabei auf Aufgabenstellungen und Grundgedanken der Lernumgebung von Höveler (2018b) zurückgegriffen. Fokus ist die Entwicklung geeigneter, zunehmend elaborierter Strategien zur Anzahlbestimmung in kombinatorischen Kontexten und die Weiterentwicklung von allgemeinen Problemlösestrategien und -kompetenzen. Die Lernumgebung enthält Aufgabenserien in zwei Kontexten: ‚Bauen von Türmen aus Bausteinen' und ‚Bilden von Zahlen aus Ziffernkarten' (ebd.), die separat oder als sich ergänzende Einheiten organisiert werden können. Innerhalb der Kontexte können Analogien identifiziert und zur Lösungsfindung genutzt werden, zwischen den Kontexten können Isomorphien identifiziert und genutzt werden.

Der Anspruch an Lernumgebungen hinsichtlich des fachlichen Gehalts und im Sinne einer natürlichen Differenzierung an die Zugänglichkeit für alle Lernenden, die freie Wahl des Schwierigkeitsanspruchs sowie die Rampe nach oben für

Leistungsstarke (u. a. Krauthausen & Scherer, 2014) ist unabhängig von der Wahl eines analogen oder digitalen Zugangs, die Realisierung wird hier daher nur angedeutet. Jeder Kontext enthält eine für alle zugängliche Basisaufgabe mit niedriger Eingangsschwelle: „Du hast Bausteine in vier verschiedenen Farben. Baue verschiedene zweistöckige Türme" (bzw. „Du hast Karten mit den Ziffern 1, 2, 3 und 4. Bilde verschiedene zweistellige Zahlen!"). Die Bearbeitung kann sowohl analog als auch digital geschehen. Damit die Problemstellungen tatsächlich für alle Lernenden zugänglich sind, ist im Plenum u. a. zu klären, was zweistöckig bzw. zweistellig bedeutet. Anschließend wird diese Basisaufgabe durch operative Variationen geöffnet (z. B. Wie viele Lösungen gibt es, wenn du 4, 5, 6, … verschiedene Bausteine bzw. Ziffernkarten hast? Wie viele Türme gibt es, wenn sie nicht zwei-, sondern dreistöckig sind? Was passiert, wenn du dreistellige Zahlen aus Ziffernkarten erstellst?). Diese Aufgabenvariationen bereitet die Lehrkraft in ‚Kombi' vor und erstellt die jeweiligen QR-Codes zu den einzelnen Aufgaben. Diese können anschließend in eine Situation eingebettet werden, welche die Grundlage für die selbstständige Auseinandersetzung der Lernenden mit dem Lerngegenstand darstellt (Abb. 3).

Abb. 3 Aufgabenserie aus Beispiellernumgebung mit QR-Codes

Im Mathematikunterricht wird dann zunächst gemeinsam das Einstiegsproblem thematisiert und individuell bearbeitet. Ausgehend davon können die Lernenden sich dann selbstständig mit den vorbereiteten weiterführenden Aufgaben auseinandersetzen. Die Lernenden erhalten durch das Aufgabenangebot die Möglichkeit, den Schwierigkeitsgrad selbstverantwortet zu wählen. ‚Kombi' ermöglicht hierbei individuelle Zugänge und Strukturierungsstrategien im Lösungsprozess durch ein flexibles Operieren mit den virtuellen Anschauungsmaterialien und dadurch eine natürliche Differenzierung unter der bereits genannten Einschränkung auf Auflistungsstrategien und den Einsatz des Baumdiagramms (Abschn. 3.2).

Im Verlauf der Einheiten werden die Lernenden immer wieder dazu angeregt, ihre Strukturierungsstrategien zu reflektieren und sich mit anderen Lernenden darüber auszutauschen. Anregungen hierfür bietet das digitale Forscherheft in ‚Book Creator' (Abb. 4). Hier wird das digitale Potenzial der Dokumentation insofern genutzt, als dass Screenshots oder Screencasts der eigenen und fremder Lösungen aus ‚Kombi' als Grundlage für die Strategiekonferenz eingefügt werden können und die Kooperation und der Austausch über Gemeinsamkeiten und Unterschiede

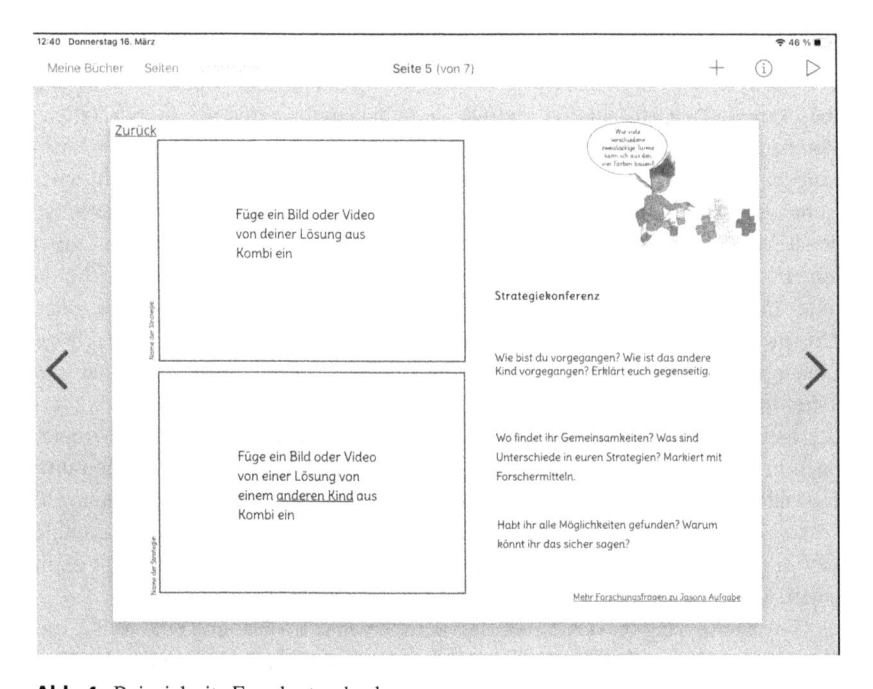

Abb. 4 Beispielseite Forschertagebuch

vereinfacht wird. Entdeckungen können multimedial festgehalten werden, sodass Lernende vielfältige Artikulationsoptionen haben. Anregungen, auch Vorgehensweisen bei verschiedenen Aufgaben systematisch miteinander zu vergleichen und Strategien aufeinander zu beziehen, ermöglichen ein ganzheitliches Erarbeiten von kombinatorischen Problemstellungen. Ausgehend von den individuellen Vorgehensweisen können auf diese Weise zunehmend elaborierte Strukturierungs- und Zählstrategien erarbeitet werden, indem die Lernenden gemäß ihren individuellen Fähigkeiten und Fertigkeiten Zusammenhänge zwischen Vorgehensweisen (auch zwischen den beiden Problemfeldern) herstellen und Begründungen für die Vollständigkeit der Lösungsmenge formulieren. Ein flexibles Wechseln zwischen der Rahmensituation mit den Links in den ‚Spiel-Raum' in ‚Kombi' und gleichzeitig dem darauf abgestimmten ‚Dokumenten-Raum' in ‚Book Creator' entspricht der Forderung von Komm und Huhmann (2022), die beiden Räume wechselseitig miteinander zu verbinden, um Raum für neue Entdeckungen aus bereits dokumentierten Entdeckungen zu schaffen.

5 Zusammenfassung und Ausblick

Die Analyse der Möglichkeitsräume der Apps ‚Kombi' und ‚Book Creator' und die exemplarisch präsentierte digitale Lernumgebung zeigen das grundsätzliche Potenzial, digitale Tools auch zur Gestaltung und Realisierung von Lernumgebungen einzusetzen: Mit Hilfe der App ‚Kombi' wird es ermöglicht, dass Lehrkräfte Aufgaben auch im Digitalen aufeinander aufbauend gestalten können, sodass sie miteinander verbunden sind und eine natürliche Differenzierung und einen vernetzten Wissenserwerb ermöglichen. Für die Lernenden ist in der digital unterstützten Lernumgebung ein handlungsorientiertes Arbeiten möglich, ohne dass dies mit einem großen Materialaufwand einhergeht. Bislang meist flüchtige Lösungswege können auf dem Tablet unkompliziert dokumentiert werden und somit in Reflexionsphasen wieder aufgegriffen und als Grundlage für die weiterführende Auseinandersetzung aufgegriffen werden. Das digitale Forschertagebuch in ‚Book Creator' ermöglicht durch den Einbezug vielfältiger Medien umfassende Möglichkeiten für die Lernenden, ihre Entdeckungen und Begründungen zu äußern und festzuhalten. Inwiefern die hier theoretisch konstruierte digitale Lernumgebung auch im Unterricht die genannten Potenziale entfaltet, gilt es in einem nächsten Schritt zu prüfen.

Gleichzeitig zeigen sich bereits bei der theoretischen Planung eine Reihe von Herausforderungen: Es ist technisch bislang nicht möglich, die QR-Codes der Aufgaben aus ‚Kombi' vom gleichen Gerät abzurufen, auf dem sie angezeigt werden. Deswegen kann noch nicht aus dem Forschertagebuch heraus direkt auf die Aufgaben verlinkt werden, sondern die QR-Codes müssen entweder ausgedruckt oder per Beamer im Klassenraum bereitgestellt werden. Die Aufgabentexte und Anpassungsmöglichkeiten der Aufgaben in ‚Kombi' sind zudem aktuell noch etwas unflexibel, weil die Satzstruktur vorgegeben ist und stets alle Aufgabenparameter angegeben sein müssen. Um den Einsatz vielfältiger zu gestalten, ist es für die Weiterentwicklung der App angedacht, auch eine Abwahl von einzelnen Aufgabenparametern zu erlauben und zu ermöglichen, dass oben kein Aufgabentext angezeigt, sondern nur das jeweilige Material bereitgestellt wird. Darüber hinaus wird geprüft, inwiefern es möglich ist auch Aufgabenserien im Sinne von Lernumgebungen zur Verfügung zu stellen.

Aus den genannten Potenzialen und Herausforderungen der dargestellten digitalen Lernumgebung zur kombinatorischen Anzahlbestimmung lassen sich folgende Konsequenzen ableiten, welche auch grundsätzlich für die Konstruktion von digitalen Lernumgebungen übertragbar sein sollten:

Möglichkeit zur Bereitstellung von eigenen Aufgaben Um eine passende Differenzierung für die jeweilige Lerngruppe zu ermöglichen, sollten fachdidaktische Apps adaptierbare Aufgaben bereitstellen bzw. die Möglichkeit anbieten, eigene Aufgaben zu erstellen, sodass durch die gegebene Aufgabenstellung(en) eine natürliche Differenzierung ist.

Professionalisierung von Lehrkräften Die Erstellung von digital gestützten Lernumgebungen erfordert von Lehrkräften umfangreiche fachdidaktische, fachliche und digitalisierungsbezogene Kompetenzen. Um die Potenziale von Apps für die Erstellung von digitalen Lernumgebungen fachdidaktisch sinnvoll einzusetzen, gilt es, entsprechende Fortbildungen, Workshops, Handreichungen und/oder Selbstlernplattformen bereitzustellen, um die Professionalisierung der Lehrkräfte in diesem Bereich zu unterstützen.

Open Source Verfügbarkeit von fachdidaktischen Apps Apps für den Mathematikunterricht müssen einerseits inhaltsspezifisch sein, andererseits sollte die Handhabung verschiedener Apps möglichst einheitlich aufgebaut sein, um ein ständig neues Einarbeiten für Lehrkräfte und Lernende zu verhindern. Um eine einheitliche Benutzeroberfläche bei gleichzeitiger Passung zwischen Handlung und mentaler Operation für vielfältige Inhaltsbereiche zu erreichen, wäre es wünschenswert, wenn fachdidaktisch entwickelte Apps Open Source zur Verfügung stehen würden. Auf diese Weise könnten sie von jeweiligen Experten für den entsprechenden Inhaltsbereich angepasst werden, gleichzeitig wäre für die Nutzenden aber eine einheitliche Bedienung erkennbar und es könnte ein gemeinsamer Dokumentenraum/Forscherbereich zur Verfügung gestellt werden.

Literatur

Bönig, D., Röbbeling, N., & Timm, G. (2009). Erprobung und Evaluation einer Lernumgebung zur Kombinatorik in Kl 1/2. In M. Neubrandt (Hrsg.), *Beiträge zum Mathematikunterricht 2009* (S. 453–456). WTM-Verlag. https://doi.org/10.17877/DE290R-6835

Hirt, U., & Wälti, B. (2008). *Lernumgebungen im Mathematikunterricht: Natürliche Differenzierung für Rechenschwache bis Hochbegabte* (7. Aufl.). Klett Kallmeyer.

Höveler, K. (2014). *Das Lösen kombinatorischer Anzahlbestimmungsprobleme.* https://doi.org/10.17877/DE290R-15563

Höveler, K. (2018a). Children's combinatorial counting strategies and their relationship to conventional mathematical counting principles. In E. W. Hart & J. Sandefur (Hrsg.), *Teaching and learning discrete mathematics worldwide: Curriculum and research. ICME-13 monographs* (S. 81–92). Springer. https://doi.org/10.1007/978-3-319-70308-4

Höveler, K. (2018b). Zählen, ohne zu zählen – Wir entwickeln geschickte Zählstrategien. In M. Veber, N. Berlinger, & R. Benölken (Hrsg.), *Alle zusammen! Und jeder wie er will! – Offene, substanzielle Problemfelder als Gestaltungsbaustein für inklusiven Mathematikunterricht* (S. 74–89). WTM-Verlag.

Huhmann, T., Höveler, K., & Eilerts, K. (2019). Counteracting representational volatility in geometry class through use of a digital aid: Results from a qualitative comparative study on the use of pentomino learning environments in primary school. International symposium elementary mathematics teaching (S. 211–219).

Hunt, A. W., Nipper, K. N., & Nash, L. E. (2011). Virtual vs. concrete manipulatives in mathematics teacher education: Is one type more effective than the other? *Current Issues in Middle Level Education, 16*(2), 1–6.

Huwer, J., Irion, T., Kuntze, S., Schaal, S., & Thyssen, C. (2019). Von TPaCK zu DPaCK – Digitalisierung im Unterricht erfordert mehr als technisches Wissen. *MNU Journal, 5*, 358–364.

Irion, T. (2018). Wozu digitale Medien in der Grundschule? Sollte das Thema Digitalisierung in der Grundschule tabuisiert werden? *Grundschule aktuell: Zeitschrift des Grundschulverbandes, 142*, 3–7. https://doi.org/10.25656/01:17712

Irion, T., & Kammerl, R. (2018). Mit digitalen Medien lernen. Grundlagen, Potenziale und Herausforderungen. *Die Grundschulzeitschrift, 307*, 12–17.

Jeger, M. (1973). *Einführung in die Kombinatorik.* Klett.

Komm, E., & Huhmann, T. (2022). Mathematiktreiben und Reflektieren. Entdecken dokumentieren, um neu zu entdecken. In E. Gläser, J. Poschmann, P. Büker, & S. Miller (Hrsg.), *Reflexion und Reflexivität im Kontext Grundschule. Perspektiven für Forschung, Lehrer:innenbildung und Praxis* (S. 251–257). Verlag Julius Klinkhardt. https://doi.org/10.25656/01:25576

Krauthausen, G. (2012). *Digitale Medien im Mathematikunterricht.* Springer. https://doi.org/10.1007/978-3-8274-2277-4

Krauthausen, G., & Scherer, P. (2010). *Umgang mit Heterogenität. Natürliche Differenzierung in der Grundschule.* Handreichung des Programms SINUS an Grundschulen. IPN.

Krauthausen, G., & Scherer, P. (2014). *Natürliche Differenzierung im Mathematikunterricht: Konzepte und Praxisbeispiele aus der Grundschule* (3. Aufl.). Klett Kallmeyer.

Kultusministerkonferenz. (2022). *Bildungsstandards für das Fach Mathematik Primarbereich.* https://www.kmk.org/fileadmin/Dateien/veroeffentlichungen_beschluesse/2022/2022_06_23-Bista-Primarbereich-Mathe.pdf. Zugegriffen am 26.09.2023.

Kütting, H., & Sauer, M. J. (2014). *Elementare Stochastik: Mathematische Grundlagen und didaktische Konzepte* (3., korr. Nachdr. Aufl.). Springer Spektrum.

Ladel, S. (2016). Digitale Medien im Mathematikunterricht der Grundschule. In M. Peschel & T. Irion (Hrsg.), *Neue Medien in der Grundschule 2.0: Grundlagen – Konzeption – Perspektiven* (S. 154–165). Grundschulverband.

Ladel, S. (2017). Ein Essay zu den Begriffen ‚sinnvoll' und ‚Mehrwert'. In C. Schreiber, R. Rink, & S. Ladel (Hrsg.), *Digitale Medien im Mathematikunterricht der Primarstufe. Ein Handbuch für die Lehrerausbildung* (S. 171–179). WTM-Verlag. https://doi.org/10.37626/GA9783959870252.0.09

Lockwood, E. (2014). A set-oriented perspective on solving counting problems. *For the Learning of Mathematics, 34*(2), 31–37.

Mense, S., & Höveler, K. (2022a). Digitale Differenzierung kombinatorischer Aufgabenstellungen. In J. Bonow, T. Dexel, R. Rink, C. Schreiber, & D. Walter (Hrsg.), *Digitale Medien und Heterogenität. Chancen und Herausforderungen für die Mathematikdidaktik* (Bd. 9, S. 149–163). WTM-Verlag. https://doi.org/10.37626/GA9783959872362.0

Mense, S., & Höveler, K. (2022b). *Kombi. Anleitung für die Arbeit mit der App.* https://www.uni-muenster.de/imperia/md/content/GIMB/kombi_handbuch.pdf. Zugegriffen am 26.09.2023.

Mense, S., Höveler, K., Blohm, P. A., & Willemsen, L. C. (2023). *Designing a tool for authoring digital problem-solving tasks in an app – An integrative learning design study.* 13th Congress of the European Society for Research in Mathematics Education.

Roth, J. (2014). Lernpfade – Definition, Gestaltungskriterien und Unterrichtseinsatz. In J. Roth, E. Süss-Stepancik, & H. Wiesner (Hrsg.), *Medienvielfalt im Mathematikunterricht – Lernpfade als Weg zum Ziel* (S. 3–25). Springer Spektrum.

Roth, J. (2022). Digitale Lernumgebungen – Konzepte, Forschungsergebnisse und Unterrichtspraxis. In G. Pinkernell, F. Reinhold, F. Schacht, & D. Walter (Hrsg.), *Digitales Lehren und Lernen von Mathematik in der Schule* (S. 109–136). Springer. https://doi.org/10.1007/978-3-662-65281-7_6

Rütten, C., Scherer, P., & Weskamp, S. (2018). Entwicklungsforschung im Lehr-Lern-Labor – Lernangebote für heterogene Lerngruppen am Beispiel der Fibonacci-Folge. *mathematica didactica, 41*(2), 127–145.

Scherer, P., & Hähn, K. (2017). Ganzheitliche Zugänge und Natürliche Differenzierung. Lernmöglichkeiten für alle Kinder. In U. Häsel-Weide & M. Nührenbörger (Hrsg.), *Gemeinsam Mathematik lernen – mit allen Kindern rechnen* (S. 24–33). Arbeitskreis Grundschule.

Selter, C., & Spiegel, H. (2004). Elemente der Kombinatorik. In G. Müller, H. Steinbring, & E. C. Wittmann (Hrsg.), *Arithmetik als Prozess* (S. 291–310). Kallmeyer.

Tools for Schools Limited. (2023). *Book creator for iPad.* https://apps.apple.com/de/app/book-creator-for-ipad/id442378070. Zugegriffen am 26.09.2023.

Walter, D. (2018). *Nutzungsweisen bei der Verwendung von Tablet-Apps. Eine Untersuchung bei zählend rechnenden Ler-nenden zu Beginn des zweiten Schuljahres.* Springer Spektrum.

Winzen, J., & Höveler, K. (2020). Kombi' – A digital tool for solving combinatorial counting problems: Theoretical funding of and empirical results on central design principles. In A. Donevska-Todorova, E. Faggiano, J. Trgalova, Z. Lavicza, R. Weinhandl, A. Clark-Wilson, & H.-G. Weigand (Hrsg.), *Proceedings of the 10th ERME topic conference MEDA 2020* (S. 335–342). HAL.

Wittmann, E. C. (1981). *Grundfragen des Mathematikunterrichts* (6., neu bearb. Aufl.). Vieweg+Teubner.

Wittmann, E. C. (1998). Design und Erforschung von Lernumgebungen als Kern der Mathematikdidaktik. *Beiträge zur Lehrerbildung, 16*(3), 329–342. https://doi.org/10.25656/01:13385

Wollring, B. (2008). Zur Kennzeichnung von Lernumgebungen für den Mathematikunterricht in der Grundschule. In Kasseler Forschergruppe (Hrsg.), *Lernumgebungen auf dem Prüfstand. Zwischenergebnisse aus den Forschungsprojekten* (S. 9–26). Kassel University Press.

Eine inklusive Lehr-Lernumgebung für die Leitidee „Daten und Zufall" in der Primarstufe

Rolf Biehler und Daniel Frischemeier

1 Die Leitidee „Daten und Zufall" im Mathematikunterricht der Primarstufe

Daten und das Verständnis von Daten spielen eine große Rolle im täglichen Leben: Sämtliche Entscheidungen in Politik, Wirtschaft, im Gesundheitsweisen, etc. beruhen auf Daten und statistischen Auswertungen (Engel, 2017). Um als Bürger:in Teilhabe an der Gesellschaft zu haben, ist ein kompetenter Umgang mit Daten und Statistiken unabwendbar. Dabei kann und sollte dieser kompetente Umgang mit Daten so früh wie möglich gefördert werden – und zwar bereits im Elementar- und Primarbereich (Ben-Zvi, 2018). Zahlreiche internationale Beispiele zeigen wie Early Statistical Thinking früh initiiert und gefördert werden kann (Leavy et al., 2018). Auch im Lehrplan der Grundschule sowie in den Bildungsstandards Mathematik sind erste normative Forderungen zur Thematisierung von Daten in der

---

R. Biehler (✉)
Fakultät für Elektrotechnik, Informatik und Mathematik, Institut für Mathematik,
Universität Paderborn, Paderborn, Deutschland
E-Mail: biehler@math.upb.de

D. Frischemeier
Institut für grundlegende und inklusive mathematische Bildung (GIMB),
Westfälische Wilhelms-Universität Münster, Münster, Deutschland
E-Mail: dfrische@uni-muenster.de

Primarstufe zu finden (Barzel et al., 2022). So sehen beispielsweise die Bildungsstandards für den Primarbereich im Fach Mathematik Folgendes vor:

„Die Schülerinnen und Schüler ...
- planen einfache Befragungen und erfassen und strukturieren bei Beobachtungen, Untersuchungen und einfachen Experimenten Daten,
- stellen Daten in Tabellen, Schaubildern und Diagrammen dar, auch unter Nutzung digitaler Werkzeuge, und entnehmen Informationen aus Tabellen, Schaubildern und Diagrammen,
- interpretieren Darstellungen von Daten und reflektieren diese kritisch" (Barzel et al., 2022, S. 209)

In diesen Forderungen findet sich bereits ein wesentliches Element des statistischen Denkens wieder: Das Durchlaufen eines Datenanalysezyklus, in diesem Fall des PPDAC-Zyklus (Wild & Pfannkuch, 1999). Die fünf Phasen dieses Zyklus können der Abb. 1 entnommen werden.

Dieser sieht ausgehend von statischen Fragestellungen (P – Problem) vor, dass Daten zur Beantwortung der statistischen *Fragestellung* erhoben werden – dies setzt eine umfangreiche Planung der Datenerhebung (P – Plan) voraus. Daten können schließlich anhand einer Umfrage, eines Experiments oder einer Beobachtung erhoben werden – oder sie sind bereits da, z. B. als *Open Data* im Internet, z. B. bei statistischen Bundesämtern, oder werden durch automatisierte Verfahren etc. erhoben (Ridgway, 2016) – dies soll allerdings nicht in diesem Kapitel thematisiert werden. Weiterhin muss nach und bei der Erhebung der Daten ein Datenmanagement und eine Bereinigung der Daten stattfinden (D – Data). So müssen beispielsweise Einheiten von Größenbereichen vereinheitlicht werden, extreme Ausreißer entfernt oder aus fälschlich als kategorial identifizierten Merkmale wieder numerische Merkmale gemacht werden. Schließlich werden die Daten ggf. in ein digitales Werkzeug importiert, um sie zu analysieren (A – Analyse). Die Exploration und Analyse der Daten ist grundlegend für die Conclusions (C – Conclusions) und somit grundlegend für die Ergebnisse und für die Beantwortung der statistischen Fragestellung. Der Analyse der Daten kommt dabei der Kern der Datenexploration zu. Diese Analyse kann Schüler:innen verschiedener Altersstufen und damit auch verschiedenem Hintergrundwissen zugänglich gemacht werden.

Abb. 1 Darstellung des Datenanalysezyklus PPDAC (nachgezeichnet) nach Wild und Pfannkuch (1999)

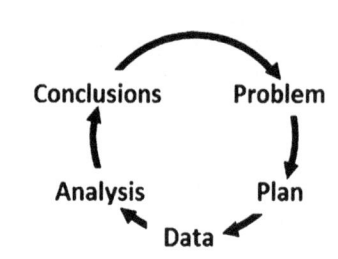

In diesem Beitrag stellen wir eine gehaltvolle Lehr-Lernumgebung zur grundlegenden Förderung eines frühen statistischen Denkens unter der Perspektive natürlicher Differenzierung (Krauthausen & Scherer, 2022) vor und zeigen auf, wie diese Datenkompetenz entlang verschiedener Repräsentations- und Darstellungsebenen (Selter & Zannetin, 2018) sowie weiterführend unter Einsatz digitaler Werkzeuge gefördert werden kann (Frischemeier, 2018). Nachdem wir allgemeine Designideen zur Förderung statistischen Dankens vorgestellt haben, stellen wir eine konkrete Unterrichtseinheit vor, in der auf verschiedenen Repräsentationsebenen Säulendiagramme als zentrale Darstellungen von statistischen Verteilungen erstellt und interpretiert werden.

2 Wesentliche Designideen zur Förderung des statistischen Denkens

2.1 Designprinzipien für einen gehaltvollen Stochastikunterricht

Wesentliche Designprinzipien eines gehaltvollen Stochastikunterrichts lassen sich z. B. bei Garfield und Ben-Zvi (2008) finden. Sie nennen folgende Prinzipien für das Design eines Statistical Reasoning Learning Environments (SRLE):

- „Konzentration auf die Entwicklung zentraler Ideen der Statistik, anstatt Präsentation einer Ansammlung von Werkzeugen und Verfahren,
- Einsatz von realen und motivierenden Datensätzen, um Schüler:innen und Studierende zu beflügeln, Vermutungen aufzustellen und zu testen,
- Integration geeigneter technologischer Hilfsmittel, die es Lernenden ermöglichen, ihre eigenen Vermutungen zu testen, Daten zu explorieren und zu analysieren und ihre statistische Argumentationsfähigkeit zu entwickeln,
- Einsatz von Aktivitäten im Unterricht, um die Entwicklung der Argumentationsfähigkeit der Lernenden zu unterstützen,
- Anregung von Gesprächsprozessen unter den Lernenden; die statistische Anregung eines tragfähigen Austauschs, der sich auf zentrale Ideen der Statistik konzentriert,
- Einsatz von Leistungs- und Qualitätsmessungen, um Rückmeldungen zu erhalten, was Schüler:innen und Studierende wissen, um die Entwicklung ihres statistischen Lernens im Auge zu behalten und um Unterrichtsplanung und Lernfortschritte zu evaluieren." (Übersetzung der Autoren aus Garfield & Ben-Zvi, 2008, S. 48)

Dabei wollen wir uns im Folgenden bei der Darstellung der Unterrichtsaktivität vor allem auf die ersten drei Punkte konzentrieren: Entwicklung zentraler Ideen der Statistik – in unserem Fall geht es um die zentrale Idee der Verteilungen und die

Förderung des Denken in Verteilungen (Biehler, 2007). Dies wird an Hand von realen und motivierenden Daten realisiert, die die Schüler:innen selber erhobenen haben. Wir geben einen Ausblick darauf, wie man anschließend auch digitale Werkzeuge für die Analyse umfangreicherer ähnlicher Daten einsetzen könnte. Dabei ist die Entwicklung einer angemessenen Diagrammkompetenz nötig, als Komponente einer umfassenderen Argumentationsfähigkeit.

2.2 Erste Schritte beim Aufbau einer Diagrammkompetenz

Als einen ersten Schritt in einem Spiralcurriculum können bereits Kinder im vorschulischen Bereich erste Sortier- und Kategorisierungsübungen vornehmen und somit wesentliche und fundamentale Datenoperationen erleben und vollziehen (Guimaraes & Oliveira, 2018). *Storybooks*, die Geschichten beinhalten, z. B. über Kinder, die ihre Spielzeuge nach selbst gewählten Kategorien sortieren sollen, können ein erster Einstieg in diese Sortier- und Kategorisierprozesse sein. Ein weiterer Schritt kann das sich selbst als Merkmalsträger:innen Erfahren der Schüler:innen im Sinne einer lebendigen Statistik sein (Biehler & Frischemeier, 2015) sein. Sie lernen so die Datenoperationen „Trennen" und „Stapeln"/„Ordnen" kennen. Zu einer gegebenen Fragestellung, z. B. wie die Kinder einer Klasse zur Schule kommen, können sich die Kinder in verschiedene Gruppen wie Buskinder, Fahrradkinder, Fußgänger etc. einteilen und in diesen Gruppen dann durch systematische Anordnung ein „menschliches" Säulendiagramm erstellen, welches die Verteilung des Merkmals „Schulweg der Kinder einer Klasse" zeigt. Um die Komplexität zu verringern, kann es sich auch anbieten, dass zunächst nur Merkmale mit zwei Ausprägungen in den Fokus genommen werden. Ein nächster Schritt kann dann die Datenanalyse mit Steckwürfeln oder Bauklötzen sein: Diese können jeweils einen Fall (ein:en Merkmalsträger:in) repräsentieren. Durch Trennen (Kategorisieren) und (nach Größe) Ordnen kann eine Datenexploration mittels Bauklötzen und Steckwürfeln stattfinden. Auch hier gilt, dass die Komplexität mit Blick auf die Anzahl der Merkmalsausprägungen variiert werden kann. Schließlich kann ein umfassendes Verständnis für erste Datenoperationen (wie Trennen und Ordnen) am Beispiel kleiner Datensätzen durch die Verwendung von Datenkarten aufgebaut werden (Harradine & Konold, 2006). Diese kann man sich in Form von Klebezetteln vorstellen, auf denen die Merkmalsträger:innen ihre Ausprägungen zu ausgewählten Merkmalen notieren können (Frischemeier, 2018). Durch das Trennen und Stapeln können dann erste Explorationen in den Daten – auch multivariat – vorgenommen werden. Die Datenanalyse mit Datenkarten ist, wie wir in Abschn. 3 aufzeigen, sehr gehaltvoll und erlaubt bereits im Anfangsunterricht interessante

Datenexplorationen – auch im Hinblick auf die Verknüpfung von Merkmalen – vorzunehmen. Allerdings bleibt die Analyse mit Datenkarten auf die Datenexploration in kleinen Datensätzen, z. B. den Daten einer Klasse, beschränkt. Ein nächster Schritt, der dann die Nutzung digitaler Werkzeuge vorsieht, kann die Übertragung der Aktivitäten aus der Exploration der Datenkarten auf die Analyse größerer Datensätze mittels Softwareeinsatz sein – siehe für weitere Details z. B. Frischemeier (2018).

2.3 Beschreiben und Interpretieren von statistischen Darstellungen

Ebenso wie das Erstellen und Erzeugen der Grafiken kann das Entnehmen der Informationen und das Interpretieren der Darstellungen als Differenzierungsmaßnahme genutzt werden. Das in der Stochastikdidaktik bekannte Schema zum Verständnis statistischer Darstellungen nach Friel et al. (2001) liefert hier zum einen ein Raster, um Schüler:innenaussagen zu statistischen Darstellungen einzuordnen und zum anderen, um Aufgaben zu konzipieren, die genau den entsprechenden Anforderungen genügen. Exemplarisch zeigen wir im Folgenden in Tab. 1 die entsprechenden Stufen auf und geben für jede dieser Stufen eine beispielhafte Aussage an.

Im Folgenden wollen wir nun eine exemplarische Lehr-Lernumgebung zum Erstellen von Säulendiagrammen als wesentliche Darstellung von Verteilungen kategorialer Merkmale (Abschn. 3) vorstellen.

Tab. 1 Stufen des grafischen Verständnisses von statistischen Darstellungen nach Friel et al. (2001)

Stufe	Charakteristika	Beispiel
Reading the data (Lesen der Daten)	Ablesen von gegebenen Informationen • z. B. Was wird dargestellt? • Welche Kategorien gibt es? (kategoriale Merkmale) • Welche Werte kommen vor? (numerische Merkmale) • Wie viele Schüler sind in Kategorie X? (Häufigkeitsverteilung) • Welche Schüler sind befragt worden? (Namensvariablen) Eine Interpretation der Grafik findet hier noch nicht statt.	„Drei Kinder kommen mit dem Bus zur Schule"

(Fortsetzung)

Tab. 1 (Fortsetzung)

Stufe	Charakteristika	Beispiel
Reading between the data (Lesen zwischen den Daten)	Erfordert mathematische Fähigkeiten/Fertigkeiten • Mengen vergleichen • Elementare Rechenoperationen durchführen, um Beziehungen in den Daten zu entdecken und interpretieren zu können • z. B. Welches ist der häufigste Wert/die häufigste Kategorie? • Welches ist der größte/kleinste Wert? • Wie viele Schüler:innen wurden befragt? • Welchen Titel würdest du dem Grafen geben?	„Es kommen doppelt so viele Kinder mit dem Fahrrad zur Schule wie zu Fuß"
Reading beyond the data (Lesen hinter den Daten)	Voraussagen machen/ Schlussfolgern unter Einbeziehung von Hintergrundwissen Informationen sind weder explizit noch implizit in der Grafik enthalten • z. B. Welche Fragen können mit Hilfe der Grafik beantworten werden? Welche nicht? • Sind die Daten realistisch? • Welcher Zusammenhang besteht zwischen den zwei Variablen? • Vergleich zweier oder mehrerer Grafiken • Wie könnte die Verteilung in der Nachbarklasse aussehen?	„In unserer Parallelklasse sieht das anders aus. Da werden viel mehr Kinder mit dem Auto zur Schule gebracht als in unserer Klasse, weil die weiter weg von der Schule wohnen."

3 Eine Lehr-Lernumgebung zum Erstellen von Säulendiagrammen: Datenoperationen auf verschiedenen Repräsentationsebenen kennenlernen

Das Ziel ist es, eine Lehr-Lernumgebung zur Einführung in die Exploration eigener Daten vorzustellen. Dabei soll insbesondere ausgeführt werden, wie im Sinne der natürlichen Differenzierung (Krauthausen & Scherer, 2022) Kinder auf ihrem eigenen Niveau und am gemeinsamen Lerngegenstand Informationen aus Daten entnehmen können. Im Folgenden zeigen wir auf, wie fundamentale Datenoperationen wie Trennen, Ordnen und Stapeln auf verschiedenen Repräsentationsebenen und mit verschiedenen Materialien erfahrbar gemacht werden können und wie auf verschiedenen Stufen (Lesen der Daten, Lesen zwischen den Daten, Lesen hinter den Daten) Informationen aus den Daten entnommen werden können. Vor der Datenexploration steht natürlich zunächst erst einmal eine Forscher:innenfrage, die die Notwendigkeit einer Datenexploration induziert.

3.1 Planung einer Datenerhebung und Konstruktion eines Fragebogens

Eine Klasse möchte sich besser kennen lernen und etwas über die unterschiedlichen Schulwege herausfinden. Dazu könnten Forscher:innenfragen gehören, wie die einzelnen Schüler:innen zur Schule kommen, z. B. zu Fuß oder mit dem Bus? Was davon kommt am häufigsten vor? Wie unterschiedlich lange brauchen sie für ihren Schulweg? Wenn die Schüler:innen in unterschiedlichen Ortsteilen wohnen, gibt es Unterschiede? Gibt es Unterschiede zwischen Jungen und Mädchen? Diese Fragestellung ist aus unserer Erfahrung zum einen motivierend für Grundschüler:innen und bietet zum anderen einen schnellen Einstieg in die Datenanalyse. Um diese Forscher:innenfragen untersuchen zu können, muss ein kurzer Fragebogen konzipiert werden. Der könnte am Ende beispielsweise so aussehen:

Name:
Wie lange brauchst du zur Schule? __ Minuten
   Geschlecht: o Junge o Mädchen
   Ortsteil o A, o B o C
   Wie kommst du zur Schule: o zu Fuß o Fahrrad o Auto o Bus

Die Schüler:innen müssen zunächst überzeugt werden, dass es sinnvoll für eine spätere Auswertung sein kann, mögliche Antwortkategorien von vornherein, wenn möglich, vorzugeben. Auch muss die Fragebogenfrage so formuliert sein, dass keine Unsicherheit beim Ankreuzen besteht.

Auch müssen sich die Schüler:innen darüber verständigen, wie ein Merkmal auf gleiche Weise genau gemessen wird, wenn später verglichen werden soll. Bei der Angabe der Dauer in Minuten können sich die Schüler:innen z. B. darauf einigen, die Zeit von „Tür zu Tür" (Hinaustreten aus der Haustür und Eintreten in den

Klassenraum) zu stoppen. Bei Geschlecht kann es verschiedene Bezeichnungen für dasselbe wie Junge oder männlich geben und es muss sich auf eine Bezeichnung geeinigt werden. Die Diskussion kann dabei offen dafür sein, dass sich einzelne Schüler:innen weder als Junge oder Mädchen festlegen wollen, sodass dann eine Bezeichnung wie „divers" oder „andere" aufgenommen werden könnte.

Ortsteile müssen mit Kartenmaterial eindeutig festgelegt werden. Problematisch kann es werden, mögliche Ausprägungen für das Merkmal „Wie_Zur_Schule" festzulegen. Die Lehrkraft kann dazu mit den Kindern ins Gespräch kommen und einzelne Kinder berichten lassen, wie sie an dem besagten Schultag zur Schule gekommen sind. Einfache Fälle sind Kinder, die den Weg zu Fuß oder mit dem Fahrrad zurücklegen. Was ist zum Beispiel aber, wenn Kinder zu Fuß zur Bushaltestelle gehen und dann den Bus für ihren Schulweg nutzen und von der Bushaltestelle, an der sie aussteigen, wieder zu Fuß zur Schule gehen? Hier kann man sich darauf einigen, nur das Fortbewegungsmittel anzugeben, das hauptsächlich benutzt wird, also in diesem Fall „Bus". Damit ist berücksichtigt, dass Wege zu und von den Haltestellen enthalten sind, ähnlich wie beim Fahrrad, wo es ja auch Wege zu Fuß zu den Abstellplätzen gibt. Ein weiterer Diskussionspunkt kann der folgende sein: Was ist, wenn an verschiedenen Tagen verschiedene Gewohnheiten in Bezug auf den Schulweg existieren – z. B. ein Kind wird montags von den Eltern gebracht, nutzt sonst aber den Bus? Hier kann es sich anbieten, für die Erhebung festzulegen, dass anzugeben ist, wie die Kinder an dem Tag, dem die Datenerhebung durchgeführt wird, zur Schule gekommen sind oder aber welche Art meistens in einer Woche genutzt wird.

Bei der Festlegung von Kategorien kann es auch noch andere Diskussionspunkte geben, nämlich wie fein man unterteilt. Soll man unterscheiden, ob man von Vater, Mutter oder Großeltern mit dem Auto gebracht wird, oder wie genau mit dem Fahrrad, z. B. von meiner Mutter mit dem Fahrrad (mit einem Fahrradsitz; mit meinem eigenen Fahrrad), oder ob man alleine oder zu mehreren zu Fuß kommt, z. B. „ich komme immer zu Fuß zusammen mit meiner Freundin, die ich abhole" etc. Die Feinheit hängt einerseits von den Erkenntnisinteressen ab, andererseits soll es ja um einen Überblick über die Klasse gehen und da ist es sinnvoll, gröbere Kategorien zu bilden, denn sonst hat man für jede Schüler:in eine andere Kategorie, die aber dann keine überblicksartigen Aussagen über die Klasse erlaubt. Das ist ein Wesenszug statistischer Erhebungen, der hier schon deutlich werden kann.

Ein weiterer Diskussionspunkt ist, wie die Fragen im Fragebogen ausformuliert werden und welche Kurzbezeichnungen (Merkmalsnamen) für die Merkmale dabei später benutzt werden. „Geschlecht", „Ortsteil" kann man direkt aus dem Fragebogen übernehmen. Aus „Wie lang brauchst du zur Schule" kann „Dauer des Schulwegs" werden. Die Frage „Wie kommst du zur Schule?" haben wir in unseren Unterrichtsexperimenten z. B. mit *Wie_zur_Schule* bezeichnet. Es könnte auch

Verkehrsmittel vorgeschlagen werden, aber dazu passt die Ausprägung „zu Fuß" nicht, dann lieber *Fortbewegungsmittel*. *Wie_zur_Schule* kann ein Kompromiss sein, der eventuell der Deutschlehrkraft nicht gefällt, aber in dieser Art durchaus bei statistischen Erhebungen oder Bezeichnungen von Variablen in der Informatik üblich ist.

3.2 Datenexploration enaktiv – Ein gemeinsamer Einstieg mit Datenkarten

Der Fragebogen kann ausgedruckt und von jede(m) in der Klasse gefüllt werden. Um Daten zu explorieren, ist es sinnvoll, eine Auswahl oder alle Merkmale auf jeweils eine Datenkarte zu übertragen.

Eine Datenkarte kann von unterschiedlicher Komplexität sein – auch dies kann beispielsweise für eine erste Differenzierungsmaßnahme genutzt werden. Es ergibt aber keinen Sinn, solche Typen von Datenkarten bei der Exploration zu mischen. Für den Einstieg können sich die Schüler:innen z. B. auf einen Typ Datenkarte wie in Abb. 2 links einigen. In der Abb. 2 sehen wir links die Datenkarte eines Schülers mit dem Fantasienamen Lewandowski (ein Fantasiename kann helfen, um einerseits über die Daten sprechen zu können und andererseits, um ein gewisses Maß an Anonymität zu wahren) und Angaben zur Dauer des Schulwegs und zu *Wie_zur_Schule*. Alternativ sehen wir in Abb. 2 rechts die Datenkarte der Schülerin Jolie, in der zusätzlich auch noch die Variablennamen aufgeführt sind, was unerlässlich ist, wenn sehr viele Fragen gestellt werden bzw. Antwortkategorien ähnlich sind wie ja/nein. Dieses kann im Unterrichtsgeschehen einen ersten Einstieg in die Datenexploration bieten: Die Lehrkraft bringt diese beiden Datenkarten mit und ermittelt gemeinsam mit den Kindern der Klasse im Sitzkino die Informationen, die man beiden Datenkarten entnehmen kann.

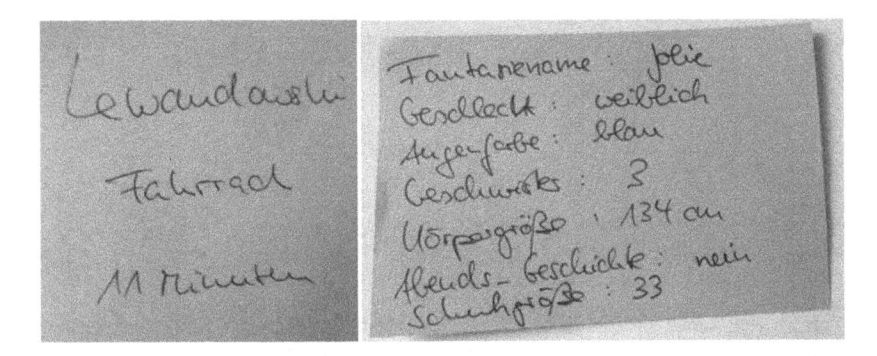

Abb. 2 Zwei Datenkarten unterschiedlicher Komplexität

Lewandowski ist mit dem Fahrrad zur Schule gekommen und hat dafür elf Minuten benötigt. Der Datenkarte von Jolie können wir die folgenden Informationen entnehmen: Jolie ist eine Schülerin, die blaue Augen und drei Geschwister hat, 134 cm groß ist, abends keine Geschichte mehr vorgelesen bekommt und die Schuhgröße 33 hat.

Wir nutzen im Folgenden den links zu sehenden Datenkartentyp (Abb. 2).

Für die Beantwortung der hier thematisierten Forscher:innenfrage „Wie kommen die Kinder unserer Klasse zur Schule?" bekommt zunächst jedes Kind ein *Post-It*, mit dem Auftrag, einen Fantasienamen, das Geschlecht sowie das Fortbewegungsmittel mit dem es am entsprechenden Tag hauptsächlich zur Schule gekommen ist, zu notieren. Kinder, die Schwierigkeiten haben, z. B. das Fortbewegungsmittel zu notieren, können Sticker mit Kategoriennamen angeboten werden, mit denen sie die Ausprägungen notieren können. Sind alle Datenkarten ausgefüllt, versammeln sich die Kinder und die Lehrkraft im Sitzkino. Jedes Kind heftet seine/ihre Datenkarte an die Tafel bzw. legt sie auf den Boden. Gemeinsam mit den Kindern betrachtet die Lehrkraft verschiedene Datenkarten und gemeinsam werden die Informationen festgehalten, die daraus entnommen werden können: Oskar wird mit dem Auto zur Schule gebracht, Miriam kommt mit dem Fahrrad zur Schule, Lisa kommt zu Fuß zur Schule, etc. (Abb. 3 links).

Wichtig ist nun ein Impuls der Lehrkraft, um die Schüler:innen anzuregen, nicht nur die Einzelfälle anzuschauen, sondern sich einen Überblick darüber zu verschaffen, wie häufig die einzelnen Arten auftreten und wie unterschiedlich die Kinder zur Schule kommen. Das kann in verschiedener Weise erfolgen, z. B. mit Fragen wie: Auf welche Art kommen die Kinder am häufigsten? Am seltensten? Wie viele „Busfahrer:innen" (Fahrradfahrer:innen) gibt es? Die Fragen sind unterschiedlich komplex und somit differenzierend. Die Kinder könnten sofort anfangen

Abb. 3 Datenkarten ungeordnet an der Tafel (links) und Datenkarten getrennt nach den verschiedenen Ausprägungen des Merkmals *Wie_zur_Schule* (rechts)

auszuzählen (was fehleranfällig ist, da man evtl. nicht weiß, ob man eine Karte bereits gezählt hat). Ein Impuls könnte sein: Sortiert die Karten erstmal danach, wie die Kinder zur Schule kommen und ordnet sie dann so an, dass man sie gut zählen und vergleichen kann.

Nun kann die Lehrkraft gemeinsam mit den Kindern eine erste Sortierung erarbeiten, um die Fragestellung „Wie kommen die Kinder unserer Klasse zur Schule?" zu klären. Hier können Kinder im Sinne der natürlichen Differenzierung unterschiedliche Herangehensweisen ergreifen. Zum Beispiel könnten nur die Kinder, die mit dem Fahrrad zur Schule oder die zu Fuß zur Schule gekommen sind, herausgegriffen werden. Alternativ können Kinder aber auch bereits erkennen, welche Möglichkeiten es gibt, zur Schule zu kommen (bzw. welche Ausprägungen das Merkmal *Wie_zur_Schule* hat) und dann die Datenkarten entlang der Möglichkeiten trennen (im Sinne von sortieren). Erfahrungsgemäß schlagen die Kinder eigenständig vor, die Daten nach den verschiedenen Ausprägungen zu trennen bzw. zu sortieren. Die Situation nach einem ersten solchen Trennvorgang kann der Abb. 3 (rechts) entnommen werden. Die Karte, auf der nichts zu *Wie_zur_Schule* steht, wurde zur Seite gelegt. Die Lehrkraft sollte wissen, dass solche „fehlende Werte", wie es in der Statistik heißt, bei realen Umfragen immer vorkommen.

Hierbei (mit Hilfe von Abb. 3 rechts) lassen sich am gemeinsamen Gegenstand auf verschiedenen Ebenen bereits verschiedene Informationen entnehmen. Die Kinder könnten zum Beispiel qualitativ beschreiben, dass nur wenige Kinder mit dem Fahrrad zur Schule kommen, aber dass viele Kinder der Klasse zu Fuß kommen. Einen Schritt weiter könnten die Kinder bereits durch Auszählen der Daten in den jeweiligen Kategorien die Anzahl der Kinder ermitteln – auch das kann auf verschiedenen Stufen geschehen: „3 sind es bei Bus" (was eher beschreibend wäre), „3 Kinder kommen mit dem Bus zur Schule" (was eher einer Interpretation der Daten im Kontext entsprechend würde). Im Sinne der natürlichen Differenzierung können die Kinder auch Trennvorgänge mit den Datenkarten individuell und nach eigener Voraussetzung durchführen. Beispielsweise können die Kinder je nach eigener Fragestellung an die Daten – z. B. wie viele der Kinder kommen mit dem Fahrrad zur Schule zwischen Fahrrad und Nicht-Fahrrad-Kindern trennen und unterscheiden. Diese binäre Trennung kann eine Reduzierung der Komplexität bewirken und die Kinder können bereits auf einer beschreibenden Ebene – im Sinne des Lesens der Daten – entnehmen, dass in der einen Kategorie drei Kinder (Fahrrad-Kinder) und in der anderen Kategorie 15 Kinder (Nicht-Fahrrad-Kinder) sind. Eine weitere Stufe – mit Blick auf die Daten im Kontext wäre, dass drei Kinder mit dem Fahrrad zur Schule kommen und 15 Kinder ein anderes Verkehrsmittel wählen. Noch eine Stufe weiter, die aber das Vergleichen von Mengen voraussetzt, ist, dass die Kinder feststellen, dass bei den Nicht-Fahrradfahrer:innen mehr Kinder als bei den Fahrradfahrer:innen sind (das wäre eine qualitative Aussage). Hinsichtlich des Lesens zwischen den Daten und dem anzahlmäßigen Vergleichen von Mengen könnten die Kinder auch feststellen, dass es zwölf mehr Nicht-Fahrradfahrer als Fahrradfahrer ist. Die Ebene des Lesens hinter den Daten könnte dann die Kinder dazu veranlassen, ihr Kontextwissen einzubringen, und die vorliegenden Daten kritisch zu reflektieren („das kann nicht sein, weil es kommen viele Kinder aus der Nachbarklasse aus einem weiter entfernten Ort und die Kinder fahren dann mit dem Bus").

Ein weiterer Schritt – auch im Sinne von Hasemann und Mirwald (2012), um den Informationsgehalt der Darstellung zu erhöhen, kann dann die Ordnung (das Stapeln) der Datenkarten innerhalb der vier Kategorien darstellen. Hier muss die Lehrkraft u. U. unterstützen und mit den Kindern diskutieren, dass eine gemeinsame horizontale Startlinie (x-Achse) notwendig ist, um sofort an den Höhen der Säulen sehen zu können, in welcher Kategorie es mehr Karten gibt (die Häufigkeit also größer ist). Außerdem müssen die Datenkarten so übereinandergelegt werden, dass sie nicht überlappen und auch hier wieder die Höhe der Säulen ein zuverlässiges Maß für die Häufigkeit ist. Diese Idee sollte den Kindern z. B. durch die Arbeit mit Wendeplättchen bekannt sein. Eine mögliche Darstellung der Verteilung kann dann wie in Abb. 4 aussehen.

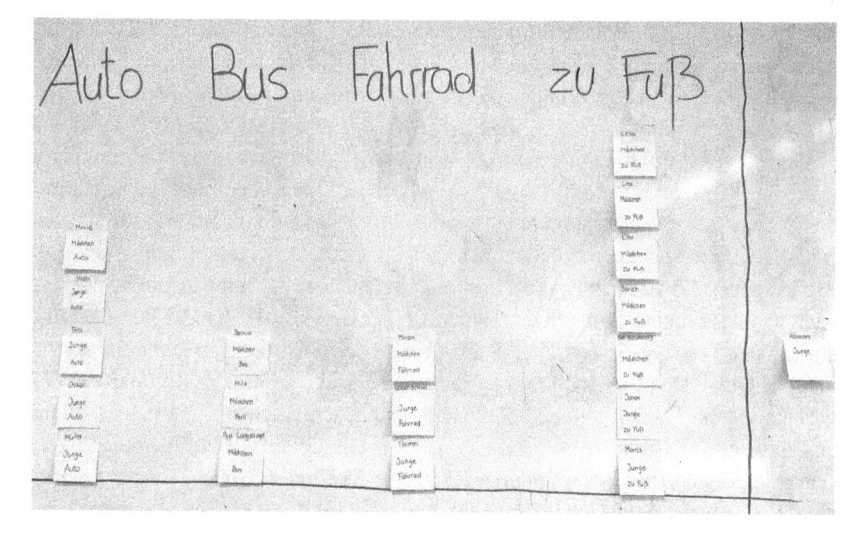

Abb. 4 Datenkarten getrennt nach den verschiedenen Ausprägungen des Merkmals *Wie_zur_Schule* und dann gestapelt

Auch hier können auf verschiedenen Ebenen Informationen anhand des Vergleichs der Höhe der Säulen vorgenommen werden. Insbesondere kann auf einer deskriptiven Ebene festgehalten werden, dass die Datenkartensäule der Kinder, die zu Fuß zur Schule kommen, am höchsten ist und dass die Säule der Fahrradfahrer:innen bzw. der Busfahrer:innen am niedrigsten ist. Im Sinne des „Lesens der Daten" könnten die Kinder festhalten, dass drei Kinder „Busfahrer:innen" sind und dass fünf Kinder mit dem Auto zur Schule gebracht werden. Auf einer Ebene von „Lesen zwischen den Daten" könnte man festhalten, dass die größte Kindergruppe in der Klasse die Fußgänger:innen sind oder z. B. dass es mehr Fußgänger:innen als Fahrradfahrer:innen gibt. Auch darüber hinaus sind noch komplexere Erkenntnisse möglich, die allerdings ggf. bereits Rechenoperationen oder Mengenvergleiche voraussetzen, wie z. B. es sind vier Fußgänger:innen mehr als Fahrradfahrer:innen in unserer Klasse (additiv) oder es sind mehr als doppelt so viele Fußgänger:innen wie Fahrradfahrer:innen bei uns in der Klasse. Eine Stufe darüber hinaus stellt das „Lesen hinter den Daten" dar. Hier könnten die Kinder ihr Hintergrundwissen ins Spiel bringen und beispielsweise vermuten, wie die Verteilung des Merkmals Schulweg in der Parallelklasse aussehen könnte.

Ein weiterer Impuls zur Darstellungsverbesserung könnte sein: Kann man die Häufigkeiten, die man durch Zählen ermittelt hat, irgendwie auch im Diagramm festhalten? Dazu können die Kinder verschiedene Ideen entwickeln, die Häufigkeiten unter, über oder in die Säulen zu notieren. Wir verzichten auf Abbildungen, die diese Varianten darstellen.

Im Vergleich zu einem üblichen Säulendiagramm fehlt dem Diagramm eine „y-Achse" mit Einteilungen für die Häufigkeiten. Das ist gleichsam eine Messlatte, an der man die Häufigkeiten ablesen kann, ohne zählen zu müssen. Ferner ist gegenüber dem Säulendiagramm die „Säule" noch unterteilt durch die einzelnen Karten.

Dieser Übergang kann durch Umrandung der Säulen als ein Abstraktionsvorgang vollzogen werden und aus dem Datenkartensäulendiagramm, in dem jeder Fall noch der einzelnen Klasse explizit zugeordnet werden kann, kann ein konventionelles Säulendiagramm erstellt werden – siehe Abb. 5 links und rechts (mit der Möglichkeit noch zusätzlich die Häufigkeiten als Zahlen einzutragen, was aber nicht notwendig ist, da man sie durch Vergleich mit der vertikalen „Messlatte" auch ohne Zählen ermitteln kann).

In einem nächsten Schritt können die Kinder dann eigenständig – entweder in Einzel- oder in Partnerarbeit, Daten mit Datenkarten weiter explorieren. Wir schlagen hier vor, die Daten z. B. von der Parallelklasse oder einer höheren/ niedrigeren Jahrgangsstufe zu erheben. Dieses sollte aus Zeitgründen durch die Lehrkraft realisiert werden, ebenso sollte die Lehrkraft die Datenkarten in ent-

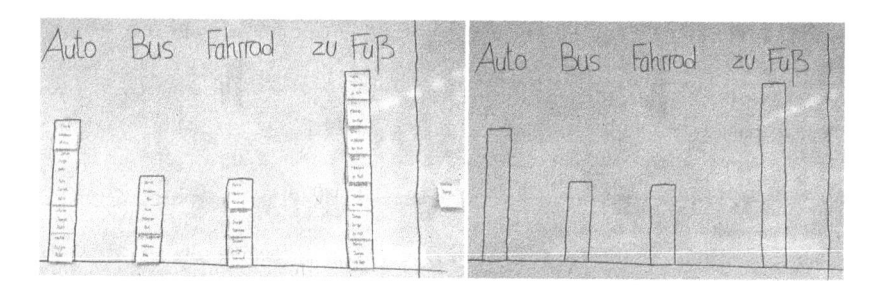

Abb. 5 Datenkarten-Säulendiagramm (links) und konventionelles Säulendiagramm (rechts) zur Verteilung des Merkmals *Wie_zur_Schule*

sprechender Anzahl vervielfältigen. Dieses lässt sich einfach durch ein Foto und dem anschließenden Ausdrucken und Auseinanderschneiden realisieren. Die Kinder kennen aus der gemeinsamen Erarbeitungsphase bereits die Operationalisierung des Merkmals *Wie_zur_Schule*, können bereits einzelne Informationen aus Datenkarten entnehmen und kennen auch bereits die Datenoperationen Trennen und Stapeln. Gemeinsam können sie jetzt mithilfe der Datenkarten der Fragestellung nachgehen, wie die Kinder der Nachbarklasse bzw. aus einer anderen Klasse zur Schule kommen und können im Sinne der natürlichen Differenzierung individuelle Darstellungen mit Datenkarten kreieren und Informationen aus den Daten entnehmen.

3.3 Weitere Explorationen mit Datenkarten

Wir haben in Abschn. 3.2 beschrieben, wie Kinder durch die Arbeit mit Datenkarten sich den Diagrammtyp Säulendiagramm konstruktivistisch erarbeiten können, der üblicherweise Stoff des Lehrplans ist, und wie Kinder seine besonderen Leistungen als Darstellungsmittel erkennen und eine Vielfalt von Fragen mit einem übersichtlichen Säulendiagramm besser und gezielter beantworten können.

Interessierte Kinder können dabei auch noch weiterführende Explorationen durchführen und ausnutzen, sodass beispielsweise auch die Ausprägungen des Merkmals Geschlecht auf den Datenkarten notiert sind. Hier können interessierte Kinder beispielsweise den Zusammenhang der Merkmale Geschlecht und Schulweg betrachten und durch Um- und Neusortieren weitere Explorationen durchführen und somit untersuchen, wie sich die Jungen und Mädchen hinsichtlich ihres Schulwegs unterscheiden (siehe Abb. 6).

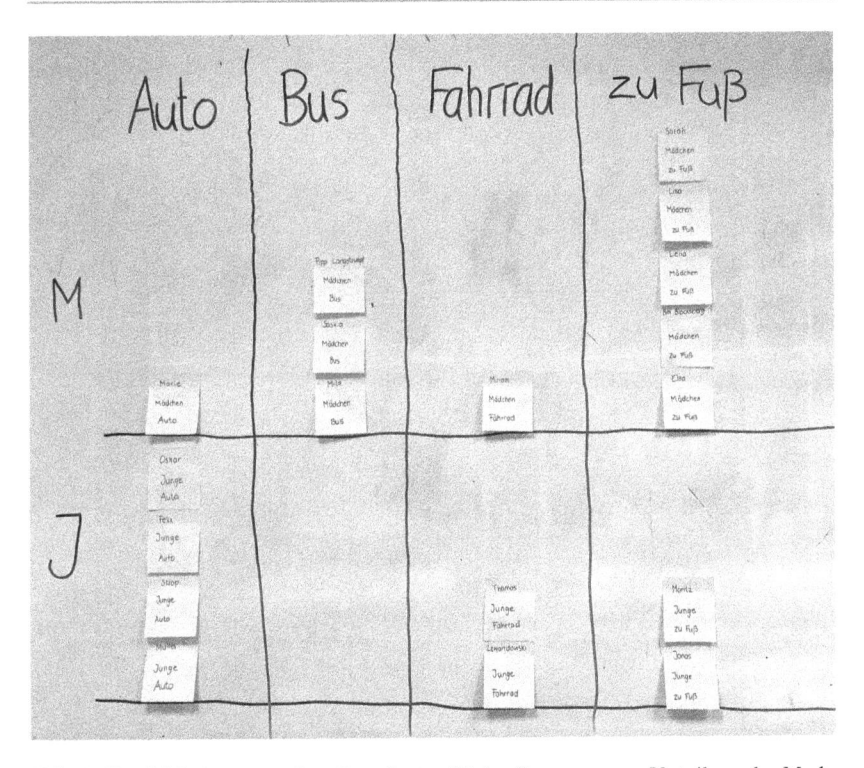

Eine inklusive Lehr-Lernumgebung für die Leitidee „Daten und Zufall" ...

Abb. 6 Vergleich der gestapelten Datenkarten-Säulendiagramme zur Verteilung des Merkmals *Wie_zur_Schule* zwischen Jungen und Mädchen

Weiter können die Kinder auch Verteilungen numerischer Variablen explorieren, wie z. B. die Verteilung des Merkmals Schulweg in Minuten zur Forscher:innenfrage „Wie lange benötigen die Kinder in unserer Klasse für ihren Schulweg?".

Eine Weiterführung kann dann die Nutzung digitaler Werkzeuge wie *TinkerPlots* (Konold & Miller, 2015) oder *CODAP* (Finzer, 2017) sein. Digitale Werkzeuge können Arbeitsprozesse wie das Trennen und Stapeln der Datenkarten übernehmen und Kindern ermöglichen, diese Operationen auch in umfangreichen Datensätzen und z. B. im Kontext von Verteilungen numerischer Variablen (wie Schulweg in Minuten) umzusetzen. Abschließend betrachten wir ein Beispiel aus einem Datensatz zum Medien- und Freizeitverhalten von 809 Grundschüler:innen in NRW und zur Verteilung des Merkmals Dauer des Schulwegs in Minuten (Abb. 7). Dieser Datensatz wurde im Rahmen der Bachelorarbeit von Engels (2017) erhoben und verschiedentlich bereits im Grundschulunterricht verwendet. Darin haben wir

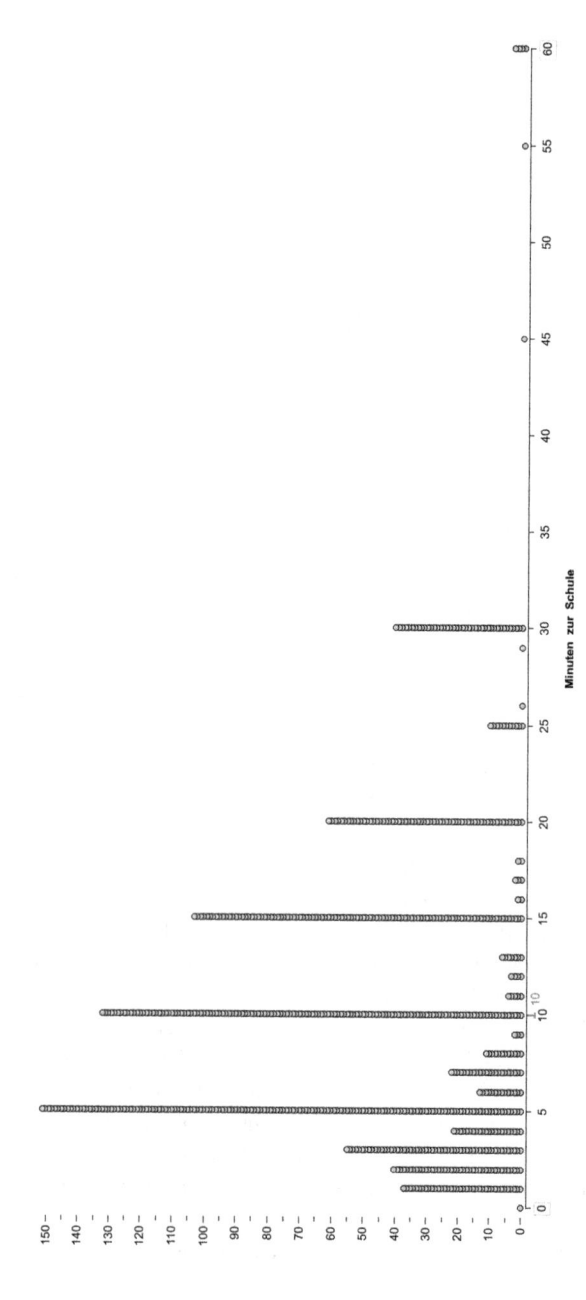

Abb. 7 Verteilung des Merkmals „Minuten zur Schule" im Datensatz Grundschüler:innen NRW 2017

den Median (= 10) der Verteilung des Merkmals „Minuten_zur_Schule" eingezeichnet. Dieser Mittelwert kann Grundschüler:innen leichter vermittelt werden als das arithmetische Mittel, was aber auch in TinkerPlots eingezeichnet werden könnte. In diesem Fall können Lernende z. B. festhalten, dass die Kinder in diesem Datensatz im Median zehn Minuten zu Schule benötigen (d. h. etwa die Hälfte der Schüler:innen) hat einen kürzeren Schulweg und die andere Hälfte einen längeren. Weiterhin ist auffällig, dass viele Werte Vielfache von fünf Minuten sind – das könnte dem Umstand eines Auf- oder Abrundens der gemessenen Werte geschuldet sein. Zur weiteren Beschreibung kann auch der Modalwert herangezogen werden (Welchen Wert haben die *relativ* meisten Schüler?) Das sind fünf Minuten. Man sieht aber auch, dass es einige Kinder gibt, die mehr als 45 min zur Schule benötigen. Dies könnte den Anlass für weitere Nachforschungen geben.

In diesem Fall können sich die Kinder dann umfänglich auf die Interpretation der Daten und das Versprachlichen der Information aus den Daten konzentrieren. Weitere Anregungen wie digitale Werkzeuge an die Exploration mit Datenkarten anknüpfen und die Kinder befähigen können, umfangreichere Datensätze zu explorieren, finden sich in Frischemeier und Biehler (2023).

4 Abschließende Bemerkungen

In diesem Beitrag haben wir exemplarisch eine Lehr-Lernumgebung für den Einstieg in die Datenexploration mit Datenkarten vorgestellt und aufgezeigt, wie Lernende mittels natürlicher Differenzierung und am gemeinsamen Lerngegenstand Informationen auf verschiedenen Ebenen aus den Daten entnehmen können. Weiterhin können natürlich auch Adaptionsmaßnahmen seitens der Lehrkraft vorgenommen werden, z. B. kann ein kleinerer Datensatz verwendet werden. In diesem Fall würden wir Reduktion und Erweiterung im Kontext von Aufgaben aus dem Bereich Datenanalyse unter anderem unter den Gesichtspunkten der quantitativen und qualitativen Differenzierung betrachten (Frischemeier & Walter, 2021). Eine quantitative Differenzierung kann sich dadurch auszeichnen, dass je nach Lerngruppe der Umfang der Daten sowie die Anzahl der Merkmale sowie ihrer Ausprägungen variiert werden kann. Dadurch entstehen entweder kleinere oder größere Datenmengen, die von den Kindern exploriert werden können. Es kann je nach Lerngruppe durch eine Variation der Fragestellung auch qualitativ differenziert werden. Während beispielsweise „Wie kommen die Kinder zur Schule?" lediglich ein Merkmal in den Blick nimmt, beinhaltet „Wie unterscheiden sich die Kinder aus der Stadt aus dem Dorf darin, wie sie zur Schule kommen?" zwei Merkmale – eine zusätzliche Anforderung. Im nächsten Schritt kann dann zum einen die

Aktivität und Untersuchungsfrage komplexer gestaltet werden und zum anderen kann anknüpfend an die Lehr-Lernumgebung in Abschn. 3 auch der Einsatz des digitalen Werkzeugs *TinkerPlots* oder *CODAP* zur Datenexploration eingebaut werden. Anknüpfend an die Analyse mit analogen Datenkarten kann nun die Software TinkerPlots eingesetzt werden, um Denk- und Arbeitsprozesse auszulagern. Im Unterricht kann die Nutzung der Software perspektivisch die Arbeit mit analogen Datenkarten ersetzen und die Kinder befähigen, Datenexplorationen in komplexen und umfangreichen Datensätzen vorzunehmen. Mit Blick auf einen inklusiven Mathematikunterricht können digitale Werkzeuge Arbeitsprozesse wie Sortieren und Ordnen auslagern und entlasten sowie durch Interaktivität und Variation der Repräsentationen vielfältige Einsichten in Zusammenhänge zwischen Merkmalen in den Daten ermöglichen.

Literatur

Barzel, B., Gasteiger, H., Greefrath, G., Maritzen, N., Nührenbörger, M., & Stanat, P. (2022). Weiterentwicklung der Bildungsstandards im Fach Mathematik für den Primarbereich und die Sekundarstufe I. *Mitteilungen der Deutschen Mathematiker-Vereinigung, 30*(3), 208–211. https://doi.org/10.1515/dmvm-2022-0066

Ben-Zvi, D. (2018). Foreword. In A. Leavy, M. Meletiou-Mavrotheris, & E. Paparistodemou (Hrsg.), *Statistics in early childhood and primary education* (S. vii–viii). Springer. https://doi.org/10.1007/978-981-13-1044-7

Biehler, R. (2007). Denken in Verteilungen – Vergleichen von Verteilungen. *Der Mathematikunterricht, 53*(3), 3–11.

Biehler, R., & Frischemeier, D. (2015). Förderung von Datenkompetenz in der Primarstufe. *Lernen und Lernstörungen, 4*(2), 131–137. https://doi.org/10.1024/2235-0977/a000102

Engel, J. (2017). Statistical literacy for active citizenship: A call for data science education. *Statistics Education Research Journal, 16*(1), 44–49. https://doi.org/10.52041/serj.v16i1.213

Engels, A. (2017). *Design, Durchführung und Auswertung einer Umfrage zu Freizeitgewohnheiten von Grundschülern sowie Design einer möglichen Unterrichtssequenz zum Einsatz der erhobenen Daten im Mathematikunterricht der 4. Klasse*. Unveröffentlichte Bachelorarbeit. Universität Paderborn.

Finzer, W. (2017). CODAP: Common online data analysis platform. http://codap.concord.org/. Zugegriffen am 20.09.2023.

Friel, S. N., Curcio, F. R., & Bright, G. W. (2001). Making sense of graphs: Critical factors influencing comprehension and instructional implications. *Journal for Research in Mathematics Education, 32*(2), 124–158. https://doi.org/10.2307/749671

Frischemeier, D. (2018). Statistisches Denken im Mathematikunterricht der Primarstufe mit digitalen Werkzeugen entwickeln: Über Lebendige Statistik und Datenkarten zur Software TinkerPlots. In B. Brandt & H. Dausend (Hrsg.), *Digitales Lernen in der Grundschule* (S. 73–102). Waxmann.

Frischemeier, D., & Biehler, R. (2023). *Datenspürnasen auf Spurensuche. Datenanalyse in der Grundschule mit digitalen Werkzeugen*. Klett Kallmeyer.

Frischemeier, D., & Walter, D. (2021). Daten! Analog und digital? Lernchancen und Grenzen analoger und digitaler Lernszenarien. *Fördermagazin Grundschule, 2021*(4), 8–12.

Garfield, J., & Ben-Zvi, D. (2008). *Developing students' statistical reasoning. Connecting research and teaching practice*. Springer.

Guimaraes, G., & Oliveira, I. (2018). How kindergarten and elementary school students understand the concept of classification. In A. Leavy, M. Meletiou-Mavrotheris, & E. Paparistodemou (Hrsg.), *Statistics in early childhood and primary education* (S. 129–146). Springer. https://doi.org/10.1007/978-981-13-1044-7_8

Harradine, A., & Konold, C. (2006). How representational medium affects the data displays students make. In A. Rossman & B. Chance (Hrsg.), *Proceedings of the seventh international conference on teaching statistics [CD-ROM]*. International Statistical Institute. http://www.stat.auckland.ac.nz/~iase/publications/17/7C4_HARR.pdf

Hasemann, K., & Mirwald, E. (2012). Daten, Häufigkeit und Wahrscheinlichkeit. In G. Walther, M. van den Heuvel-Panhuizen, D. Granzer, & O. Köller (Hrsg.), *Bildungsstandards für die Grundschule: Mathematik konkret* (S. 141–161). Cornelsen Scriptor.

Konold, C., & Miller, C. (2015). TinkerPlotsTM (Version 2.3) [Computer software]. Learn Troop. http://www.tinkerplots.com/. Zugegriffen am 20.09.2023.

Krauthausen, G., & Scherer, P. (2022). *Natürliche Differenzierung im Mathematikunterricht: Konzepte und Praxisbeispiele aus der Grundschule*. Klett Kallmeyer.

Leavy, A., Meletiou-Mavrotheris, M., & Paparistodemou, E. (2018). *Statistics in early childhood and primary education: Supporting early statistical and probabilistic thinking*. Springer. https://doi.org/10.1007/978-981-13-1044-7

Ridgway, J. (2016). Implications of the data revolution for statistics education. *International Statistical Review, 84*(3), 528–549. https://doi.org/10.1111/insr.12110

Selter, C., & Zannetin, E. (2018). *Mathematik unterrichten in der Grundschule*. Kallmeyer.

Wild, C. J., & Pfannkuch, M. (1999). Statistical thinking in empirical enquiry. *International Statistical Review, 67*(3), 223–265. https://doi.org/10.1111/j.1751-5823.1999.tb00442.x

Digitale Medien in der Lehramtsausbildung Mathematik

Bärbel Barzel, Karolina Hasebrink, Florian Schacht und Julia Marie Stechemesser

1 Digitale Medien in der Lehramtsausbildung Mathematik – ein Einblick

Auf curricularer Ebene ist das Jahr 2022 für das Fach Mathematik durchaus besonders: Die Bildungsstandards wurden sowohl für das Fach Mathematik für den Primarbereich als auch für das Fach Mathematik für den Ersten (ESA) und Mittleren (MSA) Schulabschluss veröffentlicht (KMK, 2022a, 2022b). Nicht nur die fast zeitgleiche Veröffentlichung ist beachtlich, vielmehr sind auch die z. T. sehr ähnlichen und bedeutsamen Weiterentwicklungen mit Blick auf die Rolle von Digitalisierung im und für den Mathematikunterricht bemerkenswert. Für den Primarbereich ist nunmehr ausführlich curricular verankert, dass „fachliche Kompetenzen (unter anderem auch) digital gefördert werden" (KMK, 2022a, S. 8), etwa bzgl. des Kennenlernens und der Nutzung mathematikspezifischer und allgemeiner digitaler Medien oder hinsichtlich des zunehmend selbstständigen Umgangs mit ebendiesen. Für die weiterführenden Schulformen sind digitale Medien schon länger im Lehrplan fest eingebunden. Daran knüpfen die aktuellen Bildungsstandards an, indem sie formulieren: „Die Entwicklung mathematischer Kompetenzen wird durch den sinnvollen [...] Einsatz digitaler Mathematikwerkzeuge und weiterer digitaler Medien unterstützt" (KMK, 2022b, S. 8), etwa hinsichtlich des Entdeckens von Zusammenhängen, der Reduktion schematischer Abläufe oder der Verarbeitung grö-

---

B. Barzel · K. Hasebrink · F. Schacht (✉) · J. M. Stechemesser
Fakultät für Mathematik, Universität Duisburg-Essen, Essen, Deutschland
E-Mail: baerbel.barzel@uni-due.de; karolina.hasebrink@uni-due.de; florian.schacht@uni-due.de; julia.stechemesser@uni-due.de

© Der/die Autor(en), exklusiv lizenziert an Springer Fachmedien Wiesbaden GmbH, ein Teil von Springer Nature 2024
B. Barzel et al. (Hrsg.), *Inklusives Lehren und Lernen von Mathematik*,
https://doi.org/10.1007/978-3-658-43964-4_14

ßerer Datenmengen, aber etwa auch hinsichtlich anwendungsbezogener Fragen. Die Betonung der digitalen Medien zeigt sich vor allem darin, dass im Sekundarbereich ein eigener neuer Kompetenzbereich „Mit Medien mathematisch arbeiten" (KMK, 2022b) geschaffen wurde, um sowohl die Bedeutung der mathematischen Bildung durch Medien wie auch der digitalen Bildung durch Mathematik herauszustellen. Damit wird der Anspruch zur Bildung in der digitalen Welt konkretisiert, wie er im Positionspapier der Gesellschaft für Fachdidaktik als sinnvolles Wechselspiel verankert ist (GfD, 2018): Fachliche Kompetenzen digital fördern, digitale Kompetenzen fachlich fördern und einen Beitrag leisten zur personalen digitalen Bildung als Grundlage für eine fundierte Reflexions- und Kritikfähigkeit im Umgang mit Medien in der digitalen Welt. Curricular spiegeln diese Formulierungen, dass gerade im Mathematikunterricht digitale Medien gewinnbringend eingesetzt werden können (Hillmayr et al., 2017; Pinkernell et al., 2022a, 2022b).

In diesem Zusammenhang wird in der Regel zwischen allgemeinen digitalen Medien und mathematikspezifischen digitalen Medien unterschieden (z. B. Barzel et al., 2005; Drijvers et al., 2006; Barzel & Schreiber, 2016). Allgemeine digitale Medien umfassen dabei insbesondere Präsentations- oder Textverarbeitungsprogramme, aber auch solche, die zu Recherche- und Kommunikationszwecken genutzt werden. Solche Medien werden sowohl im Alltag als auch in beruflichen Kontexten genutzt. Gerade in beruflichen Kontexten werden zudem auch mathematikspezifische Medien genutzt, wie etwa Tabellenkalkulation oder Statistiktools. Von solchen eher in der Berufswelt und im Alltag genutzten Medien unterscheidet man didaktisch orientierte Anwendungen, bei denen sich ebenfalls allgemeine und mathematikspezifische unterscheiden lassen. Allgemeine didaktisch orientierte Anwendungen umfassen dabei etwa Audience Response Systeme, mit denen auf einfache Weise Rückmeldungen größerer Gruppen eingeholt werden können, oder Lernplattformen wie Moodle, auf denen Lerninhalte bereitgestellt werden. Lernplattformen ermöglichen einerseits die Bereitstellung entsprechender Lerninhalte durch Lehrende – und andererseits hat deren Nutzung Konsequenzen für die Erarbeitung von Lerninhalten. So thematisiert der vorliegende Beitrag etwa die Arbeit mit einem interaktiven Buch der Software H5P, das über die Lernplattform Moodle im Hochschulkontext (im Rahmen einer Geometrie-Vorlesung) genutzt wird. Die sog. interaktiven Bücher sind bei Moodle implementierte und thematisch gebündelte Einheiten, die etwa interaktive Videos und Selbstlernchecks beinhalten. Weiterhin können im Rahmen der interaktiven Bücher auch mathematikspezifische didaktisch orientierte Medien eingebettet werden, wie zum Beispiel Dynamische Geometriesoftware (DGS), Funktionenplotter (FP), Computer-Algebra-Systeme (CAS) und Tabellenkalkulation (TK) bzw. Multirepräsentationssoftware, die diese Anwendungen miteinander verbindet. Eine der Stärken von interaktiven Büchern liegt insbesondere in der Komposition mehrerer digitaler (mathematikspezifischer oder didaktisch orientierter) Formate. Im schulischen Kontext werden in dem Zusammenhang häufig Anwendungen wie GeoGebra oder auch Handhelds wie beispielsweise der TI-Nspire oder Classpad verwendet. Daneben umfassen mathematikspezifische didaktisch orientierte digitale Medien noch Apps und virtuelle Arbeitsmittel wie etwa virtuelle Zwanziger- bzw. Hunderterfelder oder virtuelle Stellentafeln sowie weitere Anwendungen wie etwa mathematische Erklärvideos oder spezifische Übungsanwendungen.

Die mathematikdidaktische Literatur weist vielfältige Potenziale aus, die mit der Nutzung (mathematikspezifischer und didaktisch orientierter) digitaler Medien verbunden sind (hierzu z. B. Zbiek et al., 2007; Drijvers et al., 2016; Hillmayr et al., 2017):

- **Stärkung des konzeptionellen Denkens**: Die Nutzung digitaler Medien im Mathematikunterricht kann insbesondere das konzeptionelle Denken stärken, etwa indem digitale Medien zu Beginn einer Lerneinheit dazu genutzt werden, zunächst Erfahrungen und Erkundungen auf qualitativer Ebene zu machen. Dies kann etwa bedeuten, mittels eines Funktionenplotters die Eigenschaften des Streckfaktors bei quadratischen Funktionen zu erkunden, indem sich dieser z. B. durch entsprechende Schieberegler systematisch variieren lässt (Göbel, 2021). Die Lernenden können so zunächst auf präformaler Ebene Erkundungen vornehmen und Hypothesen aufstellen, die dann im weiteren Unterrichtsgang begründet oder widerlegt werden.
- **Dynamik und Visualisierung**: Eine zentrale Eigenschaft digitaler Werkzeuge ist, dass sie die Erfahrung von Dynamik etwa im Rahmen entsprechender Visualisierungen ermöglichen. Im obigen Beispiel etwa kann durch die systematische Variation des Streckfaktors mittels eines Schiebereglers erkundet werden, inwiefern sich der Graph entsprechend der Einstellungen des Schiebereglers (dynamisch) ändert.
- **Repräsentationswechsel**: Die Bedeutung des Darstellungswechsels und der Vernetzung von Darstellungen in der Mathematik und für mathematische Lernprozesse ist intensiv beforscht (z. B. Duval, 2006). Duval (2006) etwa betont, inwiefern die Bedeutung eines mathematischen Objektes von der Darstellung abhängt und wie sich diese durch den Darstellungswechsel ändern kann: „The content of a representation depends more on the register of the representation than on the object represented. That is the reason why passing from one register to another changes not only the means of treatment, but also the properties that can be made explicit" (Duval, 2006, S. 111). Im Kontext des obigen Beispiels meint dies etwa die In-Beziehung-Setzung des Funktionsgraphen (z. B. einer

quadratischen Funktion) mit dem entsprechenden Zahlenwert des Streckfaktors. Durch die systematische Variation finden sowohl auf symbolischer Ebene (des Funktionsterms) als auch auf der visuellen Ebene (des Graphen) Veränderungen statt, die in einer mathematischen Beziehung stehen und die von den Lernenden in eine mathematische Beziehung gebracht werden müssen, indem die entsprechenden Repräsentationen miteinander verknüpft werden.

- **Entlastung vom Kalkül**: Ein weiteres Potenzial digitaler Mathematikwerkzeuge liegt in der Entlastung vom Kalkül, welche etwa durch das Arbeiten auf einer präformalen Ebene ermöglicht wird. In Anlehnung an das obige Beispiel etwa wird es den Lernenden ermöglicht, zunächst rein auf der Phänomenebene zu arbeiten, also eine Fokussierung auf den Funktionsgraphen und ausgewählte Aspekte des Funktionsterms (nämlich den Streckfaktor) vorzunehmen.

Trotz dieser sehr intensiv beforschten Potenziale und der in den letzten fünf Jahrzehnten entwickelten Lernumgebungen und Aufgaben für die Arbeit mit digitalen Werkzeugen belegen wissenschaftliche Erkenntnisse, dass digitale Medien im Mathematikunterricht weitgehend nicht oder nicht hinreichend genutzt werden (Lorenz et al., 2017; Eickelmann et al., 2018). Nach Eickelmann et al. (2018) geben mehr als zwei Drittel (68,8 %) der Achtklässler:innen an, in Mathematik nie mit digitalen Medien zu arbeiten. Dies ist bedauerlich, denn in der über 50-jährigen Tradition in der Erforschung und Entwicklung digitaler Lernarrangements für das Fach Mathematik (Pierce & Ball, 2009; OECD, 2015; Drijvers et al., 2016; DTS, 2017) wurden die vielfältigen Potenziale und Herausforderungen konkretisiert und beforscht.

Gerade für die universitäre Lehramtsausbildung im Fach Mathematik ergeben sich daraus Notwendigkeiten und Anforderungen, um die zukünftigen Lehrkräfte im Fach Mathematik auf die Arbeit mit digitalen Werkzeugen vorzubereiten. Hier besteht sowohl aus wissenschaftlicher Sicht als auch aus Sicht der Fachgesellschaften (z. B. GDM & MNU, 2010) und Institutionen (KMK, 2009) Einigkeit darüber, den „limited use of technologies" (Drijvers et al., 2016, S. 3) im Rahmen der Lehramtsausbildung zu adressieren. Dass eine solche Umsetzung gerade im Bereich der ersten Phase der Lehrkräftebildung noch nicht annähernd zufriedenstellend ist, zeigt etwa eine aktuelle Auswertung des Monitors Lehrerbildung zum Lehramtsstudium in der digitalen Welt (www.monitor-lehrerbildung.de): So ist etwa der Bereich Medienkompetenz nur an 35 % der Hochschulen in den Fachdidaktiken aller Fächer verankert, während 75 % der Hochschulen Inhalte zum Thema Medienkompetenz in den Bildungswissenschaften aufgenommen haben, sind es nur 30 %, bei denen sich die entsprechenden Inhalte sowohl in den Bildungswissenschaften als auch in den Fachdidaktiken finden. Dies macht deutlich, dass gerade der Bereich des fachlichen Lernens mit digitalen Medien nicht hinreichend im Rahmen des Lehramtsstudiums repräsentiert ist (auch SWK, 2022).

Für viele Studierende und junge Erwachsene ist die Auseinandersetzung mit Digitalisierung, deren Nutzen und Mehrwert in der Freizeit sowie im Bereich des Lernens Teil der Alltagserfahrung (Taylor, 2006). Studierende beginnen ihr Studium mit anderen Voraussetzungen als früher, da sie vielfältige technische und digitale Erfahrungen aus ihrem Privatleben in den schulischen bzw. hochschulischen Kontext mit einbringen (Howell & McMaster, 2022). Im Vergleich zu dieser rasant angestiegenen Nutzung digitaler Medien (z. B. bestimmter Apps) im Alltag sind die Entwicklungsgeschwindigkeiten in der Hochschullehre deutlich langsamer, technische Neuerungen im Lehrbetrieb umzusetzen (Watermeyer et al., 2020). Howell und McMaster (2022) verweisen in dem Zusammenhang etwa auf die unterschiedlichen Erfahrungen und Verhaltensweisen zwischen Studierenden, die mit den neusten technischen Trends im privaten Bereich selbstverständlich agieren und den Lehrenden im Hochschulbetrieb hin, die diesen Grad an Souveränität im Umgang mit digitalen Medien meist nicht aufweisen (Howell & McMaster, 2022, S. 6). Mit Blick auf die Studierenden- und Lehrendenperspektive wird deutlich, dass Digitalisierung einen notwendigen sowie wichtigen Platz in der Hochschullehre einnehmen sollte. Ein vollständig digitaler Ansatz stößt dabei allerdings an Grenzen – sowohl aus Sicht pädagogischer wie technischer Möglichkeiten als auch bezüglich der Lernentwicklungen der Studierenden (Røe et al., 2021). Dahingehend ist es ein essenzielles Thema in der wissenschaftlichen Arbeit und Lehrtätigkeit, sich mit digitalen Lehr-Lern-Formaten im Hochschulbetrieb zu beschäftigen, die das Lehren und Lernen begünstigen können (Esteve-Mon et al., 2020). Der Einsatz von Technologien im Lehrbetrieb ist nicht nur förderlich für motivierende Anreize, sondern kann zudem kognitive Lernprozesse begünstigen, und damit zu einer Verbesserung der Wissenskompetenz und Leistungssteigerung beitragen (Findeisen et al., 2019). Digitale Technologien sollten mit Blick auf die Hochschule gewinnbringend in der Mathematikausbildung angehender Lehrkräfte eingesetzt werden, um auf die spätere Unterrichtspraxis vorzubereiten. Dazu sollten digitale Medien zunächst im eigenen fachlichen Lernprozess erlebt und der Einsatz in fachdidaktischen Vertiefungen reflektiert werden und in einem dritten Schritt selbst digital gestützte Lernumgebungen genutzt und ggf. weiter entwickelt werden (Barzel et al., 2016, S. 39, 2018, S. 280).

2 Weiterentwicklung der Hochschullehre im Verbund – das Projekt DigiMal.nrw

Zunehmend wird der Einsatz digitaler Werkzeuge auf Hochschulebene in ihrer technischen Aufbereitung und Funktionalität auf fachlicher Ebene für den Lernerfolg aus Studierendensicht beforscht, etwa hinsichtlich der Kompetenzen und

Auswirkungen der digitalen Werkzeuge auf den Lernprozess (Amhag et al., 2019). Für die konkrete Mathematiklehrkräfteausbildung ergeben sich Forschungs- und Entwicklungsbedarfe hinsichtlich der Ausbildung entsprechender digitaler Kompetenzen, die sich in fachlichen bzw. fachdidaktischen Ausbildungsanteilen herausbilden (Kelentrić et al., 2017). Entscheidend ist neben der Vermittlung inhaltsbezogener und bildungsbezogener Themen im Fach sowie in der Didaktik der Mathematik auch das selbstständige Lehren und Lernen durch den Einsatz technischer Werkzeuge (Barzel et al., 2016). Zahlreiche Untersuchungen zeigen auf, dass Digitalisierung im Schulbetrieb wie auch im Hochschulbetrieb sowohl die Lehre als auch das Lernen verändert (Howell & McMaster, 2022). Digitale Lernmaterialien können als Open Educational Ressource (OER) Grenzen überwinden, indem sie zeitlich flexibel und weltweit verfügbar gemacht werden. Hierbei ermöglichen die Bereitstellung und Verwendung dieser technischen Werkzeuge als OER den Austausch, die Teilhabe und die Förderung der Zusammenarbeit an den Wissensbausteinen (OECD, 2015, S. 62). Der Nutzen von digitalen Lernmaterialien kann nach OECD (2015) eine positive Verstärkung für guten Unterricht sein (S. 4). Dafür benötigt der Einsatz im Bildungswesen eine professionelle Schulung der Lehrkräfte in ihren pädagogischen, methodischen wie technischen Kenntnissen, um die Technologien gezielt für den Lehr- und Lernprozess von Lehrenden wie Lernenden einzusetzen (S. 189).

Das Projekt ‚Digitale Mathematiklehrerbildung in NRW' (DigiMal.nrw) beschäftigt sich mit der Entwicklung und dem Einsatz digitaler Lernmaterialien für angehende Lehrkräfte im Fachbereich Mathematik in der Hochschullehre, um neben der Begünstigung des eigenständigen Lernens durch den Einsatz digitaler Werkzeuge auch die Aneignung neuer Wissenselemente sowie die Förderung und Festigung bereits bekannter Lerninhalte zu ermöglichen. Im Rahmen des Projektes DigiMal.nrw wird dabei die Qualität der zentralen hochschulmathematischen Lehrveranstaltungen und Prüfungen mit Hilfe von digital gestützten Maßnahmen weiterentwickelt.

Im Rahmen der Förderlinie OERContent.nrw wird das Projekt DigiMal.nrw durch die Kooperationsgemeinschaft DH.NRW (Digitale Hochschule NRW) und das Ministerium für Kultur und Wissenschaft (MKW) des Landes Nordrhein-Westfalen gefördert. Die Entwicklung von digitalen Materialien und die Erforschung von Lernprozessen aus Studierendensicht auf der Ebene der universitären Mathematiklehrkräfteausbildung stehen hierbei im Fokus des Projektes. Neben mathematischen Inhalten werden insbesondere auch die didaktische und praxisorientierte Ebene beleuchtet, um die digital aufbereiteten Fachinhalte für hochschulische Lernsituationen (z. B. in Seminaren und Vorlesungen) und Prüfungen einsetzen und auswerten zu können. Fokussiert werden in mathematischen wie mathematikdidaktischen Kernbereichen der Aufbau und die Unterstützung der individuellen

Lernprozesse von Lehramtsstudierenden. Digitale Lernmaterialien und Diagnoseinstrumente (z. B. digitale Selbsttests), die im Rahmen des Projektes entwickelt wurden, werden bei der Wissensvermittlung, -erweiterung und -festigung eingesetzt, damit die fachlichen und fachdidaktischen Inhalte vertiefend und reflektierend zu einem gelingenden Lernprozess bei den Studierenden beitragen können. Auf dem Landesportal ORCA.nrw (Open Resources Campus NRW) werden die entwickelten digitalen Materialien aus dem Projekt DigiMal.nrw als OER sowohl Studierenden als auch Lehrenden zur Verfügung gestellt. Auf diese Weise können die Lehr- und Lernmaterialien für die Hochschullehre im Fach Mathematik gemeinsam weiterentwickelt und flexibel eingesetzt werden. Der Austausch und die Nutzung schaffen hierbei die fortlaufende Chance in Bezug auf die erstellten Materialien, diese für den Hochschulbetrieb in der Mathematiklehrkräfteausbildung stetig auszubauen, anzupassen und langfristig zu verbessern.

Damit die digitalen Lehr- und Lernmaterialien entwickelt, erprobt und angepasst werden können, sodass Zugänge zu fachmathematischen sowie mathematikdidaktischen Inhaltsbereichen geschaffen werden können, bilden die Teilprojekte des Projektes DigiMal.nrw ein Entwicklungs- und Implementationsnetzwerk. Durch diesen Aufbau und durch die Konsortialpartnerschaften zwischen den beteiligten Universitäten werden eine gemeinsame Zusammenarbeit, ein intensiver Austausch und die Weiterentwicklung der Materialien realisiert, wodurch der OER Gedanke bereits strukturell in der Anlage des Projekts verankert ist. Die Zusammenarbeit der Teams besteht in der gemeinsamen Entwicklung, Erprobung und gegenseitigen Evaluation der Materialien innerhalb der Projektgruppen. In regelmäßigen Treffen werden die Arbeits- und Zwischenstände vorgestellt, um gemeinsam an möglichen Stolperstellen weiterzuarbeiten. Die beteiligten Hochschulen sind während der Projektlaufzeit unterschiedlich weit in der Entwicklung und Finalisierung ihrer Materialien. Auch dies wird förderlich beim Austausch und der gegenseitigen Unterstützung genutzt. Diese gewinnbringende Zusammenarbeit ermöglicht eine intensive Auseinandersetzung mit den Fachinhalten, den vielfältigen Materialien für den Einsatz in der Lehre und den technischen Herausforderungen. Zudem fördert das Gewinnen von Einblicken und die Mitwirkung an unterschiedlichen Arbeitsständen und Inhaltsprozessen die eigene Weiterentwicklung und die Stärkung der Motivation an der Arbeit.

An dem Projekt DigiMal.nrw sind alle acht Universitäten des Landes Nordrhein-Westfalen beteiligt, die in der Lehramtsausbildung für die Lehrämter Grundschule und Sonderpädagogik ausbilden. Hierzu zählen: Universität Duisburg-Essen, Technische Universität Dortmund, Westfälische Wilhelms-Universität Münster, Universität Paderborn, Universität Siegen, Bergische Universität Wuppertal, Universität Bielefeld und Universität zu Köln (Abb. 1). Die sechs zuerst genannten Universitäten beteiligen sich an der Entwicklung, Erprobung und Evaluation digitaler

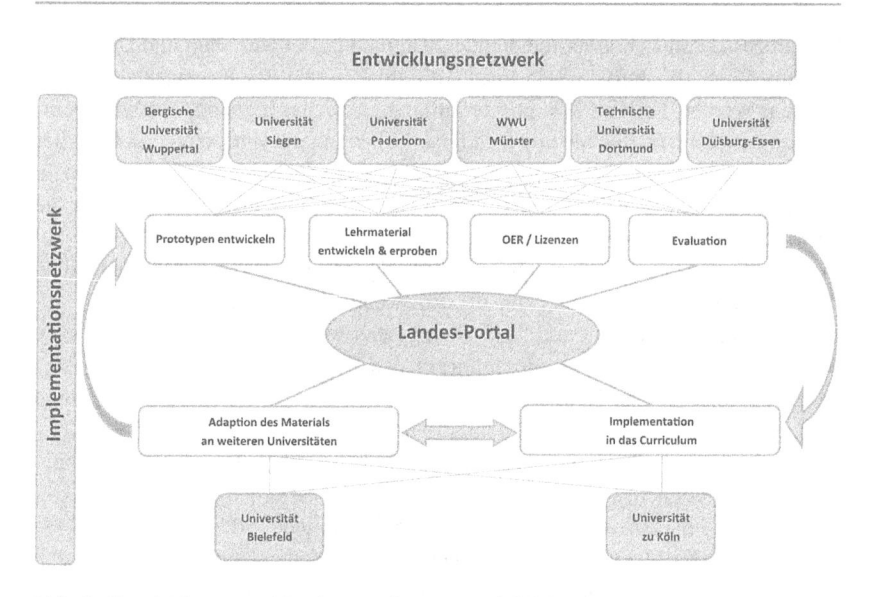

Abb. 1 Entwicklungs- und Implementationsnetzwerk DigiMal.nrw

Werkzeuge und Lernmaterialien für den Einsatz in der hochschulmathematischen Lehre. Die Universitäten Bielefeld und Köln bilden das Implementationsnetzwerk. Dort werden ausgewählte digitale Materialien im Hochschulbetrieb erprobt, indem sie die aus dem Entwicklungsnetzwerk entwickelten Arbeitsmittel in das hochschulische Curriculum implementieren und für den Nutzen an der jeweiligen Universität adaptieren. Durch den Austausch zwischen dem Implementations- und dem Entwicklungsnetzwerk können die Materialien auf ihren Einsatz und den Mehrwert hin überprüft und kritisch betrachtet werden, um sie zu erweitern und anzupassen. Die Zusammenarbeit zwischen dem Entwicklungs- und Implementationsnetzwerk ermöglicht eine erprobte und angepasste Version der digitalen Lernmaterialien, sodass der Zugang und Nutzen von weiteren Universitäten erleichtert werden soll. Das Landesportal von DH.NRW stellt hierbei das Bindeglied der Netzwerke dar, damit eine weitere Verbreitung der entwickelten und implementierten Lernmaterialien aus dem Projekt DigiMal.nrw auf der OER Plattform ermöglicht wird, um so zudem eine Chancengleichheit und Bildungsgerechtigkeit in diesem Bereich zu ermöglichen.

Das Projekt DigiMal.nrw besteht aus fünf thematischen Teilprojekten, die zum einen die fachmathematischen Bereiche als auch die fachdidaktischen Herausforderungen berücksichtigen. Die Teilprojekte „Arithmetik", „Geometrie" und „Stochastik" konzentrieren sich auf die fachspezifischen mathematischen Kerninhalte des Mathematikstudiums in der hochschulischen Ausbildung der Lehrkräfte. Die Teilprojekte „Heterogenität im Mathematikunterricht" und „Fachbezogener Sprachunterricht" rücken dabei die fachdidaktische Unterrichtspraxis in den Blick. Dadurch bilden die Teilprojekte von DigiMal.nrw das Zusammenwirken von theoriegeleiteten Grundlagen und praxisorientierter Anwendung ab. Dieses Zusammenspiel von Theorie und Praxis ist im Projekt grundlegend und leitend für die Konzeption des Lehramtsstudiums, in der beide Facetten betont und begründet werden. Innerhalb der Projektgruppe und der verschiedenen Standorte wurden die digitalen Materialien auf unterschiedliche Weise technisch entwickelt, aufbereitet, umgesetzt und angewandt. Das Ergebnis umfasst ein breites Spektrum vielseitiger digitaler Lehr- und Lernmaterialien für den eigenständigen Einsatz in der hochschulischen Mathematiklehrkräfteausbildung für das Lehramt Grundschule und Sonderpädagogik. Genannt seien hier beispielsweise die Entwicklung von Selbsttests, videobasierten Lernumgebungen, interaktiven Büchern und Erklärvideos, die das Ziel verfolgen, den digitalen Lernprozess auf Studierendenebene unterstützend zu fördern und damit fachmathematisch wie auch fachdidaktisch zentrale Bereiche des Studiums anzusprechen.

Die an das Projekt angeknüpften Forschungsprojekte beschäftigen sich insbesondere mit Fragen, die die Nutzung, Anwendung und den Lernerfolg im Umgang mit den digitalen Materialien betreffen. Für die Lehramtsausbildung Mathematik bietet das Projekt DigiMal.nrw neue Erkenntnisse, die gewinnbringend für die Lehre und die Unterstützung der Studierenden im individuellen Lernprozess genutzt werden können, um etwa durch die entwickelten digitalen Werkzeuge und Materialien das eigenständige Lernen zu fördern. In Abschn. 3 werden konkrete Produkte aus dem Teilprojekt Geometrie diskutiert, die im Lernprozess neue Möglichkeiten schaffen, nicht nur das eigene Wissen zu vertiefen, sondern auch mittels motivierender und abwechslungsreicher Gestaltungen den Mehrwert und die Flexibilität von Lern- und Denkprozessen für die Herausforderungen im späteren Schulbetrieb konkretisieren zu können.

3 Konkretisierung am Beispiel des Teilprojektes Geometrie

Der folgende Abschnitt gibt einen Einblick in die entwickelten Materialien des Teilprojekts *1.2 Geometrie*, in dem interaktive Bücher mithilfe der Software H5P entwickelt wurden. Dafür werden im Folgenden der Aufbau der interaktiven Vorlesung, die Konzeption der interaktiven Bücher und die Ziele des Einsatzes der interaktiven Bücher erläutert (Abschn. 3.1). Danach wird auf die Nutzung der

Materialien an der Universität Duisburg-Essen sowie als Open Educational Resources (Abschn. 3.2) eingegangen. In einem nächsten Schritt werden die in Abschn. 3.1 vorgestellten Potenziale digitaler Medien anhand ausgewählter Aufgabenformate in den interaktiven Büchern verdeutlicht, um exemplarisch Einblick in die entwickelten Materialien zu geben (Abschn. 3.3).

3.1 Interaktive Bücher in der Veranstaltung Elementare Geometrie

Die entwickelten interaktiven Bücher werden als interaktive Vorlesung im dritten Fachsemester des Lehramts Grundschule und im ersten Fachsemester des Lehramts für Haupt-, Real-, Sekundar-, und Gesamtschule in der Fachveranstaltung *Elementare Geometrie* eingesetzt. Die interaktiven Bücher ersetzen die Präsenzvorlesung und werden asynchron als Selbstlernmaterialien angeboten. Zusätzlich gibt es regelmäßige synchrone Vertiefungsangebote, in denen die Studierenden Fragen zu den Vorlesungsmaterialien stellen können. Neben der digitalen Vorlesung finden außerdem wöchentliche Präsenzübungen statt, in denen die Vorlesungsthemen anwendungsbezogen vertieft werden. Die Vorlesung folgt einem modularen Aufbau, bei dem jeweils in einem bis vier interaktiven Büchern ein Thema behandelt wird. Tab. 1 gibt einen Überblick über die verschiedenen Vorlesungsthemen und die zugehörigen interaktiven Bücher der Geometrie-Vorlesung.

Die interaktiven Bücher wurden mithilfe der Software H5P erstellt und den Studierenden als Plugin im Lernmanagementsystem Moodle zur Verfügung gestellt. Ein interaktives Buch umfasst dabei mehrere Buchseiten, die die Bücher thematisch strukturieren. Auf jeder Buchseite befindet sich eine Komposition verschiedener sogenannter Content-Types der Software H5P wie beispielsweise Drag-and-Drop-Aufgaben oder Multiple-Choice-Fragen. Für die interaktiven Bücher der Veranstaltung Elementare Geometrie wurden besonders häufig interaktive Videos verwendet, die sich auf jeder Buchseite befinden. In diesen interaktiven Videos werden Vorlesungsinhalte vermittelt, wobei die reine Rezeption der Videos meist durch interaktive Elemente im Video unterbrochen wird. Ausgelöst durch Stopp-Elemente in den Videos werden die Studierenden aufgefordert, Aufgaben zu den Inhalten des Videos zu bearbeiten, wodurch die Studierenden angeregt werden, sich aktiv mit den Inhalten auseinander zu setzen. Diese Aufgaben können einerseits Video-Inhalte vorbereiten, wenn Studierende sich Sätze, Definitionen oder Beweise selbstständig erarbeiten. Die Aufgaben können andererseits auch nachbereitenden Charakter haben, wenn die im Video vermittelten Inhalte vertieft,

Digitale Medien in der Lehramtsausbildung Mathematik

Tab. 1 Aufbau der Vorlesung Elementare Geometrie und zugehörige Module

Vorlesungen	Zugehörige Module bzw. interaktive Bücher
Vorlesung 1: Euklidische Geometrie	V1-M1 – Euklidische Geometrie
Vorlesung 2: Kongruenzabbildungen	V2-M1 – Kongruenz
	V2-M2 – Achsensymmetrie
	V2-M3 – Drehung, Verschiebung, Punktspiegelung, Komposition
Vorlesung 3: Ähnlichkeitsabbildungen	V3-M1 – Ähnlichkeitsabbildungen und zentrische Streckungen
	V3-M2 – Strahlensätze
Vorlesung 4: Affine Abbildungen	V4-M1 – Affine Abbildungen
Vorlesung 5: Ebene Geometrie – Winkel	V5-M1 – Winkel
	V5-M2 – Bedeutung von Winkeln in Dreiecken
Vorlesung 6: Kongruenzsätze	V6-M1 – Hinführung zu den Kongruenzsätzen
	V6-M2 – Anwendung der Kongruenzsätze
Vorlesung 7: Dreiecke	V7-M1 – Beziehungen am rechtwinkligen Dreieck
	V7-M2 – Die Mitte des Dreiecks
	V7-M3 – Besondere Punkte und Linien im Dreieck
Vorlesung 8: Vierecke	V8-M1 – Klassifikation der Vierecke
	V8-M2 – Satzgruppe des Pythagoras
	V8-M3 – Mitte im Viereck (Teil 1)
Vorlesung 9: Allgemeine Polygene	V9-M1 – Inkreis und Umkreis beim Viereck?
	V9-M2 – Definition und Eigenschaften von Polygonen
	V9-M3 – Vom Messen zu Flächeninhalten von Polygonen
Vorlesung 10: Kreise	V10-M1 – Definition, Flächeninhalt und Umfang
	V10-M2 – Zusammenhänge am Kreis
Vorlesung 11: Raumgeometrie	V11-M1 – Raumbegriff und Polyeder
	V11-M2 – Das Prinzip des Cavalieri
	V11-M3 – Pyramide und Kegel
	V11-M4 – Kugel
Vorlesung 12: (Platonische) Körper	V12-M1 – Begriffliche Grundlagen zu platonischen Körpern
	V12-M2 – Platonische Körper
	V12-M3 – Dualität
	V12-M4 – Die Eulersche Polyederformel

systematisiert oder gesichert werden. Die Aufgaben befinden sich entweder direkt im interaktiven Video, beispielsweise als Multiple-Choice-Format, oder die Studierenden werden durch ein Stopp-Element dazu aufgefordert weiter zu scrollen und eine Aufgabe auf der entsprechenden Buchseite zu bearbeiten. Für die Gestaltung der Aufgaben auf den Buchseiten wurden jeweils unterschiedliche Content-Types verwendet. So finden sich beispielsweise Drag-and-Drop-Aufgaben, offene Textfelder, eingebettete Formelfelder und auch Fenster der eingebetteten dynamischen Geometrie Software GeoGebra als mathematikspezifisches, didaktisch orientiertes Medium auf den Buchseiten. In Abschn. 3.3 wird ein exemplarischer Einblick in ausgewählte Content-Types gegeben.

Die Ziele des Einsatzes der interaktiven Bücher sind vielschichtig: Die interaktiven Bücher sollen dabei helfen, das Angebot digitaler Medien im Studium zu erweitern, um so der Unterrepräsentation digitaler Medien im Bereich des fachlichen Lernens entgegenzuwirken. Zusätzlich sollen sie Studierenden die Möglichkeit eröffnen, orts- und zeitunabhängig zu arbeiten. Zum einen beinhalten die Materialien das Potenzial, Studierende im Rahmen der Vorlesung zur Mitarbeit und zu selbstständigen Lernaktivitäten zu motivieren, Verständnis der Inhalte aufzubauen und sich tiefgehend mit den Materialien im individuellen Lerntempo auseinander zu setzen – also Studierende fachlich digital zu fördern (Abschn. 1). Zum anderen wird durch die Arbeit mit den interaktiven Büchern das Ziel verfolgt, die digitale Kompetenz der Studierenden aus fachlicher Perspektive zu fördern, da die Bücher einen Einblick in technische Umsetzungsmöglichkeiten von Mathematikaufgaben geben und deren Bearbeitung die Medienkompetenz der Studierenden erweitern kann. Die Konzeption der interaktiven Bücher kann zudem von Studierenden auch auf die eigene, zukünftige Tätigkeit als Mathematiklehrkraft übertragen werden. Demnach können die interaktiven Bücher als Inspiration für die Entwicklung und den Einsatz digital gestützter Aufgaben im Mathematikunterricht in der Schule dienen.

3.2 Nutzung der interaktiven Bücher (als Open Educational Resources)

Die interaktiven Bücher wurden in den Wintersemestern 2020/2021, 2021/2022 und 2022/2023 eingesetzt und von den Studierenden bearbeitet. Die Nutzung der interaktiven Bücher wurde im Rahmen des Projektverlaufes durch eine Evaluation begleitet, in der die Studierenden die interaktiven Bücher sowie einzelne Content-Types bewerten sollten. Die Evaluation wurde anonym über Moodle bereitgestellt und in der Mitte und am Ende des jeweiligen Semesters freiwillig von den Studierenden bearbeitet. Die Evaluationsitems sind geschlossen und offen und adressieren beispielsweise einzelne Content Types sowie übergreifende Items, in denen eine Bewertung der Lernförderlichkeit der Materialien thematisiert wird. Die Evaluationen zeigen, dass Studierende die interaktiven Videos sowie Drag-and-Drop-Aufgaben als besonders lernförderlich empfanden. Auf der Grundlage der

Evaluationen wurden die interaktiven Bücher inhaltlich und technisch stetig weiterentwickelt. Durch diese Weiterentwicklung kann in einem nächsten Schritt die Verbreitung der entwickelten Lehr- und Lernmaterialien als Open Educational Resources realisiert werden, die neben der Entwicklung der Materialien eines der Hauptziele des Projektes DigiMal.nrw ausmacht. Für die Verbreitung der interaktiven Materialien spielt deren Anschlussfähigkeit in Lehrveranstaltungen anderer Universitäten eine entscheidende Rolle. Die Anschlussfähigkeit ergibt sich in Bezug auf das Teilprojekt Geometrie durch den bereits beschriebenen modularen Aufbau der interaktiven Vorlesung in vielfacher Weise: Aus der Perspektive der Lehrenden kann einerseits die gesamte Vorlesung in die eigene Lehrveranstaltung integriert werden, andererseits können auch einzelne Module oder Themenblöcke herausgelöst und in die eigene Veranstaltung implementiert werden. Zudem bietet H5P die Möglichkeit, einzelne Aufgaben zu verändern oder zu löschen und die Videos können auch durch eigene Videos ersetzt werden. Durch den modularen Aufbau der Veranstaltung und durch das ‚Baukasten-Prinzip' der Software H5P können Dozierende die Vorlesung für fachliche und fachdidaktische Veranstaltungen im Lehramt Mathematik verwenden. Durch die Veröffentlichung als Open Educational Resources sowie durch das vielfach verknüpfte Netzwerk im Projekt können die Materialien (Abschn. 2) auch über die Universität Duisburg-Essen und über NRW hinaus verfolgt werden.

3.3 Aufgabenformate im interaktiven Buch und die Nutzung des Potenzials digitaler Medien

Die folgenden Ausführungen geben einen Einblick in die Gestaltung einzelner Content-Types und zeigen außerdem, wie die in Abschn. 1 genannten Potenziale digitaler Medien im Rahmen der interaktiven Bücher genutzt werden. Dafür werden die folgenden Punkte adressiert und in Bezug auf deren Realisierung im interaktiven Buch erläutert: Stärkung des konzeptionellen Denkens, Dynamik und Visualisierung, Repräsentationswechsel und Entlastung vom Kalkül.

Stärkung des konzeptionellen Denkens
Bei der Gestaltung der interaktiven Buchseiten wird insbesondere die Eigenaktivität der Studierenden fokussiert. Viele Aufgaben zielen dabei auf das Generieren von Hypothesen und auf den Rückgriff auf Vorwissen ab. Das folgende Beispiel zeigt ein GeoGebra-Fenster und ein Textfeld auf einer interaktiven Buchseite zum Thema zentrische Streckung. Es verdeutlicht, wie präformale Explorationen im interaktiven Buch realisiert werden (Abb. 2).

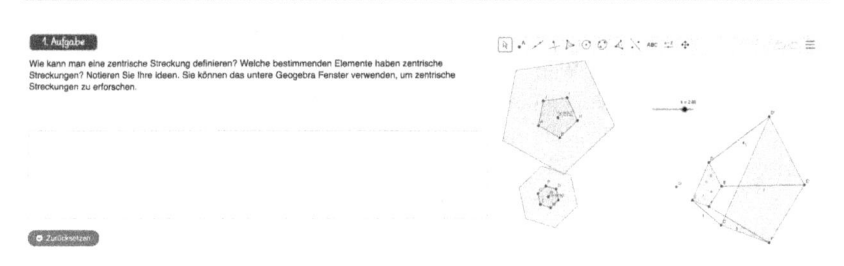

Abb. 2 Beispiel interaktiver Aufgaben für die Stärkung konzeptionellen Denkens. (Abbildung rechts erstellt mit © GeoGebra)

In einem kurzen Video am Anfang der Buchseite zum Thema zentrische Streckungen werden Beispiele von zentrischen Streckungen gezeigt. Danach werden die Studierenden dazu aufgefordert, erste Vermutungen über die Eigenschaften zentrischer Streckungen aufzustellen und eine vorläufige Definition zu entwickeln. Dafür steht ihnen auf der interaktiven Buchseite ein Textfeld zur Verfügung (Abb. 2). Außerdem befindet sich weiter unten auf der Buchseite ein GeoGebra-Fenster, in dem die Studierenden durch Ziehen an einem Schieberegler den Streckfaktor variieren und somit verschiedene zentrische Streckungen generieren können. Durch diese dynamische Visualisierung können die Studierenden erste Entdeckungen auf präformaler Ebene machen, wie etwa, dass sich bei zentrischen Streckungen die Seitenlängen der Polygone verändern, aber die Seitenverhältnisse gleichbleiben. Sie können außerdem zentrische Streckungen mit positiven und negativen Streckfaktoren erkunden und diese Erkundungen mit den bereits in der Vorlesung thematisierten Kongruenzabbildungen vergleichen. Bei der weiteren Bearbeitung der Buchseite können die Studierenden die Vermutungen, die sie im Textfeld notiert haben, bestätigen oder widerlegen, da weiter unten auf der Buchseite in einem zweiten Video die Definition der zentrischen Streckung sowie deren Eigenschaften der Abbildung (wie beispielsweise Längenverhältnistreue) thematisiert werden. Durch die Explorationsphase mit dem GeoGebra-Fenster am Anfang kann konzeptionelles Wissen bei den Studierenden angeregt werden und schließlich durch den Vergleich mit den Inhalten im zweiten Video reflektiert und formalisiert werden.

Dynamik und Visualisierung

Die eingesetzten Content-Types der Software H5P und insbesondere die Einbettung von GeoGebra Anwendungen als mathematikspezifisches Medium bieten vielfältige Möglichkeiten für die Integration dynamischer Visualisierungen. So ist es gemäß dem genannten Beispiel zum Thema zentrische Streckung (Abb. 2) möglich, mithilfe von Schiebereglern Entdeckungen anzuregen. Zudem können durch die Integration von Dynamik und Visualisierungen Sätze verdeutlicht werden oder

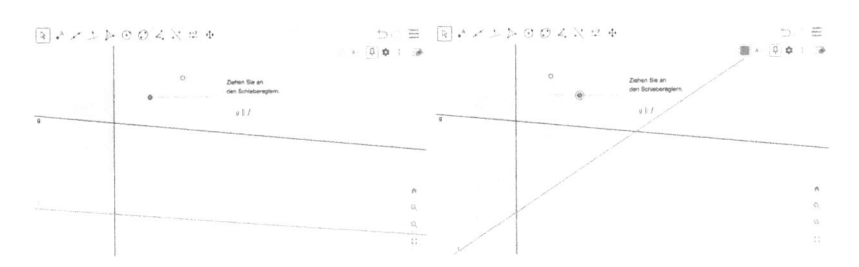

Digitale Medien in der Lehramtsausbildung Mathematik

Abb. 3 Verdeutlichung des Stufenwinkelsatzes mithilfe dynamischer Darstellungen. (Erstellt mit © GeoGebra)

das Verständnis bei der Vermittlung von Beweisen unterstützt werden. Dies wird der Abb. 3 und 4 erläutert.

Abb. 3 zeigt ein Beispiel einer dynamischen Visualisierung des Stufenwinkelsatzes. Wenn die Studierenden an dem türkisfarbenen Schieberegler ziehen, bewegt sich der türkisfarbene Winkel nach oben, bis er auf dem Winkel bei der Geraden g liegt (Abb. 3, links). Durch die dynamische Darstellung wird demnach die Größengleichheit der Winkel mithilfe einer Translation gezeigt. Der zweite Schieberegler verursacht eine Bewegung der Geraden f, sodass f und g nicht mehr parallel zueinander sind (Abb. 3, rechts). Auf der zugehörigen interaktiven Buchseite werden die Studierenden dazu aufgefordert zu begründen, warum Stufenwinkel an parallelen Geraden gleich groß sind. Nachdem die Studierenden eine erste Begründung entwickelt haben, wird ihnen das GeoGebra Fenster zur Verfügung gestellt (Abb. 3). In diesem können die Studierenden entdecken, warum für die Größengleichheit von Stufenwinkeln die Parallelität der Geraden Voraussetzung ist und es wird auch auf die Umkehrung des Stufenwinkelsatzes hingewiesen. Dieses Beispiel zeigt, wie Details aus einem mathematischen Satz gezielt dynamisch visualisiert werden können. Nach der Bearbeitung des GeoGebra Fensters werden die Studierenden auf der interaktiven Buchseite dazu aufgefordert, ihre vorherige Begründung anzupassen und Entdeckungen, die im GeoGebra Fenster getätigt wurden, einzubeziehen.

Neben der Entdeckung von Zusammenhängen und Sätzen können Visualisierungen auch beim Verständnis im Prozess der Vermittlung von Inhalten unterstützen. Ein Beispiel findet sich in Abb. 4 zum Beweis des ersten Strahlensatzes.

Im interaktiven Buch zum Thema Strahlensätze wird der Beweis des ersten Strahlensatzes im Video erklärt und mit zeitgleich erscheinenden Beispielbildern unterstützt (Abb. 4). An dieser Stelle wird der Beweis an ein Beispiel gebunden, wobei die kurzzeitige Senkung des Abstraktionsgrades dazu führen kann, dass das Beweisverständnis von Beweisen, die die Studierenden nicht selbst konstruiert haben, unterstützt wird.

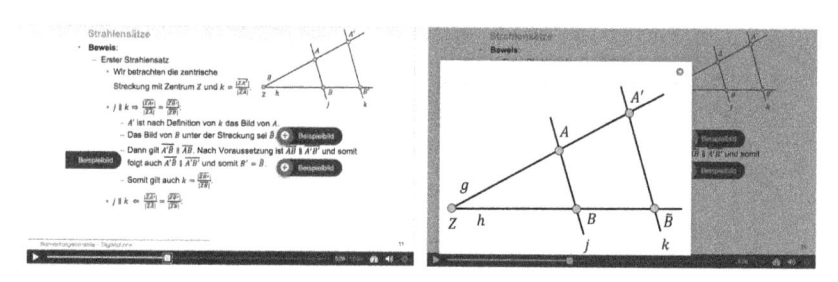

Abb. 4 Unterstützung beim Verständnis von Beweisen mithilfe von Visualisierungen

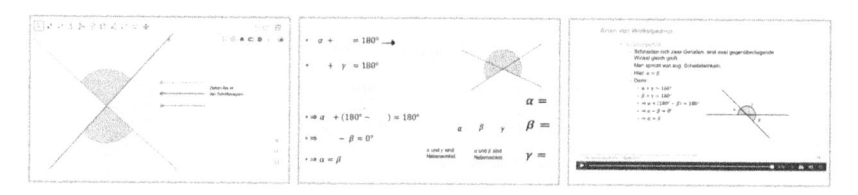

Abb. 5 Darstellungsvernetzung am Beispiel des Scheitelwinkelsatzes. (Abbildung links erstellt mit © GeoGebra)

Repräsentationswechsel

Die Vielzahl an Content-Types beinhaltet die Möglichkeit der Erstellung verschiedenster Darstellungen und die Realisierung von Darstellungsvernetzungen, die unter anderem bei Beweisen in der Geometrievorlesung eingesetzt werden. Abb. 5 gibt einen Einblick, wie Darstellungen miteinander verknüpft werden, wenn Studierende im interaktiven Buch eigenständig einen Beweis zum Scheitelwinkelsatz entwickeln sollen.

Dabei werden die Studierenden durch verschiedene Visualisierungen und Aufgabenformate unterstützt. Die erste Darstellung in Abb. 5 weist ikonisch durch das Ziehen der Schieberegler auf Beziehungen und Größengleichheiten der Winkel hin, woraus die Studierenden schlussfolgern können, dass der Nebenwinkelsatz für die Beweisführung wichtig sein könnte. Neben dieser ikonischen Darstellung, die erste inhaltlich-anschauliche Zugänge ermöglicht, werden die Studierenden bei der letzten Aufgabe dazu aufgefordert, den Beweis zu algebraisieren, indem sie die Bestandteile von Formeln und Begründungen im Drag-and-Drop-Fenster an die richtigen Stellen ziehen. Dadurch können vorherige präformale Entdeckungen auf eine symbolische (Zahlen-)Ebene abstrahiert und formalisiert werden. Schließlich wird der Beweis formal korrekt auf symbolischer Ebene im Video erläutert. Durch die Vernetzung von ikonischer und symbolischer Darstellung beim Beweisen werden die Studierenden dazu eingeladen, den Beweis aus verschiedenen Blickwinkeln zu betrachten und durch die Komposition der Darstellungen auf einer Buchseite dazu ermutigt, die entsprechenden Darstellungen miteinander zu vernetzen.

Entlastung vom Kalkül

Durch den Einsatz digitaler Medien können die Studierenden auch in der Geometrie entlastet werden, was hier vor allem durch Einsatz dynamischer Geometriesoftware wie GeoGebra geschieht. Mithilfe der vielfältigen Werkzeuge in GeoGebra werden die Studierenden bei komplexeren Konstruktionen deutlich entlastet, wodurch sie sich beispielsweise auf die Exploration geometrischer Zusammenhänge auf Phänomenebene fokussieren können. Als Beispiel sei an dieser Stelle der Themenbereich der Raumgeometrie genannt, in dem platonische Körper und in diesem Zuge Stümpfe von platonischen Körpern in der Vorlesung gut visualisiert werden können. Im Vordergrund steht, dass die Studierenden platonische Körper kennenlernen und erfahren, wie mögliche Stümpfe dieser platonischen Körper aussehen. Aus diesem Grund wurde im interaktiven Buch ein Tetraederstumpf eingebettet, der von allen Seiten betrachtet werden kann (Abb. 6).

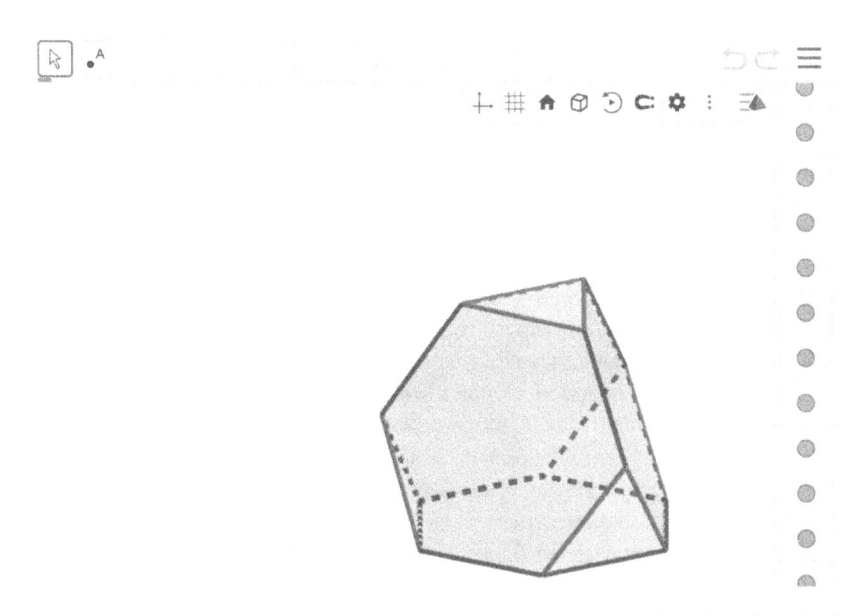

Abb. 6 Entlastung vom Kalkül am Beispiel des Tetraederstumpfes. (Erstellt mit © GeoGebra)

Erkundungen wie diese des Tetraederstumpfes wären in einer traditionellen Vorlesung nur schwerer zu realisieren, da das Zeichnen oder in diesem Fall das Basteln zu viel Raum einnehmen würde oder sie blieben rein mental. Hier kann die Integration dynamischer Geometriesoftware sehr hilfreich sein, um Raumvorstellungen gut zu unterstützen und gleichzeitig Raum für Explorationen und Entdeckungen zu geben.

4 Fazit und Perspektiven

Zukünftige Lehrkräfte müssen auf die Herausforderungen einer Bildung in der digitalen Welt angemessen vorbereitet werden, um sowohl in Zeiten von Distanzlernen als auch im Präsenzunterricht Medien so einzusetzen, dass fachliches Lernen gut unterstützt und digitale Medien in ihrer Breite umfassend und selbstverständlich kennengelernt werden. Diesem Ziel fühlt sich das Projekt DigiMal.nrw verpflichtet. Es bündelt die Expertise verschiedener Standorte in NRW zur Lehramtsausbildung in Mathematik und erweitert gleichzeitig die Möglichkeiten neuer Kooperationen und standortübergreifender Nutzung von digitalen Modulen im Bereich fachlicher wie fachdidaktischer Hochschullehre. Zielsetzung dabei ist, digitale Medien – mathematikspezifische und allgemeine – so zu nutzen, dass Studierende die Medien beim eigenen fachlichen Lernen erleben, den Medieneinsatz mit Blick auf Möglichkeiten und Probleme fachdidaktisch vertiefen und von diesen Grundlagen aus befähigt werden, selbst Medieneinsatz im Mathematikunterricht zu gestalten und zu entwickeln.

Am Beispiel Geometrie wurden die Möglichkeiten von interaktiven H5P-Büchern exemplarisch aufgezeigt. Dabei werden vielfältige interaktive Elemente in Vorlesungsvideos eingebunden, um die Eigenaktivität der Studierenden und die intensive Auseinandersetzung mit den fachlichen Inhalten zu erhöhen. Dabei werden sowohl allgemeine Assessment-Tools (z. B. Multiple-Choice-Abfragen) verwendet wie auch mathematikspezifische Möglichkeiten dynamischer Geometriesoftware (GeoGebra) integriert. Dadurch wird ermöglicht, dass Studierende beim eigenen Lernen geometrischer Zusammenhänge und mathematischer Kompetenzen wie Beweisen und Problemlösen die Potenziale digitaler Medien wie Dynamik und Visualisierungen, gezielter Repräsentationswechsel und das Ermöglichen eigenständiger Entdeckungen erleben.

Die ersten Erkenntnisse der begleitenden Evaluation zeigen, dass Studierende die interaktiven Bücher durch die große Eigenaktivität als sehr lernförderlich schätzen und auch Lehrende das Potenzial des Materials bedingt durch den modularen Aufbau der interaktiven Bücher auch für die Lehre in Präsenz gut nutzen können.

In Zeiten nach Corona stellt sich die Hochschullehre der Aufgabe, Lernen und Lehren in Distanz und Präsenz zu realisieren. Dafür bieten die entwickelten Module in DigiMal.nrw eine wunderbare Basis und geben Raum für weitere Forschung und Entwicklung, um noch mehr Erkenntnisse gewinnen zu können, wie Studierende auf ihre spätere Tätigkeit als Lehrende in der digitalen Welt optimal vorbereitet werden können.

Literatur

Amhag, L., Hellström, L., & Stigmar, M. (2019). Teacher educators' use of digital tools and need for digital competence in higher education. *Journal of Digital Learning in Teacher Education*. https://doi.org/10.1080/21532974.2019.1646169. Zugegriffen am 30.01.2023.

Barzel, B., & Schreiber, C. (2016). Digitale Medien im Unterricht. In M. Abshagen, B. Barzel, J. Kramer, T. Riecke-Baulecke, B. Rösken-Winter, & C. Selter (Hrsg.), *Basiswissen Lehrerbildung: Mathematik Unterrichten* (S. 200–215). Kallmeyer.

Barzel, B., Hußmann, S., & Leuders, T. (2005). *Computer, Internet & Co im Mathematikunterricht*. Cornelsen Scriptor.

Barzel, B., Eichler, A., Holzäpfel, L., Leuders, T., Maaß, K., & Wittmann, G. (2016). Vernetzte Kompetenzen statt trägen Wissens – Ein Studienmodell zur konsequenten Vernetzung von Fachwissenschaft, Fachdidaktik und Schulpraxis. In A. Hoppenbrock, R. Biehler, R. Hochmuth, & H.-G. Rück (Hrsg.), *Lehren und Lernen von Mathematik in der Studieneingangsphase. Herausforderungen und Lösungsansätze* (S. 33–50). Springer Fachmedien. https://link.springer.com/book/10.1007/978-3-658-10261-6. Zugegriffen am 11.03.2023.

Barzel, B., Glade, M., & Thurm, D. (2018). math el – Lernprozesse in Mathematik mit E-learning unterstützen. In I. van Ackeren, M. Kerres, & S. Heinrichs (Hrsg.), *Flexibles Lernen mit digitalen Medien ermöglichen – Strategische Verankerung und Erprobungsfelder guter Praxis an der Universität Duisburg-Essen* (S. 284–292). Waxmann. https://www.waxmann.com/buch3652. Zugegriffen am 11.03.2023.

Deutsche Telekom Stiftung (DTS). (2017). *Schule digital. Der Länderindikator 2017. Digitale Medien in den MINT-Fächern*. https://www.telekom-stiftung.de/sites/default/files/files/media/publications/Schule_Digital_2017__Web.pdf. Zugegriffen am 20.12.2022.

Drijvers, P., Barzel, B., Maschietto, M., & Trouche, L. (2006). Tools and technologies in mathematical didactics. In M. Bosch (Hrsg.), *Proceedings CERME4 Congress of the European Society for Research in Mathematics Education* (2005, S. 927–938). http://www.mathematik.tu-dortmund.de/~erme/CERME4/CERME4_WG9.pdf. Zugegriffen am 02.03.2023.

Drijvers, P., Ball, L., Barzel, B., Cao, Y., & Maschietto, M. (2016). *Uses of technology in lower secondary mathematics education. A concise topical survey*. Springer. https://doi.org/10.1007/978-3-319-33666-4_1. Zugegriffen am 02.03.2023.

Duval, R. (2006). A cognitive analysis of problems of comprehension in a learning of mathematics. In *Educational studies in mathematics* (Bd. 61, S. 103–131). https://doi.org/10.1007/s10649-006-0400-z. Zugegriffen am 02.03.2023.

Eickelmann, B., Bos, W., Gerick, J., Goldhammer, F., Schaumburg, H., Schwippert, K., Senkbeil, M., & Vahrenhold, J. (2018). *ICILS 2018 #Deutschland. Computer- und informationsbezogene Kompetenzen von Schülerinnen und Schülern im zweiten internationalen Vergleich und Kompetenzen im Bereich Computational Thinking*. Waxmann.

Esteve-Mon, F., Llobis-Nebot, M. Á., & Adell-Segura, J. (2020). Digital teaching competence of university teachers: A systematic review of the literature. In *IEEE Revista Iberoamericana de Tecnologias del Aprendizaje*. https://doi.org/10.1109/RITA.2020.3033225. Zugegriffen am 30.01.2023.

Findeisen, S., Horn, S., & Seifried, J. (2019). Lernen durch Videos – Empirische Befunde zur Gestaltung von Erklärvideos. In *MedienPädagogik* (S. 16–36). https://doi.org/10.21240/mpaed/00/2019.10.01.X. Zugegriffen am 09.01.2023.

GDM, & MNU. (2010). *Stellungnahme der GDM und MNU zur „Empfehlung der Kultusministerkonferenz zur Stärkung der mathematisch-naturwissenschaftlich-technischen Bildung"*. http://madipedia.de/images/4/40/Stellungnahme-GDM-MNU-2010.pdf. Zugegriffen am 12.03.2018.

GfD (Gesellschaft für Fachdidaktik). (2018). Fachliche Bildung in der digitalen Welt – Positionspapier der Gesellschaft für Fachdidaktik. https://www.fachdidaktik.org/wordpress/wp-content/uploads/2018/07/GFD-Positionspapier-Fachliche-Bildung-in-der-digitalen-Welt-2018-FINAL-HP-Version.pdf. Zugegriffen am 11.03.2023.

Göbel, L. (2021). *Technology-assisted guided discovery to support learning: Investigating the role of parameters in quadratic functions*. Springer Spektrum.

Hillmayr, D., Reinhold, F., Ziernwald, L., & Reiss, K. (2017). *Digitale Medien im mathematisch-naturwissenschaftlichen Unterricht der Sekundarstufe. Einsatzmöglichkeiten, Umsetzung und Wirksamkeit*. Waxmann. https://www.waxmann.com/index.php%3FeID=download%26buchnr=3766. Zugegriffen am 02.03.2023.

Howell, J., & McMaster, N. (2022). What is digital pedagogy and why do we need it? In *Teaching with technologies: Pedagogies for collaboration, communication, and creativity* (2. Aufl., S. 1–19). Oxford University Press. https://www.oup.com.au/media/documents/higher-education/he-samples-pages/he-teacher-ed-landing-page-sample-chapters/HOWELL_9780195578430_SC.pdf. Zugegriffen am 30.01.2023.

Kelentrić, M., Helland, K., & Arstorp, A.-T. (2017). *Professional digital competence. Framework for teachers*. https://www.udir.no/globalassets/filer/in-english/pfdk_framework_en_low2.pdf. Zugegriffen am 30.01.2023.

KMK (Kultusministerkonferenz). (2009). Empfehlung der Kultusministerkonferenz zur Stärkung der mathematisch-naturwissenschaftlich-technischen Bildung [Beschluss vom 07.05.2009]. https://www.kmk.org/fileadmin/veroeffentlichungen_beschluesse/2009/2009_05_07-Empf-MINT.pdf. Zugegriffen am 12.03.2018.

KMK (Kultusministerkonferenz). (2022a). Bildungsstandards für das Fach Mathematik. Primarbereich [Beschluss vom 23.06.2022]. https://www.kmk.org/fileadmin/Dateien/veroeffentlichungen_beschluesse/2022/2022_06_23-Bista-Primarbereich-Mathe.pdf. Zugegriffen am 01.03.2023.

KMK (Kultusministerkonferenz). (2022b). Bildungsstandards für das Fach Mathematik. Erster Schulabschluss (ESA) und Mittlerer Schulabschluss (MSA) [Beschluss vom 23.06.2022]. https://www.kmk.org/fileadmin/Dateien/veroeffentlichungen_beschluesse/2022/2022_06_23-Bista-ESA-MSA-Mathe.pdf. Zugegriffen am 01.03.2023.

Lorenz, R., Bos, W., Endberg, M., Eickelmann, B., Grafe, S., & Vahrenhold, J. (2017). *Schule digital – der Länderindikator 2017*. Waxmann.

OECD. (2015). *Students, computers and learning. Making the connection*. PISA, OECD Publishing. https://doi.org/10.1787/9789264239555-en. Zugegriffen am 20.12.2022.

Pierce, R., & Ball, L. (2009). Perceptions that may affect teachers' intention to use technology in secondary mathematics classes. In *Educational studies in mathematics* (3. Aufl., Bd. 71, S. 299–317). Springer Science + Buisness Media B. V.

Pinkernell, G., Reinhold, F., Schacht, F., & Walter, D. (Hrsg.). (2022a). *Digitales Lehren und Lernen von Mathematik in der Schule*. Springer Spektrum. https://doi.org/10.1007/978-3-662-65281-7. Zugegriffen am 02.03.2023.

Pinkernell, G., Reinhold, F., Schacht, F., & Walter, D. (2022b). Mathematische Bildung in der digitalen Welt. Die digitale Transformation im Fokus der Mathematikdidaktik. In V. Frederking & R. Romeike (Hrsg.), *Fachliche Bildung in der digitalen Welt. Digitalisierung, Big Data und KI im Forschungsfokus von 15 Fachdidaktiken* (S. 234–259). Waxmann.

Røe, Y., Wojniusz, S., & Hessen Bjerke, A. (2021). The digital transformation of higher education teaching: Four pedagogical prescriptions to move active learning pedagogy forward. https://doi.org/10.3389/feduc.2021.784701. Zugegriffen am 01.03.2023.

Ständige Wissenschaftliche Kommission der Kultusministerkonferenz (SWK). (2022). Digitalisierung im Bildungssystem: Handlungsempfehlungen von der Kita bis zur Hochschule. Gutachten der Ständigen Wissenschaftlichen Kommission der Kultusministerkonferenz (SWK). https://www.kmk.org/fileadmin/Dateien/pdf/KMK/SWK/2022/SWK-2022-Gutachten_Digitalisierung.pdf. Zugegriffen am 05.12.2022.

Taylor, M. L. (2006). *Generation NeXt comes to college: 2006 updates and emerging issues*. https://www.researchgate.net/publication/237133287_Generation_NeXt_Comes_to_College_2006_Updates_and_Emerging_Issues. Zugegriffen am 01.03.2023.

Watermeyer, R., Crick, T., Knight, C., & Goodall, J. (2020). COVID-19 and digital disruption in UK universities: Afflictions and affordances of emergency online migration. In *Higher education* (Bd. 81, S. 623–641). High Educ. https://doi.org/10.1007/s10734-020-00561-y. Zugegriffen am 30.01.2023.

Zbiek, R., Heid, K., Blume, G., & Dick, T. (2007). Research on technology mathematics education – A perspective of constructs. In F. Lester (Hrsg.), *Second handbook of research on mathematics teaching and learning* (S. 1169–1207). Information Age.

Teil IV
Diagnostizieren und Fördern im inklusionssensiblen Mathematikunterricht

Kein Mathe lernen. Eine fachdidaktische Kritik am IntraActPlus-Konzept

Michael Gaidoschik

1 Mathematik lernen: eine Frage der aktiven Aneignung

Petra Scherer hat allein (1999; 2003a; 2003b) und in Kooperationen (Krauthausen & Scherer, 2012, 2014; Scherer & Moser Opitz, 2010) eine stattliche Anzahl von Handbüchern vorgelegt, die sich darum verdient machen, Erkenntnisse (nicht zuletzt auch Scherers eigener, etwa Scherer 1995) fachdidaktischer Forschung in gut lesbare, praxistaugliche Empfehlungen für Lehrkräfte zu übersetzen. Ihr besonderes Augenmerk hat sie dabei durchgehend auf Kinder gelegt, denen die Grundschulmathematik schwerfällt. Eine zentrale, stoffdidaktisch wie empirisch wohl begründete Botschaft der von ihr (mit-)verfassten Handbücher lautet, dass der Mathematikunterricht *gerade auch* im Interesse dieser Kinder auf *Einsicht* in grundlegende mathematische Strukturen abzielen muss. Er darf aus ebendiesem Grund *nicht kleinschrittig-belehrend* angelegt werden, weil „die Lerninhalte selbst […] das Lernen in Zusammenhängen [erfordern]" (Scherer, 1999, S. 10), und weil „Beziehungen zwischen Zahlen, Aufgaben und insbesondere zwischen den verschiedenen Operationen […] immer aktiv vom Individuum konstruiert werden [müssen]" (Scherer, 1999, S. 7). Und er darf nicht der Versuchung erliegen, die – für manche Kinder nun einmal viel Zeit, Denkanstrengung und Unterstützung fordernde – Konstruktion von *Verstehen* ersetzen

---

M. Gaidoschik (✉)
Freie Universität Bozen-Bolzano, Brixen, Italien
E-Mail: michael.gaidoschik@unibz.it

zu wollen durch *Auswendiglernen von Unverstandenem*, denn: „Erfolge solch eines Regellernens [sind] meist nur von kurzer Dauer [...]. Letztlich lassen diese mangelnden Einsichten die Kinder aber langfristig scheitern." (Scherer, 1999, S. 10)

Diese Botschaften sind wichtig und klar, und in den letzten Jahrzehnten durch eine Reihe von empirischen Studien untermauert worden. Scherer et al. (2016) liefern dazu einen differenzierten, kritischen Überblick, der auch deutlich macht, wie viel Forschungsbedarf in vielen Teilfragen noch besteht. Was aber doch erstaunt und den vorliegenden Beitrag motiviert hat: Es werden weiterhin, ohne Bezugnahme auf gegenläufige empirische Evidenz und stoffdidaktische Argumente, „Lernprogramme" und „Förderkonzepte" veröffentlicht, die *kleinschrittig-belehrend* auf das *Auswendiglernen* setzen und jedenfalls nichts dazu beitragen, dass Kinder ein *Verständnis* mathematischer Grundlagen erwerben.

Das jüngste dieser Programme, „Mathe lernen nach dem IntraActPlus-Konzept" (Streit & Jansen, 2020), wird im vorliegenden Beitrag einer vorrangig stoffdidaktisch argumentierenden Kritik unterzogen, die empirische Forschung dort miteinbezieht, wo klare Ergebnisse vorliegen. Scherer und Moser Opitz (2010, S. 28) fordern, dass „die Lehrperson als Expertin für das Lehren und Lernen [...] in der Lage sein [muss], [...] fachdidaktisch ungeeignete Vorschläge zu identifizieren", und sich „nicht von vordergründigen und oberflächlichen [...] Argumenten täuschen lassen" dürfe. Der Beitrag bemüht sich darum, Lehrpersonen, aber auch Eltern, Lerntherapeutinnen, Lerntherapeuten im konkreten Fall von *IntraActPlus* bei dieser Identifikation zu unterstützen.

2 „Mathe-Lernen" unter Ausblendung von Mathematik

„Mathe-Lernen nach dem IntraActPlus-Konzept" (Streit & Jansen, 2020) ist eine DIN A4-Loseblattsammlung im Umfang von 644 Seiten. Gemäß Untertitel ist das Material für den Einsatz in „Klasse 1" wie „auch für Förderschulen, Schulvorbereitung und Dyskalkulie-Therapie" konzipiert. Es handelt sich zum größten Teil um Übungsblätter für die Hand der Kinder, mit nur kurzen (jeweils eine halbe bis maximal zwei Seiten einnehmenden) Anleitungstexten zu den einzelnen Teilbereichen von „Zählen" bis „Spiegeln" (s. u.). In diesen Anleitungen findet sich kein einziger Verweis auf Fachliteratur. Die siebenseitige „Einführung in das Arbeiten mit diesem Übungsmaterial" verweist ausschließlich auf einzelne psychologische Veröffentlichungen.

Auf der zugehörigen Internetseite wird beansprucht, dass die Loseblattsammlung „den vollständigen Lernstoff der Grundschulklasse 1" (www.intraactplus.de/mathe/) abdecke. Nun sind *Bildungspläne*, aus guten Gründen, allgemein davon abgegangen, einen „Lernstoff" für Klasse 1 zu definieren und beschränken sich auf Vorgaben dafür, was in den beiden ersten Schuljahren möglichst erreicht werden sollte. Vergleicht man das Angebot der Loseblattsammlung mit Empfehlungen zur Stoffeinteilung in Schulbüchern und aktuellen fachdidaktischen Handbüchern (z. B. Schipper et al., 2015), die ihrerseits Bezug nehmen auf die KMK-Bildungsstandards (KMK, 2014), ist zunächst festzuhalten, dass die ersten 600 Blätter von Streit und Jansen (2020) ausschließlich dem Inhaltsbereich „Zahlen und Operationen" gewidmet sind. „Raum und Form" ist reduziert auf wenige Blätter, auf denen es im Wesentlichen um das Unterscheiden von ebenen Figuren und das Erkennen von Achsensymmetrie geht. Von den Größen wird, auf wenigen Arbeitsblättern, nur Geld behandelt (Üben der Schreibweise des Euro-Zeichens, Ermitteln von Euro-Beträgen bis 20, die mit unterschiedlichen Scheinen und Münzen dargestellt werden). Messen und damit „das Herzstück beim Aufbau von Vorstellungen über Größen" (Winter, 1985, nach Schipper, 2009, S. 232) kommt gar nicht vor, ebenso wenig „Daten, Häufigkeit und Wahrscheinlichkeit". Dass auch „Muster und Strukturen" so gut wie gänzlich vernachlässigt werden, ist gravierend und wird daher im Folgenden (Abschn. 4) noch näher erläutert.

Von den „allgemeinen mathematischen Kompetenzen" (KMK, 2004, S. 6), um die es im Mathematikunterricht der Grundschule, schon in Klasse 1 und in *allen* Inhaltsbereichen, *wesentlich* immer auch gehen sollte, wird allenfalls das *Modellieren* angesprochen. Dies erfolgt allerdings nur in der basalen Form *eingekleideter Textaufgaben*. Diese können durchaus einen Beitrag dazu leisten, dass Kinder Grundvorstellungen des Addierens und Subtrahierens entwickeln bzw. aktivieren und damit *Voraussetzungen* für substanziellere Modellierungen erarbeiten bzw. festigen (Franke & Ruwisch, 2010, S. 21). Für diesen Zweck sollten Textaufgaben in Klasse 1 allerdings in der Weise eingesetzt werden, dass die Kinder *selbstständig* überlegen müssen, ob sie durch Addition oder Subtraktion zur Lösung gelangen. *IntraActPlus* lässt jedoch, mit wenigen Ausnahmen, jeweils auf einen Aufgabenblock mit „Plusaufgaben" in Form von Aufgabentermen ganze Seiten mit Textaufgaben folgen, die durchgehend durch Additionen zu lösen sind. Nach einem Block mit „Minusaufgaben" kommen ganze Seiten mit *ausschließlich* eingekleideten Subtraktionen. Zu vermuten ist, dass Kinder auf diesen Seiten schon deshalb die jeweils erwünschte Operation wählen, weil sie davon ausgehen, dass die zuvor viele Seiten lang geübten Rechnungen nun eben auch eine Seite lang in Form kurzer Texte präsentiert werden. Die wenigen Seiten, auf denen eingekleidete Textaufgaben gemischt entweder Additionen oder Subtraktionen fordern und deren Bearbeitung daher noch am ehesten Rückschlüsse darauf erlaubt, ob Kinder tatsächlich „Standardmodellierungen" (Franke & Ruwisch, 2010, S. 21) wiedererkennen, sind als „schwierige Sachaufgaben" übertitelt und durch einen „orangen Balken" als „zusätzliches Übungsmaterial" für „die leistungsstarken Schüler" (Streit & Jansen, 2020, S. XV) gekennzeichnet. Dass ein zielführendes Arbeiten mit Textaufgaben für *alle* Kinder gerade auch darin besteht, solche auch selbst zu vorgegebenen Termen zu *erfinden* (Franke & Ruwisch, 2010, S. 138 ff.), wird von Streit und Jansen durchgehend nicht berücksichtigt.

Aufgaben, die als Beitrag zur Förderung der weiteren allgemeinen mathematischen Kompetenzen gewertet werden könnten, sind in der Loseblattsammlung nicht zu finden. *Kommunizieren* oder gar *Argumentieren* vertragen sich auch nicht mit dem Lehr-Lern-Modell, das in *IntraActPlus* durchgehend deutlich wird: *Vormachen – Nachmachen*. Wo auf den Anleitungsseiten unter der wiederkehrenden Überschrift „So geht es" überhaupt angeregt wird, dass bei der Verwendung von *IntraActPlus* auch *gesprochen* werden soll, ist die Rollenverteilung eindeutig geklärt: Der Erwachsene *spricht vor*, das Kind *spricht nach* bzw. *nennt die Lösungszahl*; der Erwachsene *erklärt*, vielmehr: er *sagt an* und *zeigt vor*, was zu tun ist, und fordert das Kind auf, es ihm *nachzumachen*. Die *Kommunikation* ist in einer solcherart gestalteten „Förderung" also eine *Einbahnstraße*. Da gibt es auch nichts, worüber *argumentiert* werden könnte; und *Darstellungen* sind durchgehend vorgegeben und müssen streng nach Anleitung verwendet werden. Wie dieses Konzept im Unterricht mit einer ganzen Klasse umgesetzt werden soll, wird weder in der Loseblattsammlung noch auf der Internetseite angesprochen.

Ein beliebiges Beispiel zur Illustration der problematisierten Aspekte: Unter dem Titel „Verstehen des Plusrechnens" wird angeleitet, dem Kind „die erste Aufgabe beispielsweise so" zu „erklären", dass mit den Worten *„Schau, hier ist eine Schnecke"* auf die erste auf dem Arbeitsblatt abgebildete Schnecke gezeigt wird, dann mit *„Hier ist noch eine Schnecke"* auf die zweite, um das Kind schließlich aufzufordern: *„Wie viele Schnecken sind es zusammen? Zähl mal!"* Sollte es dann *„nötig"* sein, soll der Erwachsene *„helfen"*, indem er *„das Zählen vormach[t]"* (Streit & Jansen, 2020, S. 91). Auf der zugehörigen Internetseite wird in einer Reihe von Videos, diesmal den Erwachsenen, vorgemacht, wie sie diese Vorstellung von Förderung in die Praxis umsetzen sollen: Damit das Kind beispielsweise zählen lernt, soll ihm zunächst ein Kärtchen mit *einem* Punkt vorgelegt werden. Der Erwachsene führe dann die Zeigefingerspitze unter den Punkt und spreche „eins!". Das Kind macht es im Video nach, wird gelobt – „Ganz toll!" Dasselbe Kärtchen wird gleich noch einmal vorgelegt, das Kind wiederholt „eins!", wird erneut gelobt. Nun folgt ein Kärtchen mit zwei Punkten, und wieder wird erst vorgemacht, was zu tun ist: Zeigefinger unter die Punkte, „Eins, zwei! – Jetzt du!" Nach einigen weiteren Wiederholungen dann ein Kärtchen mit drei Punkten, und wieder wird dem Kind gar nicht die Chance gegeben, zu zeigen, ob es dieser Herausforderung möglicherweise schon gewachsen ist: „Es kommt eine neue Karte, ich mach's dir noch einmal vor!"

Brügelmann hat in seinem Gutachten zu dem von Streit und Jansen bereits 2007 veröffentlichten Band „Lesen und Rechtschreiben lernen nach dem IntraActPlus-Modell" alles Nötige zu dem auch dort verfolgten „eng behavioristischen" (Brügelmann, 2009, S. 5) Ansatz gesagt. An dieser Stelle ist dazu lediglich zu ergänzen, dass sich Streit und Jansen damit natürlich auch außerhalb der internationalen *mathematikdidaktischen* Forschung positionieren. Sie gehen auf diese Forschung allerdings an keiner Stelle in irgendeiner Weise ein. Sie begründen nicht, warum sie, im Widerspruch zu allen gegenläufigen empirischen Befunden und der darauf fußenden Theoriebildung der letzten Jahrzehnte, im Jahr 2020 immer noch ein Lehr-Lern-Konzept vertreten, das sich wie folgt zusammenfassen lässt: *Mathematisches Lernen besteht darin und wird dadurch gefördert, dass Kinder nachmachen, was Erwachsene ihnen vormachen. Was die Kinder dabei denken und verstehen, spielt keine Rolle.*

Die auch innerhalb der Fachdidaktik, vor allem aber zwischen Fachdidaktik, Sonderpädagogik und Psychologie durchaus geführte Diskussion darüber, in welchem *Ausmaß* und in welcher *Weise* auch *direkte Instruktion* ein *Element* von Unterricht und Förderung in Mathematik sein soll, bei grundsätzlichem Konsens darüber, dass *eigene Konstruktion* für das Lernen unverzichtbar ist (Scherer et al., 2016), scheinen Streit und Jansen nicht zu kennen. Sie gehen darauf jedenfalls nicht ein, im Widerspruch zu ihrem Anspruch, „konsequent auf der wissenschaftlichen Grundlagenforschung" (www.intraactplus.de) aufzubauen.

Aus der ausschließlich psychologischen Forschung, auf die sie sich in ihrer Einführung in der Tat, wenn auch spärlich, beziehen, zitieren sie konsequent selektiv, was ihnen den Grundgedanken ihres Konzepts zu stützen scheint. Dieser besteht darin, dass Kinder zunächst „Grundfertigkeiten" wie Zählen, Ziffernschreiben, Addieren und Subtrahieren bis 20 „im Langzeitgedächtnis speichern" müssten, ehe man sie mit „Denkaufgaben" konfrontieren dürfe. „Die gegenwärtig gängigen Schulbücher" hingegen würden umgekehrt „Denkaufgaben nutzen, um Grundfertigkeiten" zu üben. Das führe zu Überforderung vieler Kinder, Demotivation und dauerhaftem Scheitern (Streit & Jansen, 2020, S. VIII–XIV).

Gemäß dieser Argumentation ist es nur konsequent, dass in *IntraActPlus* auch für die *zentrale* allgemeine mathematische Kompetenz *Problemlösen* kein Platz ist, jedenfalls nicht in „Grundschulklasse 1", und jedenfalls nicht für „langsamer lernende Kinder". Die wenigen „Denkaufgaben", die nach mehr als 500 dem repetitiven Üben von „Grundfertigkeiten" gewidmeten Seiten in der Loseblattsammlung überhaupt zu finden sind, machen deutlich, dass für Streit und Jansen tatsächlich jede Aufgabe eine „Denkaufgabe" ist, die mehr als Nachmachen einer zuvor vorgemachten Prozedur erfordert. Solche „Denkaufgaben" (etwa Zahlenmauern, in denen einzelne Steine auch durch Ergänzen oder gar durch Probieren ermittelt werden müssen) sind dann konsequenterweise als „schwierigere Aufgaben für schneller lernende Kinder" gekennzeichnet. Schließlich müssen nach Streit und Jansen das Addieren und Subtrahieren bis 20 bereits automatisiert sein, ehe den Kindern Denken zugemutet werden dürfe.

Der Gedanke, dass *Denken* beim *Erwerb* der „Grundfertigkeiten" hilfreich sein könnte, ist Streit und Jansen offenbar fremd; das ist der *Grundmangel* ihres Konzepts, der im Folgenden näher beleuchtet wird. Als Zwischenfazit der bisherigen Ausführungen ist hier schon festzuhalten, dass *IntraActPlus* jedenfalls eines nicht ist: ein Konzept zum „*Mathe* lernen", wie es sein Titel verspricht. *Mathematik* ist ohne Problemlösen, Kommunizieren, Argumentieren nun einmal nicht zu haben. Streit und Jansen würden vermutlich dagegenhalten, dass die Übungsblätter dafür konzipiert seien, die *Voraussetzungen* für das Treiben von Mathematik zu erarbeiten. Im Untertitel ist dann auch, scheinbar bescheidener, von „Rechnen lernen" die Rede. Eines der wesentlichen Ergebnisse fachdidaktischer Forschung der letzten Jahrzehnte besteht aber gerade darin, dass Kinder – *alle* Kinder – dann erfolgreich Rechnen lernen, wenn sie *Einsicht in mathematische Strukturen* gewinnen und nutzen. Dazu der folgende Abschnitt.

3 Verstehen und Automatisieren von Basisfakten: Kein Widerspruch, im Gegenteil!

Für das Addieren und Subtrahieren bis 20, dem Streit und Jansen (2020) den überwiegenden Teil ihrer Übungsblätter widmen, gibt es im Wesentlichen drei Möglichkeiten: *Zählendes Rechnen* (in verschiedenen Varianten); *unmittelbarer Abruf von gespeicherten „Basisfakten"* aus dem Langzeitgedächtnis; und *Ableiten* des Ergebnisses aus anderen Aufgaben (Gaidoschik, 2019). So kann etwa 8 + 9 mit dem Gedanken „eins mehr" aus 8 + 8 = 16 erschlossen werden; ebenso mit dem Gedanken „eins weniger" aus 8 + 10 = 18 oder 9 + 9 = 18; ebenso (bei Wissen um 9 = 2 + 7) in die Teilaufgaben 8 + 2 und 10 + 7 zerlegt werden...

In aktueller fachdidaktischer Literatur besteht Konsens darüber, dass ein wesentliches Ziel des Mathematikunterrichts darin bestehen sollte, Kindern möglichst früh *Alternativen zum zählenden Rechnen* zu vermitteln (z. B. Gerster, 2009; Scherer & Moser Opitz, 2010; Schipper et al., 2015; Häsel-Weide, 2016; Padberg & Benz, 2021). Das *zentrale* Argument dafür lautet *nicht*, dass zählendes Rechnen mühsam, konzentrationsaufwändig, fehleranfällig ist – obwohl all das natürlich *auch* zutrifft (Gerster, 2009). Vor allem aber zeigt empirische Forschung sehr deutlich, dass zählendes Rechnen *hinderlich ist für das Erkennen von Zahl- und Operationszusammenhängen* – und damit hinderlich für den Erwerb wesentlicher

Voraussetzungen dafür, sich vom zählenden Rechnen zu emanzipieren (Gaidoschik, 2010; Björklund et al., 2021). Das kann zum Teufelskreis werden, wenn nicht früh gegengesteuert wird – durch gezielte Maßnahmen, auf die weiter unten eingegangen wird.

Zuvor aber noch zur Verdeutlichung des (drohenden) Teufelskreises: *Ableiten*, neben dem Faktenabruf die einzige wesentliche Alternative zum zählenden Rechnen, setzt voraus, dass zwischen der gerade zu lösenden Aufgabe (im Beispiel oben 8 + 9) und einer anderen Aufgabe (etwa 8 + 8) ein *operativer Zusammenhang* erkannt wird. Eine wichtige Variante des Ableitens besteht im Nutzen des *Zusammenhangs von Zahlen* im Sinne des Teile-Ganzes-Konzepts. So kann beispielsweise ein Kind, das die Zahl Acht (das Ganze) als Zusammensetzung der Zahlen Fünf und Drei (den Teilen) erkannt hat, daraus unmittelbar die Additionen 5 + 3 = 8 und 3 + 5 = 8 ebenso ableiten wie die Subtraktionen 8 − 5 = 3 und 8 − 3 = 5 (Resnick, 1983; Björklund et al., 2021).

Nun sind aber Kinder, die Additionen und Subtraktionen immer wieder zählend lösen, dabei so sehr auf die mühsame *Prozedur* konzentriert (das Einhalten der Zahlwortreihe, die Eins-zu-Eins-Zuordnung zu den als Zählhilfe verwendeten Fingern oder sonstigen Zählmaterialien, das nötige verbale *Mitzählen der Zählschritte*, wenn auf Zählhilfen verzichtet wird…), dass sie beim Erreichen der Lösungszahl oft gar nicht mehr wissen, welche Aufgabe sie soeben zählend gelöst haben (Gray, 1991). Sie mögen beispielsweise 5 + 3 = 8 gerade zählend ermittelt haben: 8 − 5, unmittelbar im Anschluss gefragt, lösen sie erneut zählend, weil sie den Teile-Ganzes-Zusammenhang von 3, 5 und 8 eben nicht erfasst haben. 5 + 5 mögen sie bereits auswendig wissen; 5 + 6 rechnen sie zählend, und erfassen dabei eben nicht den Zusammenhang mit 5 + 5. Das behindert in weiterer Folge auch das *Speichern* von Aufgabe-Ergebnis-Beziehungen im Langzeitgedächtnis: Das wiederholt zählende Lösen von Additionen und Subtraktionen trägt nicht dazu bei, dass die „Basisfakten" auch nur im Zahlenraum bis 10 gemerkt werden. Zählendes Rechnen untergräbt somit die Entwicklung von Alternativen zum zählenden Rechnen, es trägt *in sich* die Tendenz zur *Verfestigung* (dazu u. a. Gaidoschik, 2010; Schipper et al., 2015; Baroody, 2006; Björklund et al., 2021).

Einen möglichen Ausweg weisen uns andere Kinder, die schon früh ihre Einsicht in Teile-Ganzes-Beziehungen und operative Zusammenhänge nutzen, um sich durch Ableiten die Mühsal des zählenden Rechnens zu ersparen (z. B. Björklund et al., 2021). An ihnen wird deutlich, dass Ableiten das Automatisieren erleichtert: Wiederholt durch Ableitungen erschlossene Aufgaben werden signifikant öfter automatisiert als wiederholt zählend gelöste Aufgaben (Gaidoschik, 2012). Empirische Forschung zeigt auch, dass manche Kinder für das Erkennen und Nutzen von Ableitungszusammenhängen keinen gezielten Unterricht benötigen, andere umso mehr (Gaidoschik, 2010); und dass ein Arithmetikunterricht, der das Ableiten in den Fokus rückt, wesentlich dazu beiträgt, dass Kinder bereits im Laufe des ersten Schuljahres das zählende Rechnen hinter sich lassen (Rechtsteiner-Merz, 2013; Gaidoschik et al., 2017).

Das erfordert in den ersten Wochen und Monaten des ersten Schuljahres zunächst ein sehr *gezieltes Arbeiten am Teile-Ganzes-Verständnis*. Denn es ist nicht selbstverständlich, Zahlen als „Zusammensetzungen aus Zahlen" (Gerster, 2009) zu begreifen. Manche Kinder neigen – gerade im Kontext von Rechenaufgaben – dazu, jede Zahl isoliert *für sich* zu denken, gewissermaßen als (Bezeichnung für eine) *Position* in der Reihe der Zahlwörter. In dieser Sicht ist dann z. B. 8 nicht aus 5 und 3 zusammengesetzt, sondern eine dritte Zahl, die *nach* oder *hinter* 5 und 3 kommt. Das *Reflektieren* über strukturierte Darstellungen der Zahl Acht, etwa das Fingerbild aus fünf und noch drei Fingern oder die Zehnerfelddarstellung als volle Fünferreihe und noch drei Punkten oder Plättchen, *kann* dazu beitragen, dieses eingeschränkte und in weiterer Folge (s. o.) einschränkende Verständnis der Zahl Acht aufzubrechen. Dies ergibt sich aber nicht schon von selbst durch die Verwendung von Fingern oder strukturiertem Material beim Rechnen: Das machen uns all die Kinder deutlich, die ihre Finger oder auch Zehnerfelddarstellungen anhaltend zum zählenden Rechnen einsetzen (Gaidoschik, 2010).

Es braucht deshalb einen Unterricht, der *Teile-Ganzes-Beziehungen* an strukturierten Darstellungen thematisiert und durch gezielte Aufgaben daran arbeitet, dass diese Beziehungen *für nicht-zählendes Rechnen genutzt werden*. Und es braucht ebenso gezielte Maßnahmen, um Kinder zu motivieren und dabei zu unterstützen, Teile-Ganzes-Beziehungen schon früh auch zu *automatisieren*. Denn erst wenn einige grundlegende Beziehungen als im Langzeitgedächtnis gespeicherte „Zahlenfakten" jederzeit präsent sind, können sie ihrerseits als Basis für weitergehende Ableitungen genutzt werden (Gaidoschik et al., 2017).

Automatisieren und *Ableiten auf Basis von Einsicht in Zusammenhänge* sind also in doppelter Hinsicht kein Gegensatz, sondern einander wechselseitig unterstützend: Zum einen benötigt es für das Ableiten immer eine Basis, von der aus abgeleitet wird; und im Idealfall ist diese Basisaufgabe selbst bereits automatisiert. Zum anderen aber trägt (s. o.) gerade das wiederholte Ableiten dazu bei, dass Kinder ein immer dichteres Netz an schon automatisierten Aufgaben aufbauen, die sie dann ihrerseits für das Ableiten (noch) nicht automatisierter Aufgaben verwenden können (Gray, 1991; Baroody, 2006; Björklund et al., 2021).

All das ist in einschlägiger fachdidaktischer Literatur weitgehend Konsens. Wesentliches davon ist empirisch gut abgesichert (für eine aktuelle Zusammenschau: Björklund et al., 2021); Forschungsdesiderata betreffen vor allem Fragen der konkreten Umsetzung im Unterricht, insbesondere in inklusiven Klassen. Einigkeit besteht darüber, dass die Arbeit am mathematischen *Verständnis* ergänzt werden muss um gezieltes *automatisierendes Üben* auf Basis dieses Verständnisses (u. a. Gaidoschik et al., 2017; Scherer & Moser Opitz, 2010; Padberg & Benz, 2021; Schipper, 2009; Schipper et al., 2015; Wittmann & Müller, 2007). Nichts davon scheinen Streit und Jansen (2020) zu kennen, nichts davon haben sie jedenfalls in der Konzeption von *IntraActPlus* berücksichtigt. Was sie als „die üblichen Lernwege für Mathematik […] vom Kopf auf die Füße" (Streit & Jansen, 2020, S. VIII) umzudrehen vorgeben, existiert nur als ihre Anhäufung von *Missverständnissen* der von ihnen höchst oberflächlich wahrgenommenen „gängigen Ansätze". Was alles sie da missverstanden haben, und wie kontraproduktiv ihre eigenen Empfehlungen für Unterricht und Förderung sind, ist Gegenstand des folgenden Abschnitts.

4 IntraActPlus: Zählend Rechnen und Memorieren unter Ausblendung von Verstehen

Die ersten Übungsblätter der Loseblattsammlung von *IntraActPlus* sind dem *Zählen* gewidmet. Streit und Jansen (2020, S. 3) merken dazu an: „Mühelos und fehlerfrei zählen zu können, ist eine Grundvoraussetzung, um Rechnen zu lernen." Wie in Abschn. 3 ausgeführt, sollte *Rechnen* aber gerade als *Ablösung von zählenden Strategien* gelernt werden. Für fachdidaktische Autorinnen und Autoren besteht deshalb an dieser Stelle Erklärungsbedarf: Welche Rolle spielen Zählkompetenzen bei der Ablösung vom zählenden Rechnen? Scherer und Moser Opitz (2010, S. 95) bringen die Antwort auf den Punkt: Eine „sichere und flexible Zählkompetenz" ist die „Grundlage, um den Anzahlbegriff zu erwerben". Anzahlbegriff heißt auf höherer Stufe, wie ausgeführt, Einsicht in *Zahlstrukturen*, in *Teile-Ganzes-Beziehungen;* erst auf Grundlage dieser Einsicht erschließen sich nicht-zählende Strategien des Addierens und Subtrahierens. Damit Kinder aber Zahlen als *aus Teilen zusammengesetzte Ganze* begreifen können, müssen sie diese zunächst überhaupt als *Ganze* verstehen. Mit Bezug auf das Zählen heißt das: Kinder müssen verstehen, dass „durch Zählen eine *Anzahl* bestimmt werden kann" (Scherer & Moser Opitz, 2010, S. 96; Hervorhebung M.G.).

Zählen reduziert auf Zahlwortreihe und Eins-zu-Eins-Zuordnung
In den Übungen zum „Zählen" von *IntraActPlus* ist das nicht Thema. Die Rolle des Zählens für den Erwerb eines tragfähigen Zahlbegriffs wird von Streit und Jansen (2020) ebenso wenig erörtert wie der Zahlbegriff selbst. Nun werden auch Streit und Jansen nicht vermuten, dass irgendein Kind durch *IntraActPlus* zum ersten Mal mit dem Zählen zu tun bekommt. Welche *Einsichten* über das Zählen und über Anzahlen es vor dem Start der Übungen schon gewonnen haben könnte, wird von Streit

und Jansen allerdings nicht thematisiert und soll gemäß den Übungsanleitungen auch nicht in Erfahrung gebracht werden. Dem Kind soll vielmehr das Zählen von Grund auf *vorgemacht* werden. Streit und Jansen berücksichtigen dabei allerdings nur zwei der fünf in der Fachliteratur besprochenen „Zählprinzipien" (z. B. Scherer & Moser Opitz, 2010, S. 96): die *stabile Zahlwortreihe*, deren Ordnung beim Zählen einzuhalten ist; und die *Eins-zu-Eins-Zuordnung*, die zwischen Zahlwörtern und Zählobjekten beachtet werden muss. Sobald das Kind Zählhandlungen unter Einhaltung dieser beiden Prinzipien an Anzahlen von eins bis zehn korrekt nachmacht, wird es gemäß Videoanleitung auf der zugehörigen Webseite reichlich mit Lob bedacht und gilt als reif für den nächsten Schritt, „Zahlen bis 10 sicher lesen" (womit Streit und Jansen das Lesen von *Ziffern* meinen).

Kardinales Zahlverständnis wird dabei nicht einmal in der basalen Form der „last word rule" beachtet. Es wird also ein Kind, das die Zählobjekte eines Kärtchens in Befolgung der Anleitung angetippt und dabei Zahlwort für Zahlwort ausgesprochen hat, nicht gefragt: „Wie viele sind es?" Kinder, welche die „last word rule" noch nicht gelernt haben, reagieren auf diese Frage so, dass sie erneut mit „eins" zu zählen beginnen. Möglicherweise verstehen sie nämlich das Zählen gar nicht als Ermitteln einer Anzahl, sondern eben tatsächlich nur als *Aufsagen einer gelernten Abfolge von Wörtern* (Hasemann & Gasteiger, 2014, S. 21).

Ein vertieftes *kardinales* Zahlenverständnis würde dann etwa auch die Einsichten umfassen, dass mit dem zuletzt ausgesprochenen Zahlwort die *Gesamtheit* der gezählten Objekte bezeichnet wird, und diese sich dann und nur dann verändert, wenn ein oder mehrere Objekte dazugegeben oder weggenommen werden. Diese Einsichten sind nicht selbstverständlich. Für manche Kinder ändert das Wegnehmen des z. B. *fünften* Objektes aus einer Reihe von acht nichts daran, dass es acht sind, weil für sie nur das Objekt mit der Nummer fünf weggenommen wurde, jenes mit der Nummer acht aber noch an seinem Platz ist (Benz et al., 2015, S. 117). Für dieselben oder auch andere Kinder ist es wiederum nicht sicher, ob acht Objekte, zu denen nichts dazu-, von denen nichts weggegeben wurde, immer noch acht sind, nachdem man ihre *Anordnung* verändert hat; sie haben das Prinzip der *Irrelevanz der Anordnung* noch nicht sicher erworben (Scherer & Moser Opitz, 2010, S. 96).

Solche Schwierigkeiten mit zumindest einzelnen Zählprinzipien, die hier unter Verweis auf leicht zugängliche, von Streit und Jansen aber offenbar nicht konsultierte Handbücher erläutert wurden, haben viele Kinder schon vor Schuleintritt überwunden, viele aber noch nicht oder nur teilweise (Hasemann & Gasteiger, 2014, S. 30). Wissen darüber gehört zu den Grundlagen, über die Lehrkräfte, die im Anfangsunterricht unterrichten, verfügen sollten. Dasselbe gilt für den Personenkreis, den Streit und Jansen mit *IntraActPlus* in besonderer Weise ansprechen wollen, also Lerntherapeutinnen und Lerntherapeuten.

Anleitung zum Zählen auch dort, wo es um das Erkunden von Teile-Ganzes-Beziehungen gehen sollte

Gravierende Unkenntnis bzw. fehlerhaftes Verständnis einschlägiger Fachliteratur dokumentieren Streit und Jansen auch im Weiteren, wenn sie warnen: „Üben Sie kein Simultanerfassen, sondern Zählen!" (2020, S. XIII) Dabei verstehen sie offenbar Empfehlungen, an der *Quasi-Simultanerfassung* größerer Anzahlen zu arbeiten, fälschlicherweise als Aufforderung zum tatsächlich aussichtslosen Versuch, die *Simultanerfassung* über vier hinaus auszudehnen, und monieren, dass Kindern damit „ein Weg vermittelt [wird], der sehr fehleranfällig ist" und damit „eine schlechte Voraussetzung für genaues Rechnen" (2020, S. XIV).

Tatsächlich geht es bei der *Quasi-Simultanerfassung* natürlich nicht um eine rein *visuelle* Leistung; eben darin unterscheidet sie sich wesentlich von der *Simultanerfassung*, mit der Streit und Jansen sie offenbar gleichsetzen. Wenn ein Kind drei Punkte in beliebiger Anordnung auf einen Blick erfasst, spricht man von „Simultanerfassung" oder „Subitizing". Gemäß neuerer Forschung steckt dahinter wohl tatsächlich eine eigene, nicht zählende, eng begrenzte Form der Anzahlermittlung (Benz et al., 2015, S. 133). Sechs beliebig angeordnete Punkte können in dieser Weise schon nicht mehr auf einen Blick sicher erfasst werden. Sind die sechs Punkte aber in zwei zueinander parallelen Reihen zu jeweils drei Punkten angeordnet; erkennt das Kind jede dieser Reihen simultan als drei; UND hat das Kind dazu den Gedanken, dass drei und drei zusammen sechs sind; dann wird es auch sechs Punkte *in dieser strukturierten Anordnung* (etwa auf einem Spielwürfel) *quasi* auf einen Blick erfassen, ohne zählen zu müssen. Dies wird als *Quasi-Simultanerfassung* bezeichnet. Und die aktuelle internationale Fachdidaktik empfiehlt in der Tat, diese Form des nicht-zählenden, schnellen und doch exakten Bestimmens von Anzahlen zu *erarbeiten* und zu *üben*. Dafür gibt es gewichtige Gründe (dazu etwa Benz et al., 2015, S. 133 ff.): Wie die englische Bezeichnung „*conceptual* subitizing" deutlich macht, geht es dabei nämlich um das in Abschn. 3 als grundlegend für die weitere Arithmetik herausgestellte *Konzept*, dass Zahlen aus Zahlen zusammengesetzt sind. In der Würfelsechs ist zweimal die Würfeldrei zu entdecken. Wer acht als das Doppelte von vier abgespeichert hat, muss beim Spielen mit zwei Würfeln für die Ermittlung der Würfelsumme nicht zählen, wenn er zwei Vieren geworfen hat. Wer weiß, dass acht auch aus fünf und drei zusammengesetzt ist, kann auf dieser Basis auch eine mit einer Fünf und einer Drei gewürfelte Acht (fast) auf einen Blick erfassen, ohne zählen zu müssen.

Die Betonung, dass es um das Teile-Ganzes-Konzept gehen sollte, wenn wir mit Kindern an der Quasi-Simultanerfassung arbeiten, ist wichtig: Manche Kinder prägen sich bestimmte *Anordnungen* auch von mehr als vier Elementen ein, *ohne* dabei Teile-Ganzes-Beziehungen explizit mitzudenken. Sie mögen dann vielleicht acht in der Konfiguration fünf und drei (Finger, Punkte) nicht-zählend erfassen, lösen 5 + 3 und 8 − 5 aber dennoch zählend. Schon im Bereich der Simultanerfassung ist nicht gesichert, dass ein Kind, welches vier auf einen Blick erfasst, dabei auch mitdenkt, dass vier aus drei und eins und auch zwei und zwei zusammengesetzt ist. Gerade dieses *Bewusstmachen von Teile-Ganzes-Beziehungen* ist wesentlicher Inhalt und Ziel, wenn in fachdidaktisch fundierten Lehrgängen Kinder dazu aufgefordert werden, Anzahlen „schnell und ohne zu zählen" (Streit & Jansen, 2020, S. XV) zu bestimmen. Solche „Blitzblickübungen" enden daher auch nicht mit der Benennung der jeweils dargestellten Anzahl, sondern fangen damit im Grunde erst an: „Wie hast du das so schnell erkannt?" (Gerster, 2009, S. 262 f.)

Auch an dieser Stelle wird deutlich, wie essenziell Kommunizieren und Argumentieren (Abschn. 2) für den Aufbau eines tragfähigen Verständnisses sind: Die Strukturen von Darstellungen müssen den Kindern *bewusst werden*, damit sie diese Strukturen in weiterer Folge nutzen können. Unterricht und Förderung können wesentlich zur Bewusstmachung beitragen, indem Verbalisierungen und Begründungen eingefordert werden. In *IntraActPlus* hat das keinen Platz. Die Fünfer-Strukturierungen, die in manchen Darstellungen der Übungsblätter (ohne jede Bezugnahme darauf in den Übungsanleitungen) angeboten werden, können deshalb als Ausdruck einer weiteren Fehlannahme gewertet werden: dass der Zweck solcher Strukturierungen in „gängigen Schulbüchern" sich darin erschöpfe, die Punkte, die *abgezählt* werden sollen, übersichtlicher anzuordnen.

Rechnen lernen als Auswendiglernen unter erschwerten Bedingungen
Was *IntraActPlus* in weiterer Folge als Weg zum Rechnen lernen vorgibt, lässt sich pointiert wie folgt zusammenfassen: Zählendes Rechnen unter Verwendung einer Zählhilfe, gefolgt vom Auswendiglernen isolierter Zahlensätze. Die Zählhilfe ist das „Zahlenfeld"; dieses entspricht den ersten (bis 10) bzw. den beiden ersten (bis 20) Zeilen der *Hundertertafel;* die Zahlen von 1 bis 10 und 11 bis 20 stehen also in Ziffernschreibweise in zwei Reihen quadratischer „Kästchen" untereinander. Kinder sollen nun Plusaufgaben dadurch lösen, dass sie den ersten Summanden auf dem Zahlenfeld suchen, von dort um die durch den zweiten Summanden angezeigte Anzahl von „Kästchen weitergehen" und sagen, „bei welcher Zahl wir dann [sind]" (Streit & Jansen, 2020, S. 107). Minusaufgaben werden durch „Zurückgehen" gelöst (S. 195).

Bezüglich des weiteren Vorgehens erfährt man nur so viel: Jede *einzelne* Aufgabe soll durch Weitergehen bzw. Zurückgehen auf dem Zahlenfeld zunächst „so oft wiederholt [werden], bis das Ergebnis sicher aus dem Gedächtnis genannt wird, ohne weitere Zuhilfenahme des Zahlenfelds." Dann wird die im Programm nachfolgende Aufgabe in derselben Form wiederholt zählend gelöst. In weiterer Folge sollen die beiden zuvor geübten Aufgaben „anhand der Lernkärtchen im Wechsel abgefragt [werden]. Das Kind versucht, die Ergebnisse aus dem Gedächtnis abzurufen." Unter „Leistungsdifferenzierung" ist noch vermerkt, dass „das Zahlenfeld […] beim Wiederholen einer Aufgabe nur dann erneut zu Hilfe genommen wird, wenn es dem Kind nicht gelingt, das Ergebnis aus dem Gedächtnis abzurufen. Langsamer lernende Kinder können sich noch über längere Zeit mit dem Zahlenfeld helfen" (Streit & Jansen, 2020, S. 397).

Dabei sind die Aufgaben nach Größe der jeweils zweiten Zahl gereiht (erst alle +1, dann alle +2 …; erst alle −1, dann alle −2 …). Es ist vorgezeichnet, dass die zählende Lösung im Laufe der Übungen durch die wachsende Anzahl der Zählschritte immer aufwändiger wird. Da zugleich immer mehr Aufgaben zu merken sind, wird das Gedächtnis immer mehr gefordert. Was tun, wenn ein Kind sich damit schwertut? Die einzige Empfehlung, die Streit und Jansen dazu geben, lautet: es so lange am Zahlenfeld zählen lassen, bis es die Aufgabe auswendig weiß.

Nun wurde in Abschn. 3 erläutert, warum zählendes Lösen, insbesondere dann, wenn es „über längere Zeit" erfolgt, nicht zum Speichern der Aufgaben im Langzeitgedächtnis beiträgt. Es erschwert vielmehr das Erkennen von operativen Zusammenhängen, welches tatsächlich das Speichern befördern würde (siehe Abschn. 3). Operative Zusammenhänge sind in *IntraActPlus* aber kein Thema, mit einer Ausnahme: Den Kindern wird vorgezeigt, dass Summanden vertauscht werden dürfen (Streit & Jansen, 2020, S. 118). Auf einzelnen Übungsblättern erfolgt zudem die Anweisung: „Erst tauschen, dann rechnen." (S. 119), dann die Frage: „Wo kannst du tauschen?" (S. 112 f.) Tauschen soll also als Abkürzung des Zählweges genutzt werden. Sonst aber ist „Weitergehen" bzw. „Zurückgehen" auf dem Zahlenfeld das einzige Angebot, das Kindern zum Lösen einer Aufgabe gemacht wird, die sie nicht auswendig wissen. Sie werden nicht angeregt, über weitere Zusammenhänge nachzudenken und diese für Ableitungen zu nutzen. Wo „gängige Schulbücher" richtigerweise darauf abzielen, dass Verdoppelungen früh mit Verständnis erarbeitet, automatisiert und dann zum Ableiten („Verdoppeln plus eins") genutzt werden, wird Verdoppeln in *IntraActPlus* erst (ab S. 587) zum Lerngegenstand, wenn das kleine Einspluseins bereits vollständig abgehandelt ist. Da Subtrahieren zudem ausschließlich als „Zurückgehen" eintrainiert wird, werden Kinder selbst bei Subtraktionen mit kleiner Differenz wie 9 − 8 oder 11 − 9 nicht zum Nachdenken über den *Unterschied* zwischen den beiden Zahlen angeregt. Der Zusammenhang mit den jeweils inversen Additionen wird für das Subtrahieren nicht genutzt, obwohl die Kinder doch, wenn der Plan von *IntraActPlus* aufgehen würde, die zuvor auswendig gelernten Additionen jeweils schon beherrschen müssten, ehe das Minusrechnen erarbeitet wird.

Was hier als Methode zum Rechnenlernen angeboten wird, ist also *antimathematisch* und darin auch *unökonomisch,* wenn es um die in der Tat erstrebenswerte Automatisierung von Basisfakten geht. Weil Streit und Jansen operative Zusammenhänge – also das Mathematische am Rechnen – ausblenden, muten sie Kindern nämlich zu, die Aufgaben des kleinen Einspluseins und Einsminuseins als weitgehend isolierte Einzelfakten im Langzeitgedächtnis zu speichern. Sofern Kinder nicht von sich aus – und das wäre dann *trotz IntraActPlus* – beim Abarbeiten der Übungsblätter Zusammenhänge herstellen (dass viele Kinder dies auch ohne Unterstützung tun, ist empirisch belegt; etwa Gaidoschik, 2012), wird ihnen also von *IntraActPlus* eine unnötig umfangreiche Merkleistung abverlangt. Dazu ist anzumerken, dass in psychologisch ausgerichteten Publikationen (Landerl et al., 2017, S. 124 ff.) „Defizite im Langzeitgedächtnis" als eine der möglichen Ursachen von „Dyskalkulie" diskutiert werden.

Gerade für Kinder, die sich – aus welchen Gründen auch immer – beim Merken schwertun, wäre wichtig, den Merk*aufwand* so weit wie möglich zu reduzieren (Scherer & Moser Opitz, 2010, S. 69). Das Erarbeiten der Einsicht in Ableitungsstrategien hat genau diese Zielsetzung (Abschn. 3). Dass es dann auch auf gezieltes automatisierendes Üben ankommt, weil im Bereich der Basisaufgaben bewusstes Ableiten im weiteren Verlauf überflüssig werden sollte, wurde in Abschn. 3 bereits als Konsens innerhalb der Fachdidaktik dargestellt. Studien wie die von Woodward (2006) zeigen, dass diese Form des *Automatisierens auf Basis von Einsicht in Strategien* effektiv ist, *gerade* auch für Kinder mit Lernschwierigkeiten. Damit soll nicht behauptet werden, dass nicht auch ein Auswendiglernen ohne Einsicht in Zusammenhänge gelingen kann; vermutlich haben Streit und Jansen in eigener Praxis tatsächlich mit ihrer Methode Erfolge erlebt. Solche wären dann allerdings eher als Beweis für die Resilienz dieser Kinder zu werten als für die Sinnhaftigkeit des Konzepts. Und es ist zu befürchten, dass es sich in vielen Fällen um Erfolge der Art handelt, die einleitend mit Scherer (1999, S. 10) als „meist nur von kurzer Dauer" beschrieben wurden.

5 Drei Hoffnungen zum Abschluss

IntraActPlus verspricht, die „Lernwege in Mathematik angenehm und passend leicht [zu machen] – in jedem Augenblick und für jedes Kind" (Streit & Jansen, 2020, S. VIII). Es ist bedauerlicherweise nicht das einzige Konzept auf dem Markt, welches sich mit solchen Heilsversprechungen an Lehrkräfte, Lerntherapeutinnen, Lerntherapeuten und Eltern richtet und dabei so ziemlich alles missachtet, was die fachdidaktische Forschung der letzten Jahrzehnte hinreichend abgesichert hat. Bezüglich der *Lehrkräfte* besteht Grund zur Hoffnung, dass sie die einleitend zitierte Forderung von Scherer und Moser Opitz (2010, S. 28) erfüllen und sich von „fachdidaktisch ungeeigneten Vorschlägen" nicht täuschen lassen. Das ist eine Frage der Aus- und Fortbildung. Wie diese insbesondere auch mit Blick auf die Bedürfnisse von Kindern mit mathematischen Lernschwierigkeiten verbessert werden kann, steht im Mittelpunkt von Petra Scherers Forschung und Veröffentlichungen der letzten Jahre. Vielleicht kann der vorliegende Beitrag die eine oder andere Lehrkraft dabei unterstützen, auch *Eltern* davon zu überzeugen, dass und warum das Üben mit *IntraActPlus* kontraproduktiv ist. Eltern wären dann auch davor gefeit, ihr Kind *Dyskalkulie-Therapeutinnen* und *Dyskalkulie-Therapeuten* anzuvertrauen, sofern diese, was offenbar vorkommt, solche empirisch wie stoffdidaktisch haltlosen Methoden im Programm führen sollten. Den Autor würde es freuen, und, dessen ist er sich sicher, die Jubilarin ebenso.

Literatur

Baroody, A. (2006). Why children have difficulties mastering the basic number combinations and how to help them. *Teaching Children Mathematics, 13*(1), 22–31.

Benz, C., Peter-Koop, A., & Grüßing, M. (2015). *Frühe mathematische Bildung. Mathematiklernen der Drei- bis Achtjährigen.* Springer Spektrum. https://doi.org/10.1007/978-3-8274-2633-8

Björklund, C., Marton, F., & Kullberg, A. (2021). What is to be learnt? Critical aspects of elementary arithmetic skills. *Educations Studies in Mathematics, 107*(2), 261–284. https://doi.org/10.1007/s10649-021-10045-0

Brügelmann, H. (2009). *Gutachten zur lerntheoretischen, lesedidaktischen und pädagogischen Qualität des Programms „IntraActPlus".* https://dgls.de/archiv/intraactplus-das-neue-konzept-zum-lesen-und-rechtschreibenlernen/. Zugegriffen am 05.04.2023.

Franke, M., & Ruwisch, S. (2010). *Didaktik des Sachrechnens in der Grundschule.* Spektrum.

Gaidoschik, M. (2010). *Wie Kinder Rechnen lernen – oder auch nicht.* Peter Lang.

Gaidoschik, M. (2012). First-graders' development of calculation strategies: how deriving facts helps automatise facts. *Journal für Mathematik-Didaktik, Special Issue: Early Childhood Mathematics Teaching and Learning, 32*(2), 287–315. https://doi.org/10.1007/s13138-012-0038-6

Gaidoschik, M. (2019). Didactics as source and remedy of mathematics learning difficulties. In A. Fritz, V. Haase, & P. Räsänen (Hrsg.), *The International Handbook of Math Learning Difficulties* (S. 73–89). Springer. https://doi.org/10.1007/978-3-319-97148-3

Gaidoschik, M., Fellmann, A., Guggenbichler, S., & Thomas, A. (2017). Empirische Befunde zum Lehren und Lernen auf Basis einer Fortbildungsmaßnahme zur Förderung nicht-zählenden Rechnens. *Journal für Mathematik-Didaktik, 38*(1), 93–124. https://doi.org/10.1007/s13138-016-0110-8

Gerster, H.-D. (2009). Schwierigkeiten bei der Entwicklung arithmetischer Konzepte im Zahlenraum bis 100. In A. Fritz, G. Ricken, & S. Schmidt (Hrsg.), *Rechenschwäche. Lernwege, Schwierigkeiten und Hilfen bei Dyskalkulie* (2. Aufl., S. 248–268). Beltz.

Gray, E. (1991). An analysis of diverging approaches to simple arithmetic: preference and its consequences. *Educational Studies in Mathematics, 22*(6), 551–574.

Häsel-Weide, U. (2016). *Vom Zählen zum Rechnen. Struktur-fokussierende Deutungen in kooperativen Lernumgebungen.* Springer. https://doi.org/10.1007/978-3-658-10694-2

Hasemann, K., & Gasteiger, H. (2014). *Anfangsunterricht Mathematik* (3. Aufl.). Springer Spektrum. https://doi.org/10.1007/978-3-642-40774-1

KMK. (Hrsg.) (2004). *Bildungsstandards im Fach Mathematik für den Primarbereich.* Luchterhand

Krauthausen, G., & Scherer, P. (2012). *Einführung in die Mathematikdidaktik* (3. Aufl.). Spektrum.

Krauthausen, G., & Scherer, P. (2014). *Natürliche Differenzierung im Mathematikunterricht: Konzepte und Praxisbeispiele aus der Grundschule.* Klett Kallmeyer.

Landerl, K., Vogel, S., & Kaufmann, L. (2017). *Dyskalkulie. Modelle, Diagnostik, Intervention.* Ernst Reinhardt.

Padberg, F., & Benz, Ch. (2021). *Didaktik der Arithmetik* (5., überarb. Aufl.). Springer.

Rechtsteiner-Merz, C. (2013). *Flexibles Rechnen und Zahlenblickschulung. Entwicklung und Förderung von Rechenkompetenzen bei Erstklässlern, die Schwierigkeiten beim Rechnenlernen zeigen.* Waxmann.

Resnick, L. B. (1983). A developmental theory of number understanding. In H. P. Ginsburg (Hrsg.), *The development of mathematical thinking* (S. 109–151). Academic Press.

Scherer, P. (1995). *Entdeckendes Lernen im Mathematikunterricht der Schule für Lernbehinderte. Theoretische Grundlegung und evaluierte unterrichtspraktische Erprobung.* Winter. Programm Ed. Schindele.

Scherer, P. (1999). *Produktives Lernen für Kinder mit Lernschwächen. Fördern durch Fordern. Band 1: Zwanzigerraum.* Klett.

Scherer, P. (2003a). *Produktives Lernen für Kinder mit Lernschwächen. Fördern durch Fordern. Band 2: Addition und Subtraktion im Hunderterraum.* Persen.

Scherer, P. (2003b). *Produktives Lernen für Kinder mit Lernschwächen. Fördern durch Fordern. Band 3: Multiplikation und Division im Hunderterraum.* Persen.

Scherer, P., & Moser Opitz, E. (2010). *Fördern im Mathematikunterricht der Primarstufe.* Spektrum.

Scherer, P., Beswick, K., DeBlois, L., Healy, L., & Moser Opitz, E. (2016). Assistance of students with mathematical learning difficulties: How can research support practice? *ZDM – Mathematics Education, 48*(5), 633–649. https://doi.org/10.1007/s11858-016-0800-1

Schipper, W. (2009). *Handbuch für den Mathematikunterricht an Grundschulen.* Schroedel.

Schipper, W., Ebeling, A., & Dröge, R. (2015). *Handbuch für den Mathematikunterricht, 1. Schuljahr.* Schroedel.

Streit, U., & Jansen, F. (2020). *Mathe lernen nach dem IntraActPlus-Konzept. Rechnen lernen in Klasse 1 – auch für Förderschule, Schulvorbereitung und Dyskalkulie-Therapie.* Springer.

Winter, H. (1985). *Sachrechnen in der Grundschule. Problematik des Sachrechnens, Funktionen des Rechnens, Unterrichtsprojekte.* Cornelsen.

Wittmann, E. C., & Müller, G. N. (2007). *Blitzrechenoffensive! Anregungen für eine intensive Förderung mathematischer Basiskompetenzen.* Klett.

Woodward, J. (2006). Developing automaticity in multiplication facts: integrating strategy instruction with timed practice drills. *Learning Disability Quarterly, 29*(4), 269–289. https://doi.org/10.2307/30035554

Aktiv-entdeckendes Lernen bei Lernschwierigkeiten diagnostisch fundiert unterstützen – „Fördern durch Fordern" als fachdidaktisch orientierte Neukonzeption in der Sonderpädagogik

Thomas Breucker und Franz B. Wember

Was vielen heute selbstverständlich zu sein scheint, musste in der Vergangenheit nicht selten mühsam erkämpft werden. Als Petra Scherer 1994 in der größten sonderpädagogischen Fachzeitschrift ihr Konzept „Fördern durch Fordern" für den Mathematikunterricht bei Kindern mit Lernschwierigkeiten vorstellte, war das in mehrfacher Hinsicht bemerkenswert. Bis dahin hatten sich die Didaktik der Mathematik und die Sonderpädagogik nebeneinander entwickelt, nun unterbreitete eine junge Fachdidaktikerin gut begründete Vorschläge, die in beiden Disziplinen zu Hause war und eine mathematische und mathematikdidaktische Fundierung des Förderunterrichts ausdrücklich einforderte. An der Schule für Lernbehinderte, damals die schulische Option für fast alle betroffenen Kinder und Jugendlichen, wurde der Mathematikunterricht fast immer von fachfremd unterrichtenden Lehrkräften erteilt. Er orientierte sich an einer durch die Hilfsschulpädagogik geprägten Tradition

T. Breucker (✉)
Ludwig-Maximilians-Universität München, München, Deutschland
E-Mail: thomas.breucker@edu.lmu.de

F. B. Wember
TU Dortmund, Dortmund, Deutschland
E-Mail: franz.wember@tu-dortmund.de

© Der/die Autor(en), exklusiv lizenziert an Springer Fachmedien Wiesbaden GmbH, ein Teil von Springer Nature 2024
B. Barzel et al. (Hrsg.), *Inklusives Lehren und Lernen von Mathematik*,
https://doi.org/10.1007/978-3-658-43964-4_16

eines an den Schwächen der Lernenden anknüpfenden, kleinschrittig vorgehenden, anleitenden und Fehler vermeidenden Unterrichts, der nicht selten auf mechanisches Üben und enge Steuerung durch die Lehrkraft setzte, damit die Lernenden nicht überfordert würden (Klein, 2020). Scherer (1994) forderte in starkem Kontrast dazu aktiv-entdeckendes Lernen und produktives Üben auch und gerade für Kinder mit Lernschwierigkeiten. Der Mathematikunterricht solle anspruchsvolle Leistungen fordern und fördern, indem er selbstgesteuertes und einsichtiges Lernen an substanziellen Aufgaben in anregungsreichen Lernumgebungen entwickelt, und ein solcher Unterricht sei nicht nur praktisch möglich, sondern durchaus Erfolg versprechend. Mit den Methoden des traditionellen Hilfsschulunterrichts laufe man Gefahr, dass man „lernbehinderte Schüler unterschätzt oder falsch einschätzt, daß [sic!] man ihnen häufig Wege verbaut, die sie bei einem offeneren Vorgehen … durchaus und wenn auch vielleicht unerwartet beschreiten würden" (Scherer, 1994, S. 772) und dass man sich nicht von der Gefahr der Überforderung lähmen lassen dürfe, denn „Fördern bedeutet … auch, gewisse Anforderungen zu stellen."

„Fördern durch Fordern" ist ein theoretisch innovatives und praktisch erfolgreiches Programm geworden, welches das Mathematiklernen von Kindern und Jugendlichen mit Lernschwierigkeiten in einem neuen, positiveren Licht erscheinen ließ. Im vorliegenden Beitrag wird das Programm zunächst hinsichtlich seiner theoretischen, empirischen und praktischen Begründung vorgestellt (Abschn. 1), bevor an Beispielen aus dem Inhaltsbereich Sachrechnen gezeigt wird, wie sich das Konzept für eigene Arbeiten und in anderen Inhaltsbereichen produktiv nutzen lässt (Abschn. 2). Da die diagnostische Fundierung von „Fördern durch Fordern" betont werden soll, beleuchtet der Abschn. 3 ausgesuchte aktuelle Arbeiten zur Verknüpfung von Diagnose und Förderung, bevor ein Blick auf zeitgemäße Konzeptionen von inklusivem Mathematikunterricht zu einer abschließenden Wertschätzung führen wird (Abschn. 4).

1 Theoretische Grundlegung, empirische Evidenz und praktische Relevanz

Ihre frühe fachdidaktische und fachwissenschaftliche Heimat fand Petra Scherer im Projekt „mathe 2000", einem von Gerhard Müller und Erich-Christian Wittmann begründeten Modell für fachdidaktische Entwicklungsforschung an der Universität Dortmund, von dem über lange Jahre hinweg wichtige Impulse für die Entwicklung und Erforschung des Mathematikunterrichts ausgingen (Wittmann, 1997). Scherer (1995) setzte das dort entwickelte Grundverständnis des Lehrens und Lernens von Mathematik für Kinder mit Lernschwierigkeiten um:

- Die Lernenden werden nicht als Empfänger von Belehrungen, sondern als Akteure ihres Lernprozesses gesehen. Sie werden folglich nicht von Lehrkräften kleinschrittig angeleitet, sondern in ihren Lernaktivitäten einfühlsam unterstützt.
- Der Erwerb mathematischer Kenntnisse und Fertigkeiten besteht nicht in der Übernahme von fertigem Wissen und im Nachmachen von vorgegebenen Verfahren, sondern in der aktiv-entdeckenden Auseinandersetzung mit inhaltlich ergiebigen Aufgaben in problemhaltigen Lernsituationen. Das Entdecken, Prüfen und Verbessern von Lösungswegen sind wichtig, nicht das Reproduzieren von fertigen Lösungen.
- Der Mathematikunterricht bietet den Lernenden in ausreichend komplexen, ganzheitlichen Lernsituationen vielfältige Möglichkeiten, Zusammenhänge zu erkennen und zu nutzen. Er betont das bedeutungsvolle Lernen und das Verständnis des eigenen Tuns im Gegensatz zu der Übernahme und Anwendung unverstandener Begriffe und Prozeduren.
- Das Üben ist integraler und wichtiger Bestandteil des Lernprozesses, jedoch nicht als mechanische Wiederholung des bereits Gelernten, sondern als produktives und beziehungsreiches Üben in sinnvoll empfundenen Kontexten.
- Fehler sind Teil des Lernprozesses. Sie müssen nicht grundsätzlich vermieden werden, sondern sie können gemeinsam analysiert und genutzt werden, um sie durch gezielte Strategieentwicklung gemeinsam mit dem Kind zu korrigieren.

Scherer (1995) betonte drei weitere Grundsätze, die für alle Lernenden und insbesondere Kinder mit Lernschwierigkeiten wichtig sind:

- Durch eine wohlüberlegte Auswahl von ausgesuchten zentralen Arbeitsmitteln und Veranschaulichungen kann das Lernen der Kinder wirksam gestützt werden, eine bloße Vielfalt unkoordinierter Medien ist wenig hilfreich und erschwert das bedeutungsvolle Erfassen mathematischer Strukturen und Verfahren.
- Den Lernenden sollten grundsätzlich individuelle Lösungswege zugestanden werden, damit sie selbstständig Strategien entwickeln und Vertrauen in das eigene Tun gewinnen können. Dazu bedarf es mathematisch gehaltvoller und offen formulierter Aufgaben, die den Lernenden vielfältige Möglichkeiten bieten, die den Aufgaben immanenten Anforderungen und mögliche Lernwege selbst zu gestalten.
- Die Lehrkraft sollte die Erarbeitung von Lösungen beobachten und die spontan gewählten Bearbeitungen eines Kindes diagnostisch nutzen, um seine Lernstrategien und seine aktuellen Kompetenzen Aufgaben spezifisch zu ermitteln und über mögliche nächste Lernangebote zu entscheiden. Sie kann erfolgreiche und fehlerhafte Strategien aufgreifen und besprechen und in strukturierten Aufgaben sichern und vertiefen, denn der natürlichen Differenzierung der individuellen Lernwege sollte eine individuell angepasste Differenzierung der Lernhilfen und Förderangebote durch die Lehrkräfte entsprechen.

Mit diesen didaktischen Orientierungen regte Petra Scherer eine lange vermisste Kooperation zwischen Mathematikdidaktik und Sonderpädagogik an und sie setzte Impulse für einen zeitgemäßen und fachdidaktisch fundierten Mathematikunterricht für Kinder mit Lernschwierigkeiten. Die Konzeption überzeugte jedoch nicht nur in ihren theoretischen Begründungen, sondern auch aufgrund erster empirischer Evidenz. Petra Scherer (1995) hatte in einem dreimonatigen Unterrichtsversuch an einer Schule für Lernbehinderte 22 Kinder bei der Erschließung des Hunderterraums und bei der Erarbeitung von passenden Additions- und Subtraktionsaufgaben unterstützt. Sie hatte eigens konzipierte schriftliche Lernstandserhebungen zu Beginn und gegen Ende des Versuchs durchgeführt und in dessen Verlauf die Verständnisschwierigkeiten und Lösungsstrategien einzelner Kinder in Einzelinterviews erkundet, um differenzierte Fördervorschläge erarbeiten zu können. Die quantitativen Daten zu Beginn und gegen Ende des Versuchs zeigten pädagogisch erfreuliche und statistisch signifikante Verbesserungen bei einigen Kindern, die qualitative Analyse der Interviews belegte, dass die Kinder zunehmend elaborierte und reife Strategien verwendet hatten, wenngleich nicht immer fehlerfrei (Scherer, 1996).

Die Auswirkungen auf die Unterrichtspraxis an Sonder- bzw. Förderschulen und später im gemeinsamen Lernen bzw. im inklusiven Mathematikunterricht heutiger Tage sind nicht allein theoretisch und empirisch begründet, sondern gehen vermutlich darauf zurück, dass Petra Scherer konkrete Vorschläge für zahlreiche zentrale Kompetenzbereiche des Mathematikunterrichts der Primarstufe ausgearbeitet und in drei Handbüchern veröffentlicht hat, die erstmals 1999, 2003 und 2005 erschienen sind und bis heute hohe Auflagen erreicht haben (Scherer, 2018a, 2018b, 2019a). Der erste Band befasst sich mit dem Zahlenraum 20 und entsprechenden Aufgaben zur Addition und Subtraktion, der zweite Band mit der Addition und Subtraktion im Hunderterraum, der dritte Band mit der Multiplikation und Division im Hunderterraum. Jeder Band bietet didaktische und methodische Kommentare zu den behandelten Inhalten und Kompetenzen, Kopiervorlagen für diagnostische Aufgaben und zahlreiche Anregungen für mögliche Aktivitäten im Unterricht, die von offenen Aufgaben und operative Übungen bis hin zu substanziellen Aufgabenformaten wie Rechendreiecke, Zahlenmauern, Zauberdreiecke, Magische Quadrate oder Zahlenketten reichen, die fundamentale Ideen und Prinzipien der Mathematik repräsentieren, reichhaltige mathematische Aktivitäten anregen, inhaltliche und prozessbezogene Kompetenzen ansprechen und flexibel zur (natürlichen) Differenzierung bei heterogenen Lernvoraussetzungen genutzt werden können (Krauthausen & Scherer, 2022).

Ein markantes Merkmal stellt bei Scherer die enge Verknüpfung von Diagnose und Förderung zum Zwecke der individuell passenden Gestaltung von Aufgaben und Aktivitäten dar. In jedem Band finden sich kommentierte schriftliche Lernstandserfassungen nebst Hinweisen zu deren Durchführung und Auswertung. In einem zwei-

Abb. 1 Karstens Bearbeitung einer kontextbezogenen Multiplikationsaufgabe, aus Scherer 2019a, S. 27 © Persen Verlag, Hamburg – AAP Lehrerwelt

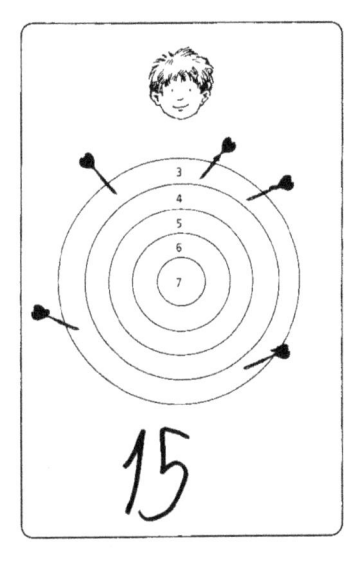

ten Schritt werden aus den Lernstandserfassungen einzelne Aufgaben für intensive Einzelinterviews ausgewählt und fachlich sowie hinsichtlich möglicher diagnostischer Erkenntnisse erläutert. In realen Interviewbeispielen werden Hilfen für die Beobachtung und Interpretation von möglichen Lösungen und Fehlermustern gegeben und mit möglichen Förderaktivitäten verknüpft. Abb. 1 zeigt die Bearbeitung einer kontextbezogenen Multiplikationsaufgabe durch das Kind Karsten und einen Ausschnitt aus einem Interview mit dem Schüler (Scherer, 2019a, S. 27).

I	[gibt Karsten Aufgabenblatt 1 b/5] *Dieser Junge hat Pfeilwerfen gespielt. Und hat jetzt ein paar Mal geworfen, und dann halt dieses Brett getroffen. Und du sollst mir sagen, wie viele Punkte der insgesamt hat.*
Karsten	[versucht mit den Fingern zu rechnen; streckt zunächst an jeder Hand drei Finger aus, bricht dann ab] *Das weiß ich jetzt nicht. Weiß ich nicht.*
I	*Mhm. Dann machen wir's mal zusammen. Was wolltest du denn jetzt letztendlich machen?*
Karsten	*Diese hier zusammenrechnen.* [deutet auf die Pfeile]
I	*Mhm. Was bedeutet denn ein Pfeil, wie viele Punkte?*
Karsten	*Drei.*
I	*Mhm. Dann fängst du einfach mal an, da unten, ne.*

Karsten	[beginnt zu schreiben]
I	*Ja, das ist ‚ne gute Idee.*
Karsten	[notiert immer drei Punkte für je drei erzielte Punkte und trennt diese durch einen kurzen senkrechten Strich; Abb. 1, zählt dabei leise]
I	*Zähl ruhig laut.*
Karsten	*Eins, zwei, drei, vier, fünf, sechs, sieben, acht, neun, zehn, elf, zwölf, dreizehn, vierzehn, fünfzehn.* [notiert 15]
I	*Mhm.*

Wie interpretiert Scherer die Lösung und das Interview? Zum einen wird deutlich, schreibt sie (Scherer, 2019a, S. 27), dass Karsten versucht, die Aufgaben zählend zu lösen, eine bei Kindern mit Lernschwierigkeiten im Bereich Mathematik häufig zu beobachtende Strategie. Es fällt ihm jedoch schwer, sich die Aufgabe mithilfe der Finger darzustellen, insbesondere Zahlen größer 10 und Multiplikand und Multiplikator. Zum anderen zeigt sich, dass Karsten die Multiplikation im Sinne der fortgesetzten Addition interpretiert (zeitlich-sukzessives Modell). Bemerkenswert ist, dass Karsten in der Lage ist, die Aufgabe zu visualisieren, und zwar nicht durch Zahlsymbole, sondern durch Punkte, die er strukturiert in Gruppen aufzeichnet, um so zu einer Lösung zu kommen. Der Unterricht, so Scherer, könne an dieser eigenständig erdachten Modellierung – eine Strategie, die nur wenige Kinder spontan nutzen – ansetzen und sollte eigene Notationsformen im Sinne anschaulicher Hilfen zur Bewältigung von Kontextaufgaben aufgreifen. Vielfältige und konkrete Lern- und Übungsvorschläge zeigen dann auf, welche Konsequenzen sich für die Gestaltung des Unterrichts aus den Ergebnissen des Interviews ableiten lassen. Dazu gehören die Nutzung verschiedener Repräsentationsebenen (enaktiv – ikonisch – symbolisch) und Aufgaben, die die flexible Übersetzung zwischen den verschiedenen Ebenen fordern, die Erarbeitung effektiver Rechenstrategien z. B. durch die Multiplikation am Punktfeld, strukturierte Übungen, aber auch vertiefende Übungen in Form von offenen Aufgaben oder das Erfinden von Rechengeschichten.

Was ist an dieser Vorgehensweise das Besondere? In der traditionellen Diagnostik werden bei der Konstruktion eines Tests eigens Aufgaben entwickelt und nach psychometrischen Kriterien geprüft und optimiert. Bei der Anwendung des Tests sollen die Lehrkräfte von den Testergebnissen auf die Stärken und Schwächen eines Kindes schließen und passende nächste Lernschritte ableiten. Scherer verknüpft Diagnose und Förderung auf radikale Weise, indem sie zentrale Aufgaben aus dem Curriculum nimmt und diese gleichzeitig als Diagnose- und als Förderaufgaben verwendet. Die Diagnose ist auf diese Weise curricular valide und nächste Lernschritte können direkt als Varianten der Diagnoseaufgabe konzipiert werden – eine vielversprechende Vorgehensweise, die sich auch auf andere Inhalte und

Themen transferieren lässt. Wie sich dieses Konzept produktiv nutzen lässt, wird im Abschn. 2 exemplarisch für den Inhaltsbereich Sachrechnen vorgestellt und auf andere Inhaltsbereich übertragen.

2 Sachrechnen – anspruchsvoll und inklusiv

Sachrechnen bietet einerseits vielfältige Möglichkeiten, die in den Bildungsstandards geforderten inhaltsbezogenen und allgemeinen mathematischen Kompetenzen zu fördern (KMK, 2005), andererseits gehört das Sachrechnen zu den schwierigsten Gebieten der Grundschulmathematik (Franke & Ruwisch, 2010; Scherer, 2016; Scherer & Moser Opitz, 2010). Dies mag ein Grund dafür gewesen sein, dass Scherer (2004) in einer Veröffentlichung die provokante Frage aufwirft, ob das Sachrechnen zu anspruchsvoll für lernschwache Schülerinnen und Schüler sei. Die genannte Veröffentlichung und zahlreiche weitere in den folgenden Jahren (Scherer, 2007, 2016) machen deutlich, dass Scherer die provokante Frage klar verneint, es aber für wichtig hält, sich über angemessene Aufgabenformate Gedanken zu machen. Auch hier zeigt sich wieder Scherers Konzept „Fördern durch Fordern". Es geht eben nicht darum, Schülerinnen und Schülern mit Lernschwierigkeiten einen zentralen Inhaltsbereich vorzuenthalten, sondern darum, Lernumgebungen und Aufgabenformate so zu gestalten, dass Lernerfolge ermöglicht werden und dies, wie in dem vorausgegangenen Beispiel gezeigt, durch eine enge Verzahnung von Diagnose und Förderung.

Seit vielen Jahren befassen sich mathematikdidaktische Veröffentlichungen mit Fragen der Veränderung und Verbesserung von Sachaufgaben. Dabei geht es entweder um die Veränderung der Aufgaben an sich, z. B. um die Nutzung von Sachtexten, offenen Sachsituationen oder unvollständigen Textaufgaben oder die Veränderung des Umgangs mit bekannten Formaten, z. B. die Eröffnung alternativer Lösungswege, die Diskussion von Aufgaben mit den Schülerinnen und Schülern oder die Nutzung verschiedener Repräsentationsebenen (Scherer, 2004, 2016). Scherer hat in zahlreichen Publikationen insbesondere den Einsatz von geöffneten Textaufgaben empfohlen, sowohl mit Blick auf Schülerinnen und Schüler mit Lernschwierigkeiten im Bereich Mathematik als auch für den Einsatz im inklusiven Mathematikunterricht (Scherer, 2004, 2007, 2016) (Abb. 2).

Das Beispiel (Abb. 2) macht deutlich, worum es bei geöffneten Textaufgaben gehen kann: Es handelt sich um eine unvollständige Aufgabe, in welche die Schüler und Schülerinnen selbst passende Zahlen eintragen, um mit diesen dann weiterzuarbeiten (Ahmed & Williams, 1997). Geöffnete Textaufgaben ermöglichen so einerseits mehr Eigenaktivität aufseiten der Schülerinnen und Schüler bei der Bearbeitung der Aufgaben und eröffnen Wahlmöglichkeiten. Dies kann dazu beitragen, Spaß und

Abb. 2 Beispiel für eine geöffnete Textaufgabe, aus Scherer und Scheiding 2006, S. 31 © Westermann Verlag, Braunschweig

echtes Interesse an der Bearbeitung von Sachaufgaben zu wecken, ganz wesentliche Voraussetzungen dafür, dass Lernerfolge auch über den Mathematikunterricht hinaus erzielt werden. Im Idealfall führt die Bearbeitung geöffneter Textaufgaben dazu, dass sich die Schülerinnen und Schüler besser mit der Sachsituation identifizieren, was wiederum zu einer bewussteren Bearbeitung der Aufgabe beiträgt. Insbesondere die Möglichkeit, eigene Erfahrungen und Alltagswissen einzubringen, soll allen Schülerinnen und Schülern vielfältige Lernchancen ermöglichen (Scherer, 2016). Andererseits lassen die Lösungen der Schüler und Schülerinnen vielfältige Rückschlüsse über ihre arithmetischen Kompetenzen, ihre Kenntnisse über verschiedene Größenbereiche, aber auch ihre Motivation zu (Scherer, 2007). Es zeigt sich also auch hier wieder die für Scherer typische enge Verzahnung von kompetenzorientierter Diagnose im weitesten Sinne und Förderung.

Wichtig ist, dass Scherers Empfehlung, geöffnete Textaufgaben im Unterricht mit Schülerinnen und Schüler mit Lernschwierigkeiten im Bereich Mathematik bzw. im inklusiven Mathematikunterricht einzusetzen, nicht als bloße Anreicherung eines ansonsten „traditionellen" Mathematikunterrichts gedacht ist, sondern Teil einer umfassenden Unterrichtskonzeption, bei der die Gestaltung offener Lernumgebungen im Sinne der „natürlichen Differenzierung" eine zentrale Rolle spielt, eine Thematik, zu der mittlerweile zahlreiche Veröffentlichungen mit vielfältigen Beispielen und Anregungen zur Gestaltung offener Lernumgebungen für die Inhaltsbereiche Arithmetik , Sachrechnen und Geometrie existieren (z. B. Krauthausen & Scherer, 2022; Hirt & Wälti, 2008)

Der Begriff der Natürlichen Differenzierung wurde von Wittmann (1990, S. 159) in die fachdidaktische Diskussion eingebracht. Wesentliche Merkmale offener Lernumgebungen im Sinne der natürlichen Differenzierung sind, dass die gesamte Lerngruppe das gleiche Lernangebot erhält. Z. B. könnte eine Aufgabenstellung zum Thema „Restaurant" (Hirt & Wälti, 2008, S. 189 ff.). lauten: „Lies die Speisekarte.

Erstelle ein Menü mit einer Vorspeise, einem Hauptgang, einem Getränk und einem Dessert und berechne den Preis" (Hirt & Wälti, 2008, S. 189). Das Lernangebot zeichnet sich dadurch aus, dass ein hinreichend komplexes Thema ganzheitlich erarbeitet wird und die Bearbeitung der Aufgaben auf unterschiedlichen Schwierigkeitsniveaus in natürlicher Weise möglich ist. Weder die Anzahl der zu findenden Aufgaben, noch das verwendete Zahlenmaterial noch die Rechenoperation sind vorgegeben. Da die gesamte Lerngruppe am gleichen Problemkontext, wenn auch auf unterschiedlichen Niveaustufen arbeitet, bieten offene Lernumgebungen vielfältige Chancen des sozialen Lernens von- und miteinander, was insbesondere den allgemeinen mathematischen Kompetenzen (KMK, 2005) zugutekommt. Denn ein Austausch der Schülerinnen und Schüler über die Bearbeitung der Aufgaben und die dabei gewonnenen Erkenntnisse ist sehr viel besser möglich als nach der Bearbeitung individueller Lernangebote.

Die Gestaltung solcher offenen Lernumgebungen ist für die Lehrperson sehr viel ökonomischer als die Gestaltung individueller Lernarrangements für jedes einzelne Kind. Auf die Grenzen und Probleme einer so verstandenen individuellen Förderung hat z. B. Selter (2006) hingewiesen. Sie ist bei 20 und mehr Kindern in einer Schulklasse von einer Lehrperson nicht umzusetzen und sie führt nicht selten zu einer Vereinzelung von Lernenden mit Lernschwierigkeiten, die sich durch Förderprogramme außerhalb des Curriculums arbeiten. Darüber hinaus lassen sich Aufgaben im Sinne einer natürlichen Differenzierung auch diagnostisch nutzen, insbesondere unter qualitativen Gesichtspunkten. Wie gehen die Schülerinnen und Schüler beim Lösen der Aufgaben vor, verfolgen sie eine Strategie oder wirkt ihr Vorgehen eher planlos? Nutzen sie mathematische Gesetzmäßigkeiten und Strukturen? Werden Fehlvorstellungen deutlich? Gehen sie mit ihren Lösungen über den aktuellen Schulstoff hinaus (Stichwort: Zone der nächsten Entwicklung)? Aus Perspektive der Schülerinnen und Schüler ist mitunter zwar zu beobachten, dass die Bearbeitung offener Aufgaben nicht auf Anhieb gelingt, mittel- bis langfristig können offene Lernumgebungen aber einen wichtigen Beitrag dazu leisten, die Selbstständigkeit und das Selbstvertrauen auch von Schülerinnen und Schülern mit Lernschwierigkeiten im Bereich Mathematik zu fördern und die Motivation, sich mit mathematischen Inhalten auseinanderzusetzen, nachhaltig fördern (Scherer, 2007).

3 Diagnostisch und fachlich fundiert fördern im Inklusiven Mathematikunterricht

Die von Petra Scherer angeregte enge Verzahnung von Diagnose und Förderung gilt nicht nur für das hier exemplarisch behandelte Sachrechnen, sondern für den Mathematikunterricht insgesamt. Seit einigen Jahren stellt die Forderung nach Inklusion die Lehrenden und die Lernenden in den Schulen vor neue Aufgaben, denn die ohnehin große Heterogenität der Schülerinnen und Schüler nimmt durch die Aufnahme von Kindern und Jugendlichen mit Lernschwierigkeiten und mit Behinderungen erheblich zu, auch und gerade im Mathematikunterricht. Der traditionelle Unterricht muss zu einem inklusiven Unterricht weiterentwickelt werden, der zugleich allen Schülerinnen und Schülern gemeinsames Lernen voneinander und miteinander ermöglicht und bei Unterstützungsbedarf diagnostisch und fachlich fundierte Hilfen bietet. Petra Scherer hat ihre Konzeption gemeinsam mit Elisabeth Moser Opitz systematisch ausgearbeitet (Scherer & Moser Opitz, 2010) und über die Jahre weiterentwickelt (Scherer, 2022), andere Fachkolleginnen und -kollegen haben vergleichbare Konzeptionen entwickelt, die sich ebenfalls dadurch auszeichnen, dass sie nicht nur allgemeine Prinzipien inklusiven Unterrichts formulieren, sondern zentrale Themen des Mathematikunterrichts aufgreifen, dazu fachliche und fachdidaktische Analysen vortragen und konkrete Aktivitäten vorschlagen, die anspruchsvolles Mathematiklernen im Wechsel von Phasen individueller Förderung und gemeinsamen Lernens anzielen (vgl. z. B. Götze et al., 2019; Häsel-Weide & Nührenbörger, 2017; Heß & Nührenbörger, 2017; Nührenbörger & Pust, 2016; Selter, 2017). Durchgängig wird eine Verknüpfung von Diagnose und Förderung angestrebt und es sind einige diagnostische Instrumente und Förderprogramme erarbeitet worden, die im alltäglichen Mathematikunterricht hilfreich sein können.

Unter dem Titel *BASIS MATH* entwickelt Elisabeth Moser Opitz seit 2010 mit zahlreichen Kolleginnen und Kollegen eine Reihe von kriteriumsorientierten Testverfahren, mit denen überprüft werden kann, ob Lernende zentrale mathematische Kompetenzen der Grundschulmathematik – den so genannten mathematischen Basisstoff – erworben haben und sicher beherrschen (Moser Opitz et al., 2013). Die Aufgaben orientieren sich einerseits an den curricularen Anforderungen in den zu erfassenden Klassenstufen, andererseits an empirischen Daten zur Prädiktion von Mathematikleistungen in der Sekundarschulzeit. Sie reichen curricular vom Schulanfang bis zur achten Klasse und sie differenzieren insbesondere im unteren Leistungsbereich. Erfasst werden z. B. die Grundoperationen, Rechenstrategien, das Verständnis des dezimalen Stellenwertsystems, die Zählkompetenz, das Operationsverständnis und die Mathematisierungsfähigkeit. Auf diese Weise werden Hinweise für eine weiterführende Diagnostik und für spezifische Fördermaßnahmen gewonnen, um fehlende oder lückenhafte Verstehensgrundlagen für eine unterrichtsintegrierte Diagnostik aufzuarbeiten (vgl. https://www.testzentrale.de).

Mathe sicher können ist ein bis in Details ausgearbeitetes Diagnose- und Förderkonzept zur Sicherung mathematischer Basiskompetenzen in der Grundschule bzw. zu Beginn der Sekundarstufe, das ähnlich angelegt ist wie die Arbeiten von Scherer. Es bietet zur Diagnostik in den Inhaltsbereichen Natürliche Zahlen (Selter et al.,

2014), Brüche, Prozente, Dezimalzahlen und Sachrechnen (Prediger et al., 2014, 2017) zahlreiche, vollständig ausgearbeitete Lernstandsbestimmungen an. Zu jeder diagnostischen Aufgabe liefert eine Handreichung Auswertungshilfen, zeigt und analysiert typische Schülerfehler und gibt Hinweise auf mögliche Fehlerursachen. Die Aufgaben und Fehleranalysen werden mit Fördereinheiten verknüpft, zu denen Arbeitsblätter und Lernhefte sowie Materialkoffer mit Anschauungsmitteln wie Würfel, Punktefelder, Bruchstreifen oder Zahlenstrahlen angeboten werden. Die Lehrkraft kann differenzierte Lernstandsprofile erstellen und durch den wiederholten Einsatz der Lernstandsbestimmungen individuelle Entwicklungen abbilden. Sie kann das Lernen der Kinder ausgehend von den Diagnoseaufgaben anregen und mit ausgewählten Materialien gezielt unterstützen.

Mit *Kinder rechnen anders* (Götze et al., 2019) liegt ein Unterrichtskonzept vor, das durchgängig auf das Verstehen der Denk- und Lösungswege der Lernenden und auf gezielte, diagnostisch fundierte Anregungen und Hilfen durch die Lehrkraft setzt. Inklusiver Mathematikunterricht lässt sich nämlich durch diagnostische Instrumente und ausgearbeitete Programme bereichern, aber darüber hinaus müssen die Lehrerinnen und Lehrer selbst unterrichtsnahe Diagnostik betreiben und eigene angepasste Förderaktivitäten entwickeln. Christoph Selter (2017) hat in diesem Sinne für den inklusiven Mathematikunterricht die diagnosegeleitete Förderung aller Lernenden auf der Grundlage von förderorientierten Diagnosen gefordert, denn Förderung ohne vorhergehende Diagnose verlaufe in der Regel unspezifisch und ohne klare Ziele, andererseits bleibe eine Diagnose ohne enge Verknüpfung mit einer sich anschließenden Förderung fast immer folgenlos. Sundermann und Selter (2013) haben zahlreiche Vorschläge entwickelt und ausgearbeitet, mit denen sich im alltäglichen Unterricht die Lernstände von Schülerinnen und Schülern kompetenzorientiert wahrnehmen und förderlich rückmelden lassen. Sie konnten zeigen, wie sich mathematisch ergiebige Aufgaben formulieren und diagnostisch und fördernd einsetzen lassen, wie eine Lehrkraft Diagnose- und Fördergespräche gestalten kann, wie sie mündliche und schriftliche Lernstandsbestimmungen erarbeiten und durchführen und Klassenarbeiten so verändern kann, dass sie sich für leistungsförderliche Rückmeldungen an die Lernenden eignen.

4 Fazit

Tragende Ideen sind oft so grundlegend und so überzeugend, dass sie sich im Laufe der Zeit scheinbar wie von selbst durchsetzen. Man nimmt sie als solche gar nicht mehr bewusst wahr, weil man sich das alltägliche Tun ohne sie kaum noch vorstellen kann. Mit der Betonung des aktiv entdeckenden Lernens und produktiven Übens auch und gerade für Kinder mit Lernschwierigkeiten, der ganzheitlichen Zugänge und der natürlichen Differenzierung in offenen Lernsituationen und der ausgewogenen Balance von individueller Förderung und gemeinsamen Lernaktivitäten in substanziellen Lernumgebungen gehört Petra Scherer (1994) zu den Fachdidaktikerinnen, die früh wegweisende Akzente gesetzt haben, die bis heute wichtige Orientierungspunkte bei der Planung und Gestaltung eines inklusiven Mathematikunterrichts sein können, der das Lernen aller Kinder in den Blick nimmt (Scherer, 2017; Scherer & Hähn, 2017). Die Einzelförderung von Kindern mit Lernschwierigkeiten ist sinnvoller Bestandteil des inklusiven Mathematikunterrichts, wenn sie diagnostisch fundiert und somit individuell adaptiert stattfindet und wenn sie eingebettet ist in das fachliche und soziale Lernen aller Kinder miteinander und voneinander – so viel gemeinsames Lernen wie möglich und so viel individuelle Förderung wie nötig (Scherer, 2017).

Durch Scherers radikale Verknüpfung von Diagnose und Förderung in den Aufgaben und Aktivitäten des Unterrichts wird das Denken und Planen der Lehrkräfte und das Tun der Lernenden immer wieder auf das gemeinsame fachliche und soziale Lernen gelenkt. Der inklusive Unterricht läuft so nicht Gefahr, für die Mehrheit der Kinder einer Lerngruppe anspruchsvolle Lernaktivitäten anzubieten und zugleich einige wenige Kinder in Einzelarbeit und mit Aktivitäten außerhalb des Curriculums zu beschäftigen. Ein in dieser Weise inklusiver Mathematikunterricht ist anspruchsvoll. Er kann diagnostische Instrumente und ausgearbeitete Förderaktivitäten nutzen, aber er lässt sich nicht allein durch die Anwendung fertiger Testverfahren und durch die Implementierung vorgefertigter Förderprogramme realisieren. Inklusiver Mathematikunterricht braucht kompetente Lehrerinnen und Lehrer, die didaktische und methodische Vorschläge unvoreingenommen beurteilen, für ihre Lerngruppe und für individuelle Bedarfe anpassen und praktisch erproben, eigene Erfahrungen kritisch reflektieren und sich und ihren Unterricht weiterentwickeln (Biehler et al., 2018). Petra Scherer hat in diesem Sinne Vorschläge zur Professionalisierung von Lehrkräften vorgelegt und sich dabei an den zentralen Merkmalen erfolgreicher Fortbildungen (Barzel & Selter, 2015) orientiert. Sie hat die Prinzipien, die sie zur Fundierung eines diagnostisch und fachlich bzw. fachdidaktisch fundierten Mathematikunterrichts formuliert hat, auch auf die Aus- und Fortbildung von Lehrkräften angewendet. In gemeinsamer Verantwortung von Fachdidaktik und Sonderpädagogik (Scherer, 2018c) sollen Lehrkräfte unterschiedlicher Professionen zusammenkommen und sich in praxisnahen Fallbeispielen mit ausgewählten Inhalten des Mathematikunterrichts fachlich, fachdidaktisch und sonderpädagogisch auseinandersetzen, damit sie miteinander und voneinander lernen und substanzielle Lernumgebungen, offene und strukturorientierte Aufgaben, gemeinsames und individuelles Lernen und Möglichkeiten der diagnostisch fundierten Differenzierung erkunden und erproben können. Dabei setzt Petra Scherer auf die Erweiterung der fachlichen, fachdidaktischen und sonderpädagogischen Kompetenzen der Lehrkräfte. Diese sollten klinische Interviews durchführen, um Denkprozesse von Kindern in ausgewählten Inhaltsbereichen zu analysieren und darauf aufbauend eigene Versuche der inklusiven Unterstützung im Mathematikunterricht zu starten. Die Lehrkräfte können dann auf der Basis eigener praktischer Unterrichtserfahrungen, die sie allein und mit anderen selbstkritisch reflektieren und theoretisch einordnen (Scherer, 2022), ihre Handlungs- und Reflexionskompetenzen erweitern und „ihren" inklusiven Mathematikunterricht entwickeln – kein einfacher, aber wenn man erste vorliegende Daten berücksichtigt, ein gangbarer und ein vielversprechender Weg (Hähn et al., 2021; Scherer, 2019b; Scherer & Hoffmann, 2018; Scherer et al., 2021).

Danksagung Autoren und Herausgebende danken den Verlagen Persen und Westermann als den Rechteinhabern für die Abdruckerlaubnis der Abbildungen aus den von ihnen verlegten Werken.

Literatur

Ahmed, A., & Williams, H. (1997). *Number & measures*. Philip Allan Publishers.
Barzel, B., & Selter, C. (2015). Die DZLM-Gestaltungsprinzipien für Fortbildungen. *Journal für Mathematik-Didaktik, 36*(2), 259–284. https://doi.org/10.1007/s13138-015-0076-y
Biehler, R., Lange, T., Leuders, T., Rösken-Winter, B., Scherer, P., Selter, C., & (Hrsg.). (2018). *Mathematikfortbildungen professionalisieren. Konzepte, Beispiele und Erfahrungen des Deutschen Zentrums für Lehrerbildung Mathematik*. Springer Spektrum.
Franke, M., & Ruwisch, S. (2010). *Didaktik des Sachrechnens in der Grundschule* (2. Aufl.). Spektrum.
Götze, D., Selter, C. & Zannetin, E. (2019). *Das KIRA-Buch: Kinder rechnen anders. Verstehen und Fördern im Mathematikunterricht*.
Hähn, K., Häsel-Weide, U., & Scherer, P. (2021). Diagnosegeleitete Förderung im inklusiven Mathematikunterricht der Grundschule – Professionalisierung durch reflektierte Handlungspraxis in der Lehrer*innenbildung. *QfI – Qualifizierung für Inklusion. Online-Zeitschrift zur Forschung über Aus-, Fort- und Weiterbildung pädagogischer Fachkräfte, 3*(2). https://doi.org/10.21248/qfi.72
Häsel-Weide, U., & Nührenbörger, M. (2017). Grundzüge des inklusiven Mathematikunterrichts. In U. Häsel-Weide & M. Nührenbörger (Hrsg.), *Gemeinsam Mathematik lernen – mit allen Kindern rechnen* (S. 8–23). Grundschulverband e.V.
Heß, B., & Nührenbörger, M. (2017). Produktives Fördern im inklusiven Mathematikunterricht. In U. Häsel-Weide & M. Nührenbörger (Hrsg.), *Gemeinsam Mathematik lernen – mit allen Kindern rechnen* (S. 275–288). Grundschulverband e.V. https://doi.org/10.25656/01:17706
Hirt, U., & Wälti, B. (2008). *Lernumgebungen im Mathematikunterricht*. Klett Kallmeyer.

Klein, G. (2020). Zur Geschichte der Didaktik im Förderschwerpunkt „Lernen". In U. Heimlich & F. B. Wember (Hrsg.), *Didaktik des Unterrichts im Förderschwerpunkt Lernen. Ein Handbuch für Studium und Praxis* (4., akt. Aufl., S. 13–27). Kohlhammer.

KMK – Kultusministerkonferenz (Hrsg.). (2005). *Bildungsstandards im Fach Mathematik für den Primarbereich*. Luchterhand.

Krauthausen, G., & Scherer, P. (2022). *Natürliche Differenzierung im Mathematikunterricht. Konzepte und Praxisbeispiele aus der Grundschule* (4. Aufl.). Klett Kallmeyer.

Moser Opitz, E., Ramseier, E., & Reusser, L. (2013). Basisdiagnostik Mathematik für die Klassen 4-8 (BASIS-MATH 4-8). In M. Hasselhorn, A. Heinze, W. Schneider, & U. Trautwein (Hrsg.), *Diagnostik mathematischer Kompetenzen* (S. 271–286). Hogrefe.

Nührenbörger, M., & Pust, S. (2016). *Mit Unterschieden rechnen. Lernumgebungen und Materialien für einen differenzierten Anfangsunterricht Mathematik* (3. Aufl.). Kallmeyer.

Prediger, S., Selter, C., Hußmann, S., & Nührenbörger, M. (2014). *Mathe sicher können. Handreichungen für ein Diagnose- und Förderkonzept zur Sicherung mathematischer Basiskompetenzen, 5.-7. Schuljahr: Förderbausteine Brüche, Prozente und Dezimalzahlen.* Cornelsen.

Prediger, S., Selter, C., Hußmann, S., & Nührenbörger, M. (Hrsg.). (2017). *Mathe sicher können: Handreichungen für ein Diagnose- und Förderkonzept zur Sicherung mathematischer Basiskompetenzen, 5.-8. Schuljahr: Förderbausteine Sachrechnen.* Cornelsen.

Scherer, P. (1994). Fördern durch Fordern – Aktiv-entdeckende Lernformen im Mathematikunterricht der Schule für Lernbehinderte. *Zeitschrift für Heilpädagogik, 45*(11), 761–773.

Scherer, P. (1995). *Entdeckendes Lernen im Mathematikunterricht der Schule für Lernbehinderte – Theoretische Grundlegung und evaluierte unterrichtspraktische Erprobung.* Edition Schindele.

Scherer, P. (1996). Evaluation entdeckenden Lernens im Mathematikunterricht der Schule für Lernbehinderte: Quantitative oder qualitative Forschungsmethoden? *Heilpädagogische Forschung, 22*(2), 76–88.

Scherer, P. (2004). Sachrechnen – zu anspruchsvoll für lernschwache Schülerinnen und Schüler? *Lernchancen, 37*, 8–12.

Scherer, P. (2007). Offene Lernumgebungen im Mathematikunterricht – Schwierigkeiten und Möglichkeiten lernschwacher Schülerinnen und Schüler. *Zeitschrift für Heilpädagogik, 58*(8), 291–296.

Scherer, P. (2016). Sachrechnen inklusiv. Anforderungen und Möglichkeiten zur Gestaltung von Lernangeboten. *Grundschulunterricht. Mathematik, 63*(1), 22–25.

Scherer, P. (2017). Gemeinsames Lernen oder Einzelförderung? – Grenzen und Möglichkeiten eines inklusiven Mathematikunterrichts. In F. Hellmich & E. Blumberg (Hrsg.), *Inklusiver Unterricht in der Grundschule* (S. 194–212). Kohlhammer.

Scherer, P. (2018a). *Produktives Lernen für Kinder mit Lernschwächen: Fördern durch Fordern, Band 1: Zwanzigerraum* (10. Aufl.). Persen.

Scherer, P. (2018b). *Produktives Lernen für Kinder mit Lernschwächen: Fördern durch Fordern, Band 2: Addition und Subtraktion im Hunderterraum* (8. Aufl.) Persen.

Scherer, P. (2018c). Inklusiver Mathematikunterricht – Herausforderungen und Möglichkeiten im Zusammenspiel von Fachdidaktik und Sonderpädagogik. In A. Langner (Hrsg.), *Perspektiven sonderpädagogischer Forschung. Inklusion im Dialog: Fachdidaktik – Erziehungswissenschaft – Sonderpädagogik* (S. 56–73). Klinkhardt.

Scherer, P. (2019a). *Produktives Lernen für Kinder mit Lernschwächen: Fördern durch Fordern, Band 3: Multiplikation und Division im Hunderterraum* (8. Aufl.) Persen.

Scherer, P. (2019b). Inklusiver Mathematikunterricht – Herausforderungen bei der Gestaltung von Lehrerfortbildungen. In A. Büchter, M. Glade, R. Herold-Blasius, M. Klinger, F. Schacht, & P. Scherer (Hrsg.), *Vielfältige Zugänge zum Mathematikunterricht: Konzepte und Beispiele aus Forschung und Praxis* (S. 327–340). Springer Spektrum. https://doi.org/10.1007/978-3-658-24292-3

Scherer, P. (2022). Umgang mit Vielfalt im Mathematikunterricht der Grundschule – Welche Kompetenzen sollten Lehramtsstudierende erwerben? In K. Eilerts, R. Möller, & T. Huhmann (Hrsg.), *Auf dem Weg zum neuen Mathematiklehren und -lernen 2.0: Festschrift für Prof. Dr. Bernd Wollring* (S. 11–25). Springer Spektrum. https://doi.org/10.1007/978-3-658-33450-5

Scherer, P., & Hähn, K. (2017). Ganzheitliche Zugänge und Natürliche Differenzierung. Lernmöglichkeiten für alle Kinder. In U. Häsel-Weide & M. Nührenbörger (Hrsg.), *Gemeinsam Mathematik lernen – mit allen Kindern rechnen* (S. 24–33). Grundschulverband e.V.

Scherer, P., & Hoffmann, M. (2018). Umgang mit Heterogenität im Mathematikunterricht der Grundschule – Erfahrungen und Ergebnisse einer Fortbildungsmaßnahme für Multiplikatorinnen und Multiplikatoren. In R. Biehler, T. Lange, T. Leuders, B. Rösken-Winter, P. Scherer, & C. Selter (Hrsg.), *Mathematikfortbildungen professionalisieren: Konzepte, Beispiele und Erfahrungen des Deutschen Zentrums für Lehrerbildung Mathematik* (S. 265–279). Springer Spektrum. https://doi.org/10.1007/978-3-658-19028-6

Scherer, P., & Moser Opitz, E. (2010). *Fördern im Mathematikunterricht der Primarstufe*. Spektrum.

Scherer, P., & Scheiding, M. (2006). Produktives Sachrechnen – Zum Umgang mit geöffneten Textaufgaben. *Praxis Grundschule, 29*(1), 28–31.

Scherer, P., Nührenbörger, M., & Ratte, L. (2021). Reflexionen von Multiplikatorinnen und Multiplikatoren zum Gestaltungsprinzip der Teilnehmendenorientierung – Fachspezifische Professionalisierung beim Design von Fortbildungen. *Journal für Mathematik-Didaktik, 42*(2), 431–458. https://doi.org/10.1007/s13138-020-00179-8

Selter, C. (2006). Mathematik lernen in heterogenen Lerngruppen. In P. Hanke (Hrsg.), *Grundschule in Entwicklung* (S. 128–144). Waxmann.

Selter, C. (2017). Förderorientierte Diagnose und diagnosegeleitete Förderung. In A. Fritz, S. Schmidt, & G. Ricken (Hrsg.), *Handbuch Rechenschwäche: Lernwege, Schwierigkeiten und Hilfen bei Dyskalkulie* (3. Aufl., S. 375–394). Beltz.

Selter, C., Prediger, S., Nührenbörger, M., & Hußmann, S. (Hrsg.). (2014). *Mathe sicher können. Diagnose- und Förderkonzept zur Sicherung mathematischer Basiskompetenzen: 5./6. Schuljahr, Förderbausteine Natürliche Zahlen*. Cornelsen.

Sundermann, B., & Selter, C. (2013). *Beurteilen und Fördern im Mathematikunterricht: Gute Aufgaben, differenzierte Arbeiten, ermutigende Rückmeldungen* (4. Aufl.). Cornelsen Scriptor.

Wittmann, E. C. (1990). Wider die Flut der „bunten Hunde" und der „grauen Päckchen": Die Konzeption des aktiv-entdeckenden Lernens und des produktiven Übens. In E. C. Wittmann & G. N. Müller (Hrsg.), *Vom Einspluseins zum Einmaleins. Handbuch produktiver Rechenübungen* (Bd. 1, S. 157–171). Klett.

Wittmann, E. C. (1997). Das Projekt „mathe 2000" – Modell für fachdidaktische Entwicklungsforschung. In G. N. Müller, H. Steinbring, & E. C. Wittmann (Hrsg.), *10 Jahre „mathe 2000". Bilanz und Perspektiven* (S. 41–65). Klett Grundschulverlag.

Diagnostische Kompetenz erfassen: Wie interpretieren Regel- und Förderlehrkräfte eine Fallvignette zu mathematischen Lernschwierigkeiten?

Elisabeth Moser Opitz und Maria Wehren-Müller

1 Mathematikbezogene diagnostische Kompetenz

Diagnostizieren und Fördern sind wichtige Aufgaben von Lehrkräften (Kultusministerkonferenz, 2019). Sie müssen den Kenntnisstand der Lernenden, deren Lernfortschritte sowie geeignete Lernaufgaben beurteilen können (Weinert, 2000). Hinsichtlich der Diagnostik geht es im Mathematikunterricht darum, dass Lehrkräfte Hürden bei der Erarbeitung von bestimmten Themen erkennen und wissen, welche Fehlvorstellungen zu falschen Lösungen führen können. Diese Aufgabe gewinnt besondere Bedeutung im Kontext von inklusivem Unterricht (Hähn et al., 2021) und der Förderung von Schüler:innen mit mathematischen Lernschwierigkeiten bzw. mit besonderem Förderbedarf. Das führt zur Frage, über welche Diagnosekompetenzen Lehrkräfte – Regel- und Förderlehrkräfte – verfügen müssen. Dazu liegen nur vereinzelt Studien vor. Pott (2019) untersuchte diagnostische Deutungen von Lehramtsstudierenden (Grundschule sowie sonderpädagogische Förderung) zu zwei Zeitpunkten. Sie stellte dabei Lücken im fachdidaktischen Wissen fest. Jandl und Moser Opitz (2017) haben mit einer schriftlichen Befragung das professionelle Wissen von Regel- und Förderlehrkräften zur mathematischen Förderung von Schüler:innen mit dem Förder-

---

E. Moser Opitz (✉) · M. Wehren-Müller
Universität Zürich, Zürich, Schweiz
E-Mail: elisabeth.moseropitz@uzh.ch; maria.wehren-mueller@ife.uzh.ch

schwerpunkt geistige Entwicklung analysiert. Als besonders schwierig erwiesen sich Items, in denen fachdidaktische Analysen und Überlegungen gefordert wurden sowie Fragen zu Eigenschaften der natürlichen Zahlen (z. B. Antwort auf eine Kinderfrage nach der größten Zahl). Zudem zeigten sich Unterschiede zwischen Lehrkräften mit und ohne sonderpädagogische Ausbildung; Lehrkräfte mit einer sonderpädagogischen Ausbildung hatten signifikant mehr richtige Antworten gegeben.

Es fehlen Untersuchungen, die sich spezifisch mit den diagnostischen Kompetenzen von Lehrkräften zu mathematischen Lernschwierigkeiten befassen. Zur Schließung dieser Forschungslücke leistet der Artikel einen Beitrag. Es wird untersucht, welche Vermutungen Regel- und Förderlehrkräfte zu einer falsch gelösten Divisionsaufgabe anstellen und welche fachlichen Begründungen sie dabei nennen.

1.1 Mathematikbezogenes Wissen als Teil diagnostischer Kompetenz

Die Antwort auf die Frage, was diagnostische Kompetenz ausmacht, fällt je nach Disziplin oder Fachbereich unterschiedlich aus. In der pädagogischen Diagnostik wird die Assessment-Kompetenz betont. Im Vordergrund stehen die Kenntnis von Konzepten zur formativen und zur summativen Beurteilung, Wissen zu verschiedenen Testmethoden (z. B. Testentwicklung, Testinterpretation) oder Wissen zu Beurteilungseffekten (Herppich et al., 2018). Inhaltsspezifische Aspekte wie das Wissen über Fehlkonzepte zu bestimmten Lerninhalten werden ebenfalls den diagnostischen Kompetenzen zugeordnet, jedoch nicht ausdifferenziert. Sie haben somit in der pädagogischen Diagnostik eine weniger wichtige Bedeutung als die Assessment-Kompetenz.

In der Fachdidaktik liegt der Fokus auf fachlichen und fachdidaktischen Kompetenzen. Hähn et al. (2021, Kap. 1) weisen für die Mathematikdidaktik darauf hin, dass „im inklusiven Kontext der ganzheitliche Blick auf das Kind, seine Persönlichkeits- und Lernentwicklung eine zentrale Alltagsanforderung darstellt, zusätzlich die präzise Erfassung des Lernstands jedoch stets mit Blick auf die spezifischen fachlichen Gegenstände ausgestaltet werden muss". Das heißt, dass spezifisch fachbezogenes Wissen notwendig ist, um den mathematischen Lernstand oder die Vorgehensweisen von Schüler:innen zu erfassen (Loibl et al., 2020). Dazu gibt es auch empirische Evidenz: Eine Studie von Rieu et al. (2022) ergab, dass die Vermittlung von fachdidaktischem Wissen zu schwierigkeitsgenerierenden Merkmalen mathematischer Aufgaben die Urteilsgenauigkeit der Lehrkräfte zur Einschätzung der Schwierigkeit von Aufgaben positiv beeinflusste. Die Frage ist, welches fachbezogene Wissen zur diagnostischen Kompetenz gehört. Häufig wird es in Anlehnung an Shulman (1986) als „pedagogical content knowledge" operationalisiert. Das beschreibt jedoch das für das Diagnostizieren (und Fördern) notwendige Wissen nur teilweise. Morris et al. (2009) bezeichnen dieses Wissen als „subject matter knowledge for teaching" und grenzen es vom „pedagogical content knowledge" ab.

„This kind of knowledge falls outside Shulman's pedagogical content knowledge because it does not draw exactly on knowledge on students or teaching. It is content knowledge, but content knowledge of a particular kind. It is implicated in common tasks such as choosing representations of mathematical ideas that reveal key subconcepts of the ideas, evaluating whether student responses show an understanding of key subconcepts, and justifying why arithmetic algorithms work." (S. 494)

Moser Opitz (2022) hat diese Überlegung aufgenommen und herausgearbeitet, dass für das diagnostische und das didaktische Handeln (die Förderung) je unterschiedliches professionelles Wissen notwendig ist. Für das diagnostische Handeln ist – neben der Assessment-Kompetenz (Herppich et al., 2018) – spezifisch fachlich-mathematisches Wissen zentral. Damit sich eine Lehrkraft ein diagnostisches Urteil bilden kann, muss sie Lerninhalte und Lernziele analysieren können. Eine solche Kenntnis des Lerngegenstands umfasst nicht nur professionelles Wissen über Fehlkonzepte, sondern es geht auch um mathematikspezifisches fachliches Wissen (z. B. Rechengesetze und Grundoperationen) (Herppich et al., 2018). Mit Blick auf Schüler:innen mit mathematischen Lernschwierigkeiten und die Grundschulmathematik ist zum einen das Wissen zur Bedeutung und zum Aufbau des dezimalen Stellenwertsystems zentral (Scherer & Moser Opitz, 2010). Dazu gehören das Prinzip der fortgesetzten Bündelung sowie das Stellenwertprinzip. Letzteres beinhaltet verschiedene Elemente, die miteinander in Verbindung gebracht werden müssen: den Stellenwert, die Basis 10 sowie die additive und multiplikative Eigenschaft (Ross, 1989). Zum anderen ist fachliches Wissen zu den Grundvorstellungen der Grundoperationen sowie über die Rechengesetze wichtig. In der nachfolgend analysierten Fallvignette geht es um die Multiplikation und die Division. Relevantes Wissen dazu umfasst beispielsweise verschiedene Modellvorstellungen zur Multiplikation (zeitlich-sukzessiv, räumlich-simultan, kombinatorisch; Scherer & Moser Opitz, 2010) oder die Unterscheidung zwischen Aufteilen und Verteilen bei der Division (Scherer, 2019). Zentral ist zudem der Zusammenhang von Multiplikation und Division als Umkehroperationen (Padberg & Benz, 2021; Scherer, 2019).

1.2 Erfassen von diagnostischer Kompetenz von Lehrkräften

Grundsätzlich stellt sich die Frage, wie die professionellen Kompetenzen von Lehrkräften erfasst werden können. Beim Einsatz von schriftlichen Befragungen besteht die Gefahr, dass einseitig deklaratives und dekontextualisiertes Wissen abgefragt wird, das wenig über die realen, situationsbezogenen Kompetenzen aussagt. Leitfadeninterviews zu diagnostischen Situationen (Pott, 2019) bieten den Vorteil, dass die diagnostischen Überlegungen der Lehrkräfte durch Nachfragen differenziert erhoben werden können. Sie beinhalten jedoch den Nachteil, dass nur kleine Stichproben untersucht werden können. Um diesen Herausforderungen der Erfassung von Kompetenzen von Lehrkräften zu begegnen, entwickelte Lindmeier (2011) ein Modell, das als Grundlage zur Entwicklung von Befragungsinstrumenten dienen kann, mit denen auch Informationen zu handlungsnahen Kompetenzen gewonnen werden können. Dieses Modell umfasst zum einen sogenanntes (deklaratives) Basiswissen. Zusätzlich wird zwischen reflexiven und aktionsbezogenen Kompetenzen unterschieden, mit denen Anforderungen der Vor- und Nachbereitung von Unterricht sowie der Unterrichtsdurchführung erfasst werden können. Zu den reflexiven Kompetenzen gehört zum Beispiel die Auswahl von geeigneten Aufgaben für eine bestimmte Schülerin oder einen bestimmten Schüler, die Analyse von falschen Aufgabenbearbeitungen oder die Auswahl von geeigneten Arbeitsmitteln zum Erarbeiten einer bestimmten Thematik. Aktionsbezogene Kompetenzen umfassen spontane Reaktionen während des Unterrichts, z. B. die Beantwortung einer Frage von Lernenden oder Erklärungen, wenn ein bestimmter Lerninhalt nicht verstanden wurde. Zur Erfassung der reflexiven und der aktionsbezogenen Kompetenzen eignen sich insbesondere Fallvignetten oder die Bearbeitung von Lernprodukten (Eichler et al., 2022). Diese Formate ermöglichen es, Kompetenzen unterrichts- und situationsnah zu erfassen (Hoth, 2016). Aktionsbezogene Aufgaben müssen unter Zeitdruck beantwortet werden, indem beispielsweise spontan auf eine Frage von Schüler:innen in einer Videovignette reagiert werden muss. Bei reflexiven Kompetenzen – z. B. bei der Analyse von Lernprodukten – ist kein Zeitdruck vorhanden.

2 Zielsetzung und Fragestellung

Im Rahmen einer Längsschnittstudie wurde ein Instrument zur Erfassung der Kompetenzen von Regel- und Förderlehrkräften zum Thema Diagnose und Förderung von Schüler:innen mit mathematischen Lernschwierigkeiten entwickelt. In Anlehnung an Lindmeier (2011) wurden den Befragten Items zum Basiswissen, zu reflexiven und zu aktionsbezogenen Kompetenzen vorgelegt. Neben der testtheoretischen Analyse des Instruments, die nicht Gegenstand dieser Publikation ist, interessierte die inhaltliche Auswertung von Einzelitems. Eine solche Analyse zu einem Item, das reflexive Kompetenzen bezüglich des Diagnostizierens erfasst, wird im Folgenden vorgestellt. Im Zentrum stand die Frage, wie Lehrkräfte eine Fallvignette, in der es um Fehler beim Dividieren ging, interpretieren, wie sie argumentieren und welches fachbezogene Wissen zur Begründung der Antworten genutzt wird. Das Item ist in Abb. 1 dargestellt.

Diagnostische Kompetenz erfassen: Wie interpretieren Regel- und ...

> Die folgende Abbildung zeigt Divisionsaufgaben, die ein Kind mit einer Rechenschwäche im vierten Schuljahr teilweise falsch gelöst hat.
> Warum macht das Kind vermutlich diesen Fehler? Begründen Sie.
>
> 35 : 5 = 7
> 350 : 50 = 700
> 350 : 5 = 70
>
> [handschriftliche Begründung des Kindes, teilweise unleserlich]

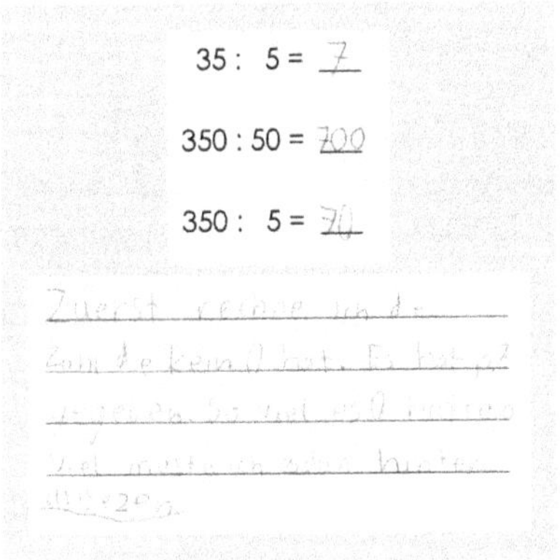

Abb. 1 Fallvignette

Folgende Fragen sollen beantwortet werden:

1) Welche möglichen Schwierigkeiten des Kindes im Fallbeispiel erkennen Regel- und Förderlehrkräfte und welche fachlichen Argumente nennen sie zur Begründung ihrer Annahme?

Ausgehend von fachlichen Überlegungen (Abschn. 1) können unterschiedliche plausible Vermutungen angestellt werden, welche Schwierigkeiten hinter der falschen Kinderantwort 350 : 50 = 700 stecken könnten. Die zwei richtig gelösten Aufgaben weisen darauf hin, dass das Kind zumindest teilweise über ein Operationsverständnis der Division zu verfügen scheint. Allerdings erkennt es anscheinend nicht, dass in der zweiten Aufgabe der Quotient größer ist als der Dividend. Das könnte darauf hinweisen, dass die Grundvorstellung der Division erst zum Teil vorhanden ist. Die Beschreibung des Rechenwegs mit dem Anhängen der Null könnte dahingehend interpretiert werden, dass der Zusammenhang zwischen Multiplikation und Division und die Bedeutung der Null noch nicht hinreichend verstanden sind. Schließlich könnten grundlegende Probleme mit dem Verständnis des dezimalen Stellenwertsystems die Ursache für die falsche Lösung sein, insbesondere mit der multiplikativen Eigenschaft (jede Ziffer multipliziert mit dem jeweiligen Stellenwert; Ross, 1989).

Die zweite Frage bezieht sich auf den Unterschied zwischen Regel- und Förderlehrkräften.

2) Zeigen sich beim Erkennen und Begründen von Schwierigkeiten Unterschiede zwischen den Regel- und den Förderlehrkräften?

Regellehrkräfte in der Schweiz verfügen über einen Bachelor-Abschluss, Förderlehrkräfte absolvieren in der Regel zuerst eine Ausbildung zur Regellehrkraft und erwerben anschließend einen Masterabschluss in Sonderpädagogik. Sie setzen sich in ihrer Ausbildung spezifisch mit der Thematik der Diagnose von mathematischen Lernschwierigkeiten auseinander. Deshalb – und aufgrund der Ergebnisse der Studie von Jandl und Moser Opitz (2017) – wird angenommen, dass es den Förderlehrkräften besser gelingt, mögliche Schwierigkeiten des Kindes zu erkennen und zu benennen.

3 Untersuchung

An der Befragung nahmen $N = 368$ Lehrkräfte ($n = 224$ Regellehrkräfte, $n = 144$ Förderlehrkräfte), die an Grundschulen arbeiteten, teil. Diesen wurde ein Online-Fragebogen mit verschiedenen Fragen zur Diagnose und Förderung bei mathematischen Lernschwierigkeiten vorgelegt. Eine Frage bezog sich auf die in Abb. 1 dargestellte Fallvignette, die Beantwortung erfolgte schriftlich und ohne Zeitbeschränkung.

Die Auswertung der Daten erfolgte durch eine Codierung des Materials in Anlehnung an die qualitative Inhaltsanalyse (Mayring & Fenzl, 2019) mittels eines deduktiv-induktiven Vorgehens. Ausgehend von den in Abschn. 1 genannten fachlichen Überlegungen und den vorgängig genannten Vermutungen zu möglichen Schwierigkeiten einerseits sowie anhand des Materials andererseits wurden drei Kategorien gebildet (Tab. 1). Der Kategorie *„keine spezifische Begründung"* wurden Antworten mit Beschreibungen zugeordnet, in denen allgemeine Vermutungen ohne Bezug zur Division geäußert, das Vorgehen des Kindes gemäß seiner Verschriftlichung (Rezept „Null-Anhängen") wiederholt oder offensichtlich falsche Überlegungen formuliert wurden. Die Kategorie *„Probleme Verständnis Multiplikation, Division und Null"* umfasste Begründungen zum Zusammenhang von Multiplikation und Division, dem Divisionsverständnis und dem Umgang mit der Null, jedoch ohne, dass explizit auf das Verständnis des dezimalen Stellenwertsystems Bezug genommen wurde. Aussagen, die explizit auf spezifische Schwierigkeiten mit dem Verständnis des dezimalen Stellenwertsystems hinwiesen, wurden der Kategorie *„Probleme Verständnis dezimales Stellenwertsystem"* zugeordnet. Kriterien und Ankerbeispiele sind in Tab. 1 aufgeführt. Es wurde ein Codiermanual erstellt, anhand dessen die Codierung erfolgte. Die Antworten wurden von zwei Personen codiert, die Übereinstimmung lag bei Cohens Kappa $\kappa = 0{,}935$ und war damit sehr gut.

Tab. 1 Ausschnitt aus dem Codiermanual

Kategorie	Kriterium	Ankerbeispiel
1) Keine spezifische Begründung	Allgemeine Beschreibung von Schwierigkeiten ohne Bezug zur Division	Im kleinen Einmaleins ist das Kind sattelfest. Das Malrechnen mit großen Zahlen hat es nicht ganz verstanden. Willkürlich jongliert es mit den 0 Stellen herum. (171550) Einfach keine korrekte Zahl- und Mengenvorstellung. (171530)
	Beschreibung Rezept „Null-Anhängen"	Das Kind nimmt im zweiten Beispiel die beiden Nullen vom Divisor und Dividend und setzt sie hinten beim Resultat an. (12155)
	Falsche Antwort, keine Antwort	Beim Subtrahieren wäre diese Regel mit den Nullen ansetzen richtig. (171170)
2) Probleme Verständnis Multiplikation, Division und Null	Bezug zur Multiplikation wird hergestellt	Wahrscheinlich hat das Kind eine Strategie von der Multiplikation hier übernommen, bei der die 0 dann angehängt werden kann beim Resultat. Das Verständnis für diese Strategie fehlt wohl etwas und wurde dann bei der Division einfach übernommen. (210470)
	Verständnis Division fehlt	Das Kind hat keine Grundvorstellung der Division. Vermutlich wurde ihm bei der Multiplikation der Tipp gegeben, dass man bei 10mal hinten eine Null anhängen kann. Das Verständnis für dieses Vorgehen wurde jedoch vermutlich nicht aufgebaut. Nun überträgt es dies auf die Division. Hätte das Kind ein Operationsverständnis für die Division, würde ihm vermutlich auffallen, dass der Dividend nicht kleiner sein kann als der Quotient. (210270)
	Bedeutung Null nicht verstanden	Ihm fehlt das Verständnis für die Bedeutung der Null. Jemand hat ihm beim Multiplizieren gesagt, es soll die Nullen wegnehmen und nach dem Rechnen wieder anhängen. Das gleiche Vorgehen macht es nun bei der Division auch. (210140)
3) Probleme Verständnis dezimales Stellenwertsystem	Verständnis dezimales Stellenwertsystem fehlt	Das Kind hat noch kein vertieftes Verständnis vom Stellenwertsystem und lernte bei der Multiplikation im 1000er-Raum wahrscheinlich einfach die Strategie so viele 0 anzuhängen, wie es in der Rechnung gibt. Diese Strategie wendet es jetzt auch bei der Division an. (140610)

In einem zweiten Schritt wurde eine Feincodierung vorgenommen. Analysiert wurde, ob die Befragten – unabhängig von der Zuteilung zu einer der drei Kategorien – auf die Problematik „Null anhängen als Rezept" hinwiesen und ob in den schriftlichen Antworten mathematische Fachwörter verwendet wurden. Die Erarbeitung von Fachwörtern wie Faktor, Dividend und Divisor sind in der Regel nicht Ziel des Mathematikunterrichts in der Grundschule. Zudem sind im Mathematikunterricht bedeutungsbezogene Sprachmittel zentral für die Erarbeitung des konzeptuellen Verständnisses während formalbezogene Mittel wie Fachwörter eine untergeordnete Rolle spielen (Prediger, 2017). Dennoch ist die Verwendung von Fachwörtern als Teil des mathematikbezogenen professionellen Wissens von Lehrkräften bedeutsam, da dieses zur präzisen Beschreibung von Schwierigkeiten beiträgt.

Mit den Ergebnissen aus diesen beiden Analyseschritten wurden Häufigkeitsanalysen vorgenommen.

4 Ergebnisse

Keine spezifische Begründung: Die Antworten von 139 Personen (37,8 %, Tab. 2) wurden der Kategorie 1 zugeteilt. Das heißt, dass knapp 40 % der Befragten unspezifische Vermutungen (z. B. Einmaleins oder Zehnereinmaleins nicht verstanden) anstellten oder wiederholten, was das Kind in seiner Beschreibung schon geäußert hatte. Antworten ohne spezifische Begründung wurden häufiger von Regellehrkräften (64,7 %) als von Förderlehrkräften (35,3 %) gegeben (keine Tabelle). 22 % dieser Befragten merkten explizit an, dass das Kind ein Rezept oder einen „Trick" genutzt hatte und wiesen damit implizit darauf hin, dass das Kind wahrscheinlich eine unverstandene Regel angewendet hatte. Konkrete Vermutungen zu allfälligen Schwierigkeiten des Kindes wurden jedoch nicht geäußert.

„Vermutlich hat dem Kind jemand den Trick mit der 0 erklärt. Man kann irgendwo eine wegstreichen, muss sie bei bestimmten Aufgaben aber wieder dazu setzen. Das Kind konnte sich merken, dass es einen Trick gibt. Diesen hat er aber noch nicht richtig verstanden, kann ihn nicht selber herleiten. Deshalb wird er sich vermutlich eine eigene Erklärung geschaffen haben, die er nun bei dieser Rechnung angewendet hat." (15555)

Tab. 2 Häufigkeiten der Nennung in den drei Antwortkategorien durch Regel- und Förderlehrkräfte

	Keine Begründung n (%)	Multiplikation, Division, Null n (%)	Stellenwert n (%)	Total N (%)
Regellehrkraft	90 (40,2)	116 (51,8)	18 (8,0)	224 (60,9)
Förderlehrkraft	49 (34,0)	70 (48,6)	25 (17,4)	144 (39,1)
Total	139 (37,8)	186 (50,5)	43 (11,7)	368 (100)

8,6 % der Befragten in dieser Kategorie verwendeten in ihrer Antwort die Fachwörter Dividend, Divisor – und in Einzelfällen Quotient. Oft erfolgten die Äußerungen jedoch alltagssprachlich. Zudem wurden in einigen Begründungen auch falsche Fachwörter verwendet, wie das folgende Beispiel zeigt.

„Das Kind hat vermutlich nicht verstanden, dass seine Theorie von der Null wegnehmen nur dann aufgeht, wenn der Faktor (Nenner) gleichbleibt. Weiter versteht das Kind vermutlich auch in seinem späteren Rechenschritt (zweite Aufgabe) nicht, wie viele Nullen angehängt werden müssen, wenn Nullen im Zähler und Nenner vorkommen." (170470)

Probleme Verständnis Multiplikation, Division und Null: 186 Lehrkräfte (50,5 %, Tab. 2) gaben als Begründung für die Schwierigkeiten des Kindes ein fehlendes Verständnis der Division, ein Übertragen der Vorgehensweise beim Multiplizieren auf das Dividieren oder Probleme im Umgang mit der Null an. 62,4 % dieser Antworten stammten von Regellehrkräften, 37,6 % von Förderlehrkräften (keine Tabelle). In einigen Antworten wurde detailliert beschrieben, welche spezifischen Schwierigkeiten zur falschen Antwort geführt haben könnten. Knapp 20 % wiesen zudem explizit auf ein problematisches rezepthaftes Vorgehen hin.

„Das Kind geht mechanisch vor und hat nicht erfasst, dass der Quotient gleich bleibt, wenn sowohl Dividend als auch Divisor verzehnfacht werden (350 : 50 = 7). Es nutzt auch die Multiplikation nicht zur Kontrolle. Und es merkt nicht, dass für 350 : 50 die Antwort 700 deutlich zu gross ist." (22477)

„Das Kind hat wohl bei der Multiplikation im höheren Zahlenraum gelernt, dass es bei Aufgaben, bei welchen ein oder zwei Faktoren ganze Zehnerzahlen oder Hunderterzahlen sind, es auch beim Produkt die entsprechenden 0 notieren kann. Es leitet daher logisch ab und tut dasselbe bei der Division. Diese Strategie geht bei 350 : 5 auf, nicht aber bei 350 : 50." (170380)

In einigen wenigen Antworten – wie in den zwei zuletzt präsentieren Beispielen – wurden Fachwörter verwendet (Faktor, Produkt, Dividend, Divisor, Quotient), in anderen erfolgte dies nicht oder nur teilweise.

„Das Kind weiß vielleicht aus einem Input zur Multiplikation, dass man bei größeren Aufgaben wie z. B. 7x50 die Partneraufgabe im kleinen Einmaleins suchen kann (7x5). Anschließend muss man noch die 0 anhängen. Dem Kind scheint nicht klar zu sein, dass dies bei der Division andersrum verläuft. Weiter fällt ihm auch nicht auf, dass das Resultat einer Division kleiner sein soll als die zu dividierende Zahl." (1770310)

Probleme Verständnis dezimales Stellenwertsystem: 43 Befragte (11,7 %, Tab. 2) vermuteten, dass die Schwierigkeiten des Kindes mit dem fehlenden Verständnis des dezimalen Stellenwertsystems zusammenhängen könnten. 58,1 % dieser Antworten stammten von Förderlehrkräften, 41,9 % von Regellehrkräften. Allerdings waren die meisten Begründungen wenig differenziert und wiesen nur allgemein auf Schwierigkeiten mit dem dezimalen Stellenwertsystem hin.

„Vermutlich hat das Kind irgendwo den Trick gehört „Du musst nur die Null beim Rechnen wegnehmen, ausrechnen und dann beim Resultat wieder dazuschreiben", hat aber kein Verständnis für das Dezimalsystem." (22177)

„Das Kind hat noch kein vertieftes Verständnis vom Stellenwertsystem und lernte bei der Multiplikation im 1000er-Raum wahrscheinlich einfach die Strategie so viele 0 anzuhängen, wie es in der Rechnung gibt. Diese Strategie wendet es jetzt auch bei der Division an." (140610)

Nur in einigen wenigen Antworten wurden mögliche Schwierigkeiten ausführlicher beschrieben.

„Das Kind hat das Dezimalsystem noch nicht ausreichend verstanden. Es verwechselt es mit dem Stellen 1x1, dort kommen die Nullen dazu, weil es 10x/100x/1000x ... mehr sind." (180320)

Hinsichtlich der zweiten Frage (Unterschiede zwischen Regel- und Förderlehrkräften) zeigte sich, dass fast doppelt so viele Regellehrkräfte als Förderlehrkräfte keine spezifische Begründung gaben. Entsprechend erkannten mehr Förder- als Regellehrkräfte die Schwierigkeiten des Kindes im Fallbeispiel und begründeten fachlich angemessen (Tab. 2). Ein Chi-Quadrat-Test ergab einen signifikanten Unterschied zwischen den Antworten der beiden Gruppen ($\chi[2] = 7{,}56$, $p < 0{,}05$).

5 Diskussion

Die Studie hatte zum Ziel, anhand von schriftlichen Antworten von Regel- und Förderlehrkräften zu einer Fallvignette mit Divisionsaufgaben Informationen darüber zu erhalten, ob die Befragten plausible Vermutungen zu möglichen Schwierigkeiten anstellen und diese fachlich begründen können. Zur Analyse von fehlerhaften Aufgabenbearbeitungen von Schüler:innen ist unter anderem spezifisches, mathematikbezogenes Wissen zum Zusammenhang von Multiplikation und Division sowie zum dezimalen Stellenwertsystem notwendig. Mehr als 60 % der Befragten gaben zu möglichen Schwierigkeiten des Kindes plausible Antworten, die entweder das Verständnis von Multiplikation, Division und der Null oder das dezimale Stellenwertsystem betrafen. Allerdings gab es nur wenig prägnant formulierte Antworten, die differenziert auf mögliche Schwierigkeiten, beispielsweise auf spezifische Aspekte des Verständnisses des Stellenwertsystems hinwiesen. Dies stimmt überein mit den Ergebnissen einer Untersuchung mit Videovignetten von Hoth (2016). Sie stellt fest, dass es Grundschullehrkräften schwerfällt, die Denk- und Verstehensprozesse von Grundschüler:innen differenziert zu betrachten. Die Lehrkräfte fokussierten eher allgemeine Aspekte (Aufmerksamkeit, Motivation) und weniger das Lernen der mathematischen Inhalte. Auch in einer Untersuchung von Busch et al. (2015) zeigte sich, dass Sekundarlehrkräfte die von Schüler:innen bearbeiteten Aufgaben zum Thema Funktionen erst nach einer Fortbildung mittels Einbezug von fachdidaktischem Wissen analysieren konnten.

Zu den hier präsentierten Ergebnissen muss einschränkend festgehalten werden, dass die wenig differenzierten Antworten auch durch das Format der Online-Befragung bedingt sein könnten. Es gab keine Vorgaben zur Ausführlichkeit der Antworten. Zudem kann auch die fehlende Motivation zum Ausfüllen des Fragebogens die Ergebnisse beeinflusst haben (Eichler et al., 2022).

Interessant ist, dass rund 20 % der Personen, die keine spezifische Begründung zu möglichen Schwierigkeiten nannten, anmerkten, dass das Kind wahrscheinlich eine nicht verstandene Regel (Rezept, Trick) angewendet hatte. Die Problematik eines solchen Vorgehens und die Notwendigkeit des Aufbaus von Verständnis schien somit einem großen Teil der Lehrkräfte bekannt zu sein, allerdings ohne dass darauf eingegangen wurde, dass der Grund für die falsche Anwendung des Rezepts durch das fehlende Verständnis von bestimmten mathematischen Konzepten bedingt sein könnte.

Erwartungsgemäß und in Übereinstimmung mit der Studie von Jandl und Moser Opitz (2017) gaben die Förderlehrkräfte häufiger plausible Erklärungen zu möglichen Schwierigkeiten als Regellehrkräfte. Es kann davon ausgegangen werden, dass in der Ausbildung zur Förderlehrkraft die Thematik der Diagnose von Schwierigkeiten beim Mathematiklernen ausführlich behandelt und mit entsprechenden Fallbeispielen gearbeitet wird.

Auffallend ist, dass die Lehrkräfte in ihren Antworten insgesamt eher wenig Fachwörter verwendeten. Auch wenn es sich dabei um formalbezogene Mittel handelt (Prediger, 2017), wäre zu erwarten, dass Lehrkräfte über diese fachsprachlichen Mittel verfügen und sich präzise ausdrücken können. Die Frage, ob die Lehrkräfte nicht über die mathematische Fachsprache verfügen, oder ob sie es nicht gewohnt sind, diese zu verwenden, kann nicht beantwortet werden.

Die hier präsentierten Ergebnisse beziehen sich nur auf eine Fallvignette. Folgerungen zum professionellen mathematikspezifischen Wissen der Lehrkräfte insgesamt lassen sich deshalb nicht ziehen. Dennoch kann festgestellt werden, dass es mit dem gewählten Befragungsformat der schriftlichen Online-Erhebung gelungen ist, zwischen drei unterschiedlichen Antwortkategorien zu differenzieren. Das heißt, dass es möglich ist, mit diesem Format gewisse Erkenntnisse zum professionellen Wissen von Lehrkräften zu gewinnen. Allerdings – und das ist eine Limitation dieser

Form der Datenerhebung – lassen sich nur Aussagen auf einer allgemeinen Ebene machen. Das führt zum Schluss, dass zur Erfassung der diagnostischen Kompetenz von Lehrkräften zu mathematischen Lernschwierigkeiten und zur Entwicklung von geeigneten Instrumenten weiterhin Forschungsbedarf besteht.

Literatur

Busch, J., Barzel, B., & Leuders, T. (2015). Die Entwicklung eines Instruments zur kategorialen Beurteilung der Entwicklung diagnostischer Kompetenzen von Lehrkräften im Bereich Funktion. *Journal für Mathematik-Didaktik, 36*, 315–338. https://doi.org/10.1007/s13138-015-0079-8

Eichler, A., Rathgeb-Schnierer, E., & Volkmer, J. P. (2022). Das Beurteilen von Lernprodukten als Facette diagnostischer Kompetenz fördern. *Journal für Mathematik-Didaktik, 44*, 29–58. https://doi.org/10.1007/s13138-022-00216-8

Hähn, K., Häsel-Weide, U., & Scherer, P. (2021). Diagnosegeleitete Förderung im inklusiven Mathematikunterricht der Grundschule – Professionalisierung durch reflektierte Handlungspraxis in der Lehrer*innenbildung. *QfI – Qualifizierung für Inklusion, 3*(2). https://doi.org/10.25656/01:25440

Herppich, H., Praetorius, A.-K., Hetmanek, A., Glogger-Frey, I., Ufer, S., Leutner, D., Behrmann, L., Böhmer, I., Böhmer, M., Förster, N., Kaiser, J., Karing, C., Karst, K., Klug, J., Ohle, A., & Südkamp, A. (2018). Teachers' assessment competence: Integrating knowledge-, progress-, and product-orientated approaches into a competence-related conceptual model. *Teaching and Teacher Education, 76*, 181–193. https://doi.org/10.1016/j.tate.2017.12.001

Hoth, J. (2016). *Situationsbezogene Diagnosekompetenz von Mathematiklehrkräften. Eine Vertiefungsstudie zur TEDS-Follow-Up-Studie*. Springer Spektrum. https://doi.org/10.1007/978-3-658-13156-2

Jandl, S., & Moser Opitz, E. (2017). Mathematische Förderung von Kindern mit intellektueller Beeinträchtigung. Über welches fachspezifische professionelle Wissen verfügen Sonderschullehrkräfte? *Sonderpädagogische Förderung heute, 62*(2), 195–208.

Kultusministerkonferenz. (2019). *Standards Lehrerbildung: Bildungswissenschaften. Beschluss der Kultusministerkonferenz vom 16.12.2004 i. d. F. vom 16.05.2019*. https://www.kmk.org/themen/allgemeinbildende-schulen/lehrkraefte/lehrerbildung.html. Zugegriffen am 19.09.2023.

Lindmeier, A. (2011). *Modeling and measuring knowledge and competencies of teachers. A threefold domain-specific structure model for mathematics*. Waxmann.

Loibl, K., Leuders, T., & Dörfler, T. (2020). A framework for explaining teachers' diagnostic judgements by cognitive modeling (DiaCoM). *Teaching and Teacher Education, 91*. https://doi.org/10.1016/j.tate.2020.103059

Mayring, P., & Fenzl, T. (2019). Qualitative Inhaltsanalyse. In N. Baur & J. Blasius (Hrsg.), *Handbuch Methoden der empirischen Sozialforschung* (S. 655–648). Springer VS. https://doi.org/10.1007/978-3-658-21308-4_42

Morris, A. K., Hiebert, J., & Spitzer, S. M. (2009). Mathematical knowledge for teaching in planning and evaluating instruction: What can preservice teachers learn? *Journal for Research in Mathematics Education, 40*(5), 491–529.

Moser Opitz, E. (2022). Diagnostisches und didaktisches Handeln verbinden: Entwicklung eines Prozessmodells auf der Grundlage von Erkenntnissen aus der pädagogischen Diagnostik und der Förderdiagnostik. *Journal für Mathematik-Didaktik, 43*(1), 205–230. https://doi.org/10.1007/s13138-022-00201-1

Padberg, F., & Benz, C. (2021). *Didaktik der Arithmetik (5.* Aufl.). Springer Spektrum.

Pott, A. (2019). *Diagnostische Deutungen im Lernbereich Mathematik. Diagnostische Kompetenzen von Lehramtsstudierenden für sonderpädagogische Förderung und den Primarbereich.* Springer. https://doi.org/10.1007/978-3-658-24871-0

Prediger, S. (2017). Auf sprachliche Heterogenität im Mathematikunterricht vorbereiten – Fokussierte Problemdiagnose und Förderansätze. In J. Leuders, T. Leuders, S. Prediger, & S. Ruwisch (Hrsg.), *Mit Heterogenität im Mathematikunterricht umgehen lernen – Konzepte und Perspektiven für eine zentrale Anforderung an die Lehrerbildung* (S. 29–40). Springer Spektrum.

Rieu, A., Leuders, T., & Loibl, K. K. (2022). Teachers' diagnostic judgments on tasks as information processing – The role of pedagogical content knowledge for task diagnosis. *Teaching and Teacher Education, 111.* https://doi.org/10.1016/j.tate.2021.103621

Ross, H. (1989). Parts, wholes and place value. A developmental view. *Arithmetic Teacher, 36,* 47–51.

Scherer, P. (2019). *Produktives Lernen für Kinder mit Lernschwächen: Fördern durch Fordern. Band 3: Multiplikation und Division im Hunderterraum* (8. Aufl.). Persen.

Scherer, P., & Moser Opitz, E. (2010). *Fördern im Mathematikunterricht der Primarstufe.* Springer.

Shulman, L. S. (1986). Those who understand: knowledge growth in teaching. *Educational Researcher, 15*(2), 4–14. https://doi.org/10.3102/0013189X015002004

Weinert, F. E. (2000). Lehren und Lernen für die Zukunft – Ansprüche an das Lernen der Schule. *Pädagogische Nachrichten Rheinland-Pfalz, 2.*

Antizipierte Bearbeitungsschwierigkeiten innerhalb einer Lernumgebung zu figurierten Zahlen – Analyse von Studierendenerwartungen und Vergleich mit der Schulpraxis

Wiebke Jung, Sabine Schorein, Theresa Spree und Martina Velten

1 Einleitung

„Der Mathematikunterricht der Grundschule stellt hohe Erwartungen und damit verbundene Anforderungen an das professionelle Handeln der unterrichtenden Lehrkräfte" (Schacht et al., 2022, S. 177). Ein Blick in die Bildungsstandards (KMK, 2022) und Lehrpläne (MSB, 2021) macht deutlich, dass Lehrkräfte herausgefordert sind, ihre Lerngruppe(n) bei der Entwicklung sowohl von inhalts- als auch prozessbezogenen mathematischen Kompetenzen zu unterstützen (KMK, 2022). Dabei sollen sie die individuellen Voraussetzungen der SchülerInnen berücksichtigen, diagnostizieren, fördern und gleichzeitig ein sinnstiftendes Verhältnis von gemeinsamen und individuellen Lernerfahrungen ermöglichen, um der Vielfalt der Lernenden im Mathematikunterricht gerecht zu werden.

Für professionelles Handeln von Lehrkräften ist eine Vielzahl von sowohl affektiv-motivationalen als auch kognitiven Kompetenzen nötig, die in einem dynamischen

---

W. Jung · S. Schorein · T. Spree · M. Velten (✉)
Universität Duisburg-Essen, Essen, Deutschland
E-Mail: wiebke.jung@uni-due.de; sabine.schorein@uni-due.de; theresa.spree@uni-due.de; martina.velten@uni-due.de

© Der/die Autor(en), exklusiv lizenziert an Springer Fachmedien Wiesbaden GmbH, ein Teil von Springer Nature 2024
B. Barzel et al. (Hrsg.), *Inklusives Lehren und Lernen von Mathematik*,
https://doi.org/10.1007/978-3-658-43964-4_18

Zusammenspiel stehen, was Modelle zur Beschreibung von Kompetenzfacetten zeigen (Baumert & Kunter, 2006; Fröhlich-Gildhoff et al., 2011; Reis et al., 2020). Im Bereich der kognitiven Kompetenzen zählt dazu unter anderem das fachdidaktische Wissen (Baumert & Kunter, 2006, S. 482). Im Rahmen des COACTIV-Projekts (Krauss et al., 2004) wird dieses nochmals in drei Wissensfacetten gegliedert. Dabei stellt eine fachdidaktische Facette das Wissen über fachbezogene SchülerInnenkognition dar, welches sich beispielsweise auf das Wissen über typische SchülerInnenfehler und -schwierigkeiten bezieht (Brunner et al., 2006, S. 59 f.). Mit genau dieser Facette setzen sich die Studierenden der Universität Duisburg-Essen im Lehramt Grundschule im Lernbereich mathematische Grundbildung aktiv auseinander, wenn sie vorgegebene oder eigene Aufgaben und Lernumgebungen auf Grundlage ihrer fachlichen und fachdidaktischen Kenntnisse analysieren. Eine solche Analyse fertigen sie als Teil der Studienleistung in der fachdidaktischen Lehrveranstaltung ‚Mathematik in der Grundschule' an.

In einem ersten Schritt wird in diesem Beitrag hinsichtlich der Studierendenebene die Frage untersucht, *welche Bearbeitungsschwierigkeiten bei der Analyse einer Lernumgebung zu figurierten Zahlen häufig von Studierenden antizipiert werden.* Um auch einen Abgleich mit der SchülerInnenebene und somit auch der späteren Berufstätigkeit zu erhalten, wird darüber hinaus der Frage nachgegangen, *welche Schwierigkeiten sich in Praxiserprobungen bei SchülerInnenbearbeitungen erkennen lassen.* So kann abschließend ein Vergleich von Studierendenantizipationen und Schulpraxis stattfinden.

2 Konzeption der Veranstaltung ‚Mathematik in der Grundschule'

Die Veranstaltung ‚Mathematik in der Grundschule' ist im Studienverlauf für das vierte Fachsemester vorgesehen und setzt sich aus einer wöchentlichen zweistündigen Vorlesung und zweistündigen Übung zusammen. In den drei vorhergehenden Semestern besuchen die Studierenden die Fachveranstaltungen ‚Arithmetik', ‚Elementare Kombinatorik', ‚Elementare Geometrie', ‚Daten und Zufall' sowie die fachdidaktische Veranstaltung ‚Didaktik der Arithmetik', zeitlich parallel die Fachveranstaltung ‚Elementare Funktionen'. Inhaltlich werden in der Veranstaltung ‚Mathematik in der Grundschule' Grundlagen des Mathematikunterrichts (u. a. didaktische Prinzipien nach Krauthausen, 2018, S. 219 ff.), Didaktik der Geometrie, der Stochastik (inkl. Kombinatorik) und des Sachrechnens thematisiert (MHB, 2020, S. 20). Im Hinblick auf die Gestaltung eines inklusiven Mathematikunterrichts (ebd.) werden zudem die verschiedenen sonderpädagogischen Unterstützungsbedarfe kurz vorgestellt.

Die zu erbringende Studienleistung umfasst neben der Bearbeitung von Übungsaufgaben eine fachliche und fachdidaktische Analyse zu einer von drei zur Wahl stehenden Lernumgebungen. Die Studierenden dürfen sich über Lösungen und Ideen zur Lernumgebung austauschen, jedoch wird die Analyse als eine Einzelabgabe eingereicht. Die verschiedenen Aspekte der fachlichen und fachdidaktischen Analyse sind im Hinblick auf die Veranstaltung ‚Mathematiklernen in substanziellen Lernumgebungen' (MSL) ausgewählt, welche im Regelstudienverlauf im fünften Semester belegt wird und in welcher die Studierenden Interviews mit Kindern zu substanziellen Lernumgebungen planen, durchführen und auswerten. Um darauf vorbereitet zu werden, fertigen die Studierenden in der fachlichen und fachdidaktischen Analyse zu einer Lernumgebung eigene Lösungen an, skizzieren verschiedene Lösungswege, beschreiben den mathematischen Hintergrund, nennen Kompetenzen des Lehrplans, die mit den Aufgaben der Lernumgebung gefördert werden können, versuchen, die Aufgaben in die Anforderungsbereiche der Bildungsstandards (KMK, 2022, S. 9) einzuordnen, überlegen Variationen, prüfen, welchen didaktischen Prinzipien die Lernumgebung folgt, und antizipieren, welche möglichen Schwierigkeiten bei der Bearbeitung der Aufgaben durch SchülerInnen auftreten können. Für diesen zuletzt genannten Aspekt erhalten die Studierenden die Impulse, zum Beispiel auf ggf. vorhandene Praxiserfahrungen zurückzugreifen, Schwierigkeiten, die theoretisch möglich sind, zu überlegen oder auch zu versuchen, sich in die Situation von Kindern mit sonderpädagogischem Unterstützungsbedarf hineinzuversetzen. Durch spezifische Arbeitsaufträge innerhalb der Übungen wurden die Studierenden auf die fachliche und fachdidaktische Analyse vorbereitet. Die Frage „Welche Schwierigkeiten könnten bei der Bearbeitung auftreten (inkl. Begründung)?" sollte anschließend als Leitfrage für die Analyse übernommen werden.

3   Eine Lernumgebung zu figurierten Zahlen

Die Lernumgebung wurde von einer Kollegin, die ebenfalls fachdidaktische Veranstaltungen leitet, in Anlehnung an Aufgaben aus dem Schulbuch „Welt der Zahl" konzipiert (Rinkens et al., 2011, S. 38; 40) und zur Verfügung gestellt. Um den Studierenden zu ermöglichen, vielfältige aufgabeninhärente Schwierigkeiten zu entdecken, entsprechen die Aufgaben nicht allen Kriterien einer substanziellen Lernumgebung (u. a. Wittmann, 1998; Krauthausen & Scherer, 2014, S. 110 ff.). Die Aufgaben wurden zum Teil wörtlich aus dem Schulbuch übernommen und zum Teil modifiziert. Die Lernumgebung umfasst zwei Aufgabenteile zu figurierten Zahlen sowie eine weiterführende Aufgabe. Im ersten Aufgabenteil (A) werden die Kinder aufgefordert, die in einer Abbildung ersichtlichen aus Würfeln (Hexaedern) gebauten Treppen in ihr Heft

Ergänze die Tabelle:

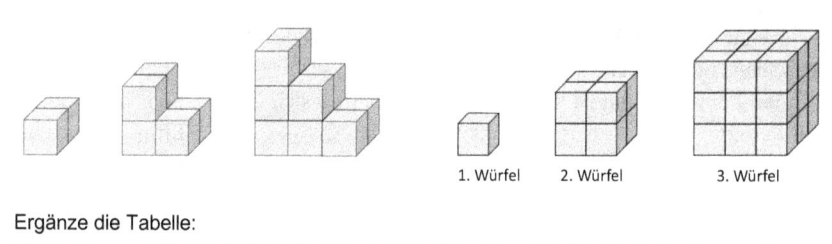

Stufen	2	3	4	5	6	...	20
Würfel							

Abb. 1 Aufgabenteil B: Doppeltreppe und Tabelle (links) und weiterführende Aufgabe: Kubikzahlen als Würfel (rechts). (Rinkens et al., 2011, S. 40)

zu zeichnen, sowie die Zahl der Würfel in diesen Treppen und die Zahl der Stufen der Treppe, die aus 55 Würfeln besteht, zu bestimmen. Im zweiten Aufgabenteil (B) wird die Treppe zu einer Doppeltreppe erweitert. Es schließen sich Fragen nach der Zahl der Würfel in den Doppeltreppen sowie nach der Zahl der Stufen der Doppeltreppe an, welche mithilfe einer Tabelle festgehalten werden sollen (Abb. 1, links). Abschließend sollen die SchülerInnen herausfinden, wie viele Stufen eine Doppeltreppe, welche aus 90 Würfeln besteht, hat. In der weiterführenden Aufgabe sind die ersten drei Kubikzahlen in Form von Würfeln dargestellt (Abb. 1, rechts), welche aus kleinen Würfeln zusammengesetzt sind. Die Aufgabenstellung lautet hierzu, die Zahl der Würfel des zweiten, dritten, vierten und zehnten Würfels zu bestimmen.

Durch den mathematischen Kern der figurierten Zahlen, berührt die Lernumgebung sowohl den Inhaltsbereich der Geometrie als auch den Inhaltsbereich der Arithmetik. Im Aufgabenteil A geht es um die Dreieckszahlen (die Summe der ersten n natürlichen Zahlen). Im zweiten Aufgabenteil B werden die Verdopplung dieser Zahlen, in der weiterführenden Aufgabe die Kubikzahlen betrachtet. Die Lernumgebung bietet somit die Möglichkeit, Kinder zum Entdecken von Mustern anzuregen, welche für die Bearbeitung der Aufgaben genutzt werden können. Zudem werden die Kinder auch aufgefordert, Würfel bzw. Würfeltreppen zu zeichnen. In diesem Zusammenhang werden somit auch Facetten der Raumvorstellung angesprochen. Damit ermöglicht diese Lernumgebung die Förderung unterschiedlicher Kompetenzen wie das Zeichnen von Körpern oder auch das Erkennen von Mustern und Strukturen (KMK, 2022, S. 15 ff.; MSB, 2021, S. 91; S. 77).

Der fachliche Hintergrund der figurierten Zahlen ist den Studierenden aus der Veranstaltung ‚Arithmetik' bekannt. Im Rahmen dieser Fachveranstaltung werden die Dreieckszahlen intensiv thematisiert. Auch zum Entdecken von Zusammenhängen in figurierten Zahlenfolgen werden die Studierenden in Übungsaufgaben aufgefordert. Ferner werden figurierte Zahlen in der Veranstaltung ‚Elementare Funktionen' wieder aufgegriffen und unter der Perspektive funktionaler Zusammenhänge vertieft. Fehler beim Rechnen, welche als Bearbeitungsschwierigkeit identifiziert werden könnten, gehören zum Inhalt der Veranstaltung ‚Didaktik der Arithmetik' (Padberg & Benz, 2011, S. 147 f.).

In der Veranstaltung ‚Mathematik in der Grundschule' kommen die figurierten Zahlen im Kontext der fundamentalen Ideen der Geometrie nach Wittmann und Müller (2012) vor. Diese werden in der Vorlesung im Anschluss an die rechtlichen inhaltlichen Rahmenvorgaben, den Schwerpunkten des Inhaltsbereichs Raum und Form aus dem Lehrplan Mathematik für die Grundschule (MSB, 2021, S. 89 ff.), zu denen auch das Zeichnen gehört, thematisiert. Ferner sind die Themen ‚räumliche Fähigkeiten' und ‚Begriffserwerb' Inhalt der Vorlesung. Bezüglich letzterem werden verschiedene Formen des Lernens von Begriffen in der Grundschule angesprochen. Beim Thema ‚räumliche Fähigkeiten' werden gemäß Franke und Reinhold (2016, S. 39) Wahrnehmung und räumliches Vorstellungsvermögen unterschieden, die Entwicklung von Raumvorstellung nach Piaget skizziert sowie Fördermöglichkeiten der Raumvorstellung thematisiert. Bei der Entwicklung von Raumvorstellung nach Piaget (zitiert nach Franke & Reinhold, 2016) wird auch die Fähigkeit angesprochen, dreidimensionale Zeichnungen anzufertigen. Die Begriffe ‚Raumvorstellung' und ‚räumliches Vorstellungsvermögen' werden in der Literatur zum Teil synonym verwendet, beispielsweise von Franke und Reinhold (2016). Dies geschieht ebenso in der Veranstaltung ‚Mathematik in der Grundschule'. Besuden (1999, S. 2 f.) nutzt hingegen den Begriff ‚Raumvorstellung' als Oberbegriff für verschiedene Komponenten, zu denen die räumliche Orientierung, das räumliche Vorstellungsvermögen sowie das räumliche Denken zählen.

4 Vorgehen zur Auswertung der Studierendenantizipationen

Für die Untersuchung der eingangs formulierten Frage hinsichtlich der Studierendenebene erteilten 77 von 184 Studierenden die Erlaubnis, ihre Analysen der Lernumgebung zu figurierten Zahlen zu verwenden. Die meisten dieser Studierenden befanden sich zum Zeitpunkt des Besuchs der Veranstaltung im vierten Semester, einige wenige hingegen erst im zweiten Semester, einzelne absolvieren begleitende Studien für Lehrkräfte, die ihre Lehrbefähigung im EU-Ausland erworben haben.

Aus den Analysen der Studierenden wurden die Ausschnitte zu möglichen Bearbeitungsschwierigkeiten ausgewählt. Diese wurden anschließend mittels qualitativer Inhaltsanalyse (Mayring & Fenzl, 2019) ausgewertet. Dazu wurde am Material induktiv und regelgeleitet (Mayring, 2015) ein Kategoriensystem entwickelt, welches sich aus verschiedenen Haupt- und Unterkategorien zusammensetzt. Die Kodierung einzelner Wörter, Sätze oder Satzteile wurde mithilfe eines Auswertungsprogrammes (MAXQDA22) durch drei der Autorinnen vorgenommen und kommunikativ validiert. Kodes wurden immer dann gesetzt, wenn explizit oder implizit Schwierigkeiten bei der Aufgabenbearbeitung genannt wurden. Die impliziten Äußerungen beziehen sich auf Lernvoraussetzungen, über welche die Lernenden verfügen sollten, um die Aufgaben lösen zu können. Die möglichen Schwierigkeiten wurden aus einer positiven Formulierung wie etwa „Dafür müssen die SuS ebenfalls in der Lage sein mit einem Lineal oder einem Geodreieck umgehen zu können" (Stud 21) abgeleitet. Dieses Vorgehen ist notwendig, um alle genannten Aspekte miteinbeziehen zu können. Die Hauptkategorien (HK) wurden nicht nur als übergeordnetes Element genutzt, sondern ebenfalls für Kodierungen von Textstellen herangezogen, falls die Studierenden Bearbeitungsschwierigkeiten nicht weiter ausführten (z. B. HK ‚Anzahlbestimmung durch Zählen'; „Zudem könnten die SuS sich verzählen und würden durcheinanderkommen, sodass sie eine falsche Lösung hätten" (Stud 1)). Die Unterkategorien hingegen schlüsseln die Bearbeitungsschwierigkeiten hinsichtlich verschiedener Aspekte weiter auf. Dazu gehören inhaltliche Spezifizierungen von Hauptkategorien, wie zum Beispiel Schwierigkeiten bei der Nutzung von Lineal oder Geodreieck (Beispiel Stud 21) innerhalb der Hauptkategorie ‚Zeichnen', welche zum Teil je nach Formulierung der Studierenden auch einen begründenden Charakter haben.

Da bei einzelnen Studierenden Kodes mehrfach auftreten, weil sie sich entweder auf verschiedene Aufgaben der LU beziehen, welche dieselben Schwierigkeiten beinhalten, oder weil sich bei ihren Aussagen inhaltliche Redundanzen zeigen und ein Teil der Studierenden allgemeinere Aussagen zu allen Aufgaben tätigen, wurde die LU aus einer globalen Perspektive betrachtet. Dazu wird festgehalten, wie viele Studierende die jeweiligen Bearbeitungsschwierigkeiten mindestens einmal unabhängig vom Aufgabenbezug genannt haben.

5 Auswertungsergebnisse der Studierendenantizipationen

Die Studierenden antizipieren in ihren Analysen verschiedene Bearbeitungsschwierigkeiten von SchülerInnen, welche sich zu 14 Hauptkategorien zusammenfassen lassen (Tab. 1). Elf davon beziehen sich explizit auf mathematische Bereiche der thematisierten Aufgaben und befinden sich somit auf der fachlich-fachdidaktischen Ebene, die drei weiteren gehören eher einer allgemeinen pädagogischen Ebene an. Nachfolgend werden gemäß dem Forschungsinteresse besonders häufig genannte Hauptkategorien und alle dazugehörigen Unterkategorien beschrieben. Die Dar-

Tab. 1 Übersicht über die Häufigkeiten der Hauptkategorien der antizipierten Bearbeitungsschwierigkeiten

	Anzahl der Studierenden, die den Bereich mindestens einmal genannt haben	Gerundeter prozentualer Anteil der Studierenden, die den Bereich mindestens einmal genannt haben
Antizipierte Bearbeitungsschwierigkeiten auf der fachlich-fachdidaktischen Ebene im Bereich:		
Räumliche Fähigkeiten	71	92,2 %
Zeichnen	68	88,3 %
Anzahlbestimmung durch Zählen	64	83,1 %
Muster erkennen	55	71,4 %
Umgang mit der Tabelle	39	50,6 %
Grundrechenarten/ Rechnen	36	46,8 %
Zusammenhänge zwischen den Aufgaben	33	42,9 %
Begriffsverständnis	16	20,8 %
Strategien zur Lösung	14	18,2 %
Algebra	11	14,3 %
Aufgabenverständnis	10	13,0 %
Antizipierte Bearbeitungsschwierigkeiten auf der pädagogischen Ebene im Bereich:		
Arbeitsverhalten	12	15,6 %
Zeitmangel	11	14,3 %
Heterogenität	7	9,1 %

stellung der Unterkategorien wird bei Hauptkategorien unter einem Prozentwert von 60 % auf die häufig genannten beschränkt. Weitere Hauptkategorien mit einem Prozentwert von weniger als 30 % werden zwar ebenfalls angeführt, aber nicht im Detail erläutert. Alle nachfolgenden Prozentangaben beziehen sich jeweils auf die Gesamtstichprobe der Studierenden, damit sich Tendenzen bezüglich der Häufigkeiten hinsichtlich verschiedener Haupt- und Unterkategorien besser in Beziehung setzen lassen können.

Besonders viele Studierende nennen zu erwartende Bearbeitungsschwierigkeiten im Bereich der ‚Räumlichen Fähigkeiten', des ‚Zeichnens', der ‚Anzahlbestimmung durch Zählen' sowie des ‚Mustererkennens'. Die Hauptkategorie ‚Räumliche Fähigkeiten' bedeutet, dass die Studierenden allgemein (mangelnde) räumliche Fähigkeiten als mögliche Ursache für Schwierigkeiten benennen, ohne diese Fähigkeiten konkreter auszuführen. Häufige Unterkategorien zur Hauptkategorie ‚Räumliche Fähigkeiten' sind ‚Räumliches Vorstellungsvermögen' (50,6 % aller Studierenden) sowie ‚Versteckte Würfel' (44,2 %). Bei ersterem nennen die Studierenden explizit den Begriff oder nutzen ähnliche Formulierungen wie „sich etwas räumlich vorstellen". Die Unterkategorie ‚Versteckte Würfel' beinhaltet Verweise der Studierenden auf die Nicht-Sichtbarkeit von bestimmten Würfeln in den Abbildungen als Grund für Schwierigkeiten in den räumlichen Fähigkeiten der SchülerInnen. Daneben werden explizit Stichworte wie ‚Raumvorstellung' (22,1 %), ‚räumliches Denken' (19,5 %) und weitere diverse Begriffe (18,2 %) zu diesem mathematischen Inhaltsbereich genannt. Zum Teil gehen die Studierenden auf Schwierigkeiten durch die Dreidimensionalität oder die Übersetzung zwischen ebener und dreidimensionaler Figur ein (jeweils 11,7 %).

Auch beim Zeichnen (HK 88,3 %) der Figuren nennen 57,1 % aller Studierenden die Dreidimensionalität als Grund für Schwierigkeiten (z. B. „Zudem ist auch das Zeichnen von dreidimensionalen Körpern nicht gerade einfach und benötigt Übung." (Stud 25)), 35 % erwähnen lediglich Schwierigkeiten beim Zeichnen ohne Spezifizierung und 24,7 % mögliche Einschränkungen der motorischen Fähigkeiten. Weitere genannte Unterkategorien zur Hauptkategorie ‚Zeichnen' sind das Verhältnis der Kantenlängen (22,1 %), die ‚Anzahl der zu zeichnenden Würfel' (15,6 %) (z. B. „Die Aufgabe A3 lässt sich auch zeichnerisch lösen, wobei durch die große Anzahl an Würfeln die Figur zu zeichnen erschwert wird" (Stud 1)) sowie die Handhabung von Lineal oder Geodreieck (14,3 %). Innerhalb der dritten häufig genannten Hauptkategorie ‚Muster erkennen' wurden von fast allen Studierenden lediglich oberflächliche allgemein formulierte Aussagen gemacht (71,4 %), z. B. „Als weitere Schwierigkeit ist die Fortsetzung des Musters festzuhalten. Hierbei muss das Muster zuerst erkannt werden, um es fortzusetzen [sic!] zu können" (Stud 13). Weitere Unterkategorien wurden jeweils von unter 12 % aller Studierenden erwähnt. Dazu gehören Schwierigkeiten, ein arithmetisches Muster, die Dreieckszahlen oder einen Zusammenhang zwischen Stufen und Würfeln zu erkennen. Während insgesamt 83,1 % der Studierenden auf mögliche Probleme bei der ‚Anzahlerfassung durch Zählen' (HK) hinweisen, begründen 58,4 % der Studierenden diese Schwierigkeiten explizit damit, dass die Anzahlbestimmung aufgrund von versteckten Würfeln erschwert werden kann. Vereinzelt werden weitere Begründungen wie ein Abzählen von Würfelflächen, ein vorheriges ungenaues Zeichnen der SchülerInnen oder die große Anzahl an Würfeln für Schwierigkeiten bei der Anzahlerfassung angeführt.

Ungefähr die Hälfte aller Studierenden merkt an, dass es zu Schwierigkeiten im Umgang mit der auf dem Arbeitsblatt abgebildeten Tabelle kommen kann (HK ‚Umgang mit der Tabelle'). Häufig wird in diesem Zusammenhang das ‚Ergänzen der Tabelle' sowie der ‚Startpunkt der Tabelle' als Begründung angeführt (jeweils 15,6 %). Zu ersterem gehören Aussagen wie „Eine weitere Schwierigkeit könnte [...] das Eintragen der Werte sein. Hierzu muss man mit dem Aufbau von Tabellen vertraut sein"

(Stud 67). Diese werden oft in der weiteren Aufgabenanalyse mit Erläuterungen zur Hauptkategorie ‚Muster erkennen' verknüpft. Die Unterkategorie ‚Startpunkt der Tabelle' lässt sich zum Beispiel in folgender Ausführung erkennen: „Die Tabelle beginnt bei der zweiten Stufe und nicht wie in der Bebilderung dargestellten ersten Stufe, welche aus zwei Würfeln gebaut worden ist. Dies kann zu einer Verwirrung der SuS führen, denn die erste Treppe/Stufe wird vollkommen außer Acht gelassen." (Stud 4). Zudem antizipieren die Studierenden zu 46,8 % Schwierigkeiten im Bereich der Grundrechenarten und des Rechnens (HK), vornehmlich der Multiplikation (20,8 %) sowie durch das Agieren in großen Zahlenräumen (19,5 %) und durch Rechenfehler (14,3 %). Bei der Hauptkategorie ‚Zusammenhänge zwischen Aufgaben' (42,9 %) nennen die meisten Studierenden, dass die SchülerInnen die Aufgaben falsch zueinander in Beziehung setzen (18,2 %), und begründen dies zum Teil durch die mehrfache Umkehrung der Fragestellung (15,6 %) oder den Wechsel der Objekte (9,1 %).

Die weiteren Hauptkategorien wurden von circa einem Fünftel oder weniger erwähnt. Das Begriffsverständnis wird als allgemeine Schwierigkeit genannt oder bezieht sich explizit auf Begriffe wie z. B. ‚Stufe'. Das Aufgabenverständnis meint dahingegen ein generelles Nicht-Verstehen einer oder mehrerer Aufgabenstellungen. Die Hauptkategorie ‚Strategien zur Lösung' fasst alle Aussagen zusammen, welche das Fehlen geeigneter mathematischer Vorgehensweisen beschreiben. Ebenfalls wenig berücksichtigt wurden Bereiche, die in die drei weiteren Hauptkategorien ‚Arbeitsverhalten', ‚Zeitmangel' und ‚Heterogenität' fallen (Tab. 1). Diese stellen antizipierte Bereiche dar, in denen Bearbeitungsschwierigkeiten auf der pädagogischen Ebene entstehen können. Nur die Hauptkategorie ‚Arbeitsverhalten' wird durch die Unterkategorien ‚Motivation', ‚Frust', ‚Konzentrationsfähigkeit', ‚Disziplin' und ‚Ausdauer' weiter konkretisiert.

Insgesamt zeigt sich, dass die Studierenden viele verschiedene Aspekte hinsichtlich möglicher Bearbeitungsschwierigkeiten nennen. Ob diese jedoch tiefer gehend erläutert werden oder es eine oberflächliche Betrachtung bleibt, ist unterschiedlich. Einige Studierende verbleiben bei der Nennung von Schlagworten, ohne diese weiter zu spezifizieren oder anhand der Aufgabenstellungen und Abbildungen der Lernumgebung zu konkretisieren.

6 Durchführung und Vorgehen zur Auswertung der Praxiserprobung

Die Durchführung der Lernumgebung erfolgte durch zwei der Autorinnen unabhängig voneinander zu Beginn des Schuljahres 2022/2023. Dabei wurde diese mit einer Grundschullerngruppe (21 Kinder) der vierten Jahrgangsstufe sowie mit zwei

Hauptschullerngruppen (19 Kinder und 17 Kinder) der fünften Jahrgangsstufe erprobt. Die SchülerInnenschaft war äußerst heterogen, was sich unter anderem durch einen hohen Migrationsanteil und verschiedene sonderpädagogische Unterstützungsbedarfe äußerte. Da die Studierenden die Lernumgebung ohne Einbettung in eine Unterrichtsreihe analysierten, fand die Durchführung auch unabhängig vom aktuellen Inhalt des Mathematikunterrichts statt. Im Hinblick auf die Vorerfahrungen der SchülerInnen ist zu erwähnen, dass diese das dreidimensionale Zeichnen von geometrischen Körpern noch nicht explizit im Unterricht thematisiert hatten.

In einem Zeitfenster von 90 min erfolgte zu Beginn eine kurze Einführungsphase, in welcher die Aufgabenteile besprochen sowie zentrale Begriffe und Fragen geklärt wurden. Im Anschluss bearbeiteten die SchülerInnen die Aufgabenteile in Einzelarbeit. Als Material standen ihnen Lineal, Bleistift und Papier zur Verfügung. Die Grundschulkinder konnten zusätzlich noch Einheitswürfel aus Holz nutzen. Während der Arbeitsphase nahm die Lehrkraft der entsprechenden Lerngruppe eine vorrangig beobachtende Rolle ein, mit besonderem Blick auf die auftretenden Bearbeitungsschwierigkeiten. Vereinzelt kam sie dabei aber auch mit den Kindern ins Gespräch, um diese gezielt nach Gedankengängen und Stolperstellen zu befragen. Zum Schluss erfolgte eine Reflexion mit der gesamten Lerngruppe, bei welcher der Fokus auf die subjektiv erlebten Bearbeitungsschwierigkeiten der SchülerInnen fiel.

Angaben über besonders häufige Schwierigkeiten lassen sich vorsichtig aus den bearbeiteten Einzelaufgaben, den mitgeschriebenen SchülerInnenaussagen sowie aus den Notizen der teilnehmenden Beobachtung (Bortz & Döring, 2006, S. 267) ableiten. Die nachfolgende Darstellung der Auswertungsergebnisse der Praxiserprobung verfolgt nicht den Anspruch auf Vollständigkeit und eine vertiefende Ursachenanalyse. Vielmehr soll ein Überblick über die Bandbreite der während der Erprobung aufgetretenen Bearbeitungsschwierigkeiten gegeben werden, um einen anschließenden Abgleich mit den Studierendenantizipationen zu ermöglichen.

7 Auswertungsergebnisse der Praxiserprobung

Eine häufig zu beobachtende Bearbeitungsschwierigkeit stellte das Zeichnen dar. Die vorgegebenen dreidimensionalen Würfeltreppen zeichneten ca. 90 % der Kinder als zweidimensionale Projektionen. „Ich hab's einfach normal gemacht, weil ich kein 3D kann", erklärte ein Schüler. Auch der Umgang mit dem Zeichenwerkzeug Lineal war bei vielen Kindern noch recht unsicher. Des Weiteren zeigten die Kinder Schwierigkeiten beim Einhalten gleicher Größenverhältnisse, was eine Schülerin wie folgt formulierte: „Schwer war, dass ich das gleich mache. Also mit der Größe. Nicht einen groß und einen klein." Häufig nutzten die Kinder eine Mischform zwischen Freihand- und Linealzeichnung, wobei viele Zeichnungen eher unpräzise ausgeführt wurden (Abb. 2).

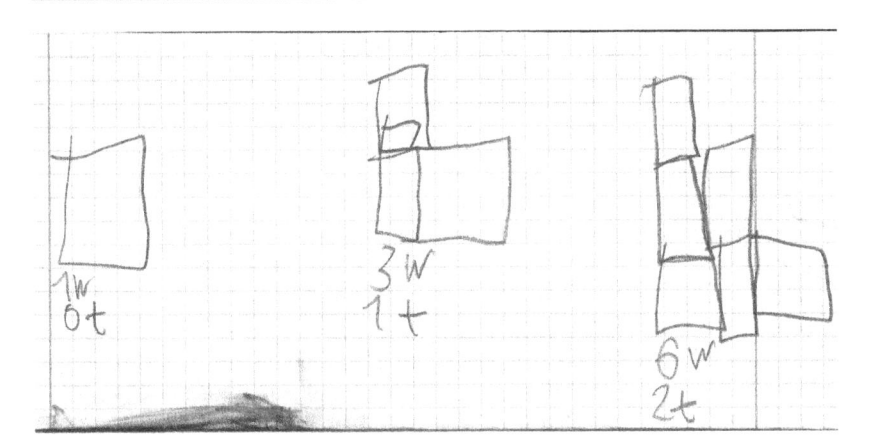

Abb. 2 Lernendendokument zu Aufgabenteil A

Eine weitere häufige Bearbeitungsschwierigkeit zeigte sich beim Erkennen und Weiterführen von Mustern und Strukturen. Die Struktur der Dreieckszahlen konnten die Kinder im Aufgabenteil A meist noch richtig anwenden und eine fünfstufige Treppe zeichnen. Die Anzahl der Würfel wurde dabei durch Abzählen bestimmt. Hierbei traten weitere Schwierigkeiten auf. Aufgrund von ungenauen Zeichnungen wurden teils zu viele Würfel abgezählt oder es wurden bei dreidimensionalen Zeichnungen anstelle der Würfel die einzelnen Flächen gezählt. In Bezug auf Muster und Strukturen zeigten sich Schwierigkeiten im Aufgabenteil B, welcher komplexe Anforderungen an die Lernenden stellte. Hier gelang es keinem Kind, die Würfelanzahl der vierten, fünften oder sogar zwanzigsten Doppeltreppe richtig zu bestimmen. Ein Hauptschüler merkte an, dass die Aufgabe nicht lösbar sei, da die Zahlenfolge keinen Sinn ergebe. Jedoch ließen sich darüber hinaus unterschiedliche Lösungswege beobachten. Eine Herangehensweise zur Bestimmung der Würfelanzahl von Doppeltreppen war das kontinuierliche Verdoppeln der Stufenanzahl (Abb. 3). „Ich dachte, ich muss alles mal zwei rechnen. Aber musste ich gar nicht. Weil es bei eins so ist, habe ich überall das Doppelte genommen", erläuterte ein Schüler seine Bearbeitung. Die einstufige Doppeltreppe besteht aus zwei Würfeln ($2 \cdot 1$), wohingegen die zweistufige Doppeltreppe bereits aus sechs Würfeln besteht ($2 \cdot (1 + 2)$). Andere Kinder bestimmten die Anzahl der auf dem Arbeitsblatt dargestellten zwei- und dreistufigen Doppeltreppe korrekt. Dies bereitete ihnen in der Regel keine Schwierigkeiten, auch wenn in der dreidimensionalen Zeichnung nicht alle Würfel konkret abzählbar waren. Sie versuchten dann, einen Zusammenhang zwischen den Treppen herzustellen, indem sie die Differenz der Würfelanzahl der zweiten und dritten Doppeltreppe ($12 - 6 = 6$) berechneten. Um die Würfelanzahl der nächsten Doppeltreppen zu

Stufe	2	3	4	5	6	7	8	9	10
Würfel	4	6	8	10	12	14	16	18	20

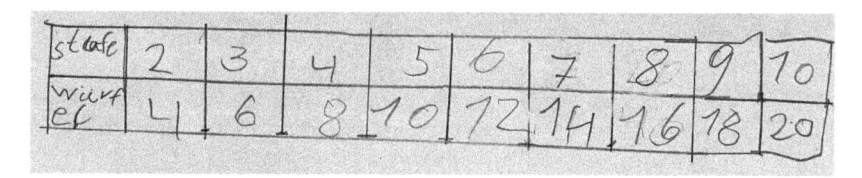

Abb. 3 Lernendendokument zu Aufgabenteil B

bestimmen, addierten die Lernenden nun immer sechs dazu, ohne ihr Ergebnis nochmals zu reflektieren. Eine weitere Herangehensweise bei den Grundschulkindern stellte das konkrete Nachbauen des Musters der Doppeltreppen mit Holzwürfeln dar. Sowohl das Fortsetzen des Musters als auch das korrekte Abzählen der Würfel bereitete den Kindern dabei keine Schwierigkeiten. Dieser Lösungsweg nahm viel Zeit in Anspruch, sodass die Aufgabe während der vorgegebenen Bearbeitungszeit nicht beendet werden konnte. Das Nutzen von konkreten Holzwürfeln war in beiden Aufgabenteilen eine beliebte Hilfestellung für die GrundschülerInnen.

Neben den aufgeführten Schwierigkeiten beim Zeichnen, Erkennen von Mustern und Strukturen sowie Zählen ließen sich weitere in den Bereichen Sprache (insbesondere dem Begriffsverständnis), Aufgabenverständnis und Arbeitsverhalten beobachten. Sprachlich gab es, vor allem bei Kindern mit Deutsch als Zweitsprache, Unsicherheiten mit den Begriffen Treppe und Stufe. Probleme beim Aufgabenverständnis traten vor allem im Aufgabenteil B auf. Hier erkannten die SchülerInnen teilweise nicht, dass Text, Abbildung und Tabelle zusammengehören und sich aufeinander beziehen. Zudem nahmen einige Kinder nicht wahr, dass die Tabelle nicht mit der einstufigen, sondern mit der zweistufigen Würfeltreppe beginnt. Auch die Pünktchenschreibweise in der Tabelle führte zu Schwierigkeiten. Anstatt die geforderte Würfelanzahl der Doppeltreppen in die Tabelle einzutragen, versuchten einige SchülerInnen, die Doppeltreppe analog zu Aufgabenteil A1 abzuzeichnen. Im Bereich Arbeitsverhalten ließen sich Schwierigkeiten im Hinblick auf Selbstorganisation, Ordentlichkeit und Sorgfalt sowie Konzentration und Ausdauer beobachten.

8 Diskussion der Ergebnisse und Implikationen

Bei der Auswertung der Abschnitte aus den Analysen der Studierenden lässt sich erkennen, dass vor allem auf die mathematischen Inhalte der Aufgaben fokussiert wird. Im Gegensatz dazu werden pädagogische Bereiche, welche sich auf allgemeingültige Bearbeitungsschwierigkeiten im Unterrichtskontext beziehen, seltener genannt. Diese Diskrepanz könnte dadurch entstehen, dass sie die Analyse nicht auf eine konkrete Lerngruppe hin vornehmen und somit der eigentliche anzunehmende Unterrichtskontext in den Hintergrund rückt. Eine weitere These ist, dass vorrangig ein fachlicher Fokus eingenommen wird, da die Aufgabe im Kontext einer Mathematikveranstaltung bearbeitet wird. Zudem liegt der Schwerpunkt ihrer Analysen bei vielen Studierenden auf den geometrischen Aspekten der Aufgabenstellungen, welche in der Veranstaltung explizit thematisiert werden. So finden sich zum Beispiel in fast allen Ausarbeitungen Hinweise auf Schwierigkeiten, die sich aufgrund mangelnder räumlicher Fähigkeiten ergeben können. Inwiefern diese in den Praxiserprobungen aufgetreten sind, lässt sich durch die Beobachtungen und die Aussagen der SchülerInnen nicht beantworten. Um für solche nicht unmittelbar von der Lehrkraft erfassbaren Schwierigkeiten im Lernprozess sensibilisiert zu werden, ist es daher durchaus sinnvoll, die Analyse von Lernumgebungen aus fachdidaktischer Perspektive bewusst in den Fokus zu setzen.

Neben mangelnden räumlichen Fähigkeiten benennen viele Studierende das Zeichnen der Würfeltreppen, die Anzahlbestimmung der Würfel sowie das Erkennen von Mustern als mögliche Schwierigkeiten. Das Zeichnen wird von den Studierenden oft in Verbindung mit der Raumvorstellung genannt. Zum Teil verweisen sie auf ungenaues Zeichnen und Schwierigkeiten in der Handhabung von Lineal und Geodreieck, beides mitunter bedingt durch Mängel in der Feinmotorik. Im Vergleich mit den beobachteten und abgeleiteten Schwierigkeiten in den Praxiserprobungen lässt sich festhalten, dass die Einschätzung der Studierenden bezüglich des Zeichnens zutreffend ist. Ähnlich verhält es sich mit dem Bereich des Erkennens von Mustern. Auch hier zeigten sich in den Praxiserprobungen Schwierigkeiten. Die von den Studierenden oft genannten Schwierigkeiten beim Rechnen zeigten sich bei den SchülerInnen hingegen nicht. Möglicherweise ließen sich diese nicht beobachten, weil bereits das Erkennen des Musters häufig nicht gelungen ist. Dieser Zusammenhang wurde von den Studierenden jedoch nicht genannt. Die Studierenden erläuterten zum Teil aber andere Zusammenhänge, zum Beispiel, dass das Erkennen des Musters Voraussetzung für ein korrektes Ausfüllen der Tabelle ist. Schwierigkeiten hinsichtlich des Begriffs- oder Aufgabenverständnisses wurden von maximal 20 % der Studierenden genannt. Diese Schwierigkeiten ließen sich auch in den Praxiserprobungen beobachten, vor allem bei Kindern mit Deutsch als Zweitsprache. Dass dies eine mögliche Ursache für Schwierigkeiten im Begriffsverständnis sein kann, wird von den Studierenden nicht erwähnt. Mögliche Gründe dafür könnten sein, dass zum einen Deutsch als Zweitsprache kein Inhalt der Veranstaltung ‚Mathematik in der Grundschule' ist und zum anderen der Kontext ‚Mathematik' eventuell dazu führt, dass Studierende nicht auf Inhalte der anderen Studienmodule zurückgreifen. Insgesamt lässt sich beim Vergleich der Ergebnisse feststellen, dass die Studierenden viele mögliche Bearbeitungsschwierigkeiten antizipieren, die sich in der Aufgabenbearbeitung der Kinder feststellen lassen. Jedoch kann eine Analyse einer mathematischen Aufgabe ohne Einbindung in die Schulpraxis nur ein erster Schritt sein, um später als Lehrkraft Unterricht für heterogene Lerngruppen planen zu können. Durch die intensive Auseinandersetzung mit den Analysen der Studierenden lassen sich weitere Ideen für die Gestaltung der Lehrveranstaltung ableiten. Da sich zeigte, dass zwar auf Inhalte der Veranstaltung, aber kaum auf konkrete Literatur zurückgegriffen wurde, sollte dies nochmal stärker und explizit eingefordert werden. Ferner fällt auf, dass Studierende die Begriffe zur Raumvorstellung größtenteils synonym nutzen. Dies liegt sicherlich auch an der gleichbedeutenden Nutzung der Begriffe in der Literatur, auf welche sich die Veranstaltung bezieht. Eine bewusste Differenzierung der Begriffe sowie eine noch stärkere Hervorhebung der Bedeutung der Begriffe im Rahmen der Vorlesung könnten helfen, die Unterschiede bewusster zu machen. Zudem zeigt sich, dass viele der eingereichten Analysen nicht hinreichend detailliert genug sind und oftmals Begründungen fehlen. Dies kann auf die Vorgaben für den Umfang der fachlichen und fachdidaktischen Analyse oder auch auf eine mangelnde Begleitung oder Anleitung zurückgeführt werden. Um den Studierenden weitere Unterstützung zu bieten, wäre es eine Option, im Rahmen jeder Vorlesung jeweils einen Aspekt der fachlichen und fachdidaktischen Analyse anhand eines Beispiels im Plenum zu thematisieren. In diesem Zusammenhang könnte auch auf die Verwendung von theoretischen Elementen zur Erarbeitung der eigenen Analysen hingewiesen werden. Eine weitere Möglichkeit wäre es, sich in den Übungen jeweils nur auf einen Aspekt der fachdidaktischen Analyse zu konzentrieren. Dies könnte möglicherweise bewirken, dass eine differenziertere Analyse bezüglich der Schwierigkeiten von SchülerInnen erfolgt. Ob diese Maßnahmen positive Wirkungen zeigen, könnte man durch eine Wiederholung der hier vorgenommenen Auswertung überprüfen. Insgesamt zeigt sich, dass eine intensive Auseinandersetzung mit den Analysen lohnend ist, um die Veranstaltung und somit die Ausbildung der Studierenden zu optimieren. Da sich in der Praxis bei einigen SchülerInnen Barrieren im sprachlichen Verständnis von Aufgabenformulierungen und Begriffen zeigten, diese jedoch kaum von den Studierenden genannt wurden, wäre zudem zu überlegen, im Rahmen der Veranstaltung eine deutlichere Verknüpfung zum Studienmodul ‚Deutsch als Zweitsprache' und zum sprachsensiblen Mathematikunterricht herzustellen.

Limitationen der Studie lassen sich sowohl auf der Studierenden- als auch auf der SchülerInnenebene erkennen. Das Format der schriftlichen Abgabe der fachlich-fachdidaktischen Analyse der Studierenden könnte aufgrund der formalen Vorgaben zu einer verkürzten Darstellung der Bearbeitungsschwierigkeiten führen. Fraglich ist, ob die Studierenden in Interviews weitere oder andere Aspekte in den Fokus rücken oder ob sie diese detaillierter erläutern würden. Zudem gibt die vorliegende Untersuchung nur einen exemplarischen Einblick in die Schulpraxis, da die Lernumgebung lediglich mit drei Klassen durchgeführt wurde. Um die Ergebnisse der Praxiserprobung noch detailreicher darstellen zu können, müssten die gesamten Sequenzen videografisch festgehalten werden. Durch Einzelinterviews mit der Methode des lauten Denkens, wäre es möglich Einsichten in die mentalen Prozesse der Schülerinnen und Schüler hinsichtlich ihrer räumlichen Fähigkeiten sowie dem Erkennen und Verbalisieren von mathematischen Mustern und Strukturen zu erhalten. Schlussendlich beziehen sich die Studierendenantizipationen und Bearbeitungsschwierigkeiten in der Schulpraxis nur auf eine ausgewählte Lernumgebung, sodass die Ergebnisse der Untersuchung innerhalb weiterer mathematischer Inhaltsbereiche des Primarstufencurriculums überprüft werden müssten.

Da die Studierenden aufgrund des Studienverlaufs vermutlich wenig Praxiserfahrung haben, wäre es interessant, wie sich die Sicht auf mögliche Bearbeitungsschwierigkeiten im Laufe des Studiums wandelt. Möglicherweise würden Studierende nach der Teilnahme an praxisorientierten Studienelementen zu dieser Lernumgebung andere Bearbeitungsschwierigkeiten fokussieren oder auch weitere ergänzen. Dies könnte an der Universität Duisburg-Essen zum Beispiel innerhalb der Veranstaltung MSL oder während des obligatorischen Praxissemesters, eine fünfmonatige Praxisphase im Masterstudiengang, geschehen. Es könnte zusätzlich interessant sein, die Studierenden die Lernumgebung zu den figurierten Zahlen nach der fachlich-fachdidaktischen Analyse in der Praxis durchführen zu lassen. So könnten sie ihre erwarteten und die tatsächlich auftretenden Bearbeitungsschwierigkeiten vergleichen. Darauf aufbauend könnten Reflexionsprozesse der Studierenden untersucht werden.

Die Untersuchung zeigt, dass es den Studierenden gelungen ist vielfältige SchülerInnenschwierigkeiten herauszuarbeiten, die mit denen in der Praxiserprobung übereinstimmen. Daraus kann vorsichtig geschlossen werden, dass die Studierenden in der Veranstaltung ‚Mathematik in der Grundschule' Wissen über fachbezogene SchülerInnenkognitionen anwenden konnten. Die vertiefte fachliche und fachdidaktische Auseinandersetzung anhand einer beispielhaften Lernumgebung kann als Grundlage für die professionelle Weiterentwicklung im Rahmen von Praxiselementen gesehen werden. Die Analyse einer konstruierten Lernumgebung bezüglich möglicher Schwierigkeiten ohne Praxisbezug stellt jedoch hohe Anforderungen an die zukünftigen Lehrkräfte, da individuelle Persönlichkeitsmerkmale sowie Lernausgangslagen der Lernenden auf Theorieebene und subjektiver Erfahrungswerte begrenzt antizipiert werden können. Die oben aufgeführten Unterstützungsmaßnahmen innerhalb der Veranstaltung sowie die Verzahnung mit Praxiselementen im weiteren Studienverlauf haben demnach eine hohe Relevanz für die Ausbildung professionellen Handelns von Lehrkräften.

Literatur

Baumert, J., & Kunter, M. (2006). Stichwort: Professionelle Kompetenz von Lehrkräften. *Zeitschrift für Erziehungswissenschaft, 9*(4), 469–520. https://doi.org/10.1007/s11618-006-0165-2

Besuden, H. (1999). Raumvorstellung und Geometrieverständnis. *Mathematische Unterrichtspraxis, 20*(3), 1–10.

Bortz, J., & Döring, N. (2006). *Forschungsmethoden und Evaluation für Human- und Sozialwissenschaftler* (4. überarb. Aufl.). Springer.

Brunner, M., Kunter, M., Krauss, S., Baumert, J., Blum, W., Voss, T., Jordan, A., Loewen, K., & Tsai, Y. (2006). Die professionelle Kompetenz von Mathematiklehrkräften: Konzeptualisierung, Erfassung und Bedeutung für den Unterricht. Eine Zwischenbilanz des CO-ACTIV-Projekts. In M. Prenzel & L. Allolio-Näcke (Hrsg.), *Untersuchungen zur Bildungsqualität von Schulen. Abschlussbericht des DFG-Schwerpunktprogramms* (S. 54–82). Waxmann.

Franke, M., & Reinhold, S. (2016). *Didaktik der Geometrie in der Grundschule* (3. Aufl.) Springer Spektrum.

Fröhlich-Gildhoff, K., Nentwig-Gesemann, I., & Pietsch, S. (2011). *Kompetenzorientierung in der Qualifizierung frühpädagogischer Fachkräfte*. DJI.

KMK – Sekretariat der Ständigen Konferenz der Kultusminister der Länder in der Bundesrepublik Deutschland. (2022). *Bildungsstandards im Fach Mathematik – Primarbereich*. Beschluss vom 15.10.2004, i. d. F. vom 23.06.2022. https://www.kmk.org/fileadmin/veroeffentlichungen_beschluesse/2022/2022_06_23-Bista-Primarbereich-Mathe.pdf. Zugegriffen am 04.04.2023.

Krauss, S., Kunter, M., Brunner, M., Baumert, J., Blum, W., Neubrand, M., Jordan, A., & Löwen, K. (2004). COACTIV: Professionswissen von Lehrkräften, kognitiv aktivierender Mathematikunterricht und die Entwicklung von mathematischer Kompetenz. In J. Doll & M. Prenzel (Hrsg.), *Bildungsqualität von Schule: Lehrerprofessionalisierung, Unterrichtsentwicklung und Schülerförderung als Strategien der Qualitätsverbesserung* (S. 31–53) Waxmann.

Krauthausen, G. (2018). *Einführung in die Mathematikdidaktik – Grundschule* (4. Aufl.). Springer Spektrum. https://doi.org/10.1007/978-3-662-54692-5

Krauthausen, G., & Scherer, P. (2014). *Natürliche Differenzierung im Mathematikunterricht. Konzepte und Praxisbeispiele aus der Grundschule*. Kallmeyer.

Mayring, P. (2015). *Qualitative Inhaltsanalyse. Grundlagen und Techniken*. Beltz.

Mayring, P., & Fenzl, T. (2019). Qualitative Inhaltsanalyse. In N. Baur & J. Blasius (Hrsg.), *Handbuch Methoden der empirischen Sozialforschung* (S. 633–648). Springer. https://doi.org/10.1007/978-3-658-21308-4_42

MHB. (2020) – *Modulhandbuch vom 02.11.2020. Bachelor-Studiengang Mathematik für das Lehramt an Grundschulen*. https://www.uni-due.de/imperia/md/content/didmath/lehre/2021-05-03mhbbachelorg.pdf. Zugegriffen am 01.03.2023.

MSB – Ministerium für Schule und Bildung des Landes Nordrhein-Westfalen. (Hrsg.). (2021). *Lehrpläne für die Primarstufe in Nordrhein-Westfalen*. https://www.schulentwicklung.nrw.de/lehrplaene/lehrplan/300/ps_lp_sammelband_2021_08_02.pdf. Zugegriffen am 13.12.2022.

Padberg, F., & Benz, C. (2011). *Didaktik der Arithmetik für Lehrerausbildung und Lehrerfortbildung* (4., erw., stark überarb. Aufl.). Springer Spektrum.

Reis, O., Seitz, S., & Berisha-Gawlowski, A. (Hrsg.). (2020). *Inklusionsbezogene Qualifizierung im Lehramtsstudium an der Universität Paderborn. Konzeption.* Universität Paderborn. https://plaz.uni-paderborn.de/fileadmin/plaz/Projektgruppen/2020-Konzeption-IP-UPB.pdf. Zugegriffen am 09.12.2022.

Rinkens, H., Hönisch, K., & Träger, G. (Hrsg.). (2011). *Welt der Zahl 4* (Druck 2014). Schroedel.

Schacht, F., Scherer, P., Schöttler, C., & Stechemesser, J. (2022). Die Ausbildung im Fach Mathematik im Lehramt Grundschule zwischen fachlicher Tiefe, didaktischem Anspruch und digitalen Möglichkeiten. In I. Mammes & C. Rotter (Hrsg.), *Professionalisierung von Grundschullehrkräften. Kontext, Bedingungen und Herausforderungen* (S. 176–187). Verlag Julius Klinkhardt. https://doi.org/10.25656/01:24616

Wittmann, E. C. (1998). Design und Erforschung von Lernumgebungen als Kern der Mathematikdidaktik. *Beiträge zur Lehrerbildung, 16*(3), 329–342. https://doi.org/10.25656/01:13385

Wittmann, E. C., & Müller, G. N. (2012). *Das Zahlenbuch 1. Begleitband.* Klett.

Teil V
Weitere inklusionsorientierte Aspekte zum Mathematiklehren

Professionalisierung für Vielfalt in vielfältigen interdisziplinären Kontexten

Isabell van Ackeren-Mindl, Günther Wolfswinkler, Katja F. Cantone und Ulf Gebken

1 Einleitung

Der vorliegende Beitrag arbeitet am Fallbeispiel der Universität Duisburg-Essen (UDE) heraus, wie vor dem Hintergrund aktueller bildungspolitischer Diskurse und des spezifischen Profils der Universität die inklusionsbezogene Lehrkräfteprofessionalisierung durch die fachdidaktische Entwicklung von inklusiven Lernumgebungen in Mathematik substanziell befruchtet wurde (Abschn. 2). Der Einfluss reicht weit über die Fachgrenze hinaus. Das bildungsgerechtigkeitsorientierte Profil der UDE manifestiert sich u. a. in dem großem Einzelvorhaben „Professionalisierung für Vielfalt" (https://www.uni-due.de/proviel/) der Qualitätsoffensive Lehrerbildungen und dem darin verorteten Einzelvorhaben Mathematik-inklusiv (Abschn. 3). In diesem Rahmen werden Formen des Erkenntnistransfers in interdisziplinären Kontexten beleuchtet, namentlich die fachübergreifende ‚Qualifikation Inklusion in der Lehrkräftebildung an der UDE' (QuIL, Abschn. 4) sowie bilaterale Kooperationen zwischen der Mathematik und DaZ/DaF (Abschn. 5) und Sport (Abschn. 6). Hierbei wird der jeweilige konkrete, inhaltliche Beitrag der Mathematikdidaktik zu einer fachübergreifenden, inklusionsorientierten Lehr-

---

I. van Ackeren-Mindl · G. Wolfswinkler · K. F. Cantone · U. Gebken (✉)
Universität Duisburg-Essen, Essen, Deutschland
E-Mail: isabell.van-ackeren@uni-due.de; guenther.wolfswinkler@uni-due.de; katja.cantone@uni-due.de; ulf.gebken@uni-due.de

kräfteprofessionalisierung herausgearbeitet. Gleichzeitig wird gezeigt, dass der Erkenntnistransfer keine Einbahnstraße ist und auch das Fach Mathematik konkrete, inklusionsbezogene Erkenntnisse und Konzepte aus interdisziplinären Kontexten adaptiert.

2 Mathematiklernen und Lehrkräfteprofessionalisierung im Kontext

In einer Gesellschaft, in der neue Technologien das Leben stark prägen und ständig verändern, sind mathematische Kompetenzen von grundlegender Relevanz: um das eigene Leben im Alltag zu meistern, sich auf berufliche Anforderungen vorzubereiten und diese lebenslang und adaptiv bewältigen zu können und Zusammenhänge, etwa in wirtschaftlichen und naturwissenschaftlichen Kontexten, nachvollziehen zu können. In dieser Hinsicht nicht abgehängt zu werden, steht in hohem individuellem wie gesellschaftlichem Interesse und ist damit eine Kernaufgabe für Bildungsprozesse vom frühkindlichen und schulischen Bereich bis in die Hochschule und darüber hinaus.

In den vergangenen zwanzig Jahren haben allerdings die hohen Anteile von Kindern und Jugendlichen, die die Mindeststandards in Mathematik und Deutsch nicht erreichen, viel Aufsehen erregt (Stanat et al., 2022). Herausforderungen ergeben sich damit auch für die berufliche und akademische Ausbildung. Ergebnisse des jüngsten Bildungstrends zeigen, dass im bundesweiten Trend eine steigende Zahl an Grundschulkindern die Standards nicht erreicht bzw. dass es im Schulsystem nicht (hinreichend) gelingt, den Bildungserfolg für alle Kinder gleichermaßen sicherzustellen (ebd.). In ihrem neuen Gutachten „Basale Kompetenzen vermitteln – Bildungschancen sichern. Perspektiven für die Grundschule" empfiehlt die Ständige Wissenschaftliche Kommission der Kultusministerkonferenz (SWK) u. a. eine „Erhöhung der Quantität und Qualität der aktiven Lernzeit für den Erwerb sprachlicher und mathematischer Kompetenzen" (SWK, 2022, S. 7).

Dabei haben sich die Bedingungen für Schule in den vergangenen Jahren deutlich verändert: Neben Schulschließungen, Wechselunterricht und Distanzlernen gab und gibt es große Migrations- und Fluchtbewegungen, mit denen auch sprachliche Bildung im Fachunterricht noch einmal stärker in den Fokus gerückt ist. Soziale Herkunft und zunehmende Armut spielen eine große Rolle und die Entwicklung weg von einer exklusiven Beschulung mit sonderpädagogischem Förderbedarf in Richtung einer inklusiven Schule mit Fokus auf den Gemeinsamen Unterricht stellen ebenfalls große Anforderungen (Scherer, 2019), insbesondere an Grundschullehrkräfte. Hinzu kommen Erwartungen und Herausforderungen an Lehrkräfte, produktiv mit digitalen Medien umzugehen. Die „Querschnittsaufgaben", die z. B. auch

Nachhaltigkeit, Demokratiebildung und viele weitere Themen umfassen, sind zahlreich (Bieber et al., 2016). Dies alles ist unter Bedingungen des Lehrkräftemangels zu bewältigen. Dabei ist es schon länger ein unstrittiger empirischer Befund, dass die Lehrkräfte mit ihrer professionellen Kompetenz maßgeblich Einfluss auf den Bildungserfolg der Schüler*innen nehmen (Hattie, 2009). Dies gilt umso mehr für das Lernen an Schulen in sozial segregierten Räumen, vor allem in urbanen Ballungsräumen, wo Belastungsfaktoren und Benachteiligungen kumulieren, etwa in der Metropolregion Ruhr (van Ackeren et al., 2021; RuhrFutur gGmbH und Regionalverband Ruhr, 2020).

Eine möglichst frühe, kontinuierliche und diagnostisch fundierte Förderung von Kindern und Jugendlichen (z. B. Hoffmann & Scherer, 2017; Hähn et al., 2021 zu Mathematik), insbesondere hinsichtlich ihrer mathematischen und sprachlichen Kompetenzen und in Verbindung mit fächerübergreifendem und außerfachlichem Lernen, kann einen wichtigen Beitrag dazu leisten, Ungleichheiten im Zugang zu höherer Bildung und beim Bildungserfolg abzubauen. Dazu braucht es Professionalisierungskonzepte für angehende Lehrkräfte und solche im Beruf, die fachbezogenes Lernen unter Bedingungen von Heterogenität kompetent fördern können und wollen. Dies geht mit hohen Anforderungen an Reflexionsvermögen und Haltungen sowie kontextsensible Kenntnisse und Handlungskompetenzen einher.

Die Universität Duisburg-Essen ist ein großer lehrkräftebildender Standort, zu dem sie sich in ihren Leitlinien (UDE, o. J.) und in ihrer Lehr-Lern-Strategie bewusst bekennt (UDE, 2019). In einer mehr als andernorts durch Vielfalt gekennzeichneten Region hat sie sich Diversität und „Bildungsgerechtigkeit, die diesen Namen verdient" (Startseite des UDE-Webauftritts) zum zentralen Thema gemacht. Dabei kommen der Lehrkräftebildung und Bildungsforschung besondere Bedeutung zu, institutionell abgebildet durch das Zentrum für Lehrkräftebildung (ZLB) und das Interdisziplinäre Zentrum für Bildungsforschung (IZfB) und ihre Zusammenarbeit. Die Fachdidaktiken spielen in beiden Kontexten eine zentrale Rolle und sind alle professoral abgedeckt, mit einer besonders langen Forschungstradition im MINT-Bereich.

Die UDE ist mit ihrem Standort und Profil ein idealer Ort, um Konzepte für die Professionalisierung für Vielfalt zu entwickeln und zu beforschen (Scherer et al., 2017). Die Anforderungen an die Umsetzung von Inklusion vor dem Hintergrund der UN-Behindertenrechtskonvention und der schul- und ausbildungsrechtlichen Anforderungen haben die interdisziplinäre Zusammenarbeit in diesem Feld noch einmal herausgefordert und befördert, wozu die Unterstützung durch die ‚Qualitätsoffensive Lehrerbildung' (QLB) wesentlich beigetragen hat. Das QLB-Projekt „Professionalisierung für Vielfalt" (ProViel 2016–2023, https://www.uni-due.de/proviel/) ist in drei jeweils fachübergreifende Handlungsfelder gegliedert: Vielfalt & Inklusion, Skills Labs | Neue Lernräume, Qualitätssicherung & Qualitätsentwicklung. Vielfalt &

Inklusion ist nicht nur Gegenstand des ersten Handlungsfeld (Leitung: Petra Scherer und Katja Cantone), denn seit 2019 werden alle Maßnahmen in den 22 Teilprojekten systematisch auf dieses übergreifende Ziel ausgerichtet. In dem im April 2018 verabschiedeten fachübergreifenden „Leitbild Inklusion für die Lehrerbildung an der UDE" (UDE, 2018) wurden die wesentlichen Zielstellungen für eine inklusionsorientierte Weiterentwicklung dargelegt:

> „Inklusion benötigt Lehrkräfte mit einem diskriminierungskritischen Blick auf die Barrieren im Schul- und Bildungssystem und der Fähigkeit, individuelle Potenziale zu erkennen. Erforderlich sind Kompetenzen, die einen diversitätssensiblen, adaptiven Unterricht ermöglichen, der wiederum den unterschiedlichen Lernausgangs- und Bedarfslagen der gesamten inklusiven Lerngruppe gerecht wird."

Wie Studierende verschiedener Lehrämter in Lehrveranstaltungen theoretisch und praxisorientiert auf den Umgang mit Vielfalt im inklusiven Fachunterricht – hier am Beispiel Mathematik (Scherer, 2022) – vorbereitet werden können, wird z. B. im Projekt „Mathematik Inklusiv" erprobt. Darüber hinaus ist die Mathematik u. a. in interdisziplinäre Kooperationen, etwa mit den Bereichen DaZ und Sport, involviert, mit denen die Professionalisierung für Vielfalt in vielfältigen interdisziplinären Kontexten vorangebracht wird. Dies wird nachfolgend vertieft.

3   Das Projekt „Mathematik Inklusiv" 2016–2023

Der Erkenntnisgewinn zur inklusionsbezogenen Kompetenzentwicklungen von Lehrkräften für den Mathematikunterricht wird an der UDE in vielen Forschungs- und Entwicklungsprojekten vorangetrieben. Die Mathematik der UDE hat traditionell einen klaren Fokus auf Diagnose und Förderung sowie auf das Unterrichten in heterogenen Lerngruppen, die Perspektive eines sprachsensiblen Mathematikunterrichts kam in den letzten zehn Jahren dazu. Seit 2016 wird dies alles zum Schwerpunkt „Vielfalt und Inklusion" weiterentwickelt. Die Weiterentwicklung erfolgt u. a. im Rahmen des Projektes ‚Mathematik Inklusiv' (Projektleitung: Petra Scherer), eines der 22 QLB geförderten ProViel-Teilprojekte, das im Folgenden kurz vorgestellt wird.

Für den Bereich Grundschule wurden relevante inklusionsbezogene Konzepte für Studierende und Lehrende entwickelt, erprobt und theoretisch reflektiert (Kluge-Schöpp & Scherer, 2018; Scherer, 2019, 2022; Hähn et al., 2021), für den Lehramtsstudiengang Haupt-, Real-, Sekundar- und Gesamtschulen (HRSGe) erschlossen und partiell auf den Lehramtsstudiengang GyGe übertragen. Die Konzepte dienen ferner der Weiterentwicklung des Lehr-Lern-Labors

„Mathe-Spürnasen" (https://www.uni-due.de/didmath/mathematisches-schueler-labor_mathespuernasen.php). Ein besonderer Fokus liegt dabei auf Lernumgebungen, die sonderpädagogische Förderschwerpunkte berücksichtigen (Scherer et al., 2019; Scherer, 2019a), z. B. Lernen und Sprache, und in letzter Zeit verstärkt auch auf Geistige Entwicklung und Sehen. Eine konzeptuelle Klammer stellt das *universal design for learning* (Schlüter et al., 2016) dar. Insgesamt können inklusionsbezogene Kompetenzen, auch unter Einbeziehung des Praxissemesters, in verschiedenen Studienphasen erworben werden. Dies wird begleitet durch vielschichtige phasenübergreifende Aktivitäten zum Ergebnistransfer in den Vorbereitungsdienst und – durch bzw. in Kooperation mit der Qualitäts- und UnterstützungsAgentur – Landesinstitut für Schule des Landes Nordrhein-Westfalen (QUA-LiS) und dem Deutschen Zentrum für Lehrkräftebildung Mathematik (DZLM) (z. B. Scherer & Hoffmann, 2018) – in die Lehrkräftefortbildung.

Eine umfangreiche Begleitforschung flankiert das Projekt. Sie nimmt affektive Einstellungen sowie Zusammenhänge zwischen Einstellungen, Kompetenzentwicklungen und Erfahrungen der Lehramtsstudierenden in den Blick (Bertram & Scherer, 2022). Grundlage hierfür sind seit 2016 jährliche Erhebungen in der Spätphase des Bachelors (aktuelle Ausweitung auf Master) zu Einstellungen und Erfahrungen mit inklusivem Mathematikunterricht seitens der Lehramtsstudierenden. Ergänzt werden diese Erhebungswellen durch Befragungen (Lehrende, Lehrpersonen und Studierende), einerseits hinsichtlich der inklusionsbezogenen Beurteilung der Eignung von Lernangeboten für die Schüler*innen, andererseits mit Blick auf die Lehr- und Lernerfahrungen der Studierenden. Zudem werden Items zum fachlich-inklusionsbezogenen Kompetenzerwerb entwickelt und im Rahmen der regelmäßigen Vollerhebung am Ende des Masterstudiums eingesetzt. Im Ergebnis bringt *Mathematik Inklusiv* in das Gesamtprojekt ProViel ausdifferenzierte, evidenzbasierte und inklusionsbezogene Konzepte für alle Studienphasen und Studiengänge bei. Darüber hinaus stellt es innerhalb von ProViel eine interdisziplinäre Schaltstelle dar.

Die Sprecherinnen des Handlungsfeldes „Vielfalt und Inklusion" (https://www.uni-due.de/proviel/handlungsfeld-vielfalt-inklusion/) mit seinen acht Teilprojekten wurden bewusst aus dem Bereich Sprache und Mathematik gewählt. Sie koordinieren alle fachübergreifenden Aktivitäten innerhalb des Handlungsfeldes. Die Aktivitäten werden mit weiteren inklusionsbezogenen, profilgebenden Maßnahmen an der UDE verknüpft (https://zlb.uni-due.de/das-zentrum/inklusion/). Ein Produkt ist die fachübergreifende Qualifikation QuiL (Abschn. 4). Zudem werden seit 2019 aus allen 22 ProViel-Teilprojekten Beiträge zur Qualitätssteigerung der inklusionsbezogenen Ausbildung geleistet. Diese fachspezifischen Beiträge werden durch die beiden Handlungsfeldsprecherinnen zusammengeführt und in das inklusionsbezogene Profil der

Lehrkräftebildung der UDE eingefügt. Für diese Moderationsaufgabe bringt die Mathematik einschlägige Expertise ein, die u. a. in einer Vielzahl bilateraler Kooperationen entwickelt wurden. Einige Beispiele hierfür werden in den Abschn. 5 und 6 vorgestellt.

4 Die fachübergreifende „Qualifikation Inklusion in der Lehrkräftebildung an der UDE" (QuIL)

Koordiniert durch die Sprecherinnen des ProViel-Handlungsfeldes Vielfalt und Inklusion wurde die fachübergreifende „Qualifikation Inklusion in der Lehrer*innenbildung – QuIL" entwickelt. QuIL ist eine für Studierende wählbare, inklusionsspezifische Qualifikation (https://zlb.uni-due.de/quil/). Dafür werden seit 2021 Vertiefungsmöglichkeiten abgestimmt und geschaffen, die über die inklusiven Basis-Qualifikationen hinausgehen, die von allen Studierenden erworben werden müssen. Die Vertiefungen erfolgen durch Schwerpunktsetzung im Rahmen des Regelstudiums vor allem durch Wahlpflichtentscheidungen (Wahlpflichtbereiche, einschlägige Studienleistungen, Abschlussarbeiten sowie durch zusätzliche Leistungen und extracurriculare Veranstaltungen). QuIL ist zunächst im Lehramt Grundschule angesiedelt und ist ein gemeinsames Vorhaben der aus ProViel heraus geförderten Fächer Mathematik, DaZ/DaF, Deutsch, Bildungswissenschaften, Sport, ev. Theologie und Englisch. Perspektivisch wird eine Erweiterung auf die noch fehlenden vier Fächer des Lehramtes Grundschule angestrebt.

Die Entwicklungs- und Abstimmungsprozesse werden im Rahmen von ProViel durch die Handlungfeldsprecherinnen aus dem Bereich Mathematik und Sprache vorangetrieben. Prämisse ist, dass diese Vertiefungsmöglichkeiten ohne Veränderungen des strukturellen Aufbaus der Studiengänge geschaffen werden können, um komplexe Re-Akkreditierungsprozesse der Studiengänge zu vermeiden. Gleichzeitig kennen die Dozierenden Inhalte und Kompetenzerwartungen der jeweils anderen Studiengänge und nehmen in ihren Lehrveranstaltungen explizit darauf Bezug.

Die Mathematikdidaktik hat in diesem Kontext eine fachübergreifende, inklusionsorientierte Lehrkräfteprofessionalisierung auf zweierlei Wegen befördert. Zum einen war sie maßgeblich an der Ausarbeitung der fächerübergreifenden Grundannahmen beteiligt, die im Leitbild Inklusion für die Lehrkräftebildung dokumentiert (UDE, 2018) und dann QuIL zugrundegelegt wurden. Eckpunkte der inklusionsorientierten Lehrkräfteprofessionalisierung sind: Bildungsgerechtigkeit als Bildungs- und Erziehungsauftrag, multiprofessionelle Teams und eine Einheit aus diskriminierungskritischer Didaktik, Diagnose und Förderung. Damit wurden eine verbindliche, gemeinsame paradigmatische Basis und normative Zielrichtung definiert. Diese liegen der QuIL zugehörigen, jährlichen Ringvorlesung zugrunde. Die Fächer nehmen auf diesem Weg wechselseitig Einblick über die Möglichkeiten des fachspezifischen Kompetenzerwerbs in den Studienverläufen der beteiligten Studiengänge und erhalten Aufschluss über die dahinterliegenden theoretischen Ansätze.

Im Projekt „Lehrkräftebildung inklusiv – Fachspezifische sowie fächerübergreifende Professionalisierung im Kontext der ‚Qualifikation Inklusion in der Lehrer*innenbildung – QuIL' im Grundschullehramt" (Leitung: Scherer und Cantone) soll innerhalb des an der UDE angesiedelten *Graduiertenkolleg Querschnittsaufgaben in der Lehramtsbildung zum Thema „Inklusive und chancengerechte Bildung"* die neue Qualifikation hinsichtlich ihrer fachspezifischen und fachübergreifenden Inhalte beforscht werden. Darüber hinaus werden subjektive Theorien, *beliefs* und Erfahrungen der Beteiligten (Hochschullehrende und Studierende) mithilfe schriftlicher Befragungen und ausgewählter Interviews qualitativ untersucht.

Schließlich konkretisiert die Mathematik die o. g. Eckpunkte der inklusionsorientierten Lehrkräfteprofessionalisierung in ihren Studiengängen mit evidenzbasierten Konzepten (Abschn. 3) und schafft strukturierte, einschlägige Vertiefungsmöglichkeiten. Bilanzierend lässt sich festhalten, dass die Mathematik ein interdisziplinäres Format maßgeblich mitgestaltet und sich auf diese Weise die Möglichkeit verschafft, konkrete, inklusionsbezogene Erkenntnisse und Konzepte aus anderen Fächern zu adaptieren. Die konkreten Ergebnisse eines solchen interdisziplinären Erkenntnistransfers werden in den folgenden beiden Kapiteln dargestellt.

5 Bilaterale Kooperationen: Mathematik und DaZ/DaF

Vor der Zusammenarbeit in QuIL bestanden bereits Kooperationen zwischen dem Institut für Deutsch als Zweit- und Fremdsprache (DaZ/DaF) und der Mathematik in Form gemeinsamer, innovativer Lehrveranstaltungen (u. a. Guckelsberger & Schacht, 2019; Schacht et al., 2022). Insbesondere durch das Projekt ProDaZ, das darauf zielte, fachliches und sprachliches Lernen in allen Fächern mit dem Fokus auf Deutsch als Zweitsprache zu implementieren (Benholz et al., 2015), wurden Prozesse des sprachsensiblen Unterrichts durch Angebote an interdisziplinären, in den fachdidaktischen Studienanteilen verankerten Veranstaltungen initiiert. Während anfänglich Sprachbildung lediglich aus der Fachperspektive betrachtet wurde, diente die Zusammenarbeit der Weiterentwicklung in beiden Fächern: Der Mathematikunterricht wurde stärker hinsichtlich seines Potenzials zur Sprachbildung betrachtet. Damit konnte eine curriculare Verankerung von Fachdidaktik und Sprachbildung erreicht werden, die wiederum dem Ziel des Faches DaZ/DaF entspricht, sprachliche Heterogenität in den Fächern fest zum

Gegenstand von Reflexionen zu machen und sprachliches Handeln fachspezifisch zu kontextualisieren.

Ein zentrales Moment für das fächerübergreifende gemeinsame Ziel, den Umgang mit Heterogenität in der Professionalisierung von Lehrkräften zu verankern, ist der für alle Grundschullehramtsstudierenden verpflichtende Besuch des Moduls „Deutsch für Schülerinnen und Schüler mit Zuwanderungsgeschichte" (kurz: DaZ-Modul, Cantone et al., 2022). Dieses wird von DaZ/DaF verantwortet und muss auch von allen Studierenden des Faches Mathematische Grundbildung besucht werden. Hier findet bereits im 2. Bachelor-Semester die Vermittlung von Grundlagen der inklusiven Sprachbildung in allen Fächern und Prinzipien und Methoden des sprachsensiblen Unterrichts statt, die dann später in den fachdidaktischen Veranstaltungen der Mathematischen Grundbildung vertieft wird.

Ein weiterer Aspekt, der beide Fächer vereint und der im Austausch intensiv verfolgt wird, ist die Vorbereitung angehender Lehrkräfte auf die Umsetzung von Inklusion. Im Rahmen einer Untersuchung zum Grad der Professionalisierung angehender Lehrkräfte im Bereich der inklusionsspezifischen Kompetenzanforderungen an der UDE (Rupprecht, 2021), zeigte die Analyse der Curricula, dass das Themenfeld Inklusion in den Modulinhalten der Mathematischen Grundbildung zwar in wenigen Veranstaltungen angeboten wird, dafür kommen jedoch alle ermittelten inklusionsspezifischen Kompetenzbereiche vor (Rupprecht, 2021). In DaZ/DaF indes finden sich die Kompetenzen „Umgang mit Vielfalt", „Gestaltung von Lehr- und Lernprozessen" sowie „Diagnose und Förderung" wieder, die Aspekte „Multiprofessionalität" und „Selbstkonzept" fehlen in der Modulbeschreibung. Deren Berücksichtigung wird jedoch seit kurzem im DaZ-Modul im Master erprobt (Niehaus & Cantone, 2024). Zukünftig sollte noch mehr in die fächerübergreifende Verzahnung inklusionsspezifischer Kompetenzen, beispielsweise durch direkte Hinweise seitens der Dozierenden, investiert werden, damit Studierende fächerspezifische Perspektiven bewusst gegenüberstellen können.

Hinzu eröffnen sich für beide Fächer mittelfristig noch zwei weitere Möglichkeiten, in der Lehrkräfteprofessionalisierung verzahnt und kooperierend zu wirken, um Vielfalt und Individualisierung zu implementieren und als Gegenstand fortwährender Reflexion zu machen. Zum einen bietet die Neueinrichtung des Lehramts für Sonderpädagogik (Grundschule und HRSGe) mit den aktuellen Förderschwerpunkten „Sprache" und „Emotionale und soziale Entwicklung" (der Schwerpunkt „Hören und Kommunikation" folgt im nächsten Jahr) einen weiteren Rahmen, um inklusionsbezogenen Unterricht fächerübergreifend zu thematisieren. Zum anderen plant die UDE zum Wintersemester 2023/24 die Einrichtung des neuen Teilstudiengangs „Deutsch für Schülerinnen und Schüler mit Zuwanderungsgeschichte/Herkunftssprachen", der als drittes Fach neben sprachlicher Grundbildung und mathematischer Grundbildung im Grundschullehramt gewählt werden kann. Hier ergeben sich Forschungsdesiderata mit Blick auf die unterrichtspraktische Berücksichtigung neu zugewanderter Schülerinnen und Schüler im Sinne inklusiver Lernumgebungen, die den Sprachstand der Kinder reflektieren.

6 Bilaterale Kooperationen: Mathematik und Sport

Mathematik und Sport entwickeln aktuell an der UDE den Ausbildungsschwerpunkt „Umgang mit Heterogenität in Schulen und Unterricht" zu „Vielfalt und Inklusion" weiter. Beide Fächer können dafür, unterstützt u. a. seit 2016 durch ProViel (Abschn. 3), auf eine anwachsende Forschungsgrundlage zurückgreifen. Zudem wurde in beiden Fächern eine ausdifferenzierte Evidenzgrundlage durch inklusionsbezogene Studierendenbefragungen geschaffen. Dafür erfolgte eine fachübergreifende Abstimmung über Design, Auswertung und Ergebnisverwertung. Die Verwertung erfolgt dann in Form von Studiengangentwicklungen.

Gemeinsame Ausgangsthese war, dass sich inklusionsbezogene Vorerfahrungen der Studierenden auf die Einstellungen und Haltungen zum Unterrichten in inklusiven Settings auswirken. Diese beeinflussen wiederum die inklusionsbezogene Professionsentwicklung. Entsprechend wurden im Jahr 2014 Bachelor- und ab 2017 Masterstudierende im Rahmen erster empirischer Annäherungen nach inklusionsspezifischen Vorerfahrungen befragt. Auffällig ist, dass etwa 50 % der Lehramtsstudierenden in Mathematik und Sport diese vorweisen können (Scherer et al., 2021). Besonders Studierende des Lehramtes Haupt-, Real-, Sekundar- und Gesamtschulen (HRSGe) berichten von diesen häufiger als die Studierenden für das Lehramt Grundschule. Die Ergebnisse zeigen zum Beispiel, dass ca. 85 % der Studierenden überwiegend im Setting Schule oder im privaten Kontext Kontakterfahrungen mit z. B. Behinderungen machen. Über Schulpraktika im Bachelor und Master wachsen die Kontakterfahrungen und werden einschlägiger in Bezug auf Schule und Unterricht.

Kontakterfahrungen allein wirken sich jedoch nicht im gewünschten Maße auf die Professionsentwicklung aus. So erhalten Studierende zwar in den Praxisphasen oder außerhalb der Ausbildung im bezahlten Vertretungsunterricht häufig Einblicke in die Anleitung von Förderangeboten in der Mathematik und Sportstudierende in die Erteilung von Sportförderunterricht. Zum Teil waren diese Förderangebote aber als „interne Exklusion" (Separierung von Schüler*innen mit Förderbedarf) angelegt. In anderen Fällen waren Studierende häufig nicht in der Lage, die inkludierende Wirkung der Förderangebote zu erkennen und haben diese ebenfalls als „interne Exklusion" interpretiert. In beiden Fällen wurden hier häufig Vorstellungen über inklusiven (Förder-)Unterricht entwickelt, die nicht mit den inklusionsbezogenen Ausbildungszielen der UDE übereinstimmten. In einem fachübergreifenden Austausch zwischen Mathematik und Sport wurde erörtert, wie diesem Desiderat durch die Qualitätsentwicklung der Studiengänge begegnet werden könnte: Im Ergebnis wird jetzt Studierenden im Vorfeld der Praxiserfahrung der Erwerb umfassender Kenntnisse über Qualitätsmerkmale gelingenden inklusiven Unterrichts ermöglicht. In der Mathematik lernen sie z. B. natürliche Differenzierung (Krauthausen & Scherer, 2014) von „interner Exklusion" zu unterscheiden. Darüber hinaus werden Dozierende der nachbereitenden Veranstaltungen – z. B. im Bereich Sport – explizit für den Umgang mit möglichen Fehlvorstellungen der Studierenden sensibilisiert.

Weiter waren Erfahrungen, insbesondere im Praxissemester, mit inklusionsbezogenem Unterricht oft mit Überforderung verbunden. Dieser „Praxisschock" erzeugt Skepsis bezüglich der Möglichkeit eines gelingenden Unterrichts in inklusiven Settings und kann sich wiederum kontraproduktiv auf die Einstellung zu Inklusion auswirken. Neben der o. g. gründlicheren Professionalisierung der Studierenden im Vorfeld der Praxiserfahrung, die der Überforderungserfahrung entgegenwirkt, haben beide Fächer eigenständige Settings entwickelt, innerhalb dessen Studierende sorgfältig angeleitet positive Praxiserfahrungen machen können und so eine realistische Selbstwirksamkeitsüberzeugung hinsichtlich gelingenden Unterrichts in inklusiven Settings entstehen kann:

- Im o. g. Lehr-Lern-Labor „Mathe-Spürnasen" (https://www.uni-due.de/didmath/mathematisches-schuelerlabor_mathespuernasen.php) werden Studierende u. a. an die Gestaltung inklusiven Settings herangeführt und reflektieren ihre Praxiserfahrung.
- Im Sport werden in dem inklusiv ausgerichteten Projekt „Open Sunday", Kontakte zwischen Bachelorstudierenden und behinderten bzw. beeinträchtigten Schüler*innen hergestellt. Der im Essener Stadtteil Huttrop ansässige Sportverein DJK Franz Sales Haus e. V. öffnet jeweils sonntags sein Sportzentrum Ruhr für die im unmittelbaren angrenzenden Sozialraum lebenden Kinder. Unter der Anleitung von Bachelorstudierenden spielen und bewegen sie sich gemeinsam mit den Schüler*innen der benachbarten Förderschule und des Franz Sales Hauses. In dem dreistündigen sonntäglichen Bewegungsprojekt bewältigen sie Wagnissituationen im Rahmen von Bewegungslandschaften und spielen miteinander. Vor allem das gegenseitig gute soziale und wertschätzende Miteinander der Beteiligten hat einen auffallend hohen Stellenwert und trägt wesentlich zum Gelingen des Projektes bei (Jansen, 2018). Die Freude an den Bewegungen und die tatsächliche Bewegungszeit der teilnehmenden Kinder fallen enorm groß aus. Die Studierenden spüren, dass die mitmachenden Kinder ihren Teamgeist, die Toleranz, Empathie und Lebensfreude stärken (Morsbach et al., 2021).

Beide Fächer haben sich nicht nur fachspezifisch und forschungsgrundiert im Hinblick auf Vielfalt und Inklusionsentwicklung weiterentwickelt. Darüber hinaus haben sie sich auch gemeinsam eine evidenzbasierte Grundlage für die inklusionsbezogene Qualitätsentwicklung ihrer Studiengänge geschaffen. Bezüglich des Umgangs mit den festgestellten Desideraten konnten in einem fachübergreifenden Austausch gemeinsame strategische Ansatzpunkte entwickelt werden, die dann jeweils unterschiedlich in der jeweiligen Fächerlogik umgesetzt werden (für einen Überblick s. Scherer et al., 2021, S. 11).

7 Fazit

Die Mathematik der UDE ist forschungsstark mit Blick auf inklusionsbezogene Qualitätsentwicklung ihrer Studiengänge vorangegangen. Damit ist nicht nur das Fach zukunftsweisend aufgestellt, sondern die gesamte Lehrkräftebildung der UDE konnte von der Early-Adopter-Rolle der Mathematik profitieren. Diese Rolle hat die Mathematik sehr aktiv gestaltet: Zum einen wurden Leitungsfunktionen, z. B. im Projekt ProViel und in der Qualifikation Inklusion für die Lehrkräftebildung (QUiL) übernommen. Hier wurde ein vielgenutzter und ergebnisorientierter Rahmen für fächerübergreifende Abstimmungen etabliert und koordiniert. Von besonderer Bedeutung dabei ist, dass diese Leitungsfunktionen von einer Mathematikdidaktikerin mit sonderpädagogischer „Ausbildung" ausgefüllt werden. Engagement, diplomatisches Geschick und hohe Expertise hat so der UDE den sonderpädagogischen Erkenntnisstand zum erfolgreichen Unterrichten in inklusiven Settings erschlossen, ohne dass die UDE, wie andernorts, in Gefahr lief, sich in paradigmatischen „Grabenkämpfen" zu verstricken. Darüber hinaus hat die Mathematik an der UDE den wechselseitigen, fachübergreifenden Erkenntnistransfer (z. B. in den hier skizzierten Bereichen Sprache, Fehlkonzepte, Überforderung) vorangetrieben und damit sowohl das eigene Fach als auch die Studiengänge der Kooperationspartner*innen gestärkt. So bietet die UDE eine hervorragende Ausgangsbasis für eine inklusionsbezogene Professionsentwicklung. Insgesamt ist die Mathematik eine gewichtige und forschungsstarke Mitstreiterin für mehr Bildungsgerechtigkeit in der Metropolregion Rhein-Ruhr – und auch darüber hinaus.

Literatur

Ackeren, I. van, Holtappels, H. G., Bremm, N., & Hillebrand-Petri, A. (Hrsg.) (2021). *Schulen in herausfordernden Lagen – Forschungsbefunde und Schulentwicklung in der Region Ruhr. Das Projekt „Potenziale entwickeln – Schulen stärken"*. Juventa. https://www.beltz.de/fachmedien/paedagogik/produkte/details/45379-schulen-in-herausfordernden-lagen-forschungsbefunde-und-schulentwicklung-in-der-region-ruhr.html. Zugegriffen am 26.09.2023.

Benholz, C., Frank, M., & Gürsoy, E. (Hrsg.). (2015). *Deutsch als Zweitsprache in allen Fächern: Konzepte für Lehrerbildung und Unterricht*. Klett.

Bertram, J., & Scherer, P. (2022). Pre-service teachers' beliefs and attitudes about teaching in inclusive mathematics settings. Twelfth Congress of the European Society for Research in Mathematics Education (CERME12), Feb 2022, Bozen-Bolzanos. https://hal.science/hal-03744942. Zugegriffen am 26.09.2023.

Bieber, G., Horstkemper, M., & Krüger-Potratz, M. (2016). Editorial zum Schwerpunktthema: Querschnittsaufgaben von Schule. *Die Deutsche Schule, 108*(3), 221–225. https://www.waxmann.com/index.php?eID=download&id_artikel=ART101978&uid=frei

Cantone, K. F., Olfert, H., Gerhardt, S., Haller, P., & Romano-Bottke, S. (2022). Professionalisierung für sprachliche Vielfalt? Eine Zwischenevaluation des „DaZ-Moduls" an der Universität Duisburg-Essen. In K. F. Cantone, E. Gürsoy, I. Lammers, & H. Roll (Hrsg.), *Fachorientierte Sprachbildung und sprachliche Vielfalt in der Lehrkräftebildung. Hochschuldidaktische Formate an der Universität Duisburg-Essen* (S. 17–48). Waxmann.

Guckelsberger, S., & Schacht, F. (2019). Sprachbildung im Fach Mathematik: Eine Lehr- und Forschungskooperation zwischen Mathematikdidaktik und ProDaZ. *ProDaZ-Journal*, (1), 1. https://www.uni-due.de/imperia/md/content/prodaz/prodaz_journal_1_a4.pdf (Homepage in Überarbeitung). Zugegriffen am 26.09.2023.

Hähn, K., Häsel-Weide, U., & Scherer, P. (2021). Diagnosegeleitete Förderung im inklusiven Mathematikunterricht – Professionalisierung durch reflektierte Handlungspraxis in der Lehrer*innenbildung. *Qualifizierung für Inklusion, 3*(2). https://doi.org/10.21248/qfi.72

Hattie, J. A. C. (2009). *Visible learning: A synthesis of over 800 meta-analyses relating to achievement*. Routledge. https://doi.org/10.1007/s11159-011-9198-8

Hoffmann, M., & Scherer, P. (2017). Diagnostische Kompetenzen im Mathematikunterricht. In J. Leuders, T. Leuders, S. Prediger, & S. Ruwisch (Hrsg.), *Mit Heterogenität im Mathematikunterricht umgehen lernen. Konzepte und Studien zur Hochschuldidaktik und Lehrerbildung Mathematik*. Springer Spektrum. https://doi.org/10.1007/978-3-658-16903-9_7

Jansen, L. (2018). *Der Open Sunday im Franz Sales Haus – eine explorative Studie der Gelingensbedingungen*, unveröffentlichte Bachelorarbeit. Universität Duisburg-Essen.

Kluge-Schöpp, D., & Scherer, P. (2018). Vorbereitung von Lehramtsstudierenden für einen inklusiven Mathematikunterricht – Konzepte und Erfahrungen der Lehrerausbildung. In Fachgruppe Didaktik der Mathematik der Universität Paderborn (Hrsg.), *Beiträge zum Mathematikunterricht 2018* (S. 1003–1006). WTM.

Krauthausen, G., & Scherer, P. (2014). *Natürliche Differenzierung im Mathematikunterricht – Konzepte und Praxisbeispiele aus der Grundschule*. Kallmeyer.

Morsbach, K., Edelhoff, D., Brockers, P., & Gebken, U. (2021). *Open Sunday. Konzept und Einblicke in die sport- und sozialpädagogische Arena für alle Kinder*. Arete.

Niehaus, K., & Cantone, K. F. (2024). „Man sollte bei Sprachbildung doch mehr zusammenarbeiten…" – Zum beruflichen Selbstverständnis im Kontext inklusiver Schulentwicklungsprozesse. In J. Bertram, K. F. Cantone, K. Niehaus, P. Scherer, & G. Wolfswinkler (Hrsg.), *Lehrkräfteprofessionalisierung für die Vielfalt in der Metropolregion Rhein-Ruhr* (S. 93–110). Waxmann.

RuhrFutur gGmbH, Regionalverband Ruhr. (Hrsg.). (2020). *Bildungsbericht Ruhr. Bildung in der Region gemeinsam gestalten*. https://bildungsbericht.ruhr/documents/124/Bildungsbericht_Ruhr2020_Langfassung_Stand_05_02_21.pdf. Zugegriffen am 26.09.2023.

Rupprecht, J. (2021). *Inklusion in der Lehrerbildung – Eine Analyse inklusionsspezifischer Kompetenzanforderungen im Grundschullehramt der UDE*, unveröffentlichte Masterarbeit. Universität Duisburg-Essen.

Schacht, F., Guckelsberger, S., & Erbay, S. (2022). „Das ist eine Unparallele" – Ein Beitrag aus der Perspektive der universitären Lehrkräfteausbildung zur Verknüpfung von Sprache und Fach am Beispiel der Mathematik. In K. F. Cantone, E. Gürsoy, & H. Roll (Hrsg.), *Fachorientierte Sprachbildung und sprachliche Vielfalt in der Lehrkräftebildung. Hochschuldidaktische Formate an der Universität Duisburg-Essen* (S. 179–206). Waxmann.

Scherer, P. (2019). Professionalisation for inclusive mathematics – Challenges for subject-specific teacher education. In D. Kollosche, R. Marcone, M. Knigge, M. Godoy Penteado, & O. Skovsmose (Hrsg.), *Inclusive Mathematics Education. State-of-the-Art Research from Brazil and Germany* (S. 625–638). Springer. https://doi.org/10.1007/978-3-030-11518-0

Scherer, P. (2019a). The potential of substantial learning environments for inclusive mathematics – Student teachers' explorations with special needs students. In U. T. Jankvist, M. van den Heuvel-Panhuizen, & M. Veldhuis (Hrsg.), *Proceedings of the Eleventh Congress of the European Society for Research in Mathematics Education* (S. 4680–4687). Freudenthal Group & Freudenthal Institute, Utrecht University and ERME.

Scherer, P. (2022). Umgang mit Vielfalt im Mathematikunterricht der Grundschule – Welche Kompetenzen sollten Lehramtsstudierende erwerben? In K. Eilerts, R. Möller, & T. Huhmann (Hrsg.), *Auf dem Weg zum neuen Mathematiklehren und -lernen 2.0* (S. 11–25). Springer. https://doi.org/10.1007/978-3-658-33450-5

Scherer, P., & Hoffmann, M. (2018). Umgang mit Heterogenität im Mathematikunterricht der Grundschule – Erfahrungen und Ergebnisse einer Fortbildungsmaßnahme für Multiplikatorinnen und Multiplikatoren. In R. Biehler, T. Lange, T. Leuders, B. Rösken-Winter, P. Scherer, & C. Selter (Hrsg.), *Mathematikfortbildungen professionalisieren – Konzepte, Beispiele und Erfahrungen des Deutschen Zentrums für Lehrerbildung Mathematik* (S. 265–279). Springer. https://doi.org/10.1007/978-3-658-24292-3

Scherer, P., Beswick, K., DeBlois, L., Healy, L., & Moser Opitz, E. (2017). Assistance of students with mathematical learning difficulties – How can research support practice? – A summary. In G. Kaiser (Hrsg.), *Proceedings of the 13th International Congress on Mathematical Education ICME-13* (S. 249–259). Springer. https://doi.org/10.1007/978-3-319-62597-3

Scherer, P., Kroesbergen, E. H., Moraova, H., & Roos, H. (2019). Introduction to the work of TWG25: Inclusive mathematics education – Challenges for students with special needs. In U. T. Jankvist, M. van den Heuvel-Panhuizen, & M. Veldhuis (Hrsg.), *Proceedings of the Eleventh Congress of the European Society for Research in Mathematics Education* (S. 4620–4627). Freudenthal Group & Freudenthal Institute, Utrecht University and ERME.

Scherer, P., Sträter, H., & Gebken, U. (2021). Vorerfahrungen und Grundhaltungen von Lehramtsstudierende für einen inklusiven Fachunterricht. Konzeptionelle Folgerungen für die Lehrer*innenbildung in den Fächern Mathematik und Sport. *Sonderpädagogische Förderung in NRW – Mitteilungen des Verbandes Sonderpädagogik e. V., 59*(4), 4–14.

Schlüter, A.-K., Melle, I., & Wember, F. B. (2016). Unterrichtsgestaltung in Klassen des Gemeinsamen Lernens. Universal Design for Learning. *Sonderpädagogische Förderung heute, 61*(3), 270–285.

Stanat, P., Schipolowski, S., Schneider, R., Sachse, K. A., Weirich, S., & Henschel, S. (Hrsg.). (2022). *IQB-Bildungstrend 2021. Kompetenzen in den Fächern Deutsch und Mathematik am Ende der 4. Jahrgangsstufe im dritten Ländervergleich.* Waxmann. https://www.iqb.hu-berlin.de/bt/BT2021/Bericht/

SWK – Ständige Wissenschaftliche Kommission der Kultusministerkonferenz. (2022). *Basale Kompetenzen vermitteln – Bildungschancen sichern. Perspektiven für die Grundschule.*

https://www.kmk.org/fileadmin/Dateien/pdf/KMK/SWK/2022/SWK-2022-Gutachten_Grundschule.pdf. Zugegriffen am 26.09.2023.

UDE – Universität Duisburg-Essen. (2018). *Leitbild Vielfalt & Inklusion für die Lehrerausbildung an der Universität Duisburg-Essen*. Duisburg und Essen. https://zlb.uni-due.de/imperia/leitbild-inklusion/2018-04-18_Leitbild_Inklusion_UDE.pdf (Homepage in Überarbeitung). Zugegriffen am 26.09.2023.

UDE – Universität Duisburg-Essen. (2019). *Lehr-Lern-Strategie 2025. Miteinander Wandel gestalten*. Duisburg und Essen. https://www.uni-due.de/imperia/md/content/dokumente/lehr-lern-strategie.pdf (Homepage in Überarbeitung). Zugegriffen am 26.09.2023.

UDE – Universität Duisburg-Essen. (o. J.). *Leitlinien der Universität*. https://www.uni-due.de/de/universitaet/leitlinien.php (Homepage in Überarbeitung). Zugegriffen am 26.09.2023.

Sportlehrkräfteprofessionalisierung – fachspezifische und -übergreifende Anliegen

Michael Pfitzner, Helena Sträter, Ulf Gebken und Jennifer Liersch

1 Einleitung

Ursprünglich im gesundheitlichen Sinne auf die Reduzierung von Sitzzeiten in der Schule ausgerichtet, mittlerweile deutlich vielschichtiger begründet, zielen Konzepte der *Bewegten Schulen* darauf ab, den gesamten Schulalltag bewegter zu gestalten (Thiel et al., 2013). Diesem Verständnis nach ist Bewegung nicht auf den Sportunterricht zu reduzieren, sondern auch in anderen Fächern und Lernbereichen mitzudenken. So vertreten die Autor*innen dieses Beitrags zwar in erster Linie Perspektiven der Sportlehrkräftebildung, weiten diese aber im Sinne der Bewegten Schule über die Fachgrenze hinaus aus.

Bewegung gewinnt in dieser Betrachtung an querschnittlicher Bedeutung in der Schule und ist demnach nicht nur Aufgabe der Sportlehrkräfte. Als ein Baustein zur Bewegten Schule fokussiert das Projekt ‚Bewegungsbasierte Lernförderung im

---

M. Pfitzner (✉) · U. Gebken · J. Liersch
Institut für Sport- und Bewegungswissenschaften (ISBW), Essen, Deutschland
E-Mail: michael.pfitzner@uni-due.de; ulf.gebken@uni-due.de; jennifer.liersch@uni-due.de

H. Sträter
Institut für Sportwissenschaft, Wuppertal, Deutschland
E-Mail: straeter@uni-wuppertal.de

© Der/die Autor(en), exklusiv lizenziert an Springer Fachmedien Wiesbaden GmbH, ein Teil von Springer Nature 2024
B. Barzel et al. (Hrsg.), *Inklusives Lehren und Lernen von Mathematik*,
https://doi.org/10.1007/978-3-658-43964-4_20

Fachunterricht in Kooperation' zwischen dem Institut für Sport- und Bewegungswissenschaften (ISBW) und der Fakultät für Mathematik der Universität Duisburg-Essen (UDE) die Umsetzung von lernförderlicher Bewegung im Klassenraum. Des Weiteren zeigt sich die Zusammenarbeit von Sportwissenschaft und Mathematikdidaktik an der UDE im Themenfeld *Vielfalt und Inklusion*. Der professionelle und wertschätzende Umgang mit Heterogenität hat sich zu einem zentralen Thema der Lehrkräftebildung entwickelt. Die Bemühungen sind davon getragen, die fachlich-lehrseitigen Perspektiven der Studierenden möglichst von Beginn des Studiums an zu irritieren und einen Perspektivwechsel anzustoßen. Dabei geht es auch um die Sensibilisierung der Lehramtsstudierenden für einen vielfaltsorientierten Sportunterricht. Durch die Ratifizierung der UN-Behindertenrechtskonvention (UN-BRK) im Jahr 2009 (Degener, 2009) und die Änderungen des Lehrerausbildungsgesetzes (LABG) im Jahr 2016 in Nordrhein-Westfalen begünstigt, begann im Rahmen der ‚Qualitätsoffensive Lehrerbildung' (QLB) das Projekt ‚Professionalisierung für Vielfalt' (ProViel), bei dem Petra Scherer das Handlungsfeldes *Vielfalt und Inklusion* leitet. Querschnittlich-fächerübergreifend liegt der Fokus auf der Implementierung inklusionsbezogener Themenschwerpunkte an der UDE und einer weiteren Vertiefung des Themenschwerpunktes Inklusion.

Bewegung und Vielfalt als zwei Querschnittsthemen in der Schule sind Facetten, die die gemeinsame Arbeit der Autor*innen dieses Beitrages mit Petra Scherer prägen. Beide Aspekte werden zunächst theoretisch-konzeptionell und nachfolgend projektbezogen betrachtet. Im Fazit wird eine an den zuvor skizzierten Projekten anschließende potenzielle Anschlussmöglichkeit für zukünftige gemeinsame Aktivitäten dargestellt.

2 Schulsport ist mehr als Sportunterricht

Bewegungs-, Spiel- und Sportaktivitäten in der Schule sind nicht auf den Sportunterricht zu reduzieren. Der strukturelle Rahmen von Bewegung, Spiel und Sport in der Schule (Reinink, 2013) (Abb. 1) verdeutlicht, dass Sportlehrkräfte – gemeinsam mit Lehrer*innen aller Unterrichtsfächer – auch im Bewegten Fachunterricht, in den Pausen, im Rahmen der Ganztagsschule, auf Klassenfahrten usw. gefordert sind, ihre Expertise zugunsten des Lernens und der Entwicklung ihrer Schüler*innen einzusetzen.

Das nachfolgende Portrait der Fridtjof-Nansen-Schule in Hannover-Vahrenheide (Abschn. 2.1) skizziert ein Best Practice-Beispiel einer Schule, die Bewegung, Spiel und Sport zum Leitbild ihrer pädagogischen Arbeit gemacht hat. Mit dem in Abschn. 2.2 dargestellten Forschungsprojekt wird eine Facette der *Bewegten Schule*, der *Bewegte Fachunterricht*, fokussiert.

Sportlehrkräfteprofessionalisierung – fachspezifische und -übergreifende ... 323

Bewegung, Spiel und Sport in der Schule

Schulsport	Andere Lernbereiche und Fächer

Außerunterrichtlicher Schulsport	Sportunterricht	
- Bewegung, Spiel- und Sport(förder)angebote im Ganztag - Pausensport - Schulsportgemeinschaften - Sport-AGs (inkl. Förder- und Fitnessgruppen) - Sportprojekte - Schulsporttage - Schulsportfeste und -wettkämpfe - Schulfahrten mit sportlichem Schwerpunkt - freie Bewegungsangebote	- Sportunterricht (gem. Stundentafel) - Sportförderunterricht - Wahlpflichtunterricht	- Bewegungs- und Entspannungszeiten - Rhythmisiertes Lernen - Bewegung, Spiel und Sport im überfachlichen Lernen - Lernen durch Bewegung - Themenzentriertes Lernen

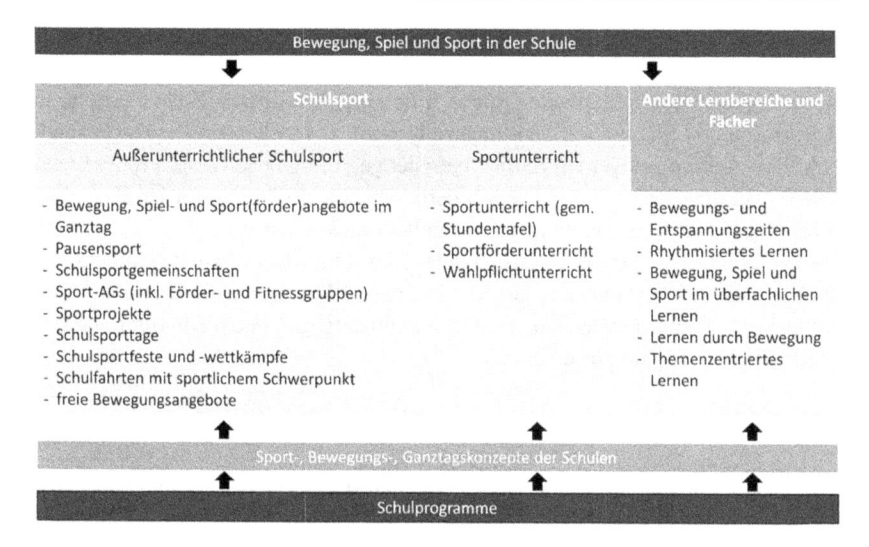

Sport-, Bewegungs-, Ganztagskonzepte der Schulen

Schulprogramm

Abb. 1 Struktureller Rahmen von Bewegung, Spiel und Sport in der Schule, aus Reinink 2013, S. 261

2.1 Die Fridtjof-Nansen-Schule – ein Leuchtturm bewegter Schule

Bewegung und Gesundheit prägen das Profil der Fritjof-Nansen-Schule (FNS), einer Grundschule im sozial herausfordernden Stadtteil Hannover-Vahrenheide. Aufgrund der detailreichen Umsetzung und zielgerichteten Weiterentwicklung einzelner bewegungsorientierter und gesundheitsbezogener Bausteine wurde sie mehrfach als herausragende *Bewegte Schule* ausgezeichnet.

Die FNS ist eine Schule für Kinder mit mehr als 30 unterschiedlichen kulturellen Bezügen. Hier lernen und arbeiten etwa 50 Erwachsene und mehr als 330 Kinder. Jedes dieser Kinder, so fordert es das Schulkonzept, soll integriert, gefordert und gefördert werden. Die Schule orientiert sich im Sinne der Agenda 21 an einer bewussten Lebensweise in einer sich ständig verändernden Welt (Städtler, 2014).

Das Konzept der Bewegten Schule an der FSN basiert auf den drei sich wechselseitig bedingenden Schwerpunkten, 1) *Schule steuern und organisieren*, 2) *Lehren und Lernen* und 3) *Lern- und Lebensraum Schule*.

1) *Schule steuern und organisieren*

Ein Steuerungsausschuss koordiniert die wesentlichen Entscheidungen der Schule. In wöchentlichen Kurzsitzungen werden Entlastungsstunden, Öffentlichkeitsarbeit, Projektmanagement, interne Organisation, Arbeitsabläufe und aktuelle Probleme geklärt. Der Schulalltag wird kind- und lehrer*innengerecht rhythmisiert. Tägliche Bewegungszeiten, die u. a. in einem Bewegten Fachunterricht, in den Pausen und im erteilten Sportunterricht sichtbar werden, sind selbstverständlich. Entscheidungen werden zeitlich befristet gefällt und nach einer Probezeit auf den Prüfstein gestellt. Gesundheitsfördernd für alle Kolleg*innen ist, dass Entscheidungen für die Schule mutiger, schneller und kompetenter getroffen werden: Dies geschieht auch mit dem Risiko, Fehler zu machen. Der bewusste Umgang mit der Ressource *Zeit* ist ein Qualitätsmerkmal der FNS. Dabei wirkt die Schule dem auf Dauer krankmachenden Überlastungsgefühl entgegen und bleibt offen für lohnende Entwicklungsimpulse.

2) Lehren und Lernen

Die bewegungsfreudige Gestaltung des Unterrichts in allen Fächern und Lernbereichen ist ein grundlegender Ansatz der FNS. Ein bewegungsaktiver Unterricht kann die Lernvoraussetzungen, die -kultur, die -atmosphäre und die -erfolge verbessern. Schüler*innen erleben in der Schule unmittelbar, wie Bewegung das Lernen erleichtert. Sie können, auch wenn bekannt ist, dass Sitzen die „ungünstigste Arbeitsausdauerleistung für Menschen" (Städtler, 2017, S. 251) ist, erfahren, wie sie auch im Sitzunterricht selbstbestimmt und eigenverantwortlich Bewegungsgelegenheiten finden. Deshalb ist die Schule mit Stühlen mit Wippmechanismen, Liegeplätzen auf Matten, Stehtischen auf Rollen und an Einzeltischen, die sich von den Schüler*innen leicht in der Höhe verstellen lassen, ausgestattet.

Außerunterrichtliche Bewegungsangebote ergänzen nicht nur den bewegungsaktiven Unterricht oder den Sportunterricht, sondern sollen auch die Schulkultur verbessern, das Schulleben gestalten, die Schule öffnen und vernetzen. Bereits seit 2008 wird eine Kooperation mit dem benachbarten Fußballverein Borussia Hannover umgesetzt. Im Sinne einer Schulkultur, die Bewegung auch außerhalb des Unterrichts ermöglicht, wird Mädchen die Möglichkeit des Fußballspielens in der Schule sowie im Verein eröffnet (Gebken & Vosgerau, 2014). Für diese über viele Jahre erfolgreich umgesetzte Vernetzung mit dem Sozialraum erhielt die Schule zahlreiche überregionale Integrationspreise (Abb. 2).

3) Handlungsfeld Lern und Lebensraum Schule

Das Konzept der *Bewegten Schule* sieht vor, die räumlichen und materiellen Bedingungen bewegungsfreundlich zu gestalten (Abb. 2). Im Freiraum, mitten im durch Urbanität geprägten Stadtteil Vahrenheide, werden den Kindern zahlreiche

Sportlehrkräfteprofessionalisierung – fachspezifische und -übergreifende ...

Steuern und organisieren
1. Kind- und lehrergerechte Rhythmisierung
2. Tägliche Bewegungszeiten
3. Konferenzen und schulinterne Fortbildung zum Thema »Bewegte Schule«
4. Sicherung des Sportunterrichts und weiterer Bewegungszeiten im Schulleben
5. Sportlehrerinnen und Sportlehrer als Ressourcenpersonen nutzen
6. Zusammenarbeit mit Eltern
7. Zusammenarbeit mit Sportvereinen – Öffnung zum Stadtteil
8. Qualitätsentwicklung und Selbstevaluation

Lehren und lernen
1. Körpererfahrung und Sinneswahrnehmung fördern – Schlüssel für ganzheitliches Lernen
2. Lernkompetenzen fördern – mit Hilfe von Bewegung und Wahrnehmung
3. Fachkompetenzen fördern – mit körper- und raumorientierten Anschauungsmitteln
4. Bewegend unterrichten – Aufgaben und Methoden für bewegtes aktives Lernen
5. Unterricht rhythmisieren – mit Hilfe von Bewegung und Entspannung
6. Bewegung und Gesundheit als fachübergreifendes Thema
7. Unterricht im Fach Bewegung und Sport
8. Feedback mit Fokus auf aktivem Lernen und bewegtem Unterricht

Lern- und Lebensraum Schule
1. Kinder- und lernfreundliche Schularchitektur – bewegungsanregende Gestaltung des Schulgeländes
2. Bewegungsfreundliche Schulräume und Klassenzimmer
3. Nutzung von »Zwischenräumen« für Bewegung und Entspannung
4. Lehrerzimmer und Lehrerarbeitsplätze
5. Bewegung, Spiel und Sport in der Pause
6. Bewegungs-, Spiel-, Musik- und Sportangebote in der Ganztagesschule
7. Schulfeste, Projektwochen und Aktionstage mit bewegungsbezogenem Schwerpunkt
8. Schulsportwettkämpfe, Sportfeste, Bewegungs- und Wandertage

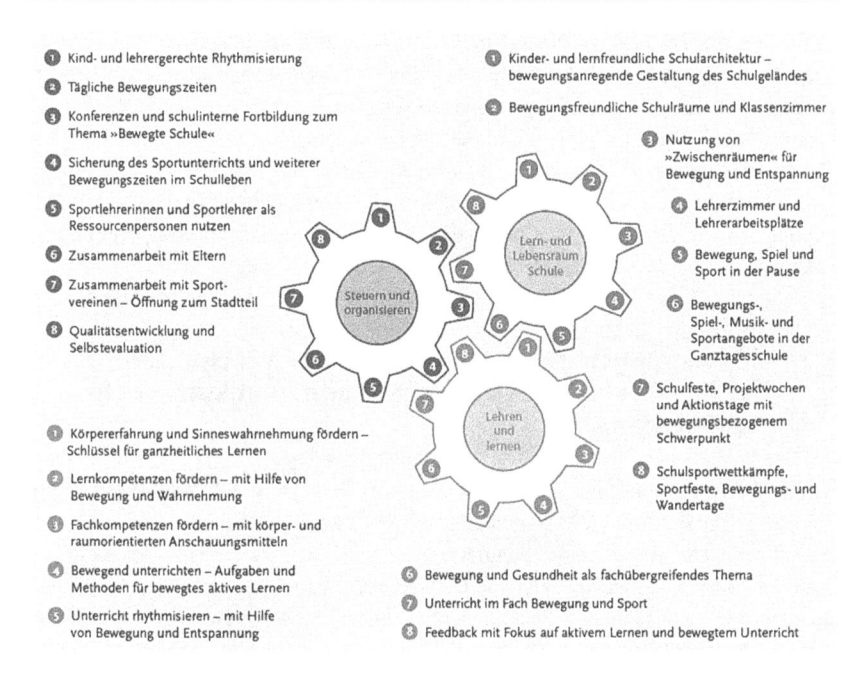

Abb. 2 Handlungsfelder und Bausteine der Bewegten Schule, aus Brägger et al. 2017, S. 105

Handlungsmöglichkeiten angeboten, die sie zu Spiel und Bewegung animieren. Das Schulgelände bietet Hügel zum Hinauf- und Hinablaufen, Gelegenheiten zum Klettern, Balancieren, Hinunterspringen und Verstecken, Flächen zum Bewegen auf Rollen, aber auch Orte zum Entspannen oder für Gespräche.

Zusätzlich sorgen Bewegungsverführungen am Rand der schulischen Alltagswege der Kinder für kurze spontane Bewegungszeiten, beispielsweise am Hangelpfad, der in den Fluren montiert ist. Besonders Geräte, die zum Umgang mit Risiko und Wagnis herausfordern, bringen die Kinder dazu, mit ihren Grenzen zu spielen und ihre Selbstsicherungsfähigkeit auszubauen. Der Freiraum wird so mit einem hohen Effekt zum Lernraum. Zur intensiven Nutzung dieser Freiräume ist es nötig, den Schulalltag mit ausreichend langen Pausen zu rhythmisieren. Zwei Pausen von jeweils 30 min und die Abschaffung der fünf- bzw. zehnminütigen Pausen haben sich bewährt. Auch die 15-minütigen Gleitzeit zu Schulbeginn, in Vertretungsstunden oder für kurze Auszeiten vom Unterricht bietet Freiraum für einen hohen Erholungs- und Spielwert und damit einen Kontrast zur sitzenden Tätigkeit im Klassenraum. Die Schulwoche endet in der Regel mit bewegungsbezogenen Vorführungen ausgewählter Klassen, die der Schulversammlung präsentiert werden.

Das Porträt der Fridtjof-Nansen-Schule verschafft einen praxisnahen Eindruck, wie Bewegung, Spiel und Sport den schulischen Lern- und Erfahrungsraum prägen können. Nachfolgend wird ein von einer so verstandenen *Bewegten Schulkultur* geleitetes Forschungsprojekt skizziert, das die Umsetzung von Bewegungsspielen im Mathematikunterricht fokussiert. Das Projekt ‚Bewegungsbasierte Lernförderung im Fachunterricht' ist in das Graduiertenkolleg ‚Querschnittsaufgaben in Lehrerbildung sowie Schul- und Unterrichtsentwicklung' der UDE als Kooperation der Fakultät für Mathematik und des ISBW eingebettet.

2.2 Bewegungsbasierte Lernförderung im Fachunterricht – Effekten des Bewegten Mathematikunterrichts auf der Spur

Studien belegen vielfältige positive Effekte von Bewegung auf das Lernen: Zum Beispiel wirkt sich in den Mathematikunterricht integrierte Bewegung positiv auf das konzentrierte Verhalten der Schüler*innen aus (Riley et al., 2015). Auch die Erkenntnis, dass schulische Leistungen durch ein vermehrtes Sportangebot bei gleichzeitiger Kürzung des Fachunterrichts mindestens gleichbleiben oder sich sogar verbessern (Trudeau & Shephard, 2008) unterstreicht die hohe Relevanz der Umsetzung von Bewegung im Schulalltag.

Neben Erkenntnissen, dass sich vor allem langfristig und regelmäßig durchgeführte Bewegung positiv auf die kognitiven Leistungen auswirkt, stellt Chodzko-Zajko (1991) heraus, dass das exekutive System in besonderem Maße von körperlicher und koordinativer Beanspruchung profitiert. Das exekutive System ist nach Miyake et al. (2000) in die Subdimensionen *Inhibition, Kognitive Flexibilität* und *Arbeitsgedächtnis* unterteilt und agiert als Kontrollinstanz von kognitiv-kontrollierten Lernprozessen. Nachweislich positiv wirkt sich das exekutive System auf Kompetenzen wie Lesen, Schreiben und Rechnen aus (Best et al., 2011), weshalb die exekutiven Funktionen als Bindeglied zwischen Lernen und Bewegung verstanden werden können.

Auf Basis dieser Zusammenhänge wurden Studien zur Umsetzung einer exekutivfunktionalen Lernförderung im Schulkontext durchgeführt. Eine Interventionsstudie zeigt, dass sich im Sportunterricht durchgeführte kognitiv anspruchsvolle Bewegungsspiele positiv auf das exekutive System und die Schulleistung auswirken (Boriss, 2015). Auch kognitiv anspruchsvolle Bewegungspausen im Klassenraum weisen Effekte im Bereich der exekutiven Funktionen und der Mathematikleistung auf (Egger et al., 2019). Die Übertragung in den Mathematikunterricht bei gleichzeitig mathematikspezifischer Ausrichtung des kognitiven Anspruchs ergibt ohne

Berücksichtigung der exekutiven Funktionen bessere Effekte auf die Mathematikleistung im Vergleich zu reinen Bewegungspausen (Mavilidi & Vazou, 2021).

Basierend auf diesen Erkenntnissen wird im Projekt ‚Bewegungsbasierte Lernförderung im Fachunterricht' im Rahmen einer kontrollierten Interventionsstudie im Pre-Post-Design der Fragestellung nachgegangen, welche Effekte kognitiv-anspruchsvolle Bewegungsspiele mit einem mathematisch ausgerichteten Inhalt zum einen auf die exekutiven Funktionen und die Aufmerksamkeit und zum anderen auf die Mathematikleistung haben. Dazu sind unterschiedliche Förderprogramme entwickelt und an vier Schulen in einer 31-wöchigen Interventionsphase in den Mathematikunterricht von siebten Klassen implementiert worden. Insgesamt gibt es, begleitet durch eine Kontrollgruppe, an jeder Schule drei Interventionsgruppen, in denen die zuvor fortgebildeten Mathematiklehrkräfte zweimal pro Woche im Umfang von fünf bis zehn Minuten kognitiv anspruchsvolle Spiele in ihrem Unterricht durchführen. In drei Experimentalgruppen (EG) werden zum einen Bewegungsspiele mit (EG 2) und ohne (EG1) mathematischen Anspruch und zum anderen mathematisch ausgerichtete Spiele mit (EG2) und ohne (EG3) Bewegung kontrastierend gegenübergestellt. Für einen Pre-Post-Vergleich werden vor Beginn und nach Abschluss der Intervention die exekutiven Funktionen und die Aufmerksamkeit computerbasiert und die Mathematikleistung mittels des DEMAT6+ (Deutscher Mathematiktest für sechste Klassen) erfasst. Mit dieser Projektumsetzung soll zum einen ein Beitrag für mehr Bewegung im Mathematikunterricht geleistet und Forschung dazu betrieben werden, ob eine bewegungsbasierte Lernförderung zur Förderung der exekutiven Funktionen im Klassenraum gelingen kann.

Zur Evaluation der Intervention wurden die beteiligten Lehrkräfte zum einen gebeten, ihre Umsetzung im Schuljahr begleitend zu dokumentieren und zum anderen nach Abschluss der Intervention reflektierend interviewt. Die Einstellung der teilnehmenden Lehrkräfte gegenüber der Intervention und mehr Bewegung im Klassenraum scheint überwiegend positiv, die Umsetzung wird jedoch durch verschiedene Barrieren beeinflusst. Dazu zählen zeitliche Einschränkungen, räumliche und strukturelle Gegebenheiten. Die Analyse der Dokumentationen ergibt, dass in etwa in 28 % der Wochen keine, in knapp 34 % eine und in 38 % zwei oder drei Fördereinheiten umgesetzt wurden. Insgesamt wurden in fünf von 12 Klassen weniger als 50 % der möglichen Einheiten realisiert. Diese Zahlen unterstreichen die herausfordernde Aufgabe der Umsetzung von Bewegung im Klassenraum, insbesondere zu Pandemiezeiten. Ersten Ergebnissen der quantitativen Daten zufolge, bearbeiten alle teilnehmenden Schüler*innen unabhängig von der Experimental- bzw. Kontrollgruppe die computerbasierten Testungen signifikant schneller. In der Auswertung der erfassten Fehlerquoten ergibt sich im Bereich der Konzentration ein signifikanter Vorteil zugunsten der EG2. Die Entwicklungen im Bereich der exekutiven Funktionen sind uneinheitlich, weitere Analysen der Effekte stehen noch aus. Deskriptive Analysen ergeben in der Gegenüberstellung, dass die Kontrollgruppe stets die schwächsten Entwicklungen aufweist. In ersten standardisierten Auswertungen des DEMAT6+ ergeben sich bei der deskriptiven Datenauswertung Verbesserungen zugunsten der mathematisch ausgerichteten Förderung in EG2 und EG3. Finale Ergebnisse und die abschließende Diskussion der durchgeführten Interventionsstudie werden im Rahmen der derzeit in Bearbeitung befindlichen Dissertation von Liersch veröffentlicht.

3 Vielfalt im Rahmen der Professionalisierung von (Sport-)Lehrkräften

Ein weiteres mit Petra Scherer geteiltes Anliegen ist die Professionalisierung angehender Lehrkräfte für die inklusive Schule. Hierzu haben der Schulsport (Pfitzner, 2017) und die Sportlehrkräftebildung (Sträter, 2019) neue Aufgaben in den Blick genommen. Für die Sportlehrkräfteprofessionalisierung relevante Orientierungen bieten unter anderem die von Tiemann (2013, 2015, 2016) erarbeiteten und weiterentwickelten Modelle für den inklusiven Sportunterricht (auch Pfitzner & Liersch, 2018). Dabei wird der Haltung der Lehrkraft zentrale Bedeutung für das Gelingen eines inklusiven Sportunterrichts beigemessen. Nach Hinweisen zu sportdidaktischen Modellen für inklusiven Sportunterricht (Abschn. 3.1) werden Anlage und Ergebnisse eines Forschungsprojektes vorgestellt, bei dem es um die Möglichkeiten der inklusionsorientierten Einstellungsentwicklung im Sportstudium (Abschn. 3.2) geht.

3.1 Die Haltung im Zentrum sportdidaktischer Modelle für inklusiven Sportunterricht

Das *Handlungsmodell inklusiven Sportunterrichts* (Abb. 3) beruht auf Forderungen nach einem diversitätssensiblen Sportunterricht, der eine gleichberechtigte Teilhabe aller Schüler*innen zum Ziel hat. Auf der *Inhaltsebene* geht es um ein breites Spektrum an Bewegungs-, Spiel- und Sportaktivitäten, womit die Begrenzung auf Sportarten des außerschulischen Wettkampfsports überwunden werden soll. Auf der *Methodenebene* orientiert sich Tiemann an der *Theorie der integrativen Prozesse* (Deppe-Wolfinger et al., 1990). Hierbei steht die Einigung im Mittelpunkt, die sich auf „den Verzicht auf die Verfolgung des Andersartigen [bezieht, *die Verf.*] und stattdessen die Entdeckung des gemeinsam Möglichen bei Akzeptanz

Sportlehrkräfteprofessionalisierung – fachspezifische und -übergreifende ... 329

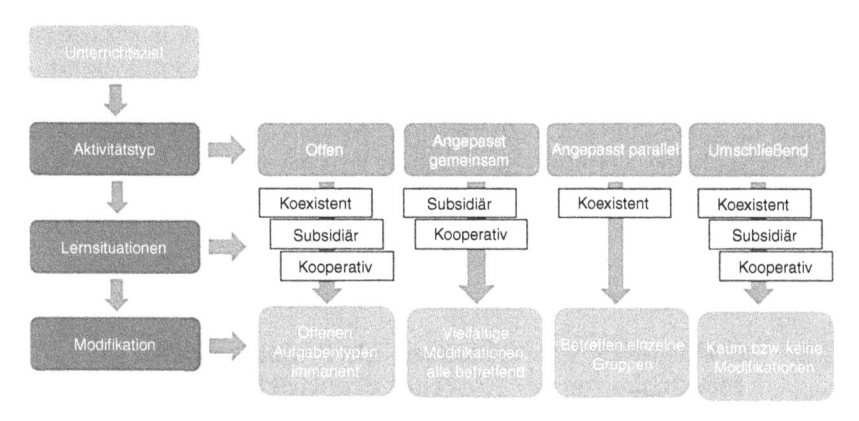

Abb. 3 Handlungsmodell inklusiver Sportunterricht, aus Tiemann 2015, S. 63

Abb. 4 6+1-Modell eines adaptiven Sportunterrichts, aus Tiemann 2015, S. 62

des Unterschiedlichen" (Klein et al., 1987, S. 38) fokussiert. Tiemann zieht zudem die Theorie der gemeinsamen Lernsituationen von Wocken (2016) heran, nach der unterschiedlich anspruchsvolle Situationen gemeinsamen Lernens den Kern gelingenden gemeinsamen Unterrichts bilden (zum Verständnis von koexistenten, kommunikativen, subsidiären und kooperativen Lernsituationen s. Wocken, 2016).

Weiter benennt Tiemann (2015) auf der Methodenebene verschiedene Aktivitätstypen, „die sich in Bezug auf inklusionsrelevante Charakteristika voneinander unterscheiden" (Tiemann, 2015, S. 56) und die Organisation von Aktivitäten und die Beziehung der Lernenden untereinander strukturieren. Sie sind in „offen, angepasst gemeinsam, angepasst parallel und umschließend" (Tiemann, 2016, o. S.) kategorisiert.

Für die unterste Ebene ihres Modells *Modifikation* schlägt Tiemann das *6+1-Modell eines adaptiven Sportunterrichts* (Abb. 4) vor. Dabei kommt der Haltung der Lehrkraft im Zentrum des Modells besondere Bedeutung zu. Der Bedeutsamkeit der Haltung von Sportlehrkräften gegenüber inklusivem Sportunterricht sind Hutzler et al. (2017) nachgegangen. Sie weisen darauf hin, dass zwar international orientierte psychologische Studien am Einstellungsbegriff ansetzten und dazu eine Reihe von empirischen Studien vorlägen, orientiert an der erziehungswissenschaftliche Theorie der Pädagogischen Haltung im deutschsprachigen Bereich aber der Haltungsbegriff präsenter, wenngleich weniger beforscht sei. Hutzler et al. (2017) stellen fest, dass der Einstellung der Lehrkraft gegenüber dem Unterricht in inklusiven Settings über viele Studien hinweg hohe Bedeutung zukomme.

3.2 Inklusion im Sportstudium – ein Projekt zu den Möglichkeiten der Einstellungsentwicklung von Sportstudierenden

Neben der Erzeugung inklusiver Strukturen und Praktiken stellt die Schaffung einer inklusiven Kultur eine Grundlage dar (Boban & Hinz, 2003), um Inklusion als Querschnittsaufgabe nachhaltig zu implementieren. Dabei gelten, wie es Modelle für den inklusiven Sportunterricht als grundlegend einfordern, positive Einstellungen von Lehrkräften als Bedingung für einen gelingenden Inklusionsprozess. Die Forschung zeigt jedoch, dass Lehrkräfte Inklusion nach wie vor mit Skepsis begegnen (Reuker et al., 2016; Verband Bildung und Erziehung, 2020). Angehende Sportlehrkräfte benötigen daher Unterstützung, um in ihrer inklusionsorientierten Einstellung gestärkt zu werden, damit sie dauerhaft zu aktiven Gestalter*innen einer inklusiven Schule und eines inklusiven Schulsports werden.

Im Mittelpunkt des Projektes ‚Inklusion im Sportstudium' steht die Kooperation des ISBW der UDE mit der Bildungsinstitution *Franz Sales Haus Essen* (FSH), einer Bildungseinrichtung für Menschen mit Behinderung. Ziel ist die Erarbeitung eines inklusionsspezifischen Lehr-Lernkonzept mit engem Theorie-Praxis-Bezug, um Studierende für Heterogenität zu sensibilisieren. Dabei gilt es, andauernden, teils negativen Einstellungen und geringen Vorerfahrungen von Lehrkräften zu und in inklusiven Settings entgegenzuwirken (Verband Bildung und Erziehung, 2020) und Zugänge zur komplexen Inklusionsthematik zu finden.

Von besonderer Bedeutung für die Einstellungsentwicklung erscheint die Variable *Kontakt* (Rischke et al., 2017). Die *Kontakthypothese* (Allport, 1971; Pettigrew & Tropp, 2006) dient als theoriegeleiteter Rahmen und gibt zudem den entscheidenden Hinweis, dass zur Entwicklung einer positiven Einstellung die Kontaktbedingungen einer zwischenmenschlichen Begegnung bewusst gestaltet werden sollten. Gleichzeitig hilft das Verständnis von *Inklusion als soziale Innovation* im Rahmen der Diffusionstheorie (Rogers, 2003), um die grundlegende Skepsis, Angst und die Hemmung der Akteur*innen im Bildungssystem nachvollziehen und ihnen begegnen zu können. Zusammen mit der Erkenntnis, dass positive Kontakterfahrungen maßgeblich für die positive Einstellungsentwicklung sind, leiten sich daraus Gestaltungsprinzipien für inklusionsorientierte Maßnahmen ab, die Anwendung in einem Seminarkonzept für Sportstudierende im Master of Education finden (Sträter, 2021).

Kern des Seminarkonzepts ist die Kooperation mit dem FSH. Nach einem theoriegeleiteten Zugang zu Inklusion machen die Studierenden erste Kontakterfahrungen durch die aktive Teilnahme am Sportunterricht der FSH-Förderschule. Anschließend planen die Studierenden Sportunterricht und führen diesen durch. Eine bewusste Auseinandersetzung mit den Erfahrungen erfolgt in Reflexionsphasen. Indem Studierende gemeinsam mit Lehrenden des ISBW und Lehrkräften des FSH das Erlebte reflektieren, wird eine Verknüpfung des universitären, schulischen und außerschulischen Professionswissens angestrebt.

Mittels einer quantitativen, quasi-experimentellen Pre-Post-Studie mit Interventions- (n = 54) und Kontrollgruppe (n = 70) wurde das Seminarkonzept über vier Semester positiv evaluiert. Die Ergebnisse der Messung inklusionsspezifischer Einstellungen zeigen eine positive Einstellungsentwicklung der Interventionsgruppe zu inklusivem Sportunterricht (F (4, 116) = 7,47, p < 0,001, η_p^2 = 0,205) bei unveränderter Einstellung der Kontrollgruppe. Die Teilnahme am Lehr-Lernkonzept wirkt sich insbesondere positiv auf die affektive Einstellung zum inklusiven Schulsport aus (F (1, 119) = 26,62, p < 0,001, η_p^2 = 0,18). Nach der Kontakterfahrung fühlen sich die Studierenden sicherer, angenehmer, entspannter, optimistischer, unbelasteter bei dem Gedanken in einer Inklusionsklasse Sport zu unterrichten (F (1, 119) = 16,05, p < 0,001, η_p^2 = 0,12). Die Ergebnisse zeigen, dass das Seminarkonzept durch die bewusst gestaltete Kontakterfahrung einen entscheidenden Beitrag zur Professionalisierung angehender Sportlehrkräfte in einem inklusiven Schul- und Bildungssystem leistet (Sträter & Pfitzner, 2023).

4 Professionalisierung von (Sport-)Lehrkräften – ein Blick über den Tellerrand

Kern der Bemühungen zugunsten der Professionalisierung angehender Sportlehrkräften ist der zu unterstützende Wandel der Studierenden von Akteur*innen hin zu Arrangeur*innen von Bewegung, Spiel und Sport. Schon von ihrer Kindheit an, so verdeutlicht Miethling (2018), entwickeln spätere Sportlehrkräfte habituelle Orientierungsmuster durch milieuspezifische Sport- und Erziehungserfahrungen. Das Studium ist Miethling (2018) zufolge die Phase der Bildung fachbezogener

Relevanzstrukturen. Didaktische Orientierungen sind zu unterstützen, die „das Geschehen in Sportstunden nicht trainings- und übungszentriert, sondern [auch] erkenntnis- und urteilsbezogen sowie kommunikativ-vermittelnd" (Schierz & Miethling, 2017, S. 53) entwerfen. Der Anspruch, Studierende darin zu unterstützen, zu Gestalter*innen eines inklusiven und vielfaltsorientierten Sportunterrichts zu werden, erhöht den Anforderungsgrad für die Studierenden. Die Professionalisierungsimpulse dürfen aber nicht auf den Sportunterricht reduziert bleiben. Sportlehrkräfte sind immer auch Schulsportentwickler*innen, die zusammen mit Kolleg*innen anderer Fächer für eine *Bewegte Schule* eintreten sollten. Da dieses Anliegen in der ersten Phase der Lehrkräftebildung immer nur exemplarisch erfolgen kann, hat es für die Sportlehrkräftebildung (Pfitzner et al., 2020), wie auch die Lehrkräftebildung insgesamt, eine hohe Bedeutung, Studierende in einen Modus wiederkehrender biografischer Selbstreflexion zu bringen. Dabei sind Anforderungen an die Durchführung von Sportunterricht und die Gestaltung des Schulsports zu berücksichtigen (Fischer & Pfitzner, 2021) und auch sozialraumbezogene Spezifika zu reflektieren (Pfitzner et al., 2021, 2022).

Für unsere Forschungsaktivitäten finden wir mit Petra Scherer eine zwar fachfremde, aber keineswegs weniger neugierige Förderin, wofür ihr unser Dank gebührt. Gemeinsames Anliegen für die Zukunft könnte sein, an den in diesem Beitrag dargestellten Hinweisen anschließend, das Anliegen der *Bewegten Schule* systematisch in die erste Phase der Lehrkräftebildung zu integrieren. Ein diesbezügliches an der Bergischen Universität Wuppertal verfolgtes Vorhaben (Cwierdzinski & Kottmann, 2017) ist sicher kein einfach umzusetzendes, aber durchaus lohnenswertes Unterfangen. Damit könnte die Leitidee der *Bewegten inklusiven Schule* konzeptionell begleitet und empirisch fundiert die Lehrkräftebildung an der UDE weiter profilieren. Die Autor*innen dieses Beitrags würden sich gerne gemeinsam mit Petra Scherer für ein solches Entwicklungsvorhaben zur Professionalisierung von angehenden Lehrkräften engagieren.

Literatur

Allport, G. W. (1971). *Die Natur des Vorurteils: Hrsg. und kommentiert von Carl Friedrich Graumann. Aus dem Amerikanischen von Hanna Graumann.* Kiepenheuer & Witsch.
Best, J. R., Miller, P. H., & Naglieri, J. A. (2011). Relations between Executive Function and Academic Achievement from Ages 5 to 17 in a Large, Representative National Sample. *Learning and Individual Differences, 21*(4), 327–336. https://doi.org/10.1016/j.lindif.2011.01.007
Boban, I., & Hinz, A. (Hrsg.). (2003). *Index für Inklusion: Lernen und Teilhabe in der Schule der Vielfalt entwickeln.* Martin-Luther-Univ. Fachbereich Erziehungswiss.

Boriss, K. (2015). *Lernen und Bewegung im Kontext der individuellen Förderung: Förderung exekutiver Funktionen in der Sekundarstufe I*. Springer VS. https://doi.org/10.1007/ 978-3-658-11372-8

Brägger, G., Hundeloh, H., Posse, N., & Städtler, H. (Hrsg.). (2017). *Bewegung und Lernen: Konzept und Praxis Bewegter Schulen*. DGUV.

Chodzko-Zajko, W. J. (1991). Physical fitness, cognitive performance, and aging. *Medicine & Science in Sports & Exercise, 23*(7), 868–872. https://doi.org/10.1249/00005768-199107000-00016

Cwierdzinski, P., & Kottmann, L. (2017). Bewegung in der Lehrerbildung. In P. Neumann & E. Balz (Hrsg.), *Sportlehrerausbildung heute – Ideen und Innovationen* (S. 183–193). Hofmann.

Degener, T. (2009). Die Behindertenrechtskonvention der Vereinten Nationen. In *Teilhabe als Ziel der Rehabilitation*. Dt. Vereinigung für Rehabilitation (DVfR).

Deppe-Wolfinger, H., Prengel, A., & Reiser, H. (1990). *Integrative Pädagogik in der Grundschule: Bilanz und Perspektiven der Integration behinderter Kinder in der Bundesrepublik Deutschland 1976-1988*. Springer VS.

Egger, F., Benzing, V., Conzelmann, A., & Schmidt, M. (2019). Boost your brain, while having a break! The effects of long-term cognitively engaging physical activity breaks on children's executive functions and academic achievement. *PloS One, 14*(3). https://doi.org/10.1371/journal.pone.0212482

Fischer, B., & Pfitzner, M. (2021). Theorie-Praxis-Relationierung in der Sportlehrkräftebildung. In C. Caruso, C. Harteis, & A. Gröschner (Hrsg.), *Theorie und Praxis in der Lehrerbildung. Verhältnisbestimmungen aus der Perspektive von Fachdidaktiken* (S. 237–253). Springer VS. https://doi.org/10.1007/978-3-658-32568-8_14

Gebken, U., & Vosgerau, S. (Hrsg.). (2014). *Fußball ohne Abseits: Ergebnisse und Perspektiven des Projekts 'Soziale Integration von Mädchen durch Fußball'*. Springer VS. https://doi.org/10.1007/978-3-531-19763-0

Hutzler, Y., Meier, S., & Reuker, S. (2017). Einstellung von Sportlehrkräften zu inklusivem Sportunterricht – mögliche Bezugspunkte (inter-)nationaler Forschung. *Sonderpädagogische Förderung, 62*(3), 244–254.

Klein, G., Kreie, G., Kron, M., & Reiser, H. (1987). *Integrative Prozesse in Kindergartengruppen. Über die gemeinsame Erziehung von behinderten und nicht-behinderten Kindern*. DJI Verlag.

Mavilidi, M. F., & Vazou, S. (2021). Classroom-based physical activity and math performance: Integrated physical activity or not? *Acta paediatrica, 110*(7), 2149–2156. https://doi.org/10.1111/apa.15860

Miethling, W.-D. (2018). Werde, der Du bist! In N. Ukley & B. Gröben (Hrsg.), *Forschendes Lernen im Praxissemester: Begründungen, Befunde und Beispiele aus dem Fach Sport* (S. 27–46). Springer VS.

Miyake, A., Friedman, N. P., Emerson, M. J., Witzki, A. H., Howerter, A., & Wager, T. D. (2000). The unity and diversity of executive functions and their contributions to complex „Frontal Lobe" tasks: A latent variable analysis. *Cognitive Psychology, 41*(1), 49–100.

Pettigrew, T. F., & Tropp, L. R. (2006). A meta-analytic test of intergroup contact theory. *Journal of Personality and Social Psychology, 90*(5), 751–783. https://doi.org/10.1037/0022-3514.90.5.751

Pfitzner, M. (2017). Auf dem Weg zum inklusiven Sportunterricht. In M. Krüger & D. H. Jütting (Hrsg.), *Sport für alle – Idee und Wirklichkeit* (S. 281–301). Waxmann.

Pfitzner, M., Gebken, U., & Mühlbauer, T. (2022). Professionalisierung von Grundschullehrkräften für das Unterrichtsfach Sport. In I. Mammes & C. Rotter (Hrsg.), *Professionalisierung von Grundschullehrkräften: Kontext, Bedingungen und Herausforderungen* (S. 204–216). Klinkhardt.

Pfitzner, M., Krüger, M., & [Mirko], Mühlbauer, T., Flecken, G., van Aerde, E. & Hoffmann, D. (2021). Lehramtsstudiengänge Sport theorieorientiert entwickeln – eine Herausforderung. *Zeitschrift für Studium und Lehre in der Sportwissenschaft, 4*(1), 5–13. https://doi.org/10.25847/zsls.2020.029

Pfitzner, M., & Liersch, J. (2018). Auf dem Weg zum inklusiven Sportunterricht – sportpädagogisch-didaktische Perspektiven. In S. Ruin, F. Becker, D. Klein, H. Leineweber, S. Meier, & H. G. Uhler-Derigs (Hrsg.), *Im Sport zusammenkommen: Inklusiver Schulsport aus vielfältigen Perspektiven* (S. 37–56). Hofmann.

Pfitzner, M., Mühlbauer, T., & Gebken, U. (2020). Schulsport 2030 – Anforderungen an einen modernen Sportunterricht und an Sportlehrkräfte im Essen-Duisburger Modell der Sportlehrer_innenbildung. *Leipziger Sportwissenschaftliche Beiträge, 61*(1), 86–103.

Reinink, G.-L. (2013). Bewegung, Spiel und Sport an jedem Tag – Weiterentwicklungen im Schulsport in NRW. *Schule NRW – Amtsblatt des Ministeriums für Schule und Weiterbildung, 65*(6), 261–264.

Reuker, S., Rischke, A., Kämpfe, A., Schmitz, B., Teubert, H., Thissen, A., & Wiethäuper, H. (2016). Inklusion im Sportunterricht. *Sportwissenschaft, 46*(2), 88–101. https://doi.org/10.1007/s12662-016-0402-7

Riley, N., Lubans, D. R., Morgan, P. J., & Young, M. (2015). Outcomes and process evaluation of a programme integrating physical activity into the primary school mathematics curriculum: The EASY Minds pilot randomised controlled trial. *Journal of science and medicine in sport, 18*(6), 656–661. https://doi.org/10.1016/j.jsams.2014.09.005

Rischke, A., Heim, C., & Gröben, B. (2017). Nur eine Frage der Haltung? *German Journal of Exercise and Sport Research, 47*(2), 149–160. https://doi.org/10.1007/s12662-017-0437-4

Rogers, E. M. (2003). *Diffusion of innovations. Social science*. Free Press. http://www.loc.gov/catdir/bios/simon052/2003049022.html

Schierz, M., & Miethling, W.-D. (2017). Sportlehrerprofessionalität: Ende einer Misere oder Misere ohne Ende? *German Journal of Exercise and Sport Research, 47*(1), 51–61. https://doi.org/10.1007/s12662-017-0440-9

Städtler, H. (2014). Wir müssen die Reibungsflächen zwischen Schule und Sportvereine minimieren! In U. Gebken & S. Vosgerau (Hrsg.), *Fußball ohne Abseits: Ergebnisse und Perspektiven des Projekts 'Soziale Integration von Mädchen durch Fußball'* (S. 277–287). Springer VS.

Städtler, H. (2017). Fridtjof-Nansen-Grundschule, Deutschland: Lernen mit Kopf, Herz und Hand. In G. Brägger, H. Hundeloh, N. Posse, & H. Städtler (Hrsg.), *Bewegung und Lernen: Konzept und Praxis Bewegter Schulen* (S. 247–252). DGUV.

Sträter, H. (2019). Innovation Inklusion – ein Fortbildungskonzept im Kontext der Diffusionstheorie. In M. Hartmann, R. Laging, & C. Scheinert (Hrsg.), *Professionalisierung in der Sportlehrer*innenbildung: Konzepte und Forschungen im Rahmen der "Qualitätsoffensive Lehrerbildung"* (S. 285–295). Schneider Verlag Hohengehren.

Sträter, H. (2021). *Inklusionsspezifische Einstellungsentwicklung im sportwissenschaftlichen Lehramtsstudium Implementation und Evaluation einer Lehr-Lernkonzeption unter besonderer Berücksichtigung der Diffusionstheorie nach Rogers (2003) und Kontakthypothese nach Allport (1954/1971)*. Universität Duisburg-Essen.

Sträter, H., & Pfitzner, M. (2023). Inklusive Bildung braucht Kontakt – bildungstheoretische Reflexionen eines Entwicklungsvorhabens in der Sportlehrkräftebildung. In E. Balz & T. Bindel (Hrsg.), *Bildungszugänge im Sport* (S. 225–238). Springer. https://doi.org/10.1007/978-3-658-38895-9_17

Thiel, A., Teubert, H., & Kleindienst-Cachay, C. (2013). *Die „bewegte Schule" auf dem Weg in die Praxis: Theoretische und empirische Analysen einer pädagogischen Innovation*. Schneider Hohengehren.

Tiemann, H. (2013). Inklusiver Sportunterricht: Ansätze und Modelle. *Sportpädagogik, 37*(6), 47–50.

Tiemann, H. (2015). Inklusiven Sportunterricht gestalten – didaktisch-methodische Überlegungen. In M. Giese & L. Weigelt (Hrsg.), *Inklusiver Sportunterricht in Theorie und Praxis* (S. 53–66). Meyer & Meyer Verlag.

Tiemann, H. (2016). Konzepte, Modelle und Strategien für den inklusiven Sportunterricht – internationale und nationale Entwicklungen und Zusammenhänge. *Zeitschrift für Inklusion*, (3). https://www.inklusion-online.net/index.php/inklusion-online/article/view/382. Zugegriffen am 20.09.2023.

Trudeau, F., & Shephard, R. J. (2008). Physical education, school physical activity, school sports and academic performance. *The International Journal of Behavioral Nutrition and Physical Activity, 5*, 10. https://doi.org/10.1186/1479-5868-5-10

Verband Bildung und Erziehung. (2020, November 9). *Inklusion stockt! Fortschritt Fehlanzeige!* https://www.vbe.de/fileadmin/user_upload/VBE/Service/Meinungsumfragen/2020-11-04_forsa-Inklusion_Text_Bund.pdf. Zugegriffen am 20.09.2023.

Wocken, H. (2016). *Gemeinsame Lernsituationen. Eine Skizze zur Theorie des gemeinsamen Unterrichts*. http://www.hans-wocken.de/Werk/werk23.pdf. Zugegriffen am 20.09.2023.

Auslandsaufenthalte als Beitrag der Lehrkräfteprofessionalisierung – Erfahrungen aus einem Exkursionsseminar zur Planung und Durchführung von Mathematikunterricht an einer dänischen Folkeskole

Thomas Rottmann und Nicole Wellensiek

1 Einleitung

In seiner Resolution zur Internationalisierung der Lehramtsausbildung fordert der Deutsche Akademische Austauschdienst eindringlich: „Lehrerbildung muss internationaler werden" (DAAD, 2013). Auch verschiedene Publikationen stellen die Relevanz von Auslandserfahrungen und -mobilitäten für Lehramtsstudierende heraus (Falkenhagen et al., 2019; Kricke und Kürten, 2015). Schulen sind „Ort[e] von internationaler Diversität und kultureller Vielfalt. In diesem Kontext sind internationale und interkulturelle Kenntnisse und Erfahrungen für (angehende) Lehrerinnen und Lehrer von großer Bedeutung." (Kercher und Schifferings, 2019, S. 235). Gerade für Lehramtsstudierende gelten internationale Erfahrungen als „unabdingbar […], um die Diversität in Klassenzimmern nutzen zu können, andere Lernkulturen und -konzepte kennenzulernen und als Vorbilder für grenzüberschreitendes Lernen zu dienen" (DAAD, 2013). Auch die Mitglieder der Hoch-

---

T. Rottmann (✉) · N. Wellensiek
Universität Bielefeld, Bielefeld, Deutschland
E-Mail: thomas.rottmann@uni-bielefeld.de; nicole.wellensiek@uni-bielefeld.de

© Der/die Autor(en), exklusiv lizenziert an Springer Fachmedien Wiesbaden GmbH, ein Teil von Springer Nature 2024
B. Barzel et al. (Hrsg.), *Inklusives Lehren und Lernen von Mathematik*,
https://doi.org/10.1007/978-3-658-43964-4_21

schulrektorenkonferenz betonen in diesem Zuge die große Bedeutung von persönlichen interkulturellen Erfahrungen der Studierenden insbesondere durch Auslandsaufenthalte für die Entwicklung von Fähigkeiten, „mit heterogenen und durch kulturelle Vielfalt geprägten Lerngruppen pädagogisch erfolgreich umzugehen" (HRK, 2015, S. 25 f.).

Während im Gymnasiallehramt mit 34 % ein vergleichsweise großer Anteil an Studierenden einen studienbezogenen Auslandsaufenthalt durchführt, liegt die Mobilitätsquote in den Lehrämtern für Grund-, Haupt- und Förderschulen mit 17 % nur halb so hoch (laut Daten einer Befragung von Lehramtsabsolvent*innen in Deutschland im Jahr 2015; ISTAT, 2017). Begrenzte Anrechnungsmöglichkeiten von im Ausland erbrachten Leistungen besonders im Grundschullehramt mit mehreren zu studierenden Fächern und teils umfangreichen Vorgaben u. a. zu Praxisphasen und fachdidaktischen Studienteilen können einen Grund für die eingeschränkte Auslandsmobilität darstellen. So äußern viele Lehramtsstudierende die Befürchtung, dass sich durch einen längeren Auslandsaufenthalt ihre Studienzeit verlängern könnte (Auner et al., 2019). Ein Exkursionsseminar kann als eine zeitlich kurze und intensiv begleitete sowie in das reguläre Studienprogramm integrierte Auslandsmobilität auch solchen Studierenden eine Möglichkeit bieten, erste Auslandserfahrungen zu sammeln, die keinen längeren studienbezogenen Auslandsaufenthalt durchführen können oder wollen. Dass bereits kurze Studienreisen Veränderungen bei Studierenden in ihrem Blick auf Inklusion wie auch in Bezug auf ihre Einstellung gegenüber Auslandsaufenthalten bewirken können, zeigen die Auswertungen des Exkursionsprogramms „International Perspectives" an der Universität Bielefeld (Auner et al., 2020). Einerseits wurden durch die während einer Exkursion gewonnenen Eindrücke und Erfahrungen aus Schulbesuchen und direktem Austausch mit internationalen Studierenden und Lehrkräften „[d]ie Einstellungen zu Inklusion […] im positiven Sinne gesteigert […] und die Bedenken verringert" (Auner et al., 2019, S. 110), andererseits konnten durch die Exkursion bedingte positive Effekte auf die Einstellung der teilnehmenden Studierenden gegenüber Auslandsaufenthalten identifiziert werden (ebd., S. 112).

Die Wirkung von Exkursionen und anderen studienbezogenen Auslandsaufenthalten wird allerdings meist aus einer allgemeinpädagogischen Perspektive betrachtet (s. die Beiträge in Falkenhagen et al., 2019); eine Auseinandersetzung mit auf einzelne (nicht-fremdsprachliche) Unterrichtsfächer bezogenen Effekten findet in bisherigen Veröffentlichungen keine Beachtung. Trotzdem sind auch aus einer fachdidaktischen Perspektive besondere Lerngelegenheiten durch Auslandserfahrungen im Lehramtsstudium zu erwarten, die sich durch den Vergleich und die Reflexion von (Unterrichts-) Praktiken im Fachunterricht in verschiedenen Ländern ergeben. Durch einen längeren Gastaufenthalt eines der Autoren am

University College South Denmark bot sich im September 2022 die Gelegenheit, eine Exkursion mit Studierenden des Lehramts an Grundschulen nach Esbjerg durchzuführen und dabei den Fokus auf das Fach Mathematik zu legen und somit erste Eindrücke zur Wirkung von Exkursionen speziell aus mathematikdidaktischer Perspektive zu sammeln.

Allgemein verfolgt das in diesem Beitrag vorgestellte Exkursionsseminar aus der Mathematikdidaktik an der Universität Bielefeld das Ziel, zu einer stärkeren Internationalisierung der Lehramtsausbildung beizutragen und Studierenden des Lehramts für Grundschulen erste Auslandserfahrungen zu ermöglichen. Dabei steht die Vorbereitung, Durchführung und Reflexion von Mathematikunterricht an einer dänischen Folkeskole in einem gemischten Team aus dänischen und deutschen Studierenden im Mittelpunkt. In diesem Beitrag werden zunächst als Rahmung grundsätzliche Informationen zur dänischen Schul- und Lehramtsausbildung gegeben (Abschn. 2). Anschließend werden in Abschn. 3 ausführlich das durchgeführte Exkursionsseminar mit seinen unterschiedlichen Veranstaltungselementen sowie mit beispielhaften Ergebnissen aus der unterrichtlichen Erprobung vorgestellt. Zum Abschluss (Abschn. 4) erfolgt eine Reflexion des Exkursionsseminars in Bezug auf seine Effekte für die Lehrkräfteprofessionalisierung.

2 Rahmenbedingungen der dänischen Schul- und Lehramtsausbildung

Sowohl das Schulsystem als auch die Lehrkräfteausbildung in Dänemark weisen deutliche Unterschiede zu Deutschland bzw. zu Nordrhein-Westfalen auf. Zum besseren Verständnis der Rahmenbedingungen werden knapp zentrale Strukturelemente des dänischen Schulsystems (Abschn. 2.1) sowie der Lehramtsausbildung (Abschn. 2.2) vorgestellt.

2.1 Das dänische Schulsystem

Neben einigen „besonderen" Schulformen wie den privaten Freien Schulen („Frie Grundskole") und der meist als Internat organisierten sog. Efterskole („Nachschule"; frühestens ab der 8. Klasse) stellt die öffentliche kommunale Folkeskole den Kern des dänischen Schulsystems für die Primarstufe und Sekundarstufe I dar. Das Pendant zur Sekundarstufe II bilden in Dänemark die dreijährigen Gymnasien mit einer Qualifizierung zur anschließenden Hochschulausbildung. Bei der Folkeskole handelt es sich um eine Gesamtschule, die allen Schüler*innen offensteht.

Die verpflichtende Ausbildung umfasst zehn Jahre, beginnend mit der in der Regel an die Folkeskole angegliederten 0. Klasse, bis hin zur 9. Klasse. Meist findet keine organisatorische Trennung zwischen den Jahrgangsstufen statt, sodass die Schüler*innen die gesamte verpflichtende Ausbildung an einer Schule absolvieren (Gries et al., 2005, S. 20).

Eine Besonderheit im dänischen Schulsystem ist die 10. Klasse, welche von den Schüler*innen freiwillig besucht werden kann, die aber nicht notwendig ist, um z. B. anschließend an das Gymnasium zu wechseln. Die 10. Klasse wird nicht an jeder Folkeskole angeboten; viele Städte und Gemeinden bieten diese Jahrgangsstufe lediglich an ausgewählten Schulen an. Alternativ besuchen viele dänische Schüler*innen die 10. Klasse an einer (privaten) Efterskole, die häufig ein spezielles Profil anbietet (z. B. im sportlichen, künstlerischen oder musischen Bereich).

2.2 Die Lehramtsausbildung in Dänemark und am University College South Denmark

In Dänemark gibt es im Bereich der Lehramtsausbildung eine Trennung zwischen der Ausbildung für Lehrkräfte an der Folkeskole und für Lehrkräfte an Gymnasien. Die Lehramtsausbildung für die Folkeskole findet am University College statt, während die Ausbildung für das Gymnasium an den Universitäten angesiedelt ist. Die nachfolgenden Ausführungen beziehen sich ausschließlich auf die Lehramtsausbildung für die Folkeskole am University College.

Am University College durchlaufen die Lehramtsstudierenden ein 4-jähriges Bachelorprogramm, in welches mehrere mehrwöchige schulische Praxisphasen integriert sind und welches mit dem Grad „Bachelor of Education" abschließt. Der Abschluss des Bachelorprogramms qualifiziert direkt für eine berufliche Tätigkeit an der Folkeskole. Eine weitere obligatorische Ausbildung (z. B. im Rahmen eines aufbauenden Masterstudiums oder eines Referendariats) gibt es in der dänischen Lehramtsausbildung nicht. Im Laufe des Studiums am University College wählen die Studierenden neben allgemeiner Pädagogik und Didaktik („teachers foundational competences" im Umfang von 60 ECTS- Punkten) drei Hauptfächer (mit insgesamt 140 ECTS- Punkten; Ministry for Higher Education and Science, 2015). Jedes der Hauptfächer wird im Studium in der Regel über zwei Jahre studiert und mit einer Prüfung abgeschlossen, sodass üblicherweise nicht mehr als zwei Hauptfächer gleichzeitig studiert werden.

Im Fach Mathematik legen die Studierenden den Studienschwerpunkt entweder auf die Jahrgangsstufen 1 bis 6 oder 4 bis 10. Am University College South Denmark in Esbjerg besuchen die Studierenden beider Studienschwerpunkte dieselben

Lehrveranstaltungen; eine Differenzierung findet im Rahmen der Prüfungen statt. Das Studium im Fach Mathematik ist in Esbjerg in insgesamt vier Module gegliedert, welche neben allgemeineren Aspekten (z. B. „Mathematiklernen", „Interdisziplinärer Mathematikunterricht", „Differenzierung") die Inhaltsbereiche „Zahlen, Rechenverfahren und Algebra" (Modul 1), „Geometrie" (Modul 2), „Stochastik" (Modul 3, inkl. Daten und Kombinatorik) und „Anwendungsbezug/Modellieren" (Modul 4) umfasst (UC Syd, 2022). Die Module beinhalten jeweils sowohl fachmathematische als auch mathematikdidaktische Inhalte, welche in denselben Veranstaltungen integriert behandelt werden.

3 Das Exkursionsseminar „Planung und Durchführung von Mathematikunterricht an einer dänischen Folkeskole"

Das Exkursionsseminar „Planung und Durchführung von Mathematikunterricht an einer dänischen Folkeskole" wurde im September 2022 als ein fachdidaktisches Vertiefungsseminar für Studierende des Lehramts an Grundschulen (teilweise mit Integrierter Sonderpädagogik) im Fach Mathematik durchgeführt, welches als Leistung sowohl im regulären Bachelor- als auch Masterstudium anrechenbar ist. Die etwa einwöchige Exkursion nach Esbjerg wurde mit 15 Studierenden durchgeführt und durch ein vorbereitendes Blockseminar an der Universität Bielefeld und durch eine Reflexionsveranstaltung zum Abschluss der Exkursion gerahmt. Während der Exkursion führten die Studierenden ein Exkursionstagebuch, welches dazu diente, die gewonnenen Eindrücke festzuhalten sowie eine gezielte Reflexion anzustoßen. Im Mittelpunkt der Exkursion stand ein 3-tägiges unterrichtspraktisches Seminar mit dänischen Lehramtsstudierenden am University College South Denmark in Esbjerg. Im Rahmen dieser Veranstaltung wurden zwei Doppelstunden Mathematik von den dänischen und deutschen Studierenden gemeinsam geplant, durchgeführt und reflektiert. Gerahmt wurde das Exkursionsprogramm von weiteren Hospitationen an Schulen, bei denen das Schulprofil und Besonderheiten der Schule durch Lehrkräfte vorgestellt und Unterrichtsbesuche vorwiegend im Fach Mathematik in den Klassenstufen 3 bis 9 durchgeführt wurden. Der gesamte Aufenthalt erstreckte sich über neun Tage.

Das vorbereitende Blockseminar für die deutschen Studierenden diente neben der allgemeinen und organisatorischen Vorbereitung auf die Exkursion ebenfalls einer Auseinandersetzung mit den mathematischen sowie fachdidaktischen Aspekten des in Dänemark durchzuführenden Mathematikunterrichts. Als Oberthema für die Unterrichtserprobung wurde in Abstimmung mit dem dänischen Kollegen und der Schule der Bereich „Daten erheben und darstellen" festgelegt. Dieses Thema passte einerseits gut zu den Inhalten der regulären Lehrveranstaltung aus Modul 3 („Stochastik"), welches die dänischen Studierenden in diesem Semester besuchten. Andererseits ist das Thema für eine unterschiedliche Umsetzung in den verschiedenen Jahrgängen offen und ergiebig genug (Sill und Kurtzmann, 2019, S. 35 ff. und 91 ff.) und eine in sich abgeschlossene Unterrichtsplanung für vier Stunden gut denkbar. Die Studierenden setzten sich mit den curricularen Vorgaben des Lehrplans für das Land Nordrhein-Westfalen (MSB NRW, 2021, 2022) sowie mit unterschiedlichen Arten von Diagrammen und Darstellungen von Daten auseinander. Sie sichteten und analysierten Lernumgebungen, Schulbücher und weitere Unterrichtsideen. Bei der Betrachtung der Inhalte über die Jahrgänge 3-9 hinweg, wurden als zentrale Hilfe zur Unterrichtplanung wesentliche didaktische Prinzipien fokussiert: das Spiralprinzip, problemlösender Unterricht, entdeckendes Lernen und insbesondere das Prinzip der Selbsttätigkeit beim Erheben von Daten (Scherer und Weigand, 2017). Deutlich wurde auch, dass sich in den höheren Jahrgängen insbesondere die Art der Datenverarbeitung von den unteren Jahrgängen unterscheidet und zunehmend digitale Medien zum Beispiel zum Erstellen von Diagrammen zum Einsatz kommen. Gerade dadurch, dass zum Zeitpunkt des Blockseminars die Jahrgangsstufen für die unterrichtliche Erprobung noch nicht endgültig feststanden, kam einer Berücksichtigung von Heterogenität bei der Auseinandersetzung mit den Materialien eine besondere Bedeutung zu.

Exemplarisch werden im Folgenden die Unterrichtserprobungen an der dänischen Folkesskole im Mittelpunkt stehen. Am Montag wurde zunächst die beteiligte Schule besichtigt und von der Schulleitung vorgestellt, um die Schüler*innen aber auch die Schulform (Jhg. 1–9 kennenzulernen) kennenzulernen. Die Studierenden hospitierten in den Klassen 3, 4, 7 und 8, in denen auf Wunsch der Schulleitung die Unterrichtserprobungen am Mittwoch durchgeführt werden sollten. Der Dienstag diente dann zur Planung und Vorbereitung der am Mittwoch von den internationalen Teams durchgeführten Unterrichtsstunden (jeweils zwei Doppelstunden). Am Mittwochnachmittag stand die Evaluation der Vorbereitung und Durchführung des Unterrichts im Mittelpunkt und mündete in kurzen Reflexionsvorträgen seitens der Studierenden. Im Folgenden werden ausgewählte Teilaspekte der gemeinsamen Erfahrungen dargestellt und reflektiert.

3.1 Planung des Unterrichts in dänisch-deutschen Teams

Die Planung des eigenen Unterrichts am Mittwoch war nur an wenige Vorgaben gebunden. Zeitlich war der Mathematikunterricht für zwei Doppelstunden am Vormittag angesetzt. Die Studierenden wurden in Achtergruppen (fünf dänische

Studierende und drei deutsche Studierende) eingeteilt, die Klassen der Jahrgangsstufen 3, 4, 7 oder 8 wurden ihnen jeweils zugewiesen. Thematisch hatten sich die Verantwortlichen beider Universitäten, wie bereits erwähnt, auf den Bereich „Daten erheben und darstellen" geeinigt. Als hilfreich hat sich erwiesen, die prozessbezogene Kompetenz des Darstellens zu fokussieren, um einerseits Möglichkeiten der (natürlichen) Differenzierung im Hinblick auf die Verwendung unterschiedlicher Darstellungen zur Präsentation der erhobenen Daten zu ermöglichen und andererseits sprachliche Schwierigkeiten durch mögliche Erläuterungen an konkreten Abbildungen zu erleichtern. Sowohl in der Vorbereitung der zweisprachigen Teams, als auch im Unterricht selbst, können Ideen durch Diagramme direkt veranschaulicht und mündliche Erläuterungen durch Verweise auf Darstellungen bildlich unterstützt werden.

Bei der gemeinsamen Planung des Mathematikunterrichts wurden in den gemischten Lehrkräfte-Teams sehr schnell die unterschiedlichen Lernvoraussetzungen der Studierenden deutlich, die sich aus den verschiedenen Studiensystemen zwangsläufig ergeben. Die Mehrzahl der deutschen Studierenden hatte bereits die fachdidaktische Veranstaltung „Daten, Häufigkeiten und Wahrscheinlichkeiten im Mathematikunterricht der Grundschule" besucht. Im vorbereitenden Blockseminar in Deutschland wurden Unterrichtsbeispiele u. a. aus Schulbüchern analysiert und bezüglich der Lernziele in den verschiedenen Schuljahren diskutiert. Dabei spielten auch Fragen zu Möglichkeiten der Differenzierung und unterschiedlichen Typen von Diagrammen eine Rolle. Die dänische Studierendengruppe befand sich am Anfang des zweiten Studienjahrs für das Fach Mathematik und hatte zu dem Zeitpunkt bereits verschiedene Möglichkeiten der Darstellung von Daten kennengelernt, darüber hinaus aber nur wenige Inhalte aus dem Modul „Stochastik" behandelt. Zusätzlich zur Teilnahme an der regulären Lehrveranstaltung des Moduls fand für die dänischen Studierenden keine gesonderte Vorbereitung auf das gemeinsame Unterrichtsvorhaben statt. Allerdings ist die unterrichtspraktische Erfahrung der dänischen Studierenden durch einen hohen Anteil an praxisnahen Veranstaltungen im Studiengang deutlich höher. In den Praxisphasen wird sehr viel Wert auf Offenheit in Bezug auf die inhaltliche Schwerpunktsetzung und auf Methoden gelegt, um den Studierenden im eigenen Lehrerhandeln möglichst viel Freiraum zu lassen. Zudem ist es in Dänemark in den Praxisphasen üblich, zunächst mit der Lehrplanrecherche und Sichtung der aktuellen Schulbücher zu beginnen, bevor eine detaillierte Unterrichtsplanung folgt. Dieses Vorgehen war auch in den gemischten Studierenden-Teams zu beobachten. Es erwies sich als besonders hilfreich, dass sich die deutschen Studierenden im vorbereitenden Blockseminar bereits mit Unterrichtsideen und Inhalten auseinandergesetzt hatten, um parallel zu den Vorbereitungen implizit die beiden Curricula (und auch Aufgabenstellungen in Schulbüchern) der Schulsysteme im Hinblick auf das Thema „Daten" zu vergleichen. Der Lehrplan von Nordrhein-Westfalen gibt hier bezüglich der Kompetenzerwartungen am Ende des 4. Schuljahres sehr allgemein vor, dass die Schüler*innen Daten aus der unmittelbaren Lebenswirklichkeit ermitteln sowie Daten und Häufigkeiten in Diagrammen und Tabellen darstellen (MSB NRW, 2021, S. 93). Der dänische Lehrplan formuliert im Kompetenzbereich Statistik in ähnlicher Weise als Zielsetzung bis zum Ende des 3. Schuljahres, dass die Schüler*innen statistische Untersuchungen mit einfachen Daten durchführen und Tabellen sowie einfache Diagramme zur Darstellung der Ergebnisse nutzen (Børne- og Undervisningsministeriet, 2019, S. 12). In den höheren Jahrgangsstufen vertiefen die Schüler*innen ihre Kenntnisse über die Analyse von Daten sowie über Möglichkeiten der grafischen Darstellungen von Daten (a. a. O., S. 7 f.). Die Schulbuch- und Literaturanalyse zeigte, dass eine erste Auseinandersetzung in der Regel mit eigenen Erhebungen und lebenden Diagrammen oder Säulendiagrammen startet (Sill und Kurtzmann, 2019, S. 51 ff.). Bei ihren eigenen Planungen sollten die Studierenden-Teams gezielt die Heterogenität der Schüler*innen und Möglichkeiten einer natürlichen Differenzierung (Krauthausen und Scherer, 2014) berücksichtigen.

In den verschiedenen Gruppen sind sehr unterschiedliche Verlaufspläne und Unterrichtsideen entstanden, wobei allen gemein ist, dass die Schüler*innen in einem handlungsorientierten und experimentellen Vorgehen Daten selbst erheben sollen, z. B. durch Umfragen in der eigenen Klasse zu Augenfarbe und Schuhgröße oder dem Generieren von Daten zu Fragen wie „How fast are you in …?". Für die Jahrgänge 3 und 4 mündete die Erhebung im Erstellen von Diagrammen auf Arbeitsblättern und Postern und wurde vorab an frontal vorgestellten Beispielen geübt. In Jahrgang 7 und 8 wurde die Datenverarbeitung mit Hilfe von digitalen Medien fokussiert, z. B. mit digitalen Messgeräten Zeiten gestoppt und erhoben und mit Hilfe von Excel ausgewertet. Die Phase des Explorierens startete direkt nach Einführung des Arbeitsauftrages, Beispieldiagramme wurden vorab nicht thematisiert, sondern die Ergebnisse am Ende im Rahmen von Rechenkonferenzen vergleichend interpretiert.

3.2 Beispielergebnisse aus der unterrichtlichen Erprobung

Der Unterricht in der Folkeskole wurde von den dänischen Studierenden der jeweiligen Vorbereitungsteams auf Dänisch durchgeführt. So war eine detaillierte Reflexion im Hinblick auf den Ablauf und die Ziele der einzelnen Unterrichtsphasen, sowie die Analyse der mündlichen Erläuterungen der Studierenden aufgrund der sprachlichen Barrieren nur eingeschränkt möglich. Durch Visualisierungen an der

Tafel und vorab auf Englisch gemeinsam verfassten Verlaufsplänen sowie zusammen ausgewählten Arbeitsblättern konnten sowohl die deutschen Studierenden als auch wir Veranstaltenden jedoch immer nachvollziehen, was inhaltlich gerade thematisiert wurde.

Einen guten Einblick in die verschiedenen Herangehensweisen der Studierenden bei der Planung und Durchführung der Stunden zeigen die Ergebnisse der Schüler*innen aus diesen Stunden. Abb. 1 und 2 zeigen ausgewählte Poster/Dokumente aus zwei Klassen aus dem Primarbereich (Jahrgang 3 und 4), um diese Unterschiede beispielhaft zu illustrieren. Die Dokumente wurden von den Schüler*innen jeweils in Gruppenarbeit erstellt. Für alle Teams stellte die ungewöhnliche Rahmung von vier hintereinanderliegenden Mathematikstunden eine besondere Herausforderung im Hinblick auf die zeitliche Planung dar. Die Heterogenität der Studierenden zeigte sich aber besonders im sinnvollen Aufbau der Unterrichtsphasen im Hinblick auf die Reihenfolge und die Differenzierung. In der dritten Klasse wurde nach einem kurzen gemeinsamen Einstieg an der Tafel zunächst die Arbeit an Arbeitsblättern mit vorgegeben Daten gefordert und danach sollten Diagramme zu eigenen Erhebungen frei erstellt werden. Die Studierenden in Jahrgang 4 gingen nach einigen gemeinsamen Erprobungen und Visualisierungen an der Tafel direkt zu eigenen Befragungen in der Klasse über. In beiden Gruppen wurden zunächst Beispiele für mögliche Befragungen gesammelt und für die

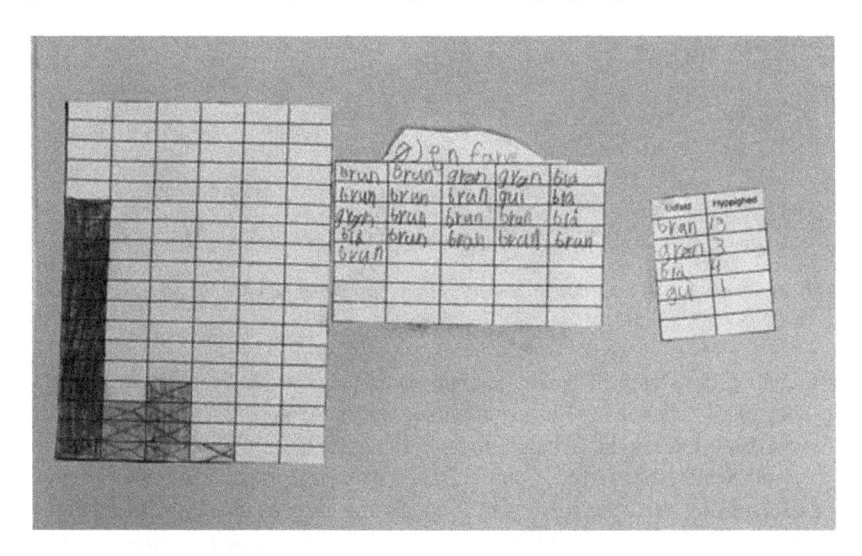

Abb. 1 Beispiel zur Darstellung der selbst erhobenen Daten in Jahrgang 4: Verteilung der Augenfarben in der Klasse

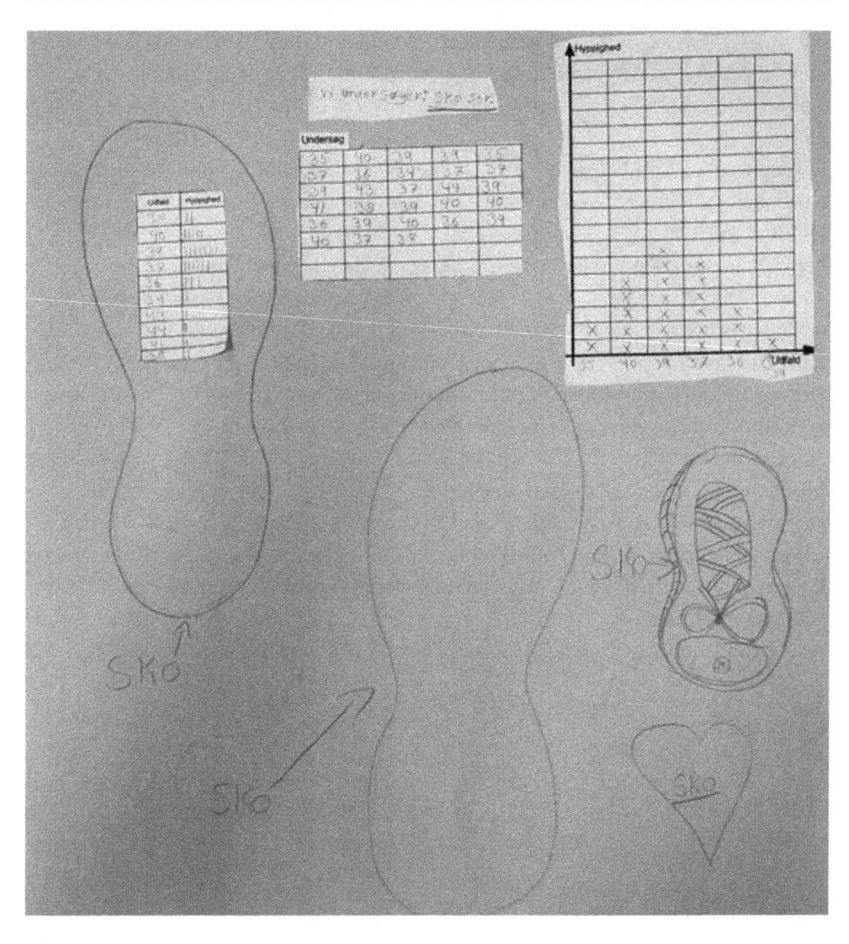

Abb. 2 Beispiel zur Darstellung der selbst erhobenen Daten in Jahrgang 4: Verteilung der Schuhgröße in der Klasse

Darstellung der Daten Säulendiagramme fokussiert. Zur Differenzierung wurden in Jahrgang 4 Tabellen als Eintraghilfen zur Verfügung gestellt (Abb. 1 und 2). In dieser Klasse führten die Schüler*innen z. B. Umfragen zur Augenfarbe (Abb. 1) sowie zur Schuhgröße (Abb. 2) durch. Durch die übergeordnete Aufgabe, ein Poster zu erstellen, finden sich in dieser Jahrgangsstufe insgesamt mehr Erläuterungen zu den gezeichneten Diagrammen. Zudem entschieden die Schüler*innen selbstständig, welche Darstellungen sie für ihre Daten wählten und welche Hilfestellungen (z. B. Raster für eine Tabelle) sie dabei verwendeten.

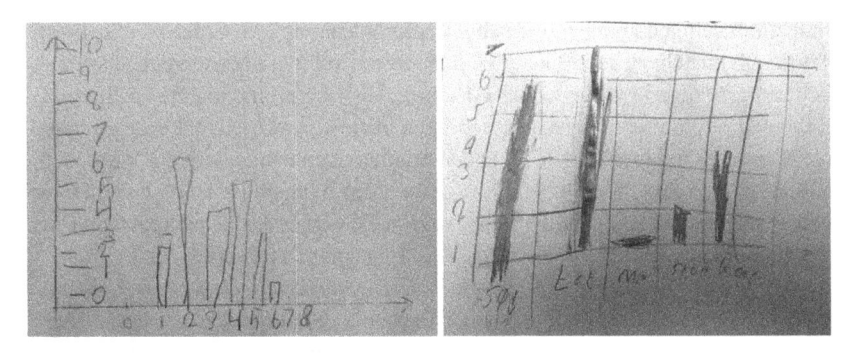

Abb. 3 Zwei Beispiele für Schwierigkeiten bei der Erstellung von Säulendiagrammen in Jahrgang 3

Besonders in Jahrgang 3 veranschaulichen die selbst erstellten Diagramme der Kinder auch die Heterogenität der Schüler*innenschaft im Hinblick auf ihre unterschiedlichen Lernvoraussetzungen und Herangehensweisen. In den Lösungen der Schüler*innen im linken Teil von Abb. 3 ist zu erkennen, dass das freie Zeichnen zu früh eingeführt wurde. Es kommt zu Ungenauigkeiten bei der Skalierung und beim Einzeichnen der Säulen; außerdem fehlt eine sinnvolle Beschriftung, was durch die jeweiligen Säulen repräsentiert wird. Im rechten Teil von Abb. 3 ist bei der Umfrage zum Verbrauch verschiedener Milchsorten zu sehen, dass Unsicherheiten bestehen, wie der Wert 0 einzutragen ist. Hier nutzten die Schüler*innen einen dicken Strich (in der mittleren Spalte). Es wird deutlich, dass eine vorherige Thematisierung sinnvoll gewesen wäre, wie eine Angabe eingetragen werden kann, wenn sie in einer Umfrage nicht vorkommt (z. B. keiner trinkt eine bestimmte Milchsorte). Durch Zeichenhilfen bzw. Ankreuzen eines Feldes hätte diese Schwierigkeit möglicherweise vermieden werden können.

3.3 Ergebnisse aus der Evaluation der Vorbereitung und Durchführung des Unterrichts

In der Vorbereitung und Durchführung des Unterrichts verliefen die Gruppenprozesse sehr unterschiedlich und waren insbesondere davon abhängig, inwieweit die Studierenden bereit waren sich einzubringen bzw. Englisch zu sprechen. Zwei Gruppen haben von dem offenen Vorgehen besonders profitiert, weil sie sich sehr gut aufeinander einlassen konnten und ihre Gruppenprozesse immer wieder angepasst haben, sodass sich alle kennenlernen und auf Augenhöhe austauschen konnten. Eine Gruppe hat vorab selbst einen Rahmen und Regeln ausgehandelt, damit sich alle beteiligen konnten, kam aber immer wieder an ihre Grenzen, alle gleichwertig mit einzubeziehen. Bei der vierten Gruppe führten insbesondere die sprachlichen Barrieren zur Abgrenzung einzelner. Hier wäre eine klarere methodische Rahmung des Vorbereitungstages sicherlich hilfreich gewesen und hätte zu besserer Kooperation führen können. Von den Studierenden wurde auch der Wunsch geäußert, in der dänischen Studierendengruppe vorab inhaltlich schon Aspekte vorzubereiten oder sich via Onlineformat bereits im Vorfeld kennenzulernen und sich auszutauschen, um Hemmschwellen in der Begegnung zu überwinden.

Der Unterricht wurde auf Dänisch durchgeführt; die deutschen Lehramtsstudierenden konnten trotz sprachlicher Barrieren durch die gemeinsame Planung dem Unterricht gut folgen und haben ihre Beobachtungen notiert. Teilweise dienten dänische Studierende als Dolmetschende. Zudem konnten sich viele der Schüler*innen, vor allem aus den höheren Jahrgangsstufen, gut in Englisch verständigen und den Studierenden aus Deutschland ihre Lösungen erläutern. Durch die sprachlichen Hürden blieben aber einige Aspekte bei der anschließenden Reflexion außen vor. Beispielsweise konnte bei längeren Frontalphasen kaum unterschieden werden, ob die Lehrerpersönlichkeit einzelner oder die Inhalte der Vermittlung die folgenden Arbeitsphasen beeinflusste. Dies hatte aber auch zur Folge, dass sich die deutschen Studierenden bei der Beobachtung und Analyse des Unterrichts im Wesentlichen auf den mathematischen Inhalt und dessen didaktische Aufbereitung in den verwendeten Unterrichtsmaterialien konzentrierten. So fokussierte sich die anschließende Evaluation insbesondere auf Aspekte von Heterogenität und Differenzierungsmöglichkeiten im Mathematikunterricht in Bezug auf das eingesetzte Material und kaum auf persönliche Bewertungen der Lehrfähigkeiten bestimmter Studierender.

In der Reflexion nach dem Unterricht wurden zwei zentrale Aspekte von den Studierenden durch den Vergleich der verschiedenen Vorgehensweisen selbst erkannt und herausgestellt. Die offene Herangehensweise beim Erfassen der Daten in Jahrgang 4 bot deutlich mehr Möglichkeiten der natürlichen Differenzierung als die Arbeit an Arbeitsblättern, die keine unterschiedlichen Lösungswege offenließen (Krauthausen und Scherer, 2014, S. 48). Das Zur-Verfügung-Stellen von Eintraghilfen beim Darstellen der Daten erwies sich jedoch gerade in der ersten Auseinandersetzung mit Säulendiagrammen als sehr hilfreich. Während es in Jahrgang 3 ein Arbeitsblatt zur Verteilung von Schuhgrößen in einer fiktiven Klasse gab, wurde in Jahrgang 4 direkt eine Erhebung der Schuhgrößen in der Klasse durchgeführt. Im Vergleich der beiden Vorgehensweisen war von den Studierenden direkt mitzuerleben, dass bei einer eigenständigen Erhebung für die Schüler*innen das Ziel der Aufgabe klarer wurde und neben der Möglichkeit zur natürlichen Differenzierung zu einer höheren emotionalen Beteiligung und Identifikation mit dem Untersuchungsgegenstand führte (Krauthausen und Scherer, 2014, S. 59 ff.). Die

Bereitstellung einer Eintraghilfe zum Darstellen der Daten stellte zwar auf der einen Seite eine deutliche Hilfestellung dar, führte auf der anderen Seite allerdings auch dazu, dass die Schüler*innen diese durchgängig nutzten und so möglicherweise weniger für die Notwendigkeit einer passenden Skalierung beim Erstellen von Säulendiagrammen sensibilisiert wurden.

Insgesamt konnten die Studierenden im Rückblick erkennen, wenn der Ablauf und die Materialien der einzelnen Unterrichtsphasen nicht günstig auf den Lernprozess der Kinder abgestimmt waren. Eine der Gruppen hat damit begonnen, an der Tafel Daten gemeinsam zu erheben, um dann Übungen auf Arbeitsblättern zur Vertiefung und Festigung anzubieten. Die Studierenden äußerten vorab, dass ihnen der Einsatz der Arbeitsblätter Sicherheit im Ablauf der Stunde gebe. Im Nachhinein haben sie festgestellt, dass diese geschlossene Arbeitsphase die meisten Fragen bei den Schüler*innen aufwarf und hier viel Unterstützung bei der Bearbeitung benötigt wurde. Die Studierenden haben für sich erkannt, dass Aufgaben, in denen Daten selbst erhoben werden, den Arbeitsblättern voranzustellen sind. Das komplett freie Erstellen der Säulendiagramme, ohne vorherige Thematisierung zentraler Merkmale dieser Diagramme, bot dagegen zu viel Spielraum und das Angebot von Kästchenpapier oder anderen Zeichenhilfen wäre in der ersten Auseinandersetzung mit Säulendiagrammen zu bevorzugen. Natürliche Differenzierung wurde dabei nicht nur als Möglichkeit erlebt, der Heterogenität zu begegnen, sondern auch als ein diagnostisches Werkzeug, wenn die Schüler*innenschaft und ihre Vorkenntnisse vorab nicht bekannt sind (Scherer, 2018, S. 65).

4 Fazit: Lehrkräfteprofessionalisierung durch Auslandsaufenthalte

Eine nur etwa einwöchige Exkursion in ein anderes Land liefert selbstverständlich nur einen sehr begrenzten Einblick in das Schulsystem, den (Mathematik-)Unterricht und den Umgang mit Heterogenität in diesem Land. Trotzdem kann eine solche Exkursion einen wichtigen Beitrag zur Lehrkräfteprofessionalisierung leisten. Gerade die intensive inhaltliche Arbeit von dänischen und deutschen Studierenden in einem gemeinsamen Seminar stellt eine besondere Art der ‚Internationalisierung' dar und bietet intensive Lernchancen für beide Seiten. So fordert auch Scherer zum Umgang mit Vielfalt im Mathematikunterricht der Grundschule geeignete Angebote, die in der Lehrerausbildung die Arbeit in multiprofessionellen Teams unterstützen (Scherer, 2022, 2018, S. 70).

Besonders die Organisation dieses Unterrichtsversuchs im Rahmen eines Exkursionsseminars mit intensiver Kooperation zwischen dänischen und deutschen

Lehramtsstudierenden hat dabei die kritische Reflexion der eigenen Planung und Durchführung des Unterrichts begünstigt. Einerseits hat die Zusammenarbeit in internationalen Teams bereits in der Vorbereitung zu einem intensiven eigenständigen Austausch der Studierenden über fachdidaktische Konzepte, Ansätze zur Differenzierung sowie über bereits beobachteten Unterricht in den beiden Ländern geführt, wodurch die Studierenden zu einer kritischen Reflexion der eigenen Erfahrungen, Einstellungen und Haltungen gelangten. Andererseits bot die sehr intensive und komprimierte gemeinsame Zeit während der Exkursion den deutschen Studierenden vielfältige spontane Reflexionsanlässe in der Gruppe im gemeinsamen Austausch über die gewonnenen Eindrücke und Erfahrungen. Die Studierenden thematisierten dabei unterschiedliche fachdidaktisch relevante Aspekte wie Handlungsorientierung im Mathematikunterricht, die Nutzung von analogen und digitalen Darstellungen und Mathematikwerkzeugen, der Umgang mit Heterogenität sowie die Öffnung von Aufgaben im Mathematikunterricht. Im Vergleich zu einem Unterrichtsversuch an einer Schule im Umkreis der Heimatuniversität ergeben sich auf einer Exkursion, über die von den Lehrenden angeregten Reflexionen hinausgehend, auf natürliche Weise vielfache Reflexionsgespräche der Studierenden untereinander.

Wie die Reflexionsveranstaltung zum Abschluss der Exkursion sowie die Ausführungen in den Exkursionstagebüchern der Studierenden zeigten, nutzten die Studierenden die Exkursion ebenfalls intensiv für eine allgemeinere Reflexion, die über fachdidaktische Fragestellungen hinausging. Dabei adressierten die Studierenden unterschiedliche Aspekte, die sich auf das Bildungssystem in den beiden Ländern sowie auf den Nutzen von Auslandsaufenthalten im Rahmen der Lehrkräfteausbildung bezogen. Die Studierenden stellten heraus, dass sie gerade im Vergleich mit einem anderen Bildungssystem sowohl die Vor- als auch die Nachteile des deutschen Schulsystems und der Lehrkräfteausbildung allgemein sowie im Fach Mathematik in Deutschland erkennen und vor diesem Hintergrund ihren eigenen Professionalisierungsprozess neu reflektieren konnten. Zwei Studentinnen in der Bachelorphase formulieren dazu in ihren Exkursionstagebüchern:

„Ich konnte für mich Vor- und Nachteile unseres Systems herausfiltern und das ganze System aus einem anderen Blickwinkel begutachten."

„Auf mein Studium bezogen bin ich sehr dankbar für die vielen didaktischen Seminare, durch die ich mich immer vorbereiteter für den späteren Berufsalltag fühle. Besonders im Bereich Mathe wäre eine 2-jährige Ausbildung [wie in der dänischen Lehrerausbildung] mir zu kurz."

Viele Studierende äußerten zudem positive Effekte der Exkursion in Bezug auf ein verstärktes Interesse an weiteren Auslandsaufenthalten, sei es in Form eines Praktikums oder eines Auslandssemesters. Die zeitlich begrenzte und intensiv begleitete

Exkursion in einer größeren Gruppe stellte für mehrere Studierende eine Chance dar, eigene Sorgen und Ängste in Bezug auf einen studienbezogenen Auslandsaufenthalt, besonders im Hinblick auf die Kommunikation in englischer Sprache, abzubauen. Dies illustrieren auch die nachfolgenden Aussagen aus den Exkursionstagebüchern.

„Ich bin deutlich über mich hinausgewachsen in dieser Zeit, habe ganz viele tolle Erfahrungen sammeln dürfen, nette Menschen kennengelernt, erfahren, dass ich echt gut mit Englisch umgehen kann und den Spaß am Englisch sprechen gefunden."

„Die Hürde vor Menschen in einer anderen Sprache zu sprechen verschwand fast vollkommen. […] Ein Auslandssemester (auch in Dänemark) kann ich mir jetzt vorstellen."

Selbstverständlich erfordert ein solches Exkursionsseminar auch von den Lehrenden ein gewisses Maß an Flexibilität und eine Anpassung an die vor Ort vorgefundenen Gegebenheiten und ist im Vergleich zu einem „normalen" Seminar mit gewissen Unsicherheiten in der Planung verbunden. Trotzdem zeigen die differenzierten und durchweg positiven Rückmeldungen der Studierenden deutlich, dass auch kurze Auslandsaufenthalte im Rahmen von Exkursionen gewinnbringende Elemente in der Lehramtsausbildung darstellen können. Sie erweitern den eigenen Horizont und tragen dazu bei, die Studierenden für unterschiedliche Facetten von Heterogenität und Diversität zu sensibilisieren und fördern so die individuellen Professionalisierungsprozesse.

Literatur

Auner, N., Palowski, M., & Schüssler, R. (2019). Ein Blick über den Tellerrand: Inklusion und Heterogenität im internationalen Vergleich erfahren. *Herausforderung Lehrer_innenbildung, 2*(3), 102–122. https://doi.org/10.4119/hlz-2467

Auner, N., Schüssler, R., & Palowski-Göpfert, M. (2020). „Bei uns läuft's ja doch gar nicht so schlecht" – Internationale Exkursionsreisen als Reflexionsanlässe. *Herausforderung Lehrer_innenbildung, 3*(2), 345–356. https://doi.org/10.4119/hlz-2503

Børne- og Undervisningsministeriet. (2019). *Matematik Fælles Mål*. https://www.emu.dk/sites/default/files/2020-09/GSK_FællesMål_Matematik.pdf. Zugegriffen am 15.01.2023.

DAAD (Deutscher Akademischer Austauschdienst). (2013). *Lehrerbildung muss internationaler werden. Resolution zur Internationalisierung der Lehramtsausbildung. Pressemitteilung.* https://www.daad.de/medien/veranstaltungen/lehrerbildung/2013_pressemeldung_resolution_25141.de.pdf. Zugegriffen am 15.01.2023.

Falkenhagen, C., Grimm, N., & Volkmann, L. (2019). Internationalisierung des Lehramtsstudiums. In C. Falkenhagen, N. Grimm, & L. Volkmann (Hrsg.), *Internationalisierung des Lehramtsstudiums. Modelle, Konzepte, Erfahrungen* (S. 1–14). Schöningh. https://doi.org/10.30965/9783657728459

Gries, J., Lindenau, M., Maaz, K., & Waleschkowski, U. (2005). *Bildungssysteme in Europa. Kurzdarstellungen.* Institut für Sozialforschung, Informatik und Soziale Arbeit (ISIS e.V.).

HRK – Hochschulrektorenkonferenz. (2015). *Empfehlungen zur Lehrerbildung.* https://www.hrk.de/uploads/media/2015-01_Lehrerbildung_01.pdf. Zugegriffen am 15.01.2023.

ISTAT – Institut für angewandte Statistik. (2017). *Kooperationsprojekt Absolventenstudien (KOAB), Jg. 2015, Sonderauswertung.*

Kercher, J., & Schifferings, M. (2019). Auslandsmobilität von Lehramtsstudierenden in Deutschland. In C. Falkenhagen, N. Grimm, & L. Volkmann (Hrsg.), *Internationalisierung des Lehramtsstudiums. Modelle, Konzepte, Erfahrungen* (S. 235–261). Schöningh. https://doi.org/10.30965/9783657728459

Krauthausen, G., & Scherer, P. (2014). *Natürliche Differenzierung im Mathematikunterricht. Konzepte und Praxisbeispiele aus der Grundschule.* Kallmeyer Klett.

Kricke, M., & Kürten, L. (Hrsg.). (2015). *Internationalisierung der LehrerInnenbildung. Perspektiven aus Theorie und Praxis.* Waxmann.

Ministry for Higher Education and Sience. (2015). *The Danish Teacher Education Programme. B. Ed. programme for primary and lower secondary schools.* Danish Agency for Higher Education.

MSB NRW – Ministerium für Schule und Bildung des Landes Nordrhein-Westfalen. (2021). *Lehrplan für die Primarstufe in Nordrhein-Westfalen. Mathematik.* https://www.schulentwicklung.nrw.de/lehrplaene/lehrplan/289/ps_lp_m_einzeldatei_2021_08_02.pdf. Zugegriffen am 15.01.2023.

MSB NRW – Ministerium für Schule und Bildung des Landes Nordrhein-Westfalen. (2022). *Kernlehrplan für die Sekundarstufe I Hauptschule in Nordrhein-Westfalen. Mathematik.* https://www.schulentwicklung.nrw.de/lehrplaene/lehrplan/304/hs_m_klp_2022_06_17.pdf. Zugegriffen am 15.04.2023.

Scherer, P. (2018). Inklusiver Mathematikunterricht – Herausforderungen und Möglichkeiten im Zusammenspiel von Fachdidaktik und Sonderpädagogik. In A. Langner (Hrsg.), *Inklusion im Dialog: Fachdidaktik – Erziehungswissenschaft – Sonderpädagogik* (S. 56–73). Verlag Julius Klinkhardt.

Scherer, P. (2022). Umgang mit Vielfalt im Mathematikunterricht der Grundschule – Welche Kompetenzen sollten Lehramtsstudierende erwerben? In K. Eilerts, R. Möller, & T. Huhmann (Hrsg.), *Auf dem Weg zum neuen Mathematiklehren und -lernen 2.0. Festschrift für Prof. Dr. Bernd Wollring* (S. 11–25). Springer. https://doi.org/10.1007/978-3-658-33450-5

Scherer, P., & Weigand, H.-G. (2017). Mathematikdidaktische Prinzipien. In M. Abshagen, B. Barzel, J. Kramer, T. Riecke-Baulecke, B. Rösken-Winter, & C. Selter (Hrsg.), *Basiswissen Lehrerbildung: Mathematik unterrichten* (S. 28–42). Kallmeyer Klett.

Sill, H.-D., & Kurtzmann, G. (2019). *Didaktik der Stochastik in der Primarstufe.* Springer Spektrum. https://doi.org/10.1007/978-3-662-59268-7

UC Syd. (2022). *Læreruddannelsen Studieordning – Del 3: Modulbeskrivelser for nationale og lokale moduler.* https://www.ucsyd.dk/files/inline-files/Studieordning%20del%203%20 2022%20-%20Læreruddannelsen%20UC%20SYD.pdf. Zugegriffen am 15.04.2023.

Tension Between Theory and Practice as a Challenge for Teachers' Professionalization

Alena Hošpesová and Marie Tichá

1 Introduction

Our cooperation with Petra Scherer was mainly concentrated in two periods of work on two Comenius projects. From 2000 to 2004 we cooperated on a project entitled *Understanding of mathematics classroom culture in different countries (UMCCDC)*, which aimed to improve the quality of continuing education of primary teachers in mathematics. In the second project, entitled *NaDiMa (Motivation via Natural Differentiation in Mathematics)*, which ran from 2008 to 2010, we elaborated materials for pupils to improve their understanding of mathematical concepts, taking into account their individual personalities and capabilities.

The stimuli resulting from the cooperation with Petra Scherer and her colleagues positively influenced our work as both researchers and teacher educators, and it continues to do so. We particularly focussed on the characteristics of joint reflection and its importance for improving the professional competencies of the teacher, as well as its role in the process of grasping situations and solving and creating problems. We were also inspired by various Substantial Learning Environments (in the sense used by Krauthausen & Scherer, 2010), and their use as a tool

---

A. Hošpesová (✉)
Südböhmische Universität, České Budějovice, Czech Republic
E-Mail: hospes@pf.jcu.cz

M. Tichá
Karls-Universität, Praha, Czech Republic
E-Mail: ticha@math.cas.cz

© Der/die Autor(en), exklusiv lizenziert an Springer Fachmedien Wiesbaden
Gmbh, ein Teil von Springer Nature 2024
B. Barzel et al. (Hrsg.), *Inklusives Lehren und Lernen von Mathematik*,
https://doi.org/10.1007/978-3-658-43964-4_22

in inclusive mathematics. In recent years, we have been investigating the possibilities of strengthening the relationship between theory and practice in the education of teacher students.

2 Research on Joint Reflections

At the beginning of solving the project *Understanding of mathematics classroom culture in different countries* we assumed that its aim would be to describe the specifics of teaching mathematics in the participating countries and to illustrate these specifics by means of suitable video recordings. During our initial discussions in the project team this goal proved unattainable (for more detail, see Hošpesová & Tichá, 2004). The aims of the project moved from the transfer of information towards the creation of ways to influence a teacher's teaching (Scherer & Steinbring, 2004), especially towards (a) cultivation of teachers' activities through self-reflection and joint reflection; (b) development of more sensitive approaches by teachers to pupils' ways of thinking and ability to use them in teaching; and (c) an awareness of valuable moments from the point of view of a pupil's learning process. In other words: the activities in the project led to a change in the mathematical classroom culture of participated teachers.

We approached this target in an international environment of Czech, Italian and German teachers and researchers. Scherer and Steinbring later explained our approach in words (2006, p. 105): "No finished, perfectly elaborated (pedagogical and mathematical) knowledge products are 'handed on' from the researchers to the teachers in practice, but the common, cooperative work is increasingly concentrated on the essential activities of learning and teaching mathematics."

Cooperation, especially with the German team of Petra Scherer and Heinz Steinbring, led us to clarification of the importance of reflection in the teachers' work. In the Czech project team, we used a combination of self-reflection and joint pedagogical reflection on selected teaching episodes. Gradually, reflection as a method of teacher education became the topic of our research.

2.1 The Path to Joint Reflection and Its Research

Reflections came to the forefront of our research interest gradually.

For the project on classroom culture we prepared several videos, in which we recorded the teaching experiments realized by participated teachers, the implementation of which started with joint preparation for teaching. The basis for choosing the subject of the experiment was always the decision of the teachers. They always reacted to the problems brought about by their practice. The lesson plan was created during a joint team meeting. The lesson was (usually) implemented in class by two teachers from our team and video recorded. This video recording was made available to all members of the team and, in the first phase, they reflected on the lesson individually. The final step was joint reflection on didactically interesting parts of the video recording at a meeting of the team of teachers and teacher educators. Which parts of the lesson would be reflected upon were determined by the teachers who taught the lesson. They mostly justified their choice by saying that they needed to discuss a certain phenomenon captured on video. Individual and joint reflections were supported by transcripts of classroom communication. They enabled the participants in the discussion to be well informed and to easily formulate their arguments. Of course, such support is only possible very rarely or as part of a research project. It is necessary to keep in mind that a sizeable part of the information concerning the lessons will be lost anyway.

During the period of solving the project, the appreciation of the importance of the video recording of teaching (and learning) has changed and the level of reflections developed in consecutive and improving stages. We observed:

- a shift from a simple discussion focused on intuitive observations of the type 'I like / dislike it', while teachers usually spoke about their feelings (Hošpesová & Tichá, 2004);
- followed by an effort to apply a deeper view and a search for effective methodological procedures for certain learning contents, which in turn improves the teaching quality (Hošpesová & Tichá, 2004);
- leading to a deep evaluation of teaching in terms of targets, content and methods, which allowed the construction and implementation of a teacher's own teaching experiments and formulation of open questions.

At the same time, we recorded changes in the participating teachers' approach in assessing their own competences (Tichá & Hošpesová, 2006):

- from the feeling of self-confidence regarding the content and methods of mathematics education and teaching mathematics;
- through personal uncertainty and doubts about their competencies, usually caused by their inability to adequately react to unforeseen (a) actions-reactions of pupils, especially when solving tasks during the experiment, and (b) reactions of other team members during joint reflection;

- to the ambition to change their work by (a) deepening their knowledge of mathematical content and its didactic processing and (b) developing a better understanding of the cognitive process in children.

Although we concluded that self-reflection contributed to the development of a teacher's professional competence, sometimes a teacher on his/her own is not fully able to evaluate the didactical transformation of the curriculum, class organization and communication with pupils (Slavík, 2004). The joint reflection supported by the teacher educators can help in recognizing the sources of some teachers' failures, misconceptions and obstacles, and their causes, and inspired the teachers to reflect on how to eliminate these problems. In fact, the process of re-education had already started during the joint reflection. This experience led to an idea to introduce self- and joint reflections as a regular part of different activities (problem posing, didactic analysis of teaching practicum) performed with (teacher students). The activities originally intended as teaching methods became a means of diagnosing teacher students' misconceptions and the stimulus for re-education. In this connection, Slavík (2004) talked about opportunity to develop *the professional thinking* of teachers and to show the functionality of didactic theory for practice. Our experience confirms that reflection creates space for the transition from intuitive to conscious and reasoned action. It is a key element in the professional development of practicing teachers and teacher students.

A question arises as to the conditions required for implementation of a qualified joint reflection. There is a particular need for the willingness of all participants to explore teaching thoroughly. For some teachers (regardless of their age) it is very difficult to take part in the discussion and to express their opinion. Apparently, they need more time to think the situation over. Their low self-evaluation may also be a negative influence. The composition of the team and the resulting sense of security for each member are important conditions for success. Differences in teachers' involvement were caused by different knowledge, experiences and personal dispositions of individuals, unequal quality of interpretations, and peculiarities of causal attributions. All this led to mutual learning in the group of participating teachers, deepened understanding of teaching situations and created motivation for further education, and experimentation with pupils in their own classes. Our experience confirms that it is necessary to prepare teachers for reflection. Scherer et al. (2004) developed *Practical guidelines for cooperative reflection on one's own mathematics lessons* (Praxisleitfaden zur kooperativen Reflexion des eigenen Mathematikunterrichts). We still use the Czech translation of this material as a support for teacher students teaching practice.

The opportunity to study one's own performance on a video recording and discuss it with colleagues gave the teachers a more thorough perspective on their teaching, and especially a better perception of individual pupils' performance. One teacher expressed that as follows:

> I realize how much it could help to see the child from a different point of view and to study an interesting part of the lesson several times. [...] Usually, I'm not able to notice such details. It would be really very useful to see one's performance on a video recording from time to time. (Tichá & Hošpesová, 2006, p. 140)

Scherer und Steinbring (2004) emphasized that the qualified reflection of daily teaching activities can help teachers to cope with the high demands of their work.

2.2 Using Joint Reflection in Future Teachers' Education as a Diagnostic Tool

After the end of the project on classroom culture, we started using joint reflection as a teaching method in mathematics teacher education. It has proven itself especially where teachers and teacher students did not realize that their knowledge of mathematical content was not deep enough. The misconceptions were particularly evident when they posed problems.

We have been dealing with problem posing with teacher students for a long time (summary in Tichá & Hošpesová, 2013), mainly because we assumed a close relationship between problem solving and problem posing. Solving a problem can be viewed as 'a dialog between the solver and the problem', when the solver decides how to solve the problem and he/she modifies his/her decisions based on 'information from the problem' and confrontation with the goal (ask a question). These alternates solving the problem and posing questions, or problems. Solving problems and problem posing are thus interconnected activities. We believe that we can support the successful solution of a problem by the fact that the solvers also posed problems (Tichá & Hošpesová, 2013). In addition, the teacher often provides support to the student in the lesson, for example by reformulating the problem, creating a simpler version of it, formulating questions of 'side' tasks.

The first step to problem posing is the creation of a stimulating environment that can evoke questions and problems. In our research, we carried out a number of studies where the teachers and teacher students posed problems (for a given calculation, with given data, with a given result, or a given structure). We mostly focused on fractions. On the one hand, we consider the relationship between the whole and the part to be one of the most important, but on the other hand, in the environment of fractions, incorrect ideas about some concepts are often manifested. Concepts and knowledge are often formal, which means that teacher students are neither able to apply them (in solving mathematical or 'non-mathematical' problems) nor to further develop and deepen them (e.g. a simplified idea of an arithmetical operation, formal ideas of fractions) (Tichá, 2003; Tichá & Hošpesová, 2013).

With the teacher students for primary school level we followed the next sequence of tasks:

- problems posing (e.g. those that can be calculated by 1/4 · 2/3),
- solving of posed problems and individual reflection on them (both were carried out by the author of the problems and other students),
- joint reflection on the created problems.

Finally, we asked the students how they evaluate the inclusion of problem posing in their education.

The posed problems and the subsequent reflection showed some student's misconceptions because they often work with fractions like with natural numbers. For illustration, let's mention three problems created on a given calculation (1/4 · 2/3):

1. There was 2/3 of the cake on the table. Dušan ate 1/4 of 2/3 of the cake. How much cake is left?
2. There were 2/3 kg of tangerines on the table. Veronika ate 1/4 kg. How many tangerines are left?
3. The glass was 2/3 full. Gabriel drank 1/4. How full was the glass?

Deficiencies in the understanding of multiplication of fractions were even more pronounced in the subsequent reflection, carried out by other students in the seminar (in detail in Tichá & Hošpesová, 2010; Hošpesová & Tichá, 2015). In the following text, we present two examples of reflections 'warning' about misconceptions in fraction concept.

> One of the students (Paul) wrote about the 1st problem above: "If we have 2/3 of the cake, we can eat 1/4, but the denominator does not match. If he ate 1/3 of 2/3, yes. In practice, it could be done, but mathematically it is not correct." The student supplemented this statement with a picture (Fig. 1) and a posed problem that he was convinced was correct: "Today in class A we have 1/4 of the total number of students, in class B 2/3 of the total number. If we multiply the number of pupils present in both classes, what result do we get?"

Fig. 1 Paul's representation of the 1st problem

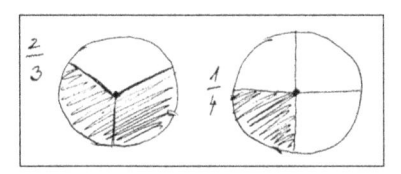

Fig. 2 Petr's representation of the 1st problem

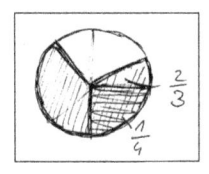

Another student (Petr) graded the 1st problem as follows: "David ate 1/4 of 2/3 of the cake means1/4 · 2/3. That equals 1/6 of a pie. The assignment is correct." This statement seemed promising, but the student attached an illustration (Fig. 2) that revealed a serious misunderstanding.

To the question of whether the problem posing was beneficial for them, the students mostly answered positively. For example:

Certainly more important is the problem posing. I will learn to create problems by combining, reshaping, trying, fitting. I ask myself what I have to pay attention to, what the students may have difficulties with and so on. [...] when solving, I think about the assignment only briefly, and it is easier for me to miss enriching knowledge. (Jitka)

Their written reflections on the problem-posing activity focused on two topics:

- on subjective feelings when posing problems; expressed in statements:
  - problem posing is important (expressed by Soňa in words: "I think it is very important for a teacher to develop this as it enables him/her to understand the structure of already existing problems and to be able to carry them out.");
  - problem posing is surprisingly difficult (Berta's reflection: "... when posing problems, one often grasps it or starts to understand it but also grows aware of one's deficits. At this moment I feel a bit down as I find it very difficult. The more I think about it and try to come up with something, the more lost I get in it and look for complexities, and things that I normally find simple, comprehensible, are now confusing and I have a lot of doubts.");

- the teacher finds it easier to work with problems he/she has posed (posing the problem makes it easier to solve);
- it is not a teacher's task to pose problems (Gabi: "Word problems are undoubtedly important for children but no teacher will want to spend their time posing problems when they can find millions of them in textbooks or on the Internet. I will rather be advised. Or I will just modify some existing problems.");
- on the impact of problem posing on a teacher's didactic competence in their subject:
  - problems posed by a teacher are more appealing for the children and more up-to-date (Cecily: "I think it is good to get engaged in problem posing. Problems can correspond to children's hobbies and then they find their solution more attractive because they are more personal. For example, Anna – gymnastics, Pepa – soldiers, … The sky is the limit." (Cecily)
  - problems posed by a teacher help children's comprehension (Hana: "I based my problem on the math for primary school level. Clarity is crucial. I tried to formulate a clear assignment that the children are able to solve.").

However, it is questionable whether the students really expressed their beliefs. It should be noted here that we sometimes found discrepancies between the quality of the problems created and the student's opinion on whether problem posing should be a part of their education. For example, some students expressed a negative attitude towards problem posing, but they posed 'variegated' problems, in which various interpretations of fractions (quantity, operator, …) and different contexts were used, and whose solution required the use of a number of different operations (comparison, addition, multiplication) (for more detail, see Hošpesová & Tichá, 2015).

When we summarize the benefits of problem posing supplemented by joint reflection on posed problems we can say that:

- the climate changes because problem posing motivates and encourages teacher students to improve their attitude and beliefs, self-confidence;
- the nature and quality of problems created improves. We observed the shift from simple, easy-to-solve problems of the 'textbook' type, which were uninteresting (context and mathematics), and incorrectly formulated to more challenging problems with varied assignments (graphs, tables), which allow different solution methods and requires explanation.

Problem posing supported by joint reflection currently appears to us to be a method that respects constructivist approaches and supports inquiry-based activities in teacher education. We especially appreciate that the students gain a deeper understanding of the content of school mathematics and insight into their own metacognition.

2.3 The Bridges Between Theory and Practice

The highlight of the project on classroom culture was a special issue of the *Journal of Mathematics Teacher Education* focused on inter-relating theory and practice in mathematics teacher education, whose guest editors were Petra Scherer and Heinz Steinbring. In the editorial, they emphasized that the relationship between theory and practice is not hierarchical. In the article Scherer und Steinbring (2006) described the network structure and schematize it (Fig. 3).

> The relative separation and respective autonomy of (educational) theory and (school) practice, however, does not mean that there are no reciprocal actions whatsoever between the two. In the relation between theory and practice, one area can rather be seen as a necessary environment to the other, in which irritations and stimulations appear, indirectly inspiring the respective area to launch changes, alternative ways of proceeding and further developments. Attention must be paid to the fact that positive changes in (school) practice – but also in educational theory – ultimately have to develop from the inside and from "within themselves" and to grow stronger; impulses from the outside are helpful and necessary, but they are not deterministic steering instruments. (Scherer & Steinbring, 2006, p. 103f.)

We consider the balance between theory and practice as a central problem of (future) teacher education. Teacher students in the Czech Republic usually complain about lack of experience. Unlike Germany, the Czech Republic does not have

Fig. 3 The inter-related network of research and collaboration in mathematics teacher education (Scherer & Steinbring, 2006, p. 104)

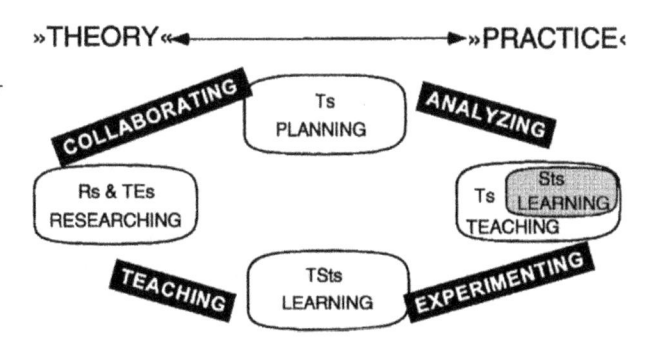

a clinical semester. Different types of school practice are divided into all years of study. Students who are aiming for the teaching profession already have teaching experience at the bachelor's level of study. We are convinced that the problem is not the small proportion of practice in the study, but the fact that practical experience is underutilized. The student perceives them separately from the study, where he/she deals with theoretical questions, and is not aware of the connections. Scheme in Fig. 3 we interpret so that the student oscillates between theory and practice and looks for connections. The ability to "see" the theory while observing (school) practice and to lean on the theory when planning, implementing and reflecting on practical teaching helps to support understanding of both areas. This philosophy is the basis of our methods, which we apply in the education of primary school teacher students at the Faculty of Education in České Budějovice: analyzes of the didactic situation and concept diagrams.

The *Analysis of the didactical situation* (hereinafter Analysis) is written seminar work realized by teacher students as part of the reflection of so called continuous practice in mathematics (2 lessons a week for the whole semester). The starting point is a situation that interests the student. He/she describes the situation and interprets it from the decided point of view. We suppose that Analysis supports a deepening of the relationship between teacher students' theoretical knowledge and their practical experience and teaches the student to look for answers to questions posed by practice in the corresponding literature. Maňák (2011, p. 269, own translation) comments on the importance of theory and practice in education of teacher students that

> ... the goal of their [teacher students'] professional mastery is not to master the scientific system of the field and various pedagogical theories, but to acquire professional knowledge, when the theory is based on the needs of practice and from a scientific perspective is capable of solving its problems.

Our experience shows that the processing of the *Analysis* is more difficult for students than we expected. We noticed difficulties in almost all stages of processing: selection of the situation; selection of the point of view, and processing of the description and analysis of the situation. It also happens that students comment on didactic topics in general (discipline, atmosphere in the classroom), although in the case of the *Analysis* conducted by us, the point of view should be chosen from the didactics of mathematics (methodical processing of the curriculum, analysis of tasks, pupils' obstacles, etc.).

By processing the *Analysis,* we assume to support the practice → theory relationship. To strengthen the reverse relationship (theory → practice) conceptual diagrams of the teaching situation are constructed and reflected. This methodology has been developed in the Czech Republic by Slavík and his collaborators since about 2009 (Slavík et al., 2014). Concept analysis helps the teachers realize the connections between the teaching content and pupils' previous experience, as well as immediate and more distant teaching objectives (Janík, 2013). The result of the concept analysis is the *'Model of in-depth teaching structure'* (ITS model). The ITS model visualizes and names the key elements of the teacher's interaction with pupils that lead to the achievement of the intended goals. The model represents structural support for realization and reflection of implementation of a specific learning situation.

Fig. 4 shows a concrete example of an ITC model. The teaching situation took place in a mathematic lesson on perimeter and area of a rectangle in the 4th grade of primary school level. The pupils solved the problem: *Where do you meet the area and perimeter of a rectangle outside of school?* (for more detail about the lesson and its realisation, see Hošpesová, 2021) The ITS model represents the structure of knowledge that must be activated when solving the task. The layer in the center of the model is the concept layer. It includes concepts of the subject and its structures: in other words, the concept, its content and place in the perspective of the subject. It can never be absent in teaching if educational aims are respected. We predict the key

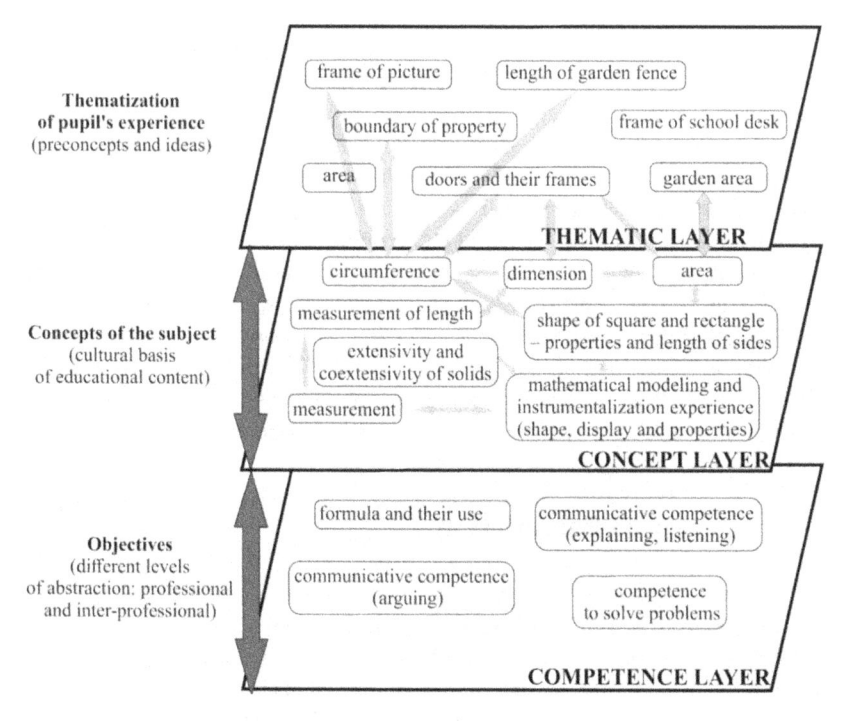

Fig. 4 The ITS model of the situation and analysis of the task: Where do you meet the area and perimeter of a rectangle outside of school? (Hošpesová, 2021, p. 215)

concepts the pupils need to master in order to grasp the topic. The concept layer in our example is formed by the concepts of perimeter and area (what they mean, how we calculate them). This is connected to the geometrical properties of figures whose perimeters and areas we try to find. In our teaching situation, these were squares and rectangles. Calculating the perimeter is connected with the congruence of lengths of sides of a square and a rectangle; this means the solver needs to know the dimensions of the figure, i.e. the lengths of its sides. The whole teaching episode as a mathematization of the solver's real life experience.

The highest layer in the ITS model is *the thematic layer*. It captures what can immediately be observed and described. Pupils know the content from their own experience; they have already built pre-concepts and can handle them in some way. The teacher moves in the thematic layer when they construct and select such tasks for pupils where the educational content is connected to the pupils' experience and motivation. Here the thematic layer includes various pupil's experience with the perimeter and area of squares and rectangles gained at school (through solving various content related problems) and outside of school (solving problems from real life).

The competence layer concerns the development and achievement of the most-general objectives of education. In the Czech Republic, it is anchored in the national curriculum (FEP BE, 2007) in the form of key competences. In our concrete example, the competence layer includes long-term objectives (mathematical and cross-curricular) whose achievement is facilitated by solving the problem.

It is important that the ITS model allows the user to compare the real course of a lesson with its hypothetical alternatives. While watching a video or a real lesson, the user interprets the teacher's activity in the recording, considers the reasons for specific actions, and suggests possible (improving) alterations. The user can use the proposed alterations in their own practice and they also serve as incentives for the development of their own professional perception. We assume this leads to cognitive activation of the user (teacher student in our case), which will remove the formalism in their teaching that can happen if they are merely following teaching manuals. For now, this approach concludes our focus on teaching reflections and their support.

3 Natural Differentiation

The second project which we collaborated on with Petra Scherer and her colleagues was called *NaDiMa Motivation via Natural Differentiation in Mathematics*.

From the point of view of the situation in the Czech Republic, the project was ahead of its time, because we created teaching materials in the spirit of inclusion. Scherer and Krauthausen proposed the natural differentiation as the central approach of the project. This approach was briefly described by Wittmann (2001) as a teaching method that respects the heterogeneity of the group of pupils in each school class. It was a new idea for the Czech team. We dealt with the need for individualization of teaching, but it was understood as a difficulty that must be overcome. From the beginning, natural differentiation was perceived by the project team as a solution to a common classroom situation. This understanding is very close to the current perception of inclusion which was confirmed by a legal norm in the Czech Republic only in 2016. From this point of view, it was also beneficial for us to get acquainted with Petra's earlier work in the publication Entdeckendes Lernen im Mathematikunterricht der Schule für Lernbehinderte (Scherer, 1999).

The NaDiMa project was based on the idea that it is possible to use so-called substantial learning environments (SLEs, the definition can be found e.g. in Wittmann, 2021) in schools, in which tasks of varying difficulty can be created. Each pupil can then decide which level he/she choose. The advantage is that all pupils are given the same learning material, which they work on together or individually, in accordance with their individual competencies. Experience has shown that this approach supports more realistic self-evaluation and removes stress from possible failure to complete the task. The pupil can gradually evaluate his/her skills better than the teacher, but he must have the space to learn this approach. From the beginning, the teacher prepares and offers situations that allow the pupils to talk and think about the demands and criteria on a meta-cognitive level.

As part of the project, we developed and "debugged" several SLEs with the pupils, for example in arithmetic so called number triangles (Krauthausen & Scherer, 2010), in geometry various jigsaw puzzles and parquets, tasks aimed at cultivating mathematical literacy. Till now we use the Czech translations of the materials (Krauthausen & Scherer, 2010; Scherer, 2013) in the teaching of teacher students. We often observe the student's joy at the problems solved, posed and modified for different levels of difficulty. As the effort to cope with heterogeneity in the mathematics classroom comes to the fore in Czech school practice, we consider the natural differentiation via substantial learning environments as one of the possible solutions. For learners, this natural differentiation should contribute to a deeper mathematical understanding, as well as to the development of general learning strategies that can lead to learners' higher motivation to study mathematics.

4 What to Say in Conclusion?

In this chapter, we have tried to show how debates with Petra Scherer and her collaborators in the course of solving two relatively small European projects led us to a long-term research interest in the theory-practice relationship in teacher education, namely in the role of reflection in the professional life of a teacher. Petra

Scherer influenced our research on teachers' qualified reflections in one more small but important detail. At first, we used the term *collective reflection*. During the preparation of an article for the Journal of Mathematics Teacher Education (Tichá & Hošpesová, 2013), Petra Scherer proposed the term *joint reflection*. After careful consideration, we adopted the term *joint reflection*. The reflections of the video recordings that we realized in the Czech team did not lead to unification of opinions, as the term *collective* would perhaps suggest. On the contrary, by the teachers formulating different reactions coming from different experience, the understanding of the episode was deepened. The term *joint reflection* was more in line with this approach.

Reflections gradually became a part of our teaching of future teachers, where joint reflection of solving and posing problems led students to a deeper understanding of underlying concepts and gives us a precise feedback on the students' knowledge. Reflection is also at the heart of the teaching methods we are now creating and testing, which should strengthen the relationship between theory and practice. In particular, the ITS model, which emphasizes the importance of mathematical content for the planning, implementation and reflection of teaching, is in our opinion in line with the approach of the German didactics of mathematics, which we were introduced to by Petra Scherer and her colleagues from the academic sphere and teachers of primary schools.

We have known Petra Scherer personally for over 20 years. We don't meet every week, or even every year. But we always bridge the time when we haven't seen each other easily and follow up on our last debate. At the conferences, we see that Petra Scherer inspires a group of students and now even graduates of doctoral studies (just as she directed us). Going to listen to their performances is a safe bet because they are always innovative, well- structured and the conclusions are well-supported by arguments.

We wish Petra many similar students and lots of strength and good health for her future work.

References

FEP BE – Framework Educational Programme for Basic Education (2007). www.msmt.cz/file/9481_1_1/

Hošpesová, A. (2021). Model of in-depth teaching structure as a base for formative feedback. In J. Novotná & H. Moraová (Hrsg.), *Proceedings opportunities in learning and teaching elementary mathematics. International Symposium Elementary Mathematics Teaching SEMT '21* (S. 211–221). Charles University, Faculty of Education. https://semt.cz/proceedings/semt-21.pdf

Hošpesová, A., & Tichá, M. (2004). Improving the mathematics classroom culture through self-reflection. In M. A. Mariotti (Hrsg.), *European research in mathematics education III: Proceedings of the third conference of the European Society for Research in Mathematics Education* (S. 1–10). Edizioni Plus.

Hošpesová, A., & Tichá, M. (2015). Problem posing in primary school teacher training. In F. M. Singer, N. Ellerton, & J. Cai (Hrsg.), *Mathematical problem posing: From research to effective practice* (S. 433–447). Springer Science+Business Media). https://doi.org/10.1007/978-1-4614-6258-3_21

Janík, T. (2013). *Kvalita (ve) vzdělávání: obsahově zaměřený přístup ke zkoumání a zlepšování výuky* [Quality (in) education: A content-oriented approach to researching and improving teaching, in Czech]. Masarykova univerzita.

Krauthausen, G., & Scherer, P. (Hrsg.). (2010). *Ideas for natural differentiation in primary mathematics classrooms. Vol. 1: The substantial environment. Arithmetical environment.* Wydawnictwo Uniwersytetu Rzeszowskiego.

Maňák, J. (2011). K problému teorie a praxe v pedagogice. [To the theory and practice problem in pedagogy, in Czech.]. *Pedagogická orientace, 21*(3), 257–271.

NaDiMa Motivation via Natural Differentiation in Mathematics. http://www.scientix.eu/web/guest/projects/project-detail?articleId=98349

Scherer, P. (1999). *Entdeckendes Lernen im Mathematikunterricht der Schule für Lernbehinderte: theoretische Grundlegung und evaluierte unterrichtspraktische Erprobung.* Winter „Edition S".

Scherer, P. (2013). Natural differentiation in the teaching of mathematics to children starting school South African. *Journal of Childhood Education, 3*(1), 100–116.

Scherer, P., & Steinbring, H. (2004). The professionalisation of mathematics teachers' knowledge. – Teachers commonly reflect feedbacks to their own instruction activity. In M. A. Mariotti (Hrsg.), *European research in mathematics education III: Proceedings of the third conference of the European Society for Research in Mathematics Education* (S. 1–10). Edizioni Plus.

Scherer, P., & Steinbring, H. (2006). Inter-relating theory and practice in mathematics teacher education. *Journal of Mathematics Teacher Education, 9*, 103–108. https://doi.org/10.1007/s10857-006-9016-6

Scherer, P., Söbbeke, E., & Steinbring, H. (2004). *Praxisleitfaden zur kooperativen Reflexion des eigenen Mathematikunterrichts.* Manuskript: Universitäten Bielefeld & Dortmund.

Slavík, J. (2004). Profesionální reflexe a interpretace výuky jako prostředník mezi teorií a praxí. In *Oborové didaktiky v pregraduálním učitelském studiu.* Brno: Masarykova univerzita, Pedagogická fakulta.

Slavík, J., Janík, T., Jarníková, J., & Tupý, J. (2014). Zkoumání a rozvíjení kvality výuky v oborových didaktikách: metodika 3A mezi teorií a praxí [Analysing and improving instructional quality in subject matter didactics: 3A model between theory and practice, in Czech]. *Pedagogická orientace, 24*(5), 721–752. https://doi.org/10.5817/PedOr2014-5-721

Tichá, M. (2003). Following the path of discovering fractions. In J. Novotná (Hrsg.), *Proceedings of SEMT '03* (S. 17–27). UK PedF.

Tichá, M., & Hošpesová, A. (2006). Qualified pedagogical reflection as a way to improve mathematics education. *Journal of Mathematics Teacher Education*, (9), 129–156. https://doi.org/10.1007/s10857-006-6893-7

Tichá, M., & Hošpesová, A. (2010). Problem posing and development of pedagogical content knowledge in pre-service teacher training. In V. Durand-Guerrier, S. Soury-Lavergne, & F. Arzarello (Hrsg.), *Proceedings of the sixth congress of the European Society for Research in Mathematics Education* (S. 1941–1950). Institut National de Recherche Pédagogique.

Tichá, M., & Hošpesová, A. (2013). Developing teachers' subject didactic competence through problem posing. *Educational Studies in Mathematics, 83*(1), 133–143. https://doi.org/10.1007/s10649-012-9455-1

UMCCDC Understanding of mathematics classroom culture in different countries. https://old.pf.jcu.cz/umccdc/English/index.htm

Wittmann, E. C. (2001). Mathematics in designing substantial learning environments. In M. van den Heuvel-Panhuizen (Hrsg.), *PME 25. Proceedings of the 25th Conference of the International Group for the Psychology of Mathematics Education* (Bd. 1, S. 193–197). Freudenthal Institute Utrecht.

Wittmann, E. C. (2021). Developing mathematics education in a systemic process. In *Connecting mathematics and mathematics education.* Springer. https://doi.org/10.1007/978-3-030-61570-3_9

Kooperation im inklusiven Mathematikunterricht aus Sicht von Grundschullehrpersonen und Sonderpädagoginnen und Sonderpädagogen – Erste Einblicke in eine qualitative Untersuchung

Martina Geisen

1 Relevanz von Kooperation im inklusiven Mathematikunterricht

Lehrpersonen müssen im Mathematikunterricht vielfältige Heterogenitätsdimensionen der Lernenden berücksichtigen, wie u. a. Geschlecht, Alter, Sprache, sozialer und kultureller Hintergrund sowie Begabung (z. B. Buholzer & Kummer Wyss, 2010). Seit der Ratifizierung der UN-Behindertenrechtskonvention im Jahr 2009 besuchen auch Kinder mit sonderpädagogischem Unterstützungsbedarf Regelschulen, womit sich das Heterogenitätsspektrum erweitert (z. B. Brügelmann, 2011). Obwohl der Umgang mit Heterogenität nicht vollkommen neu ist (Gemeinsame Kommission Lehrerbildung, 2017), empfinden Lehrpersonen die Umsetzung des inklusiven Mathematikunterrichts trotzdem als Herausforderung (z. B. Wember, 2013; Fetzer, 2016; Sikora & Voß, 2018; Scherer, 2022). Daher stehen Fragen hinsichtlich der Gestaltung eines inklusiven Mathematikunterrichts wie auch bezüglich der strukturellen und inhaltlichen Ausgestaltung der Lehrkräf-

M. Geisen (✉)
Universität Potsdam, Potsdam, Deutschland
E-Mail: martina.geisen@uni-potsdam.de

© Der/die Autor(en), exklusiv lizenziert an Springer Fachmedien Wiesbaden GmbH, ein Teil von Springer Nature 2024
B. Barzel et al. (Hrsg.), *Inklusives Lehren und Lernen von Mathematik*,
https://doi.org/10.1007/978-3-658-43964-4_23

teaus- und -fortbildung im Fach Mathematik im Zentrum mathematikdidaktischer Forschungen (z. B. Greiten et al., 2017; Scherer, 2022).

Hinsichtlich der Unterrichtsgestaltung kann an substanzielle Vorarbeiten zum Umgang mit Heterogenität im Mathematikunterricht angeknüpft werden und es bedarf keiner gänzlich neuen differenten Unterrichtsweise (z. B. Gemeinsame Kommission Lehrerbildung, 2017; z. B. auch Korff, 2016; Geisen, 2021). Hervorgehoben wird bezüglich der Unterrichtsgestaltung zudem die Akzeptanz und Berücksichtigung individueller Voraussetzungen und Lernprozesse jedes einzelnen Kindes und deren individueller Förderung (z. B. Korff, 2016), wobei gleichzeitig gemeinsames Lernen und soziale Interaktion wichtige Bestandteile inklusiven Mathematikunterrichts darstellen (z. B. Wocken, 1998; Häsel-Weide & Nührenbörger, 2013; Fetzer, 2016). Das Konzept der Natürlichen Differenzierung ermöglicht es dabei in besonderem Maß, die Heterogenität beim Gemeinsamen Lernen als Chance für alle Kinder zu nutzen (Krauthausen & Scherer, 2014). Verantwortlich für eine adäquate Unterrichtsgestaltung sind die beteiligten Personengruppen, das heißt insbesondere Regelschullehrpersonen und Sonderpädagoginnen und Sonderpädagogen, die sich aufgrund unterschiedlicher Ausbildungen u. a. in Bezug auf ihr fachliches und fachdidaktisches Wissen sowie ihre fachbezogenen Überzeugungen unterscheiden (Geisen, 2021; Abschn. 2.1).

Da die Schaffung der oben beschriebenen lern- und entwicklungsförderlichen Bedingungen in inklusiven Settings vielfach nicht von einer Lehrperson allein umgesetzt werden kann (z. B. Löser, 2013; Lütje-Klose & Urban, 2014a) und die gemeinsame Arbeit verschiedener am inklusiven Unterricht beteiligter Akteurinnen und Akteure im Sinne von gemeinsamen Reflexionen und einem Kompetenztransfer die Unterrichtsqualität steigern kann (z. B. Arndt & Werning, 2013; Trapp & Ehlscheid, 2018; Guthöhrlein et al., 2019), gilt die unterrichtsbezogene Kooperation von Regelschullehrpersonen und Sonderpädagoginnen und Sonderpädagogen nicht nur als entscheidend für die Schulentwicklung und Professionalisierung (z. B. Arndt & Werning, 2013; Trapp & Ehlscheid, 2018), sondern auch als eine zentrale Gelingensbedingung für inklusiven Unterricht (z. B. Arndt & Werning, 2013; Marty, 2015; Scherer, 2017; Abschn. 2.1). Die Frage, wie deren Kooperation im inklusiven Mathematikunterricht didaktisch fruchtbar umgesetzt werden kann, muss daher eine zentrale Frage der Fachdidaktik sein (Kullmann et al., 2014). Die bisherige Forschung bezieht sich vor allem auf Kooperationsprozesse im Allgemeinen (z. B. Löser & Werning, 2013), zur fachbezogenen Kooperation speziell im Mathematikunterricht existieren kaum Befunde. Aus fachdidaktischer Perspektive stellen sich Fragen, wie beispielsweise, welche Einstellungen gegenüber einer Kooperation in inklusiven Mathematikunterricht liegen vor, in welcher Weise findet Kooperation im inklusiven Mathematikunterricht statt oder welche fachspezifischen

Rollen und Aufgaben gibt es. In diesem Beitrag wird ein Einblick in eine qualitative Untersuchung gegeben, die u. a. diesen Fragen nachgeht, indem der theoretische Hintergrund betrachtet (Abschn. 2), das Design beschrieben (Abschn. 3.1) und Einblick in ausgewählte Ergebnisse gegeben wird (Abschn. 3.2 und 4).

2 Kooperation im schulischen Kontext

2.1 Spannungsfeld von Gelingensbedingungen und Herausforderungen

Im Zusammenhang mit kooperativen Arbeitsweisen in inklusiven Settings werden in der Literatur vielfältige Herausforderungen beschrieben (z. B. Geisen, 2021). Im Fokus dieses Beitrags stehen zwar Herausforderungen und Bedingungen von Regelschullehrpersonen und Sonderpädagoginnen und Sonderpädagogen im inklusiven Mathematikunterricht der Grundschule, jedoch sind für die Diskussion und Reflexion der fachspezifischen Ergebnisse auch fachübergreifende, schulartunabhängige Aspekte relevant (Abschn. 3.2). Die Herausforderungen stehen dabei im Spannungsfeld zu den Gelingensbedingungen einer erfolgreichen Kooperation. Im Folgenden werden die für diesen Beitrag relevanten Aspekte dieses Spannungsfelds anhand der institutionellen, sachbezogenen, individuellen und interaktionellen Ebene kooperativer Prozesse exemplarisch erörtert (Lütje-Klose & Urban, 2014a; Trapp & Ehlscheid, 2018; Abb. 1).

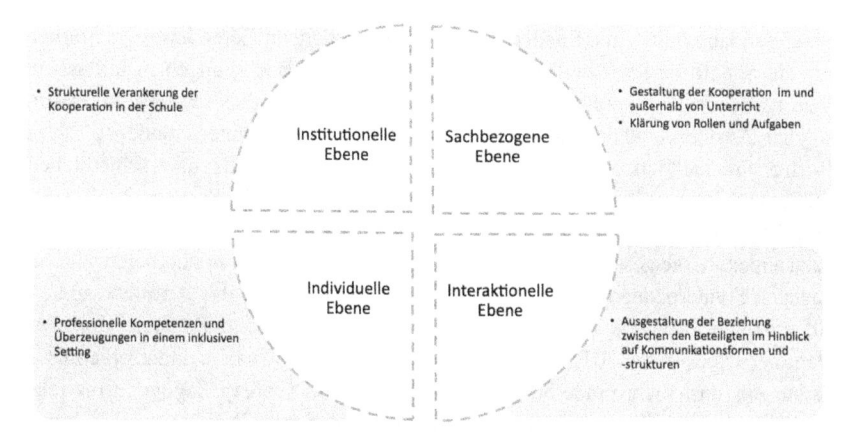

Abb. 1 Ebenen kooperativer Prozesse in Anlehnung an Trapp und Ehlscheid (2018, S. 102) und Lütje-Klose und Urban (2014b, S. 283 ff.)

Die institutionelle Ebene bezieht sich auf die strukturelle Verankerung von Kooperation im Schulalltag (Lütje-Klose & Urban, 2014b). Einerseits sind diesbezüglich u. a. gemeinsame Planungszeiten eine zentrale Gelingensbedingung (Kiehl-Will & Krämer-Kılıç, 2014), andererseits wird hierfür jedoch kaum Zeit eingeräumt und feste Teamsitzungen sind nicht verankert (z. B. Arndt & Werning, 2013), sodass eine gemeinsame Planung schwieriger zu realisieren ist. Auch die Einrichtung eines festen Arbeitsplatzes von Sonderpädagoginnen und Sonderpädagogen an Regelschulen ist für das Gelingen von Relevanz, in der Praxis werden sie jedoch häufig gleichzeitig an Regel- und Förderschulen eingesetzt (ebd.; vgl. auch Trapp & Ehlscheid, 2018). Daher reichen die Ressourcen im Hinblick auf die Implementation kooperativer Prozesse nicht aus (z. B. Löser, 2013).

Auf der Sachebene sind eine gemeinsame Verantwortungsübernahme (Kiehl-Will & Krämer-Kılıç, 2014) und eine klare Rollen- und Aufgabenverteilung für die Kontexte Unterricht und Beratung (Lütje-Klose & Urban, 2014b) wichtige Voraussetzungen für kooperative Prozesse, wobei dies auch Einfluss auf interaktioneller Ebene hat (siehe unten). Häufig fehlt jedoch eine Aushandlung der Rollen und Aufgaben in inklusiven Settings und die Rolle der Regelschullehrpersonen hinsichtlich des Unterrichts und der Vermittlung bleibt bestehen (Arndt & Werning, 2013; Melzer et al., 2015). Die Sonderpädagoginnen und Sonderpädagogen geben dagegen häufiger ihre alleinige Klassenführung ab und übernehmen Beratungs- und Diagnoseaufgaben sowie Hilfs- und Unterstützungsaufgaben (Franzkowiak, 2012; Melzer et al., 2015).

Auf individueller Ebene soll im Sinne eines Kompetenztransfers ein Austausch in Bezug auf die professionellen Kompetenzen der Regelschullehrpersonen und Sonderpädagoginnen und Sonderpädagogen stattfinden, um deren jeweilige Stärken für die Schaffung lern- und entwicklungsförderlicher Bedingungen in inklusiven Settings optimal auszunutzen (Korff, 2016; Guthöhrlein et al., 2019; Abschn. 1). Ein solcher Austausch kann allerdings aufgrund von Wissensunterschieden u. a. in Bezug auf fachliche und fachdidaktische Aspekte, die aus unterschiedlichen Studiengängen resultieren können, herausfordernd sein (z. B. Scherer, 2017; Geisen, 2021). Beispielsweise werden Regelschullehrpersonen in ihrem Studium eher dazu angeregt, die gesamte Gruppe der Lernenden in den Blick zu nehmen, während dagegen Sonderpädagoginnen und Sonderpädagogen lernen, ihre Aufmerksamkeit auf einzelne Lernende zu richten (Geisen, 2021, S. 49 f.; z. B. auch Moser & Demmer-Dieckmann, 2013). Gleichzeitig weisen jedoch Untersuchungsergebnisse darauf hin, dass fachfremde Sonderpädagoginnen und Sonderpädagogen trotz fehlender mathematischer Inhalte im Studium fachdidaktisches Wissen zum Teil kompensieren können (Geisen, 2021). Eine weitere Gelingensbedingung auf individueller Ebene stellen inklusionsorientierte Einstellungen sowie eine Anerkennung des Potenzials und der Notwendigkeit von Kooperation in inklusiven Settings dar

(Kiehl-Will & Krämer-Kılıç, 2014; Guthöhrlein et al., 2019). Die Einstellungen von (zukünftigen) Lehrpersonen hinsichtlich der Umsetzung eines inklusiven Unterrichts sind jedoch ambivalent: Einerseits weisen Lehrpersonen auf verschlechterte Bedingungen im Zusammenhang mit der zunehmenden Umsetzung von Inklusion hin, andererseits stehen (zukünftige) Lehrpersonen inklusivem Unterricht offen gegenüber (Gasterstädt & Urban, 2016; Hecht et al., 2016). Kooperative Prozesse berühren auf individueller Ebene zudem die Autonomie der Lehrpersonen, weshalb eine De-Privatisierung eine weitere Gelingensbedingung darstellt, was auch im Zusammenhang mit der sachbezogenen Ebene steht (z. B. Lütje-Klose & Urban, 2014a, 2014b; Abb. 1). Die Auflösung der Autonomie kann allerdings dazu führen, dass Lehrpersonen Angst vor Verlust der Eigenständigkeit und der pädagogischen Freiheit haben (z. B. Kiehl-Will & Krämer-Kılıç, 2014).

Die interaktionelle Ebene bezieht sich auf eine paritätische Beziehung der Lehrpersonen untereinander und auf deren Kommunikations- und Interaktionsprozesse. Diesbezüglich sind u. a. Einigungsprozesse, Vertrauen sowie Anpassungs- und Veränderungsbereitschaft wichtige Einflussgrößen sowie die Bereitschaft, die jeweils andere bzw. den jeweils anderen am eigenen Wissen und den individuellen Kompetenzen teilhaben zu lassen (z. B. Lütje-Klose & Willenbring, 1999; Abschn. 2.2).

Die Kooperation von Regelschullehrpersonen und Sonderpädagoginnen und Sonderpädagogen stellt für den inklusiven Mathematikunterricht eine große Chance dar, gleichzeitig stellt es alle Beteiligten vor Herausforderungen. Für eine gelingende Kooperation ist die Bewältigung dieser Herausforderungen zentral, wobei eine Kooperation im schulischen Kontext als gelungen angesehen werden kann, wenn sowohl Lernende als auch Lehrende davon profitieren (z. B. Lütje-Klose & Urban, 2014a).

2.2 Formen kooperativer Prozesse

Die Forschungsgruppe um Gräsel differenziert hinsichtlich der Formen von Kooperation den Austausch, die Arbeitsteilung und die Ko-Konstruktion (z. B. Fussangel & Gräsel, 2010), welche sich in Bezug auf die Intensität der Zusammenarbeit unterscheiden (Gräsel et al., 2006). Im Folgenden werden die Kooperationsformen beschrieben (Abb. 2) und exemplarisch mit den Ebenen kooperativer Prozesse verknüpft (Abschn. 2.1 und Abb. 1):

Der Austausch stellt die niedrigschwelligste Form dar und bezieht sich auf eine individuelle Bereitschaft (individuelle Ebene), beispielsweise Lernmaterialien auszutauschen (z. B. Fussangel & Gräsel, 2010). Gemeinsame Planungszeiten (institutionelle Ebene) oder eine Klärung von Aufgaben- und Rollenverteilung (Sachebene und interaktionelle Ebene) sind diesbezüglich kaum notwendig. Eine Klä-

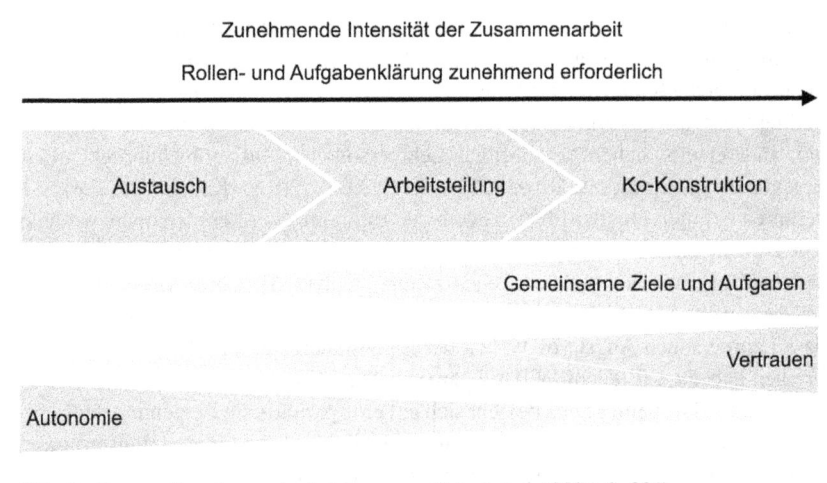

Abb. 2 Kooperationsformen in Anlehnung an Gräsel et al. (2006, S. 209)

rung von Aufgaben und Rollen wird jedoch bei der arbeitsteiligen Kooperation erforderlich, da im Rahmen dieser Kooperationsform gemeinsame Ziele vereinbart werden (z. B. Trapp & Ehlscheid, 2018). Hierzu ist ein gegenseitiges Vertrauen (interaktionelle Ebene) sowie eine gewisse Einschränkung der Autonomie Voraussetzung (individuelle Ebene; ebd.). Die Ko-Konstruktion ist die am höchsten entwickelte Form und bezieht sich auf die gleichberechtigte Zusammenarbeit und Verantwortungsübernahme, was neben einer gemeinsamen Zielsetzung auch eine enge inhaltliche Absprache, soziale Vernetzung und (Selbst-)Reflexion, ein hohes Maß an Vertrauen sowie einen weitgehenden Verzicht auf Autonomie erfordert (z. B. Fussangel & Gräsel, 2010; Trapp & Ehlscheid, 2018; siehe Abb. 2). Damit betrifft diese Kooperationsform alle Ebenen kooperativer Prozesse.

3 Untersuchung zur Kooperation im inklusiven Mathematikunterricht

3.1 Zielsetzungen und Design der empirischen Untersuchung

Für die Umsetzung eines inklusiven Unterrichts ergibt sich durch die Kooperation von Regelschullehrpersonen und Sonderpädagoginnen und Sonderpädagogen eine große Chance, wobei diesbezüglich ein Spannungsfeld von fach- und schulstufenunabhängigen Gelingensbedingungen und Herausforderungen besteht (Abschn. 2.1). Eine Besonderheit ergibt sich im inklusiven Mathematikunterricht zudem aus den besonderen Herausforderungen, die eine Gestaltung inklusiver Settings hinsichtlich einer individuellen Förderung und eines gemeinsamen Lernens am gemeinsamen Gegenstand mit sich bringen (z. B. Wocken, 1998; Häsel-Weide & Nührenbörger, 2013; Fetzer, 2016; Abschn. 1). Eine Kooperation von Regelschullehrpersonen und Sonderpädagoginnen bzw. Sonderpädagogen kann die Bewältigung dieser fachspezifischen Herausforderungen im inklusiven Mathematikunterricht erleichtern. Aus fachdidaktischer Perspektive besteht jedoch ein diesbezüglicher Forschungsbedarf und es muss der Frage nachgegangen werden, wie eine Kooperation im Rahmen von inklusivem Fachunterricht von Regelschullehrpersonen und Sonderpädagoginnen und Sonderpädagogen didaktisch fruchtbar umgesetzt werden kann (Kullmann et al., 2014).

Ziel der Untersuchung ist es den aktuellen Stand im inklusiven Mathematikunterricht in Bezug auf Einstellungen zur Kooperation, praktizierte Kooperationsformen und -niveaus sowie Herausforderungen und Erwartungen der Lehrpersonen zu erhalten. Hierzu werden in einer ersten Phase leitfadengestützte Interviews mit 15 Grundschullehrpersonen und Sonderpädagoginnen und Sonderpädagogen aus Rheinland-Pfalz geführt (weitere Phasen s. Abschn. 4), die Mathematik inklusiv an einer Grundschule unterrichten. Tab. 1 zeigt, in welchem Rahmen die Lehrpersonen das Fach Mathematik studiert haben.

Die Daten werden sowohl deduktiv als auch induktiv mithilfe der inhaltlich strukturierenden qualitative Inhaltsanalyse nach Kuckartz (2018) ausgewertet. Die Hauptkategorien ergeben sich deduktiv aus den theoretischen Grundlagen und dem Interviewleitfaden, wie beispielsweise die in diesem Beitrag relevanten Hauptkategorien „Ebenen kooperativer Prozesse" (Abschn. 2.1 bzw. Abb. 1) und „Kooperationsformen" (Abschn. 2.2 bzw. Abb. 2). Diesbezügliche Subkategorien werden in Abschn. 3.2 anhand der Darstellung ausgewählter Ergebnisse deutlich.

Tab. 1 Überblick über die mathematischen Inhalte im Studium

	Grundschullehrpersonen	Sonderpädagoginnen und Sonderpädagogen
Lehramtsstudium mit Mathematik als Hauptfach	2	–
Lehramtsstudium mit mathematischer Grundbildung	8	2
Lehramtsstudium ohne mathematischen Bezug	–	3

3.2 Exemplarische Ergebnisse und Diskussion

Im Folgenden wird ein Einblick in die Ergebnisse zu den Hauptkategorien „Ebenen kooperativer Prozesse" (Abschn. 2.1 bzw. Abb. 1) und „Kooperationsformen" (Abschn. 2.2 bzw. Abb. 2) im inklusiven Mathematikunterricht in der Grundschule gegeben.

Hinsichtlich der Hauptkategorie „Ebenen kooperativer Prozesse" ergeben sich die in Abschn. 2.1 dargestellten Ebenen als Subkategorien erster Ordnung (Abb. 1):

Auf der institutionellen Ebene wird eine stärkere strukturelle Verankerung der Kooperation von Grundschullehrpersonen und Sonderpädagoginnen bzw. Sonderpädagogen als bedeutsame Voraussetzung für intensive Kooperationen im Mathematikunterricht erachtet. Aufgrund der Hervorhebung durch die Lehrpersonen könnte dies möglicherweise die erste bedeutsame Hürde sein.

Auf der Sachebene thematisieren die Lehrpersonen ihre Rollen und Aufgaben im inklusiven Mathematikunterricht. Die Unterrichtsplanung wird eher nur von den Grundschullehrpersonen übernommen, womit ein fachdidaktischer Kompetenztransfer und gemeinsame Planungen und Reflexionen nicht stattfinden (Guthöhrlein et al., 2019). Die Verantwortung für die Bereitstellung von Material zur qualitativen Differenzierung liegt häufiger auf Seiten der Sonderpädagoginnen und Sonderpädagogen, wobei zwei Grundschullehrpersonen explizit die äußere Differenzierung als Fördermaßnahme erwähnen, worauf sie aufgrund von Ressourcenknappheit und Zeitmangel häufiger zurückgreifen (Lütje-Klose & Urban, 2014b). Das Konzept der Natürlichen Differenzierung wird von den Lehrpersonen nicht erwähnt (Krauthausen & Scherer, 2014). Die Rolle und die Aufgaben der Grundschullehrpersonen bleiben häufiger bestehen und die Sonderpädagoginnen und Sonderpädagogen übernehmen Hilfs- und Unterstützungs- sowie insbesondere Diagnoseaufgaben (Arndt & Werning, 2013; Löser, 2013; Abschn. 2.2). Diagnostische Tätigkeiten sind dabei insbesondere hinsichtlich einer individuellen Förderung substanziell (z. B. Geisen, 2021; Korff, 2016). Die Sonderpädagoginnen und Sonderpädagogen richten ihre Aufmerksamkeit allerdings entgegen der Erwartung aufgrund der Ausrichtung ihres Studiengangs nicht nur auf einzelne Lernende mit sonderpädagogischem Unterstützungsbedarf, sondern häufiger auf alle Lernenden, die Schwierigkeiten haben (Moser & Demmer-Dieckmann, 2013; Geisen, 2021; Abschn. 2.1). Dies ändert sich jedoch in höheren Klassenstufen, wo die Sonderpädagoginnen bzw. Sonderpädagogen eher nur die Lernenden mit sonderpädagogischem Unterstützungsbedarf betreuen.

Auf individueller Ebene sprechen die Lehrpersonen Unterschiede hinsichtlich des fachdidaktischen Wissens an (z. B. Scherer, 2017; Geisen, 2021) und empfinden dies als Herausforderung, wenn beide Beteiligte nicht über ähnliche Vorstellungen von einem zeitgemäßen Mathematikunterricht verfügen. Bezüglich der Einstellungen der Lehrpersonen auf individueller Ebene können fachbezogene inklusionsorientierte Einstellungen sowie fachbezogene Einstellungen zur Kooperation unterschieden werden (Abschn. 2.1). Hinsichtlich der inklusionsorientierten Einstellungen im Fach Mathematik sind viele Lehrpersonen der Überzeugung, dass sich inklusiver Mathematikunterricht einerseits in niedrigeren Klassenstufen gut umsetzen lässt, in höheren hingegen nicht. Andererseits ist die Umsetzung laut der Lehrpersonen inhaltsabhängig und insbesondere der Bereich der Arithmetik wird aufgrund der von den Lernenden unterschiedlichen erschlossenen Zahlenräume als problematisch wahrgenommen. Das Lernen am gemeinsamen Gegenstand ist für die Lehrpersonen schwieriger zu realisieren und die Sonderpädagogin bzw. der Sonderpädagoge muss Lernangebote für die lernschwächeren Lernenden bereitstellen. Eine Arbeitsteilung oder eine arbeitsteilige Kooperation erscheint für die Lehrpersonen am praktikabelsten. Einer Kooperation im inklusiven Mathematikunterricht stehen grundsätzlich etwas mehr als die Hälfte der Lehrpersonen, die an der Untersuchung teilnahmen, positiv gegenüber. Sie betonen u. a. den Mehrwert im Hinblick auf eine Entlastung und eine gegenseitige Unterstützung (Abschn. 2.1). sowie bezüglich der Möglichkeit, Ideen im Sinne eines fachdidaktischen Kompetenztransfers auszutauschen (Guthöhrlein et al., 2019) und die Lernenden im Mathematikunterricht optimal zu fördern (ebd.; auch Korff, 2016; Abb. 1). Diesen Mehrwert sehen jedoch eher die Grundschullehrpersonen und heben explizit die Relevanz einer Kooperation als zentrale Gelingensbedingung zur Umsetzung eines inklusiven Mathematikunterrichts hervor (z. B. Arndt & Werning, 2013; Kullmann et al., 2014; Marty, 2015; Scherer, 2017). Viele Lehrpersonen erkennen somit einerseits das Potenzial und die Notwendigkeit in inklusiven Settings (Kiehl-Will & Krämer-Kılıç, 2014; Guthöhrlein et al., 2019), andererseits setzen sie intensivere Kooperationsformen jedoch nicht um (siehe unten).

Die interaktionelle Ebene wird von den Lehrpersonen nicht thematisiert.

In Bezug auf die Hauptkategorie „Kooperationsformen" berichten Grundschullehrpersonen und Sonderpädagoginnen und Sonderpädagogen von einem Austausch und einer arbeitsteiligen Kooperation im inklusiven Mathematikunterricht (z. B. Fussangel & Gräsel, 2010), womit weniger intensive Kooperationsformen häufiger praktiziert werden (Abschn. 2.2). Einige wenige Grundschullehrpersonen geben an, nicht mit der Sonderpädagogin bzw. dem Sonderpädagogen zu kooperieren, wobei eine dieser Lehrpersonen im Mathematikunterricht durchaus auf von einer Sonderpädagogin oder einem Sonderpädagogen bereitgestelltes Fördermaterial zurückgreift, was einen Austausch im Sinne eines kooperativen Prozesses darstellt (ebd.). Hier liegt ein anderes Verständnis von unterrichtsbezogener Kooperation zugrunde. Eine Grundschullehrperson und drei Sonderpädagoginnen und Sonderpädagogen berichten von Mathematikstunden, die gemeinsam in der Form einer Ko-Konstruktion geplant und durchgeführt werden. Eine Sonderpädagogin und eine Grundschullehrperson geben des Weiteren an, verschiedene Kooperationsformen flexibel im inklusiven Mathematikunterricht einzusetzen, was ein Kennzeichen eines hohen Kooperationsniveaus darstellt (Lütje-Klose & Urban, 2014b; Abschn. 2.2).

Eine Differenzierung hinsichtlich kooperativer Prozesse im inklusiven Mathematikunterricht ist in Bezug auf die verschiedenen Klassenstufen zu erkennen, da in unteren Klassenstufen häufiger intensivere Kooperationsformen gewählt werden als in höheren Klassenstufen. Die Lehrpersonen begründen dies durch die größeren Leistungsunterschiede in höheren Klassenstufen im inklusiven Mathematikunterricht und eines damit einhergehenden intensiveren Unterstützungsbedarfs der Lernenden mit sonderpädagogischem Unterstützungsbedarf, der insbesondere durch die Sonderpädagoginnen und Sonderpädagogen aufgefangen wird (siehe oben).

4 Fazit und Ausblick

Kooperative Prozesse von am inklusiven Mathematikunterricht beteiligten Lehrpersonen werden als vielversprechend für Lernende als auch Lehrende erachtet (Abschn. 1), trotzdem ist die diesbezügliche Umsetzung in inklusiven Settings auf vielfältige Weise für Lehrende herausfordernd (Abschn. 2.1).

Die in diesem Beitrag vorgestellte Untersuchung gibt einen ersten fachbezogenen Überblick hinsichtlich der aktuellen Situation im inklusiven Mathematikunterricht. Deutlich wird u. a., dass fachübergreifend, aber auch für das Fach Mathematik weitere Bestrebungen erforderlich sind, um Hürden zu beseitigen, wie z. B. die Frage nach der Schaffung kooperationsfördernder Strukturen auf institutioneller Ebene (z. B. zeitliche Ressourcen; Abb. 1; z. B. Trapp & Ehlscheid, 2018).

Auf der Sachebene besteht ein weiterer Forschungsbedarf hinsichtlich der Rollen und Aufgaben (Melzer et al., 2015), die mathematikbezogen gedacht werden müssen. Interessanterweise widmen sich Sonderpädagoginnen und Sonderpädagogen laut den Befragten nicht wie aufgrund des Studiums erwartet nur den Lernenden mit Unterstützungsbedarf (Moser & Demmer-Dieckmann, 2013; Geisen, 2021), sondern stehen der gesamten Lerngruppe im Mathematikunterricht unterstützend zu Seite. Sie werden jedoch seltener in die fachbezogene Unterrichtsplanung mit einbezogen und stellen häufiger nur Arbeitsmaterial zur qualitativen Differenzierung zur Verfügung. Als Grundlage für eine Klärung von Rollen und Aufgaben müssen Gemeinsamkeiten geschaffen werden, um fachbezogene Anknüpfungspunkte zu finden.

Dies betrifft auch die professionellen Kompetenzen auf der individuellen Ebene. Daher können fachspezifische Forderungen bezüglich der Lehreraus- und -weiterbildung abgeleitet werden. Hierzu gehört zum einen die Forderung nach der Vermittlung sonderpädagogischer Basiskompetenzen in allen Lehramtsstudiengängen (Wolfswinkler et al., 2014; Scherer, 2022) bzw. der Implementation der Sonderpädagogik als Vertiefungs- und Weiterbildungsfach für alle Lehrämter oder der Einführung eines gemeinsamen Bachelors (Scherer, 2019, 2022). Da viele Sonderpädagoginnen und Sonderpädagogen fachfremd im inklusiven Mathematikunterricht tätig sind (z. B. Scherer, 2019; Geisen, 2021), allen Lernenden jedoch unterstützend zur Seite stehen, ist es sinnvoll, dass Sonderpädagoginnen und Sonderpädagogen eine vertiefte fachliche und fachdidaktische Ausbildung im Rahmen ihres Studiums sowie in Fortbildungen erhalten (Wolfswinkler et al., 2014; Scherer, 2019, 2022). Auf diese Weise könnten Kooperationen einfacher möglich werden.

Obwohl sich aufgrund von positiven Einstellungen der befragten Lehrpersonen gegenüber einer Kooperation im inklusiven Mathematikunterricht vermuten lässt, dass intensiv zusammengearbeitet wird, scheint dies noch nicht der Fall zu sein. Die bisherige Zusammenarbeit der befragten Lehrpersonen zeigt sich im inklusiven Mathematikunterricht eher in Form eines Austauschs oder einer Arbeitsteilung, wobei insbesondere in niedrigeren Klassenstufen ein höheres Kooperationsniveau zu verzeichnen ist. Eine stärkere theoretische Thematisierung sowie eine praktische Einbindung kooperativer Prozesse im Studium und in Fortbildungen scheint daher notwendig (Scherer, 2019, 2022), um auf die Einstellungen der (angehenden) Lehrpersonen hinsichtlich einer Kooperation einzugehen und die Relevanz kooperativer Prozesse zu thematisieren. Dies kann bereits im Studium umgesetzt werden, zum Beispiel als eigenständiger Inhalt in den jeweiligen Studiengängen. An Standorten, die das Regelschullehramt und das Lehramt für sonderpädagogische Förderung anbieten, könnten hierzu gemeinsame Lehrveranstaltungen für Grundschullehrpersonen und Sonderpädagoginnen und Sonderpädagogen verankert werden. Für ausgebildete Lehrpersonen ist ein Austausch mit einem inklusionserfahrenen Kollegium mit vielfältigen Erfahrungen und Kompetenzen hinsichtlich der Implementation kooperativer Prozesse im Mathematikunterricht sowie die Reflexion verschiedener Kooperationsformen zu empfehlen (Guthöhrlein et al., 2019). Dabei ist es hilfreich auch die verschiedenen Kooperationsformen und weitere Ansätze, wie die Co-Teaching-Ansätze (Friend & Bursuck, 2018), zu vermitteln und eine Idee davon zu geben, wie Kooperation allgemein und fachspezifisch aussehen kann und Merkmale sowie Vor- und Nachteile zu kennen, um schließlich Kooperationsformen flexibel anwenden zu können (Lütje-Klose & Urban, 2014b).

Die Ergebnisse sind aufgrund der kleinen Stichprobe vorsichtig zu interpretieren und geben nur erste Hinweise. Zudem kann auch eine soziale Erwünschtheit der Antworten nicht ausgeschlossen werden. In Abschn. 3.1 wurde bereits angedeutet, dass sich die Untersuchung in mehrere Phasen gliedert. Während der Datenauswertung der 15 geführten Interviews, wurden weitere 14 Interviews geführt, um die kleine Stichprobe zu erweitern und die bisher ausgewerteten Daten zu ergänzen und abzusichern. Zeitgleich wurden bereits zehn Interviews mit Lehrpersonen der Sekundarstufe geführt, da Sonderpädagoginnen und Sonderpädagogen im Zuge der zunehmenden Umsetzung von Inklusion auch im Mathematikunterricht der Sekundarstufe unterrichten. Nach Abschluss der Datenerhebung ist somit auch ein Vergleich zwischen Primar- und Sekundarstufe möglich.

Ein besonderer Dank gilt den Studierenden, die die Untersuchung im Rahmen ihrer Masterarbeiten unterstützt haben und den Lehrpersonen, die sich zu den Interviews bereit erklärt haben.

Literatur

Arndt, A., & Werning, R. (2013). Unterrichtsbezogene Kooperation von Regelschullehrkräften und Lehrkräften für Sonderpädagogik. Ergebnisse eines qualitativen Forschungsprojektes. In A. Arndt & R. Werning (Hrsg.), *Inklusion: Kooperation und Unterricht entwickeln* (S. 12–40). Julius Klinkhardt.

Brügelmann, H. (2011). Den Einzelnen gerecht werden – in der inklusiven Schule. Mit einer Öffnung des Unterrichts raus aus der Individualisierungsfalle. *Zeitschrift für Heilpädagogik, 62*(9), 355–361.

Buholzer, A., & Kummer Wyss, A. (2010). Heterogenität als Herausforderung für Schule und Unterricht. In A. Buholzer & A. Kummer Wyss (Hrsg.), *Alle gleich – alle unterschiedlich! Zum Umgang mit Heterogenität in Schule und Unterricht* (S. 7–13). Klett.

Fetzer, M. (2016). Inklusiver Mathematikunterricht. In M. Fetzer (Hrsg.), *Inklusiver Mathematikunterricht. Ideen für die Grundschule* (S. 1–38). Schneider.

Franzkowiak, T. (2012). Meine Schüler, deine Schüler, unsere Schüler. Welche Kompetenzen erwarten GrundschullehrerInnen von den sonderpädagogischen Lehrkräften im Gemeinsamen Unterricht. *Gemeinsam Leben, 20*(1), 12–19.

Friend, M., & Bursuck, W. D. (2018). *Including students with special needs: A practical guide for classroom teachers*. Pearson Education.

Fussangel, K., & Gräsel, C. (2010). Kooperation von Lehrkräften. In T. Bohl, W. Helsper, H. G. Holtappels, & C. Schelle (Hrsg.), *Handbuch Schulentwicklung. Theorie – Forschungsbefunde – Entwicklungsprozesse – Methodenrepertoire* (S. 258–260). Klinkhardt. https://doi.org/10.36198/9783838584430

Gasterstädt, J., & Urban, M. (2016). Einstellung zu Inklusion? Implikationen aus Sicht qualitativer Forschung im Kontext der Entwicklung inklusiver Schulen. *Empirische Sonderpädagogik, 8*(1), 54–66. https://doi.org/10.25656/01:11854

Geisen, M. (2021). *Grund- und Förderschullehrpersonen im inklusiven Mathematikunterricht. Eine videovignettenbasierte Untersuchung förderdiagnostischer Kompetenzen am Beispiel des Sachrechnens*. Springer. https://doi.org/10.1007/978-3-658-31934-2

Gemeinsame Kommission Lehrerbildung. (Hrsg.). (2017). Fachdidaktik für den inklusiven Mathematikunterricht. Orientierungen und Bemerkungen. Positionspapier der Gemeinsamen Kommission Lehrerbildung der GDM, DMV und MNU. *Mitteilungen der GDM,* (103), 42–46.
Gräsel, C., Fussangel, K., & Pröbstel, C. (2006). Lehrkräfte zur Kooperation anregen – eine Aufgabe für Sisyphos? *Zeitschrift für Pädagogik, 52*(2), 205–219. https://doi.org/10.25656/01:4453
Greiten, S., Geber, G., Gruhn, A., & Köninger, M. (2017). Inklusion als Aufgabe für die Lehrerausbildung. Theoretische, institutionelle, curriculare und didaktische Herausforderungen für Hochschulen. In S. Greiten, G. Geber, A. Gruhn, & M. Köninger (Hrsg.), *Lehrerausbildung für Inklusion* (S. 14–36). Waxmann.
Guthöhrlein, K., Laubenstein, D., & Lindmeier, C. (2019). *Teamentwicklung und Teamkooperation.* W Kohlhammer.
Häsel-Weide, U., & Nührenbörger, M. (2013). Kritische Stellen in der mathematischen Lernentwicklung. *Grundschule aktuell, 122,* 8–11. https://doi.org/10.25656/01:17664
Hecht, P., Niedermair, C., & Feyerer, E. (2016). Einstellungen und inklusionsbezogene Selbstwirksamkeitsüberzeugungen von Lehramtsstudierenden und Lehrpersonen im Berufseinstieg – Messverfahren und Befunde aus einem Mixed-Methods-Design. *Empirische Sonderpädagogik, 8*(1), 86–102. https://doi.org/10.25656/01:11856
Kiehl-Will, A., & Krämer-Kılıç, I. (2014). Grundlagen des gemeinsamen Unterrichts. In I. Krämer-Kılıç (Hrsg.), *Gemeinsam besser unterrichten – Teamteaching im inklusiven Klassenzimmer* (S. 10–34). Verlag an der Ruhr.
Korff, N. (2016). *Inklusiver Mathematikunterricht in der Primarstufe: Erfahrungen, Perspektiven und Herausforderungen.* Schneider Hohengehren.
Krauthausen, G., & Scherer, P. (2014). *Natürliche Differenzierung im Mathematikunterricht. Konzepte und Praxisbeispiele aus der Grundschule.* Klett Kallmeyer.
Kuckartz, U. (2018). *Qualitative Inhaltsanalyse. Methoden, Praxis, Computerunterstützung* (4. Aufl.). Beltz.
Kullmann, H., Lütje-Klose, B., & Textor, A. (2014). Eine Allgemeine Didaktik für inklusive Lerngruppen – fünf Leitprinzipien als Grundlage eines Bielefelder Ansatzes der inklusiven Didaktik. In B. Amrhein & M. D. Mahler (Hrsg.), *Fachdidaktik inklusiv: Auf der Suche nach didaktischen Leitlinien für den Umgang mit Vielfalt in der Schule* (S. 89–107). Waxmann.
Löser, J. M. (2013). „Support Teacher Model" – Eine internationale Perspektive auf Lehrerkooperation an inklusiven Schulen. In R. Werning & A.-K. Arndt (Hrsg.), *Inklusion: Kooperation und Unterricht entwickeln* (S. 107–124). Klinkhardt.
Löser, J. M., & Werning, R. (2013). Inklusion aus internationaler Perspektive. Ein Forschungsüberblick. *Zeitschrift für Grundschulforschung, 6*(1), 21–33.
Lütje-Klose, B., & Urban, M. (2014a). Professionelle Kooperation als wesentliche Bedingung inklusiver Schul- und Unterrichtsentwicklung. Teil 1: Grundlagen und Modelle inklusiver Kooperation. *Vierteljahresschrift für Heilpädagogik und ihre Nachbargebiete, 83*(2), 112–123.
Lütje-Klose, B., & Urban, M. (2014b). Professionelle Kooperation als wesentliche Bedingung inklusiver Schul- und Unterrichtsentwicklung. Teil 2: Forschungsergebnisse zu intra- und interprofessioneller Kooperation. *Vierteljahresschrift für Heilpädagogik und ihre Nachbargebiete, 83*(4), 83–294.

Lütje-Klose, B., & Willenbring, M. (1999). Kooperation fällt nicht vom Himmel – Möglichkeiten der Unterstützung kooperativer Prozesse in Teams von Regelschullehrerin und Sonderpädagogin aus systemischer Sicht. *Behindertenpädagogik, 38*(1), 2–31.

Marty, A. (2015). Zur Bedeutung der Autonomie und den unterschiedlichen Expertisen in der Kooperation zwischen Regel- und Sonderpädagogischen Lehrpersonen. In C. Siedenbiedel & C. Theurer (Hrsg.), *Grundlagen inklusiver Bildung Teil 2. Entwicklung zur inklusiven Schule und Konsequenzen für die Lehrerbildung* (S. 68–78). Prolog.

Melzer, C., Hillenbrand, C., Sprenger, D., & Hennemann, T. (2015). Aufgaben von Lehrkräften in inklusiven Bildungssystemen – Review internationaler Studien. *Erziehungswissenschaft, 26*(51), 61–80. https://doi.org/10.25656/01:11577

Merz-Atalik, K. (2020). Noch 100 Jahre nur 1 bis 4? Wie inklusive Schule Wirklichkeit werden kann. *Grundschule aktuell, 149*, 26–31.

Moser, V., & Demmer-Dieckmann, I. (2013). Professionalisierung und Ausbildung von Lehrkräften für inklusive Schulen. In V. Moser (Hrsg.), *Die inklusive Schule. Standards für die Umsetzung* (2. Aufl., S. 153–174). Kohlhammer.

Scherer, P. (2017). Gemeinsames Lernen oder Einzelförderung? – Grenzen und Möglichkeiten eines inklusiven Mathematikunterrichts. In F. Hellmich & E. Blumberg (Hrsg.), *Inklusiver Unterricht in der Grundschule* (S. 173–193). W. Kohlhammer.

Scherer, P. (2019). Inklusiver Mathematikunterricht – Herausforderungen bei der Gestaltung von Lehrerfortbildungen. In A. Büchter, M. Glade, R. Herold-Blasius, M. Klinger, F. Schacht, & P. Scherer (Hrsg.), *Vielfältige Zugänge zum Mathematikunterricht – Konzepte und Beispiele aus Forschung und Praxis* (S. 327–340). Springer. https://doi.org/10.1007/978-3-658-24292-3

Scherer, P. (2022). Umgang mit Vielfalt im Mathematikunterricht der Grundschule – Welche Kompetenzen sollten Lehramtsstudierende erwerben? In K. Eilerts, R. Möller, & T. Huhmann (Hrsg.), *Auf dem Weg zum neuen Mathematiklehren und -lernen 2.0*. Springer Spektrum. https://doi.org/10.1007/978-3-658-33450-5

Sikora, S., & Voß, S. (2018). *Mathematikunterricht in der inklusiven Grundschule*. W. Kohlhammer.

Trapp, S., & Ehlscheid, M. (2018). Kooperation und Teamarbeit als Schlüssel zur gelingender inklusiver Schulentwicklung. Theoretische und praktische Perspektiven. In M. Dziak-Mahler, T. Hennemann, S. Jaster, T. Leidig, & J. Springob (Hrsg.), *Fachdidaktik inklusiv II. (Fach-)Unterricht inklusiv gestalten – Theoretische Annäherungen und praktische Umsetzungen* (S. 101–120). Waxmann.

Wember, F. B. (2013). Herausforderung Inklusion: Ein präventiv orientiertes Modell schulischen Lernens und vier zentrale Bedingungen inklusiver Unterrichtsentwicklung. *Zeitschrift für Heilpädagogik, 64*(10), 380–388.

Wocken, H. (1998). Gemeinsame Lernsituationen. Eine Skizze zur Theorie des gemeinsamen Unterrichts. In A. Hildesheim & I. Schnell (Hrsg.), *Integrationspädagogik. Auf dem Weg zu einer Schule für alle* (S. 37–52). Juventa.

Wolfswinkler, G., Fritz-Stratmann, A., & Scherer, P. (2014). Perspektiven eines Lehrerausbildungsmodells „Inklusion". *Die Deutsche Schule, 106*(4), 373–385. https://doi.org/10.25656/01:25901

›Scriptwriting" als Aktivität und Forschungsinstrument in Fortbildungen und Qualifizierungen zum Umgang mit Heterogenität

Bettina Rösken-Winter, Victoria Shure und Kristina Penava

1 Einleitung

Der Umgang mit Heterogenität im Mathematikunterricht stellt Lehrkräfte vor komplexe Anforderungen und besondere Herausforderungen. Eine kontinuierliche Professionalisierung von Lehrkräften ist somit wichtig, um Lehrkräfte bei Planung von *gemeinsamen* Lernsituationen sowie der Planung und Gestaltung von *gemeinsamen* Lernprozessen angemessen zu unterstützen (Scherer, 2019; Scherer & Hoffmann, 2018). Dabei stellt sich nicht nur die Frage nach geeigneten Inhalten der Fortbildungsmaßnahmen, sondern vor allem auch nach einer sinnvollen methodischen Gestaltung. In diesem Sinne kommen Aktivitäten in Fortbildungen eine große Bedeutung für das Lernen der Lehrkräfte zu. Durch die aktive Auseinandersetzung mit dem jeweiligen Lerngegenstand wird das Lernen der Teilnehmenden situiert und an ihre gängige Unterrichtspraxis angeschlossen (Barzel & Selter, 2015). Entscheidend ist dabei auch die Unterstützung durch die Multiplikator:innen, welche die Fortbildung anbieten.

B. Rösken-Winter (✉) · V. Shure
Institut für grundlegende und inklusive mathematische Bildung (GIMB),
Universität Münster, Münster, Deutschland
E-Mail: b.roesken@uni-muenster.de; vshure@uni-muenster.de

K. Penava
Humboldt-Universität zu Berlin, Berlin, Deutschland
E-Mail: kristina.penava@hu-berlin.de

In Qualifizierungen, in denen Multiplikator:innen darauf vorbereitet werden, mit zur Verfügung gestelltem Material selbst Fortbildungen anzubieten, ist es somit wichtig, Aktivitäten zu integrieren, die gezielt Aspekte des Lernens von Lehrkräften in den Mittelpunkt stellen. Vor diesem Hintergrund stellt sich die Frage nach geeigneten Aktivitäten, sowohl für Lehrkräfte als auch Mutliplikator:innen.

In den letzten Jahren wurden *Scriptwriting*-Aktivitäten in unterschiedlichen Kontexten eingesetzt (Shure & Liljedahl, 2023; Zazkis et al., 2013). Mit *Scriptwriting* ist eine schriftliche Auseinandersetzung mit fachlichen und fachdidaktischen Inhalten über das Antizipieren und Fortsetzen einer (Unterricht- bzw. Fortbildungs-)Szene gemeint. In diesem Beitrag werden zwei Potenziale herausgearbeitet, zum einen *Scriptwriting* als Aktivität, mit der die inhaltlichen Ziele einer Veranstaltungen erarbeitet bzw. vertieft werden können und zum anderen von *Scriptwriting* als Instrument, mit dem insbesondere Orientierungen von Lehrkräften (Schoenfeld, 2010; Prediger, 2019) rekonstruiert werden können, welche Wahrnehmung und Entscheidungsprozesse prägen und beeinflussen.

Insbesondere fokussieren wir dabei die Orientierungen, die Lehrkräfte zum Lerngegenstand zeigen und wie Multiplikator:innen auf diese in Fortbildungen gezielt eingehen können. Dabei zeigen wir auf, welche Vorteile *Scriptwriting* als Aktivität (Zazkis et al., 2013) und Forschungsinstrument (Shure et al., 2022) bietet. Die Beispiele sind in Fortbildungen im Projekt ‚Mathematik sicher können' (MSK) (https://mathe-sicher-koennen.dzlm.de) und in Qualifizierungen im Projekt ‚Mathe aufholen nach Corona' (MaCo) (https://maco.dzlm.de/) entstanden.

In Abschn. 2 klären wir erst, was unter Orientierungen von Lehrkräften verstanden werden kann und welche empirischen Befunde dazu vorliegen. Anschließend gehen wir in Abschn. 3 auf den *Scriptwriting*-Ansatz ein und präsentieren ein Unterrichtsbeispiel dazu, wie *Scriptwriting* als Aktivität in Fortbildungen genutzt werden kann und inwiefern Orientierungen von Lehrkräften zum Umgang mit Heterogenität damit rekonstruiert werden können. Wir zeigen dann auf, wie das Beispiel der *Scriptwriting*-Aktivität von der Lehrkräfte- auf die Multiplikator:innen-Ebene gehoben werden kann (Prediger et al., 2019). Abschließend fassen wir wichtige Aspekte rund um den *Scriptwriting*-Ansatz zusammen und geben einen Ausblick, welche weiteren Nutzungsmöglichkeiten dieser als Forschungsinstrument bietet.

2 Orientierungen von Lehrkräften

Orientierungen von Lehrkräften sind generische oder gegenstandsspezifische Überzeugen oder *Beliefs* über Mathematik bzw. spezifische Aspekte des Lehrens und Lernens von Mathematik, die implizit oder explizit Einfluss nehmen auf das, was Lehrkräfte im Unterricht wahrnehmen, welche Priorisierungen sie vornehmen oder welche Entscheidungen sie treffen (Schoenfeld, 2010; Prediger, 2019). Werden in Lehrkräftefortbildungen beispielsweise Aspekte wie „verstehensorientiert unterrichten" thematisiert, zeigen teilnehmende Lehrkräfte oftmals konträre Orientierungen mit Äußerungen wie „dafür habe ich keine Zeit, ich muss den Stoff durchkriegen" oder „oft üben, die Schwachen brauchen einfach länger". Statt einer Verstehensorientierung oder einer langfristigen Ausrichtung von Förderung handeln Lehrkräfte oftmals eher im Sinne einer „Kalkülorientierung" oder „Aufgabenbewältigung in kurzfristiger Orientierung" (Prediger, 2023).

Für Schüler:innen mit besonderen Schwierigkeiten beim Lernen von Mathematik weisen u. a. Scherer, Beswick et al. (2016) in ihrem Forschungsüberblick darauf hin, dass gerade Verständnis im Mittelpunkt einer Förderung stehen müsste und keine reine Fokussierung auf Rechenfertigkeiten den Unterricht dominieren sollte. Unterschiedliche empirische Studien belegen, dass Lehrkräfte in ihrem Unterricht eher die Erreichung kurzfristiger statt langfristiger Ziele anvisieren, also Rechenkalkül und Faktenwissen anstreben. Weniger Raum erhält dagegen der Aufbau konzeptuellen Verständnisses und somit auch der (notwendige) Fokus, langfristige Lernziele zu verfolgen (Prediger et al., 2022). Darüber hinaus orientieren sich Lehrkräfte eher am Stoffverteilungsplan, statt diagnosegeleitet ihren Unterricht zu planen, verstehen Förderung oftmals als methodische Individualisierung und nicht im Sinne eines Diskurses, der alle Schüler:innen einbezieht (Krähenmann et al., 2019; Prediger, 2023). In Lehrkräftefortbildungen ist somit neben der Auseinandersetzung mit inhaltlichen Fortbildungsgegenständen zum Umgang mit Heterogenität auch die Reflexion von Orientierungen, die für eine Umsetzung im Unterricht erforderlich sind, entscheidend (Rösken-Winter et al., 2021). Eine Analyse der Orientierungen von Lehrkräften kann insbesondere dazu beitragen, zu verstehen, warum bestimmte (wünschenswerte) instruktionale Praktiken von Lehrkräften nicht realisiert werden (Stockero et al., 2020). Auch können Multiplikator:innen in Qualifizierungen dafür sensibilisiert werden, mit welchen Orientierungen Lehrkräfte an Fortbildungen teilnehmen.

Ein wichtiges Instrument, um Orientierungen zu erfassen, können *Scriptwriting*-Ansätze sein, die – im geschützten Raum innerhalb eines Fortbildungssettings – über eine imaginierte Unterrichts- bzw. Fortbildungssituation helfen, Orientierungen der Teilnehmenden sichtbar und der (gemeinsamen) Reflexion zugänglich zu machen.

3 Scriptwriting als Aktivität und Forschungsinstrument

Für die Ausbildung von Lehrkräften integrierten Zazkis, Sinclair et al. (2013) das Konzept des *Scriptwriting* in die Erstellung eines klassischen Unterrichtsentwurfs. Dabei wird ein Dialog einer fiktiven Unterrichtssituation, der z. B. bekannte Fehlvorstellungen von Schüler:innen verdeutlicht, weiter fortgeführt. Beispielsweise konzipierten Zazkis et al. (2009) das folgende Unterrichtsgespräch als Ausgangspunkt für eine *Scriptwriting*-Aktivität für angehende Lehrkräfte: Eine Lehrkraft fragt eine:n Schüler:in: „Warum denkst Du, ist 462 durch 4 teilbar ist?" Der:die Schüler:in erklärt, „weil die Summe der Ziffern durch 4 teilbar ist" (Zazkis et al., 2009). Die angehenden Lehrkräfte erhielten dann den Auftrag, den fiktiven Dialog fortzuführen, also eine *Scriptwriting*-Fortsetzung zu schreiben, und dabei auf die Äußerung des:der Schüler:in einzugehen. Damit wird den (angehenden) Lehrkräften ermöglicht, sich das Unterrichtsgespräch aus Sicht der Lehrkraft und des:der Schüler:s:in vorzustellen und dabei wichtige Aspekte rund um Teilbarkeitsregeln zu thematisieren.

3.1 Scriptwriting in Fortbildungen

Ausgangspunkt für die *Scriptwriting*-Aktivität in Fortbildungen zu MSK war ein Aufgabenbeispiel (Abb. 1) aus dem Material zum Projekt:

Ausgehend von der Aufgabe (Abb. 1) wurde eine Situation konzipiert, die ein fiktives Unterrichtsgespräch zeigt (Abb. 2). Drei Schüler stellen ihre unterschiedlichen Herangehensweisen und Lösungen vor – dabei wurden in der Literatur dokumentierte Schwierigkeiten, wie ein eher zählendes Vorgehen (Martin) oder das Fehlen äquidistanter Abstände (Jonas) aufgegriffen (Selter et al., 2014).

Die *Scriptwriting*-Aufgabe wurde als Distanzaufgabe zwischen zwei Fortbildungen mit dem in Abb. 2 gezeigten Arbeitsauftrag ausgegeben und dem Hinweis, dass auch Material wie die Hunderterkette genutzt werden kann. Des Weite-

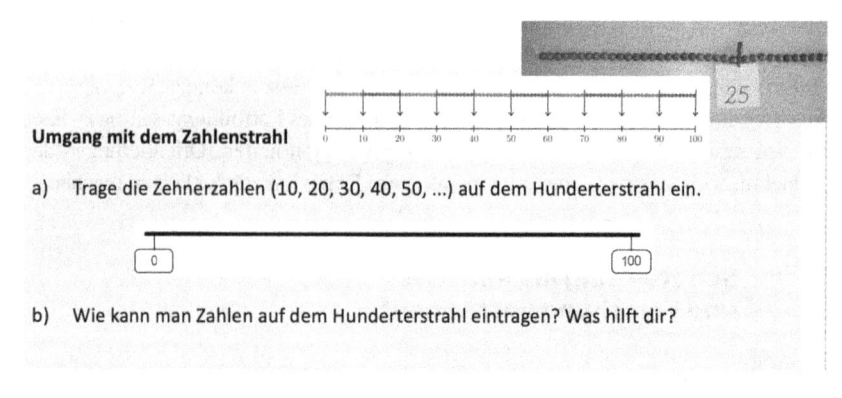

Umgang mit dem Zahlenstrahl

a) Trage die Zehnerzahlen (10, 20, 30, 40, 50, ...) auf dem Hunderterstrahl ein.

b) Wie kann man Zahlen auf dem Hunderterstrahl eintragen? Was hilft dir?

Abb. 1 Ausgangsaufgabe für die Scriptwriting Aufgabe

Jonas: Fertig. So geht das.

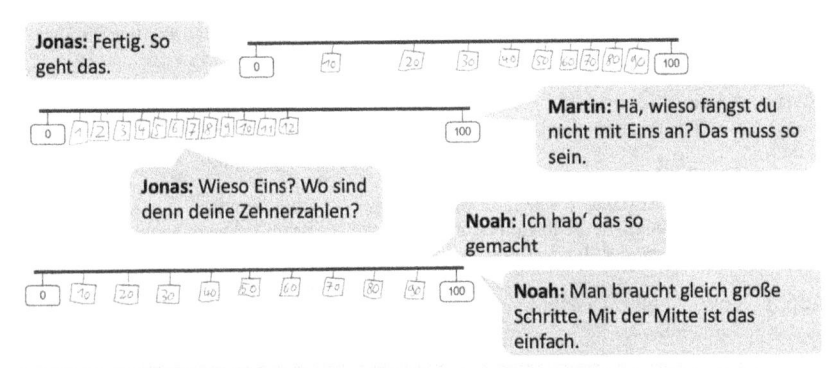

Martin: Hä, wieso fängst du nicht mit Eins an? Das muss so sein.

Jonas: Wieso Eins? Wo sind denn deine Zehnerzahlen?

Noah: Ich hab' das so gemacht

Noah: Man braucht gleich große Schritte. Mit der Mitte ist das einfach.

Aufgabe für Lehrkräfte als Distanzauftrag zwischen zwei Fortbildungen:
a. Fiktives Unterrichtsgespräch im Sinne eines Dialogs fortführen.
b. Begründen, warum das Gespräch an der gewählten Stelle beendet wurde.

Abb. 2 Konzipierter Dialog dreier Schüler zur Lösung der Aufgabe und Arbeitsauftrag für Lehrkräfte in der Fortbildung

ren wurden die Lehrkräfte gebeten, zu begründen, warum das Gespräch an einer bestimmten Stelle beendet wurde.

Die Ergebnisse wurden zunächst genutzt, um die Orientierungen der an MSK teilnehmenden Lehrkräfte zu rekonstruieren. Insgesamt zeigten 21 Lehrkräfte in ihren *Scriptwriting*-Fortsetzungen zum Beginn der Fortbildungsreihe eine schwache Ausprägung der Verstehensorientierung. Von insgesamt 126 Kodes, die vergeben wurden, wurden 53 als schwache, 15 als mittlere und nur 8 als hohe Ausprägung einer Verstehensorientierung identifiziert. Ein ähnliches Bild zeigte sich für Orientierungen hinsichtlich des langfristigen Lernens der Schüler:innen und der Kommunikationsförderung, somit eines gehaltvollen gemeinsamen Diskutierens mathematischer Aspekte.

Im Folgenden zeigen wir drei Beispiele, um zu verdeutlichen, welche Bandbreite an fortgesetzten Dialogen die Lehrkräfte beisteuerten. Im ersten Beispiel (Abb. 3) setzt die Lehrkraft den Dialog wie folgt fort:

Zu Beginn der Dialogfortsetzung legt die imaginierte Lehrkraft Wert darauf zu klären, welche Lösung denn nun richtig sei. Die imaginierten Schüler greifen diesen Impuls auf und stellen dabei Noahs Lösung und die Erklärung „die Abstände müssen gleich groß sein" heraus. Dass für die Lehrkraft das Erzielen der richtigen Lösung bedeutend ist, zeigt sich auch in ihrer Begründung für die Beendigung des Dialogs an der gewählten Stelle. Zuerst wird benannt, dass ja die richtige Lösung erkannt wurde und dann noch angeführt, dass die Schüler sich darüber ausgetauscht

Lehrkraft: Welche der drei Lösungen ist denn richtig?
Jonas: Meine Lösung.
Lehrkraft: Seht ihr das auch so?
Martin: Bei dir fehlen die Einer.
Noah: Wir sollten doch nur die Zehner einzeichnen, nicht.
Jonas: Hab' ich ja.

> **Begründung für die Beendigung des Dialogs:** Das Gespräch ist beendet, da die richtige Lösung erkannt wurde. Es wurde sogar eine Strategie erklärt, wie man zu der Lösung kommt.

Noah: Ja, aber die Abstände stimmen nicht, die müssen gleich groß sein.
Lehrkraft legt die Hunderterkette auf den Zahlenstrahle der Schüler. Die Schüler vergleichen ihren Zahlenstrahl mit der Hunderterkette und stellen fest, dass Noahs Lösung richtig. ist.

Abb. 3 Beispiel 1 einer Dialogfortsetzung und Begründung für die Beendigung des Dialogs an der gewählten Stelle

Lehrkraft: Ihr seht da drei Lösungen, welche ist denn jetzt richtig?
Jonas: Na meine.
Lehrkraft: Seht ihr das auch so?
Martin: Du hast die Einser vergessen einzuzeichnen.
Noah: Wir sollten doch nur die Zehner einzeichnen.
Martin: Stimmt, dann muss in`s nochmal machen.
Lehrkraft: Was ist denn bei Jonas anders als bei Noah?

> **Begründung für Beendigung des Dialogs:** Sie haben die richtige Lösung erkannt, sie haben sich vorher darüber ausgetauscht und ihre Lösungen miteinander verglichen.

Lehrer legt die Hunderterkette auf den Zahlenstrahl von Martin, und dann auf den von Jonas und am Schluss auf den von Noah.
Die Schüler vergleichen die Kette mit dem Zahlenstrahl.
Martin: Die Abstände bei Jonas sind unterschiedlich groß und bei Noah sind sie gleich groß.
Jonas: Und er hat die 50 vorher eingezeichnet, indem er die Strecke zwischen 0 und 100 geteilt hat.
Das stimmt jetzt mit der Kette in etwa überein.
Daher hat es Noah richtig gemacht.

Abb. 4 Beispiel 2 einer Dialogfortsetzung und Begründung für die Beendigung des Dialogs an der gewählten Stelle

und ihre Lösungen verglichen haben. Das erste Beispiel veranschaulicht somit eine schwache Ausprägung bezüglich einer langfristigen Ausrichtung des Lernens und Verstehensorientierung sowie eine mittlere Ausprägung der Kommunikationsförderung. Im nächsten Beispiel (Abb. 4) steuert eine Lehrkraft folgende *Scriptwriting*-Fortsetzung bei:

Wie im vorausgegangenen Beispiel beginnt die Lehrkraft den Dialog auch im zweiten Beispiel (Abb. 4) damit, den Fokus auf die Korrektheit der Lösungen zu lenken. Die Schüler Martin und Noah aber nehmen die einzelnen Herangehensweisen in den Blick und benennen auch wichtige inhaltliche Aspekte. In dem Dialog wird mit dem Einsatz der Hunderterkette auch ein Darstellungswechsel angeregt, der es ermöglicht, zu verstehen, worauf es bei der Aufgabe ankommt. Das zweite Beispiel zeigt mittlere Ausprägungen von Orientierungen hinsichtlich einer Kommunikations-

Lehrkraft: Ihr habt ja alle Zahlen auf den Strahl geschrieben. Was war euch dabei wichtig?
Jonas: Na die 10-er Zahlen bis 100.
Noah: Und dass ich sie schön gleichmäßig einteile.
Lehrkraft: Martin, was hast du anders gemacht?
Martin: Ich habe den Begriff Zehnerzahl nicht gelesen.
Lehrkraft: Passiert dir das öfter, dass du wichtiges übersiehst?
Martin: Manchmal schon. Ich will nicht der letzte sein, der fertig wird. Dann schaffen wir vielleicht nicht das Abschlussspiel.
Lehrkraft: Ah, das Abschlussspiel ist dir also wichtig.
Jonas: Na klar, das macht doch mehr Spaß.
Lehrkraft: Wenn es keinen Spaß macht, interessiert dich Mathe also nicht.
Jonas: Kann man so sagen.

Begründung für Beendigung des Dialogs:
Ich würde nochmal für mich überdenken, ob ich den Abschluss meiner Förderstunde anders planen muss. Ihr spielerischer Ausgang hat Jonas dazu verführt, ungenau zu arbeiten. Vielleicht könnte ich spielerische Elemente in die Aufgabenstellung einfügen, oder für ihn eine eigene Aufgabenstellung erarbeiten, wo auf die Abstände hingewiesen wird. Oder erst wenn die Schüler es nicht nur fertig haben, sondern auch alle richtig haben, wird gespielt. Das würde aber manchmal die Unterrichtsstunde zeitlich sprengen.)

Abb. 5 Beispiel 3 einer Dialogfortsetzung und Begründung für die Beendigung des Dialogs an der gewählten Stelle

förderung und langfristigen Ausrichtung des Lernens der Schüler sowie eine Kombination aus schwachen bis mittleren Ausprägungen der Verstehensorientierung.

Das dritte Beispiel (Abb. 5) illustriert, dass bei der Dialogfortsetzung nicht immer gegenstandsspezifische Aspekte adressiert werden. Die Lehrkraft, die den imaginierten Dialog fortgesetzt hat, geht auf emotionale und motivationale und damit nur auf Aspekte ein, die aus einer fachlichen und fachdidaktischen Sicht irrelevant sind. Als Erklärung dafür, warum Martin nicht die Zehnerzahlen eingezeichnet hat, wird herausgestellt, dass er oftmals ungenau arbeiten würde und schnell fertig werden wolle für das Abschlussspiel. Das dritte Beispiel veranschaulicht schwache Ausprägungen von Orientierungen in Bezug auf Kommunikationsförderung, Langfristigkeit sowie Verstehensorientierung.

Die drei Beispiele zeigen die Bandbreite auf, die sich bei der Fortsetzung des Dialogs als Distanzauftrag für Lehrkräfte in Fortbildungen ergibt. Die Ergebnisse können dann beim nächsten Präsenztermin unter einer bestimmten Fragestellung aufgegriffen und reflektiert werden. Die Aktivität kann ebenso vielfältig für Forschung genutzt werden. Zum einen können Orientierungen rekonstruiert werden, wie im ersten Beispiel ein Fokus auf „Aufgabenbewältigung in kurzfristiger Orientierung" (Prediger, 2023). Je nach Fragestellung können auch verschiedene Kategorien für die Datenanalyse angelegt oder auch induktiv aus dem Datensatz generiert werden. Alle Ergebnisse können dann für die Weiterentwicklung der Fortbildung und Qualifizierung genutzt werden. Zum anderen kann bei einem weiteren Einsatz einer *Scriptwriting*-Aktivität untersucht werden, inwiefern sich Orientierungen verändern – im dritten Beispiel könnte sich der Fokus bei der Bearbeitung von generischen zu inhaltlichen Aspekten verschieben.

Diese wenigen Beispiele zeigen bereits die große Bandbreite der Einsatzmöglichkeiten von *Scriptwriting*-Aktivitäten in Fortbildungen für Lehrkräfte auf. Im Folgenden gehen wir das Potenzial ein, welches der Ansatz für die Qualifizierung von Multiplikator:innen bietet.

3.2 Scriptwriting in Qualifizierungen

Ausgehend von dem Beispiel auf Unterrichtsebene und den Fortsetzungen der Lehrkräfte wurden dann basierend auf den qualitativen Daten wiederkehrende Typen in Bezug auf Orientierungen generiert. Abb. 6 zeigt einen fiktiven Dialog dreier Lehrkräfte während einer Fortbildung in Bezug auf die Unterrichtsszene aus Abb. 2.

Die Fortbildungsszene (Abb. 6) wurde zunächst als Distanzauftrag für Multiplikator:innen in einer Qualifizierung im Rahmen der MSK-Fortbildungsreihe ein-

> **Karin:** Noah hat die Aufgabe gut verstanden, ich würde mich auf Jonas konzentrieren. Jonas muss solche Aufgaben üben. Ich würde ihm kurz zeigen, wie die Zehnerzahlen einzutragen sind und dann ihm drei weitere Aufgaben zum Üben geben.

> **Sabine:** Aber mit der Abbildung und Erklärung von Noah könnte Jonas dann sehen, was er falsch gemacht hat ... und seinen Hunderterstrahl entsprechend ändern.

> **Jana:** Ich bin der Meinung, dass wir uns nicht nur auf Noahs Ergebnis konzentrieren sollten. Ich würde ihn deswegen bitten, dass er seinen Lösungsweg und seine Darstellung konkreter erläutert.

> **Karin:** Naja... wir müssen aber mit dem Stoff weiter kommen. Es ist offensichtlich, dass Noah die Eintragung der Zehnerzahlen gut im Griff hat.

> **Jana:** Ich finde es aber wichtig, dass er mit Martin und Jonas ins Gespräch kommt und ich die drei in einer Diskussion über seine Idee begleite.

Beispiel einer Fortsetzung:

Karin: Ich muss ja auch den Lehrplan erfüllen.
Fortbildner:in: Suchen Sie im Lehrplan Verknüpfungen zu diesem Thema. An welchen Stellen kann dann Zeit eingespart werden, wenn das Verständnis vertieft wurde?
Jana: Die eigentlichen Gedankengänge von Noah wurden nicht explizit erläutert und können noch nicht als förderlich eingeordnet werden. Ich möchte zur Stelle sein, falls bei Noah dennoch Fehlvorstellungen auftreten. Außerdem möchte ich erkennen können, ob Martin und Jonas den Erklärungen folgen können.

Abb. 6 Dialog dreier Lehrkräfte zur Unterrichtsszene aus Abb. 2 in einer Fortbildung (oben) und Beispiel einer Dialogfortsetzung der Fortbildungsszene von Multiplikator:innen in einer Gruppenaktivität während einer Qualifizierung (unten)

gesetzt. Damit wurde erhoben, welche Orientierungen die Multiplikator:innen in der Fortbildungsszene erkennen und wie sie auf diese reagieren. Die mit dem *Scriptwriting*-Ansatz auf der Fortbildungsebene generierten Dialoge wurden in MaCo-Qualifizierungen als Aktivität genutzt, um den Multiplikator:innen zu verdeutlichen, mit welcher Diversität an Orientierungen auf Unterricht von Lehrkräften sie in der Qualifizierung rechnen müssen. Das heißt, zunächst wurden ausgewählte Dialoge, wie in den Abb. 3, 4 und 5 angeführt, gemeinsam diskutiert und dabei der übergeordnete Fortbildungsgegenstand, z. B. das Unterrichtsprinzip der Verstehensorientierung, fokussiert. In einer weiteren Aktivität während der Qualifizierung setzten die Multiplikator:innen dann in Kleingruppen den Dialog der Fortbildungsszene fort und gingen dabei dezidiert auf bestimmte Aspekte ein. Der untere Teil der Abb. 6 zeigt ein Beispiel einer Dialogfortsetzung.

Für die Dialogfortsetzung (Abb. 6) haben sich die Multiplikator:innen darauf verständigt, auf den von Karin benannten Aspekt der Lehrplanerfüllung einzugehen und zu thematisieren, inwiefern Verknüpfungen von Themen auch zu einer Zeitersparnis führen könnten. Das Beispiel auf der Qualifizierungsebene zeigt, dass die Unterrichtsszene auch auf der Fortbildungsebene als *Scriptwriting*-Aktivität eine Fortsetzung finden kann. Einerseits kann die Aktivität in einer Distanzphase eingesetzt und andererseits in einer Gruppenarbeitsphase mit speziellem Fokus genutzt werden. Integriert werden können dabei die auf der Lehrkräfte-Ebene gewonnen qualitativen Daten der *Scriptwriting*-Aktivität, sodass eine Vorbereitung der Multiplikator:innen auf die zu erwartenden Orientierungen von Lehrkräften in Fortbildungen erfolgen kann.

4 Zusammenfassung und Ausblick

In diesem Beitrag haben wir exemplarisch vorgestellt, wie *Scriptwriting* als Aktivität und Forschungsinstrument sowohl in Fortbildungen als auch in Qualifizierungen produktiv eingesetzt werden kann. Der Ansatz bietet verschiedene Vorteile, die wir nachstehend nochmals kurz zusammenfassen:

- Ausgehend von einer Unterrichtsszene kann eine *Scriptwriting*-Aktivität für Fortbildungen und Qualifizierungen konzipiert werden, sodass diese beiden Ebenen geeignet verbunden werden können.
- Die konkrete Einbettung der Aktivität kann variieren, sowohl der Einsatz als Distanzaufgabe zwischen zwei Fortbildungsterminen als auch als Arbeitsphase in Präsenzveranstaltungen ist möglich. Dabei kann die Aktivität in Einzel- oder Gruppenarbeit erfolgen.

- Für die Konzeption der Fortbildungsszene können qualitative Daten aus der *Scriptwriting*-Aktivität der Lehrkräfte genutzt werden, sodass Orientierungen in eine fiktive Szene eingebettet werden können und somit eine Lerngelegenheit für Multiplikator:innen in Vorbereitung auf ihre Fortbildungen geschaffen werden kann.
- Das Eindenken in die Dialoge bezieht immer beide Sichtweisen ein: die Rolle der Lehrkraft und der Schüler:innen bzw. die Rolle des:er Fortbildners:in und der an der Fortbildung teilnehmenden Lehrkräfte.
- Als Forschungsinstrument bietet sich der Einsatz von *Scriptwriting*-Aktivitäten zu verschiedenen Zeitpunkten einer Fortbildungs- oder Qualifizierungsreihe an, sodass eine Entwicklung über die Zeit (der Orientierungen von Lehrkräften bzw. des Eingehens auf die Orientierungen durch die Multiplikator:innen) betrachtet werden kann.
- Die fortgesetzten Dialoge auf der Unterrichts- und der Fortbildungsebene können nicht nur hinsichtlich der Orientierungen, sondern weiterer Schwerpunktsetzungen analysiert werden.
- Die gleichzeitige Nutzung als Aktivität und Instrument ermöglicht eine Integration der Forschung in die Fortbildung bzw. Qualifizierung und die Nutzung von Ergebnissen für ein mögliches Re-Design von Fortbildungen und Qualifizierungen.

Derzeit beschäftigen wir uns damit, die *Scriptwriting*-Ergebnisse der Lehrkräfte-Ebene zu nutzen, um Dialoge zu konzipieren, in welche bestimmte Orientierungstypen und -kombinationen integriert werden, die dann von Lehrkräften mittels einer Rating-Skala zur Messung bestimmter Orientierungen bewertet werden. Auch eine Ausweitung des Ansatzes zu einem (halb-)standardisiertem Instrument ist somit denkbar.

Literatur

Barzel, B., & Selter, C. (2015). Die DZLM-Gestaltungsprinzipien für Fortbildungen. *Journal für Mathematik-Didaktik, 36*(2), 259–284. https://doi.org/10.1007/s13138-015-0076-y

Krähenmann, H., Moser Opitz, E., Schnepel, S., & Stöckli, M. (2019). Inclusive mathematics instruction: A conceptual framework and selected research results of a video study. In D. Kollosche, R. Marcone, M. Knigge, M. Godoy Penteado, & O. Skovsmose (Hrsg.), *Inclusive mathematics education. State-of-the-Art Research from Brazil and Germany* (S. 179–196). Springer. https://doi.org/10.1007/978-3-030-11518-0

Prediger, S. (2019). Investigating and promoting teachers' expertise for language-responsive mathematics teaching. *Mathematics Education Research Journal, 31*, 367–392. https://doi.org/10.1007/s13394-019-00258-1

Prediger, S. (2023). Implementation von Förderkonzepten zum Aufarbeiten von Verstehensgrundlagen: Strategien und Bedingungen aus Mathe sicher können. *Mathematica Didactica, 46*. https://doi.org/10.18716/ojs/md/2023.1672

Prediger, S., Dröse, J., Stahnke, R., & Ademmer, C. (2022). Teacher expertise for fostering at-risk students' understanding of basic concepts: Conceptual model and evidence for growth. *Journal of Mathematics Teacher Education*. https://doi.org/10.1007/s10857-022-09538-3

Prediger, S., Rösken-Winter, B., & Leuders, T. (2019). Which research can support PD facilitators? Research strategies in the Three-Tetrahedron Model for content-related PD research. *Journal for Mathematics Teacher Education, 22*(4), 407–425. https://doi.org/10.1007/s10857-019-09434-3

Rösken-Winter, B., Stahnke, R., Prediger, S., & Gasteiger, H. (2021). Towards a research base for implementation strategies addressing mathematics teachers and facilitators. *ZDM – Mathematics Education, 53*(5), 1007–1019. https://doi.org/10.1007/s11858-021-01220-x

Scherer, P. (2019). Inklusiver Mathematikunterricht – Herausforderungen bei der Gestaltung von Lehrerfortbildungen. In A. Büchter, M. Glade, R. Herold-Blasius, M. Klinger, F. Schacht, & P. Scherer (Hrsg.), *Vielfältige Zugänge zum Mathematikunterricht. Konzepte und Beispiele aus Forschung und Praxis* (S. 327–342). https://doi.org/10.1007/978-3-658-24292-3_23

Scherer, P., Beswick, K., DeBlois, L., Healy, L., & Moser Opitz, E. (2016). Assistance of students with mathematical learning difficulties: How can research support practice? *ZDM – Mathematics Education, 48*(5), 633–649. https://doi.org/10.1007/S11858-016-0800-1

Scherer, P., & Hoffmann, M. (2018). Umgang mit Heterogenität im Mathematikunterricht der Grundschule – Erfahrungen und Ergebnisse einer Fortbildungsmaßnahme für Multiplikatorinnen und Multiplikatoren. In R. Biehler, T. Lange, T. Leuders, B. Rösken-Winter, P. Scherer, & C. Selter (Hrsg.), *Mathematikfortbildungen professionalisieren: Konzepte, Beispiele und Erfahrungen des Deutschen Zentrums für Lehrerbildung Mathematik* (S. 265–279). Springer Spektrum. https://doi.org/10.1007/978-3-658-19028-6

Schoenfeld, A. H. (2010). *How we think: A theory of goal-oriented decision making and its educational applications*. Routledge. https://doi.org/10.4324/9780203843000

Selter, C., Prediger, S., Nührenbörger, M., & Hußmann, S. (Hrsg.). (2014). *Mathe sicher können – Natürliche Zahlen. Diagnose- und Förderkonzept.*

Shure, V., & Liljedahl, P. (2023). The use of a scriptwriting task as a window into how prospective teachers envision teacher moves for supporting student reasoning. *Journal of Mathematics Teacher Education*. https://doi.org/10.1007/s10857-023-09570-x

Shure, V., Rösken-Winter, B., & Lehmann, M. (2022). How pre-service primary teachers support academic literacy in mathematics in a scriptwriting task encompassing fraction multiplication and division. *Journal of Mathematical Behavior, 65*. https://doi.org/10.1016/j.jmathb.2021.100916

Stockero, S. L., Leatham, K. R., Ochieng, M. A., van Zoest, L. R., & Peterson, B. E. (2020). Teachers' orientations toward using student mathematical thinking as a resource during whole class discussion. *Journal of Mathematics Teacher Education, 23*, 237–267. https://doi.org/10.1007/s10857-018-09421-0

Zazkis, R., Liljedahl, P., & Sinclair, N. (2009). Lesson plays: Planning teaching vs. teaching planning. *For the Learning of Mathematics, 29*(1), 40–47.

Zazkis, R., Sinclair, N., & Liljedahl, P. (2013). *Lesson play in mathematics education: A tool for research and professional development*. Springer.

Umgang mit Heterogenität von Mathematiklehrkräften in Fortbildungen – Eine Interviewstudie mit Multiplikatorinnen

Jennifer Bertram, Nadine da Costa Silva und Katrin Rolka

1 Einleitung

Im Kontext der Lehrkräfteprofessionalisierung spielt die Frage, welche Merkmale eine wirksame Fortbildung kennzeichnen, eine zentrale Rolle (z. B. Barzel & Selter, 2015; Lipowsky & Rzejak, 2019). Dabei wird vor dem Hintergrund des Gestaltungsprinzips ‚Teilnehmendenorientierung' u. a. diskutiert, dass Teilnehmende aktiv in eine Fortbildung als Lernende eingebunden werden (Barzel & Selter, 2015, S. 268), und dass ihre individuellen Voraussetzungen und Bedürfnisse berücksichtigt werden sollten (Lipowsky & Rzejak, 2019, S. 58). In den Implikationen verschiedener Forschungsarbeiten wird deswegen angeregt, die Verschiedenheit von Lehrkräften in Fortbildungen stärker bei der Gestaltung von Fortbildungen und der Forschung zur Lehrkräfteprofessionalisierung zu berücksichtigen (z. B. Bertram, 2022, S. 219 ff.; Blömeke et al., 2020, S. 338 f.; Lipowsky & Rzejak, 2019,

---

J. Bertram (✉)
Universität Duisburg-Essen, Essen, Deutschland
E-Mail: jennifer.bertram@uni-due.de

N. da Costa Silva · K. Rolka
Ruhr-Universität Bochum, Bochum, Deutschland

© Der/die Autor(en), exklusiv lizenziert an Springer Fachmedien Wiesbaden GmbH, ein Teil von Springer Nature 2024
B. Barzel et al. (Hrsg.), *Inklusives Lehren und Lernen von Mathematik*,
https://doi.org/10.1007/978-3-658-43964-4_25

S. 58). Auch wenn Multiplikator:innen[1] die Teilnehmendenorientierung allgemein als sehr wichtig empfinden (Barzel & Selter, 2015, S. 279), ist es dennoch wichtig, sie auch für die Verschiedenheit der teilnehmenden Lehrkräfte zu sensibilisieren (Bertram et al., 2020; Bertram, 2022). Das Wissen hinsichtlich des Umgangs mit der Heterogenität von Lehrkräften in einer Fortbildung ist letztlich Bestandteil des spezifischen Wissens zur Gestaltung einer Fortbildung, über das Multiplikator:innen verfügen sollten (z. B. Prediger et al., 2017; Prediger et al., 2022).

In einzelnen Studien wird deutlich, dass die Heterogenität von Lehrkräften in Fortbildungen eine Bereicherung darstellt. In ihrer Studie zu Lernprozessen von qualifikationsheterogenen Grundschullehrkräften im Bereich der Stochastik stellte Binner (2021) nicht nur heraus, wie heterogen die Gruppe der teilnehmenden Lehrkräfte hinsichtlich ihrer Qualifikation für den Mathematikunterricht ist, sondern sie zeigte anhand von Einzelfallbetrachtungen auf, wie Lehrkräfte selbst die Heterogenität der Kolleg:innen in einer Fortbildung wahrnehmen. Die einzelnen Lehrkräfte gehen zum Beispiel darauf ein, dass es in der qualifikationsheterogenen Kursgruppe durch die gemeinsame Diskussion verschiedener Lösungswege zu einem bereichernden Austausch kam, und fachlich-fachdidaktische Kenntnisse dazugewonnen wurden. Teilweise stellten die befragten Lehrkräfte auch Parallelen zum Schulalltag fest. Eine Lehrerin verglich die Bereicherung durch die Heterogenität der Kolleg:innen im Austausch verschiedener Lösungswege mit dem Lernen der Schüler:innen und deren Heterogenität im Unterricht (Binner, 2021, S. 150).

Vor dem Hintergrund der obigen Ausführungen wurde eine Interviewstudie mit fünf erfahrenen Multiplikatorinnen zum Umgang mit Heterogenität von Mathematiklehrkräften in Fortbildungen durchgeführt, deren Ergebnisse in diesem Beitrag berichtet werden. Beispielsweise wird herausgestellt, welche Heterogenitätsaspekte die Multiplikatorinnen bei Mathematiklehrkräften wahrnehmen und welche Möglichkeiten sie bereits nutzen, um der Heterogenität von Mathematiklehrkräften in Fortbildungen zu begegnen. Darüber hinaus werden in der Studie Chancen und Herausforderungen, die bei der Fortbildungsplanung und -durchführung mit der Heterogenität der Lehrkräfte aus Sicht der Multiplikatorinnen einhergehen, thematisiert. Schließlich werden Gemeinsamkeiten und Unterschiede, die Multiplikatorinnen zwischen der Unterrichts- und Fortbildungsebene hinsichtlich der Heterogenität der Lernenden sehen, erläutert. Ziel ist es, das Wissen und die Erfahrungen der Multiplikatorinnen in einem ersten explorativen Zugang zu erfassen und daraus Ideen für die Gestaltung von Qualifizierungen zu generieren.

---

[1] Mit Multiplikator:innen werden in diesem Beitrag Personen bezeichnet, die Fortbildungen für Lehrkräfte geben. In der Literatur und der Fortbildungspraxis finden sich auch andere Begrifflichkeiten, wie etwa Fortbildende, Berater:innen oder Moderator:innen.

2 Heterogenität von Lehrkräften in Fortbildungen

2.1 Einordnung in das Angebot-Nutzungs-Modell für Fortbildungen

Ein zentrales Gestaltungsprinzip wirksamer Fortbildungen ist die Teilnehmendenorientierung (Barzel & Selter, 2015, S. 268). Demnach soll in Fortbildungen an die individuellen Bedarfe und Überzeugungen der Lehrkräfte angeknüpft und auf die heterogenen individuellen Voraussetzungen der Teilnehmenden eingegangen werden (ebd.). Als theoretischer und empirischer Rahmen, um wirksame Fortbildungen vor dem Hintergrund der Teilnehmendenorientierung zu diskutieren, wird in der Literatur u. a. auf das Angebot-Nutzungs-Modell für Fortbildungen (Lipowsky, 2014; Lipowsky & Rzejak, 2017) zurückgegriffen. Im Mittelpunkt des Modells stehen die unterschiedliche Wahrnehmung und Nutzung der Lerngelegenheiten in einer Fortbildung durch die teilnehmenden Lehrkräfte (Lipowsky & Rzejak, 2017, S. 381). Zum einen wird die Darbietung der Lerngelegenheiten in einer Fortbildung durch Merkmale der Multiplikator:innen beeinflusst. Zum anderen wird die Wahrnehmung und Nutzung der Lerngelegenheiten durch die Voraussetzungen der Lehrkräfte mitbestimmt (ebd.). Lipowsky und Rzejak (2017) weisen auf erst wenige Studien hin, die sich mit den einzelnen Wirkungen im Angebot-Nutzungs-Modell genauer befasst haben, halten aber fest, dass die „motivationalen, volitionalen, kognitiven, persönlichkeitsbezogenen und auch berufsbiographischen Voraussetzungen der an einer Fortbildung teilnehmenden Lehrpersonen […] sich teilweise erheblich unterscheiden [dürften], was wiederum Einfluss auf die Wahrnehmung und Nutzung des Fortbildungsangebots und letztlich auf dessen Wirksamkeit haben dürfte" (S. 381). Für die unterschiedliche Wahrnehmung und Nutzung der Lerngelegenheiten in einer Fortbildung sind somit – neben zum Beispiel dem Schulkontext oder der Qualität der Lerngelegenheiten selbst – verschiedene Merkmale von Lehrkräften verantwortlich (Lipowsky, 2014; Lipowsky & Rzejak, 2017). Letztere werden im Folgenden als Heterogenitätsaspekte von Lehrkräften bezeichnet.

Aus mehreren Studien, die unterschiedliche Forschungsschwerpunkte zur Lehrkräfteprofessionalisierung für Mathematikunterricht fokussieren, können über das Angebot-Nutzungs-Modell hinaus weitere Heterogenitätsaspekte von Lehrkräften sowie Möglichkeiten zum Umgang damit abgeleitet werden. Der folgende Überblick konzentriert sich auf deutschsprachig publizierte und mit dem Deutschen Zentrum für Lehrkräftebildung Mathematik (DZLM) assoziierte Projektergebnisse, aus denen bereits Aspekte herausgearbeitet werden können, in welchen sich Lehrkräfte in Fortbildungen unterscheiden. Darüber hinaus wird betrachtet, welche Ideen in einzelnen Projekten verfolgt wurden, um der Heterogenität von Lehrkräften im Rahmen von Mathematikfortbildungen explizit Rechnung zu tragen.

2.2 Heterogenitätsaspekte von Lehrkräften

Durch die Fokussierung auf die Teilnehmendenorientierung aus Sicht von Multiplikator:innen bietet die Studie von Scherer et al. (2021) einen tragfähigen Anhaltspunkt, um sie auch aus der Perspektive des vorliegenden Beitrags und damit vor dem Hintergrund der Frage nach Heterogenitätsaspekten von Lehrkräften in Fortbildungen zu betrachten. Im Rahmen einer Fortbildung zu inklusivem Mathematikunterricht in der Grundschule, an der fachfremd Mathematik unterrichtenden Sonderpädagog:innen teilnahmen, untersuchten Scherer et al. (2021) Reflexionsprozesse von Multiplikator:innen zum Gestaltungsprinzip der Teilnehmendenorientierung. Unter Rückgriff auf einschlägige Literatur zur Lehrkräftefortbildung und zum Gestaltungsprinzip der Teilnehmendenorientierung leiteten Scherer et al. (2021) zunächst deduktiv Kategorien ab, die anschließend bei der Analyse von moderierten Reflexionsgesprächen induktiv erweitert wurden (detaillierte Erläuterung in Scherer et al., 2021, S. 446 ff.). Insbesondere ausgehend von der Literatur zum Angebot-Nutzungs-Modell (s. o.; Lipowsky, 2014; Lipowsky & Rzejak, 2017) und dem Modell der professionellen Handlungskompetenz von Lehrkräften (Baumert & Kunter, 2006) benennen Scherer et al. (2021) Unterschiede der Lehrkräfte hinsichtlich persönlichkeitsbezogener und berufsbiografischer Voraussetzungen (z. B. in ihrer Ausbildung) sowie in kognitiven und affektiv-motivationalen Merkmalen (z. B. in ihrem fachlichen, pädagogischen oder fachdidaktischen Wissen, sowie in Überzeugungen oder motivationalen Orientierungen). Des Weiteren unterscheiden sich Lehrkräfte auch in ihren Bedarfen und Interessen, in ihrer Akzeptanz der Fortbildungsmaßnahme oder in ihrem Schulkontext (ebd.). Gerade aus der Sicht von Multiplikator:innen spielen auch Ängste und Sorgen der Teilnehmenden sowie die von den Lehrkräften wahrgenommene Wertschätzung durch die Multiplikator:innen eine Rolle (ebd.).

Im Kontext der Untersuchung von fachfremd Mathematik unterrichtenden Lehrkräften wird die große Heterogenität dieser speziellen Zielgruppe häufig diskutiert (z. B. Bosse, 2017; Eichholz, 2018). Betont wird dabei u. a., dass sich diese Gruppe von Lehrkräften nicht nur in dem (Nicht-)Vorhandensein einer formalen Lehrbefähigung für das Fach Mathematik von anderen Lehrkräften unterscheidet, sondern dass sie auch in sich eine heterogene Gruppe darstellt (z. B. Bosse, 2017; Eichholz, 2018). Mit dem Ziel, die Professionalität fachbezogener „Lehrer-Identität" von fachfremd Mathematik unterrichtenden Lehrkräften der Sekundarstufe I (Sek. I) zu untersuchen, beschreibt Bosse (2017) umfangreich die Heterogenität der Stichprobe und differenziert dabei vor allem affektive und motivationale Aspekte weiter aus. Unter Rückgriff auf identitätstheoretische Ansätze, welche affektivmotivationale Aspekte in kognitive Bereiche aus kompetenztheoretischer Sicht integrieren, benennt Bosse (2017, S. 204 ff.), dass sich die Lehrkräfte in ihren Weltbildern, ihren Zielen, ihrer Selbstwirksamkeit, ihrem affektiven Verhältnis zum Fach Mathematik oder in ihrer Nutzung von Ressourcen (etwa der Zusammenarbeit mit Kolleg:innen) unterscheiden. Es ist naheliegend davon auszugehen, dass sich auch Lehrkräfte, die Mathematik nicht fachfremd unterrichten, in diesen und weiteren Aspekten unterscheiden. Abschließend kann festgehalten werden, dass viele verschiedene Heterogenitätsaspekte von Lehrkräften in der Literatur betrachtet werden, etwa kognitive, affektiv-motivationale, persönlichkeitsbezogene und berufsbiografische Aspekte.

2.3 Berücksichtigung der Heterogenität von Lehrkräften in Fortbildungen

In Studien, in denen die Verschiedenheit von Lehrkräften explizit mit Blick auf einen möglichen Umgang mit der Heterogenität der Lehrkräfte thematisiert wird, werden häufig nur einzelne der genannten Heterogenitätsaspekte fokussiert. In den folgenden Ausführungen wird deutlich, dass – je nach Erkenntnisinteresse – in verschiedenen Studien vor allem Unterschiede in kognitiven Voraussetzungen oder in Überzeugungen der Lehrkräfte betrachtet werden.

Die Reaktion auf heterogene Voraussetzungen von Lehrkräften durch Differenzierungsmaßnahmen in Fortbildungen ist eine Möglichkeit im Umgang mit der Heterogenität von Lehrkräften – ähnlich wie im Umgang mit der Heterogenität von Schüler:innen im Unterricht (z. B. Leuders & Prediger, 2016; Krauthausen & Scherer, 2022). Tatsächlich findet sich in verschiedenen Fortbildungskontexten der Einsatz differenzierender Maßnahmen. Kuzle et al. (2018) berichten beispielsweise im Zuge einer Fortbildung zum Thema Geometrie im Mathematikunterricht der Sek. I davon, dass sie differenzierende Maßnahmen einsetzten, um auf die Bedürfnisse der teilnehmenden Lehrkräfte einzugehen. So nutzten sie etwa verschiedene Aufgaben mit unterschiedlichen Schwierigkeitsgraden (ebd., S. 125) und bereiteten Materialien (z. B. dynamische als auch papierbasierte Arbeitsblätter für geometrische Konstruktionen) so auf, dass die individuellen Voraussetzungen der Lehrkräfte berücksichtigt wurden (ebd., S. 130). In der Reflexion der Fortbildungsmaßnahme gehen Kuzle et al. (2018) weiterhin darauf ein, dass zwar schon die verschiedenen Schulformen, an denen die Lehrkräfte tätig sind, berücksichtigt wurden, es aber zu überlegen gilt, schulformspezifische Besonderheiten von Themen stärker zu berücksichtigen, ebenso wie unterschiedliche Unterrichtsbedingungen in der Praxis der Lehrkräfte. Ähnliche Herangehensweisen für den Umgang mit Heterogenität von Lehrkräften durch differenzierende Maßnahmen finden sich in einem Beitrag über einen Zertifikatskurs für fachfremd Mathematik unterrichtende Lehrkräfte der Sek. I (Lünne & Biehler, 2018). Dort wurden die heterogenen Vorkenntnisse der teilnehmenden Lehrkräfte im mathematischen Professionswissen fokussiert und über differenzierende Maßnahmen berücksichtigt. Zum Beispiel wurden den Teilnehmenden nicht nur zur Vorbereitung Aufgaben aus Schulbüchern mit Lösungen zur Verfügung gestellt, sondern es wurde während der Fortbildung anhand individueller Schwerpunkte an verschiedenen Aufgaben (auch zum Aufarbeiten fachlicher Defizite) gearbeitet (ebd., S. 348).

Um eine erste Anpassung der Fortbildung im Sinne der Teilnehmendenorientierung vorzunehmen, wird häufig die Möglichkeit einer Vorabbefragung genutzt, auch wenn dies nicht immer möglich ist (Barzel & Selter, 2015). Dabei kann eine Vorabbefragung Aufschluss über verschiedene Heterogenitätsaspekte der Lehrkräfte geben, um beispielsweise die oben genannten Differenzierungsmaßnahmen für den Umgang mit Heterogenität umzusetzen. Da Multiplikator:innen sich zum Beispiel in der Studie von Zwetzschler et al. (2016) an den Interessen aber auch den Bedarfen der teilnehmenden Lehrkräfte orientierten, um festzulegen, welche Inhalte einer Fortbildung besonders bedeutsam sind (ebd., S. 4), kann eine Vorabbefragung etwa zur Erfassung von Interessen und Bedarfen eingesetzt werden. Ein weiteres Beispiel für eine Fortbildungsmaßnahme, in der die Heterogenität der teilnehmenden Lehrkräfte auf der Grundlage einer Vorabbefragung explizit berücksichtigt wurde, ist eine Fortbildungsreihe zum Thema Lehren und Lernen mit digitalen Werkzeugen (Klinger et al., 2018). Basierend auf der Vorabbefragung wurde die Fortbildung an die Erwartungen, Probleme und Wünsche der Lehrkräfte angepasst und es wurden Hilfestellungen entwickelt, damit die individuellen Erfahrungen der Lehrkräfte mit digitalen Werkzeugen berücksichtigt werden konnten (ebd., S. 410). Außerdem berichten Klinger et al. (2018) von einer heterogenen Zusammensetzung der Teilnehmenden hinsichtlich ihrer verwendeten digitalen Geräte sowie ihrer Unterrichtspraxis hinsichtlich des Einbezugs digitaler Medien. Im Kontext einer Fortbildung zum algebraischen Denken beim Übergang von der Arithmetik zur Algebra nutzten auch Abshagen et al. (2019) eine Vorabbefragung. Dabei stellten sie zum Beispiel fest, dass die Lehrkräfte unterschiedliche Vorstellungen in Bezug auf die Ziele des Algebraunterrichts in der Sek. I hatten. Einige Lehrkräfte schienen eher kalkülorientiert, andere stärker verstehensorientiert vorzugehen, sodass als ein Ziel der Fortbildung das Kennen und Nutzen des mathematikdidaktischen Prinzips „inhaltliches Denken vor Kalkül" (Prediger, 2009) bei der Gestaltung von Lernprozessen von Schüler:innen festgehalten wurde (Abshagen et al., 2019, S. 270). Damit scheinen aus einer Vorabbefragung vor allem Kenntnisse über fachlich-fachdidaktisches Wissen der Lehrkräfte, ihre Überzeugungen sowie ihre Unterrichtspraxis hervorzugehen.

Nicht nur zu Beginn, sondern auch während einer Fortbildung ist es zentral, die Heterogenität der Lehrkräfte wahrzunehmen und zu berücksichtigen. Bertram (2022) zeigte beispielsweise, dass Lehrkräfte der Sek. I sich in ihren Lernprozessen im Rahmen einer Fortbildung zu inklusivem Mathematikunterricht unterscheiden. Demnach fokussierten Lehrkräfte zu unterschiedlichen Zeitpunkten in der Fortbildung verschiedene Kompetenzbereiche (z. B. pädagogisches oder fachdidaktisches Wissen) und reflektierten verschiedene Fortbildungsinhalte. Da sich bereits in der Datenauswertung die unterschiedlichen Lernwege der Lehrkräfte andeuteten, wurde in einem Workshop mit Multiplikator:innen anhand zweier verschiedener Lernwege von Lehrkräften (eingesetzt in Form von Fallbeispielen aus der Fortbildung) beispielhaft diskutiert, wie die Heterogenität der Lehrkräfte bei der Fortbildungsgestaltung berücksichtigt werden kann (Bertram et al., 2020).[2] Besonders hervorgehoben wurden dabei Möglichkeiten zur Anregung der Zusammenarbeit von Lehrkräften mit verschiedenen Lernwegen zur gegenseitigen Bereicherung.

Eichholz (2018, S. 243) geht auf die Heterogenität im selbstempfundenen Lernzuwachs der Lehrkräfte in einer Fortbildung ein. Hieraus lässt sich ableiten, dass sich Lehrkräfte auch nach einer Fortbildung unterscheiden. Dies kann sich zum Beispiel darauf auswirken, wie die Inhalte der Fortbildung im Unterricht der Lehrkräfte Berücksichtigung finden (auch Transferprozesse im Angebot-Nutzungs-Modell; Lipowsky & Rzejak, 2017). Zu der Schlussfolgerung, den Blick auf die gesamte Fortbildung zu richten und immer wieder die Verschiedenheit der Lehrkräfte aktiv aufzugreifen, kommen auch Herold-Blasius et al. (2022) im Kontext der Reflexion einer blended-learning Fortbildung zu inklusivem Mathematikunterricht.

2.4 Forschungsfragen

In Fortbildungen ist die Berücksichtigung der Heterogenität der Lehrkräfte zentral, um die verschiedenen Voraussetzungen der Lehrkräfte aufgreifen und damit eine wirksame Fortbildung gestalten zu können (Abschn. 2.2 und 2.3). Neben den Heterogenitätsaspekten von Lehrkräften, die bereits in verschiedenen Studien benannt und in Fortbildungen zum Teil bereits berücksichtigt wurden, gilt es nun, kon-

---

[2] Die Fortbildung ‚Mathematik & Inklusion', in der die Lernprozesse der Lehrkräfte untersucht wurden, bestand aus fünf Modulen und wurde von 2017 bis 2019 durch Multiplikator:innen des Pädagogischen Landesinstituts Rheinland-Pfalz unter wissenschaftlicher Begleitung des DZLM durchgeführt (Bertram, 2022). Der Workshop mit Multiplikator:innen, in denen Erkenntnisse aus der Forschung zu dieser Fortbildung in Form von Fallbeispielen eingesetzt wurde, wurde von Bertram, Rolka und Albersmann 2019 durchgeführt (Bertram et al., 2020).

kretere Einblicke in das Wissen und die Erfahrungen von Multiplikator:innen im Umgang mit der Heterogenität von Lehrkräften in Fortbildungen zu erlangen. Die durchgeführte Interviewstudie diente der Beantwortung folgender Forschungsfragen:

1) Welche Aspekte benennen die Multiplikatorinnen bezüglich der Heterogenität von Mathematiklehrkräften in Fortbildungen?
2) Welche Möglichkeiten zum Umgang mit der Heterogenität von Mathematiklehrkräften in Fortbildungen thematisieren die Multiplikatorinnen?

Die Beantwortung der Fragen beinhaltet insbesondere auch, Chancen und Herausforderungen, die die Multiplikatorinnen im Kontext der Heterogenität der Lehrkräfte in Fortbildungen wahrnehmen, ebenso zu thematisieren, wie die von den Multiplikatorinnen wahrgenommenen Unterschiede und Gemeinsamkeiten zwischen Unterrichts- und Fortbildungsebene bezüglich des Umgang mit der Heterogenität der Lernenden.

3 Methodisches Vorgehen

3.1 Angaben zu den befragten Multiplikatorinnen

Die fünf interviewten Multiplikatorinnen sind alle seit mindestens zehn Jahren in der Fortbildungsgestaltung tätig (zwei von ihnen über zwanzig Jahre). Häufig sind sie auch als Lehrkraft im Mathematikunterricht sowie in anderen Bereichen der Lehrkräfteaus- und -weiterbildung tätig, etwa in der Ausbildung von Lehramtsanwärter:innen im Vorbereitungsdienst oder in der Qualifizierung von Seiteneinsteiger:innen. Alle Multiplikatorinnen geben Fortbildungen im Fach Mathematik, teilweise mit unterschiedlichen Schwerpunktsetzungen, etwa im Bereich Inklusion, Rechenschwierigkeiten oder bezogen auf neue Lehrpläne im Fach Mathematik. Zielgruppe der Fortbildungen sind in der Regel Mathematiklehrkräfte der Primarstufe, aber teilweise auch Mathematikehrkräfte der Sek. I, fachfremd Mathematik unterrichtende Lehrkräfte oder sonderpädagogische Lehrkräfte.

3.2 Datenerhebung mittels leitfadengestützter Interviews

Zur Beantwortung der Forschungsfragen wurden leitfadengestützte Einzelinterviews (Döring & Bortz, 2016, S. 358 ff.; Kruse, 2015, S. 203 f.) mit den Multiplikatorinnen durchgeführt. Nach einem recht offenen Einstieg zu ihren bisherigen

Erfahrungen als Multiplikatorin folgten im Hauptteil der Interviews Fragen, die auf die Beantwortung der obigen Forschungsfragen abzielten und erlaubten, dass die Multiplikatorinnen auf ihre Erfahrungen zurückgreifen konnten. Zum Beispiel wurden die Multiplikatorinnen gefragt, inwiefern sie in ihren Fortbildungen schon einmal die Heterogenität der Mathematiklehrkräfte wahrgenommen haben, in welchen Aspekten sich Mathematiklehrkräfte in Fortbildungen ihrer Erfahrung nach unterscheiden, welche Möglichkeiten sie kennen, um auf die Heterogenität von Mathematiklehrkräften in ihren Fortbildungen einzugehen und welche dieser Möglichkeiten sie auch selbst nutzen. Dabei wurden Nachfragen gestellt, die etwa auf eine Konkretisierung durch Beispiele abzielten oder die explizit nach verschiedenen Zeitpunkten (vor, während oder nach der Fortbildung, vgl. auch Ideen aus der Literatur in Abschn. 2) fragten. Weitere Fragen in den Interviews nahmen ebenfalls in Anlehnung an die Literatur explizit den Vergleich von Unterrichts- und Fortbildungsebene in den Blick, indem nach Gemeinsamkeiten und Unterschieden gefragt wurde, oder griffen die Idee auf, dass die Heterogenität der Lehrkräfte in einer Fortbildung als Bereicherung aufgefasst werden kann, sodass nach Chancen und Herausforderungen in diesem Kontext gefragt wurde. Zum Abschluss der Interviews wurden die Multiplikatorinnen gebeten, sich vorzustellen, dass sie an einer Qualifizierung zum Umgang mit Heterogenität von Mathematiklehrkräften in einer Fortbildung teilnehmen. Sie sollten dann auf die Fragen antworten, was sie gerne noch über die Heterogenität von Mathematiklehrkräften erfahren möchten und welche Erwartungen sie an eine solche Qualifizierung hätten. Bei allen Fragen wurde darauf geachtet, einen Bezug zur Mathematik herzustellen.

3.3 Datenauswertung mittels qualitativer Inhaltsanalyse

Mit dem Ziel einer inhaltlichen Strukturierung wurden die Interviewdaten nach erfolgter Transkription durch eine qualitative Inhaltsanalyse ausgewertet (Mayring, 2010). Dabei wird ein vorher festgelegtes Kategoriensystem auf den Text angewendet, um das Material nach bestimmten Themen zu sortieren, Inhalte zu extrahieren und zusammenzufassen (Mayring, 2010, S. 94). Ausgehend von dem Interviewleitfaden wurden folgende Kategorien gebildet, die zwei verschiedenen Gruppen zugeordnet werden können. Zum einen wurden inhaltliche Kategorien gebildet: *Rahmenbedingungen (z. B. Erfahrung, Themen, Zielgruppe), Wahrgenommene Aspekte der Heterogenität von Lehrkräften in Fortbildungen, Möglichkeiten zur Berücksichtigung der Heterogenität von Lehrkräften, Chancen und Herausforderungen der Heterogenität auf Fortbildungsebene, Gemeinsamkeiten und Unterschiede auf Unterrichts- und Fortbildungsebene* sowie *Qualifizierungs-*

ebene. Zum anderen wurden Kategorien gebildet, die sich auf die zeitliche Struktur beziehen und quer zu den oben genannten Kategorien liegen: *vor der Fortbildung*, *während der Fortbildung* und *nach der Fortbildung*.

Die Definitionen der Kategorien wurden von zwei Autorinnen dieses Beitrags anhand eines der fünf Interviews diskutiert und festgelegt. Dabei wurden auch weitere Kodierregeln zur Mehrfachkodierung von Textstellen, zum Umfang einer zu kodierenden Textstelle oder zur Reihenfolge der Kodierung (erst inhaltliche Kategorien, dann zeitlich-strukturierende) festgehalten. Im Anschluss wurden die vier weiteren Interviews von beiden Autorinnen unabhängig voneinander mit Hilfe des Programms MAXQDA20 kodiert. Dabei ergab sich eine Interkoder-Übereinstimmung (Codeüberlappung an Segmenten von mindestens 70 %) von 68,86 % und ein Kappa von 0,66, was als gute Interkoder-Übereinstimmung interpretiert werden kann (Döring & Bortz, 2016, S. 346).[3] Die daraufhin vorhandenen nicht-übereinstimmenden Textstellen wurden von den beiden Kodiererinnen in einem gemeinsamen Gespräch diskutiert, bis eine Interkoder-Übereinstimmung von 100 % erreicht wurde.

Während die Inhalte der Kategorie *Rahmenbedingungen (z. B. Erfahrung, Themen, Zielgruppe)* genutzt wurden, um Hintergrundinformationen zu den befragten Multiplikatorinnen zu erhalten (Abschn. 3.1), wurden die kodierten Textstellen der weiteren inhaltlichen Kategorien verdichtet und für die Ergebnisdarstellung zusammengefasst. Die Sortierung der Textstellen entlang der zeitlich-strukturierenden Kategorien dient im Folgenden einer eher ergänzenden und strukturierenden Einordnung der zu berichtenden Ergebnisse der inhaltlichen Kategorien und wird nicht separat betrachtet.

4   Ergebnisse

Wahrgenommene Aspekte der Heterogenität von Lehrkräften in Fortbildungen
Die Multiplikatorinnen nennen viele verschiedene Aspekte, in denen sie die Heterogenität der Lehrkräfte in einer Fortbildung wahrnehmen. Vor Beginn einer Fortbildung nehmen die Multiplikatorinnen die Heterogenität der Lehrkräfte zum

---

[3] Eine probeweise Herabsetzung der Codeüberlappung an Segmenten auf 50 % lieferte eine Interkoder-Übereinstimmung von 76,32 % und eine Erhöhung der Codeüberlappung an Segmenten auf 90 % führte zu einer Interkoder-Übereinstimmung von 57,89 %. Demnach ist ein Teil der Nicht-Übereinstimmung auf unterschiedliche Längen der kodierten Segmente zurückzuführen, sodass ein Mittelmaß von 70 % für die Codeüberlappung an Segmenten für die weitere Auswertung festgelegt wurde.

Beispiel in verschiedenen persönlichkeitsbezogenen und berufsbiografischen Voraussetzungen wahr, etwa in ihrer Ausbildung sowie in ihrer Berufs- und Unterrichtserfahrung, aber auch in ihrer Zufriedenheit mit ihrem Mathematikunterricht und dem Interesse, sich persönlich weiterzuentwickeln. Die Multiplikatorinnen benennen außerdem, dass sich die Lehrkräfte im Allgemeinen auch darin unterscheiden, mit welcher Motivation sie an der Fortbildung teilnehmen und welche Erwartungen und Bedarfe sie mitbringen.

Unterschiede in kognitiven und affektiv-motivationalen Merkmalen der Lehrkräfte werden von den Multiplikatorinnen meist als Aspekte genannt, in denen sich die Lehrkräfte schon vor Beginn der Fortbildung unterscheiden, aber werden auch darauf bezogen, was die Lehrkräfte während der Fortbildung für sich mitnehmen. Die Multiplikatorinnen gehen zunächst auf Unterschiede im fachlichen Wissen der Lehrkräfte ein. Dabei wird teilweise betont, dass vor allem für das Fach Mathematik auch eine gewisse Affinität zum Fach von Bedeutung und diese bei den Lehrkräften unterschiedlich sei. Eine Multiplikatorin formuliert diese Idee so: „wie haben sie ein Fach durchdrungen, das ist ein Unterschied" (M2). Nicht nur im fachlichen, sondern auch im fachdidaktischen Wissen der Lehrkräfte nehmen die Multiplikatorinnen Unterschiede wahr. Als Beispiel wird etwa unterschiedliches Wissen im Bereich der Fehlerdiagnostik genannt (M2) oder es werden Bezüge hergestellt, inwiefern Lehrkräfte aufgrund fachdidaktischer Überlegungen Schwerpunkte im Unterricht auch unabhängig vom Schulbuch setzen (M1, M4).

Neben wahrgenommenen Unterschieden in den kognitiven Voraussetzungen der Lehrkräfte werden von den Multiplikatorinnen auch Unterschiede in den Überzeugungen der Lehrkräfte genannt.[4] Beispielsweise gehen die Multiplikatorinnen auf verschiedene Einstellungen der Lehrkräfte zum Mathematikunterricht (M1) oder auf das Bild zum Mathematiklernen, das Lehrkräfte haben (M2), ein. Letzteres illustriert die Multiplikatorin mit dem Beispiel, dass einige Lehrkräfte wenig kompetenzorientiert vorgehen und sich eher an der Vermittlung von „Rezepten" und dem Fokus auf richtige Ergebnisse in Klassenarbeiten orientieren würden. Weitere von den Multiplikatorinnen genannte Unterschiede beziehen sich zum Beispiel auf die Frage, inwiefern dem Einsatz von (handlungsorientierten) Materialien im Mathematikunterricht eine Bedeutung beigemessen werde (M3) oder auch welche Rolle dabei der erlebte Mathematikunterricht in der eigenen Schulzeit spiele (M5). Damit einhergehend beschreibt eine Multiplikatorin, dass sich die Lehrkräfte in ihrer Bereitschaft unterscheiden, sich auf neue In-

---

[4] Die Multiplikatorinnen benutzen dafür verschiedene Begrifflichkeiten, etwa Einstellungen, Haltungen oder Überzeugungen, die hier bei der Ergebnisdarstellung jeweils übernommen wurden.

halte einzulassen, wie eine veränderte Aufgabenkultur oder entdeckendes Lernen (M4). Dazu gehört auch die Überlegung, welche Auffassung Lehrkräfte davon haben, was Schüler:innen etwa nach der Einführung des Einmaleins können sollten. Unterschiede in den Überzeugungen der Lehrkräfte können sich aber auch in übergeordneten Fortbildungsthemen zeigen, etwa in den Einstellungen gegenüber Inklusion (M1) bzw. ihren Haltungen gegenüber der Heterogenität der Schüler:innen im Mathematikunterricht (M5).

Im Schulkontext der Lehrkräfte nehmen die Multiplikatorinnen weitere Unterschiede wahr, zum Beispiel inwiefern die Lehrkräfte ihre Erfahrungen aus dem Schulalltag in die Fortbildung einbringen (M1), in den Materialien (auch Lehrwerken), mit denen die Lehrkräfte in der Schule arbeiten (M3), oder in den Erprobungen von Aufgabenstellungen aus der Fortbildung in Distanzphasen (also zwischen zwei Fortbildungsveranstaltungen, M4). Das heißt, hier werden von den Multiplikatorinnen auch Heterogenitätsaspekte benannt, in denen sich die Lehrkräfte während der Fortbildung unterscheiden. In diesen zeitlichen Bereich sind auch weitere Unterschiede einzuordnen, die insbesondere von einer Multiplikatorin (M2) geschildert werden und die sich in den Kontext der Lernprozesse der Lehrkräfte einordnen lassen, etwa dass sich die Lehrkräfte in ihrem Lernzuwachs unterscheiden, wie aktiv sie sich in die Gruppe einbringen, in ihrem Lerntempo, inwiefern Hindernisse im Lernprozess auftreten oder in welcher Art und Weise sie etwas lernen.

Möglichkeiten zur Berücksichtigung der Heterogenität von Lehrkräften

Einige Multiplikatorinnen nutzen die Möglichkeit, über eine Vorabbefragung Informationen über die (Verschiedenheit der) Lehrkräfte bezogen auf unterschiedliche Heterogenitätsaspekte zu sammeln (s. o.). Aus diesen Informationen leiten die Multiplikatorinnen dann beispielsweise ab, wie der theoretische Input in einer Fortbildung aussieht, ob noch weitere Veranstaltungen oder Beratungsangebote für einzelne Lehrkräfte initiiert werden, welche Kürzungen oder Erweiterungen in der Fortbildung erfolgen, wie an den Unterrichtsalltag der Lehrkräfte angeknüpft werden kann und welche Ziele der Fortbildung gemeinsam festgelegt werden.

Die Multiplikatorinnen konkretisieren außerdem verschiedene Differenzierungsmöglichkeiten, mit denen sie – vor allem während einer Fortbildung – auf die Heterogenität der Lehrkräfte reagieren. Zum Beispiel setzen die Multiplikatorinnen mathematische Aufgaben in Aktivitäten ein, die das Niveau und die Vorkenntnisse der Lehrkräfte berücksichtigen, sodass jede Lehrkraft die Aufgabe bearbeiten kann. Außerdem kommen Aufgaben zum Tragen, die auf verschiedenen Niveaus bearbeitet werden können. Eine Multiplikatorin (M4) beschreibt, dass sie möglichst offene Aufgaben (im Sinne einer natürlichen Differenzierung) einsetze: „mit offenen Aufgaben zu arbeiten [...], die Andockmöglichkeiten für unterschiedliche

Personen bieten". Ebenso wird die Möglichkeit erwähnt, im Rahmen von Aktivitäten in einer Fortbildung, Gruppen anhand der Interessen und Bedarfe der Lehrkräfte zu bilden oder an anderen Stellen (etwa für Erprobungen in Distanzphasen) Wahlmöglichkeiten zur Verfügung zu stellen.

Die Möglichkeit, Gruppenarbeiten zu gestalten, wird nicht nur bezogen auf Differenzierungsmöglichkeiten erwähnt, sondern auch, um das von- und miteinander Lernen unterschiedlicher Lehrkräfte anzuregen. Beispielsweise werden Gruppenarbeiten gestaltet, sodass sich die Lehrkräfte austauschen und etwas gemeinsam erarbeiten. Dabei wird die Möglichkeit eröffnet, eigene Vorschläge zu unterbreiten, die gemeinsam diskutiert werden, und dass die Lehrkräfte eigene Expertise einbringen und an andere Lehrkräfte weitergeben. Ebenfalls im Verlauf einer Fortbildung und vor dem Hintergrund, Reflexionen anzuregen und auf unterschiedliche Vorkenntnisse der Lehrkräfte einzugehen, initiieren einige Multiplikatorinnen einen Perspektivwechsel, sodass sich die Lehrkräfte zum Beispiel in ihre Schüler:innen hineinversetzen sollen. Eine Multiplikatorin sagt: „Das ist halt so das Tolle in Mathe, dass viel eins zu eins genauso erlebbar wird, wenn man irgendwie eine problemhaltige Aufgabenstellung hat, haken wir als Erwachsene ja genauso wie die Kinder an manchen Stellen und dass man Tipps einbringt oder irgend so vorstrukturierende Lernhilfen, die man nutzen kann" (M4). Schließlich beschreibt eine Multiplikatorin (M2), dass sie sich im Verlauf einer Fortbildung auch dem (unterschiedlichen) Lerntempo der Lehrkräfte anpasst, um etwa zu entscheiden, ob einzelne Inhalte wiederholt werden.

Chancen und Herausforderungen der Heterogenität auf Fortbildungsebene
Die Multiplikatorinnen gehen darauf ein, dass die Heterogenität der Lehrkräfte in der Fortbildung eine Bereicherung sein kann. Besonders hervorgehoben wird von den Multiplikatorinnen hierbei zum Beispiel die Möglichkeit des Austauschs unter den Lehrkräften (s. o.). Eine Multiplikatorin geht darauf ein, dass sich die Lehrkräfte gegenseitig Anregungen liefern, über das eigene Mathematiktreiben nachzudenken (M5). Das voneinander Lernen wird auch vor dem Hintergrund benannt, dass Expertise weitergegeben werden kann (M1), oder dass die Lehrkräfte etwas ins Kollegium mitnehmen (M3). Zudem besteht die Möglichkeit, dass die Lehrkräfte Materialien austauschen und sich gegenseitig für unterschiedliche Aspekte sensibilisieren.

Neben diesen Chancen berichten die befragten Multiplikatorinnen in der Interviewstudie, dass es herausfordernd sei, das Fortbildungsangebot passend zu gestalten, wenn die (verschiedenen) Lernvoraussetzungen der teilnehmenden Lehrkräfte nicht vorab erfragt werden konnten. Vor allem bezogen auf Mathematik sei eine weitere Herausforderung, dass die vorhandenen Vorkenntnisse so unterschiedlich sind und es deswegen teilweise als schwierig wahrgenommen wird, jede Lehrkraft zu erreichen. Eine Multiplikatorin sagt diesbezüglich: „Also insofern finde ich das immer wieder eine Herausforderung, da so eine Balance zu finden zwischen denen, die eben die Ausbildung nicht so haben oder das Wissen nicht so haben, zu denen, die das haben" (M1). Insgesamt gehen einige Multiplikatorinnen darauf ein, dass es ebenfalls herausfordernd sei, dass jede Lehrkraft einen Lernzuwachs erfährt. In diesem Kontext hält eine Multiplikatorin zum Beispiel fest: „es [kann] mal kurze Phasen geben, wo die einen unterfordert, die anderen überfordert sind, nur in der Summe soll halt jeder am Ende davon profitiert haben" (M2).

Gemeinsamkeiten und Unterschiede auf Unterrichts- und Fortbildungsebene
Insgesamt sehen die Multiplikatorinnen viele Gemeinsamkeiten zwischen den Heterogenitätsaspekten sowie dem Umgang mit der Heterogenität von Schüler:innen im Mathematikunterricht und der von Mathematiklehrkräften in Fortbildungen. Bezogen auf die Wahrnehmung der Heterogenität wird vor allem der Aspekt der unterschiedlichen fachlichen Voraussetzungen als eine Gemeinsamkeit gesehen. Die Bandbreite, die in einer Schulklasse und in einer Fortbildung hinsichtlich des fachlichen Wissens und der Lernvoraussetzungen gegeben ist, wird als ähnlich eingeschätzt. In diesem Kontext wird von einigen Multiplikatorinnen die Besonderheit des Fachs Mathematik hervorgehoben, da dort das Fachliche für alle Lernenden (sowohl für Schüler:innen als auch für Erwachsene) herausfordernd sei. Gemeinsamkeiten zwischen Unterrichts- und Fortbildungsebene werden jedoch nicht nur bezogen auf die Wahrnehmung der Heterogenitätsaspekte gesehen, sondern auch bei den Möglichkeiten, der Heterogenität zum Beispiel durch Differenzierungsmaßnahmen zu begegnen. Die wichtige Rolle eines handlungsorientierten Lernens sowie des von- und miteinander Lernens wird ebenfalls für beide Ebenen benannt.

Obwohl häufig Gemeinsamkeiten im Umgang mit der Heterogenität der Lernenden auf beiden Ebenen benannt werden, gehen einige Multiplikatorinnen auch auf Unterschiede ein. Eine Multiplikatorin sagt zum Beispiel: „sodass man also im Grunde genommen in der Fortbildung oder ICH so anfange, wie ich es mit Kindern wahrscheinlich nie tun würde, […] zuerst mal sind alle gleich" (M4). Sie sieht zudem den Einsatz natürlich differenzierender Lernangebote für die Unterrichts- und Fortbildungsebene unterschiedlich (M4). Auch wenn sie nicht klar benennt, worin der Unterschied liegt, scheint es so, als wäre der Einsatz natürlich differenzierender Lernangebote für sie im Unterricht selbstverständlicher als in einer Fortbildung. Eine andere Multiplikatorin geht auf eine Möglichkeit zum Umgang mit Heterogenität ein, die für sie im Unterricht üblich ist, die sie aber bisher in einer Fortbildung nicht in analoger Form eingesetzt hat: Schüler:innen können in einer

Klasse in unterschiedlichen Zahlenräumen arbeiten, und ein permanenter Darstellungswechsel ist für sie von besonderer Bedeutung (M2).

Qualifizierungsebene
In den Interviews zeigte sich stets, dass die Multiplikatorinnen dem Umgang mit Heterogenität von Mathematiklehrkräften (vor dem Hintergrund der Teilnehmendenorientierung) eine gewisse Wichtigkeit für eine erfolgreiche Fortbildungsgestaltung zuschreiben. Mit Blick auf die Frage, was sie gerne selbst noch über das Thema in einer Qualifizierung erfahren möchten, wurde noch mehr Wissen darüber gewünscht, wie Diagnostik auch auf Fortbildungsebene betrieben werden kann, also welche Möglichkeiten es gibt, (verschiedene fachliche) Lernvoraussetzungen zu erfassen. Gerade bezogen auf fachlich-fachdidaktische Vorkenntnisse kam von einer Multiplikatorin mit Blick auf ein fehlendes Grundverständnis bestimmter Inhalte auch die Frage auf: „wie weit muss ich tatsächlich zurückgehen" (M1). Außerdem kam der Vorschlag zur Erstellung einer Art Handlungsleitfaden auf, in dem festgehalten wird, worauf zum Beispiel auch bei der Planung einer Fortbildung oder der Auswahl von Methoden geachtet werden sollte, um die Heterogenität der Lehrkräfte zu berücksichtigen. Hierin sollen dem Wunsch einer Multiplikatorin folgend gerne Erkenntnisse aus der Forschung einfließen und diese könnten zum Beispiel in Form eines blended-learning Angebots für Multiplikator:innen zur Verfügung gestellt werden (M2). Dieser Gedanke ist dabei eng verbunden mit dem Ziel der persönlichen Weiterentwicklung der Multiplikatorin: „sodass ich dann einfach noch mal viel professioneller, bewusster meine Fortbildungen planen, durchführen, reflektieren kann" (M2). Da eine andere Multiplikatorin (M5) zudem darauf eingeht, dass Multiplikator:innen vermutlich ebenfalls unterschiedlich mit der Heterogenität der Lehrkräfte umgehen, könnten sich Multiplikator:innen auch zu diesem Themenfeld in einer Qualifizierung untereinander austauschen.

5 Diskussion

Um mehr Wissen über die Verschiedenheit von Mathematiklehrkräften in Fortbildungen und den Umgang damit zu generieren, wurde eine Interviewstudie mit fünf erfahrenen Multiplikatorinnen durchgeführt. Die befragten Multiplikatorinnen benennen zahlreiche der ebenfalls in der Literatur diskutierten Aspekte (Abschn. 2.2), in denen sie Unterschiede zwischen Mathematiklehrkräften wahrnehmen. Vor allem Unterschiede, die vor einer Fortbildung bestehen, etwa in fachlich-fachdidaktischem Wissen und in Einstellungen sowie Überzeugungen der Lehrkräfte, als auch Unterschiede, die während einer Fortbildung von Bedeutung sind, etwa verschiedene Lernwege, werden von den Multiplikatorinnen erwähnt. Einige Aspekte, die sich in der Literatur finden lassen, etwa dass sich Lehrkräfte auch in ihren Ängsten und Sorgen unterscheiden oder wie sich die Teilnehmenden durch die Multiplikator:innen wertgeschätzt fühlen (Scherer et al., 2021), werden in der Interviewstudie nicht explizit benannt. Für die Möglichkeiten des Umgangs mit der Heterogenität der Lehrkräfte in Fortbildungen äußern die Multiplikatorinnen einerseits ähnliche Ideen, wie sie auch in der Literatur zu finden sind, wie beispielsweise die Anpassung der Fortbildungsinhalte basierend auf einer Vorabbefragung (Abshagen et al., 2019; Klinger et al., 2018) oder den Einsatz verschiedener Differenzierungsmaßnahmen (Kuzle et al., 2018; Lünne & Biehler, 2018). Andererseits führen die Multiplikatorinnen aber auch weitere bzw. konkretere Ideen an, wie mit der Heterogenität der Lehrkräfte umgegangen werden kann (z. B. von- und miteinander Lernen bei unterschiedlicher Expertise, Perspektivwechsel anregen, offene Aufgaben einsetzen). Demnach erlauben die Ergebnisse der vorliegenden Interviewstudie eine Erweiterung der in der Literatur diskutierten Möglichkeiten zum Umgang mit Heterogenität von Lehrkräften durch konkrete Beispiele. Inwiefern sich Lehrkräfte gegen Ende einer Fortbildung unterscheiden, wird von den Multiplikatorinnen nur selten aufgegriffen.

An die Ergebnisse der durchgeführten Interviewstudie können Überlegungen zur Gestaltung von Qualifizierungen für Multiplikator:innen angeschlossen werden. Für die Thematisierung des Umgangs mit der Heterogenität von Lehrkräften in einer Qualifizierung von Multiplikator:innen ist es zunächst wichtig, für die vielfältigen Heterogenitätsaspekte zu sensibilisieren, in denen sich Lehrkräfte unterscheiden können. Dazu können sowohl die Erkenntnisse aus der Literatur als auch aus dieser Interviewstudie verwendet werden. Dabei ist zudem bedeutsam, mit den Multiplikator:innen auch darüber ins Gespräch zu kommen, welche dieser Aspekte für die Fortbildungsgestaltung relevant sind – häufig werden Unterschiede im fachlich-fachdidaktischen Wissen, in Überzeugungen und Bezüge zur Schulpraxis besonders im Vordergrund sein. Zentral ist auch, verschiedene Phasen der Fortbildung und insbesondere auch verschiedene Lernwege von Lehrkräften zu berücksichtigen. Erste Überlegungen zur konkreteren Gestaltung einer Qualifizierung, wie sie durch die Verwendung von Fallbeispielen bereits vorliegen (Bertram et al., 2020), können spezifiziert und weiter ausgearbeitet werden. Zu prüfen bleibt, inwiefern der konkrete Vergleich des Umgangs mit der Heterogenität von Schüler:innen im Unterricht und von Lehrkräften in Fortbildungen dafür gewinnbringend eingesetzt werden kann (z. B. zur Diskussion verschiedener Differenzierungsmaßnahmen). Gerade die recht vage Idee einer Multiplikatorin, natürlich differenzierende Aufgaben in Fortbildungen einzusetzen, könnte gemeinsam mit Multiplikator:innen in einer Qualifizierung diskutiert werden. Da Multiplikator:innen bei

Adaptionen im Fortbildungskontext bereits die Teilnehmendenorientierung berücksichtigen (z. B. Zwetzschler et al., 2016) und sich die befragten Multiplikatorinnen zugleich aber Unterstützung wünschen – vor allem bezogen auf Möglichkeiten der Vorabbefragungen und der Ableitung entsprechender Konsequenzen daraus hinsichtlich des fachlich-fachdidaktischen Wissens – ist ebenfalls zu überlegen, welche Inhalte in einer Qualifizierung diesbezüglich aufgegriffen und/oder welche Materialien hierzu entwickelt werden können. Zu einer umfassenden Thematisierung des Umgangs mit Heterogenität von Lehrkräften in Fortbildungen gehört auch die Reflexion über Chancen und Grenzen, die mit der Heterogenität der Lehrkräfte aus Sicht der Multiplikatorinnen einhergeht (Abschn. 4). Bei der konkreten Gestaltung einer Qualifizierung sind außerdem (mindestens) zwei Möglichkeiten denkbar, wie das Thema ‚Umgang mit Heterogenität von Lehrkräften' aufgegriffen werden kann: Zum einen könnte in einer Qualifizierung dieses Thema in den Mittelpunkt gestellt und aus fortbildungsmethodischer und -didaktischer Sicht erarbeitet werden (ähnlich zu Fortbildungen, die methodisch und didaktisch auf die Gestaltung von Unterricht in der Schule eingehen). Zum anderen könnte in einer Qualifizierung, die auf fachlich-fachdidaktische Themen ausgerichtet ist, explizit aufgegriffen werden, in welchen für diesen Bereich relevanten Aspekten sich Lehrkräfte unterscheiden und wie dies konkret berücksichtigt werden kann.

An die Interviewstudie können verschiedene weitere Forschungsvorhaben anschließen, wobei die folgenden Ausführungen auch verdeutlichen, welche Limitationen mit der Interviewstudie einhergehen. Zunächst wurde aus dem Angebot-Nutzungs-Modell für Fortbildungen (Lipowsky, 2014; Lipowsky & Rzejak, 2017) nur ein Ausschnitt – die verschiedenen Voraussetzungen und Bedürfnisse der teilnehmenden Lehrkräfte – vor dem Hintergrund der Teilnehmendenorientierung betrachtet. Da dem Modell aber weitere komplexe Wirkprozesse zugrunde liegen, etwa Transferprozesse in die Schulpraxis oder der Einfluss der Multiplikator:innen, sollten die Ergebnisse der Interviewstudie vor diesem Hintergrund erweitert werden. Es könnte darüber hinaus berücksichtigt werden, dass bei Multiplikator:innen eine Heterogenität zum Beispiel mit Blick auf ihr fortbildungsdidaktisches Wissen ausgemacht werden kann (z. B. Höveler et al., 2018, S. 166 f.; Scherer & Hoffmann, 2018, S. 267) und sich auch für die Gestaltung einer Qualifizierung analoge Fragen stellen wie bei der Gestaltung von Fortbildungen. Zur Anreicherung der Ergebnisse der Interviewstudie ist auch eine Befragung aller Beteiligten, also von Lehrkräften in einer Fortbildung und den durchführenden Multiplikator:innen, interessant, um die Perspektiven auf den Umgang mit Heterogenität in Fortbildungen abzugleichen. Es stellt sich beispielsweise die Frage, ob Lehrkräfte wahrnehmen, dass auf ihre unterschiedlichen Voraussetzungen eingegangen wird, wenn die Multiplikator:innen angeben, dies zu tun. Neben einer Befragung in

Form von Einzelinterviews könnten auch Gruppeninterviews oder -diskussionen geführt werden, um die gegenseitige Bereicherung, welche durch unterschiedliche Erfahrungen der Multiplikator:innen entstehen kann, für den Forschungsprozess zu nutzen. Außerdem ist eine Interviewstudie in größerem Umfang (mehr als fünf Befragte und größere Vielfalt hinsichtlich der Zielgruppe der Fortbildungen, die die Multiplikator:innen durchführen) oder eine Beobachtung der Fortbildungspraxis von Multiplikator:innen interessant, um die Ergebnisse der Interviewstudie erweitern und tiefere Einblicke generieren zu können. Sollte der Idee nachgegangen werden, weitere Materialien (wie etwa einen Handlungsleitfaden) zu erstellen, könnte auch deren Nutzung durch Multiplikator:innen beforscht werden.

Literatur

Abshagen, M., Blomberg, J., & Glade, M. (2019). Grundlagen algebraischen Denkens beim Übergang von der Arithmetik in die Algebra – Entwicklung und Erprobung einer Lehrerfortbildung. In A. Büchter, M. Glade, R. Herold-Blasius, M. Klinger, F. Schacht, & P. Scherer (Hrsg.), *Vielfältige Zugänge zum Mathematikunterricht. Konzepte und Beispiele aus Forschung und Praxis* (S. 265–279). Springer.

Barzel, B., & Selter, C. (2015). Die DZLM-Gestaltungsprinzipien für Fortbildungen. *Journal für Mathematik-Didaktik, 36*(2), 259–284. https://doi.org/10.1007/s13138-015-0076-y

Baumert, J., & Kunter, M. (2006). Stichwort: Professionelle Kompetenz von Lehrkräften. *Zeitschrift für Erziehungswissenschaft, 9*(4), 469–520. https://doi.org/10.1007/s11618-006-0165-2

Bertram, J. (2022). *Lernprozesse von Lehrkräften im Rahmen einer Fortbildung zu inklusivem Mathematikunterricht*. Springer Spektrum. https://doi.org/10.1007/978-3-658-36797-8

Bertram, J., Rolka, K., & Albersmann, N. (2020). Forschungserkenntnisse nutzen – Konzeption einer Workshopaktivität für Fortbildende. In H.-S. Siller, W. Weigel, & J. F. Wörler (Hrsg.), *Beiträge zum Mathematikunterricht 2020* (S. 117–120). WTM-Verlag.

Binner, E. (2021). *Lernprozesse von qualifikationsheterogenen Grundschullehrkräften im Bereich der Stochastik – Studie zur Professionalisierung durch Fortbildung*. Dissertation. https://doi.org/10.18452/22565

Blömeke, S., Kaiser, G., König, J., & Jentsch, A. (2020). Profiles of mathematics teachers' competence and their relation to instructional quality. *ZDM Mathematics Education, 52*(2), 329–342. https://doi.org/10.1007/s11858-020-01128-y

Bosse, M. (2017). *Mathematik fachfremd unterrichten: Zur Professionalität fachbezogener Lehrer-Identität*. Springer Spektrum. https://doi.org/10.1007/978-3-658-15599-5

Döring, N., & Bortz, J. (2016). *Forschungsmethoden und Evaluation in den Sozial- und Humanwissenschaften* (5. Aufl.). Springer. https://doi.org/10.1007/978-3-642-41089-5

Eichholz, L. (2018). *Mathematik fachfremd unterrichten. Ein Fortbildungskurs für Lehrpersonen in der Primastufe*. Springer Spektrum. https://doi.org/10.1007/978-3-658-19896-1

Herold-Blasius, R., Knaudt, K., & Selter, C. (2022). A concept to handle teachers' heterogeneity within PD trainings. *Twelfth Congress of the European Society for Research in Mathematics Education* (CERME12), Feb 2022, Bozen-Bolzano. https://hal.science/hal-03744260

Höveler, K., Laferi, M., & Selter, C. (2018). Kompetenzorientierter Mathematikunterricht in der Grundschule – ein Qualifizierungskurs für Multiplikatorinnen und Multiplikatoren. In R. Biehler, T. Lange, T. Leuders, B. Rösken-Winter, P. Scherer, & C. Selter (Hrsg.), *Mathematikfortbildungen professionalisieren. Konzepte, Beispiele und Erfahrungen des Deutschen Zentrums für Lehrerbildung Mathematik* (S. 165–188). Springer.

Klinger, M., Thurm, D., Barzel, B., Greefrath, G., & Büchter, A. (2018). Lehren und Lernen mit digitalen Werkzeugen: Entwicklung und Durchführung einer Fortbildungsreihe. In R. Biehler, T. Lange, T. Leuders, B. Rösken-Winter, P. Scherer, & C. Selter (Hrsg.), *Mathematikfortbildungen professionalisieren. Konzepte, Beispiele und Erfahrungen des Deutschen Zentrums für Lehrerbildung Mathematik* (S. 395–416). Springer.

Krauthausen, G., & Scherer, P. (2022). *Natürliche Differenzierung im Mathematikunterricht. Konzepte und Praxisbeispiele aus der Grundschule* (4. Aufl.). Klett Kallmeyer.

Kruse, J. (2015). *Qualitative Interviewforschung. Ein integrativer Ansatz* (2., überarb. u. ergänz. Aufl.). Beltz Juventa.

Kuzle, A., Biehler, R., Dutkowski, W., Elschenbroich, H.-J., Heintz, G., & Hollendung, K. (2018). Geometrie dynamisch interpretieren und kompetenzorientiert unterrichten – Konzept und Evaluation der viertägigen Fortbildungsreihe Geometrie kompakt. In R. Biehler, T. Lange, T. Leuders, B. Rösken-Winter, P. Scherer, & C. Selter (Hrsg.), *Mathematikfortbildungen professionalisieren. Konzepte, Beispiele und Erfahrungen des Deutschen Zentrums für Lehrerbildung Mathematik* (S. 117–142). Springer.

Leuders, T., & Prediger, S. (2016). *Flexibel differenzieren und fokussiert fördern im Mathematikunterricht*. Cornelsen.

Lipowsky, F. (2014). Theoretische Perspektiven und empirische Befunde zur Wirksamkeit von Lehrerfort- und Weiterbildung. In E. Terhart, H. Bennewitz, & M. Rothland (Hrsg.), *Handbuch der Forschung zum Lehrerberuf* (S. 511–541). Waxmann.

Lipowsky, F., & Rzejak, D. (2017). Fortbildungen für Lehrkräfte wirksam gestalten – Erfolgsversprechende Wege und Konzepte aus Sicht der empirischen Bildungsforschung. *Bildung und Erziehung, 70*(4), 379–399. https://doi.org/10.7788/bue-2017-700402

Lipowsky, F., & Rzejak, D. (2019). Empirische Befunde zur Wirksamkeit von Fortbildungen für Lehrkräfte. In P. Platzbecker & B. Priebe (Hrsg.), *Zur Wirksamkeit und Nachhaltigkeit von Lehrerfortbildung. Qualitätssicherung und Qualitätsentwicklung Katholischer Lehrerfort- und -weiterbildung* (S. 34–74). Dokumentation der Fachtagung vom 26.–27. September 2018 in Wermelskirchen. Institut für Lehrerfortbildung.

Lünne, S., & Biehler, R. (2018). Ffunt@OWL – Ein Zertifikatskurs für fachfremd Mathematik unterrichtende Lehrpersonen. In R. Biehler, T. Lange, T. Leuders, B. Rösken-Winter, P. Scherer, & C. Selter (Hrsg.), *Mathematikfortbildungen professionalisieren. Konzepte, Beispiele und Erfahrungen des Deutschen Zentrums für Lehrerbildung Mathematik* (S. 341–362). Springer.

Mayring, P. (2010). *Qualitative Inhaltsanalyse. Grundlagen und Techniken* (11., akt. überarb. Aufl.). Beltz.

Prediger, S. (2009). Inhaltliches Denken vor Kalkül – Ein didaktisches Prinzip zur Vorbeugung und Förderung bei Rechenschwierigkeiten. In A. Fritz & S. Schmidt (Hrsg.), *Fördernder Mathematikunterricht in der Sekundarstufe I* (S. 213–234). Beltz.

Prediger, S., Leuders, T., & Rösken-Winter, B. (2017). Drei-Tetraeder-Modell der gegenstandsbezogenen Professionalisierungsforschung: Fachspezifische Verknüpfung von Design und Forschung. *Jahrbuch für Allgemeine Didaktik, 2017*, 159–177.

Prediger, S., Rösken-Winter, B., Stahnke, R., & Pöhler, B. (2022). Conceptualizing content-related PD facilitator expertise. *Journal of Mathematics Teacher Education, 25*(4), 403–428. https://doi.org/10.1007/s10857-021-09497-1

Scherer, P., & Hoffmann, M. (2018). Umgang mit Heterogenität im Mathematikunterricht der Grundschule – Erfahrungen und Ergebnisse einer Fortbildungsmaßnahme für Multiplikatorinnen und Multiplikatoren. In R. Biehler, T. Lange, T. Leuders, B. Rösken-Winter, P. Scherer, & C. Selter (Hrsg.), *Mathematikfortbildungen professionalisieren – Konzepte, Beispiele und Erfahrungen des Deutschen Zentrums für Lehrerbildung Mathematik* (S. 265–279). Springer.

Scherer, P., Nührenbörger, M., & Ratte, L. (2021). Reflexionen von Multiplikatorinnen und Multiplikatoren zum Gestaltungsprinzip der Teilnehmendenorientierung – Fachspezifische Professionalisierung beim Design von Fortbildungen. *Journal für Mathematik-Didaktik, 42*(2), 431–458. https://doi.org/10.1007/s13138-021-00189-0

Zwetzschler, L., Rösike, K.-A., Prediger, S., & Barzel, B. (2016). *Professional development leaders' priorities of content and their views on participantorientation.* Paper presented in TSG 50 at ICME 13, Hamburg.

Printed in the USA
CPSIA information can be obtained
at www.ICGtesting.com
CBHW071220090924
14266CB00004B/108